KB040404

# 누가 자연을 설계하는가

# 누가 자연을 설계하는가

실라 재서노프<sup>Sheila Jasanoff</sup> 지음

박상준 · 장희진 · 김희원 · 오요한 옮김

Designs on Nature

동아시아

현재 가장 통찰력 있는 과학기술학 연구자 가운데 한 명이라 할 수 있는 실라 재서노프 교수는 이 책에서 정치적 전통이 상대적으로 비슷한 영국, 독일, 미국에서 전개된 생명공학 연구개발과 정책을 비교 분석하면서, 단지 생명공학이라는 특정한 기술의 진화 궤적에서의 나라별 차이점만이 아니라 각국의 생명공학 연구개발 정책과 그 사회의 정치와 민주주의가 어떻게 서로에게 영향을 끼치고 서로를 만들어가는가를 설득력 있게 보여주고 있다. 오늘날과 같은 지식사회에서는 과학기술의 정치에 대한 치밀한 분석 없이는 그 사회의 민주주의는 물론이고 국가 만들기, 국민 만들기 과정도 제대로 이해할 수 없다는 담대한 결론을 이끌어내고 있다. 이는 과학기술학의 전통적인 접근법인 구성주의를 뛰어넘어 과학기술과 사회의 공동생산 접근을 통해 과학기술을 둘러싼 정치, 더 나아가 지식의 정치를 둘러싼 사회적 동학을 성공적으로 분석할 수 있었기에 도출할 수 있는 결론이다. 아울러 세 나라에서 전개된 과학기술의 정치, 특히 생명공학과 시민의 상호 관계를 분석하는 데 있어 '시민 인식론'이라는 용어를 고안하고 그것을 핵심 개념으로 사용하고 있다. 이 개념이 아직 모호한 부분이 없지 않아 좀 더 정교하게 발전될 필요가 있다고 생각하지만, 한국 사회에서의 과학기술 정치를 분석하고 이를 다른 사회와 비교하고자 할 때, '시민 인식론' 개념이 우리에게 상당한 통찰력을 던져줄 수 있을 것으로 기대한다. 그것이 한국의 과학기술학자들이라면 반드시 읽어봐야 할 명저로 추천하는 이유이다.

_이영희(가톨릭대학교 사회학과 교수)

실라 재서노프의 『누가 자연을 설계하는가』는 생명과학·생명공학 분야의 의제 설정, 연구개발 진흥으로부터 그것이 야기하는 사회적·환경적·건강 위험과 윤리적·법적 도전에 이르는 일련의 이슈들에 대해 서구의 대표적 민주주의 체제인 미국·영국·독일이 사뭇 다르게 대응하는 방식을 섬세하게 비교 분석한다. 『누가 자연을 설계하는가』의 학술적 의의는 유전자 변형 곡물·식품, 인간 배아연구, 줄기세포 연구 등의 사례를 중심으로 생명과학·생명공학의 정치와 정책에 관한 맥락적인 사회과학 분석의 모범을 제공하는 데 그치지 않는다. 재서노프는 과학적·기술적 지식과 실천이 생산되고, 활용되며, 공적 영역으로 진입되는 과정이 주어진 사회에서 지배적인 사회적·정치적 질서가 (재)상상되고 구현되는 과정을 반영하는 동시에 규정하고 있음을 강조한다. 특히 미국, 영국, 독일에서 나타나는 상이한 형태의 과학과 기술의 정치가 근대적 민주주의 정치문화와 제도 그리고 이들의 근간을 이루는 시민성citizenship, 참여, 숙의deliberation, 책임성accountability 등이 각 사회에서 다르게 이해되고 수행되는 양상과 불가분의 관계에 있음을 설득력 있게 보여준다. 그런 점에서 과학과 기술을 인문학·사회과학 분석의 대상으로 삼는 과학기술학Science & Technology Studies 분야 연구자들만이 아니라 정치학, 사회학, 인류학, 정책학, 법학 전공자를 비롯하여 현대사회의 민주주의를 비판적으로 검토하고자 하는 모든 이들에게 중요한 지적 자원을 제공해줄 것이다.

_김상현(한양대학교 과학사·과학사회학 교수)

# 차례

기술 개발이 경제 성장의 핵심 요인이라는 믿음은 산업화된 세계에서 널리 퍼져 있다. 사람들이 처음에는 혁신을 두려워하지만 금세 새로 등장한 것이 사회에 이롭다는 걸 인식한다는 믿음도 마찬가지이다. 결국 대중은 새로운 혁신을 환영한다. 예를 들어 방직기계, 자동차, 원자력발전, 인공수정, 피임, 체외수정처럼 지금은 광범위하게 사용되는 기술도 처음에는 사람들이 거부했다는 자료가 많다. 이 기술들을 포함해 과거에는 낯설었던 기술 발명들이 이제는 성장에 관한 단순하고 선형적인 이야기를 수용하는 사람들의 생각에 굳건히 자리 잡고 있다.

그러나 주요 정치 논쟁에서 기술혁신의 유형, 결과, 적합한 거버넌스가 논의되지 않고 있다. 기술이 자체 동력으로 발전하고, 혁신이 인간 생활을 향상하는 데 기여한다면 더 이상 정치적으로 논쟁할 이유가 없다. 변화는 좋은 것이므로 수용해야 한다는 주장이 인정받는 건 단지 시간문제일 뿐이다. 심지어 지금도 논란이 되고 있는 영역(예를 들어, 유전공학과 더 광범위한 생명공학)에서조차 기술을 잘못 알고 있는 대중만이 변화를 거부한다는 게 통념으로 간주된다. 여러 논평가가 지적하듯이 대중이 합리적이고 충분히 알고 있다면, 유전자 변형 작물과 생명향상life-enhancing 생명공학이 보편적으로 수용될 것으로 간주된다. 또한 기술이 기근, 기아, 질병, 심지어 고령화 문제도 해결해 인간을 해방시켜줄 것이라는 장밋빛 미래를 대중이 보고 나면, 결국 기술에 관한 질문을 멈출 것이라는 게 통념이다.

이 책은 2005년에 영문판이 출간되었고, 이제 한국어로 번역되어 출간되었다. 처음 출간되던 14년 전에 비해 지금은 상황이 많이 변했지만, 세계화가 더 진행된 지금의 상황을 적절하고 타당하게 분석하는 데 여전히 활용될 수 있다. 그때 이후로 농업 생명공학은 현대 세계에 도입된 기술들 중에서 가장 큰 논란이 되었다. 영국, 프랑스, 독일, 인도, 필리핀, 한국의 상황은 모두 달랐지만, 이들 국가에서 농업 생명공학에 반대하는 운동이 등장했다. 정부, 기술 정책 전문가, 새로운 기술(예를 들어 나노기술, 인공지능, 자율자동차, 유전자 편집 기술)을 도입하려는 기업은 피해야 할 실패 사례로 유전자 변형 생물체genetically modified organism, GMO를 자주 언급했다. 어떤 기업도 '새로운 몬산토Monsan-to(미국 미주리주에 본사를 둔 생화학 제조업체. 종자, 농약, 제초제뿐만 아니라, 세계에서 가장 많은 유전자 변형 생물체를 생산하는 기업으로 유명하다. 2018년 독일의 화학 및 제약기업인 바이엘에 합병되었다._옮긴이)'라는 불명예를 얻고 싶지 않았으며, 시민사회의 비난과 분노를 받고 싶지 않았다. 하지만 성장 내러티브가 옳다면 왜 유전자 변형 생물체는 문제가 있는 제품이라고 취급당해 전 세계에서 비난받아야 하며, 왜 각국은 유전자 변형 생물체를 향한 반감과 인간을 대상으로 한 생물학 연구(배아줄기세포 연구에서부터 최신 유전자 편집 기술인 크리스퍼CRISPR까지)를 분리하려 하는가?

책은 지난 30년간 서구 세 국가인 독일, 영국, 미국에서 진행된 법, 공공정책, 정치 행동을 면밀히 검토하면서, 기술이 정치와 분리되어 있다는 생각을 거부했다. 반면 지금도 계속되고 있는 생명공학 논쟁처럼 기술에 관한 공적 논쟁은 현대 민주사회의 정치 생활에 중요하고도 필요하다. 또한 기술을 향한 지지나 반대를 흑백논리로 구분하지 않았고, 기술 낙관주의자들이 전쟁에서 거의 승리했다는 식으로 설명하지도 않았다. 대신 나는 기술혁신이 중요한 정치 투쟁의 장소이자 대상이라고 제시했다.* 이런 논란을 통해 관심 있는 대중은 바람직한 미래상을 명확히 그릴 수 있었고, 자신들이 원하는 삶과 통치 방식을 위해 싸웠다. 결국 기술의 미래는 사람들의 미래이다. 주요 기술을 제대로 통치할 govern 수 없다면, 통치가 제대로 이루어지는well-governed 사회가 아니다.

책은 최근 세계에서 벌어지고 있는 생명공학을 둘러싼 논란의 씨앗이 각국의 정치 토양에 오래전에 뿌려졌다는 사실을 보여준다. 이 씨앗은 1980년대에 발아해 뿌리를 내렸으며, 당시 유전공학의 위험에 관한 여러 프레임이 미국과 유럽 국가들에 등장했다. 생명공학의 위험을 과학적으로 설명하는 시도는 내가 '공동생산co-production'이라고 명명한 당시의 정치적 실천과 결합되었다. 이 이론 프레임은 자연에 관한 과학지식과 대중이 선호하는 특정 정치 형태가 긴밀하게 결합되어 있다고 강조하며, 각각은 서로에게 발전을 위한 전제 조건이라고 본다. 다시 말해 기술혁신을 통치하기 위한 정책은 시민 인식론civic epistemology, 또는 대중이 정부의 정책 담론, 증거, 주장을 평가할 때 적용하는 제도적인 추론에 근거를 두고 선택된다. 기술의 미래에 관한 프레임을 설정하고 관리하는 데 시민 인식론이 영향을 준다는 설명이 이 책의 핵심 주장이다.

지난 수십 년간 진행된 생명공학 논쟁은 생명과 죽음, 보건과 건강, 가족과 친족, 프라이버시, 발명과 지적재산권, 시민성에 관한 우리의 생각을 바꿔놓았다. 유전학과 정치 사이의 대화를 통해 현대의 헌법에 기초한constitutional 민주주의가 작동하는 데 기초를 이루는 여러 개념이 변했다. 규제 실천, 법적 규범, 국가 책임의 한계점과 개인 책임의 시작점에 관한 생각은 새로운 생물학 개념과 구성물이 등장하면서 재협상되었다. 유전학의 기술 응용을 통치하려는 시도 때문에 내가 새롭게 명명한 '생명헌법적bioconstitutional'인 배치가 이루어졌다. 즉, 정치적 결정을 내리고 그것을 집행하는 데 관여하는 기관, 정체

---

* 책 끝에 실린 글 「테크놀로지, 정치의 공간이자 대상」을 참고하라. 이 글은 원서에는 포함되지 않았지만 저자의 요청에 따라 한국 독자들을 위해 추가되었다. 영문 글의 서지사항은 다음과 같다. Sheila Jasanoff, "Technology as a Site and Object of Politics," in *The Oxford Handbook of Contextual Political Analysis*, edited by Robert E. Goodin and Charles Tilly(Oxford; New York: Oxford University Press, 2006), 745~763. 번역 글의 서지사항은 다음과 같다. 실라 재써노프, "테크놀로지, 정치의 공간이자 대상", 김명진 옮김, 《창작과 비평》, 제38권 제3호(통권 149호)(2010), 337~364쪽. 번역 글은 창비와 번역자의 허가를 받아 이 책에 재수록되었다.

성, 대의제, 담론에 관한 설계가 재배치되었다. 이 책은 이런 변화에 주목하면서 과학기술학의 고전적인 구성주의 접근을 넘어섰다. 대신 나는 과학 사실과 기술 시스템의 구성에만 집중하면서, 새로운 기술이 정치적·사회적 어젠다와 선택에 참여하면서 지속적이고 생산적으로 발전하는 방식을 제시했다.

생명공학의 세 가지 프레임인 제품, 절차, 프로그램이 각각 미국, 영국, 독일에서 등장했다. 미국의 제품 기반 접근 방식은 분자생물학에 확고한 근거를 두면서, 유전공학이 정확하고 높은 수준으로 개입을 예측할 수 있도록 과학적 설명과 함께 발전했다. 다시 말해 정확성을 전제로 삼아 유전공학이 인간의 건강과 환경에 무한한 이익을 주고, 부작용은 무시할 수 있으며, 공식적인 규제나 감독은 불필요하다는 주장을 정당화했다. 반면 영국과 유럽연합European Union, EU은 절차 기반 접근 방식을 채택했다. 이 방식은 생태학을 잘 아는 전문가들이 불확실성과 사전예방 측면에서 규제를 더 민감하게 다룰 수 있도록 정책 스타일을 일치시키는 것이었다. 독일은 과학적으로 알려지지 않은 것뿐만 아니라 정치와 윤리에도 주목하면서 신중하게 나아갔다. 또한 과학, 기술, 국가 사이의 프로그램에 따른 결합이 잠재적으로 남용될 수 있다는 위험도 고려했다.

미국 정치문화에 만연한 혐오 때문에 기회비용이 발생했는데, 이는 개인이 위험을 부담하면서 사건이 발생했을 때 국가 차원의 행동을 통해 비용을 사회화하는 시장자유주의 정책으로 구체화되었다. 이렇게 위험을 관리하는 방식 덕분에 생명공학 혁신을 위한 장애물이 크게 줄어들었다. 규제 정책은 상업 제품 관점에서 생명공학 프레임을 설정했으며, 특정 제품을 설계하고 출시하는 결정을 시장에 맡겼다. 시장이 해결하는 방식을 선호하게 된 건 1980년대부터였다. 이 시기에 로널드 레이건Ronald Reagan이 대통령으로 재임했으며, 공산주의가 붕괴했고, 프랜시스 후쿠야마Francis Fukuyama는 '역사의 종말'을 말했다. 친시장·반규제 경향은 생명공학 정책에 광범위한 영향을 미쳤다. 1970년대에 연방 차원의 포괄적인 입법 시도가 무산되었고, 1980년에 베이-돌 법Bayh-Dole Act이 제정되어 기업과 대학 사이의 기술이전이 장려되었다. 또한 같은 해에 다이아몬드 대 차크라바르티Diamond v. Chakrabarty 사건의 판결이 있었으며 살아 있는 생명체에 특허를 받을 수 있게 되었다. 게다가 1984년에는 생명공학 규제를 위한 느슨한 '협력 프레임워크Coordinated Framework'가 채택되었다.

반면 영국에서는 정부가 생명공학 정책을 주도해, 존 메이저John Major 총리의 보수당 정부와 토니 블레어Tony Blair 총리의 신노동당 정부 모두 이런 접근 방식을 채택했지만, 정작 대중은 극도로 분열돼 격렬한 논쟁이 벌어졌다. 상대적으로 논란이 적었던 생의학 분야에서는 과학을 지지하는 법제 덕분에 인간 배아 및 배아줄기세포 연구가 발전했는데, 불임이라는 낙인을 피해 체외수정in vitro fertilization, IVF을 기꺼이 수용하겠다는 대중의 의지가 반영되었다. 이 체외수정은 영국에서 개발된 기술로, 이 기술을 최초로 개발한 로버트 에드워즈Robert Edwards는 2010년에 노벨생리의학상을 받았다. 하지만 '광우병' 위기로 인해 농업 생명공학은 대중의 신뢰를 완전히 잃었으며, '유전자 변형 국가?GM Nation?'로 알려진 전국적인 정치 협의가 진행되었다. 두 사례 모두 국가의 적법성은 정부의 전문가들이 시민들을 설득할 수 있는 주장과 증명을 할 수 있다는 전제에서 출발했다. 결국 각 사례에서 정책의 성공과 실패는 국가가 영국의 시민 인식론에 메시지를 전하는 효율성에 달려 있었다.

독일도 절차 프레임을 채택했는데, 유전자 변형과 관련된 모든 영역에 특별한 감독이 필요하다고 인정했다. 하지만 생명공학의 위험을 관리하기 위해서는 1989년 공산주의 붕괴 및 1990년 독일 통일 전후의 불안정했던 역사적·정치적 기억도 관리해야 했다. 비평가들은 독일 맥락을 고려해 과학, 국가, 산업이 프로그램적 특성programmatic character에 따라 결합했다고 프레임을 설정했는데, 생명공학을 엄격하게 통제하지 않으면 권력이 남용될 위험이 있다고 보았다. 정치 논쟁을 해결하기 위해 독일은 법치국가Rechtsstaat임을 재확인했는데, 이는 법에 의한 지배가 최상의 가치인 국가를 의미했다. 이런 국가관 때문에 모든 행위자는 일관되면서 원칙에 기초를 두고 행동하도록 요구받았으며, 인간 존엄성 존중 같은 근본 규범을 엄격히 지켜야 했다. 결국 생명공학에 관한 규제 논쟁은 전후 독일 민주주의의 의미와 국가 차원의 생명윤리 이해를 두고 벌어졌다.

이 책은 생명공학처럼 급격한 기술 변화에 적응하려면, 혁신 거버넌스를 위해 주요 사안들에 관한 집단적·심층적 믿음을 시험하고 재확인해야 한다는 사실을 제시한다. 이 점에서 새로운 기술 시대는 정치문화와 국가적 시민 정체성이 공동으로 작용해 생산된다. 이 책을 읽는 한국 독자들도 기술 변화의 정치학을 이해하는 새로운 방식에서 성찰을 얻을 수 있기를 기대한다. 또한 기술 논쟁에서 새롭고 적극적인 민주적 시민성을 찾는 방식을 발견할 수 있기를 바란다.

실라 재서노프
하버드대학교 존 F. 케네디 행정대학원

# 그림 및 표 차례

    이 책은 수많은 여행과 이동의 결과이며, 그동안 나는 여러 사람과 기관에 신세를 졌다. 먼저 생명공학을 정치 분석 주제로 다루도록 격려해준 미국의 두 정부기관에 감사한다. 이 시기는 1990년대 정치학에 큰 논란이 있기 전이었다. 지금은 사라진 기술평가국Office of Technology Assessment, OTA이 초기에 지원해주었다. 1984년 기술평가국의 지원을 받은 생명공학의 국제발전에 관한 연구와 1987년 미국 헌법제정 200주년 보고서를 위한 연구 덕분에 생명과학 정치에 관심을 유지할 수 있었다. 연구비를 지원해준 국립과학재단에도 감사한다(「생명공학의 '새로운' 정치학: 비교 연구」, grant no. 8911157). 이 연구비 덕분에 나는 산만했던 관심사를 체계적인 비교 프로젝트로 전환할 수 있었다.

    여러 대학교와 연구소는 프로젝트의 중요한 순간에 지적·논리적 자원을 제공했다. 코넬대학교는 이 연구의 초기 단계와 경계를 넘는 작업을 하는 동안 대학에 자리를 마련해주었다. 예일대학교 법학전문대학원과 올프슨 칼리지Wolfson College는 뉴헤이븐과 옥스퍼드에 머무르는 동안 지원해주었다. 저명한 두 연구기관인 록펠러재단의 벨라지오연구소Bellagio Study Center와 베를린 고등연구소Wissenschaftskolleg는 연구를 진행하는 동안 깊은 생각과 꿈을 상상할 수 있는 공간을 마련해주었다. 1998년부터 재직하고 있는 하버드대학교 케네디 행정대학원은 프로젝트의 최종 단계에서 학생 및 동료들과 소통할 수 있도록 해주었다.

책의 일부 내용은 여러 대학교에서 발표되었다. 브라운대학교, 아이오와주립대학교, 미네소타대학교, 아이슬란드대학교, 샌프란시스코 소재 캘리포니아대학교에서 강의를 했는데, 그때 만난 청중들은 책의 기본 내용에 관해 진지한 논평을 해주었다.

그 밖의 많은 도움이 없었다면 이 연구는 완결되지 못했을 것이며, 여기에 도움을 준 모든 이들의 이름을 나열할 수 없어서 아쉽다. 책을 쓰는 동안 큰 도움을 준 레베카 에프로임슨Rebecca Efroymson, 피터 머스토Peter Mostow, 크산드라 라덴Xandra Rarden, 태니아 시몬첼리Tania Simoncelli에게 감사한다. 베를린 고등연구소의 게시네 보톰레이Gesine Bottomley와 도서관 직원들은 사소한 자료도 적극적으로 찾아주었다. 베이타 패너고풀러스Beata Panagopoulos는 하버드대학교 케네디행정대학원에서 생명공학 산업에 관한 경제 자료를 찾는 데 도움을 주었다. 책에서 비교하고 있는 세 국가를 방문하는 동안 많은 과학자, 정부 관료, 공적 이해집단의 대표는 시간을 할애해주고, 여러 번 인터뷰에 응해주었다. 책에 실린 대부분의 자료들은 참고문헌에 있다. 특히 수 데이비스Sue Davies와 수 마이어Sue Mayer는 수년 동안 정보와 자문, 우정을 베풀어주었다. 마크 캔틀리Mark Cantley는 생명공학 관련 유럽 정치를 이해하는 데 중요한 도움을 주었다. 탁월한 조수였던 코넬대학교 데버러 반 갤더Deborah van Galder와 하버드대학교 콘스탄스 코와트나Constance Kowtna는 이 프로젝트의 시작과 끝에 큰 도움을 주었다.

독자들에게 진 빚은 여기에 이름을 나열할 수 없을 정도로 크다. 이 연구를 진행하는 동안 가까운 친구들은 긴 시간 동안 나와 소통하면서 과학·정치·학문의 의미를 정교하게 다듬어주었다. 존 카슨John Carson, 로빈 그로브-화이트Robin Grove-White, 롭 하겐다익Rob Hagendijk, 스티븐 힐가르트너Stephen Hilgartner, 프랭크 레어드Frank Laird, 안젤라 리베러토어Angela Liberatore, 브라이언 윈Brian Wynne은 초고의 여러 부분을 논평해주었고, 주장이 명확하고 일

17

관되도록 많은 통찰을 제공해주었다. 베를린 고등연구소 마르틴 렝빌러Martin Lengwiler, 다그마르 시몬Dagmar Simon, 그리고 여러 동료는 비교 연구를 정교하게 다듬어주었고 핵심을 명확하게 제시하도록 지적했다. 이 책은 프린스턴 대학교 출판부의 진지한 두 독자에게서 논평을 받았으며, 담당 편집자인 척 마이어스Chuck Myers는 많은 조언을 주었다. 물론 책의 오류나 실수에 대한 책임은 전적으로 나에게 있으며, 이들 독자나 비평가에게 있지 않다.

끝으로 깊이 감사하는 사람들이 있다. 책을 집필하는 동안 나를 신뢰하면서 좋은 관계를 유지했던 고故 실라 맥케치니Shelia McKechnie에게 감사한다. 스테판 스펠링Stefan Sperling은 책이 완성될 때까지 많은 대화를 나누었다. 책의 출간을 자신의 일처럼 기대한 어머니에게 감사한다. 그리고 사랑과 진지함을 보여준 가족들 제이Jay, 앨런Alan, 마야Maya, 루바Luba에게 감사한다. 그들은 내 인생과 일에서 가장 중요한 힘이다.

# 축약어

경제교류재단: FET. Foundation on Economic Trends

경제협력개발기구: OECD. Organization for Economic Cooperation and Development

과학과 인문학의 대중적 이해: PUSH. public understanding of sciences and humanities

과학기술 예측평가: FAST. Forecasting and Assessment in Science and Technology

과학기술의 대중적 이해: PUST. public understanding of science and technology

과학기술정책국: OSTP. Office of Science and Technology Policy

과학기술학: S&TS. science and technology studies

과학의 대중적 이해 위원회: COPUS. Committee on Public Understanding of Science

과학의 대중적 이해: PUS. public understanding of science

과학의 대중적 이해를 위한 사무국: OPUS. Office on Public Understanding of Science

광우병: BSE. bovine spongiform encephalopathy

국립연구개발공사: NRDC. National Research Development Corporation

농업환경 생명공학위원회: AEBC. Agriculture and Environment Biotechnology Commission

단일염기다형성: SNP. single nucleotide polymorphism

대중사업위원회: PBC. People's Business Commission

대통령 생명윤리위원회: PCBE. President's Council on Bioethics

독일 기민당/기사당 연합: CDU/CSU. Christlich-Demokratische Union/Christlich Soziale Union (Christian Democratic Party)

독일 배아보호법: ESchG Embryonenschutzgesetz. (Embryo Protection Law)

독일 사회민주당: SPD. Sozialdemokratische Partei Deutschlands (Social Democratic Party)

독일 연방교육연구부: BMBF. Bundesministerium für Bildung und Forschung (Federal Ministry for Education and Research)

독일 연방 위험평가연구소: BfR. Bundesinstitut für Risikobewertung (Federal Institute for Risk Assessment)

독일 연방보건부: BMGS. Bundesministerium für Gesundheit und Soziale Sicherung (Federal Ministry of Health)

독일 연방 소비자보호 식품농업부: BMVEL. Bundesministerium für Verbraucherschutz Ernährung und Landwirtschaft (Federal Ministry of Consumer Protection, Food and Agriculture)

독일 연방연구기술부: BMFT. Bundesministerium für Forschung und Technologie (Federal Ministry for Research and Technology)

독일 의사회: BÄK Bundesärztekammer

독일 유전공학법: GenTG. Gentechnikgesetz (Genetic Engineering Law)

독일 유전윤리 네트워크: GeN. Gen-ethisches Netzwerk (Gen-Ethics Network)

독일 자유민주당: FDP. Freie Demokratishce Pertei (Free Democratic Party)

독일연구재단: DFG. Deutsche Forschungsgemeinschaft (German Research Foundation)

독일-프랑스 공동 베를린-브란덴부르크 연구소: BBI. Berlin-Brandenburg Institute for German-French Cooperation

로베르트 코흐 연구소: RKI. Robert Koch Institute

미국과학진흥협회: AAAS. American Association for the Advancement of Science

미국 국가환경정책법: NEPA. National Environmental Policy Act

미국 국립과학아카데미: NAS. National Academy of Sciences

미국 국립과학재단: NSF. National Science Foundation

미국 국립보건원: NIH. National Institute of Health

미국 국립 생명윤리 자문위원회: NBAC. National Bioethics Advisory Commission

미국 국립인간게놈연구소: NCHGR. National Center for Human Genome Project

미국 농무부: USDA. U.S. Department of Agriculture

미국 식품의약국: FDA. Food and Drug Administration

바이러스 및 환경미생물 연구소: IVEM. Institute of Virology and Environmental Micro-biology

발현서열 꼬리표: EST. expressed sequence tag

배아줄기세포: ES cells. embryonic stem cells

보건사회안전부: DHSS. Department of Health and Social Security

보건안전국: HSE. Health and Safety Executive

비정부기구: NGO. nongovernmental organization

생명공학 과학 자문위원회: BSAC. Biotechnology Science Advisory Committee

생명공학 과학 협력위원회: BSCC. Biotechnology Science Coordinating Committee

생명공학 및 생명과학 연구위원회: BBSRC. Biotechnology and Biological Sciences Research Council

생명공학 산업협회: BIO. Biotechnology Industry Organization

생명공학 고위자문단: SAGB. Senior Advisory Group on Biotechnology

생명공학 운영위원회: BSC. Biotechnology Steering Committee

생명공학의 윤리적 의미에 관한 자문단: GAEIB. Group of Advisers on the Ethical Implications of Biotechnology

생물안전 중앙위원회: ZKBS. Zentrale Kommission für die Biologische Sicherheit (Central Commission for Biological Safety)

세계무역기구: WTO. World Trade Organization

세포핵치환: CNR. cell nuclear replacement

소비자협회: CA. Consumers' Association

신규 식품 규제: NFR. Novel Foods Regulation

어드밴스드 지네틱 사이언시스: AGS. Advanced Genetic Sciences

영국 농업수산식품부: MAFF. Ministry of Agriculture, Fisheries and Food

영국 식품표준청: FSA. Food Standards Agency

영국 인간생식배아국: HFEA. Human Fertilisation and Embryology Authority

왕립 환경오염위원회: RCEP. Royal Commission on Environmental Pollution

유럽법정치연구소: ZERP. Zentrum für Europäishce Rechtspolitik (Center for European Law Politics)

유럽 생명공학 협의회: CUBE. Concertation Unit for Biotechnology in Europe

유럽석탄철강공동체: ECSC. European Coal and Steel Community

유럽경제공동체: EEC. European Economic Community

유럽연합: EU. European Union

유럽윤리그룹: EGE. European Group on Ethics

유럽의회: EP. European Parliament

유럽특허협약: EPC. European Patent Convention

유전학과 사회 연구소: CGS. Center for Genetics and Society

유전자 변형: GM. genetically modified

유전자 변형 생물체: GMO. genetically modified organism

유전자 변형 자문위원회: ACGM. Advisory Committee on Genetic Modification

유전자 조작 자문그룹: GMAG. Genetic Manipulation Advisory Group

지네틱스 앤 아이브이에프 인스티튜트: GIVF. Genetics and IVF Institute

윤리적, 법적, 사회적 영향, 엘시: ELSI. Ethical, Legal, and Social Implications

의학연구위원회: MRC. Medical Research Council

인간게놈프로젝트: HGP. Human Genome Project

자연환경연구위원회: NERC. Natural Environment Research Council

재조합 소성장호르몬: rBGH. recombinant bovine growth hormone
rBST. recombinant bovine somatotropin

재조합 DNA: rDNA. recombinant DNA

재조합 DNA 자문위원회: RAC. Recombinant DNA Advisory Committee

제6차 연구 프레임워크 프로그램: FP6. Sixth Research Framework Programme

책임 있는 유전학위원회: CRG. Council for Responsible Genetics

체외수정: IVF. in vitro fertilization

태아보호협회: SPUC. Society for Protection of Unborn Children

특허상표국: PTO. Patent and Trademark Office

프랑크푸르트 알게마이네 차이퉁: FAZ. Frankfurter Allgemeine Zeitung

행위자-네트워크 이론: ANT. actor-network theory

환경방출 자문위원회: ACRE. Advisory Committee on Release to the Environment

환경보호청: EPA. Environmental Protection Agency

환경부: DOE. Department of the Environment

환경식품농업부: DEFRA. Department of the Environment, Food and Rural Affairs

# 프롤로그

## 높은 곳에 있는 과학

2001년 11월 중순 어느 음산하고 우중충한 가을 주말, 유럽인들은 색다른 회담 장소를 마련했다. 장소는 겐스하겐Genshagen으로 구동독 브란덴부르크 Brandenburg주에 있으며 베를린시 정남쪽에 위치하고, 역사가 긴[1] 평범하고 작은 마을이다. 전시 독일에서 최대 규모의 다임러-벤츠Daimler-Benz[2] 항공기 엔진 공장이 겐스하겐에 있었다. 현재는 독일-프랑스 간 경제, 정치, 과학, 문화 등의 교류 증진을 위해 비공식적인 지원을 받아 설립된 베를린-브란덴부르크 연구소Berlin-Brandenburg Institute, BBI가 있다. 연구소 본부인 겐스하겐성城은 유럽의 단합을 위한 건물답게 매우 우아했다. 이 본부는 1878년에 완공된 4층 건물로 레베레흐트 폰 에베르슈타인Leberecht von Eberstein 남작의 영주관領主館, manor house이었고, 7헥타르 크기의 공원 안에 있으며 지역 기념물을 소장하고 있었다. 1993년 베를린-브란덴부르크 연구소가 설립된 이후 재건축에 400만 독일마르크(약 200만 유로)가 들었으며, 메인 살롱은 과거 위엄을 되찾았다. 흰 벽, 큰 창문, 그림이 그려진 정간井間, 벽화와 도금된 천장은 조용한 장막을 이루고 있었다. 독일 총리 게르하르트 슈뢰더Gerhard Schröder와 프랑스 총리 리오넬 조스팽Lionel Jospin은 여러 성직자, 학자, 지식인과 함께 베를린-브란덴부르크 연구소 회의에 참석했다.

이 특별한 주말이 아니었다면 겐스하겐은 가볼 만한 곳이 아니었다. 흐린 하늘, 말라비틀어진 가지들, 색 바랜 건물들, 지나간 차의 바퀴자국 위로 내리는 진눈깨비는 우울한 분위기를 연출하고 있었다. 이런 분위기는 정치적이진 않았지만 충분히 무거웠다. 이 회의는 공식적으로 생명윤리에 관한 유럽의 기본 가치europäische Grundwerte in der Bioethik를 논의하는 자리였다. 그러나 표면 아래에는 정치적 의도가 있었다. 베를린-브란덴부르크 연구소에서 열렸던 회의는 2002년 1월에 예정된 회의를 포함해 두 번 개최될 예정이었다. 이 회의는 배아줄기세포embryonic stem cell를 독일에 수입할 것인지에 관해 2002년 1월 말 예정된 독일 연방의회Bundestag 논의에 앞서 열렸다. 양국 윤리위원회 위원들은 이 쟁점을 논의하기 위해 저명한 과학자·변호사·성직자·정치인을 만났다. 생명과학 연구가 인간의 기본 가치를 훼손하는지, 만약 그렇다면 유럽 내에서 그런 결정을 위한 공통 기반이 있는지를 논의했다. 배아는 인간 존엄을 보장하는 헌법에 의해 완전한 보호를 받을 자격이 있는가? 독일과 프랑스 전문가들은 이 관점에 동의하는가? 대륙에 있는 두 국가의 법문화가 영국의 법문화와 다르다면 '유럽'은 어떻게 될까? (영국은 독일과 프랑스를 비판하는 입장이며 영불해협을 사이에 둔 동맹국이다.) 그리고 그 결과는 어떨까?

2001년 독일은 사민당과 녹색당Green Party 연합인 '적녹' 연정이 통치하고 있었다. 연정 입장에서 이런 질문들은 그저 형이상학적이거나 윤리적인 것만은 아니었다. 총선이 1년도 남지 않은 상황에서 정부는 다급했다. 경제는 침체에 빠졌고, 실업률은 상승했다. 노년층은 첨단 기술을 다루는 능력이 부족했으며, 통일에 따른 재정 부담도 지속되었다. 독일도 다른 서구 국가들처럼 경제 성장을 위한 기술을 찾고 있었다. 배아의 윤리적 지위에 관한 난해한 논쟁에는 과학과 국가에 관한, 그리고 경기 회복을 위한 혁신 의제들이 포함되었다. 배아연구가 그다지 문제되지 않은 영국은 이 회의가 특별한 도전이었다. 독일 사회학자 볼프강 판 덴 델레Wolfgang van den Daele는 독일 슈뢰더 총리 직속의 국립윤리위원회Nationaler Ethikrat 위원이었다. 그가 영국의 정책을 지지한 것에는 나름 이유가 있었다. 판 텐 델레가 주장했듯이, 중요한 점은 영국에서 민주적인 방법으로 결정을 이끌어냈다는 것이다. 무엇보다 적법성을 확보할 수 있었던 것은 결과가 아니라 과정 때문이었다.

그러나 겐스하겐 회의에는 더 중요한 정치적 현안이 걸려 있었다. 최근 유럽 정치 영역에서 시민권이 긴급한 문제였다. 논의 주제는 유럽의 가치에 관한 것으로 단순한 주제가 아니었다. 만약 초월적인 유럽의 가치가 있다면, 그것은 품격 있는 방에서 진행되는 생명윤리 논의를 통해 정의될 수 있을까? 생명윤리 문제는 유전공학·분자생물학·기업의 생명공학이 발전하면서 새롭게 등장한 존재에 대한 윤리적 합의점을 찾는 데 집중되었다. 완전한 인간에게만 주어졌던 의무와 권리 담론이 배아와 줄기세포에도 적용되어야 했다. 새로운 생물학적 구성물도 인간이기 때문에 보호해야 하는가? 의식이 있더라도 인간이 만든 제품과 구별해야 하는가? 회의 참석자 명단이 보여주는 것처럼, 그저 답을 내는 것만으로는 충분하지 않았다. 누가 쟁점에 관해 발언하는지도 중요했다. 예를 들어 종교적 관점을 지닌 사람도 법률가나 문화전문가, 과학에 세속적·진보적 관점을 지닌 사람과 동등하게 발언할 수 있어야 했다.[3] 또 다른 쟁점은 기본 가치에 대한 내부 불일치를 어느 정도까지 포용해야 단일한 유럽으로 남을 수 있는가 하는 문제였다. 전쟁과 화해의 복잡한 역사를 지니고 있으면서도, 지리적으로 격리된 겐스하겐에서 참석자들은 생명윤리라는 낯선 주제를 논의하면서 21세기 유럽의 헌법을 고민하고 있었다.

※※※

독일 속담 중에 "나라가 다르면 풍습도 다르다"라는 말이 있다. 생명과학 관점에서 보면 이 속담은 부분적으로만 사실이다. 생명과학 연구와 발전의 한계에 지속적으로 의문이 제기되기도 했지만, 서구 국가들은 이 쟁점이 최고위급의 정치적 관심을 받을 만하다고 생각했다. 예를 들어 2001년 1월 22일 영국 상원은 인간 줄기세포 복제 허용에 관한 투표를 실시해 120표 차이의 다수결로 통과시켰다.[4] 1년 뒤인 2002년 2월 13일 상원 특별위원회는 줄기세포 연구를 승인하는 보고서를 채택했다.[5] 핵심 쟁점에서 독일과 다른 정책을 제시한 보고서의 결론은 뒤에 다시 살펴볼 것이다. 지금 관점에서 볼 때 흥미로운 점은 영국의 비선출직 입법기관에서 이 쟁점을 논의했다는 것이다. 《타임스 오브 런던Times of London》의 보수 논객인 사이먼 젠킨스Simon Jenkins는 2001년 상원 투표의 아이러니와 그 투표의 헌법상 미묘한 의미를 지적했다.[6] 젠킨스는 냉소적으로 이렇게 말했다. "그 월요일 밤, 영국의 줄기세포 연구는 민주적이지도 않고 전문적이지도 않으며 지역 대표도 아닌 입법기관 사람들의 손에 달려 있었다."[7] 그가 보기에 줄기세포에 관해 발언할 수 있는 도덕적 권위는, 국가 차원의 질문을 제기할 수 있는 정치적 권위와 분리될 수 없었다. 젠킨스 관점에서 보면 비선출직 귀족들은 이런 자격을 갖추고 있지 않았다.

미국에서도 줄기세포는 주요 정치 의제였으며, 이 쟁점은 대통령 직무를 바꿔놓은 정치와 관련되었다. 9·11 테러가 일어나기 한 달 전인 2001년 8월 9일 조지 W. 부시George W. Bush 대통령은 첫 TV 연설을 했다. 연설은 2000년 대통령 선거 당시 주요 이슈였던 국가 안보, 세금 정책, 교육이 아닌, 바로 줄기세포 연구를 위한 연방 기금에 관한 것이었다. 대통령은 우파 진영의 기독교 근본주의자들과 중도좌파 성향의 기업 및 과학에 관심이 있는 사람들 사이를 조정해가면서 불안정한 타협안을 발표했다. 새롭게 배아줄기세포를 만드는 연구에 연방 기금을 지원하지는 않겠지만, 이미 존재하는 세포주를 활용하는 연구에는 연구비를 지원한다는 것이었다. 2001년 9·11 테러가 일어나기 전 조용했던 시기에 이 발표는 뉴스의 헤드라인을 장식했다. 이렇게 생명과학 연구에 관한 대통령의 발표가 언론의 주목을 받은 것은 처음이 아니었다. 그 전해인 2000년 3월 14일 미국 빌 클린턴Bill Clinton 대통령과 영국 토니 블레어 총리는 모든 연구자가 자유롭게 활용할 수 있도록 인간게놈에 관한 '기본 정보fundamental information'를 요청하는 공동 성명을 발표했다.[8] 언론의 부정확한 발표 때문에 생명공학 주가가 즉시 가파르게 하락해, 하루 만에 100억 달러(시가 총액의 25%)가 사라졌다.[9] 이 관점에서 보면 1987년 3월 미국 로널드 레이건 대통령과 프랑스 자크 시라크Jacques Chirac 대통령의 합의, 즉 후천성면역결핍증AIDS 바이러스를 처음으로 규명한 연구자에 관한 우선권 논쟁을 공개적으로 합의했던 회의와는 양상이 달랐다. 양국 정상들은 발견에 따른 엄청난 경제적 잠재력을 암묵적으로 인정하면서, 발견의 명예를 공동으로 갖는다는 합의 결과를 발표했다. 이 합의에서는 발견에 따른 성과 배분이 해결되지 않아 경제적 이익을 포기하지 않겠다는 의지가 드러났다.

이런 일화들은 최근 경제적·사회적 발전에서 과학기술의 핵심 역할을 잘 보여준다. 이것은 19세기와 20세기의 낡은 산업사회에서 '지식사회'라는 새로운 글로벌 사회로 이행되고 있다는 사회학자들의 주장을 뒷받침한다.[10] 새롭게 등장한 지식사회에서 지식은 천연자원을 대체하는 국가의 핵심 자원으로 간주되며, 지식을 가진 개인은 핵심 자본을 가졌다고 간주된다. 따라서 국가 정책은 지식을 만들고 개발하는 방향으로 집행되며, 과학지식과 기술 전문성은 최고 가치로 간주된다. 자원의 특성과 분배, 그리고 과학·기업·국가의 역할이 급격히 변해 정치도 그에 따라 신속히 바뀔 수밖에 없다. 생명공학 분야에서 줄기세포의 도덕적 지위에 관한 의견 충돌은 여러 쟁점 가운데 하나에 불과하다. 형질전환 작물의 위험, 유전자 변형 식품의 허용에 관한 미국과 유럽 사이의 논쟁, 생물안전과 생물다양성의 국제 관리에 관한 불일치, 인간 유전자 조작의 한계에 관한 세계적인 관심 등이 그것이다. 여기서 중요한 점은 이 쟁점이 21세기 상호연결·지식기반·첨단기술 경제 변화와 관련된 논쟁이라는 것이다. 생명과학은 이런 재구성이 이루어지는 분야로 명확하게 주목받고 있다.

생명공학 정책의 국가 내 또는 국가 간 충돌은 21세기 과학과 민주주의 사이에 상당한 불확실성을 보여준다. 산업사회에서 지식사회로의 이동이 조직 역량, 사회 계층, 개인의 자유에 어떤 결과를 초래할까? 이 변화에서 시민 참여 또는 정부 책임 같은 민주주의의 핵심 가치들은 어떻게 될 것인가? 누가 승자이고 누가 패자인가? 지금까지 합법적이고 정치적인 목적으로 작동되어온 과학기술이 국내 및 국제 정치 혼란의 촉매로 작용한다면, 기존 정부기관들은 어떤 계획을 수립해야 하는가? 과학기술이 효과적·윤리적·민주적인 방향으로 나아갈 수 있도록 판단할 수 있는 국제적 기준이 있는가?

나는 이 책에서 영국, 독일, 미국, 유럽연합의 생명공학 정치를 비교 연구함으로써 이 질문들을 살펴볼 것이다. 1970년대 DNA 재조합 실험의 안전성 논쟁이 이 이야기의 배경이다. 그러나 책에서 주로 논의하는 시대는 1980년대부터 현재(미국에서 이 책이 출간된 2005년._옮긴이)까지이다. 이 시기를 선택한 것에는 세 가지 이유가 있다. 첫째, 역사적으로 중요한 1975년 아실로마 회의 Asilomar conference와 그것이 미국 국립보건원NIH의 재조합 DNA 연구 지침에 미친 영향과 관련해 많은 자료가 있기 때문이다.[11] 과학사학자들과 과학사회학자들은 그 이후에 진행된 발전에는 주목하지 않았으며, 민주주의 이론을 연구하는 사람들도 주목하지 않았다. 둘째, 미국의 생명공학 정책이 1970년대 유럽에 영향을 주었지만, 1980년대 유럽은 체계적인 비교 분석과 연구를 통해 유럽만의 독자적인 정치와 정책을 수립했다. 유럽의 경제적·정치적 통합이 진전되면서 유럽집행위원회European Commission, EC는 생명공학 연구개발을 지원하고 규제하는 새로운 활동을 담당했다. 이와 동시에 유럽연합 회원국은 생명공학 발전에 독자적인 참여자로 등장했다. 셋째, 생명공학 연구 결과가 산업에 이용되면서 윤리적·사회적·환경적으로 파생될 결과가 많은 관심을 받았다. 생명공학 연구개발의 적절한 목표를 설정하는 과정에서, 유전공학 연구에 대한 지지와 반대 입장이 모두 논의에 포함되었다. 미국뿐만 아니라 유럽에서도 새로운 포럼, 행위자, 도구, 담론으로 중요하고도 다양한 정치 의제가 제기되었다. 따라서 민주 정치와 거버넌스의 변화는 중요한 연구 주제가 되었다.

## 민주주의에 관한 질문

생명공학을 정치적으로 수용하는 과정을 살펴보면 우리는 21세기 민주 정부가 직면하고 있는 많은 문제를 관찰할 수 있다. 과학기술은 수 세기 동안 사회 진보와 개인의 자유를 위한 도구로 간주되었다. 그러나 과학지식이 경제적·정치적 권력과 결합되고 새로운 전문가 엘리트들이 등장하면서 통치자와 피통치자의 거리가 멀어질 것이라고 예상되었다. 이 우울한 예측은 투표율과 시민 참여가 낮다는 사회적 문제를 반영했다. 과학은 역사적으로 정치와 신중하게 거리를 유지하면서 합법성을 확보했다.[12] 과학이 국가의 도구가 되면서 정부나 사회를 공정하게 비판할 수 있는 권위를 상실한 것은 아닌지 진지하게 질문해야 한다. 생명공학이 세계화되면서 기회와 평등 측면에서 새로운 질문이 제기되었다. 예를 들어 체외수정이나 '유전적 향상genetic enhancement'과 관련된 것이 있다. 생명과학이 발전해 새로운 유전적 하층계급이 등장할까? 생명과학이 생명을 정의·분류·규제하는 권력을 지닌 국가를 더 강력하게 하는가?[13] 이러한 질문에 답하기 위해서는 생명과학 정치를 연구해야 한다. 특히 국가 간의 비교 연구는 이런 물음에 답하는 데 유용하다.

이 책에서 다루는 이야기들은 과학적·사회적 발명에 관한 것이다. 서구 세 국가와 유럽연합이 어떻게 생명공학을 지원하며, 어떤 새로운 논쟁이 일어났는지에 관한 것이다. 또한 안전성 측면에서 생명공학 연구 결과물이 사람들을 어떻게 안심시켰는지에 관한 것이기도 하다. 유전공학 제품 평가나 규제 절차는 국가 수준에서 수행되기 때문에, 생명과학 연구개발은 제도나 절차를 수립하는 정치적 문제와 함께 발전했다. 또 다른 이야기는 재발명reinvention에 관한 것이다. 생명공학 기술이 야기할 수 있는 위험 문제를 해결하기 위해 도입된 방법이 어떻게 재생산되고 강화되는지를 다룬다. 이런 측면에서 생명공학 정치는 민주 정치를 관찰하는 데 유용하다.

여기서 등장하는 비교 연구는 과거에 제시되었던 주장들을 발전시키고 확장한 것이다(하지만 지난 작업에서는 이 책의 핵심 내용이 비중 있게 다뤄지지 않았다). 첫째, 오늘날 과학기술 정치를 주의 깊게 들여다보지 않고서는 민주주의를 적절한 용어로 명확하게 설명할 수 없다. 현대사회가 지식사회라는 것이 그 중요한 이유 중 하나이다. 집단의 결정을 이끌어내기 위해 지식을 생산하고 논의하는 방식은 정치적으로 중요한 행동이다. 지식 생산과 사용을 파고들지 않고서는 시민권·숙의·책임 같은 민주주의 이론의 핵심 개념들을 다룰 수 없다. 생명과학과 그 응용 결과 때문에 존재론적 변화와 재분류가 요구되며, 새로운 존재와 오래된 존재를 이해하는 새로운 방식이 필요했다. 이런 변화는 자연·사회·정치 질서에서 인간의 위치와 정체성을 재성찰하도록 촉구한다. 이 책에서 우리는 유전학 및 관련 과학기술 분야에서 발생하는 행정이나 사법 절차의 혁신, 시민 참여, 대중 설득 담론이 등장하는 모습 등을 살펴본다. 이와 함께 현대 민주주의 발전의 주요 사례인 기술 자문위원회, 법적 절차, 규제 평가, 과학 논쟁, 환경단체와 다국적기업의 웹 페이지 등도 살펴본다.

책의 두 번째 주제는 다음과 같다. 세 국가에서 생명과학 정책은 세계사의 결정적 시점에서 의도적인 국가 건설 프로젝트, 더 정확하게는 국민성nationhood을 재구성하는 프로젝트와 관련된다.[14] 독일의 경우가 가장 명확하다. 독일에서 생명공학 쟁점은 반복되는 두 가지 국민성 내러티브와 관련된다. 두 번의 세계대전과 홀로코스트 이후 독일의 정체성을 재구성하려는 미완의 프로젝트와, 통일 이후 국가의 정체성을 어떻게 규정해야 하는지에 대한 질문이다. 유럽화Europeanization에 대한 논쟁이 격렬해지면서 독일의 정체성을 찾는 작업은 더욱 긴급해졌다. 독일보다 약하기는 하지만 영국에서도 생명공학을 둘러싸고 국가 정체성에 대한 질문이 제기되었다. 영국에서 벌어진 생명과학 논란은 세기말적 우려에 사로잡혀 있었다. 이는 마거릿 대처Margaret Thatcher 총리 이후 노동당 재건과 관련되며, 21세기 경제 사회에 뒤처진 기관을 현대화하고 민주화하려는 노력이었다. 이 시기에 영국은 독립적인 고등법원을 설치하고 대학생에게 등록금을 부과했으며, 스코틀랜드와 웨일스에 정치권력을 위임했다. 첨단 기술을 어떻게 다시 확보할 것인가? 이 과정에서 도출해야 할, 또는 하지 말아야 할 사회적 합의는 무엇인가? 이 질문들이 영국의 구조조정에 중요했다.[15]

베를린이나 런던과 마찬가지로 브뤼셀에서도 정체성과 정당성은 생명공학 정책과 관련되었다. 2000년대 초반 유럽연합은 선거 무관심과 깊은 불신을 해결하기 위해 노력했지만, 별다른 성과 없이 좌절을 겪었다. 영국 저널리스트는 유럽의 선거 정치를 애처롭게 관찰하면서 "리얼리티 TV 프로그램이 선거보다 더 많은 표를 받을 때 민주주의가 위기에 빠졌다"라고 말했다.[16] 유럽연합은 얼마나 많은 다양성을 포용하면서도 공동체로 존속할 수 있는가? 각국의 가치와 정치 전통이 유럽연합 차원에서 제안된 정책보다 먼저 고려되어야 하는 때는 언제인가? 이 질문의 대답을 찾는 과정에서 유럽연합과 미국이 생명공학 분야에서 해야 할 일을 확인할 수 있다.

국가 건설 담론은 2000년대 미국의 상황에는 적용하기 어렵다. 미국은 확고한 국경선을 확보하고 아프가니스탄과 이라크에 군사적으로 개입하면서, 21세기 초반 국가 통합·정체성·목표에 영향을 받지 않는 것처럼 보였다. 하지만 냉전이 끝나고 '테러와의 전쟁'이 시작되자 세계에서 미국의 지위가 재평가되었다. 미국 민주주의는 국가적·초국가적 정치 의제들을 암묵적으로 재협상해야 했다.[17] 기술 리더십과 탈규제라는 미국 내부의 이데올로기를 재확인하면서, 시장자유주의가 미국 생명과학 환경을 결정했다. 연구개발에서 세계를 선도하는 미국은 최초로 개발한 과일의 세계적 판로를 개척하는 과정에서 예상하지 못했던 반대에 부딪혔다. 생명공학과 관련된 저항은 미국 제국주의 권력에 대한 저항의 대체물이 되었다. 미국과 유럽에서 국가 차원의 거시적인 정치 역학과 생명공학의 미시정치 사이의 관련성을 추적하면서, 이들 사이에 단순한 인과관계가 있다고 주장하려는 것은 아니다. 지정학적으로 중요한 사안에서 특정 논쟁들이 국가 정체성에 어떻게 반영되었고, 정체성에 관한 논란에서 어떤 영향을 받았는지를 검토한다.

세 번째 주제는 현대 민주주의에 중요한 정치문화political culture에 관한 것이다. 정치문화라는 개념이 다소 모호하기는 하지만, 세계화가 가속되는 시대에 분석가와 정치연구자들이 반드시 검토해야 하는 문제이다. 정치 자료에서 정치문화는 '다른' 장소와 시간으로 투영되었다. 19, 20세기 문화인류학자들은 자신들의 사회적 믿음은 과학과 이성이라는 보편 위에 정립된 것으로 보면서, 문화를 외계인, 원시인, 비주류 사회에서만 찾으려 했다. 따라서 정치문화 연구란 비서구 정치 또는 전근대 정치를 다루는 작업이었다.

이 책에서 진행된 비교 분석은 외국의 정치문화를 이국적이거나 외래적인 것으로 이해하는 데 문제가 많다는 사실을 보여준다. 경제적·사회적으로 통합된 서구 국가들조차 과학기술을 수용하는 방식이 상당히 달랐다. 이 차이점은 충돌하는 이데올로기, 국가 차원의 이해관계, 정책 우선순위, 기술개발 같은 용어로 설명될 수 없다. 기술에 우호적인 국가 정책, 지식과 자본의 세계적 이동, 과학자·사회운동·기업 같은 초국적 행위자에 의한 균질화 작업이 이루어졌음에도 차이가 발생한다. 공통된 경제적·사회적 과제에 직면하는 방식도 국가마다 다르다. 재생산 과정에서 차이들이 드러나고, 이를 이해하거나 설명하는 것이 어렵기 때문에 지적인 개입이 필요하다. 특정 국가의 시민들이 사물에 대해 공통 지식을 갖게 되고, 그 지식을 정치 행위에 적용하는 체계적인 실천 양식에서도 중요한 차이점들이 드러난다. 이처럼 문화적으로 특유한 지식을 '시민 인식론civic epistemology'이라고 명명하고 10장에서 자세히 다룬다. 또한 10장에서는 집단행동의 근거가 되는 지식이 민주주의에 기여하는 방식도 분석한다. 민주 정치가 집단의 목적을 위해 공통 지식을 확보하는 과정은 정치문화의 중요한 특징이기 때문이다.

정치문화의 새로운 해석을 통해 우리는 미국, 영국, 독일의 연구에서 제기된 문제들을 이해할 수 있다. 미국에서 원자력발전이나 화학물질이 발생시키는 환경 문제에 대해서는 격렬한 논쟁이 벌어졌지만, 유전공학이 발생시키는 이익이나 위험에 관해서는 상대적으로 관대했다. 영국은 미국과는 반대였다. 영국의 경우 오염과 기술의 위험에 있어서는 역사적으로 관대했지만 제도 혁신에는 상대적으로 완강히 저항하면서, 생명공학 정치의 주요 실험장이 되었다. 반면 독일의 경우 전문가위원회, 학계, 대중매체의 엘리트들 사이에 벌어진 극도로 정교하고 치밀한 공적 논쟁은 공공 정책기관의 혁신을 이끌어내는 데 실패했다.

세 국가에서 동일한 사건이나 이슈가 등장할 때, 국가별로 서로 다른 정치적 경로를 추적해 비교라는 퍼즐을 확인할 수 있으리라 기대했다. 예를 들어 미국과 독일에서는 농업 생명공학과 유전자 변형 식품이 왜 공개적으로 논의되지 않았는가? 영국에서는 왜 큰 관심을 받았는가? 왜 영국에서는 배아연구에 관한 격렬한 논쟁이 없이 상당한 연구가 허용되었던 반면, 미국에서는 이 쟁점이 심각하게 나타났으며, 독일은 어려운 선택을 회피하면서 정치적 주목을 비켜갔는가? 유럽에서는 생명체에 관한 특허 승인을 두고 윤리 문제가 제기되었지만, 왜 미국에서는 그렇지 않았는가? 세 국가와 유럽연합 모두에서 국가별 맥락에 따라 주요 정책 담론으로 제기된 생명윤리가 상당히 다른 방식으로 이해되었다는 사실은 어떻게 설명될 수 있는가?

이처럼 국가 간 다양성과 특수성은 로버트 케이건Robert Kagan이 2000년대 서구 국가 권력에 관한 에세이에서 밝힌 유럽과 미국의 단순 일반화를 거부한다.[18] 케이건은 이렇게 주장했다. "유럽과 미국이 공통된 세계관을 공유하고 있으며, 동일한 세계를 점유하고 있다는 착각을 버려야 한다." 나도 전 지구적으로 '공통된 세계관'을 공유하고 있다는 생각에 반대한다. 하지만 내 생각의 출발점과 지향점은 케이건과 다르다. 생명공학 맥락에서 '유럽'과 '미국'은 케이건이 문화를 획일적으로 설명했던 것보다 유동적이고 논쟁적이다. 문화 내부 또는 문화들 사이에서 충돌이 발생하기 마련이다. 과학기술 개발에 따라 충돌은 더 자주 발생한다. 따라서 분석가는 문화 정체성이 어떻게 역동적으로 재규정되고 변환되는지를 밝혀야 한다. 유럽은 여러 행위자들이 개입된 상상된 공동체imagined community(베네딕트 앤더슨Benedict Anderson이 『상상된 공동체: 민족주의의 기원과 보급에 대한 고찰』에서 제안한 개념. 그는 민족이나 민족주의 개념이 근대 자본주의 발전과정에서 생겨난 역사적 구성물이라고 주장하면서, 이를 상상된 공동체라고 지칭했다._옮긴이)이다. 이 행위자들은 유럽을 제도화하며, 각국의 특수성을 단일한 유럽 공동체로 만들려 한다. 하지만 경제·정치·윤리 측면에서 많은 문제가 해결되지 않은 채 남아 있다.[19] 유럽과 미국이 동일한 세계에 있지 않은 건, 그들이 위치한 세계 자체가 불확실하고 논쟁적이기 때문이다. 국민국가들이 위치하고 있는 세계는 균질하지 않으며 변화하고 있다. 적절한 수준의 경제·정치·사회·기술 통합이 이루어져야 한다는 규범적 신념을 표상하고 획득하는 방식은 국민국가마다 다르다. 세계화는 이런 긴장을 해결하지 못한다.

오히려 공존의 문제를 더욱 분명한 문제로 만들 뿐이다. 이 상황에서 누구의 세계관이 자연스러운 것으로 간주되고 '실재'로 간주되는지는 정치적·인식론적으로 중요하다. 세계를 구성하는 방식들이 경쟁하고 논쟁하면서, 비군사적인 방식으로 협상을 강요받는 현상을 관찰하는 데 생명공학 정치는 매우 생산적인 주제이다.

책에서 나는 복잡한 사회·정치 현상을 설명하기 위해 해석적 사회과학interpretive social science과 과학기술학에서 사용하는 방법을 사용했다. 역사적 성찰, 세밀한 텍스트 독해, 인터뷰, 주요 기관 관찰, 법적·정치적 발전에 관한 정성 분석을 통합했다. 이를 통해 부유하며, 기술이 발전되고, 숙의 민주주의deliberative democracy가 정착된 세 국가가 자연에 개입하는 최신 기술을 어떻게 규정하는지를 살펴본다. 나는 국가별 생명공학 정치의 차이를 다루는 불완전하고 일반적인 관점들에 이의를 제기하기도 했고 반대하기도 했다. 그 예를 들어보자. 첫째로 미국과 유럽에서 유전자 변형 작물과 식품 정책이 다른 것은 유럽의 보호주의 때문이며, 국제정치적 교착 상태를 벗어날 수 없다는 주장을 들 수 있다.[20] 그 대항 명제인 두 번째 관점은 다음과 같다. 국가 간의 의견은 수렴되는데 이는 과학적이고 경제적인 합리성에 따른다는 것이다. 세 번째 관점은 '역사'의 비대칭에 관한 것이다. 독일은 유전공학에 반대하지만, 영국과 미국은 유전공학을 수용하며 반대하지 않는다. 이는 자연스럽고 당연하다. 네 번째 관점은 각 국가가 동일한 기술을 수용하면서 벌어진 사건들(유전자 변형 제품을 거부한 사건들)을 사회적 맥락에서 설명하지 않으면서 대중 히스테리나 언론, 과학에 대한 대중의 오해 탓으로 본 시각이다.[21]

나는 오랫동안 비교 작업을 하면서 일부 독자들이 회의적이라는 사실을 알게 되었다. 세계가 경제적·사회적 측면에서 수렴되고 있다는 관점을 지지하는 사람들은 국가의 정치문화라는 용어로 정책 결과를 설명하려는 시도를 퇴보적인 것이라고 비난했다. 그들은 이런 연구가 서로 가까이 끌어당기려는 흐름들을 무시한 채 국가 간의 차이를 과장하는 행위라고 비판했다. 또한 국가 간 비교 작업이 지적으로 위험하다고 비판했다. 이런 비교 작업으로 국경이 물질화되고, 다양성과 변화가 무시되며, 국가 정체성이라는 협소한 고정관념이 강화될 수 있다는 것이다. 저명한 예술사가인 스베틀라나 앨퍼스Svetlana Alpers는 17세기 네덜란드 예술에 관한 연구에서 비슷한 질문을 받고 이렇게 대답했다. "국가 간의 예술이 지속적으로 상호작용했던 점을 무시하고 유럽 예술의 차이만을 강조하고 있다는 일부의 비난에 대해, 나는 그들이 연구 목적을 오해하고 있다고 생각한다. 나는 애국주의를 강조하지 않으며 새로운 경계를 만들거나 유지하지도 않는다. 다만 예술의 이질적인 본성에 초점을 맞추었을 뿐이다."[22] 나는 앨퍼스가 북유럽 예술에서 논의했던 방식을 서구 민주주의에 적용하려고 한다. 과학기술이 여러 측면에서 문화와 만나는 지점을 보여주면서, 그 내부의 이질성을 드러낼 것이다.

내가 제시하는 비교 설명은 생명공학을 둘러싼 새로운 위기가 언제 어디에서 발생할 것인지를 예측하지 않는다. 과학과 정부의 신뢰를 회복하기 위한 절차를 제시하는 것도 아니다(독자들은 어떤 종류의 과학기술 쟁점이 각 국가에서 민감하게 논의되는지를 쉽게 알 수 있을 것이다). 나는 정치 전통이 유사한 세 국가가 생물학과 생명공학에 관련된 여러 목표를 향해 나아가는 데 작동하는 논리들의 차이를 보여주려고 했다. 이 책의 목적은 이런 발전을 정치적·문화적으로 평가하는 능력을 증진하는 것이다. 막스 베버Max Weber와 여러 독일 정치철학자의 표현으로 말하자면, 인과적 설명Erklärung보다는 이해Verstehen에 그 목적이 있다.[23] 이는 후기 근대의 중요한 사회정치적 변화에 관한 환원적이고 선형적인 설명을 피하고, 그 변화에 대한 경험들의 애매함과 풍부함을 올바르게 평가하는 스토리텔링을 선호하는 것이다.

# 1장 왜 비교하는가?

    생명공학 정치와 정책은 우리 세계관에 닥친 심각하고 불안정한 두 변화의 교차점에 서 있다. 그중 하나는 인지적인 것이고, 다른 하나는 정치적인 것이다. 이 독특한 상황에서 생명과학 프로젝트는 인간의 조건을 직접 개선할 수 있는 것으로 여겨진다. 또한 생명과학은 후기 자본주의 및 기술 민주주의의 승리와 시련을 비교할 수 있는 적절한 렌즈이다.

    최신 인지cognitive 관점에서 지식은 사실주의realist에서 구성주의constructivist로 변했다. 수십 년 동안 진행된 과학기술의 사회구성주의 작업, 그리고 판단의 유사성이나 차이점에 관한 우연성 관점에서[1] 객관과 진보는 절대주의자들의 주장을 비판할 수 있었다. 과학지식은 단순히 축적되는 것이 아니며, 기술이 인간 복지를 지속적으로 증가시키는 것도 아니라는 사실은 이제 잘 알려져 있다. 과학과 기술의 변화는 이미 존재하고 있었던 사회변수에서 시작된다.[2] 예를 들어 환경규제에서 위험과 안전, 자료 수집과 진상 조사, 인과관계와 책임, (생명공학에서 특히 중요한) '자연'과 '문화'의 경계는 그동안 가려져 있던 사회적 가정들을 드러내면서 보편적 가치를 상실했을 가능성이 크다.[3] 정책 입안자가 업무에서 사용하는 방법들 역시 중립적이지 않고, 정치적 타협과 경계선 유지에 따른 결과로 보아야 한다. 다른 목소리와 관점이 무시되면서 특정 관점을 선호한 결과이다.[4] 정책의 성공과 실패를 평가하는 기준은 협상의 산물이다. 평가자는 평가 기준으로 우연적이고 국소적인 신뢰성과 적합성을 선택한다. 과학의 특별한 권위는 세계의 언론을 통해 확산되면서 실재를 다루는 다른 체제와 경쟁한다. 또한 과학의 전문성은 다양한 사회 정체성과 여러 이해당사자에 의해 사용된다.[5] 국가 간 정책 성과를 비교하는 작업에서 이런 복잡성이 고려되어야 한다.

정치 측면에서 보면 국민국가의 권위는 점점 해체되고 있다. 그 결과 민주정부의 형태를 다시 성찰하게 되었다. 국가의 주권은 환경 변화, 자본과 노동의 이동, 통신 수단의 발전, 과학기술 지식의 국제적 이동, 초국가적 기관의 등장, 다국적 기업, 사회운동 비판 등에 의해 약화되었다.[6] 자유무역 및 지속 가능한 발전 같은 국제적 쟁점이 정치적으로 부각되었다.[7] 이와 동시에 문화와 장소의 특수성에 기반을 둔 지방자치를 강력하게 요구하는 저항에도 부딪쳤다.[8] 그 결과 근대의 '낡은' 정치는 문제에 직면했고 '새로운' 정치가 등장했다. 여기서 '낡은' 정치는 합리, 객관, 보편, 중앙 집중, 효율을 핵심 가치로 내세우지만 '새로운' 정치는 다원주의, 지역주의, 환원 불가능한 모호함, 라이프스타일과 취향이라는 심미주의를 핵심 가치로 내세운다.

이런 변화로 시민의 요구를 파악하고 이를 만족시키는 정부의 능력에 의문이 제기되었으며, 결국 국가와 시민의 연결이 약해졌다. 그러나 동시대 지적인 시민들은 복지와 번영에 영향을 주는 기술 변화를 통제하라고 강력히 요구하고 있다. 지금은 새로운 정치 질서의 근거를 입증해야 하는 시기이다. 새로운 질서의 성공 여부는 생명 조작 능력과 그에 따른 불확실성이 큰 상황에서 현명하게 살아가는 방법을 학습하는 데 달려 있다.

유전공학과 유전공학이 수용되는 데 필요한 인지적·사회적·물질적 조정은 21세기 정치의 핵심이며, 이는 이전 30년 동안의 정치사에서도 마찬가지였다. 공공선을 위해 생명공학을 사용하고 민주적으로 통제하려는 시도는 글로벌 시대 산업국가의 정치문화에서 핵심을 이루고 있다. 이러한 노력은 사회적 이익이나 위험의 생산 및 분배와 관련된다는 점에서 정치적이다. 또한 자연에 개입하는 생명공학의 사회적 의미, 정체성, 생명 형태에 심각한 영향을 준다는 점에서 문화적이다. 따라서 생명공학에 관한 국가별, 지역별 논쟁을 비교하는 작업은 지금 주위에서 벌어지고 있는 정치를 규정하고 이해하는 데 도움이 된다. 비교 작업은 개인 및 정치공동체 차원에서 행동 지침을 결정하는 데에도 유용하다. 그렇다면 이 프로젝트는 어떻게 조직되어야 하는가? 어떤 방법을 사용해 무엇을 비교해야 하는가? 이 설명의 궁극적 목적은 무엇인가?

정책 비교 작업은 선례를 참고해 지금의 문제를 해결하려는 의도로 수행되었다.[9] 분석가들은 어떤 기관, 국가, 정치제도가 특정 정책 목표를 '더 훌륭히' 구현했는지 객관적으로 평가할 수 있다고 가정해왔다. 그리고 이 평가를 이용해 행동 지침을 결정한다면 정책 입안자들을 도울 수 있다고 보았다. 물론 실용적인 목적을 무시할 필요는 없다. 하지만 이와 같은 가정과 판단을 실천에 그대로 이용해서는 안 된다. 지식과 정책에 문화적으로 내재된 특성을 이해하면, 다른 국가의 경험을 그대로 학습하는 것을 점검해야 하는 이유를 알 수 있다. 비교 분석을 통해 얻은 통찰에 의하면, 정책 입안 과정에서 문화적 특수성을 무시하면 결과적으로 대부분 실패한다. 오늘날의 과학기술정책 비교 연구에서는 개선된 관리기법의 확산 외에도 또 다른 정당화가 필요하다. 비교 연구는 상상 속의 행정 엘리트들을 위해 탈맥락화된 글로벌 사례를 규정하는 작업이 아니다. 결국 비교 작업은 발전된 민주국가의 거버넌스를 위해 광범위한 의미를 제공하면서 과학과 정치의 상호작용을 조사하는 수단이 되어야 한다.

이 연구가 사회정치적으로 더 깊은 이해를 얻는 것에 목적이 있다면 비교 작업을 위해 사용해야 하는 개념들은 무엇이며, 과거의 방식과는 어떻게 달라야 하는가? 이 장에서는 새로운 형태의 비교 분석 사례들을 살펴본다. 비교 단위는 국민국가에서 정치 행위자, 이해관계자, 기관 같은 정적인 범주보다는 정치문화의 역동적 개념으로 분석되어야 한다. 이 연구의 목표는 현대 산업 민주국가에서 지식과 기술, 그리고 권력 사이의 연결을 추적하는 것이다. 또한 정책상의 행동과 결정을 특정 문화와 결합해 설명하는 것이다. 이 접근 방식은 기술 논쟁에서 결정을 내리는 데 정치문화가 어떤 역할을 했는지를 제시한다. 특히 근대 국민국가의 시민 인식론과 그것이 공적 지식의 생산에 준 영향을 살펴본다. 이를 위해 비교정치, 정책연구, 법연구에서 사용되고 있는 지식의 역사, 지식사회학, 기술문화인류학을 도입했는데, 해석적 방법은 새로운 과학기술이 수용되는 복잡한 양상들을 살펴보는 데 특히 유용하다는 사실을 제안한다.

이 장은 우선 영국과 독일, 미국에서 발생한 생명공학 논쟁을 비교하기 위한 이론적 성찰에서 시작한다. 그런 다음 비교 연구를 위해 세 국가를 선택하고, 생명공학을 분석하기로 한 이유를 포함해 연구의 구조를 다룬다. 마지막으로 나머지 장들을 간략하게 소개한다.


## 국가와 구조를 넘어서: 이론적 성찰

비교 분석 방법은 과학기술의 사회 참여에 관한 연구에서 새로운 방법론이다. 20년 전과 마찬가지로 공중보건, 의약품 규제, 산업 및 직업 안전, 환경보호 같은 기술 분야 쟁점에서 국가정책의 비교 연구는 여전히 초기 상태이다. 그동안 국가 간 과학기술 정치를 비교하는 연구는 적절하지 않다고 간주되어 왔기 때문이다.

애초에 비교 연구가 무시되었던 이유는 과학에 보편성이 있다는 확고한 믿음이었다. 정치제도는 변하지만 과학은 어디서나 동일하다는 것이다. 미국의 저명한 사회학자 로버트 머튼Robert K. Merton은 이 관점을 '보편주의univer-salism'라고 지칭했으며, 정치, 문화 영역을 뛰어넘는 지식의 불변성을 과학의 핵심으로 규정했다.[10] 또한 국가별 차이를 인정하지 않게 된 데에는 기술결정론 시각도 큰 영향을 주었다. 기술결정론이란 물질의 특성에 기반을 둔 기술의 내적 논리에 근거해 기술이 정해진 궤도를 따라 발전하고, 그 결과가 인간의 제도를 변화시킨다는 시각을 말한다.[11] 사회과학자들도 비슷한 경제결정론을 주장했다. 국가별로 정책이 다양하더라도 글로벌 시장에서 경쟁에 의한 압력 때문에 결국 모든 국가의 정책이 비슷해진다는 시각이다.

정치학 분야에서 이 지적은 충격적일 수밖에 없다. 주류 정치학자들은 기술적으로 복잡한 의사결정이 국가의 문화나 정치보다는 쟁점의 성격에 따라 달라진다고 보았다. 그렇기 때문에 정책 입안자들이 어디에 있든지 동일한 과학, 기술, 경제를 고려해야 한다는 것이다. 정책은 수렴되므로 국가별 비교 연구로는 새로운 통찰을 얻을 수 없다는 것이었다. 이 관점은 최근 정치학 자료에서도 볼 수 있다. 그러나 이 연구들은 의사결정 결과에만 집중할 뿐 근본적인 문제 제기에는 실패했다. 최근 연구들이 국가별 민주주의 정치문화의 차이와 특성을 보지 못하고 있다는 것이 이 책의 핵심 주장이다.[12]

이전의 비교 분석은 잘 알려진 대상을 연구하는 도구로 1980년대에 유행했다. 정치·경제의 세계화에 따라 정부와 기업(시민사회의 비경제적 조직의 경우 반드시 그런 것은 아니지만)은 규제를 조정해서 무역 장벽을 낮추려는 이해관계를 공유했다. 비교 연구는 정책과 가치가 충돌하는 지점을 분석하면서, 협상이나 국가 간의 동의를 이끌어내는 프로젝트에 유용하다. 환경보호처럼 기술 규제 영역을 비교 분석할 때 과학기술 정치가 핵심 주제로 등장했다.[13] 복잡한 법적 의무를 따르도록 감독하고 강제하는 규제 정책은 국가의 의지와 능력에 따라 성공 여부가 갈린다. 초국가적으로 작동하는 정책을 원하는 사람들에게 비교 연구는 기관의 효율을 높이는 데 도움이 된다고 보았다.

비교의 첫 번째 물결에서 정책은 그 목적상 분절되고 균질하며, 명확한 원인과 결과가 있을 것으로 가정됐다. 이런 가정의 장점은 비교 평가를 위한 고정된 기준을 마련해준다는 것이다. 정책 과정은 의제설정, 입법, 집행, 평가, 개정처럼 단계별로 분석된다. 이 단계들은 선형적이며 각국의 정치가 비교되었다.[14] 정책의 결과는 명확하게 드러나고 객관적으로 평가될 수 있어서, 국가는 목표를 추구할 때 과정을 비교하지 않는다. 비슷한 정치제도에서 국가와 시민은 동일한 재화를 원하는 것으로 간주된다. 예를 들어 보건, 안전, 직업, 특허, 신약, 농업생산성, 청정 환경 등이 그런 상품이다. 이 프레임에서 보면 정치제도를 통해 책임감 있는 정책 입안, 안전 기준 제시, 혁신 장려, 경제성장 동력 확보, 정치적 갈등 해소 등을 할 수 있는지를 묻는 것은 당연하다. 하지만 실증 연구 측면에서 보면 이런 추정들은 신중하게 검토되고 수정되어야 한다.

## 정책 비교의 첫 실패: 규제 국가 유형

1980년대 초 서구 국가에서 수행된 보건·안전·환경규제에 관한 몇몇 연구에 의하면, 정책 전략과 성과가 단지 경제·과학·기술 요인에 따른다는 주장은 유보될 수밖에 없었다. 규제 유형을 관찰해보면 각 국가별 특성이 명확하게 드러나며, 그에 따라 개입하는 시간, 우선순위, 형태, 신중함에 큰 차이가 있다.[15] 또한 정책 환경에 따라 과학적 증거를 다루는 비중에도 차이가 있다. 증거의 해석은 법적·정치적 추론 전통이나 전문가 권위의 위임 또는 비판 경향에 따라 달라진다. 기술 분석에도 문화가 침투한다. 동일한 연구 결과를 활용해 제품 사용을 승인할 때도, 어떤 국가의 정부기관은 건강 및 환경에 위험이 없다고 결론을 내릴 때, 또 다른 국가의 정부기관은 허용할 수 없을 정도로 위험하기 때문에 엄격하게 규제해야 한다는 결론을 내릴 수 있다.[16] 비슷한 정책 결정을 내릴 때에도 의사결정자들이 서로 다른 추론이나 공적 정당화 과정을 밟을 수 있다.[17] 특정 정책 절차와 담론에 의존하는 것, 그리고 규제자와 규제를 받는 사람 사이의 상호작용 형태는 '국가별 규제 스타일'로 정의할 수 있을 만큼 명확하게 나타났다.

위험 관리 측면에서 미국과 유럽은 매우 다르다. 미국에서는 연구자들이 규정을 제정할 때 소송에 휘말리기도 한다. 미국 정부기관들은 위험이나 비용 편익을 계산하고 정량화된 결과에 의존한다. 시스템의 다양성은 정치제도 차이에 따른 것이라는 주장도 있다. 최근 여러 정치 분석에 따르면, 비교 연구를 수행하는 연구자들도 국가를 도입하면서, 정치 행동을 위한 국가의 '기회 구조들'을 분석했다.[18]

미국에서는 대중의 비판과 불신을 받는 기관들이 규제 정책을 입안하는 모습을 거의 볼 수 없었다. 의회와 정부는 헌법에 규정된 권한분리 원칙에 따라 경쟁관계에 있으며, 법원은 행정 규정을 심사할 권한을 갖고 있다. 법원의 낮은 진입 장벽과 사법 적극주의 원칙에 따라 이익집단들은 자신들의 이익이 침해당하면 즉각 반발한다.[19] 시민들은 국가가 제정한 규정에 이의를 제기하거나 그것을 해체할 수 있는 권한이 있는데, 이 권한은 공청회와 기술정보 공개법을 통해 더욱 강화되었다. 또한 일본이나 유럽과 달리 수직적 위계나 수평적 네트워크가 부족해 비공식적 협상이나 합의 도출에 의한 정책 결정이 어렵다.[20] 그래서 미국 정책 입안자들은 정책 결정을 정당화하기 위한 근거를 제시하는 데 어려움을 겪게 된다.

이러한 정치적 구조를 통한 논증은 미국 정부기관이 수치 정보에 지나치게 집착하는 이유를 보여준다. 미국 규제기관들은 투명한 어항에서 일하는 것처럼 모든 것이 공개되기 때문에 권위나 전문기관에 위임해 자신들의 행동을 정당화할 수가 없다. 따라서 그들은 입증할 수 있는 추론 안에서 명확하고 원칙적인 주장으로 자신들의 행동을 설정해야 한다.[21] 미국 기관들은 위험, 비용, 편익 평가 과정에서 수많은 수치 증거를 제시하게 된다. 반면 유럽 규제자들은 정성적이고 주관적인 용어로 자신들의 결정을 정당화할 수 있다. 유럽 규제자들은 전문가의 판단을 규제의 근거로 삼을 수 있으며, 관련 당사자들의 협상을 통해 지지를 얻을 수 있다. 결국 정책 결정을 위해 외부의 방법, 모델, 논리를 참고할 필요성이 크지 않다.[22]

역사학자 테오도어 포터Theodore Porter가 사회 회계 방법social accounting method에 대한 비교 연구에서 밝힌 것처럼, 국가 간의 다양성은 우연의 결과라기보다는 오랜 관행에 뿌리를 두고 생겨난다.[23] 이미 20세기 중반에 미국 육군 공병대 소속 전문가들은 비용편익분석의 객관성을 주장했으며, 이 분석을 통해 자신들의 홍수 조절 계획을 정당화했다. 영국 보험회계사들과 프랑스 철도 엔지니어들이 비용편익분석에 전문가적 판단이 반영되어 있다는 것을 인정했던 반면, 미국 공병대 소속 전문가들은 자신들의 평가에 편견이 개입되지 않았으며, 제시된 숫자는 주관적인 추정값이 아닌 실재를 반영한 믿을 만한 수치라고 주장했다.

그래서 시간이 지남에 따라 국가 정책 선택의 기본 결정 요인이 국가 구조에 기반을 둔다는 설명은 설득력을 잃었다. 쟁점은 이론적이면서도 실증적인 것이었다. 이론적인 딜레마는 후기구조주의 사상이 반영되어 과학, 국가, 사회 같은 실체들을 안정적인 분석 단위로 간주할 수 있는지 의문이 제기되었다는 점이다. 이 개념들은 역사적 맥락에 따른 것이고, 우연적이며 역동적인 구성물로 간주되었다. 형태와 고정성은 설명이 필요한 개념이었다. 예를 들어 국가는 제도적 구조, 행동, 자기정당화 측면에서 상당히 안정적이지만, 단순히 주어진 것으로 가정될 수 없다. 국가가 정말로 지속된다면 분석가들은 이 지속성이 어떻게 유지되는지를 설명해야 하며, 어떻게 통치 기관의 변화를 위한 정치적 기회를 이용했거나 이용하는 데 실패했는지를 설명해야 한다. 비교 분석에서 국가 구조는 독립변수인 동시에 종속변수이다. 국가뿐 아니라 비교 연구의 주요 요소인 과학, 기술, 사회에 대해서도 비슷한 결론을 얻을 수 있다.

국가와 같은 '사회범주social kinds'를 유동적으로 이해하기 위해서는 과학기술학의 관점에서 출발해야 한다.[24] 대부분의 사회과학처럼 과학기술학 역시 세계의 지식을 조직하는 범주와 대상의 본성, 그리고 권력에 관심을 갖는다.[25] 과학기술학의 핵심 주제는 사회가 어떻게 권위 있는 지식을 생산하며, 기술적 인공물들은 어떻게 기능하는가 하는 것이다. 이러한 과학기술학 연구를 통해 과학 생산물이 어떻게 세상에 존재하며 존재해야 하는지를 구체적으로 제시할 수 있다. 자연적 질서나 사회적 질서는 동시에 생산될 수도 있으며 공동으로 생산될 수도 있다.[26] 따라서 우리의 존재를 합리화하는 장치는 행위자들의 목적을 위해 사용될 때 그 정당성이 확보된다. 국가를 포함한 사회적 실체와 유전자를 포함한 자연적 실체가 세계에서 작동하는 방식을 이해하기 위해 이런 질문을 제기할 수 있다. 행위자들은 개념을 어떻게 이해해서 사용하는가? 이 개념은 공식적·비공식적 실천을 통해 어떻게 드러나는가? 개념들은 어디에서 어떤 것들과 경쟁하는가? 개념이 진실성이나 의미 측면에서 비판받을 때 어떻게 재확인해야 하는가?

사회 구조나 절차가 국가마다 다른 이유에 대해 국가별 규제 양상 같은 변수에 근거를 두고 설명하는 것은 충분하지 않다. 세계가 특정 모습으로 제시되면서 독립변수에 의해 결정되지만, 다른 것들은 고정되어 있으면서 종속변수가 되는가? 예를 들어 사회운동에 관한 구조주의 관점의 자료에 따르면, 활동가의 힘과 효율성은 정부기관의 기회 차별에 따른 것으로 간주된다. 존 킹던John

Kingdon에 따르면, 정책 입안자들은 새로운 이슈가 우연적인 사건이나 정치와 정책 관련 사회적 기업가들의 상호작용이라고 본다.[27] 그러나 미셸 푸코Michel Foucault 같은 사회이론가들부터 테다 스카치폴Theda Skocpol[28] 같은 정치사회학자들은 사회의 행위자들이 반복해서 개입한다고 주장한다. 이들은 지식을 기존의 가능성을 수정하는 도구로 사용한다.[29] 사회구조는 변화하며 사회구조에 따라 행위자들도 변한다.

최근 사회운동 관련 연구는 집단적으로 문제를 설정하고, 공동체의 정체성을 구축하면서, 불평등에 반대하는 주제를 다루며, 행위자들의 이동과 의미에 적극 개입한다. 이런 방식의 연구를 주장하는 유명한 구절은 다음과 같다.

우리는 구조주의 전통에서 출발했다. 유럽과 북미의 경쟁적인 정치를 광범위하게 연구하면서 전략적인 상호작용과 생각 그리고 역사적으로 축적된 문화를 고려해야 한다는 것을 깨달았다. 우리는 사회적 상호작용과 연결, 소통, 대화가 단순히 구조나 합리성, 생각과 문화가 아닌, 생성되고 변화하는 역동적인 것이라고 간주한다. 우리는 논쟁의 핵심이 사람 사이의 네트워크나 소통, 다양하고 지속적인 협상, 그리고 정체성에 관한 합의 등이라는 것을 깨달았다.[30]

행위자의 행위성을 부정하는 정치 분석에서는 이보다 훨씬 축소되고 기계적인 인간 행동 모델을 이용한다. 이러한 분석은 정치 논쟁에서 용어나 조건이 변화할 수 있음을 과소평가하고, 현 상태를 피할 수 없는 것으로 과대평가할 수 있다.[31]

비교정책 연구의 첫 번째 물결에서 입증된 것은 구조주의나 국가 중심의 설명에 행위자가 빠져 있다는 점이다. 예를 들어 지난 30년 동안 산업 국가는 건강, 안전, 환경 문제에 관한 법률을 제정하고 규제해왔다. 그러나 쟁점이 어떻게 규정되고, 적절한 해결책이 무엇이었는지에 대해서는 국가별로 차이가 컸다. 생명공학도 예외가 아니었다. 유럽과 미국에서 규제의 필요성이 비슷하게 제기되었지만, 생명윤리 측면에서 위험과 안전, 자연성과 인공성, 혁신과 소유권, 헌법에 명시된 권리에 대한 담론이 국가별로 달랐다.[32] 이러한 다양성을 설명하기 위해서는 서로 다른 정치문화에서 정책 문제가 어떻게 해석되는지를 질문해야 한다. 생명공학의 발전을 지지하거나 반대하는 것은 어떤 의미가 있을까? 생명공학 같은 최신 기술 분야는 국가별 규제만으로 설명할 수 없다. 기술은 정치지도자의 공적인 행동이나 과학·기술·기관의 지침 그리고 시장의 보이지 않는 손이 작동하지 않더라도 발전한다.

문제는 국가 내부 또는 국가 간 정책을 명확하게 규정하는 일이다. 앞에서 언급했듯이 정치 구조는 국가별 규제 방식을 설명하는 데 적절하다. 그러나 변화에 관한 질문에는 취약하다. 예를 들어 어째서 환경 정책은 1960년대 오염 통제에서 시작해 1970년대에는 방지로, 1980년대 지속 가능성으로, 1990년대 예방으로 변화했는가? 1980년대 미국은 유럽에 비해 화학물질에 의한 위험에 많은 관심을 기울였지만, 10년 후 생명공학에 관해서는 어째서 무사안일주의로 변화했는가?[33] 더 일반적으로는 새로운 정책에 관한 아이디어는 어디에서 얻는가? 그러한 아이디어를 전파하는 행위자는 누구인가? 행위자들이 기존 정치적 배치를 어떻게 제도화하고 다시 설정하는가? 우리는 이러한 질문들을 통해 국가 권력이 점차 확장되는 권력정치의 담론을 행위자 연합의 역학力學으로 탐구해야 한다.[34]

## 정치문화의 재논의

앞선 논의의 핵심은 정치문화가 과학기술정책을 형성하는 데 중요하다는 것이었다. 이 연구의 목표는 정치문화가 정치공동체의 의사결정 시스템에 영향을 준다는 점을 밝히는 것이다. 이는 소송같이 미국에서 제도적으로 승인된 것, 정치체polity에서 정치적 의사결정을 정당화하려고 설명하는 공식 절차를 보완하는 불문법, 현대사회에서 집단 지식이 생산되고 입증되는 방식, 추론과 숙의를 위한 제도적인 접근 방식 등을 포함한다. 한편 정치체가 정치문화 외부의 쟁점과 질문을 다루는 방식도 포함한다. 정치는 공식적 또는 비공식적 규정으로 과학기술을 관리하지만, 입법을 통해 관리하지는 않는다.

우리는 공식적인 정치나 의사결정이라는 단조로운 표면 아래 사회적 실천과 의미에 대한 정치문화를 분석한다. 회의적인 독자라면 '국가'를 '정치문화'로 바꾼다고 해서 문제를 해결할 수 있다거나, 더러운 물을 깨끗하게 정수 처리할 수 있냐고 의문을 제기할 수 있다. 국가와 정부조직은 물리적 공간과 공적 실천에 따른 경계로 쉽게 규정할 수 있다. 반면 문화는 다루기 힘든 개념이다. 오랫동안 인류학자들은 문화를 규정하기 위해 구체화하면서, 비판받지 않도록 포괄적으로 작업했다.[35] 우리는 정치에 문화 관점을 적용하는 데 따르는 어려움을 피할 수 있을까? 피할 수 있다면 어떻게 피할 수 있을까?

우선 우리는 이 맥락에서 문화 개념을 신중하게 사용해야 한다. 분석가들이 기계적이고 비대칭적으로 지칭하는 문화(우리를 향하는 것이 아니라, 타자를 향한 지시자로서의 문화[36])를 사용해서는 안 된다. 또한 문화 행위자들이 문제를 합리화하는 방식을 질문해야 한다. '사회범주'인 정치문화는 변화에 반대하면서 저항하기도 하지만, 구성되기도 하고 새롭게 재생산되기도 한다. 정치문화를 파악하기 위해 우리는 추적 가능하고 분석적으로도 유용한 비교 전략을 사용할 것이다.

우리는 이 연구의 어려움을 과소평가해서는 안 된다. 특히 자연에 관한 지식과 신념은 사회와 독립적으로 형성되는 것이 아니라, 사회 내부에서 구성된다는 점에 유의해야 한다. 여러 증거에 따르면 공동생산은 미묘하면서도 다차원적인 특징을 갖는다. 사회문제와 자연문제는 공동생산에 의해 연구되고 해결되어야 한다.[37] 과학혁명의 여명기였던 17세기에 영국 과학자 로버트 보일 Robert Boyle은(보일은 영국 왕립학회 창립자였으며, 공기 특성 연구를 선구적으로 수행했다) 실험을 수행한 뒤 연구 결과를 공식적으로 보고하는 제도로 진상 조사 거버넌스fact-finding governance를 도입했다. 과학을 '증언하는' 새로운 실천 양식은 군주의 절대 권력에서 민주 정치로의 점진적 이행을 보여준 것으로 평가된다. 즉, 시민이 권력 행사에 따른 성과를 평가하는 위치에 서는 것이다. 과학실천과 자유민주주의가 함께 성장했다고 볼 수 있다.[38] 근대 국민국가는 새로운 분류체계, 계산법, 표준화를 통해 발전했다. 대규모 경제와 군수 사업을 위

해 신뢰할 수 있는 중앙정부가 필요했다.[39]

　비교 작업은 정치적 선택과 의무가 상호 침투하는 상황에서 신뢰할 수 있는 지식을 생산해야 하기 때문에 쉽지 않다. 먼저 분석자의 입장이 어렵다. 아프리카에 거주하는 레레Lele족,[40] 영국 북부에 거주하는 양치는 농부,[41] 미국 규제기관 소속 전문가[42]는 질서와 의미를 확보하기 위해 환경에 유해한 요인을 결정한다. 이들은 특정한 것을 위험하다고 분류하지만, 외부인이 보기에 '객관적으로' 위험한 것을 무시하기도 한다. 거버넌스 결과를 평가할 수 있는 '아르키메데스의 지점'은 어디인가? 두 번째 문제는 설명의 목적을 위한 원인들을 어디에 두어야 하는지에 관한 것이다. 공동생산 관점에 따르면, 국가의 도구적 목표(목표 달성을 위한 지식과 실천), 신뢰성, 적법성 기준은 세계에 질서를 부여하는 과정이다. 그렇다면 우리는 독립변수로 결과를 설명하기 위해 어떻게 추정해야 할까? 윌리엄 예이츠William Yeats의 비유처럼 우리는 어떻게 춤과 춤추는 사람을 구별할 수 있을까?[43]

　이를 위해 새로운 방법과 개념이 필요하다. 우리는 비교를 통해 창의적으로 지도를 그리고 탐색해야 한다. 과거의 연구는 맥락을 무시한 채 동일한 정치 행위에 관심을 두었으며 원인과 결과만을 따졌다. 우리는 정책에서 정치를 구분하고 포괄적이면서도 분석 가능한 형태로 만드는 방법을 이해해야 한다. 이를 위해 의사결정자들이 정책 과정에서 사용하는 범주와는 다른 분석 범주를 사용해야 한다. 우리는 지속과 변화를 설명하면서 구조의 견고함은 거부해야 한다.

## 프레이밍 이론

　민주사회에서 공적 행동에 따른 쟁점부터 살펴보자. 어빙 고프먼Erving Goffman의 선구적인 사회학 연구에 따르면, 사람들이 경험을 조직하는 방식, 특정 현상의 원인과 결과를 상상하는 방식은 내재적이거나 외부에서 결정되는 것이 아니다.[44] 인간 행동의 내러티브와 추론, 텍스트 차원을 분석하는 사회과학에서 고프먼의 접근 방식이 큰 주목을 받고 있으며, 그의 방식은 정치적 행동을 해석하는 새로운 가능성을 보여주었다.[45] 이 관점에서 보면 과학기술에 관한 규제나 혁신, 위험 관리 등을 특정 시간과 장소에서 공동체가 제시하는 스토리텔링으로 볼 수 있다. 각 공동체는 자신의 환경에서 유동적이고 파괴적인 변화를 다루기 위해 노력한다.

정치 이야기는 복잡한 경험을 합리적으로 설명한다. 사람들은 이야기를 통해 의미 있는 행동을 하며 절망감이나 이질감을 줄인다. 이때 상호적이며 공동체가 갖고 있는 인지구조가 구성되어, 물질 대상에 침투하거나 사회 실천으로 자리를 잡는다. 또한 이해할 수 있는 인과관계를 설정하고, 위험한 행동을 하는 행위자들을 규정하고, 안전과 윤리 감성을 전달해 해결책을 찾는 과정에서 감당하기 어려운 사건들을 통제할 수 있다. 스코틀랜드에서 태어난 복제양 돌리나 뉴욕 세계무역센터 붕괴처럼 '실제로' 분열을 일으키는 사건은 항상 발생하며, 프레이밍 이론theory of framing이 실재라는 건 없다고 주장하지는 않는다. 우리는 대중의 관심이 이동하는 과정이나 정치적 반응이 없는 경우도 프레이밍을 통해 이해할 수 있다.[46] 해석적 맥락에서 사건을 고려하는 것은 숙의나 합의된 행동을 위한 시작점 역할을 한다. 예를 들어 돌리의 출생 선언은 '생명윤리' 문제를 제기했고, 9·11 테러는 '테러와의 전쟁'을 주장한 근거에 의문을 제기했다.[47]

고프먼을 포함한 여러 분석가가 주장했듯 프레이밍 문제는 격렬한 사회 운동이다.[48] 사회적 행동과 물질문화 구조에 프레이밍을 적용하면, 사람들은 실재를 다르게 생각한다. 사회학자 조지프 거스필드Joseph Gusfield는 정책과 관련된 좋은 사례를 제시했다.[49] 미국 정부는 언제나 10대와 20대 초반 사람들이 사망한 가장 큰 원인이 교통사고이며, 이는 '음주운전'에 따른 '문제'라고 인식했다. 괴로워하는 어머니와 사고 피해자들이 결합한 새로운 연합은 우연적인 비극으로 간주되어, 사회적 교정이 강제로 진행되지 않았던 것을 규제하는 법을 제정하도록 압력을 행사했다.

반복되는 재再프레이밍은 예측할 수 없으며, 특정한 방식으로 일어나도록 설정할 수도 없다. 프레이밍에 개입된 우연성을 검토하기 위해 거스필드가 설명한 음주운전 해석에 사회기술 시스템 이론인 행위자-네트워크 이론actor-network theory을 적용해보자. 행위자-네트워크 이론이란 기술을 인간 행위자와 비인간 행위소actant의 이질적인 네트워크로 본다.[50] 사회의식 구조에 의해 우연한 사고가 음주운전에 따른 문제로 변하자 자동차는 여러 부분으로 이루어진 철제 상자라는 것이 드러났다. 자동차는 대상, 행위자, 규정, 실천 같은 하드웨어와 소프트웨어가 결합되어 있으며, 도로 교통이라는 복잡하고도 위험한 네트워크에 포함되어 있었다. 사회 유명인사가 엑스레이를 이용할 수 있다면, 그 사람은 음주운전 프레임을 통해 네트워크에 있지만 보이지 않는 모든 노드를 감지할 수 있고, 생명을 구하기 위해 개입할 수도 있다. 음주 허용 연령 상향 조정, 술에 취한 사람이 운전하도록 방치한 파티 주최자나 모텔 주인에게 벌금 부과, 안전벨트 착용 의무화, 제한속도 하향 조정, 에어백이나 안전 브레이크 같은 안전장치 장착 의무화 같은 방식으로 개입할 수 있다. 이런 이질적인 요소들은 혼란스러운 사회 실험으로 도입되어 자동차 안전 규제라는 새로운 제도가 등장했다.

논쟁이 되는 정치적 의제와는 반대로, 프레이밍은 정치 행동을 위한 사회적 반응의 우연과 상상에 관한 편향이 포함될 수 있다. 한 사건은 모든 문화에서 동일한 구조로 파악되지 않는다. 특정 행위자 그룹 내부에 있는 것(예를 들어 모텔 주인, 파티 주최자, 거스필드의 경우에는 제한속도[51])이 다른 그룹에서는 외부에 있을 수 있다. 심지어 모든 사람이 음주운전을 우선 정책으로 인정한다고 해도 그렇다. 선택과 통제는 구조를 만드는 데 필요하다. 프레이밍은 우연과 결정론 사이에 있다.

프레이밍 개념은 사회학에서 시작되었지만 정치 분석에도 사용되고 있으며, 이 연구에서도 중요하다. 사회운동 이론부터 인지심리학에 이르기까지 여러 분야 전문가는 우리가 사회적 행동을 규정하는 실재를 무엇이라고 부르든지 간에 표상representation이 중요하다는 데 동의한다. 따라서 정치연구는 강력한 표상을 만들고 그 표상으로 공적인 태도와 행동에 미치는 영향을 포함한다. 비교문학자인 후안 디에즈 메드라노Juan Díez Medrano는 이 개념으로 작업하면서, 유럽 통합에 관한 국가별 인식 차이는 여러 국가의 시민이 유럽을 어떻게 프레이밍 하고 있는지를 보여준다고 주장했다.[52] 메드라노는 프레이밍을 인지 과정으로 생각했으며, 유럽인들이 통합을 말하는 방식에 관심을 두었다. 그는 '특정 사회에서 논의되는 주제뿐만 아니라 보편적인 신앙이나 상징, 이미지를 포함하는' 문화 선입관cultural preoccupation 개념을 제시했다.[53] 그는 인터뷰와 자료를 통해 광범위한 인지 요소들을 규정했다. 반면 프레이밍에 관심이 있는 과학기술학 연구자들의 문제는 더욱 복잡했다. 프레임 인지와 정치적 지속력을 설명하기 위해 프레임을 구성하고 있는 사물을 알아야 했고, 프레임이 어떻게 현 상태에 고착되었으며, 무엇이 프레임을 변화시키는지에 대해서도 알아야 했다.

프레임은 해석적 분석에는 유용하지만 신뢰하기 어려운 도구이기도 하다. 예를 들어 프레임은 여러 지점에서 '동일한' 대상과 행동, 행위자가 겹치지만, 이들은 각각 다른 의미를 전달하며 규범적 의무도 다르다. 따라서 인간배아는 체외수정 클리닉 또는 배아 입양 기관에서 배아를 이식하기 위해 '규정한' 비공식적 실천인 생성 중인 인간person-in-the-making을 표상한다.[54] 낙태법이나 인적 피해보상법에 따르면 인간배아는 인간으로 간주되지 않는다. 모순처럼 보이는 이런 차이 때문에 범주들이 다시 배치되며, 이런 사례는 새롭고 일관된 프레임을 형성하는 데도 유용하다. 결국 프레이밍은 세계에 관한 해석적 유연성을 확보하고 연대하는 효과적인 방법이며, 정책은 비교 작업을 통해 명확하게 드러날 수 있다.

## 경계들

고대부터 현대까지 사회 질서의 근간으로 간주되던 범주들이 유전공학에 의해 의문이 제기되었다. 이 범주에는 자연과 문화, 도덕과 부도덕, 안전과 위험, 주어진 것과 만들어진 것 사이의 근본적인 분열이 포함되었다. 생명과학은 생명체의 가시적인 표면 아래에 숨어 있는 특성들을 '읽을 수 있고' 조작할 수 있도록 분자화되었다. 구체제와 분류에 근거를 둔 거버넌스는 이런 분자화 때문에 도전받았다. 유전공학의 위대한 업적이라고 찬사를 받는 인간게놈프로젝트는 인간의 유전자가 잡초의 유전자와 크게 다르지 않다는 것을 밝혀냈다.[55] 우리는 유전자를 시금치에서 돼지로, 해파리에서 토끼로, 물고기에서 토마토로 이식할 수 있다. 이러한 이종異種 이식 기술 덕분에 우리는 생물학적 거부반응 없이 유전자 변형 돼지나 침팬지로부터 세포를 추출해 인간에게 이식할 수 있다. 우리는 인간의 능력을 증강하도록 인간 유전자를 변형할 수도 있으며, 슈퍼맨을 능가하는 능력을 가질지도 모른다. 그렇다면 자연이란 무엇이며 인간이란 무엇인가?

이처럼 혼란스러운 지점에서 질서를 재구축하는 과정은 개념적으로 구분된 사회에서 문제시된 존재나 행동을 적응시키는 것이다. 그렇다고 문화적 구분 때문에 사회가 붕괴되는 것은 아니다. 인류학 연구를 살펴보면 문화적 완전성 cultural integrity을 유지하는 데 구분이 중요하다. 사회학자들은 사회를 구분하고 유지하는 과정을 설명하는 데 '경계 작업boundary work'이라는 용어를 사용한다.[56] 경계는 세계 어디에서나 작동하며, 생각과 행동에 큰 영향을 준다. 경계는 보이지 않지만 열정적인 참여자들에 의해 설정된다. 예를 들어 변호사는 합법적인 구분을 '찾으라는' 요구를 받으며, 끊임없이 인정할 만한 행동과 그렇지 않은 행동 사이에서 경계를 설정한다. 생명과학과 관련된 정책 입안자의 주요 역할은 경계를 설정하고 유지하는 것이다. 정책 입안자는 일반인들이 생명공학 제품에 갖는 기존의 윤리적·사회적 감성들에 대응해야 한다.

인지적·사회적 경계 사이에 애매하게 걸쳐 있는 생명공학 제품을 사회에서 인정하는 것은 어느 정도로 위험한가? 브뤼노 라투르Bruno Latour는 유전자 변형 쥐나 오존 구멍이 등장하는 첨단기술 세계에서, '잡종hybrid' 네트워크를 형이상학적으로 오염되지 않은 자연적이고 사회적인 것으로 '정화하는' 것이 질서를 유지하는 데 중요하다고 주장했다. 그는 '헌법적constitutional'이라는 용어로 자연/문화를 구분하는 것에서 근대를 이해할 수 있다고 보았다.[57] 사회학자 지그문트 바우만Zygmunt Bauman도 모든 형태의 애매함을 제거하려는 근대의 끊임없는 욕망을 '원예 본능gardening instinct'이라고 표현했다.[58] 윤리의 경계선을 넘는 자연/문화 잡종은 정화와 질서에 도전한다. 메리 더글러스Mary Douglas는 문화인류학 관점에서 비슷한 문제를 분석했다. 그녀는 순수와 위험에 관한 판단이 그룹 내에서 이방인을 배척하는 것처럼 사회구조를 안정시키려는 요구라고 주장했다. 과학사회학은 과학기술 제품에 관심을 갖는다. 왜냐하면 과학기술 제품은 그것들의 차이가 명확하게 드러나지 않기 때문에 사회적·윤리적으로 중요하며, '경계 사물'인 이 제품에 여러 의미가 포함되어 있다.[59] 예를 들어 국제법에서 법률 용어가 이 기능을 수행한다. '지속 가능한 발전'이라는 개념은 다양한 관점에서 해석되며, 이를 수용하는 다양한 지지자를 확보한다.

현대사회에서 중요한 경계 작업은 사법기관에 의해 수행된다. 사법기관은 유한하고 실제적인 범주를 이용해 무한한 인간 행동과 결과를 처리한다.[60] 예를 들어 유전자 변형 동물은 특허법에 적합한 발명품인가? 배아는 인간인가, 재산인가, 아니면 두 특성을 모두 갖는 잡종인가? 과학자들이 연구 목적으로 추출했으며, '불멸의' 세포주로 존재하는 조직과 세포를 기부자가 '소유'할 수 있는가? 또한 정치적으로 중요한 경계 작업은 입법기관이나 법원보다 경계 유지 작업이 불투명한 전문가 포럼(자문위원회, 의회위원회, 윤리위원회, 비정부기구)에서 진행된다.[61] 경계 작업의 성과와 기능, 절차와 방법에 대해서는 이후에 비교 방식으로 제시한다.

## 제도 분석과 담론

전통적으로 제도는 비교 분석의 주요 대상이었다. 정치권력의 이동과 정책 변화의 증거를 찾을 수 있는 첫 대상은 정책을 입안하고 집행하는 정부기관이다. 일반적으로 정부기관이 정책을 어떻게 인식하고 집행하는가보다는, 어느 기관이 정책을 집행하는가가 더 주목받는다.[62] 그러나 최근 정책 입안, 권한, 집행 같은 정치적인 역할을 깊이 이해하게 되면서, 정부기관의 해석적 측면이 주목을 받고 있다. 이는 의미를 구체화하는 기관의 역량을 파악하고, 사회관계와 상징질서를 만들며, '합리성의 한계를 설정하는' 새로운 제도를 포함한다.[63]

그 결과는 정부기관에서 사용하는 정치적·정책적 담론으로 검토되어야 한다. 생명공학 자료에서 위험평가, 생명윤리, 지적재산권은 프레임, 새로운 지식 규정, 권력 재편과 관련된다. 이런 담론에서 국경선과 행위자를 넘나들기 위해 비교 연구가 필요하다.

유전공학이 서구인들의 사고를 벗어나자 생명공학을 지원하고 규제하는 기관들은 새로운 인식, 규범, 의미를 생산했다. 인류학자 클리퍼드 기어츠Clifford Geertz에 따르면 종교, 윤리, 실천, 미학에 관한 인식들이 "사회에 강력한 영향을 주기 위해서는 강력한 사회적 그룹에 의해 수행되어야 하며, 그때에야 사람들은 그 생각을 존중하고, 격려하고, 지지하고, 강요한다".[64] 생명공학은 과학을 포함한 거의 모든 분야의 아이디어에 영향을 주었다. 그러나 기어츠는 인도네시아를 연구하면서 근대의 핵심인 자연/문화를 구분했으며, 생명공학을 고려하지 않았다. 또한 그는 행위자들이 새로운 생각을 지지하거나 강요할 때, 여기서 벗어나려는 반작용을 설명하지 않았다.

국가별로 유전공학을 긍정적으로 보는 기관(주로 과학, 산업, 주류 언론, 정부)들과, 그렇지 않고 신기술을 두려워하며, 의문을 제기하고, 반대하는 단체(주로 비정부기구)들을 볼 수 있다. 공공기관과 민간기관의 양극단이 대립하는 핵심 쟁점은 생명공학을 지지하거나 비난하는 것이 아니라, 생명공학의 관리를 신중하게 숙고하는 것이다. 이를 위해 국가별 생명공학 기관들의 주장, 신념, 담론, 행동 그리고 합법성을 확보하고 유지하기 위한 전략을 비교하고 분석하는 것이 중요하다.

### 행위자의 정체성

이 책의 핵심 목적은 자연과 사회 질서가 어떻게 공동생산되는지, 문화가 어떻게 지형을 다시 그리는지, 그리고 새로운 사회 정체성과 이해당사자를 이해하는 것이다.

사회가 새로운 과학기술을 어떻게 다루고, '전문가'나 '윤리학자'의 행위가 어떻게 변화하는지를 관찰하면 중요한 통찰을 얻을 수 있다. 이들의 사회적 역할이 확대되거나 그 의미가 바뀌기도 한다. 예를 들어 생명공학 맥락에서 살펴보면 체외수정 병원이나 전문 자문기관 같은 제도적 기관뿐 아니라 생명윤리학자 같은 전문가 그룹, 대리모나 부모 단체 같은 사회적 행위자 등 새로운 행위자들이 등장한다. 전 배아pre-embryo 또는 잉여배아supernumerary 같은 '경계 행위자liminal agent'는 예상하지 못했던 행위자이다. 이 행위자들을 인간이라고 부르지는 않지만, 이들은 정치 변화에 영향력을 행사한다. 이에 대해서는 6장과 7장에서 살펴본다. 행위자들의 영향력은 국가별로 차이가 있는데 정치 논쟁에 참여하는 기회, 즉 제도와 자원이 국가마다 다르기 때문이다. 관련 행위자를 규정하거나 정치적 입장을 성찰하는 것은 비교나 분석과는 또 다른 차원으로 정치문화 민족지를 만드는 데 중요하다.

　이때 정치 행위자를 규정하고 정체성을 연구하는 사회운동 이론의 분석 스타일을 그대로 따라서는 안 되며, 생명과학과 생명공학 발전에 따른 문화적 반응을 자세히 검토해야 한다. 모든 사회적 적응이 반대를 불러일으키는 것은 아니며, 집단 저항을 일으키는 것도 아니다. 엘리트들은 행위자의 정체성 문제에 관심을 가지며, 일상의 사회적 행동에 중대한 영향을 미친다. 다시 말해 그들은 법원에서, 의회와 대통령에게 자문하는 전문가 단체에서, 발전된 산업사회의 의미 생산을 통제하는 전문 직업 계층에서 활동한다. 이들은 문화의 연속성을 규정하고, 각국의 정치체들을 넘어 수렴과 발산에 큰 영향을 행사한다.


## 비교 영역: 지형학

　비교 작업을 위한 두 개의 축이 있다. 먼저 선진 산업국가인 영국, 독일, 미국을 비교하는 것이다. 물론 유럽연합에도 관심을 두어야 한다. 유럽연합은 자율적인 생명공학 정책을 시작했으며, 영국과 독일이 유럽연합 소속이기 때문이다. 그러나 유럽 생명공학 정치는 초국가적인 관심이라기보다는 개별 국가의 관심 주제이다. 따라서 이 책은 이런 인식을 반영한다. 두 번째 비교의 축은 생의학과 농업을 포함한 생명공학 정치와 정책에서 벌어지는 논쟁들을 가로지르는 것이다. 세 국가를 선택한 이유와 비교의 대상으로 생명공학 정책을 선정한 근거를 살펴보자.

## 비교 대상 국가

비교 대상들 사이에 흥미로운 차이가 있고, 그것들을 다룰 수 있을 경우에 비교 방법이 가장 잘 작동한다. 영국, 독일, 미국 과학정책의 유사점은 충분히 살펴볼 필요가 있고 설명하기도 쉽다. 세 국가는 기술과 경제가 발전한 민주국가로, 특히 생의학과 생명과학 연구를 공적으로 지원하고 있다. 또한 제품과 서비스 유통에서 신자유주의 사유화가 진행되고 있다. 세 국가는 시장가치를 지지하면서 각기 다른 집단적 목표와 이해에 균형을 맞추고 있다. 자유로운 과학 연구와 기술혁신을 통한 기대감은 인간 존중과 자율성, 기회 균등과 차별 철폐, 환경보호에 포함되었다. 각 국가에서 잘 조직된 시민사회 대표자들은 기업의 이해와 공공의 이해를 모두 다룬다. 이들은 생명공학의 적절한 발전 방향과 방법을 정부기관과 지속적으로 대화하고 있다.

하지만 세 국가에서 생명공학의 공적 지원에 대한 통계 자료를 구하기는 어렵다. '생명공학'에 관한 정확한 정의가 없고, 자료 수집에 관한 국제 기준도 없어서 엄밀하게 비교하기는 어렵다. 그럼에도 부유한 국가들의 무역과 규제 정책을 조율하기 위한 단체인 경제협력개발기구OECD는 국가를 넘어선 발산과 수렴을 보여주는 자료를 가지고 있다. 〈표 1.1〉은 영국, 독일, 미국의 지표를 보여준다. 이 지표들을 보면 세 국가 모두 높은 수준으로 생명공학에 공적지원을 계속하고 있다. 특히 상업화의 선두에 있는 미국은 생명공학 특허출원 건수와 유전자 변형 농작물의 현장시험 건수가 나머지 두 국가보다 훨씬 많았다.[65]

세 국가의 차이가 명확하지는 않지만, 21세기 초반의 민주주의 모형을 살필 수 있다는 측면에서 의미가 있다. 우선 영국, 독일, 미국에서 생명공학에 대한 반응을 실증적으로 관찰할 수 있다. 즉, 수용할 수 있는 것과 없는 것을 확인하면서, 인식된 위험을 해결하려는 입법, 사법, 정책 기관들을 평가할 수 있다.

〈표 1.1〉 국가별 생명공학 개요

| 지표 | 국가 | | |
|---|---|---|---|
| | 영국<br>(인구:<br>5,950만 명) | 독일<br>(인구:<br>8,210만 명) | 미국<br>(인구: 2억<br>7,290만 명) |
| 1997년 생명공학 분야 전체 공공 기금<br>(구매력 평가, 단위: 백만 달러) | 705.1 | 1048.2 | |
| 1997년 생명공학 연구개발비 /<br>총 연구개발비(%) | 7.8 | 6.7 | |
| 1999년 벤처캐피탈 투자 비율(%) | ~6 | ~18 | ~5 |
| 전 세계 생명공학 출판물 중 해당<br>국가에서 발행된 생명공학 출판물이<br>차지하는 비율(1998년, %) | 9.3 | 6.0 | 23.9 |
| 2000년 미국에서 승인된 생명공학 특허<br>건수 | 299 | 373 | 5,233 |
| 1995~2000년 유전자 변형 농산물의<br>현장시험 건수 | 162 | 123 | 5,136 |

출처: Brigitte von Beuzekom, *Biotechnology Statistics in OECD Member Countries: Compendium of Existing National Statistics*, STI Working Papers 2001/6 (OECD, 2001); "Origin of US Biotechnology Patents," *Chemical and Engineering News* 79, 44 (October 29, 2001): 56.

초기에 각국은 환경 위험에 적절히 대응하지 못했다는 점이 이 비교 연구에서 밝혀진 불편한 진실이다.

세 국가가 구조적 유사성을 지녔지만 정치행위의 핵심 요소인 법과 정치 측면에서는 달랐다. 특히 주목해야 할 점은 법절차의 형식과 범위, 정부의 의사결정 방식, 전문가 자문그룹이 참여하는 방법, 대중의 의사를 정책에 포함하는 방식에 차이가 있었다. 〈표 1.2〉는 세 국가의 차이를 보여주는데, 앞에서 언급한 비교 차원, 즉 프레이밍, 경계 작업, 제도적 추론, 행위자 정체성 측면에서 세 국가가 상당히 다르게 나타났다. 이 비교 작업을 통해 과학, 민주주의, 정치 문화를 이론적으로 이해할 수 있다. 이후의 장들에서는 실증적인 연구 결과로 이 생각들을 검토한다.

〈표 1.2〉 정치제도 비교

|  | 영국 | 독일 | 미국 |
|---|---|---|---|
| 법 전통 | 관습법:<br>불문 헌법 | 민법:<br>성문 기본법 | 관습법:<br>성문 헌법 |
| 행정 스타일 | 비공식 | 공식 | 공식 |
| 전문가 참여 | 비공식: 자문 | 공식: 협상 | 공식: 기술 |
| 대중 참여 | 위촉:<br>사회적으로 인정된<br>이해관계로 제한 | 임명:<br>정당 및 기관 중심 | 자연발생:<br>이해 그룹에 공개 |

## 생명공학이라는 렌즈

생명공학 기술은 놀라운 과학적 영감으로 한순간에 발전한 것이 아니다. 정치적 잠재력이 즉시 드러나지도 않았다. '생명공학'이라는 기술 집합은 살아 있는 생명체 내에서 유전 정보가 저장되고 운반되는 과정에 관한 수십 년의 연구를 통해 점진적으로 형성되었다.[66] 생명공학을 둘러싼 정치적·윤리적 긴장을 과학적 측면과 산업적 측면 두 가지로 분리해서 생각할 수 없다. 즉, DNA 구조 발견이 순수과학적인 측면이고, 효율, 상업화, 통제와 관련된 것이 산업적인 측면이라고 구분할 수 없다. 이 절에서 우리는 대학에서 산업까지 생명공학 발전의 주요 단계들을 살펴본다. 그런 다음 생명과학의 산업적·상업적 이용이라는 민감한 정치적 주제를 다룬다.

## 생명공학 산업의 탄생

생명공학은 분자생물학과 유전자 조작을 이용해 생명체를 조작할 수 있다는 가능성에 근거를 두고 있다.[67] 생명공학의 핵심인 '유전자gene'라는 단어는 1909년 덴마크의 식물학자 빌헬름 요한센Wilhelm Johanssen이 처음 사용했다. 그는 1860년대 그레고르 멘델Gregor Mendel이 제시한 유전법칙을 따르면서 생명체의 특성을 결정하는 유전 단위를 가리키는 '작은 단어'를 원했다.[68] 이 명칭에는 물리적 실체와 작동과정을 설명할 수 있는 어떤 메커니즘이 필요했다. 가장 중요한 진전은 1953년 제임스 왓슨James Watson과 프랜시스 크릭Francis Crick이 DNA 구조를 발견한 것이다.[69] DNA는 모든 생명체의 기본 유전물질이다.[70] DNA 구조는 한 세대 전에 원자물리학의 발전 이후에 어떤 모형과도 비교할 수 없을 정도로 단순하고 아름다워, 과학계와 대중 양쪽에서 큰 관심을 받았다. 이 발견은 계시와 같아서 일상적인 과학 실천이 마주치는 지저분함, 오류, 막다른 길이 전혀 없었다. 크릭의 회고에 따르면 DNA 구조를 발견한 사람보다 DNA 자체가 더 강력하게 사람들의 상상력을 자극했다고 한다. "왓슨과 크릭이 DNA 구조를 만들었다기보다, DNA 구조가 왓슨과 크릭을 만들었다고 생각한다. 당시 나는 전혀 알려지지 않았으며, 왓슨은 과도할 정도로 주목을 받았다. 이 주장에서 간과되고 있는 점은 DNA 이중나선의 내재적 아름다움이다. 그 구조는 모든 과학자가 감탄할 정도로 아름다웠다."[71]

지금은 '초등학생도 알고 있는' DNA 분자는 이중나선 모양이다.[72] 이 이중나선은 뉴클레오티드로 이루어진 두 개의 길고 꼬인 실처럼 생겼다. 이것은 아데닌, 구아닌, 티민, 시토신이라는 염기로 구성되어 있으며 약자로 A, G, T, C라고 표시한다. 이 염기들은 당-인산 골격에 연결되어 있다(〈그림 1.1〉 참조). DNA 구조의 '아름다움'은 네 염기들이 짝을 이루는 관계에 있다. 화학적인 이유로 아데닌은 티민과 결합하고(A=T), 구아닌은 시토신과 결합한다(G≡C). 따라서 한쪽 DNA 염기서열을 알면 자동적으로 다른 쪽 DNA 염기서열을 알 수 있다. 한쪽에 아데닌(A)이 있으면 다른 쪽에 티민(T)이 있고, 한쪽에 구아닌(G)이 있으면 다른 쪽에 시토신(C)이 있다.

DNA 구조를 처음 밝힌 왓슨과 크릭의 짧은 논문에는 미래의 경제적·윤리적 논쟁을 예상하는 다음과 같은 문장이 있다. "우리가 가정한 특정 염기쌍을 보면 유전물질을 복제할 수 있는 메커니즘이 존재할 수 있다는 것이 분명해 보인다."[73] 처음에 왓슨은 논문에서 주장한 구조가 틀릴 수도 있다는 두려움 때문에 이 문장을 포함시키는 것을 반대했다. 그러나 이와 관련된 연구는 계속 진행되었다. 동기가 무엇이었든 간에 이 지적은 선견지명이었다. DNA 복제는 두 가닥을 풀어, 짝이 되는 가닥을 만드는 방식으로 가능하다는 것이 밝혀졌

〈그림 1.1〉 DNA 구조(그림: A. P. Jasanoff)

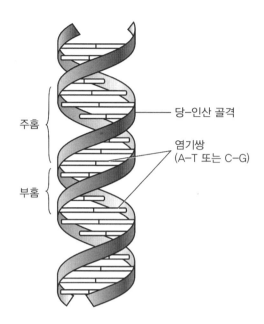

주홈

부홈

당-인산 골격

염기쌍
(A-T 또는 C-G)

다. 새로운 가닥에 있는 염기 위치는 이전 가닥에서 대응되는 위치에 있던 염기에 의해 결정되기 때문에, 원래 DNA와 동일한 구조를 얻을 수 있으며 염기 서열도 동일했다.

이중나선 구조의 발견은 순전히 대학의 산물이었다. 재능 있는 두 젊은이들의 발명품은 케임브리지대학교의 유명한 연구소인 캐번디시연구소에서 탄생했다. 같은 건물의 다른 연구자들은 DNA 구조 연구에 또 다른 도구를 사용했다. 이들의 발견은 의학과 산업에 즉각 영향을 주었다. 제한효소restriction enzyme를 이용해 DNA의 특정 위치를 절단할 수 있으며, DNA 연결효소인 리가아제ligase와 함께 사용될 수 있다는 것도 밝혀졌다. 절단된 조각은 '결합력이 좋고' 짝이 없는 가닥의 끝에 연결된다. 이는 각 염기가 짝이 되는 염기와 쉽게 결합하기 때문이다. DNA 구조가 밝혀진 이후 20년이 지났을 때 스탠퍼드 대학교 과학자인 스탠리 코헨Stanley Cohen과 허버트 보이어Herbert Boyer는

DNA의 특정 조각을 복제하고 재생산하는 기술을 완성하고 특허를 획득했다.[74] 그들의 방법은 이렇다. 먼저 제한효소를 사용해 DNA를 조각으로 절단한 다음, 플라스미드plasmid라고 부르는 염색체가 없는 박테리아 DNA에 삽입하는 것이다. 이런 잡종(또는 재조합) 플라스미드는 과학 연구에 널리 사용되는 박테리아인 대장균에 다시 삽입된 후 안정적으로 복제된다(〈그림 1.2〉 참조). 생물학적으로 살아 있는 이종 DNA를 식물이나 고등동물 같은 종種이 다른 숙주에 이식할 수 있게 되었다.

국가, 기업, 과학자는 즉시 새로운 생명공학이 갖고 있는 경제적 잠재력을 알아챘다. 생명공학은 유전공학 기술을 이용해 세포 이하 단위에서뿐 아니라, 세포, 조직 배양 같은 더 높은 수준에서도 사용될 수 있었다. 1970년대 중반에는 생명공학이 광범위한 상업적 응용 대상이 되었다. 하지만 발전은 예상보다 더뎠는데, 30년이 지나서도 생명공학 제품이 시장에 많지 않았다. 그렇지만 경제적인 잠재력은 아직 남아 있다. 생명공학이야말로 과학이 이끄는 두 번째 산업혁명에서 전 세계적인 우위를 차지할 수 있었기 때문이다.[75]

기업과 대학의 연구소에서 수행되는 유전공학 연구는 두 부류로 나뉜다. 하나는 생의학과 관련된 '적색'이고, 다른 하나는 농업 및 환경과 관련된 '녹색'이다. 녹색 생명공학green biotechnology은 새로운 바이러스 살충제를 생산하는 데 사용되고, 해충, 제초제, 환경 스트레스에 내성이 있는 다양한 식물을 만드는 데 사용된다. 생명공학 기술을 이용하면 농장에서 기르는 동물의 상업적 가치를 높일 수 있다. 예를 들어 우유를 많이 생산하는 젖소, 살코기가 많은 돼지, 먹기 좋은 물고기를 기를 수 있다. 이런 동물은 이종 간 유전물질을 이식해 개발된 것으로, 전통적인 교배를 통해서는 생산할 수 없었던 '유전자 변형' 생물체이다. 이 유전자 변형 기술 개발 덕분에 생물학적으로 환경을 정화할 수 있는 유전자 조작 박테리아 개발에도 성공했다. 그러나 1997년 2월 언론에서는 이런 희망을 무너뜨리는 뉴스를 보도했다. 미국 출신 가수 겸 영화배우인 돌리 파튼Dolly Parton의 이름을 따서 붙인 돌리라는 이름의 양이, 수개월 전에 다른 암양에게서 채취한 성체세포를 이용해 복제되었다는 뉴스였다.[76] 한쪽에서는

〈그림 1.2〉 재조합 DNA 기술 (그림: A. P. Jasanoff)

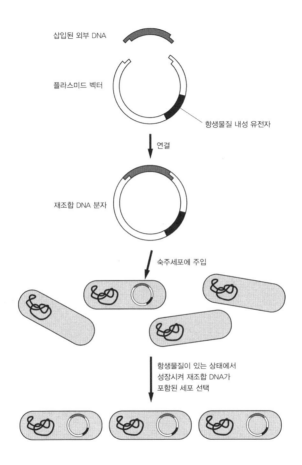

삽입된 외부 DNA

플라스미드 벡터

항생물질 내성 유전자

연결

재조합 DNA 분자

숙주세포에 주입

항생물질이 있는 상태에서
성장시켜 재조합 DNA가
포함된 세포 선택

오래된 동물 육종의 한 단계에 불과하다고 말했지만, 다른 쪽에서 인간을 복제
할 수 있는 가능성이 열렸다고 말했다.[77]

　당시 생명공학 분야에 주력하던 제약회사들은 희귀한 치료약을 대체할 유

전자 변형 물질을 만들 수 있는 가능성을 확인했다. 예를 들어 당뇨병 치료를 위한 인슐린, 선천성 왜소증 치료를 위한 인간 성장 호르몬 등이 그것이다. 유전자의 위치와 서열을 확인해 인간게놈 전체를 규명하는 기술은 진단 시약의 유망한 분야였다. 치료 목적의 이 작업은 환자 개인을 위한 '맞춤분자designer molecule' 개발에서 시작해, 암, 자가면역질환, 유전병 치료의 희망을 되살리는 계기가 되었다. 체액 샘플에서 얻은 '지문fingerprint'을 통해 신원을 확인하는 DNA 감식은 법집행과 친권 확인을 위한 중요한 도구로 간주되었다. 분자생물학 기술은 자궁 밖에서 인간배아를 만드는 체외수정, 배아줄기세포의 연구, 인간복제(복제양 돌리 탄생 이후 논란이 된) 분야의 새로운 길을 열었다. 이제부터는 생명공학 발전을 둘러싼 정치적인 주제를 살펴본다.

## 과학적 진보와 사회적 우려

20세기 화학과 물리학이 두 차례 세계대전을 일으키면서 국가 권력을 인수했다면, 이제는 생물학이 정부를 위해 새로운 역할을 하고 있다. 미셸 푸코가 주장한 것처럼 국가는 생명에 집착했고, 시민들은 생명정치 때문에 국가에 권한을 요구하면서도 경쟁이 심한 전쟁터에 내몰렸다.[78] 생물학이 제시하는 문제 해결 방식에는 공적인 이해관계가 개입된다. 인간이 자연을 정복하자 인간이 통제할 수 없는 자연은 우연적이고 무의미한 것으로 간주되었다. 자연이 전염병을 퍼뜨리고, 농작물을 망가뜨리고, 불임의 고통을 주고, 유전병이라는 불공평을 주고, 암을 유발하고, 기억과 이성을 타락시키고, 때 이른 죽음으로 슬픔을 준다면 누가 이것을 예방할 수 있는가? 이 문제들은 현대사회에서도 행복을 위협한다. '테러와의 전쟁'이 보여주는 것처럼 집단 차원의 보호와 복지에 관련된 문제는 복잡하다. 정부는 생명과학 발전을 위해 연구를 지원하고, 생명과학은 시민들에게 개인적인 성취나 오랫동안 건강하고 자유롭게 사는 길을 열어준다고, 그리고 유전적으로 설계된 아이를 가질 수 있다고 약속한다.[79]

이런 측면에서 생명과학은 국가의 야심뿐만 아니라 개인의 욕망까지 충족시킨다. 생물학은 20세기 중반부터 큰 후원을 받았다.[80] DNA 구조의 발견과 유전학 그리고 분자생물학의 발전으로 과학과 국가의 관계가 더욱 밀접해졌다. 과학자들이 분자 수준에서 생명체를 조작할 수 있게 되면서 사회문제가 새롭게 규정되었다. 유전공학은 의학, 농업, 환경보호, 공공보건 분야에서 새롭고 효율적인 방식으로 국제사회의 요구에 대응하고 있다. 과거에 사회공학자와 소비자들은 이 분야에 실망했다. 부유한 국가에서 유전공학 연구가 진행되자 폭력, 중독, 정신이상 같은 인간의 문제를 해결하는 방안이 제안되었다.[81] 생물학이 발전하자 합리적이고 과학적인 문제 해결이라는 근대 프로젝트가 다시 주목받았고, 동시에 근대의 목표와 도구가 비판받기도 했다.[82] 생명과학과 생명공학은 규정하기 어렵고 특수한 인간 조건의 문제들을 해결할 수 있음을 보여주었다. 질서, 예측, 균일화, 통제의 영역으로 인간을 이동시킬 수 있다는 것도 보여주었다. 결국 생명과학은 후기 근대의 위기에 처한 국가를 구할 수 있는 이상적인 도구로 제시되었다.

생물학은 개인적 차원에서 환자 맞춤형 의학이 불치병을 치료할 수 있을 것이라는 희망도 주었다. 더 놀라운 것은 설계design라는 개념이 맞춤유전자designer gene, 맞춤분자designer molecule, 맞춤아기designer baby 같은 용어로 사용되고 있다. 신성한 창조자의 특권으로 간주되었던 자연에 대한 설계에 이제는 인간이 도달했다.

그러나 과학기술 혁명이 광범위하게 확장되고 있는 것을 부정적으로 보는 시선도 있다. 인간게놈을 조작할 수 있다는 예측 때문에 인간의 완전함이나 불가침 개념이 흔들렸으며, 책임과 관련된 여러 질문이 제기되었다. 진보가 제시하는 약속은 대중들에게 불편했다. 대중들은 지키지 못할 약속에 짜증을 냈고, 국가의 좋은 의도를 비난했다. 부자와 가난한 자 사이의 불평등에 불만을 드러냈고, 과학지식이 구성되고 가치를 내재한다는 특성을 새롭게 인식했다.[83] 생물학자들은 실험실과 현장에서 거둔 성공을 축하했고, 국가는 놀라운 업적을 달성한 영광스러운 과학자들을 격려했다. 그러나 지식인, 예술가, 시민들은 유전공학 혁명을 우려했다. 대중들은 생물재해에서 과거의 '핵 공포'를 떠올리며 '유전공학 공포'에 빠졌다.[84] 어떤 사람들은 프로메테우스, 프랑켄슈타인, 나치 우생학[85], 오존층 파괴, 기후변화, 광우병bovine spongiform encephalopathy, BSE 같은 고전 신화나 최근의 재난을 언급하며, 자연의 비밀을 캐는 인간의 욕망이 예측이나 제도를 앞서고 있다고 우려했다.[86] 어떤 사람들은 생명에 대한 유전적 관점을 환원주의라고 비난했으며, 국가의 통제 증가, 인간 존엄성 하락, 생명의 신비와 다양성 감소를 걱정했다.[87] 또 다른 사람들은 서구의 과학, 자본, 국가가 연합해 토착 자원을 착취하고, 개발도상국의 생태적·경제적 생존을 위협하는 새로운 식민주의가 등장했다고 보았다.[88]

유전공학이 초래한 위험과 장밋빛 약속이라는 긴장 관계에서 우리는 성숙한 자유민주주의 국가의 정치와 정책이 어떻게 작동하는지를 관찰할 수 있다. 정부가 새로운 정책을 집행하자 새로운 활동을 펼칠 수 있는 무대가 열렸다. 정부는 생명공학 지원을 위한 공적 기금 마련, 생물재해의 위험평가 및 감독, 제품 시장 개척 등 윤리적이고 책임 있는 생물학 연구를 권고했다. 2001년 9·11 테러 이후 생물학 전쟁의 가능성이 새롭게 제기되었고, 탄저균과 입증되지 않은 근거로 이라크의 사담 후세인Saddam Hussein을 공격했다. 이중나선 이후의 생명공학 정책은 생명공학 거버넌스 측면에서 많은 요소를 놓쳤다는 점이 폭로되었다. 또한 생명과학을 둘러싼 위험, 이익, 윤리적 모호함에 관해 국가와 시민, 전문가, 기업 사이의 인식 차이가 커졌다. 이 상황에서 규범적인 문제 제기는 불가피했다. 누구의 관점에서 생명공학 거버넌스를 통제해야 하는가? 생명공학을 통제하는 정부는 민주적인 자기 표현 형태를 통제해야 하는가, 허용해야 하는가? 우리는 생명공학을 통제하는 여러 국가의 성과를 어떻게 평가해야 하는가? 부유한 국가의 경험은 과학과 사회 질서에 세계적 모범이 될 수 있는가? 그렇지 않고 세계인에게 경고하는 역할을 할 수 있는가?

다음 장부터 영국, 독일, 미국, 유럽연합의 법, 정치, 정책 제도 측면에서 이러한 질문들을 제기한다. 국가와 대중이 생명공학의 위험과 이익을 평가하는 방식을 이용해, 법률과 입법상의 공적 원칙과 절차, 특정 사안의 적용, 논쟁과 반대의 실천, 제도와 전문가 담론의 형성을 비교한다. 이를 위해 녹색과 적색 생명공학 양쪽에서 사례를 선택했다. 둘은 과학 논쟁, 윤리 쟁점, 정치 질문 측면에서 약간씩 다르다. 하지만 이를 둘러싼 생명공학의 본성과 정치는 포괄적인 접근을 정당화한다. 최근 생명공학 발전의 기초에는 생명이란 무엇인가에 관한 이해를 재규정할 수 있는 아이디어와 기술이 있으며, 생명과학을 향한 정치적 입장을 결정하는 데도 중요하다. 시민사회는 관심사에 따라 생명공학에 다르게 반응한다. 여러 국가를 비교하고 분석할 때 고려해야 할 제도, 정치 변화에는 기업의 응용도 포함된다. 이론적인 관점에서 보면 특정 정책 분석보다는 여러 분야를 동시에 살펴보는 비교를 통해 더 많은 것을 얻을 수 있다.

## 성찰의 자리: 기본 로드맵

이후의 장에서 다음 질문들을 가능한 한 완벽하게 설명하려고 한다. 왜 국가마다 생명과학을 수용하는 태도가 다르며, 민주적으로 생명공학을 통제하기 위해서는 무엇을 해야 하는가? 유럽연합 또는 전 세계의 초국가적 화합은 국가별 비교를 통해 추론할 수 있다. 나는 과학과 정치, 자연 질서와 사회 질서 사이의 관계를 이해하기 위해 구성주의와 공동생산주의를 선택했다. 의사결정 및 실천을 위한 프레임을 비교하면서, 규제기관, 제도, 행위자, 사회적 존재 사이의 영향을 살펴보았다.

2장에서는 세 국가에서 유전공학 발전 정책을 규정하는 '통제 내러티브controlling narrative'를 살펴본다. 생명공학의 세 가지 내러티브는 ① 자연에 개입하는 새로운 과정, ② 인간과 환경에 유익한 신제품의 근거, ③ 인간 존엄성과 자유에 진지한 의미를 부여하고, 이것의 헌법적 의미constitutional significance를 질문하면서, 표준화되고 통제된 국가 지원 연구 프로그램이다. 특히 경쟁하는 세 내러티브의 역사적·사회적 기원을 검토하고, 세 국가의 정치제도에서 왜 다르게 수용되고 제도화되었는지를 살펴본다.

3장에서는 유럽연합의 역할을 다룬다. 멀리서 보면 이 문제는 명확하지 않은데, 유럽연합이 이 연구를 수행하는 도중에 출범했기 때문이다. 유럽연합은 협상을 통한 공존을 추구하지만, 생명공학 정책은 유럽연합의 헌법에 반영되었다. 이 '문제'는 공동생산 관점에서 유럽의 생명공학 정책을 살펴보는 작업의 시작점이다. 새로운 사회적·과학적 질서가 자리 잡는 시기에 이들의 상호작용과 상호강화를 확인할 수 있다.[89] 이 관점에서 유럽의 생명공학 정책 형성에 관한 이야기는 유럽의 구성을 살피는 데 중요하다.

4장부터 8장까지는 세 국가 정치문화의 '복수 현장 민족지multisited ethnography'[90]를 기록한다. 생명공학이 제기한 윤리적·법적·사회적 도전에 국가별로 어떻게 적응하는지를 살펴본다. 나는 여기서 은유적으로 '민족지'라는 용어를 사용했다. 이 용어를 통해 일반 문화처럼 정치문화 역시 법의 제정과 집행이 이루어지는 여러 현장에서 연구되어야 한다고 제안했다. 이는 정적인 제도나 규제 전통 안에서 연구하는 것과는 다르다. 내가 제안한 방법은 클리퍼드 기어츠가 주장한 개별 사건을 심층적으로 설명하는 것과도 다르다. 이 방법은 브뤼노 라투르나 조지 마커스George Marcus가 제안한 사물, 인간, 산만한 추적 방식을 '따르는' 것도 아니다. 내가 제안한 방법은 정치적 도전과 민주적 법제화에서 중요한 규제의 지점을 확인하는 것이다. 최근 인류학은 이동과 유동을 다루지만, 나는 사회가 충격과 변화를 경험할 때 일관성과 연대성을 부여할 수 있는 규범적 책임에 관심이 있다. 4장부터 8장에서 비교하는 생명공학 발전은 다음 기준들을 모두 충족한다. 생명공학 발전은 공적인 논쟁을 촉발했으며, 국가 차원에서 인식할 수 있는 정책들을 이끌어냈다. 생명공학 발전으로 제도가 조정되고, 규범적 담론에 사용되던 용어가 변화하거나 새로운 개념들이 도입되었다. 생명공학 발전은 새롭거나 변형된 사회적 존재와 관련된다.

4장에서는 유전자 변형 생물체를 환경에 방출하는 사례를 살펴보고, 규제와 위험평가의 새로운 접근을 검토한다. 또한 이 장에서는 환경안전 논쟁을 해결하려는 초기 시도들이 상업적 사용에 의해 다시 제기되면서, 유전자 변형 작물 논쟁이 국가마다 다르게 진행되었다는 것도 살펴본다. 이 역사를 통해 '건전한 과학에 근거를 둔 위험평가'를 주장하는 미국과 달리, '예방'에 관심이 있는 유럽연합 국가들 사이의 차이도 확인한다. 5장에서는 유전자 변형 식품의 안전에 관한 법적·정치적 논쟁을 살펴본다. 영국과 미국의 차이가 5장의 주요 관심 주제이다. 식품 안전에 관한 전문성의 성격과 전문가 사회를 관심 있게 살펴본다. 6장에서는 체외수정을 이용한 새로운 생식기술을 살펴보고, '자연스러운' 보조 생식을 위해 각 국가가 채택한 정책을 확인한다. 7장에서는 복제나 배아 줄기세포 연구 기술에 대응하는 과정에서 발생한 결과들을 재검토한다. 지난 10년 동안 해결하지 못한 질문이나 생식과 관련한 윤리적 딜레마가 생명공학에 의해 다시 등장하는 모습도 살펴본다.

7장은 8장과 연결되는 부분이다. 7장과 8장은 생명공학 발전을 규제하는 생명윤리와 특허법의 역할을 다룬다. 새로운 기술이 발달하자 각 영역에서 새로운 제도와 공적 개념도 등장했다. 법과 윤리가 변화하면서 공적 숙의 과정이 진행되었고, 유전공학 연구개발을 지원하는 정부 정책이 수립되었다. 생명공학 정책의 프레임을 만드는 데 전문 담론의 역할(예를 들어 핵심 쟁점에 높은 우선순위를 두고, 다른 쟁점에 낮은 우선순위를 두는 것)이 특히 중요하다. 7장에서는 각 국가에서 생명공학을 지원하는 새로운 제도에서 '생명윤리' 개념이 어떻게 검토되고 있는지를 확인한다. 8장에서는 기존 법제도가 생명공학에 의한 새로운 재산권 청구를 어떻게 다루는지 살펴볼 것이다. 생명공학 발전에 따른 인간 행위자, 존엄성, 인간성이라는 문화적 개념이 어떻게 강화되는지도 살펴본다.

9장에서는 생명과학 혁명을 주도하는 핵심 현장이자, 과학과 사회의 새로운 사회적 계약의 시험장 역할을 하는 대학들을 살펴본다. 특히 대학에서 기업으로의 기술이전과 관련된 국가 정책을 검토한다. 특히 이해관계에서 벗어나 순수한 연구를 수행하는 대학의 역사적 의무와 상업 및 산업적 연구를 수행해야 하는 의무 사이에 어떻게 협상이 이뤄졌는지 확인한다.

10장에서는 선진 산업국가에서 포괄적으로 인정되고 있는 근대의 위기에 생명공학 발전이 어떤 의미를 지니는지 살펴본다.[91] 10장의 핵심 주제는 민주정치에서 과학기술의 역할을 이론화하는 것이다. 지식사회에서 민주주의 이론은 공적인 목적을 위한 지식 생산과, 그것의 사용과 해석에 시민 참여를 적극적으로 도입해야 한다는 것이다. 이를 위해 10장에서는 시민 인식론 개념을 발전시켜 세 국가에서 그것이 어떻게 실현되었는지를 비교한다.

　11장에서는 이 책의 핵심 질문으로 돌아간다. 생명과학과 생명공학 발전으로 제기된 위험과 윤리, 그리고 인간 행위자에 관한 질문에 대서양 양쪽에 있는 민주제도가 어떻게 대응하는지를 살펴본다. 핵심 쟁점은 생명공학 정치가 과학적 합리성과 통제라는 익숙한 근대 패러다임을 강화하는지, 그렇지 않으면 과학과 사회 그리고 국가 사이의 더 유동적이고 덜 계층적인(즉, 실험적인) 증거에 따른 새로운 탈근대의 신호인지를 확인한다.

# 2장 내러티브 통제하기

## 생명공학 프레임

　1970년대 생명공학은 완성되지 않은 형태로 정치 무대에 처음 등장했다. 생명과학에 기반을 둔 생명공학은 20세기 물리학사와 화학사에 기록된 모호함과 재앙에서 벗어나겠다고 약속했다. 물리학은 제2차 세계대전 말에 히로시마와 나가사키에 투하된 핵무기로 인지되었고, 그러한 인식은 냉전 시대 과도한 군비 경쟁으로 이어지면서 '핵무기 때문에 멸망'할 수도 있다는 국제적 위협으로 심화되었다. 물리학이 전 세계적인 에너지 문제를 해결할 것이라는 희망은 여러 번 실망으로 바뀌었다. 1975년 영국 윈드스케일Windscale 원자력발전소에서 발생한 화재는 원자력 기술의 무분별한 확산이 위험할 수 있다는 초기 증거였다. 일부 국가에서 "원자력의 평화적 이용atoms for peace"에 뒤늦게 착수했지만 이는 오히려 시민들의 저항을 촉발시켰다. 1970년대 독일에서는 유혈 반핵시위가 벌어졌으며, 1979년 쓰리마일섬 원자력발전소 사고에서 추진력을 얻은 미국 반핵 운동이 원자력발전에 대한 투자를 사실상 중단시켰다.[1] 또한 10년이 채 지나지 않아 발생한 1986년 체르노빌 사고의 방사선 낙진과 그 정치적 파장은 유럽의 원자력 확장주의자들을 한동안 좌절시켰다.[2]

　화학 분야 역시 학대와 파괴의 과거사와 계속 씨름해야 했다. 제1차 세계대전의 독가스mustard gas 공포부터 나치 독일의 가스실에서 사용되었던 역겨운 치클론 BZyklon B, 네이팜탄과 고엽제Agent Orange가 낳은 베트남의 폐허에 이르기까지, 화학은 야만적인 방식으로 한 세기 동안 벌어진 전쟁에 연루되었다. 전쟁 시기의 연구가 제약과 살충제, 합성 원료 분야에서 생명을 구하고 삶의 질을 향상시키기도 했지만, 농업과 제조업 분야의 화학물질 남용으로 오염과 대형사고가 전 세계적으로 증가했다. 생물학자 레이첼 카슨Rachel Carson은 1962년에 미국 환경운동의 출발점이 되었다고 평가받는 『침묵의 봄Silent Spring』을 발표해, 잔류 살충제persistent pesticide가 조류 생태bird life에 미치는 영향에 대해 설명했다.[3] 1984년 인도 보팔Bhopal의 유니온 카바이드사 공장에서는 수천 명의 사망자와 수만 명의 부상자를 낳은 세계 최악의 산업 재해가 발생했다.[4] 그다음 해에 성층권의 오존층을 파괴하는 클로로플루오르화탄소 CFC(프레온가스), 잔류성 유기 오염물질, 그리고 새로운 화학무기가 연이어 등장하면서 국제사회를 위협했다.

물리학이나 화학에 대한 인식과 다르게 생물학은 부정적인 여론에서 벗어나 있었다. 1970년대에 유전학의 산업적 응용 가능성이 등장했고, 아우슈비츠나 히로시마, 보팔, 체르노빌 사고에 비견할 만한 생물학적 공포가 등장하지 않았다. 화학이나 물리학이 무력으로 자연을 정복하려 했다면, 생명과학은 그보다 평화적이고 협조적인 그림을 제시하는 것처럼 보였다. 생명의 비밀을 풀면 생명 그 자체를 완전하게 만들 수 있을 것이라는 기대감이 형성되었다.[5] 또한 생명공학의 기술혁신이 사회적 통제를 벗어나기 전에 생명공학 관련 규제가 마련되었다. 드디어 인간의 지혜가 인간의 발명품보다 한 걸음 앞서게 되었다. 물리학이나 화학과 달리 유전공학은 그 위험이 조기에 규명되고 그에 대한 보호 조치가 사전事前에 도입될 것이라는 희망이 등장했다.

생명공학을 통제하는 도구와 서술적 요소들은 20세기 말 과학과 대중문화에 확산되었다. 그중에는 자연을 침범한다거나 미지의 지식을 탐구하거나 생명권력으로 전체주의적 통제를 실행한다는 주제들도 포함되었다. 물리학의 '순수한' 신화적 이미지가 원자폭탄에 의해 산산조각나기 전에, 방사선과 방사능의 이미지에 따라 대중적 견해와 기대감이 형성되었고,[6] 생명공학이 '신 노릇playing god'를 한다는 공포감은 분자생물학과 DNA의 발견 이전에도 있었다. 메리 셸리Mary Shelley가 쓴 『프랑켄슈타인』은 1818년 출간 직후 큰 성공을 거두었고,[7] 5년 후에는 셸리가 직접 연극 작업에 참여해 런던 청중을 열광시켰다. 『프랑켄슈타인』은 20세기에 영화화되면서 새로운 예술적 생명력을 얻었다. 1910년 토머스 에디슨Thomas Edison이 감독한 영화를 포함해 여러 작품에서 원작이 재구성되면서 그 저력을 과시했다.[8]

환경 분야에서는 사실이든 허구든 인적 과실과 예측 실패에 대한 우려가 커졌다.[9] 보존 생물학자와 생태학자들은 무분별한 인간의 개입으로 야기된 많은 재앙을 알고 있었다.[10] 대부분의 사례는 특정 종이 새롭게 이주한 환경에 포식자나 환경 요인 같은 통제변수가 없어 폭발적으로 성장했다는 것이었다. 예를 들어 1920년대 남미에서는 토양의 침식을 막고 사료로 활용하기 위해 일본에서 수입한 칡넝쿨이 새로운 환경에서 잡초처럼 번성해 "1분에 1마일 덩굴mile-a-minute vine"이라는 별명을 얻었다. 또한 1859년 오스트리아 귀족들이 취미 사냥을 위해 들여온 야생 토끼는 통제 불가능한 속도로 번식해 "이집트인이 접한 그 어떤 전염병보다 더 악몽 같은" 존재가 되어버렸다. 이들은 작물을 훼손하고 토착 동식물을 위협했으며, 토양을 척박하게 만들었다.[11] 1970년대 초 재조합 DNA 연구자들만이 자신이 만드는 잡종의 정체를 깨달았고, 훗날 사람의 건강이나 환경에 미칠 영향을 상상할 수 있었지만 그들의 우려는 더 큰 문제로 확장되었다. 불확실성에 관한 경험들 때문에 20세기 후반 새로운 기술을 통제하려는 위험 담론이 중요하게 여겨졌다.

프랑켄슈타인이 신성한 질서를 인간의 불완전한 이해로 대체한다는 원초적인 공포를 주제로 삼았다면, 올더스 헉슬리Aldous Huxley의 『멋진 신세계Brave New World』는 1950년대의 세속적이고 전체주의적인 실험에 적합한 주제를 끄집어냈다. 그 세계는 J.R.R. 톨킨J.R.R. Tolkien의 장편 판타지 소설에 등장하는 오크orc처럼 전능한 국가를 건설하기 위해 인간의 등급을 나누고, 표준화하고, 변질시켰다. 타인의 이익을 위해 도구가 된 사람들은 인격과 자주성, 자유

의지를 박탈당했다. 그러나 헉슬리의 소설에서 끔찍하게 표현된 우생학적 발상들은 20세기 초 서양의 진보주의자와 지식인에 의해 적극 수용되었다. 『멋진 신세계』가 출간되기 5년 전, 미국 법학계의 거장인 대법관 올리버 웬델 홈스Oliver Wendell Holmes는 자신의 책 『벅 대 벨Buck V. Bell』에서 다음과 같이 표현했다. "타락한 자의 자손이 범죄를 저질러서 이들을 사형시키거나 우둔한 자가 스스로 굶어 죽길 기다리는 대신, 부적합한 사람들이 번식하지 못하도록 사회적 차원에서 방지하는 것이 세상에 더 유익하다. 필수 예방접종을 수행하는 핵심 원리를 난관절제 수술에도 그대로 적용할 수 있다. 3세대 내내 정박아였다면 그것으로 충분하다."[12] 우생학 이론은 1924년 미국 이민제한법의 근간이 되어 유대인과 남지중해 출신을 대상으로 한 차별로 이어졌다. 이런 발상은 나치의 우생학이 홀로코스트로 치닫기 전까지 정책의 기반이 되었고, 대체로 비난받지 않았다.[13] 실제로 사회주의 체제의 스웨덴에서 우생학을 근거로 40년에 걸쳐 수행된 강제 불임 시술은 1976년에야 종결되었다. 나치 경험이 없는 미국에서는 생의학 연구자들의 지식 욕구가 피험자 권리human subjects right를 보호하는 윤리적 관심을 앞설 정도로 강렬했다.[14]

잠재적 우려와 실천은 1980년대에도 정치적으로 미미한 수준이었다. 물론 연구자들은 언젠가 자신들의 발견에서부터 유용한 의료 및 농산물이 흘러넘쳐 나올 것이라고 기대했다. 그러나 연구자와 산업계 종사자 그 누구도 어떤 연구와 마케팅 전략이 가장 효과적일지 예측할 수 없었다. 과학계와 국가, 산업계의 조직적인 이해관계를 넘어, 일반 정치체의 목소리 중에서 누가 생명과학의 궤도에 정당한 의문을 제기할 수 있을지는 불분명했다. 생명공학을 둘러싼 새로운 주제들은 여전히 새롭게 정의되고, 규정되고, 기존 경험과 연결된 의미가 부여되어야 했다. 다시 말해 이 주제들은 집단행동의 표적 프레임으로 설정되었다.

이 장에서는 생명공학의 정치적 미래에 크게 기여한 국가 차원의 프레이밍national framing에 주목한다. 정책 발전 과정에서 초기 10~20년간 구성되었던 통제 내러티브는 장기간 지속된 정치 참여와 논쟁을 위한 자원을 제공하고 윤곽을 형성했다. 이미 지적한 바와 같이 초기의 생명공학은 과학기술 절차, 제품, 거버넌스와 통제를 위한 프로그램이라는 세 가지 상이한 방식으로 개념화되었다. 이 프레임은 생명공학이 정치적으로 부각되는 모든 현장에서 두드러졌지만, 각 국가의 역사적·정치적 상황에 따라 다르게 설명되었다. 그 대신 핵심 프레임은 국가별 맥락에 따른 법적·행정적 조정 과정에 반영되었으며, 결과적으로 각국의 과학과 산업, 민주주의에 간접적인 영향을 주었다.

## 순수하지 않은 과정

기술낙관주의 문화가 뿌리 깊은 미국에서 유전자 조작을 어떻게 규제할 것인지에 대한 문제가 제기되는 한편, 과학기술의 사회적 영향에 대한 열린 논의가 필요하다는 주장이 등장했다. 예를 들어 일곱 명의 저명한 미국 과학자들이 수소폭탄에 의한 전쟁thermonuclear war의 위협에 대한 회의를 위해 1957년 캐나다 노바스코샤Nova Scotia에서 열린 첫 번째 퍼그워시 회의Pugwash Conference에 참석했다. (22명의 참가자 중 영국 물리학자가 두 명이었고, 독일 참가자는 없었다.)[15] 회의에 참석했던 핵 전문가들은 추후에 미국 전역에서 일어난 반핵 운동을 하나로 단결시킨 핵심 논점을 제공했다.[16] 또한 베트남전쟁이 정점에 치달았던 1969년, MIT 교수와 학생들은 과학의 군사적 기능을 축소시키고, 연구자가 자신이 수행하는 연구의 사회적·환경적 영향에 더욱 관심을 가질 것을 촉구했다. 이들의 노력에 따라 미국 생명공학 정책을 비판적으로 감독하는 '참여과학자연맹Union of Concerned Scientists'이 발족되었다.

1973년에 열린 핵산 고든학회Gordon Research Conference on Nucleic Acids에서 재조합 DNA의 안전성 문제가 제기되자 분자생물학자들은 위의 상황을 선례로 삼아 대처했다. 학회 공동의장이었던 미국 국립보건원NIH 맥신 싱어Maxine Singer와 예일대학교 디터 쇨Dieter Söll은 미국 과학계의 "두뇌 은행brain bank"으로 일컬어지는 미국 국립과학아카데미National Academy of

Sciences, NAS에 서한을 보내 이와 관련된 주제를 연구하도록 장려했고, 적절한 보호 조치를 취할 것을 권고했다. 급격히 변화하는 첨단 연구 환경에서 안전 문제를 인식하게 된 국립과학아카데미는 스탠퍼드대학교의 폴 버그Paul Berg를 의장으로 해 열한 명으로 구성된 연구위원회를 조직했다. 버그는 1973년 캘리포니아 아실로마 학회에서 재조합 DNA와 생물재해biohazard에 관한 학회를 조직한 경험이 있어 이 업무의 적격자였다. 30년에 걸친 사회적 변화를 겪은 지금 당시 상황을 회고해보면, 버그의 연구위원회는 매우 편협하게 구성되었다. 충분한 자격을 갖춘 뛰어난 열한 명의 남성 과학자들은 재조합 DNA 연구에 적극 참여하고 있었다.[17] 그럼에도 이들의 프레임은 몇 년간 생명공학 정책 담론에 영향을 주었고, 미국을 넘어 확산되었다.

1974년 7월 26일 《사이언스Science》와 《네이처Nature》에 게재된 버그 위원회 보고서는 유전공학 규제에 본격적으로 시민이 참여한 출발점으로 인용되었다.[18] '버그 서한Berg letter'으로도 알려진 이 보고서는 특정 형태의 연구가 지닌 위험성을 논의하고, 그에 대한 예방 조치들이 마련될 때까지 연구자들이 연구를 자발적으로 유예voluntary moratorium할 것을 요청했다. 서한에 서명한 사람들은 주요 후원자인 미국 국립보건원이 필수 보호 수단을 마련하는 데 앞장서기를 기대했다.

미국 국립보건원의 이사는 다음과 같은 업무 수행을 위한 자문위원회 설립을 요구받았다. (i) 재조합 DNA의 잠재적인 생물학적·생태학적 위험을 평가할 수 있는 실험 프로그램을 감독한다. (ii) 그 분자가 인간이나 다른 집단에 확산되는 것을 최소화할 수 있는 절차를 마련한다. (iii) 마지막으로 잠재적인 위험성을 갖고 있는 재조합 DNA를 사용하는 연구자들을 위한 지침을 마련한다.[19]

또한 버그 위원회는 "이 분야의 과학적 성과를 검토하고 재조합 DNA의 잠재적인 생명위험에 대처할 수 있는 방안을 논의하는" 국제 과학 회의 개최를 제안했다. 1975년 2월 캘리포니아 아실로마에서 개최된 후속 회의 참가자들은 대체로 과학자들이었으며, 일부 변호사와 저널리스트들도 참석했다. 회의 결과 일차적으로 규제 지침이 될 수 있는 원칙이 수립되었다. 재조합 DNA 연구는 위험 정도에 따라 P1부터 P4까지 네 단계로 분류되었다. 이를 통해 물리적·생물학적 위험을 차단할 수 있도록 신중하게 설계되었다.

버그 연구와 1975년 아실로마 회의는 과학적 책임과 자기 규제의 모범으로 많은 찬사를 받았다. 그러나 이 사건의 대표자들은 제한되었으며, 과학자들의, 과학자들에 의한, 과학자들을 위한 규제였다.[20] 생명과학자들 사이에 제기된 여러 의혹과 불안감은 생명공학의 복잡성이 증가하더라도 계속 작동할 수 있는 구조 개념과 절차상의 원재료를 제공했다. 뒤늦게 알려진 여러 사안 중에서 가장 중요한 사실은 아실로마 회의에 참여한 과학자들이 '재조합 DNA 분자'에 열중하고 있었다는 점이다. 주요 참가자들의 학문적 성향을 고려하고, 큰 관심을 받고 있는 분자를 변형하는 과정임을 생각하면 충분히 이해할 수 있다. 생명과학자들은 바이러스나 세균처럼 자연에서 볼 수 없는 새로운 생명체를 만드는 연구를 시작했다. 그들은 이것이 쉬운 프로젝트가 아니라는 점을 알고 있었지만, 분자 수준에서의 조작이나 통제 같은 정교한 실험으로 생명을 깊이 이해할 수 있을 것이라고 예상했다. 분자는 매우 작고 상대적으로 이해하기 쉬운 데다가 무생물이므로 정치적·윤리적인 문제에서 벗어나 있었다. 선구자들은 사회적 연대나, 종자를 소유하고 파종하는 농부의 권리와 같은 사회질서의 근본이 생명공학으로 인해 흔들릴 수도 있다는 생각은 전혀 하지 못했다.

아실로마에서 과학자들을 사로잡았던 위험은 생물학적인 것, 계획에 없던 유전자가 의도치 않게 확산될 경우 인간의 건강과 환경에 미칠 영향 같은 것이었다. 회의에 참석했던 과학자들은 항생제 저항성이나 독소를 생산하는 위험 형질들이 특정 실험실이나 변형 생물체에서 확산되기 쉬운 분자에 도입될 수 있다는 점을 우려했다. 그들은 다양한 종에서 추출한 생물학적 활성을 가진 유전물질을 조합해 새로운 생명체를 만들었다. 이렇게 만들어진 생물이 잘못된 환경으로 이동했을 때 어떤 일이 벌어질지 누가 예측할 수 있겠는가? 예를 들어 바이러스성 암 유전자가 사람의 소화기관에서 발견되는 박테리아에 도입된다면, 결과적으로 암 유병률이 증가할 수 있다.

아실로마의 과학자들은 독자적으로 행동하면 이런 위험을 통제할 수 없다고 인식했다. 재조합 DNA 연구에 대한 규제 방안을 결정하는 과정에 정부 참여가 필수적이고, 적절한 관리를 위한 지침도 함께 등장했다. 위험이 분자 수준에서 비롯될 것이라고 판단한 재조합 DNA 연구자들은 국립보건원이 생의학 연구기관 중에서 가장 중요한 정부기관이기 때문에 규제 관리를 담당하는 것이 적절하다고 판단했다. 연구비 지원 기관인 국립보건원은 과학자 간 동료평가를 수행해 연구의 질과 청렴성을 유지했다. 당시 국립보건원 책임자였던 도널드 프레데릭슨Donald Frederickson은 이 동료평가 방식을 재조합 DNA 연구 때문에 새로 등장한 연구실 및 환경 안전 문제에 도입해 다학제적 '재조합 DNA 자문위원회Recombinant DNA Advisory Committee, RAC'를 설립했다. 자문위원회는 재조합 DNA 연구 제안서가 관련 지침을 준수하고 있는지 검토하기 위해 설립되었는데, 처음에는 과학자들로만 구성되었다가 일반인도 참여할 수 있게 개선되었다.

과학자들이 정부와 언론, 그리고 대중을 이끈 아실로마의 잔영 속에서 국립보건원-재조합 DNA 자문위원회NIH-RAC 체제는 1980년대까지 미국의 정책 현장을 지배했다. 그러나 몇몇 과학자와 사회 활동가들의 관점에서 보면, 아실로마 합의는 사회적·윤리적 문제에 충분한 주의를 기울이지 않았기 때문에 만족스럽지 않은 결과물이었다.[21] 그들의 견해는 소수의 주장이었다. 하지만 생명공학의 활동 무대가 수도원과 같은 과학실험실에서 경쟁적인 시장으로 이동하면서 아실로마 합의 내용을 개정하는 작업이 불가피해졌다.


## 과정에서부터 제품까지

생명공학 위험과 관련해 중요한 두 번째 내러티브도 재조합 DNA 기술을 상업 용도로 사용한 미국의 정치적 맥락에서 비롯되었다. 이 시기 규제 논의는 유전공학 연구 과정에서 제품의 안전으로 옮겨갔다. 미국을 대표하는 정치 기구인 의회는 또다시 정책 수립 과정에서 제외되었다. 이는 입법기관의 실행력 부족이라기보다는 과학계의 입법 회피 능력 때문이었다.[22] 대신 대법원과 백악관, 관할 정부기관, 그리고 연구 단체가 중요한 조언을 했다. 그러한 배경에서 생명공학의 상업화로 이익을 얻으려는 사기업이 조용히 자신의 목소리를 내고 있었다.

### 발명을 보상하다

미국에서 생명공학의 정치 지형이 만들어지는 데 소송이 중요한 역할을 했다. 새로운 기술에 대한 법조계의 태도를 확인할 수 있었던 최초의 중요한 사건은 대법원까지 올라간 특허권 논쟁이었다.[23] 이 법정 소송은 미국 생명공학 정책 형성에 기여했다.

제너럴 일렉트릭General Electric 연구원이었던 아난다 차크라바르티Ananda Chakrabarty는 분자 기술(재조합 DNA 기술이 아닌)로 조작에 성공한 슈도모나스pseudomonas 속屬 균에 특허권을 신청했다. 특허심사관은 살아 있는 생명체라는 이유로 그의 요청을 거부했다. 차크라바르티가 특허를 받으려던 대상은 법적으로 특허를 받을 수 있는 '소재subject matter'의 정의에 부합하지 않았다.

관세특허항소법원Court of Customs and Patent Appeals은 이 특허심사관의 결정을 뒤집고, "미생물이 살아 있다는 사실은 … 법적 중요성을 갖지 않는다"라고 평가했다.[24] 특허국은 항소했지만 대법원은 5 대 4의 다수결로 항소법원의 손을 들어주었다. 그러면서 특허 대상이 살아 있는지의 여부보다, 그것이 "법령 내에서 '제조품manufacture'인지 '합성물composition of matter'인지"가 더 중요하다고 판시했다.[25] 대부분은 이 질문에 의심의 여지가 없다고 보았다. 차크라바르티의 생명체는 이전까지 자연에 존재하지 않았던 인공물이라는 범위 안에 들어갔다. 법원은 특허법을 처음으로 제정한 토머스 제퍼슨Thomas Jefferson이 이 법률이 더 광범위하게 해석될 수 있도록 의도했다고 판단했고, 의회는 1952년까지 "이 땅 위에 인간이 만든 모든 것"에 특허권을 부여할 수 있다고 선언해 그 의도를 확고하게 보여주었다.[26] 대법원은 차크라바르티의 박테리아가 인공물이라는 기준을 통과했다고 분명하게 결론지었다.

민주주의 사회에서 기술평가는 입법부와 사법부 중 어느 기관에서 이루어져야 하는가? 정치적으로 흥미로운 이 질문은 차크라바르티 판례의 법적 논증 뒤에 가려졌다. 그러나 대법원은 이 사건 판결과의 관련성을 단호하게 거부했다. 사법부가 생명공학의 타당성을 평가할 수 없다는 다수의 주장에 대해서는 논란의 여지가 없었다. 사법부가 정책을 수립할 수도, 그것을 집행할 권력도 없었기 때문이다. "사법부가 특허 자격에 관한 판결로 미지를 향한 과학자들의 탐구를 막는 것은 크누트Canute 왕이 파도에게 명령을 내리는 것처럼 불가능하다."[27] 법원이 대답을 회피한 더 높은 차원의 문제는, 발명의 근본 성격이 급격하게 변해 지적재산권에 대한 제퍼슨의 견해가 시대에 뒤떨어졌는지에 대한 것이었다. 법원은 기존 법제하에 미생물에 대한 특허 자격을 순수하게 기술적인 문제로 간주해 분자생물학이 근본 변화를 초래했다는 점을 부정했다. 차크라바르티 사건은 생명공학계의 청신호였으며, 결과적으로 의회가 생명과학의 새로운 발견에 관한 특허법의 적합성을 평가할 수 없음을 의미했다.

만약 법원이 더 좁은 길을 택했다면, 대안이 없는 것은 아니었다. 활동가이자 작가이며, 기술비평가인 제레미 리프킨Jeremy Rifkin이 설립한 감시단체인 대중사업위원회People's Business Commission, PBC는 차크라바르티 사건에 준비 서면을 제출한 여러 법정조언자amici curiae 중 하나였다. 대중사업위원회는 특허권 논쟁을 기술 변화와 그에 따른 윤리적·정치적 의미라는 넓은 맥락에서 검토했다. 대중사업위원회에 따르면 인간은 유전자 변형 기술을 통해 "생명을 제조"하고, 심지어 "인간 진화에 영향을 줄" 능력을 가지게 되었다는 것이었다.[28] 이 기술은 서구의 과학 환원주의 전통에서 시작되었고, 그로 인해 과학자는 자연을 조작하고 객관화할 수 있게 되었다. 특허법은 생물과 무생물의 경계를 무너뜨리고 자연을 변질시키는 과정을 뒷받침해줄 것이다. 이 논리로 대중사업위원회는 특허법 논쟁이 법원보다는 의회에서 관장할 문제로 보았고, 기술 거버넌스의 정치 맥락에서 재구성하고자 했다. 이런 방식으로 논쟁을 재구성해 상업적 생명공학을 지지하는 행위자-네트워크에는 입법부와 이들이 수행한 작업도 포함했다. 의회는 신기술을 위한 통치 네트워크에서 활성화된 노드로 다시 등장했다.

예상했던 것처럼 대다수의 법관들은 차크라바르티 사건에서 대중사업위원회의 주장에 주목하지 않았다. 사법 당국 입장에서는 기술 발전을 장려하는 미국 특허법이 전혀 모호하지 않았고 이 사건에 충분히 적용될 수 있었다. 입법부를 굳이 끌어들일 이유가 없었다.[29] 한 가지 흥미로운 점은 같은 사안에 대해 독일 녹색당이 대중사업위원회와 유사한 입장을 제시했지만, 그 결과가 달랐다는 것이다. 그러나 미국의 정책적 관심은 리프킨과 그 동료들이 비판한 유전공학 과정에서, 차크라바르티와 그의 회사가 특허를 신청한 제품으로 이동했다. 이런 급격한 변화는 몇 년간 지속되었다.

## 비계획적 방출부터 정책 조정까지

1980년대 초에 일어났던 몇 가지 사건은 국립보건원-재조합 DNA 자문위원회 체제에서 생명공학의 상업적 응용에 관한 검토 절차가 충분하지 않았음을 드러냈다. 첫 번째 도전은 캘리포니아대학교의 두 과학자, 스티븐 린도Steven Lindow와 니콜라오스 파노파울러스Nikolaos Panopoulos가 식물의 냉해 저항성을 증가시키기 위해 유전자 조작을 한 슈도모나스pseudomonas 속屬 박테리아인 '아이스-마이너스Ice-Minus'의 현장시험 허가를 요청하면서 시작되었다. 자연 상태의 박테리아는 빙결이 시작되면 얼음핵을 만드는 단백질을 포함하고 있어서 비교적 높은 기온에서도 식물에 냉해를 입었다. 연구자들은 이 단백질을 형성하는 유전자를 제거해 얼음 형성을 촉진하지 않는 '아이스-마이너스' 균주를 생산하고, 더 나아가 기존 박테리아를 이 균주로 대체해 많은 식물의 냉해 저항성을 높일 수 있기를 기대했다. 그들은 수익성이 높은 캘리포니아 딸기 농사에서 이를 이용하면 이익이 될 것이라고 생각했다. 요청서를 검토한 재조합 DNA 자문위원회 위원들은 초기에 일부 사안에 수정을 요구했지만, 재검토 결과 만장일치로 실험이 안전하다는 결정을 내렸다.

과학자사회는 아실로마 회의의 사전예방precautionary 원칙에서 시작해 상당한 변화를 거쳐왔다. 린도와 파노파울러스가 제안하고 재조합 DNA 자문위원회가 객관적으로 평가해 허가한 이 실험은, 6년 전에는 위험하고 불확실하다는 이유로 1976년 국립보건원 지침에 따라 불허되었다. 모든 사람이 이런 과학적 전향에 만족한 것은 아니었는데, 리프킨이 설립한 또 다른 단체인 경제교류재단Foundation on Economic Trends, FET은 재조합 DNA 자문위원회의 결정을 뒤집기 위해 소송을 제기했다. 경제교류재단 대 헤클러FET vs. Heckler 사건[30]에서 연방항소법원은 국립보건원이 미국 국가환경정책법U.S. National Environ mental Policy Act, NEPA에서 요구하는 환경영향평가를 실행하지 않았다는 점을 근거로 현장시험 허가를 기각했다. 법원은 국립보건원이 과거의 지침에 따라 제외했던 실험을, 이번에는 정당한 근거가 없는데도 허가한 이유를 설명하는 데 실패했다고 문제를 삼았다. 이 판결은 재조합 DNA 연구의 안전성 평가에 다른 과학자들이 아니라, 사건에 관련된 과학자에게 책임이 있다는 재조합 DNA 자문위원회의 암묵적인 가정에 도전하는 것이었다. 헤클러에 따르면 해당 법에는 전문가가 제시하는 논리를 대중이 직접 평가할 수 있는 공개적이고 숙의적인 절차가 필요했다. 법원은 국가환경정책법이 상업적 생명공학이 환경에 위해를 줄 수 있다는 대중의 우려를 해소하기 위해, 더 직접적인 형식의 정당화가 필요하다고 판결했다.

곧바로 다른 문제들이 이어졌다. 분자 관점에 편중된 국립보건원의 지침 때문에 규제에 기술 장벽이 만들어졌다. 1987년 중반 몬태나주립대학교 식물생리학자 개리 스트로벨Gary Storbel은 정식 허가 없이 느릅나무 열네 그루에 유전자 조작된 슈도모나스 시린개Pseudomonas syringae 박테리아를 주입했다. 느릅나무 입고병Dutch elm disease을 치료하는 방법을 규명하려 했던 스트로벨은 자신의 연구에 대한 규제가 불필요하고 관료주의적이라고 생각해 허가를 받지 않았다. 스트로벨의 행동을 검토하기 위해 소집된 국립보건원 특별위원회는 그의 연구가 '재조합 DNA 분자'를 다루고 있지 않았기 때문에 검토 대상이 아니라는 결론을 내렸다. 재조합 DNA 지침에 따르면, 재조합 DNA 분자는

"(i) 살아 있는 세포의 외부에서 자연 혹은 합성 DNA 조각과 세포 내에서 복제될 수 있는 DNA 분자를 조합하여 만든 분자, 또는 (ii) (i)에서 설명한 분자가 복제되어 만들어진 DNA 분자"이다.[31] 스트로벨은 자신의 연구에서 재조합 플라스미드를 사용했지만 이것은 자연 환경에 "숙의적으로 방출된deliberately released" 숙주 안에서 제대로 복제되지 않았다. 따라서 방출된 개체에는 지침에서 말하는 기술적인 의미의 재조합 DNA가 존재하지 않았으며, 국립보건원의 규제 권한에서 벗어났다.

　민간기업 역시 제품의 현장시험을 준비하는 과정에서 어려움을 겪었다. 민간기업 연구는 정부의 지원금만으로 운영되는 것이 아니기 때문에 국립보건원에서 이들 연구 활동의 안전성을 공식적으로 보증할 수 없었다. 일부 기업에서는 기존 독성물질 법을 기반으로 재조합 DNA 규제의 밑그림을 그리기 시작한 환경보호청Environmental Protection Agency, EPA에 도움을 요청했다. 미국 농업 생명공학 시장은 성장하고 있었지만, 관할권 문제와 개념상 모호함 때문에 관련 기관이 필요한지에 대해 커다란 논쟁과 의혹이 제기되었다.[32] 1986년 레이건 대통령의 과학기술정책국Office of Science and Technology Policy, OSTP은 「생명공학 규제를 위한 통합 체계」라는 제목의 보고서로 돌파구를 마련하고자 했다. 과학기술정책국은 신기술에 대해 상당한 사법 관할권을 지닌 기관 세 곳을 명시했다. 첫 번째 기관은 살충제 규제 등 환경 타당성과 영향평가를 관할하는 환경보호청이었다. 두 번째 기관은 새로운 식품, 동물 약품, 제약 분야를 관할하는 식품의약국Food and Drug Administration, FDA이었고, 세 번째 기관은 새로운 작물과 동물을 관할하는 농무부U.S. Department of Agriculture, USDA였다. 한편 과학기술정책국의 관리 하에 규제 사안을 부처 간에 조정할 수 있도록 생명공학 과학 협력위원회Biotechnology Science Coordinating Committee, BSCC가 설립되었다. 또한 각 주요 규제 기관에서는 생명공학을 다룰 수 있는 제도적 수단을 새롭게 만들었다. 환경보호청은 규제의 과학적·기술적 조언을 담당하는 생명공학 과학 자문위원회Biotechnology Science Advisory Committee, BSAC를 설립했다.

이런 제도적 조정은 살충제, 약품, 식품, 식품첨가물 같은 생명공학 제품이 유전자 조작 과정 없이 생물학적·화학적 공정만을 거친 생산물과 다르게 취급되어서는 안 된다는 미국 연방정부의 합의를 더욱 강화시켰다. 생명공학은 특수한 속성이나 결과물 없이 일반 산업공정과 같이 다루어졌기 때문에, 생명공학 제품을 관리하는 현존 규제법만으로도 새로운 위험에 대처할 수 있을 것으로 생각되었다. 과학기술정책국과 협력 프레임워크Coordinated Framework로 운영되었던 세 기관은 기존 법률에 따라 통과된 규제만으로도 필수 개념을 명확하게 규명하고 법적 갈등을 해결할 수 있을 것이라며 의회를 설득했다.

통합 체계하에서 생명공학은 더 이상 광범위한 정치 참여와 관련된 문제가 아니라, 기술 전문가가 인도하는 관료적 의사결정 대상이 되었다. 사회운동가나 기술비평가, 환경운동가 대신 주류 과학과 산업계 세력이 신기술을 관리하는 운전대를 잡게 되었다. 같은 맥락에서 통합 체계는 새로운 법적 권한의 필요성은 부정하면서도, 새로운 과학 기구의 필요성은 기꺼이 인정했다. 환경보호청을 위한 생명공학 과학 자문위원회와 부처 간 협력 기관인 생명공학 과학 협력위원회 설립이 보여주는 것은 연방 당국이 당면 과제를 기술평가에 관한 문제라고 생각해 그 어떤 전례 없는 규범적 문제와도 분리시켰고, 그에 따라 자신의 제도적 역량을 강화시킬 준비가 되어 있었다는 점이다.

### 정확하게 개입한 과학

과학자들은 대체로 이런 움직임을 환영했고, 아실로마 회의 이후에 생명과학과 국가 간 타협 정신을 온전히 계승하고자 했지만, 사전예방precautionary을 도입하는 것에는 동의하지 않았다. 재조합 DNA 자문위원회의 승인이 실험의 신뢰성을 확실하게 보장해준다고 보았던 과학계의 많은 사람들은 헤클러의 주장에 격분했다. 그들이 보기에 '기술 문맹technically illiterate'인 법원은 전문가 위원회의 정보에 근거한 판단을 번복할 권리가 없었다.[33] 이에 더해 유전공학에 적응한 분자생물학자들은 유전자 조작에 대한 불안감을 떨쳐냈다. 아실로마 회의에 참가한 제임스 왓슨은 저명하면서도 강경한 인물로 새로운 입장에 영향력을 행사했다. 그는 1977년《뉴 리퍼블릭New Republic》에 기고한 글에서 아실로마 회의에 '부조리극'이라는 꼬리표를 붙였다. 또한 유전공학을 평가하고 규제하려는 노력이 "보지도 듣지도 못한 늑대가 나타났다고 외치는 심각한 판단 착오"라고 주장했다.[34] 분자생물학자들의 상상력을 매혹시킨 것은 "늑대가 나타났다"라는 외침이 아닌 유전자 조작 기술의 정밀함 그 자체였다. 기술이 완벽하게 통제될 수 있을 것이라고 생각되는데, 왜 기술이 사회운동가들이 내세우는 미지의 공포나 두려움과 결부되도록 방치해야 하는가? 과학자들은 유전공학을 근거 없는 위험의 오명으로부터 분리시킬 때가 되었다고 판단했다.

유전공학의 안전성에 대한 과학적 합의는 전문가 조언을 매개로 정책 부문에 전파되었다. 1989년 미국 국립연구위원회National Research Council, NRC에서 발간된 고위급 보고서는 상업적 생명공학이 사람의 건강이나 환경에 특별한 위험을 주지 않는다는 미국 정부의 입장을 지지했다.[35] 국립연구위원회 보고서는 주요 연방 규제 기관에서 이슈별로 의견 차가 발생할 때마다 생명공학의 위험에 관대한 식품의약국과 농무부를 지지했다.[36] 국립연구위원회 보고서는 특히 다음과 같은 결론을 내렸다.

(i) 유전자 조작과 선택의 결과물을 생산 과정이 아닌 … 결과물이 결정의 주 구성 요소가 된다. (ii) 비록 유전자 조작 개체를 생산하는 과정에 대한 지식이 중요하지만 … 그 과정의 본질은 관리 수준을 결정하는 데 유용하지 않다. (iii) 현대 분자 세포 기법으로 조작된 생물은 전통 방식으로 생산된 개체를 관리할 때 쓰였던 것과 동일한 물질적·생물학적 법규하에 관리된다.[37]

메시지는 명확했다. 단순히 재조합 DNA 기법을 사용한다고 해서 무해한 생산물이 위험해지는 것이 아니었고, 반대로 '전통 방식'으로 생산된 개체의 유전자가 조작되지 않았다고 해서 안전한 것도 아니었다. 정책적인 목적상 생명공학은 측정할 수 없는 불확실한 위험으로 사회를 위협하는 특별한 기술 공정이 아닌, 기존 방식으로 검토할 수 있는 생산물 공급 방식으로 간주되었다.

주의를 당부하는 버그 위원회 어조와 반대로 유전공학의 이점을 강조하는 국립연구위원회 전문가들은 유전공학 낙관주의에 팡파르를 울리며, 잠재적 영향의 상당 부분이 이미 규명되었다고 주장했다. 분자 관련 주제가 여전히 대부분을 차지했지만, 이제 그 어조는 확신을 주는 방향으로 바뀌었다. 보고서는 식물이나 미생물에 분자 기법을 사용할 경우 정확하고 완벽하게 개조할 수 있다는 점을 강조했다.[38] 위원회는 이 정확성이 유전자 변형 개체들의 예측 불가능성에 충분한 안전장치를 제공한다고 생각했다. 유전공학 과정을 안정화시켜, 즉 블랙박스에 넣어 정확성과 예측 가능성, 그리고 완벽에 가까운 통제 가능성을 강조하자 규제의 주요 관심사는 유전공학의 절차적 과정에서 멀어졌다.

분자생물학의 박식함과 정확함이라는 강력한 레토릭의 반대편에는 기술 발달을 막으려는 비이성적이고 무지하며 무능했던 정책 입안자들이 자리 잡고 있었다. 과학의 정확한 주장과 규제자의 근거 없는 저항 사이의 대결은 미국 정치 담론에 깊이 새겨졌다. 2002년까지 아이스-마이너스 사건을 언급한 전 식품의약국 위원이자 저명한 생명공학 옹호론자 헨리 I. 밀러Henry I. Miller는 위 두 주제를 언급하면서, 유망한 발명들이 개발 과정에서 어떻게 저지될 수 있는지를 설명했다. "연구자들은 '유전자 스플라이싱gene splicing'이라는 매우 정밀한 생명공학 기술을 사용해 빙핵 단백질의 유전자를 제거했고 아이스-마이너스 박테리아의 현장시험을 계획했습니다. … 그럼에도 (심지어 새로운 유전자가 아니라 삭제된 유전자의 일부를 넣었음에도) 단지 유전자 스플라이싱을 수행한 생명체라는 이유로 현장시험을 승인받기 위해 괴롭고도 끝없이 계속되는 심의 과정을 거쳐야 했습니다."[39] 밀러는 환경보호청이 규제 평가에서 결과물이 과정보다 중요하다는 과학자들의 주장을 따르지 않았다고 분석했다.

## 유럽 방식의 조정: 과정인가 프로그램인가?

　유럽의 대다수 분자생물학자들도 미국의 동료 학자들처럼 유전공학이 그 자체만으로 건강이나 안전, 환경에 현실적으로 위험이 되지 않을 것이라고 확신했다. 그러나 유럽에서 제품 내러티브는 환영받지 못했다. 유럽이 과정을 중시하는 규제를 유지하게 된 데에는 기술이 발달한 유럽연합 국가들이 참여한 유럽집행위원회가 정책의 권위를 제도화한 것과 관련된다(3장 참조). 또 다른 이유는 생명공학의 위험에 대한 특별한 설명과 관련된다. 이는 신기술 등장에 따른 물질적·사회적·정치적 차원에서의 변화에 관한 것이다. 이 관점에 따르면 생명공학은 단순히 기발한 과학적 과정이나 새로운 생산물의 보고가 아니라, 환원주의와 조작을 강조하며 개인적·공동체적 핵심 가치를 위협하는 국가 주도 프로그램이었다. 1980년대 영국과 독일의 정책 입안 과정을 보면 유럽과 미국의 접근법 차이를 명확하게 볼 수 있다.

### 영국: 과정에 집착하다

　영국은 프랜시스 크릭과 제임스 왓슨이 유전 암호를 해독하고 노벨상을 수상한 나라로, 처음부터 유전학을 연구하고 개발하는 데 좋은 곳이었다. 영국은 탄탄한 기초과학과 함께 화학 산업으로 강력한 경제 기반을 갖추었고, 환경운동이나 소비자운동에서는 초기 단계였다. 그렇기 때문에 영국 정치계가 다른 어떤 국가보다도 생명공학의 위험을 저평가할 것으로 예상되었다. 그러나 아실로마 회의와 유럽 입법 과정에서 영국은 미국의 과학 자문위원회나 정책 입안자들보다 신중한 태도를 취했다. 이 차이는 아실로마 회의 직후부터 벌어지기 시작했다. 영국에서 '유전자 조작' 과정을 포함한 실험실 작업은 1974년에 제정된 직장 내 보건 안전법Health and Safety at Work Act의 규제 아래 관리되었다. 이 법을 집행하는 기구는 노동계, 산업계, 그리고 지방과 중앙정부라는 영국의 가장 강력한 세 개의 사회 협력 단체를 대표하면서, 상대적으로 독특한 삼자 구조의 자문위원회였다.[40] 그에 따라 재조합 DNA 연구의 응용을 검토하기 위해 조직된 유전자 조작 자문그룹Genetic Manipulation Advisory Group, GMAG도 삼자 구조로 구성되었다. 유전자 조작 자문그룹에 노동계가 포함되어 있다는 사실은 재조합 DNA 연구가, (예를 들어 노동자 같은) 과학적으로 확인되지 않은 위험 때문에 인류와 환경에 손해를 끼칠 수 있다는 점을 의미했다.

1984년 무렵 연구가 점차 상업화되자 유전자 조작 자문그룹은 유전자 조작 자문위원회Advisory Committee on Genetic Manipulation로 재편되었고, 이후 유전자 변형 자문위원회Advisory Committee on Genetic Modification, ACGM로 개명되었다. 이 자문위원회는 보건안전위원회Health and Safety Commission와 그 집행 부서인 보건안전국Health and Safety Excutive, HSE 산하에서 운영되었다.[41] 환경에 영향을 줄 수 있는 생명공학 작업은 한시적인 도입 자문위원회Advisory Committee on Introduction의 전문 자문을 받는 환경부Department of the Environment, DOE의 추가 검토를 거쳤다. 그러나 1980년대 말에는 미국처럼 영국에서도 대량생산과 숙의적 방출 등 여러 생명공학 활동들을 기존 규제 체제로 통제할 수 없다는 점이 분명해졌다.[42]

유럽집행위원회는 회원국들 사이에서 논의가 진전되자 입법을 통해 추가로 생명공학 활동들을 통제하려고 했다. 1990년 4월 유럽집행위원회는 생명공학에 관한 두 개의 지침을 도입했다. 하나는 영국의 기존 정책과 유사한 실험 내용을 담고 있었고, 다른 하나는 유전자 변형 생물체의 숙의적 방출에 관한 적극적인 실행을 요구하고 있었다. 영국 정부는 1990년에 제정된 환경보호법Environmental Protection Act(일명 녹색법Green Bill)에 유전자 변형 생물체를 다루는 내용(6장)을 추가했다. 한편 환경·보건·안전 당국은 각자 운영하고 있던 전문가위원회를 하나의 새로운 위원회로 통합해 유전자 변형 생물체의 환경 방출을 검토하기로 결정했다. 그 결과 설립된 부처 간 환경방출 자문위원회Advisory Committee on Releases to the Environment, ACRE는 1990년 7월에 첫 회의를 개최했다.

녹색법과 관련해 환경주의자가 유전자 변형 생물체 관련 정책 결정 과정에 공식적으로 참여할 수 있는지가 쟁점이었다. 활동가들의 예상과 달리 정부 반응은 호의적이었고, 정부는 환경방출 자문위원회에 환경 대표를 추가하는 것에 동의했다. 이 역할을 위해 선발된 사람은 녹색연합Green Alliance 회원인 줄리 힐Julie Hill이었다. 녹색연합은 자유당Liberal Party에서 독립한 환경 로비 단체로 녹색법을 적극 논평했던 곳이다. 개인 회원뿐만 아니라 정부와 산업계의 후원을 받은 녹색연합은 생명공학을 전면 금지하기보다는 엄격하게 규제하는 중도적 입장으로 알려져 있었다.[43] 힐 자신도 새로운 역할에 특별한 과학적·기술적 전문성을 보이진 않았지만, 공적 의사결정 단계에서 투명성과 개방성을 요구하는 영국의 좌파 자유주의 입장을 고수했다.

점진적이면서도 합의를 중시하는 영국의 정책 문화 속에서 힐이 임명된 것은 전통으로부터의 탈피와 오랜 정치적 관행에 대한 양보를 의미했다. 녹색연합 대표에게 환경방출 자문위원회 위원을 요청한 것은 향후 협상 과정에서 생명공학의 안전 문제가 중요했다는 점을 확인해준다. 이는 강한 정당이 지지하거나 과학기술 전문성을 지닌 사회 구성원이 아니면 의사결정 조직에서 대표자로 인정받기 어려운 영국 상황을 보면 상당히 급진적인 움직임이었다. 이전의 유전자 변형 자문위원회처럼 환경방출 자문위원회는 영국 규제 기관 중에서 가장 참여적이었던 보건안전위원회의 산하에 설립되었다. 이런 상황 때문에 농업수산식품부Ministry of Agriculture, Fisheries and Food, MAFF와 관련되어 있으면서 친기업 성향의 전통적인 전문가위원회에 비해, 환경방출 자문위원회는 새로운 환경주의에 관심을 갖게 되었다.[44]

영국의 트라우마 같은 '광우병'은 이미 대중의 관심 밖으로 밀려났다. 광우병 사태에서 농업수산식품부가 전문성을 다루는 방식과 환경방출 자문위원회의 포용력이 대비된 것은 교훈적이었다. 농업수산식품부는 광우병의 첫 번째 노사공동위원회를 이끌어 가기 위해 왕립 환경오염위원회Royal Commission on Environmental Pollution, RCEP의 전 회장이자 옥스퍼드대학교 부총장 지명자였던, 영국식으로 말하자면 '믿을 수 있는 사람safe pair of hands'인 리처드 사우스우드 경Sir Richard Southwood을 지명했다. 사우스우드는 위원회에 건강 전문가를 임명하기 위해 농업수산식품부의 일부 저항을 극복해야 했다. 이는 농업수산식품부와 보건부 모두 "대중은 건강을 위협하는 요인이 존재한다고 인식해서는 안 된다"라는 데 동의했기 때문이다.[45] 소비자와 사육자, 그리고 생산자를 감독해야 하는 위원회가 전례 없는 위기 상황 속에서도, 이들의 이해관계를 고려해 대중의 관심이나 우려를 자극하지 않았다.

마거릿 대처 임기 말에 신뢰 위기를 겪고 있던 보수당 정부가 중도 성향의 환경주의자들에게 영향력을 확장하고자 했을 때, 환경주의자들은 환경방출 자문위원회에 자리를 차지했다. 녹색연합은 영국 정부와 산업계에 생명공학 발전을 방해하지 않으면서 문명화된 반대 입장을 드러낸 인간적 환경주의를 대표하는 단체로 보았다. 상업적 생명공학의 위험을 다루는 자문위원회를 구성하는 과정에서, 정부는 공존을 위한 '녹색 참여green participation' 같은 게임 규칙을 만들었다.

미국처럼 영국에서도 명망 있는 전문가 단체들이 시의적절하게 발간한 보고서가 정부의 법적·제도적 조정을 강화하는 데 도움을 주었다. 환경 자문기관인 왕립 환경오염위원회는 유전자 변형 생물체의 숙의적 방출의 예상 결과와 위험을 규정하고, 평가하고, 감소시키는 절차를 철저히 평가해야 한다고 판단했다.[46] 그러나 왕립 환경오염위원회의 평가는 미국 국립연구위원회 소속 분자생물학자들의 평가와 상당히 달랐다.

1989년에 국립연구위원회 보고서와 동시에 발간된 왕립위원회의 보고서는 유전자 변형 생물체 방출의 영향력을 다루는 방식이 포괄적이라고 보았으며, 불확실성을 인정하는 데 더 개방적이었다. 따라서 과거 경험이나 분자 기법의 정확도에 머무른 국립연구위원회 보고서와는 달랐다. 영국 전문가들은 자연에 유전자 변형 생물체를 방출했을 때의 반응에 무지한 부분이 많다는 점과 그에 따라 확신을 갖고 예측할 수 있는 부분이 적다는 점을 강조했다. 예를 들어 왕립 환경오염위원회 보고서는 국립연구위원회에 비해 유전자 변형 작물에 더 넓은 범위의 위험을 고려했고, 그 어떤 시나리오도 전적으로 불가능하다고 무시하지 않았다. 외래종을 도입했던 역사 경험은 외부 환경에 유전자 변형 생물체를 방출하는 것과 밀접하게 관련된 것으로 여겨졌다.[47] 제초제 저항성에 대해 위원회는 저항성 유전자가 잡초에 확산될 수 있는 생물학적 가능성뿐만 아니라 제초제 저항성을 증진시킨 유전공학 작물이 환경에 유해한 제초제 사용 증가로 이어질 수 있다는 2차적인 사회적 영향까지 고려했다.[48]

4장에서 다루겠지만, 자연의 예측 불가능성은 영국 정책 전반에 영향을 주었다. 이는 식물과 동물의 세계적 이동을 예상하지 못했던 제국주의 영국의 유산으로 볼 수 있을까?[49] 우리는 10장 시민 인식론 논의에서 대중의 지식 생산과 지식 활용에 대한 영국의 제도화된 경험을 다룬다. 여기서 중요한 점은 영국 당국이 먼저 모든 유전자 변형 생물체 방출이 정밀 조사 대상이 되어야 한다는 왕립위원회의 조언을 주저하지 않고 수용했다는 점이다. 미국에서는 거부되었지만, 영국에서는 유전자 변형 논의 과정에서 정책 범위가 결정되어야 한다는 원칙이 수용되었다. 결과적으로 환경부와 보건안전국은 특정 생산물의 위험 범주에 대해 평가를 면제하거나 감독을 완화할 수 있다는 점을 인지하고 있었다.[50] 그러나 그들은 이 같은 완화가 유전자 변형 과정이 위험하지 않다는 원론적 계산이 아닌, 과거 방출 사례에서 실증적으로 관측한 자료 같은 실제 경험을 근거로 이루어져야 한다고 명시했다.

## 독일: 프로그래밍된 두려움

독일은 영국에 비해 느리지만 미국보다는 빠르게 생명공학에 대한 대중적 논의가 진행되었다. 그 후 독일은 다른 서구 국가와 달리 민족적 기억과 경험, 그리고 정치 운동에 근거를 두었다. 독일 유전학자와 생의학자들은 DNA 구조가 밝혀지기 10년 전, 모든 인류가 동등하지 않다는 명제에 헌신하는 국가를 지켜보았고 때로는 이를 적극적으로 지지했다.[51] 유럽의 저명한 사상가들은 나치의 홀로코스트에 연루된 과학을, 명령하고 통제하는 국가와 이에 순응하는 자연 정복의 도구 사이에 맺은 근대적 동맹이라는 논리로 보았다.[52] 동독의 저명한 극작가 하이너 뮐러Heiner Müller가 선언했듯이 아우슈비츠는 "계몽의 마지막 단계"이자 "물질적 가치로 인간을 환원하는 것이 유일한 기준이었던" 이성의 제단이었다.[53] 전후에 독일은 민주주의 원칙을 기반으로 재건되었고 그

섬뜩한 믿음을 공식적으로 폐기했다. 그럼에도 독일은 과학기술이 보증한 선의가 아직 증명되지 않았거나 신뢰할 수 없다고 생각한 많은 시민을 대표했다. 이는 연방정부가 처음으로 생명과학을 국가 차원에서 지원하기로 결정하고 유전공학 정책이 적극 집행된 1960년대 초반이 되어서야 활발하게 논의되었다. 특히 생명공학 연구는 1972년 설립된 독일 연방연구기술부Federal Ministry for Research and Technology, BMFT로부터 지원을 받았다. 연방연구기술부의 주력 사업은 '핵심 기술key technology'에 대한 자금 지원이었다.[54] 다른 국가에서처럼 독일 과학자들도 아실로마 회의에서 유전자 조작의 위험을 통제하는 선언에 답을 했다. 이때 독일 연방교육연구부가 미국 국립보건원과 같은 역할을 이어받았다. 당시 독일 정책은 그다지 새롭지 않았고, 생명과학에 대한 정치적 불안감도 아직 수면 위로 드러나지 않았다. 연방교육연구부의 감독하에서 제한적이고 임시적인 전문가위원회가 미국 국립보건원의 지침을 참조하여 지침서 초안을 작성했다. 이때 노동계와 산업계의 이해관계는 포함되지 않았다. 후에 이 빈틈을 채우기 위해 만들어진 열두 명으로 구성된 위원회에서 이해관계가 포함되었다.[55] 1980년대 초반에는 규제 논쟁이 전문가위원회에만 국한되었다. 결과적으로 재조합 DNA 연구의 물질적 위험이라는 좁은 범위로만 집중되었고, 광범위한 정치적·사회적 영향을 거의 주목하지 않았다.

그동안 축적된 기술 논쟁 연구들을 통해 알 수 있듯이, 단순히 논의가 없다는 사실만으로는 대중적 수용과 관련된 신뢰할 만한 지표가 될 수 없다.[56] 1980년대 중반 독일에 도래한 새로운 사회운동과 함께 원자력발전을 둘러싼 초기 논란이 약화되면서 생명공학에 대한 참여정치의 장이 마련되었다.[57] 1983년 3월 녹색당은 처음으로 독일 하원의원을 배출했고 정치적 의제를 찾기 위해 유전공학 실무단을 구성했다. 같은 해에 녹색당과 사회민주당 연합은 '유전공학의 위험과 전망Chancen und Risiken der Gentechnologie'을 검토하기 위한 의회 앙케트 위원회Enquete-Kommission'의 설립을 주도했다.[58] 열일곱 명으로 구성된 위원회 대표는 사회민주당 볼프-미카엘 카텐후젠Wolf-Michael Catenhusen이 맡았으며, 여덟 명의 하원의원(기독민주당 네 명, 사회민주당 세 명, 자유민주당 한

명, 녹색당 한 명)과 여덟 명의 비정치 전문가로 구성되었다.

녹색당은 소수였지만 순수한 신념으로 정치적 열세를 극복했다. 1986년 2월 의회에서 녹색당은 유전공학과 유전공학을 인간 생식에 활용하는 것에 전적으로 타협하지 않겠다고 선언했다.[59] 녹색당은 긴급한 국가 정책에 도전하면서, 강력한 반대를 통해 그 정책을 무산하고자 했다. 녹색당은 생명공학이 불평등을 증가시키고, 제3세계에 해를 입히며, 질병의 원인을 무시하고, 사회적 연대를 약화시킬 것이라고 주장했다. 또한 생물학적 무기 개발에 활용될 수 있어 건강과 안전의 증진이라는 약속과 반대되는 결과를 야기할 것이라고 주장하면서 모든 형태의 생명공학을 부정했다. 이는 대중에게 전하는 경고였으며, 앙케트 위원회 내에서 녹색당이 취할 입장의 전조였다.

1987년에 위원회가 발표한 400쪽 분량의 보고서는 훨씬 중도적 입장이었는데, 주로 생명공학을 적절히 통제하기 위한 새 법안이 필요하다는 결론을 담고 있었다. 위원회 조사는 처음으로 국가 생명공학 정책을 체계적이고 제도적으로 비판한 것이었다. 그렇기 때문에 보고서에는 정책 입안자들이 당면한 문제의 본질을 둘러싼 두 극단적인 관점이 반영되었다. 녹색당과 사회민주당은 생명공학 관리와 통제를 위해 새로운 정치 체제가 필요할 정도로 생명공학의 위험이 상당히 불안정하다고 주장했다.[60] 새로운 체제의 핵심은 대중을 위해 분명한 목소리를 내고, 새로운 형태의 참여를 제도화하는 것이다. 이와는 다르게 기독민주당은 미국의 정책과 유사한 어조로 생명과학이 기술전문가의 평가로 완전히 통제될 수 있다고 주장했다.

의회의 주요 자문조직이자 독일 정당정치의 축소판인 앙케트 위원회가 토론회를 주최했다. 녹색당은 당 대표인 하이데마리 단Heidemarie Dann을 통해 위원회의 다수가 내린 결론에 반대하는 '특별 투표special vote'를 제안했다. 의회의 소수 정당이 하원에 제출하는 공식 보고에 그와 같은 조치를 취하는 것, 그리고 이를 언론에 공개하는 것은 매우 이례적인 일이었다. 놀랍게도 녹색당은 지정된 페이지 수의 세 배를 넘어가면서 길이, 제출 일자, 제출 공개와 관련된 위원회의 지침을 모두 위반했다. 보고서의 첫 문장은 위원회의 절차와 결론에 던지는 집요한 도전이었다. "영향이 광범위하고 우리 삶의 기반에 영향을 주는 기술을 다룰 때, 발전을 촉진하기 전에 이 발전에 대해 광범위한 공적 논쟁을 갖는 것은 필수적이다. 여러 위원회는 이 논쟁을 장려하기보다는 막고 있다(강조는 원문의 표기)."[61]

대다수 의원에게 수용되지 않으리라는 점을 잘 알고 있었던 녹색당은 상업적 생명공학에 입증 책임을 부과하는 것을 목표로 삼았다. 안전과 실행 가능성만으로 연구개발 방향을 결정할 수는 없었다. 대신 녹색당은 유전공학이 의약, 농업, 식품 생산, 환경보호 등의 분야에 실제로 적용되기 전에 대안을 검토하는 작업이 필요하다고 요구했다. 그들은 이 방법을 통해서만 새로운 기술이 인간의 요구를 충족할 수 있다고 주장했다. 여기서 우리는 이후에 진행된 유럽 생명공학의 정치, 더 나아가 과학기술 정치에서 영향력을 갖는 사회적 책임에 대한 요구를 볼 수 있다. 하지만 당시 녹색당의 요구로 약간의 진전만 가능했다.

녹색당의 전략과 그들의 결론이 명백한 논란이었음에도, 위원회의 다수는 '특별 투표'의 전문을 최종보고서에 포함해 '스스로가 탄압받는 소수라고 주장할 명분'을 제거하려고 했다.[62] 이 결정은 녹색당의 이상적인 입장이 다수의 승인을 받기 어려운 상황에서 그들의 주장이 정치적·윤리적 설득력이 있음을 보여주었다. 특별 투표가 발표되자, 생명공학의 물질적·사회적·정치적 위험을 포함한 광범위한 주제가 가장 높은 수준의 정치 담론에서 논의되었다. 다이아몬드 대 차크라바르티 사건에서 미국 대법원에 제출된 법정조언자의 애매한 의견서가 완전히 무시되었다는 주장은 정치적으로 설득력이 있었다.

생명공학에 대한 녹색당의 반대는 앙케트 위원회에서 상당히 영향력이 있었으며, 법적 소송에서도 예상하지 못했던 성과를 거두었다. 독일 헤센의 환경주의자들은 유전공학으로 인슐린을 생산하려는 훽스트Hoechst사의 설비 계획에 이의를 제기하는 소송을 걸었다. 이런 문제 제기는 독일 법에서 시민을 보호할 책무가 있는 국가가 생명공학의 안전성을 충분히 검토하지 않았다는 점에서 이루어졌다. 그들은 10년 전 원자력이 그랬던 것처럼, 기존 법이 위험을 통제할 적절한 기반을 제공하지 못한다고 주장했다. 헤센 행정법원은 생명공학의 독특성을 인정했고 적합한 법적 구조가 제자리를 찾을 때까지 상업적 생명공학의 중지를 명령했다. 이것은 국가가 위임된 권력Übermass의 지나친 확장에 책임이 있을 뿐만 아니라 불충분한 활용Untermass에 대해서도 책임이 있다는 명제를 더욱 강화했다는 점에서 독일 헌법에서 상당히 중요한 결정이었다. 영국과 미국의 법률에는 이런 비양심 국가Underconscientious state에 정확히 대응되는 개념이 없다.

그해 독일 의회는 앙케트 위원회 권고의 대부분을 반영한 1990년 유전공학법Gentechnikgesetz을 제정해 불편한 방어벽을 제거했다. 특히 유전자 변형 생물체의 현장 방출에 대해 아무런 제재를 가하지 않았다. 그러나 전반적으로 독일 법은 미국보다 더 엄격한 보고와 행정적 요구사항을 부과했다. 심지어 위험 수준이 가장 낮은(P-1) 실험에 대해서도 그렇게 했다. 녹색당의 공격적인 정치적 이의 제기가 이 차이를 만들었다.

비평가들은 즉시 이 법안이 정부의 고립된 관료적·기술주의적 통제가 넓은 범위의 참여 요구를 거부하고 있다고 비판했다. 지지자들은 국가가 보호Schutz와 홍보Förderung 기능을 하나의 법률에 통합해 시민의 권리나 가치를 침해하지 않고도 잠재적으로 서로 대립할 수 있는 과업을 수행할 수 있다고 강조했다. 그러나 반대자들은 이 낙관론이 과연 정당한 것인지 의문을 제기했다. 독일 법은 영국처럼 정부의 주요 자문위원회로 참여할 수 있는 길을 열어놓았다. 숙의적 방출을 할 경우 이를 검토할 수 있는 새로운 공청회 절차를 도입했다. 이런 혁신은 입법 전에 의사진행상의 질의를 통해 사회적·정치적 위험을 명확하게 드러냈다. 4장에서 살펴보겠지만 이러한 절차 개혁은 현실에서 오래 지속되지 못했다.

## 정치 행동의 레퍼토리

1980년대 미국, 영국, 독일에서 생명공학을 규제 문제로 접근하는 과정에서 세 가지 다른 프레임이 등장했다. 우리는 이 차이를 어떻게 설명할 수 있을까? 먼저 대중의 위험 인식 정도와 규제 대응의 범위 및 엄격함 사이에 단순한 관련성은 없었다. 미국에서는 환경운동과 과학 논쟁의 역사에도 불구하고, 제품 중심으로 유전공학 위험을 규정해 가장 좁은 의미로 정의했다. 새로운 법적·제도적 제안조차 약간의 반대만 제기되어도 거부되었다. 독일에서는 위험 인식이 증가해 엄격한 시책과 잘 들어맞았지만, 독일 활동가는 유전공학 발전에서 위험한 것이 무엇인지에 대해 미국 환경주의자와 생각이 달랐다. 녹색당에게 중요한 문제는 생명과학 전문가들이 예상한 생명공학 위험이 아니라 과학기술이 사회와 맺는 관계였다. 초반에 대중적 논의가 가장 약했던 영국은 미국에 비해 더 신중하고 공식적인 규제를 유지했다. 여기서 우리는 이런 차이가 발생한 원인을 다룬다. 원인의 의미와 영향은 후속 장에서 다시 다룰 것이다.

초기 상업 생명공학 논쟁의 특징은 이 논쟁들이 서로 다른 제도 기반에서 이루어졌다는 점이다. 이 제도화의 세 측면을 주목할 필요가 있다. 공공정책을 위한 이슈 프레임에서 과학자의 역할, 주요 참가자들이 사용하는 설득 담론, 과학기술과 관련된 국가 헌법의 위치가 그것이다.

### 과학자와 전문가

정치학자 에텔 솔링겐Etel Solingen은 과학자와 국가 사이의 구조 관계 분석을 통해 미국 재조합 DNA 연구자들이 아실로마와 그 이후의 정책 의제를 설정하는 데 성공한 요인을 명확히 설명할 수 있는 모델을 제시했다. 솔링겐은 "연구 자유와 충분한 물질적 보상을 추구하는 과학자와 국가의 구조가 상당한 의견 일치를 보이면" 해당 국가와 과학자사회의 목표 사이에 "행복한 수렴happy convergence"이 존재한다고 제안했다.[63] 이 합의는 미국 생명공학의 초기 발전을 결정했다. 스스로의 이해관계를 챙기면서도 공익을 저버리지 않았던 분자생물학자들은 자유로운 연구개발을 추구하는 정부 정책을 합법화하는 데 핵심 방법을 제공했다. 특히 미국 국립연구위원회의 1989년 보고서는 생산 과정보다는 제품에 기반을 둔 규제 프레임(따라서 친기업적인)에 큰 권위를 부여했다.

그 결과 분자생물학은 국가의 감시를 덜 받으면서 상당한 지원을 받는 혜택을 누릴 수 있었고, 이는 부시 행정부에서 줄기세포 연구를 둘러싼 충돌이 분출되기 전까지 계속되었다.

그런데 영국과 독일 과학자들은 비슷한 구조적 위치에 있었지만 생명공학 정책 프레임을 설정하는 과정에서 서로 다른 역할을 담당했던 이유를 설명하기 위해서는 솔링겐보다 정교한 접근이 필요했다. 우선 아실로마에서 승리를 거둔 '독립적'인 대학 기반의 연구공동체가 미국보다 유럽의 이익 집단과 비슷하다는 점을 주목할 수 있다. 예를 들어, 영국의 경우 초기 규제 발달에서 핵심 인물이었던 시드니 브레너Sidney Brener의[64] 논의가 생명공학의 상업적 응용으로 이동하면서 중요성을 잃어버렸다. 영국과 독일에서는 과학자들이 국가의 지식 엘리트('과학자')이면서, 대변인이자 국가 정책의 도입에 탁월한 조언을 할 수 있다고 여겨지는 '전문가'로서 정책 수립에 기여했다. 영국 왕립 환경오염위원회든 독일 의회 앙케트 위원회든, 사회적으로 구성된 '전문가'의 역할은 버그의 연구위원회와 아실로마 회의, 미국 재조합 DNA 자문위원회에서 나타나는 과학자의 역할과 큰 차이가 있었다. 전자가 과학을 규제할 수 있는 적절한 방법을 조언했다면, 후자는 과학의 이익을 최대한 충족하기 위해 규제를 어떻게 조정해야 하는지에 대해 발언했다. 유럽은 국가 차원에서 논의의 한계 기준을 세운 다음에 과학을 도입했지만, 미국에서는 과학자들이 적극적으로 의제를 설정했고 국가는 이를 수용했다. 즉, 과학자들의 정치 참여는 국가마다 다른 국가, 사회와 과학자의 관계에 대한 개념에 따라 이루어졌다. 이에 따라 특정 규제 프레임과 감독 방식을 지키고자 했던 과학자들의 작업이 차이를 보였다. 후속 장에서 이 부분을 다시 검토한다.

## 설득 담론

세 국가의 행위자들은 생명공학 프레임을 만들기 위해 사용한 수사적·설득적 전략에서 큰 차이를 보였다. 미국에서는 정책 의제를 규정하는 과정에서 소송이 중요했다. 더 주목할 점은 차크라바르티 사건이 과거 10년간 환경 소송에서 법원이 수용했던 민주적 포퓰리즘으로부터 한 걸음 물러섰다는 점이다. 특허 관련 사례에서는 법적 권위가 기술 위험을 우려하는 장을 여는 게 아니라 닫아버렸다. 대법원은 법리 분석을 수사적·개념적으로 법에 명시된 좁은 의미에 한정시켰다. 그 과정에서 대법원은 생명과학에서의 '발명' 개념이 과거 선례들을 도입할 수 없을 정도로 심각하게 변했을 가능성을 암묵적으로 배제했다. 반면 자신들의 역할을 파도에게 멈추라는 헛된 명령을 내렸던 전설상의 크누트 왕에 비유해, 대법원 다수 의견은 발명이 바다의 파도처럼 저지할 수 없는 것이라고 선언하면서 발명 과정을 자연스러운 것으로 만들었다. 이렇게 하여 차크라바르티 사건은 과학기술을 통해 전통적인 미국식 해방과 진보의 서술을 강화했다. 또한 대법원은 법보다는 시장이 생명공학 발전을 통제할 수 있는 적절한 도구라는 정치적 합의를 이끌어 내는 데 기여했다.

1980년대 초 영국에서는 생명공학에 정치를 동원하는 일이 거의 존재하지 않았다. 그러나 유럽집행위원회의 지시 사항을 시행하는 방향으로 법안(녹색법)이 개정되면서 환경주의자들이 진입할 수 있는 여지가 생겼다. 정계에서 신뢰를 쌓아가던 영국 녹색당은 상당히 다른 숙의적 규칙에 따라 운영되는 환경방출 자문위원회라는 핵심 의사결정 포럼에 참여했다. 이곳에서 환경주의자들은 공인된 기술 전문가들과 완전히 동등한 입장은 아니었지만, 위험평가를 비판하기 위해 선발된 대표자들(예를 들어 녹색연합의 줄리 힐)과 역량 측면에서 동등했다. 힐은 기술 분석의 복잡한 내용보다는 의사결정 과정에서의 투명성 같은 거버넌스 문제에 기여했다.

독일 녹색당은 영국이나 미국과 달리 선거에서 승리해 입법 과정에서 생명공학 비판자들이 참여할 수 있는 권한을 얻었다. 이 소수 정당은 앙케트 위원회를 통해 정치적 존재감을 드러냈다. 법이나 위험평가에서 기술 담론의 제한을 받지 않은 녹색당은 차크라바르티 사건에서 성공하지 못했던 대중사업위원회의 문서를 넘어, 현대 과학과 국가의 동맹을 근본적으로 비판했다. 녹색당 혁명의 중심에는 상업 요구에 따라 움직이는 과학기술에 대한 거부감이 있었다. 녹색당은 저명한 미국 유전학자 바버라 맥클린톡Barbara McClintock이 유전자를 연구하는 데 사용했던 포괄적 접근법을 지지했다.

그녀는 40대 초에 관찰을 통해 '도약유전자jumping gene'를 발견했다. 그녀는 이것이 유전학의 중심 원리central dogma를 뒤흔들 수도 있는 현상이라고 해석했다. 분자생물학자들은 20년이 지난 후에야 다른 방법을 이용해 이 작업을 검증할 수 있었다. 또한 맥클린톡은 연구를 위해 유전공학 조작을 수행할 필요가 없었고, 잠재적으로 위험한 새로운 생물도 만들지 않았다.[65]

녹색당에 따르면 과학은 같은 문제에 대해 다양한 연구를 허용한다. 그들의 주장처럼 분자생물학이 유전을 이해할 수 있는 유일한 방법이 아니라면, 특별 분과를 양성하기로 한 국가의 결정은 단순히 기초연구를 확장하는 방법이 아니다. 이 결정은 정치적·경제적인 선택으로 이해될 수 있으며, 그렇기 때문에 정치적 비판의 대상이 된다. 또한 이 주장은 과학 연구에서 국가의 역할이 무엇인지에 대한 녹색당의 논의에서도 등장했다.

### 과학과 국가, 그리고 헌법적 질서

생명공학을 규정하는 과정에서 등장한 세 번째 주제는 헌법상 과학과 국가의 관계였다. 이 주제가 정치 논쟁에서 개방적으로 다루어졌는지 여부와 상관없이, 이에 대한 여러 생각이 등장했다. 이런 대조는 여기서 잠깐 다루듯이 1장에서 제시한 것과 추후의 장에서 발전시킬 공동생산의 이론적 주장에 특수성을 더한다.

미국 헌법에서 과학에 대해 언급하고 있는 것은 제1조, 즉 의회에 "제한된 시간 동안 각각의 글과 발견에 독점적 권한을 보장해 과학과 유용한 기술의 진보를 촉진하는" 권한을 부여한다는 부분이 유일하다.[66] 이 조항은 차크라바르티 사건에서 폭넓게 해석되었던 기존 특허법을 인정했다. 더 나아가 그 결정은 무엇이 올바른 지식인지를 결정하는 법원의 제도적 권위를 위협하지 않는 선에서 자유를 인정하는 미국 사법 당국의 관례와도 일치했다.[67] 더 일반적으로 법원은 과학기술을 진흥하는 국가의 역할에 대해 도구적인 인식을 갖고 있었다. 법원은 인간의 자기인식에 대한 심각한 위협(인간 본성에 대한 자율적 관점에서 조작적 관점으로의 변화)을 조사하는 데 관심이 없었다. 판사들도 생명공학이 인간의 자율성과 자유 개념에 기반을 둔 헌법을 위협한다고 생각하지 않았다.[68]

영국에서는 과학과 국가의 관계에 분명하고 공식적인 논의를 기대하기 힘들었다. 영국의 헌법적 질서는 생명과학을 상업적으로 활용하는 방향으로 진행되었다. 과학자이자 철학자인 마이클 폴라니Michael Polanyi는 1970년대에 과학이 내부 위계가 없으며 동료평가를 제외하고는 모든 제한으로부터 자유롭다는 점을 주목해 '과학공화국republic of science'이라고 부른 적이 있다.[69] 그러나 폴라니는 국가의 지원을 받아 안보와 의학이라는 국가 목표를 완수하도록 설정된 영국 과학의 정치경제학을 무시했다. 또한 그는 영국인 과학자가 국가적 이해와 얽혀 있지만, '순수'한 과학과 산업 이용 사이의 개념적 구분을 수용하게 만든 역사적 전통을 잊은 듯 보였다. 영국의 과학'공화국'은 실제로 미국의 과학보다 산업과 상업적 연대에서 멀리 떨어져 있었으면서도, 한편으로는 국가와 맺는 경제적·정치적·문화적 관계에 대해서는 의문을 제기하지 않고 독립성을 유지했다. 놀랍게도 영국에서는 자유로운 연구나 초기의 생명공학 규제와 관련해 결실을 맺은 발명품의 '권리rights'에 대한 논의가 없었다. 국가의 전문 자문 기구에서 나온 조언과 가능한 이의를 거부하는 것은 과학에 대한 거버넌스를 포함해, 거버넌스 문제에서 영국 하원이 결정권을 가지고 있다는 원칙을 보여주며, 다른 엘리트들과 마찬가지로 과학자도 국가에 봉사해야 한다는 점을 재확인했다.

당시 독일에서는 새로운 기본법과 권력에 대한 불신 때문에, 국가가 잠재적으로 위험한 신기술을 헌법으로 책임을 져야 한다고 간주되었다. 의회 앙케트 위원회는 기본법을 근거로 입법부가 유전공학을 금지했는지 혹은 기술의 사용 제한을 막았는지 질문했다. 위원회는 두 질문 모두에 부정적인 의견을 내놓았으며, 연구 자유는 기본법에 의해 보장되고 "진리 탐구와 발견 과정으로서의 과학"이라는 개념을 기반으로 한다고 언급했다.[70] 기초연구와 응용연구는 동등하게 보호되었으며, 위원회는 기본권 관점에서 둘 사이에 명확한 차이를 찾지 못했다.

녹색당은 다시 들고일어났다. 녹색당 관점에서 보면 유전공학은 생명공학을 조작과 통제 도구로 바꾸었다. 유전공학이 '기초'과학에서 '응용'과학으로 미끄러져 떨어지자, 그들은 유전공학이 헌법으로 보호받는 연구 자유를 누릴 가치가 있는지 철저히 검토해야 한다고 주장했다. 인간의 인격과 자주성의 자유로운 발전에 필수적인 연구를 보호한다는 근거는, 응용적이고 도구적인 목적만을 위해 수행되는 연구에는 적용될 수 없는 것이었다. 물론 후자의 맥락에서 과학기술은 인간의 가능성을 구체화하는 규제 도구로 기능할 수도 있다. 그러기 위해 다른 국가 권력이 행사될 때와 같은 방식으로 그 한계가 규명되어야 하고 민주적 숙의가 이루어져야 한다. 녹색당은 이 주제를 입법 정책으로 만드는 능력이 부족했지만, 헌법 관련 주제를 직접 제기하면서 독일 생명공학에 시민이 참여하는 계기를 만들었다.

## 결론

분자생물학 초기의 획기적인 발전에서 첫 제품 판매에 이르기까지 현대 생명공학의 두 번째 물결은 영국, 독일, 미국에서 비슷한 이해집단을 마주하게 되었다. 각국의 생명공학을 둘러싼 정치 역학은 기초과학에 대한 국가 지원과 경제적으로 강력한 산업, 그리고 기술 성공에 대한 당국의 적극적 지원 등의 영향으로 형성되었다. 그러나 이 영향들은 정치 과정에 다른 방식으로 편입되었으며, 정책에 접근하려는 행위자들에게 다른 전략적·담론적 자원을 제공했다. 이미 살펴보았듯이, 결론은 문제 초기에 프레임을 설정하는 방식의 차이가 세 국가에서 큰 차이를 초래했다는 점이다. 각 국가에서 우세한 프레임은 과학 자문, 시민 참여, 과학과 국가 사이의 역사적(심지어 선천적이라고 할 수 있을)인

국가 전통과 일치했다.

　이는 유전공학이 1980년대 각국의 정치적 상상력을 점령했던 방식이 불가피하거나 고정되어 있었다는 이야기가 아니다. 경제 성장, 기술 진보, 사회 평등, 인간 자율성 등 국가를 뛰어넘은 공통 지점이 있었다. 과학자와 기업이 중심이며 때때로 소비자와 환경주의자, 보건운동가가 끼어들기도 한 핵심 행위자들은 범국가적 차원에서 프로젝트와 전략을 추진했고, 이런 이유 때문에 지역 특정적인 방식으로 정책 사안을 형성하는 것을 거부하거나 반대했다. 세계화의 시대에는 과학 발견이 널리 퍼지고 그를 둘러싼 논쟁이 영토 경계를 넘어쉽게 전달된다. 특히 유럽에서 볼 수 있는 관료적 조화와 정치 통합의 힘은 이 장에서 설명한 국가 특정적인 계획에 복잡성의 층위를 더했다. 이 요소의 대부분은 국가적 특성의 점진적 약화와 생명공학을 둘러싼 국제 정치적 합의가 임박했다고 예측했다. 그러나 다른 프레임에서 포착할 수 있는 규범적 차이는 여전히 남아 있고, 국가의 정치 어젠다로 새로운 주제가 주목을 받을 때마다 중요성이 부각되었다. 국가적 차이는 사라지지 않았다. 그 차이는 더욱 심화되기도 했다. 다음 장에서는 이 역동성을 깊이 이해하기 위해 초국가적인 정책 형성의 핵심 장소인 유럽연합에 주목한다.

# 3장 유럽의 문제

국민국가들이 생명과학을 정책 어젠다에 포함하느라 분주한 동안, 국가를 넘어서는 정치 세계가 형성되었다. 20세기 후반 세계화globalization라는 표어는 수많은 흐름을 포괄했다. 이 흐름 및 운동들은 국민국가를 약화시키고, 권력, 저항, 정치의 새로운 초국가적supranational 기관들을 낳았다.[1] 그중에서 우리 목적에 가장 중요한 것이 유럽연합이다.[2] 유럽연합은 1951년 유럽석탄철강공동체European Coal and Steel Community, ECSC 소속 6개국으로 시작해 1995년까지 15개국을 회원으로 두며 성장했다. 이후 1998년 13개국 이상을 추가로 영입하는 확장 계획을 논의하기 시작했다. 2002년 1월 유럽연합 15개 회원국 중 12개국이 새로운 공통 화폐단위로 유로euro를 받아들였다. 화폐 유통이 유럽중앙은행European Central Bank의 신중한 통제하에 매끄럽지만은 않았지만 빠르게 진행되었다.[3] 2002년 2월 27일, 모든 회원국 및 후보국 대표들이 '유럽의 미래를 위한 협약Convention for the Future of Europe' 제1차 회의를 위해 브뤼셀에 모였다. 2003년 7월 별다른 결론 없이 회의가 끝나자 일부 비평가들은 이 행사가 그저 또 하나의 유럽식 토크쇼European talk show, 더 심하게는 부질없는 일이라고 비난했다.[4] 2002년 유럽집행위원회 의장 로마노 프로디Romano Prodi는 2002년을 유럽이 "하나의 정치 체제political entity로 탄생할" 해로 지명했는데, 낙관적인 관찰자들은 이 행사를 그 첫걸음으로 보았다.[5] 결국 2004년

6월 25개 회원국이 합의한 325쪽 분량의 문서는 영감을 주는 작품이라기보다 복잡한 통합의 결과물에 가까웠다. 게다가 그 문서는 모든 회원국의 비준을 받아야 하는 상황이었다.

새로 출현하는 이 정치체의 본성은 무엇이었는가? 그 본성이 어떻게 유럽연합의 생명과학 정치와 정책에 반영되었는가? 이 질문에 답하는 것은 국가 간 비교 작업의 핵심이다. 우리는 영국 및 독일 두 회원국과 유럽연합 사이의 관계와 역할을 평가해야 하며, 이것이 이 연구의 핵심이다. 유럽 기관들이 국가를 초월해 설립되면서 각국 정부들이 무의미해졌거나 잘해봤자 유럽 정책에 부차적인 것이 되었는가? 아니면 유럽연합이 다양한 국가적 문화를 관통하는 정책들을 조율하려는 노력들이 실패한 것인가? 그것도 아니면 이런 국가와 유럽연합 간의 이분법적 도식화에 저항하는 것이 유럽이 지닌 영향력의 미묘한 본성이었을까? 경계가 모호하고 논쟁적인 초국가superstate가 형성되는 동안에 나타났던 저항들은 예상하지 못한 방법으로 유럽 정치의 변화 양상과 관련되었을까?[6]

유럽연합이 생명공학 정책에 끼친 영향에 질문을 제기하는 것은 쉽지만, 그에 답하는 것은 쉽지 않다. 우리가 이 장에서 보려는 것처럼, 이 연구가 주목하는 시기에 유럽연합의 특성과 생명과학 정책은 모두 유동적이었다. 어떤 측면에서는 후자를 정의하려는 시도가 곧 전자를 반영했다. 즉, 회원국 내부에서 유럽연합이 어떻게 생명공학을 권장해야 하는가에 대한 기술적인 질문들에 답하기 위해서는, 유럽연합이 어떤 것이어야 하는가에 대한 질문을 충분히 이해해야만 했다. 분석을 복잡하게 만드는 것은 지리적·정치적·문화적 구성물인 유럽이 명확하지 않다는 점이다. 이 책에서 다루고 있는 시기에 유럽성Euro-peanness 차원들 가운데 안정화된 것은 어떤 의미로든지 전무했다. 고정된 특성과 행위 능력을 갖춘 하나의 행위자로서 유럽이 호명되는 한, 이 불안정은 개념적으로도 언어적으로도 해결할 수 없는 도전이었다. 비록 유럽의 행위가 새로운 유럽의 정체성을 구성하는 수단일지라도 말이다.

이 장에서는 유럽의 정치를 형성한 동시에, 유럽 정치에 의해 형성된 25년 동안의 유럽 생명공학 정책을 검토한다. "유럽 생명공학 정책European biotech-nology policy"이라는 문구의 각 낱말은 경쟁적이고 유동적이다. 또한 각각은 변화하는 담론적·물질적 실천들에 결합되어 역사의 흐름을 따라 움직인다. 각각은 충분히 고정적이어서 여러 국가와 이익 집단에 퍼져 있는 이질적인 행위자들이 쉽게 이해할 수 있다. 이런 연속성과 우연성을 파악하기 위해 이 구성물이 형성되었던 동안의 몇몇 핵심적인 순간들을 살펴본다. 이를 위해 1980년대부터 21세기 초까지 '유럽', '생명공학', '정책'이라는 각각의 용어가 어떻게 진화했는지를 평가한다. 또한 어떻게 각 용어가 다른 두 용어들의 의미를 강화했는지, 광범위하게는 유럽성의 의미를 강화했는지에 질문을 제기한다. 이런 점에서 유럽 생명공학 정책의 형성은 공동생산에 관한 이야기이다.[7] 이 이야기는 경제적·정치적·문화적 연합인 유럽의 진화적 변형에 대한 것이며, 생명공학으로 알려진 과학기술 영역의 유럽 통합에 대한 것이다.

　유럽 통합 및 유럽 생명공학 정책의 시대 구분이 완벽한 인과 패턴을 따르거나, 시간 순서가 매끄럽게 이어지진 않는다. 복합적으로 맞물려 있는 유럽 통합과 생명공학 정책 발달을 선형적인 역사 서사에 인위적으로 끼워 맞추려는 것을 극복하기 위해서는 이야기의 일부를 반복하고 더 자세히 검토해야 한다. 예를 들어 이 책의 다른 장에서 다룬 식품 안전이나 특허 정책에서의 유럽의 역할처럼 다른 주제도 살펴보아야 한다. 이 장에서는 유럽 내부의 생명공학 담론에 영향을 준 주요한 제도적·정치적 변화를 살펴본다. 그런 뒤에 생명공학 정책에 표현된 몇몇 논쟁적인 순간들에 초점을 맞춰, 이들을 초국가적인 정치 독립체로서 유럽의 진화와 최대한 연결한다. 각 사건들 속에서 중요했던 것은 유럽이 마주친 문제들을 다루기 위해 적절한 담론적·제도적 수단을 찾는 문제이다. 유럽 정책은 중첩되거나 때로는 모순되는 여러 압력들 사이에서 균형점을 찾기 위해 분투해왔다. 이 압력들에는 유럽연합과 회원국 간의 모호한 관계, 회원들 간 유럽연합에 대한 다른 태도들, 미국과 유럽의 경쟁에 따른 압력, 유럽 시민들과의 관계에서 브뤼셀에서 직면한 정당성 문제 등이 있었다.

　정당성 문제를 살펴보기 위해서는 유럽이 바라는 연합의 종류와 실제 허용된 연합의 종류를 검토해야 한다. 유럽연합은 특이한 정치 조직체였기 때문에, 유기적으로 연합한 유럽 대중의 요구를 중앙이 직접 책임지도록 한 조항은 유럽연합 법에 없었다. 게다가 유럽연합은 보완 원칙principle of subsidiarity(유럽연합의 결정 사항을 회원국 전체가 아닌 관계국에서 시행하는 방식._옮긴이)에 따라 정치적 세부 사안을 회원국 재량에 두면서, 최소이자 최저 수준의 거버넌스로 세부 사안을 위임받아 시행해야 했다. 또한 프랑스와 독일을 포함해 유럽이 통합되도록 강하게 압박한 일부 국가들에서 2004년 유럽 법률 제정의 시행이 지체되었다. 이들이 이행하지 않은 영역 중에는 이 연구와 직접 관련된 것도 있는데, 생물학적 발명에 대한 지적재산권 보호가 하나의 예이다.[8] 유럽 생명공학 정책 프레임 담론은 하나의 통합된 유럽a united Europe의 의미와 힘에 대한 모든 긴장을 반영한 것이다.


## 전례 없는 단일한 연합

2002년 봄 브뤼셀의 유럽집행위원회 사무실들 벽에는 원색으로 칠해진 후기 마티스Henri Matisse의 콜라주 포스터가 자랑스럽게 붙어 있었다. "2002년 5월 9일 유럽의 날"이라는 제목 아래 여유가 느껴지는 그래픽 디자인에는 푸른색 유로 상징과 끝이 뾰족한 노란 별, 그리고 붉은 손이 담겼다. 그 아래 문구는 "유로: 유럽연합이 당신의 손에"였다. 단일시장이라는 주춧돌 위로 떠오르는 정치 연합에 진정 들어맞는 슬로건이었다! 여기서 개인의 번영은 유럽의 통합과 동일시되었다. 또한 단일 통화는 유럽연합의 미래가 경제적 힘을 가진 시민들의 손에 있음을 암시했다. 하지만 연례 유럽의 날 포스터는 성찰적인 기능도 수행했다. 이와 관련해 질문을 받은 집행위원회 동료는 빈정대듯이 논평했다. "당신도 알겠지만 모든 기관들은 축하할 기념일이 필요해요. 우리한텐 이날이 그런 거죠."[9]

농담 섞인 그녀의 의견은 유럽연합 행정기관들에 닥친 근본적인 딜레마를 암시했다. 이들의 힘과 영향은 로베르 쉬망Robert Schuman(1950년 5월 9일 프랑스 외무장관이었던 그는 프랑스·독일 석탄철강공동시장 설립을 제안했고, 이에 따른 유럽석탄철강공동체가 유럽연합의 모태가 되었다._옮긴이)이나 장 모네Jean Monnet (1888~1979. 프랑스의 경제학자. 모네 플랜을 제안해 프랑스 경제부흥에 기여했다. 유럽석탄철강공동체 설립에 참여했고 유럽공동체 의장을 지냈다._옮긴이) 같은 설립자들이 반세기 전 상상할 수 있었던 것 이상으로 성장했다. 하지만 유럽연합은 오직 그들의 정책적 결과물의 우수성에 대해서만 책임을 지는 (것으로 주장하는) 세계은행World Bank이나 국제통화기금International Monetary Fund, IMF에 비견할 만한 기술관료적인 정부 간 기구 역할을 해야 하는가, 아니면 유럽연합은 유럽화되고 있는 대중과 사회에 관해 민주주의 원칙에 따라 책임을 지는 정치적 초국가 연합인가? 만약 후자라면 유럽에는 문제가 있다. 유럽연합은 평화, 예방, 연대 같은 근본 가치를 반복적으로 호소했지만 회원국들과는 달리 헌법적 지위를 지니지 않으며, 그 권한을 행사할 때 정당성의 기반이 되는 공유된 언어적·문화적·종교적 신뢰를 확보하고 있지 않기 때문이다. 고통스러운 갈등으로부터 태어난 유럽연합은 유럽 통합이라는 쉬운 주장이 틀렸다는 것을 반증하는 역사들의 팔림프세스트palimpsest(원래의 글 일부 또는 전체를 지우고 다시 쓴 고대 문서 또는 다층적인 의미를 지닌 것._옮긴이), 즉 역사의 누적된 기록들 위에 새겨진 것이다.

유럽 통합 노력에 의미를 부여할 유럽 시민들의 '상상된 공동체'[10]가 없다면, 어떻게 새로 등장한 유럽은 국민국가처럼 이념적 일관성을 성취할 수 있었을까? 결국 공적 구조들로는 하나의 정치체를 세우기에 충분하지 않았으며, 특히 시민들demos이 돌이킬 수 없이 다민족적이고 이질적일 때 더욱 그랬다. 법, 군대, 교육 시스템, 과세 기준[11]같이 힘과 질서를 위한 확고한 부속물 없이 상상만으로 국가들을 뭉치는 것도 충분하지 않았다. 또한 하나의 정치적 초국가를 상상하는 두 방법 사이에는 긴장이 존재했다. 유럽연합이 정책 프레임을 설정하기 위해 국가 간 차이를 제거하는 적극적 통합주의active-integrationist 태도를 채택해야 하는가, 아니면 국가 간 차이의 원인인 뿌리 깊은 국가적 가치들을 보호하는 것을 목표로 하는 소극적 보호주의passive-preservationist처럼 진행하는 것이 좋을까?[12] 생명과학을 위한 유럽 정책의 일부 측면은 이 질문들에 대한 답이 반영된 것이지만, 충분한 답이라고 할 수는 없다.

기념과 관련된 상징물은 정체성의 비어 있는 부분을 채워주기도 한다. 하지만 상징은 연대를 구축할 수 있는 다른 장치들이 없을 때만 영향을 준다. 유럽의 공식기념일 지정은 대수롭지 않은 것이라 하더라도, 이는 집행위원회의 양가적 태도ambivalence와 자기 성찰이 부족하다는 것을 보여준다.[13] 유럽의 날 웹페이지의 소개글에는 이런 문구가 있다. "오늘 5월 9일은 유럽의 상징(유럽의 날)이 되었다. 이 상징은 단일통화인 유로, 국기와 국가國歌, anthem와 더불어 유럽연합이 정치적 실체임을 확인해준다." 이 웹페이지의 디자이너조차 이날이 그들이 의도한 청중들 대부분에게 의미 없는 날임을 인정한다. "유럽의 날이란 무엇인가?"라는 질문에 연결된 링크는 무장해제된 정직한 답변으로 연결된다. "아마도 유럽의 극소수 사람만이 1950년 5월 9일에 오늘날 유럽연합으로 알려진 것을 만들기 위한 최초의 시도가 있었다는 것을 알 것이다."[14] 포스터조차 그들이 표현하려는 구성체의 인위성을 반영한다. 포스터가 요란한 채색으로 구성되었기 때문이다. 가장 중요한 경제 통합을 의미하는 유로는 1996년 이후 제작된 포스터의 세 가지 특징을 보여준다.

유럽화, 즉 단일시장common market과 단일하지 않은 정치 연합uncommon political union 사이의 난처한 중간역으로 이끄는 과정은 세 가지 역사적 맥락 위에 놓여 있다. 각 맥락은 유럽 생명공학 정책의 형성과 긴밀하게 연결된다. 첫 번째 역사적 맥락은 유럽석탄철강공동체에서부터 유럽 혹은 그 너머에 이르는 유럽의 공식적인 법·제도 발전을 중심으로 하는 것이다. 이 변화는 국제화의 행위자로서의 유럽의 자기 인식을 포함하며, 유럽의 민주주의 동맹인 미국과의 경제적·정치적 관계 변화를 포함한다. 두 번째는 변화하는 규정과 정책 과정의 동역학에 반영된, 유럽집행위원회 내부의 관료 정치에 대한 관심이다. 세 번째이자 가장 정치적이고 역사적인 맥락은 여러 어젠다의 점진적인 출현과 관련된다. 유럽적인 것으로 적절하게 정의된 이 어젠다들은 개별 회원국의 관심으로만 한정 지을 수 없다. 각각은 생명공학 정책 논쟁을 위한 맥락을 제공하며, 이에 대해서는 이 장의 후반부에서 살펴본다.

## 유럽의 변화: 대가를 치루고 전진하다

유럽연합의 역사적 시작은 제2차 세계대전 이후의 폐허로 거슬러 올라간다. 윈스턴 처칠Winston Churchill과 여러 유럽 지도자가 유럽 국가들 사이의 적개심을 최종적으로 종식시키려 '유럽합중국United States of Europe' 개념을 제시했다. 그들의 포부가 부분적으로 실현된 것은 1951년 유럽석탄철강공동체를 설립하는 내용을 담은 파리 조약을 통해서였다. 하지만 1957년 로마조약에서 유럽경제공동체European Economic Community, EEC와 유럽원자력에너지공동체European Atomic Energy Community, Euratom를 구성하고서야, 새로운 초국가적 정부 구조가 공고해지기 시작했다. 그해에는 유럽의회European Parliament, EP의 전신인 의회 연합Parliamentary Assembly이 설립되었다. 그때도 연합은 단 여섯 개 회원국으로 구성되었고,[15] 처칠이 이러한 연합을 앞장서서 열망했지만 영국은 15년간 유럽경제공동체의 외부에 남아 있었다.

유럽의 제도적 발전은 유럽경제공동체 구성부터 시작해 월별로 확인할 수 있다. 하지만 가장 중요한 통합은 1980년대 중반 이후에 진행되었다. 재화, 용역, 자본, 인력이 교환될 단일시장을 만들기 위한 제도적 발전의 일환으로 1985년 단일유럽법1985 Single European Act, 유럽연합을 만든 1992년 마스트리히트 조약1992 Maastricht Treaty, 고용·치안·환경·외무 협력을 강화하고 유럽의회에 힘을 실어주는 1997년 암스테르담 조약1997 Amsterdam Treaty, 중부유럽과 동유럽 국가들의 가입 절차를 제시한 2001년 니스 조약2001 Nice Treaty 등이 있다. 이 과정에서 충격과 이탈이 이어졌다. 덴마크 유권자들은 놀랍게도 마음을 바꿔 1992년 마스트리히트 조약을 거부했다. 이 사건은 덴마크를 위해 단일통화와 유럽연합 시민권 이슈에 관한 특별 조항이 제정된 직후에 벌어졌다. 영국은 노동자 권리에 대한 유럽사회헌장European Social Charter을 채택하지 않았고, 스웨덴 및 덴마크와 함께 유럽통화연합European Monetary Union에 참여하지 않기로 초반에 결정했다. 또한 니스 조약을 승인하기 위한 국민투표를 요구한 유일한 국가였던 아일랜드는 2001년 6월 유럽연합에 예기치 않은 타격을 가했다. 유권자 중 3분의 1만이 투표에 참여해 54% 대 41%로 협정이 거부되었기 때문이다.

이 같은 여러 차례의 극적인 거부 의사 표시는 유럽 지도자, 시민, 학자들이 유럽연합의 본질과 정당성의 기반을 끊임없이 의심하고 있다는 징후였다. 일반적으로 국제화internationalization는 민주주의에 대한 위협으로 간주된다. 이는 국제화가 권력 집행을 전통적인 민중 통제로부터 분리시켰고,[16] 유럽연합의 불확정 상태가 이런 우려를 가속시켰기 때문이다. 한편 유럽연합은 그 창설을 승인한 국가들로부터 도출된 국제법 원리하에서 권력을 끌어내는 단순한 정부 간 조직intergovermental organization이 아님을 모두가 인정했다. 유럽연합 회원국들이 회원 자격을 얻기 위해서는 선택 사안들에 대한 주권을 유럽 기관들에 양도해야 한다는 것을 이해해야 한다.[17] 다른 한편으로 유럽연합은 시민들을 직접 대표해 정당성을 얻은 연방 형태의 초국가도 아니고, 언어, 인종, 전통 또는 공통의 시민 사회와 공론장public sphere이라는 튼튼한 끈으로 묶인 것도 아니다. 2009년 선거 이후 통제하기 어려운 736명의 유럽의회 의원들이 선출되었는데, 이 유럽의회만이 직접적이고 보편적인 투표에 의해 선출되며, (유럽)공동체 기관들Community institutions 중 유럽의회만이 공개적으로 모여서 협의한다. 마스트리흐트 조약과 암스테르담 조약 이후, 확장되고 간소화된 공동결정 절차를 통해 이사회가 유럽의회와 책임을 공유했다고 하더라도, 유럽연합의 최고 의사결정 조직인 유럽연합이사회Council of the European Union는 회원국들에 대해서 책임질 뿐 시민들에 대해서는 직접 책임지지 않는다. 그렇다면 유럽연합의 결정들은 어떤 과정을 거쳐 정당성을 얻는가? 정당성을 획득했는지는 일단 접어두더라도 말이다.

공식적인 수준에서 유럽의회의 역할과 중요성이 변한 것은 의회가 잠재적인 대중과 맺는 관계가 진화했다는 것을 의미한다.[18] 유럽의회는 마스트리흐트 조약 이전까지 자문 조직이었고, 실제 입법 권한을 행사하지 않았다. 1992년

〈표 3.1〉 유럽의회 선거: 1979~2004년 투표율 (단위: %)

| | 1979년 | 1984년 | 1989년 | 1994년 | 1999년 | 2004년 |
|---|---|---|---|---|---|---|
| 유럽연합 | 63 | 61 | 58.5 | 56.8 | 49.4 | 44.2 |
| 독일 | 65.7 | 56.8 | 62.4 | 60 | 45.2 | 43 |
| 영국 | 31.6 | 32.6 | 36.2 | 36.4 | 24.0 | 38.9 |

출처: 유럽의회 영국 사무국, http://www.europarl.org.uk/guide/textonly/Gelecttx.htm (2004년 7월 접속).

이후 유럽집행위원회 조약 251항에 자세히 설명된 공동결정 절차는 유럽의회가 이사회와 동등한 자격으로 입법을 승인하는 데 참여하도록 허용했다. 하지만 입법 제안을 마련하는 것은 집행위원회의 독점적인 권한으로 남아 있다. 의회의 힘이 증대되는 영역 중에서 환경과 연구를 꼽을 수 있는데, 그 결과에 대해서는 추후 살펴본다. 또한 유럽의회는 유럽집행위원회 의장 및 5년 임기의 위원을 승인하며, 불신임 동의를 통해 집행위원회를 해산할 권한을 갖고 있다. 이 권한이 1990년대에 공식적으로 집행되지 않았음에도, 불신임 위협 때문에 자크 상테르Jacques Santer 의장이 이끄는 집행위원회는 1999년 3월 전원 사임했다. 이는 부정, 부실 관리, 족벌주의와 관련해 공공연히 제기된 혐의 때문이었다.

유럽의회는 구조 내부에서 많은 권력을 얻었지만, 대중의 열광적 지지를 받지 못했다. 유권자의 무관심은 최초 유럽의회 선거가 열린 1979년부터 꾸준히 증가했고, 2004년 6월 여섯 번째 선거에서 투표율은 최저 수준인 44.2%까지 떨어졌다. 투표율 하락은 유럽 전역에 걸친 것이었으나, 절대적인 백분율은 국가별로 크게 달랐다. (투표가 강제된 국가였던) 벨기에는 2004년 90.8%로 최고점을 찍었고, 1999년 영국은 사상 최저인 24%를 기록했다. 독일은 대체로 유럽 평균을 유지한 반면, 영국은 지속적으로 최저 수준의 투표율을 기록했다. 유럽 통합의 의미에 대한 프레임은 다양했고, 이는 부분적으로 국가 간 차이가 발생한 이유이다.[19] 이와 같은 전반적인 투표율 하락은 유럽에서 '민주주의 결핍democratic deficit(독일어로 Öffentlichkeitsdefizit, 공공성 결핍public deficit)'이라는 인식을 부채질했다. 하지만 유럽의회가 이 증상의 유일한 희생자는 아니었다. 유럽집행위원회도 곤경에 빠졌다.

## 정치 수행: 개선되는 거버넌스

전직 이탈리아 총리 로마노 프로디가 1999년 9월 유럽집행위원회 의장으로 취임했을 때, 그는 책임을 지고 신뢰를 재건해야 하는 중대한 임무를 맡았다. 민주적으로 선출된 서구 정부들이, 특히 냉전 종식 이후에 미몽에서 깨어났다. 이들이 직면한 유럽연합 기관들이 지닌 보편적인 문제는 여러 요인 때문에 확대되었다. 예를 들어 복합적이고 번거로운 제도 구조, 불투명한 행정 처리, 전임 상테르 의장이 이끄는 집행위원회가 갑작스럽게 총사퇴하며 생겨난 냉소주의로 문제가 커졌다. 여기에 유럽연합이 2004년에 야심차게 계획한 확장 이슈가 더해졌다. 이는 제도적 유연성의 한계를 넘어 정당성 문제를 가중시켰다. 게다가 유럽연합의 정치적 정체성에 관한 이론적 혼란을 배경으로 이 역사적 순간에 실질적인 문제들이 구체화되었다. 역사, 구조, 범위, 비전 측면에서 유례없이 독특했던 유럽연합은 민주주의 이론에 따라 잘 정의된 자리를 찾지 못하는 것처럼 보였다. 대신 유럽연합의 자기실현 행위 때문에 정치분석가들은 사후에 이론을 만들어야만 했다. 복잡한 기술 시스템이 때로는 그 기술의 성공을 설명하는 이론을 앞서기도 하고 예고하기도 하는 것과 비슷했다.[20]

프로디 의장이 이끄는 집행위원회의 활동 중에는 특별히 중요한 것이 있다. 그 활동이 유럽 민주주의 본성 논쟁을 일으켰고, 생명공학 관련 정책의 장기적인 의미도 포함되었기 때문이다. 2001년 7월 거버넌스 백서White Paper on Governance[21]가 발행되었는데, 그 목적은 집행위원회의 의사결정 절차를 개혁하는 것이었다. 프로디의 이니셔티브initiative에 대한 대답인 이 문서는 다음 두 가지 주요 원칙을 제시했다. 첫째는 집행위원회 결정의 개방성, 투명성, 책임성을 개선하는 것이고, 둘째는 결정의 일관성과 효율성을 개선하는 것이었다. 하지만 일부 청중들은 드러나지 않은 세 번째 동기를 간파했다. 그것은 유럽연합 내부의 권력 균형을 집행위원회에 우호적인 방향으로 바꾸는 것이었다. 집행위원회는 상당히 취약한 상태였는데, 언론과 대중들로부터 유럽연합에서 가장 비민주적인 기관이라며 공격을 받았기 때문이다.[22]

백서의 내용과 관련 논평 모두 유럽연합의 정당성에 대한 골치 아픈 문제들을 명확히 하는 데 도움이 되었다. 심지어 논의에서 다룰 명시적 사안으로 거버넌스가 취급되기 전부터 암암리에 이 문제들이 확산되고 있었다. 국가 이론을 전문적으로 다루는 정치학자 필립 슈미터Philippe Schmitter는 이 문제를 분명히 지적하며 다음과 같이 물었다. "무엇이 유럽연합을 정당화하는가 … 그리고 어떻게 이것이 달성될 것인가?"[23] "민주주의 결핍"이라고 비난받는 미확인 정치 물체objet politique non-identifie, unidentified political object인 유럽연합[24]에, 국민국가에 규범적으로 적용하는 민주적 수행의 기준과 척도를 적용하는 것이 부적절하다고 슈미터는 지적했다. 헌법학자 닐 워커Neil Walker는 정치 체제regime, 정치체, 수행 적법성performance legitimacy이라는 세 가지 정당성 분석 개념을 구분하면서 문제를 다듬었다. 이 개념의 핵심 정의는 정치 독립체의 공식 조직 및 구조, 시민과의 관계, 좋은 정책 발표였다. 워커의 담론은 집행위원회의 준헌법적quasi-constitutional 야망을 투명하게 만들기보다 이를 덮으려는 것으로 보였다. 그렇지만 워커는 집행위원회 백서가 세 가지 목표를 동시에 추구하고 있다는 뜻을 내비쳤다.[25]

우리가 특별히 관심을 갖는 사항은 백서에서 집행위원회를 위해 전문가들이 권고한 내용의 신뢰를 구체적으로 다루는 부분이다. "정보에 밝은 대중들이 전문가 조언의 내용과 독립성에 더 많이 질문한다"라고 인정할 때, 집행위원회는 생명공학 및 식량 위기를 명확하게 언급했다. 집행위원회가 필요하다고 확인한 문제들 중에는 "순수하게 과학적인 것을 넘어서는" 광범위한 분과 차원의 조언 및 기존 전문가 자문단 시스템과 작동 방식의 불투명성을 반박하는 것이 있었다.[26]

## 정치체를 찾는 정치?

밀레니엄 전환기에 이런 선제조치들과 반응들 때문에 유럽연합에 또 다른 근본 문제가 제기되었다. 집행위원회의 실재 혹은 상상의 청중은 누구인가? 2001년 백서가 도식적이지만 논쟁적으로 다루면서 개선되었던 거버넌스 척도의 소비자는 누구인가? 수치적으로 측정된 바로는, 전체 유럽 정치에 백서가 끼친 영향은 극히 미미했다. 2002년 3월까지 진행된 논평 기간에 접수된 의견 중 일부는 내용적으로 충실했지만, 제출된 의견도 250개에 불과했다. 피렌체의 유럽대학연구소European University Institute in Florence 소속 법학자들과 정치과학자들이 논문집을 출판하면서 학자들도 논쟁에 참여했다.[27] 게다가 백서는 그 자체가 목표가 아니라, 2002년 이후에도 30개 행동 계획안을 실행하기 위한 노력의 시작이었다. 거버넌스 개념이 분명 도래해 자리를 잡았다.

하지만 비평가들이 목격했던 것처럼 집행위원회는 청중을 매우 제한적으로 바라보았다. 집행위원회가 지지했던 거버넌스의 다섯 가지 원칙 중 하나가 참여였다. "유럽연합 정책들의 특성, 연관성, 효율성은 기획에서부터 실행까지 과정들에서 폭넓은 참여를 보장하는 것에 달려 있다. 참여 방식을 개선하면 정책 기관들은 큰 신뢰를 확보할 수 있을 것이다."[28] 집행위원회는 참여자들을 폭넓게 포함해 민주주의와 법의 원칙에 비슷한 관심을 보여, 자신들의 직무가 각국 정부의 직무와 긴밀하게 연결되어 있다고 시사했다. 하지만 폴 마그네트Paul Magnette가 지적했듯이 법조문은 집행위원회의 목적과 상반됐다. 예를 들어 집행위원회는 조직 영역별 관계자들 위주로 참여를 제한했고 그나마도 자문 절차나 의사결정 이전의 절차로 국한됐다.[29] 누군가는 엘리트나 이해당사자 중심의 참여에 정당한 의문을 제기할 수 있었다. 다시 말해 이 참여 전략들이 유럽 시민사회가 유럽연합 활동에 무관심하다는 문제를 효과적으로 해결할 수 있는지에 대한 의문 말이다. 또한 이 접근은 공적 가치들을 수렴해 유럽을 조화롭게 만들려는 적극적 통합주의 접근과 일치하지 않았다.

백서 같은 하향식 이니셔티브가 아무런 근거도 없이 정치체를 만들어낼 수는 없다. 하지만 집행위원회의 이니셔티브에 대응하기 위해 만들어지고 있는 정치체가 존재한다면, 이 문서의 영향과 행동 지침은 더 중요해질 것이다. 유럽 사회과학자들은 확인할 수 있는 유럽 대중과 공론장이 정말로 존재하는지,

만약 그렇다면 그들은 어떤 특징을 갖는지, 심지어 측정할 수 있는지를 논쟁했다. 비록 전통적으로 생각되는 공론장의 가장 기초적인 두 수단, 즉 공통 언어와 공통 의사소통 매체가 없었지만, 질적으로 말해 '유럽 대중'을 실체로 간주할 만한 이유가 있었다.[30]

　가장 주목받는 공론장 이론가인 위르겐 하버마스Jürgen Habermas는 민주적 숙의를 위한 사전조건으로 공통 언어가 반드시 필요하다고 가정하지 않았다. 독일 사회학자 클라우스 에데르Klaus Eder도 비슷하게 언어에 관한 주장을 거부했다. 에데르는 50주년을 맞는 유럽연합이 유럽성에 관한 공적 논쟁에 몰두하는 것을 보면, 세 가지 이유를 들어 유럽연합을 신생 사회로 간주할 수 있다고 주장했다. 그의 지적에 따르면, 현상학적으로 보면 20세기 후반 유럽인들은 자국의 안보와 복지에 영향을 줄 수 있는 여러 문제와 스캔들이 자신들이 속한 국가의 국경선 밖에서 발생한 경우에도 관심을 가졌다. 예를 들어 이런 우려들은 1996년에 오염된 영국 쇠고기로 촉발된 '광우병' 위기,[31] 유럽연합의 국경 안전과 국가 간 여행을 위한 쉥겐 절차Schengen process(유럽연합 회원국을 중심으로 한 유럽 국가 간 자유로운 이동과 국경 철폐를 핵심으로 하는 협정으로, 비자나 여권 심사, 검문 없이 자유롭게 국경을 넘나들 수 있도록 규정하고 있다._옮긴이) 논쟁, 상테르 집행위원회의 부패 혐의 등을 포함한다. 에데르의 주장에 따르면 이 경우나 유사한 경우에 대중은 유럽연합 포럼을 초국가적 기관들과 다른 회원국들의 기관 모두를 비판하는 데에 사용했다. 모든 사회 계층(예를 들어 블루칼라 노동자, 농업 노동자 등)이 아직까지는 그런 상호작용에 동등하게 참여하지 않았음에도 불구하고, 결국 이 절차로 인해 국경을 넘나드는 관계자들의 행위자-네트워크가 형성되었다.[32]

　이 사건과 논쟁은 냉전 이후로 21세기까지 이어지는 유럽 통합의 개방적인 특징을 시사한다. 초기 유럽 문화 정체성의 일부 표식들이 그렇듯, 이슈·기관·담론·관계자·정치적 의사소통은 모두 초국가적 유럽 수준에서 파악될 수 있다. 하지만 확정된 것은 거의 없으며, 유럽의 일부 기본 전제들은 50년간 유럽 석탄철강공동체라는 최초 경제 연합이 창설되었던 때보다 더 경합적으로 보인다. 어떻게 유럽 생명공학 영역에서의 선제조치가 정치 통합의 불안정한 절차에 영향을 주었고 또 영향을 받았는가? 이것이 이번 장에서 남은 부분의 주제이다.

## 생명공학 정책: 담론과 실행의 장

유럽집행위원회는 1970년대 중반부터 생명공학이 정책 개입의 핵심 부분임을 인식했다. 하지만 그 실행이 실제로 속도를 내고 다양해진 것은 1980년대였다. 헤르베르트 고트바이스Herbert Gottweis는 초기에 이 영역에서 유럽의 존재를 정당화하기 위해 사용된 몇 가지 '담론적 기호들'을 확인했다. 예를 들어, 미국과의 기술 경쟁, 보건의료 및 농업의 구조적 문제에 대한 해결책, '강하고 연합된 유럽'의 공고화[33] 같은 기호들이 있다. 이들은 단지 임의적으로 선택된 언어가 아니라 유럽 기관들이 스스로를 자리매김하기 위해 언급해야 할 문제들을 효과적으로 생산하기 위해 전략적으로 사용된 언어들이다. 위험이자 기회가 될 수 있는 영역인 생명공학에 집중한 것은 정치이론가 야론 에즈라히 Yaron Ezrahi의 자유민주주의 국가 개념과 일치한다. 자유민주주의 국가는 과학기술을 도구로 사용해 지속적으로 자신을 정당화한다.[34] 국가는 여론의 장에 기술적 성과를 보여주고, 에즈라히의 용어에 따르면 '증언하는 목격자들attestive witnesses'로 행동하는 시민은 국가의 능력을 평가해 찬성 여부를 승인하거나 보류한다.

그러나 원자폭탄, 소아마비 백신, 아폴로 계획 같은 큰 성공을 거둔 것(달 착륙의 경우, 성공적인 광경들[35])과 달리, 새로운 유전학과 기술은 20세기 마지막 사반세기 동안 반대 양상을 보였다. 따라서 장래의 초국가 유럽은 문제 해결 담론을 고안해야 했다. 또한 의도된 청중에게 보일 수 있도록 자기들 과업의 긴급성과 성공의 적절한 표식들을 만드는 방식도 고안해야 했다. 다시 말해 생명공학이 제기한 도전은 19세기 후반 근대화 과정에 있던 국가들이 전 영역에 걸친 새로운 사회문제를 정의하고 대처하면서 싸웠던 것과 같았다. 당시 사회과학과 인문학은 급격히 발전해 빈곤, 실업, 산업 재해 같은 난제에 대응하는 국가의 노력을 뒷받침했다. 특히 수치와 통계는 사회를 가시적으로 만드는 중요한 도구였다. 위험에 처해 있거나 고통받는 사람들을 사회에 드러나게 만들어, 국가가 이들을 보호하거나 원상회복할 수 있도록 돕는 정책이 실행되었다.[36]

생명공학 정책을 합리적이고 이로운 것으로 묘사하려는 유럽집행위원회의 노력도 비슷한 입증이 필요했다. 하지만 그 과정은 선형적이지 않았고 정리되지도 않았다. 내부와 외부 모두에서 합리화를 막는 장애물들이 발생했다. 내부적으로는 유럽 기구의 체계 내에서, 외부적으로는 외생적인 사건들과 유럽의 정치적 민감성이라는 유동적 특성의 결과로 합리화의 장애물들이 등장했다. 갈등은 세 가지 논쟁을 둘러싸고 일어났다. 규제 정책에 관한 초기의 프레임 설정, '대중'과 그들의 관심사에 대한 정의, 과학기술정책에서 윤리의 역할이 그것이다. 이런 갈등의 결과 유럽의 영향력은 특정 이슈들이 중요한 정책 의제가 되도록 행사되었고 '유럽 차원의' 대중에게 이익을 주는 '유럽적' 해법에 적합하다는 표식을 이들 이슈들에 부여했다. 유럽연합은 여러 핵심 질문을 수렴하는 데 성공하지 못 해, 대부분 수동적인 보호주의 역할을 하는 데 그쳤다.

## 초기 단계: 수평 프레임과 수직 프레임

유럽연합 기관들은 공식·비공식 수단에 의거해 정식 회원국들의 정책에 영향을 줄 수 있었다. 공식적으로 유럽연합은 몇 가지 수단을 직접 지시하는 방식으로 각국의 과학기술정책에 개입했다. 가장 중요한 것은 지침directive인데, 회원국들은 자국 내 입법을 유럽 공통의 법령 규범에 맞춰야 한다. 다른 개입 지점에는 프레임워크 프로그램Framework Programmes 산하의 유럽 연구 자금 지원 및 유럽 전문가위원회European expert committees의 기술적 협력 활동들이 포함된다. 정의상 비공식적인 선택들은 겉보기에는 명확하진 않지만 장기적으로 보면 잠재적 중요성이 크다. 이 비공식 수단들은 논쟁 프레임을 설정하고 정책 시행안들에 관한 참석자들의 선택뿐만 아니라, 특정 이슈에 대한 정책

개발의 책임을 어디에 부과하는가에 대한 투쟁도 포함된다. 1980년대 초반 이후 유럽연합은 유럽 정책 담론과 생명공학 정책을 만들기 위해 이런 수단을 이용했다.

유럽 생명공학 정책 움직임의 제1기는 생명공학 관련 세 개의 주요 지침이 채택된 1990년에 채택되어 일단락된 1980년대의 10여 년이다. 세 주요 지침은 유전자 변형 생물체의 숙의적 방출에 관한 이사회 지침 90/220/EECCouncil Directive 90/220/EEC, 유전자 변형 미생물의 제한적 사용에 관한 이사회 지침 90/219/EECCouncil Directive 90/219/EEC, 작업 중 생물 작용제에 노출될 위험에서 노동자를 보호하는 것에 관한 이사회 지침 90/679/EECCouncil Directive 90/679/EEC이다. 이들 중 숙의적 방출에 대한 첫 번째 지침은 2장에서 살펴본 것처럼 프레임 설정에 관한 질문을 집중적으로 다뤘다. 생명공학은 고유한 특성들 때문에 특별히 관심을 두어야 하는, 유럽 규제 목적을 위한 기술적 절차로 규정되어야 하는가(영국과 독일의 입장)? 아니면 제품 생산을 위한 그 자체로는 무해한 도구이며, 기존 규제 원칙에 따라 평가될 수 있는 것으로 규정되어야 하는가(미국의 입장)? 이사회 지침은 절차 프레임을 채택했다. 어떤 이들은 이를 신중함과 예방의 승리로 봤던 반면, 다른 이들은 집행위원회 내부의 정책 조율이 실패한 조짐으로 보았다. 우리는 앞으로 후자를 절차에 반대하는 이해관계자들anti process interests이라고 부를 것이다.

브뤼셀에서는 1980년대 중반까지 생명공학 정책 조율 업무가 다양한 중요성과 능력을 지닌 여러 조직에 분산되었다. 우선 생명공학 운영위원회Biotechnology Steering Committee, BSC[37]가 있었다. 이곳은 제12사무국DG XII인 유럽연합 과학·연구·개발 사무국Directorate-General 장관이 의장을 맡아 1984년에 설립되었다. 다음으로 유럽 생명공학 협의회Concertation Unit for Biotechnology in Europe, CUBE가 있다. 이곳은 생명공학 운영위원회 산하 소규모 사무국으로 1984년에 설립되었고 1992년에 해체되었다. 또한 생명공학 사무국 간 규제위원회Biotechnology Regulatory Interservice Committee가 있다. 이곳은 1985년부터 1989년까지 생명공학 운영위원회로부터 분리·신설되어 운영되었다. 외형적으로는 지루하고 관료적인 이들 체제는 행정 전면에 있었고, 내부자들은 이를 사무국들 간 권력 투쟁으로 보았다. 내부자들은 제12사무국(연구)이 환경 및 핵안전 사무국Directorate-General for Environment and Nuclear Safety인 제11사무국DG XI에게 패배한 것으로 보았다.[38]

비전이 있었지만 강압적이었던 유럽 생명공학 협의회 전임 의장 마크 캔틀리에 따르면, 제12사무국의 실패는 생명공학의 이미지, 즉 분야를 초월하며, 지식에 기반한 혁신의 엔진이자 인류의 발전을 약속하며 혁명을 가져올 이미지, 명확한 진보의 이미지를 관련된 다른 사무국에 홍보하지 못한 무능력에 있다고 보았다. 캔틀리의 관점은 과학기술 예측평가Forecasting and Assessment in Science and Technology, FAST[39] 프로그램이라는 유리한 관점에서 수년간 생명공학 조사를 통해 형성되었다. 1978년부터 1982년까지 440만 유럽통화단위European Currency Unit, ECU 예산을 집행한 이 소규모 프로그램은 캔틀리가 회고하면서 명명한 '청빈holy poverty'의 이익을 누렸다.

과학기술 예측평가 지시는 훌륭했다. 그것은 유럽 공동체의 장기적인 발전에 영향을 주는 전망, 결과물, 잠재적 갈등을 강조하라고 우리에게 알려주었다. 그래서 우리가 받은 명시적 지시는 장기적인 정책 갈등을 드러내면서 숨기지 않는 것이었다. 그 결과 갈등을 숨기는 것이 의무인 대부분의 관료제와는 문화적으로 정반대였다. 우리는 유럽의회와 이사회의 공식 지시에 따라 유럽공동체의 장기적인 발전에 영향을 줄 수 있는 전망, 문제, 잠재적인 갈등을 강조했다.[40]

하지만 자유에는 대가가 따랐다. 과학기술 예측평가가 외부자의 위치에서 제안했던 생명공학의 포괄적 프레이밍holistic framing은 1980년대 후반 경쟁에서 살아남지 못했다.

1982년 과학기술 예측평가를 수행한 기관은 생명공학을 포함한 핵심 영역들에서 유럽공동체의 과학 연구개발 전략에 관한 보고서를 발표했다. 그 영역들은 유럽의 미래와 동일시되었다.[41] 캔틀리의 회고에 따르면 '생명사회biosociety'에 관한 장은 "상당한 영향을 미쳤다". 고트바이스는 이 장이 정리가 필요한 "통제 불능의out of control" 유럽 사회를 생명공학을 이용해 구성하려는 야심찬 시도였다고 설명한다.[42] 자연을 향상시키기 위해 생명과학을 사용하는 프로젝트에서 합리화와 교정을 연상하기 어렵겠지만, 아예 없었던 건 아니었다.[43] 그러나 과학기술 예측평가 보고서의 저자들은 생명사회 개념을 지지하면서, 유럽 사회의 문제를 병리화하고 결함과 오류들을 수정하는 것보다는 유럽의 조화와 통합에 관심을 두었다. 유럽식 자연에 대한 원대한 설계들grand designs on nature을 실현하기 위해 3단계 통합이 명시적으로 제안되었다. 정치 통합은 공동체 전체에 걸친 선제조치였다. 과학적으로는 생명공학이 "전 범위에 걸친 생명과학, 기초 및 응용"과 관련된 것으로 여겨졌다.[44] 사회적으로는 프로그램이 "인간 생명과 목적을 유지하면서 풍요롭게 하기 위한 자기 조직화 시스템에 대한 의식적 관리"[45]를 지향했다. 하지만 제도적인 헌신을 위해서는 과학기술 예측평가가 제시한 유럽 생명사회라는 통합된 비전을 구체적인 정책으로 번역해야 했지만, 그러한 기획은 결코 실현된 적이 없었다. 그 이유는 무엇이었는가?

돌이켜 보면 우리는 과학기술 예측평가와 '절차' 프레임의 반대자들이 집행위원회 내부에서 추진하려 했던 입장들에서 두 가지 모순을 관찰할 수 있다. 첫 번째 모순은 사무국들 사이에 수직적으로 조직된 기관에서 생명공학 정책들을 수평적으로 통합하려는 노력에 있다. 캔틀리는 실망에 차서 다음과 같이 평가했다.

사람들은 집행위원회가 열일곱 개의 수직적 단위들로 세워졌다는 사실을 자주 언급한다. 열일곱 명의 위원들은[46] 임기가 보장된 채로 지명되고, 해임할 수 없으며, 선거를 통해 그들을 집합시키거나 해산시킬 수 없다. 이는 그들이 '뭉치면 살고 흩어지면 죽도록' 했다. 그래서 그들은 실질적으로 통제할 수 없고, 일부 단기적이고 직접적인 양자 간의 협상을 제외하고는 수평적 협력에 무관심했다. … 그리고 그것이 생명공학을 위한 일관성 있는 전략을 수행하는 것을 극도로 어렵게 만들었다. 그래서 우리는 과학기술 예측평가에서 어떻게 유럽공동체의 생명공학 전략이라는 개념이 잠재적으로 불가능했는지를 깨닫지 못했다. 우리는 점진적으로 배웠다.

유럽집행위원회는 관계 부처 간의 경쟁에 익숙했다. 하지만 1980년대 조율 업무는 생명공학 규제를 위한 '제품' 프레임의 발상지인 미국보다 유럽집행위원회에서 훨씬 힘들었다. 유럽 사무국들과 달리 미국 규제 기관들은 각기 다른 정치적 명령에 따라 움직이는 각국의 정부 부처들 다수를 상대로 설명할 필요가 없었다. 백악관은 미국 과학기술정책국을 통해 리더십을 발휘해, 생명공학 관련 기관들이 협력하도록 도왔다. 특히 식품의약국은 기관 간 합의를 도출하려고 노력했다. 상업화 관련 규제 공백, 기존 기관 간 협력, 저명한 과학 단체인 미국 과학아카데미National Academy of Sciences의 지원, 과학계와 산업계의 조직적인 로비 활동에 의해 이 기간에는 협력이 잘 이루어졌다. 또한 레이건 정부 시기 규제철폐 철학은 환경보호청의 의지를 꺾었다. 환경보호청은 기관들 중에서 가장 주도적이고 사전예방적인 기관으로, 생명공학을 조정하는 책임을 지며 '절차 프레임'에 가장 공감하는 기관이었다. 반면 유럽에서는 다른 사무국들이 제12사무국의 리더십을 수용하지 않았고, 돌아가면서 맡는 의장직, 불충분한 회의 횟수, 공무원들의 수준 차이, 사무국들 사이의 지속적인 긴장에 의해 생명공학 운영위원회가 약화되었다.

더 미묘한 모순은 유럽집행위원회 내부에서 절차 프레임에 반대하는 이해관계자들에 의해 생명공학 프레임이 설정되는 데서 확인될 수 있다. 이익과 관련되면, 유럽 생명공학 협의회와 제12사무국 내의 다른 기관들은 생명공학의 포괄적인 입장을 명확하게 표명했다. 지지자들은 생명과학 전반에서 극적이고 근본적인 변화가 있었다고 지적했다. 조만간 이런 발견과 응용은 의학, 농업, 환경, 그리고 제3세계 발전을 포함해 생물학과 관련된 모든 분야에 혁명적 변화를 일으킬지도 모를 일이었다. 지지자들의 주장에 따르면, 생명공학은 단일하게 조율된 연구개발 프로그램을 통해 장려되어야 한다. 이는 생명공학 분야를 위한 통합된 공동체 전략Community strategy을 요구하는 기반이다. 하지만 규제에 관해서는, 정책 통합을 요구했던 동일한 옹호자들이 이번에는 분야별 규제를 중심으로 한 분권화되고 분절된 접근을 주장했다. 이 주장은, 이익이 나는 경우와 달리 위험이 발생하는 경우는 유전자 변형 기술이 아니라 그것의 특정한 응용에 있다는 것이다. 다소 친숙한 이 위험들은 특화된 통제를 통해 표적화될 수 있고 적절히 관리될 수 있었다. 나중에 밝혀진 것은, 유럽의 모든 관계자가 통합에 따른 이익과 분절된 위험이라는 이 비대칭적 생각을 기꺼이 승낙하지는 않았다는 사실이다.

1980년대 후반 정책 형성이 진전되면서 두 사무국이 분열되었다. 생명공학 관련 두 개의 주요 지침의 초안을 책임지는 제11(환경)사무국과 유럽 생명공학 협의회로 대변되는 제12(연구)사무국의 입장이 갈렸다. 제11사무국은 숙의적 방출에 대한 지침 90/220/EEC를 준비하면서 절차 프레임을 채택해, 모든 유전자 변형 생물체에 입법 통제 권한을 확장했다. 그 지침은 유전자 변형 생물체는 새로운 기술적 생산 수단들을 다루는 단일하고 수평적인 규제 명령을 따르도록 해서 수직적 조직에 따른 제약을 극복했다. 비평가들은 이를 독일 녹색당의 강경 노선에 항복한 것으로 보았다. 녹색당은 그동안 유전자 변형이 불필요한 위험이며, 지속 가능하지 않은 농업을 부추길 수 있다고 적극적으로 비난했다.[47] 당연히 환경사무국은 녹색당의 포로가 되었다는 비난을 거부했다. 대신 공직자들은 유럽공동체의 불균등한 법적 통제가 이뤄지는 상황에서 이 지침이 환경보호를 위한 공통의 개념 프레임을 만드는 데 필수적인 첫걸음이라고 보았다. 그들의 주장에 따르면, 이 기준선은 약품, 살충제, 식물 같은 제품 영역에서 기존 규제에 각 국가의 그리고 경우에 따라서는 유럽의 규제를 조화시키기 위한 기반을 제공할 것이었다. 그 결과 유럽의 규제에 의해 유럽과 미국 프레임이 더 긴밀하게 조정되었다.[48]

제12사무국에서 캔틀리와 그의 동료인 켄 사전트Ken Sargeant는 유럽과 미국 규제 체제 사이의 불일치가 커져가는 것에 낙담하는 반응을 보였다. 그들은 실제 위험이 규제의 핵심이어야 한다고 믿었지만, 유럽 정책은 실제 위험보다는 유전자 조작 기술을 규제의 목표로 삼는 잘못된 방향으로 진행되었다고 생각했다. 그 시기 내부 문서는 미국 정책의 언어를 떠올리게 하는데, 위험은 "조작 기술에서 유래된다기보다는 위험한 생물과 제품에서 유래되었다"라고 보았다. 다음 조항들에서 절차 프레임의 단점들을 확인할 수 있다.

(i) 산업에 대한 규제 부담을 증가시키는 것은 산업 경쟁력을 약화시킨다.

(ii) 이는 산업이 호의적인 규제 환경으로 이동하도록 유도하는 결과를 낳는다. (예를 들어 유럽공동체 외부에서 산업 연구를 수행하거나 산업투자를 진행하는 것)

(iii) 논쟁을 추상적인 이슈들, 즉 '자연적natural'이라고 간주되는 경계들을 정의하는 방향으로 전환한다. 또한 유전자 조작 생물이 내재적으로 위험한지 아닌지 여부에 관한 논란을 제기한다. 이런 논란들은 최근 몇 년간 미국에서 발전을 방해했다.[49]

하지만 사무국 간interservice 정치 역학이 작동하는 시기에 이 의견을 집행위원회 정책으로 번역하려는 시도들은 실패했다. 1985년 에티엔느 다비뇽Etienne Davignon 위원이 사임하자 집행위원회 연구개발 정책의 방향이 바뀌었는데, 이는 순진하고 존중받기 어려운 방향이었다. 1980년대 후반 무렵 유럽 생명공학 협의회와 캔틀리는 산업계의 이해관계와 긴밀하게 관련되었다는 의혹을 받았다. 새로 구성된 기관이 생명공학 고위자문단Senior Advisory Group on Bio-technology, SAGB이 캔틀리의 대리인인 브라이언 에이거Brian Ager를 책임자로 임명했을 때, 이 의견은 부당한 방식으로 설득력을 얻은 것으로 보였다.[50] 1992년 후반까지 환경 관련 이해관계 때문에 비난을 받으면서 상부의 확고한 지원도 부족했던 유럽 생명공학 협의회는 행정 조직 개편에 따라 해산되었다.

이후 10년간 유럽연합의 법과 정치의 변화 때문에 제품 기반의 미국과 절차 기반의 유럽 규제 사이의 차이가 줄어들었다. 특히 유럽연합 지침 2001/18/EC가 숙의적 방출에 관한 1990년 지침을 폐지했고, 유전자 변형 생물체에서 유래한 제품들, 예를 들어 유전자 변형 토마토로 만든 페이스트나 케첩 등이 수직적 또는 영역별 제품 범주로 처리되도록 요구하는 조항을 도입했다. 1997년 신규 식품 규제Novel Foods regulation가 그런 제품 조항 가운데 하나였다.[51] 새로운 입법은 대서양을 경계로 한 주요 차이를 재확인했으며 유럽연합 회원국 간의 차이를 위한 여지도 남겨두었다. 새로운 지침의 서문과 본문은 유전자 변형 생물체에 대한 유럽의 규칙을 시행하는 데 사전예방원칙precautionary principle이 핵심 역할을 한다고 명시적으로 인정했다. 이 원칙은 유럽과 미국 간 논쟁의 근원이기도 했다. 유럽 수준에서 승인된 유전자 변형 작물이라도 회원국들이 이를 자국에서 금지할 권리를 계속해서 주장하자, 회원국 전체에서 유전자 변형 생물체 승인을 조화시키려는 시도가 복잡한 문제에 부딪혔다.[52] 2003년 말 미국은 세계무역기구World Trade Organization, WTO에 소송을 제기했다. 이는 유럽집행위원회 산하 과학 자문단들이 제출한 안전 평가를 유럽집행위원회가 자신의 소속 국가들에게 수용하도록 요구하는 데 실패한 것에 부분적으로 원인이 있었다.

비교 분석 관점에서 이 발전들을 평가하면, 1990년대 유럽연합이 경험했던 우연들이 중요했다. 특히 이 10년 동안 유럽의회가 정치적으로 등장해 마스트리히트 조약에 따른 강력한 권력이 되었으며, 최소한 일시적으로는 유럽의 입법 정치에서 유럽의회는 녹색당의 존재감을 공고히 하고 상승시켰다. 유럽의회 조직 내부의 전문적인 역량이 부분적으로 제한된 결과, 제도적으로 유럽의회는 불확실성을 강조하며 유전자 변형 기술에 대한 사전예방 태도를 촉구하는 유럽과 미국 생태학자들 및 활동가들의 비공식 연결망을 수용했다.[53] 또한 환경위원회 의장 켄 콜린스Ken Collins는 유럽의회를 통해 집행위원회가 사회경제적 영향평가를 특별 규제로 제정하도록 청원을 제기했다. 그가 의도한 규제 대상은 생명공학이 사용된 농산물을 포함한 일부 농산물이었다. 공식적으로 '네 번째 기준fourth criterion' 혹은 '네 번째 난관fourth hurdle'으로 명명된[54] 유럽집행위원회 지침 초안은 1990년 유럽의회에서 부결되었다. 부결로 일단락되었지만 이 사건은 유럽 소비자들과 정치가들이 무엇에 신경을 쓰는지에 대한 조기경보 역할을 했다. 이들은 유전자 변형 소성장호르몬bovine growth hormone처럼 사회적으로 불안정해 보이는 제품들이 초래할 생물학적 위험을 우려했다. 당시에는 미풍으로 보였던 것이 유전자 변형 식품에 대한 유럽과 미국 간의 태풍으로 커질지 모를 일이었다.

뒤이어 유럽환경청European Environment Agency, EEA이 설립되어 유럽연합의 환경 입법의 전 영역에 사전예방 관점이 확산되었다.[55] 집행위원회의 '정상 정치normal politics'조차 지속적으로 우연적인 결과들을 만들어냈다. 결국 슈뢰더 총리의 적녹 연정 덕분에 독일은 중요했던 해인 1999년에 집행위원회 의장직을 맡았으며, 2001년 숙의적 방출 지침 초안에 영향력을 행사했다. 새 지침은 유전자 변형 생물체에 관한 단계적 평가를 강조했고, 사전예방원칙이 명시적으로 지침에 반영되었으며, 유럽연합 회원국들이 독자적으로 윤리적 판단을 내릴 여지가 마련되었다. 이것들은 부분적으로 이 우연한 결합 덕분이라고 볼 수 있다.[56] 이 관찰 결과들을 보면 이 책의 전반적인 주장을 분명히 알 수 있다. 즉, 생명공학은 사회적 경제적 영향과 사전예방에 지속적으로 기여해 유럽 정치를 만드는 데 도움을 주었고, 이는 유럽연합 정치사에서 그 형성기에 유럽이 생명공학 정책을 조정했던 것과 마찬가지이다.

## 유럽의 대중을 구성하다

민주적으로 성숙한 국가들이 안정기에 있을 때는 사람과 정치가 무시되면서 관리 업무가 기계적이고 비인격적으로 수행되기도 한다. 하지만 위기가 닥쳤을 때, 즉 정치적 기관들이 시민들에게 자신들의 유용성과 효율성을 설득해야 할 때는 상황이 크게 다르다. 그런 의미에서 유럽집행위원회에게 안정적인 시기는 거의 없었다. 유럽 기관들이 자동적으로 의지할 수 있을 정도로 믿을 만한 유럽 정치체가 형성된 적이 없었기 때문에, 자신을 구체화하는 일은 민감하고도 지속적인 작업이었다. 따라서 브뤼셀에서의 정책 입안은 심각하게 (또한 투명하지도 않게) 정치적인 과업이었다. 왜냐하면 유럽연합 정책의 정당성에 관한 질문이 자주 제기되었으며, 해당 정책은 구성된 정치에 대한 응답이었기 때문이다. 과학기술 예측평가 보고서가 생명사회를 언급한 것은 정치 역학의 한 차원으로 볼 수 있다. 생명과학 혹은 자연에 대한 설계designs on nature에 유럽의 사회적 기대가 구성되었으며, 그런 후 유럽집행위원회의 생명과학 프로그램은 적절히 표현될 수 있었다.

하지만 어떻게 유럽 생명공학에 대한 필요, 욕구, 결핍이 설득력 있게 표상될 수 있었는가? 하나의 전략은 미국과의 경쟁을 강조하는 것이었다. 이 경쟁에서 유럽은 뒤처지는 것으로 보일 수 있었다. 유럽집행위원회 직원들은 유럽이 미국 생명과학 프레임을 채택하지 못했고, 일관성 있는 정책을 개발하지도 못했다고 아쉬워했다. 많은 조치가 이렇게 인식된 간격을 해결하기 위해 도입되었다. 이 조치들은 유럽의 경쟁적 지위에 대한 임시 연구보고서를 의뢰하는 것에서부터[57] 유럽과 미국 간 공식 협력 계획까지 아우르는 것이었다. 1990년 생명공학 연구에 관한 유럽집행위원회와 미국 간 실무팀EC-US Task Force on Biotechnology Research이 설립되어 두 지역 과학자들 사이의 의사소통을 장려했다. 그 결과 환경 생명공학, 데이터베이스 상호운용interoperability, 생물정보학bioinformatics 같은 이슈에 대한 합동 워크숍이 매년 개최되었다.[58] 2000년에는 유럽연합-미국 생명공학 자문 포럼이 설립되어 현대 생명공학의 이익과 위험을 논의했다.

외국과의 경쟁에 대항하는 정책을 입안하는 것이 자국 유권자들을 달래는 확실한 방법은 아니었다. 세계화된 지구에 사는 정치인들은 이를 금방 알아챘다. 정치 측면에서 정책을 고려하면, 각국의 헌신적인 유권자들이 만족할 만큼 쉽게 알 수 있는 지역 문제를 다루는 것 외에는 대안이 없다. 보스턴에서 바그다드까지 많은 도시의 시의회 의원 선거의 당락은 여전히 현실적인 치안 기록, 도로 유지·보수, 쓰레기 처리, 필수적인 공공시설 보급에 따라 결정된다. 마찬가지로 유럽 관료제는 유럽연합의 생명공학 정책의 정당화를 추구하면서 이를 직관적으로 파악했다. 1987년이라는 이른 시점에 캔틀리는 한 기사에서, 생명공학을 위해 조율된 유럽 정책이 필요한 네 가지 이유를 꼽았다. 한 가지 이유는 "끊임없는 세계적 경제 경쟁"이었다. 다른 이유들은 과학의 획기적 발전에 대해 생명공학이 갖는 큰 잠재력, 기아와 질병을 줄일 것이라는 생명공학의 약속, 그리고 가장 흥미로운 이유는 "쉽게 이해하기 힘든 과학, 그리고 사회문화적으로 수용되기 힘든 혁신을 대중이 이해할 수 있게 하는 생명공학의 능력"이었다.[59] 마지막 이유에서 암묵적으로 표현되었듯이, 유럽의 대중은 과학적 이해가 불충분하고, 윤리적으로 혼란스러워하거나 불확실하게 생각한다고 간주되었다. 이는 유럽연합 당국이 공익을 위해 적절하게 언급하는 지역적 문제들이었다. 하지만 유럽 수준의 개선책을 확고히 도입하기 위해서는 대중에 대한 막연한 추측 이상의 것이 필요했다.

과거 근대화를 수행했던 국가들처럼 유럽집행위원회는 유럽의 대중을 표본 추출해 추적·관찰할 필요가 있음을 깨달았다. 유럽집행위원회는 1973년부터 정책을 뒷받침하고 성공 여부를 평가하기 위해, 정기적으로 회원국들에서 표본 추출을 통한 여론조사를 수행했다. 이를 위해 유로바로미터Eurobarometer가 사용되었다. 조사는 연간 두 번 실시되었으며, 유럽 정치 어젠다를 중심으로 한 다양한 이슈들에 대해 "유럽인들이 어떻게 생각하는가"를 수집·분류·비교했다. 비교가 조사의 가장 중요한 목적이었다.[60] 예를 들어 2002년 초반 표본 조사는 그해 1월에 출범된 새로운 통화인 유로화에 대한 시민들의 반응 및 유럽 기관들에 대한 지식과 신뢰를 평가했다. 1980년대 후반에 추가된 플래시 유로바로미터Flash Eurobarometer는 유럽 여론의 변화를 조기에 파악하기 위해 목표를 명확히 규정한 소규모 조사를 수행했다. 이는 단순히 정책과 정치를 위한 객관적인 도구가 아니었다. 이들은 존재론적으로 질서를 부여하는 장치였다. 그 구성 요소들이 헌법적 국민국가를 통해서만 접근되고 표본 추출되어 조사된다고 하더라도, 이 장치들은 유럽의 여론을 표본 추출해 그들이 표상하는 것, 연합된 유럽의 정치체를 구성하는 것을 돕는다.[61]

그런 뒤에 이들의 주요 관심사는 생명공학을 유로바로미터의 조사 주제로 표면화시키는 것이었다. 유럽의 생명공학에 대한 태도와 기대에 관한 질문, 그리고 1993년 이후로는 생명공학 지식에 관한 질문이 1990년대에 네 번(1991년, 1993년, 1996년, 1999년) 조사되었고, 2002년에 다시 조사되었다.[62] 이 조사들에

〈표 3.2〉 2002년 생명공학에 관한 영국, 독일, 유럽의 태도.

|              | 유전자 검사 | 인간 세포 복제 | 효소 | 작물 | 식품 |
|--------------|:-----------:|:--------------:|:----:|:----:|:----:|
| 영국         | ++          | +              | +    | +    | -    |
| 독일<br>(국가) | +           | +              | +    | +    | -    |
| 유럽         | ++          | ++             | +    | +    | -    |

출처: George Gaskell, Nick Allum, and Sally Stares, "Europeans and Biotechnology in 2002," Report to the EC Directorate General for Research, 2nd Edition, March 21, 2003.
주: ++ = 강한 지지, + = 약한 지지, - = 약한 반대

내재된 가정들과 그에 따른 논쟁은 생명공학 정치에서 유럽집행위원회의 존재를 평가하는 데 결정적으로 중요했다.

생명공학 관련 질문들이 여론조사에 포함되어 있었지만 유럽집행위원회는 현재와 미래 대중의 태도를 표본 추출해 조사했으며, 사람들이 유전학에 대해 무엇을 알고 있으며 누구에게 정보를 구하는지를 평가했다. 태도 항목에서 사람들이 받은 질문은 다른 신기술과 비교해 생명공학의 잠재성을 어떻게 평가하는지, 생명공학에서 무엇을 기대하는지, 생명공학 제품과 응용물을 얼마나 수용할 수 있는지에 대한 것이었다. 이 결과는 사회경제적으로 유사한 회원국들 사이의 생명공학 응용물에 대한 태도에 큰 차이가 있다는 것을 보여주었다. 예를 들어 응답자들은 현대 생명공학이 언급될 때 어떤 생각이 드는지 질문을 받았다. 그런 다음 그들은 3점 척도로 생명공학에 대한 반응이 긍정(3점), 중립(2점), 부정(1점) 가운데 어디에 해당하는지 선택했다. 생명공학의 주요 다섯 가지 차원에서 영국, 독일, 그리고 유럽 국가의 차이는 〈표 3.2〉에 있다. 이 차이들이 보여주는 것은 '적색' 혹은 제약 관련 생명공학(복제 제외)에 대한 반응이 유전자 변형 식품에 대한 반응보다 더 긍정적이다. 또한 이 차이들은 영국보다 독일에서 환경 차원의 유전자 검사에 대한 반응들이 덜 긍정적이라는 것을 보여준다.

조사에서는 시민의 지식을 시험하기 위해 응답자들에게 '생명공학 퀴즈'에

〈표 3.3〉 1996~2002년 유로바로미터 생명공학 퀴즈 (유럽 평균 정답률)

| 명제 | 정답률(%) | | |
|---|---|---|---|
| | 1996년 | 1999년 | 2002년 |
| 폐수에는 세균이 있다. | 83 | 83 | 84 |
| 일반 토마토에는 유전자가 없지만, 유전자 변형 토마토에는 유전자가 있다. | 35 | 35 | 36 |
| 생물체를 복제하면 유전적으로 동일한 자손을 생산한다. | 46 | 64 | 66 |
| 유전자 변형 과일을 먹으면 개인의 유전자도 변형될 수도 있다. | 48 | 42 | 49 |
| 아버지의(1999년)/어머니의(2002년) 유전자가 자녀가 여성인지 여부를 결정한다. | 비해당 (N/A) | 44 | 53 |
| 맥주의 효모는 살아 있는 유기체들로 이루어져 있다. | 68 | 66 | 63 |
| 임신 초기 몇 달 내에 자녀가 다운증후군인지 알아낼 수 있다. | 81 | 79 | 79 |
| 유전자 변형 동물들은 평범한 동물들보다 항상 크다. | 36 | 34 | 38 |
| 인간 유전자의 절반 이상은 침팬지와 동일하다. | 51 | 48 | 52 |
| 동물의 유전자를 식물에게 이식할 수 있다. | 27 | 26 | 26 |

출처: George Gaskell, Nick Allum, and Sally Stares, "Europeans and Biotechnology in 2002," Report to the EC Directorate General for Research, 2nd Edition, March 21, 2003.

답하고 그들이 신뢰하는 정보 출처가 무엇인지 진술하도록 요청했다. 2002년 조사에는 참-거짓으로 답하는 열 개 명제가 추가되었다.(〈표 3.3〉 참조) 이 가운데 아홉 개는 1996년 조사에서도 제시되었던 것이며, 열 개 모두는 1999년 조사에서 제시되었던 것이다. 주요 결론 중 하나는 유전학에 대한 시민들의 지식 수준이 낮다는 것이다. 이는 유럽인 중 36%(독일인의 경우 41%)가 "일반 토마토에는 유전자가 없지만 유전자 변형 토마토에는 유전자가 있다"에 동의한 것에서도 알 수 있다. 또한 유럽집행위원회는 다른 결론들도 이끌어냈다. 지식은 증가하지 않았으며 실질적으로 변화하지도 않았다. 1999년 유럽인이 신뢰하는 대상은 소비자 단체(55%), 의료 단체(53%), 환경 단체(45%)였으며, 대학(26%)과 정부기관(15%)은 그보다 낮았다. 유럽인은 일반적으로 기술을 두려워하지 않았지만 생명공학에 매우 열정적인 것은 아니었다. 또한 이 태도들은 유

럽 전역에 걸쳐 상당히 달랐다.[63]

이 조사에서 그려진 유럽 시민의 모습, 즉 무지하고, 불신에 차 있고, 위험을 싫어해서 생명공학에 회의적인 모습에 대해 연구자들은 즉각 문제를 제기했다. 연구자들은 유로바로미터의 인식론적 전제에 이의를 제기했다. 비판자들은 위험에 관한 다른 연구가 사실과 가치의 구분을 문제시하거나 그것이 일관성이 없다고 밝힌 반면, 이 조사는 그런 구분을 암묵적으로 수용한 것에 의문을 제기했다.[64] 유로바로미터에서 '위험'과 '신뢰'는 독립적으로 평가될 수 있는 것처럼 간주되었다. 조사 설계자 관점에서 위험은 '자연적인' 것으로 수학적으로 계산할 수 있는 확률이었다면, 신뢰는 관점의 문제이자 가치 영역에 속하는 것이었다. 비판자들은 이런 암묵적인 구획 작업에 반발하면서, 질적 연구를 통해 위험 인식과 역사적·문화적 조건에 따른 정부기관의 신뢰 기대 수준이 밀접하게 관련되어 있다는 것이 밝혀졌다고 지적했다.[65] 위험과 신뢰는 상호의존적인 변수이지 독립변수가 아니다. 유전자 변형 생물체에 관한 5개국 대중 인식 연구 역시 유럽집행위원회의 재정 지원을 받았다. 이 조사에서 나타난 5개국의 응답은 극명하게 부정적이거나 긍정적이라기보다는 양가적인 것이었다. 이런 관점에서 볼 때 대중의 반응은 회원국에 따라 다양한 것이 아니라, 회원국들 전반에 걸쳐 일관적이었다. 포커스 그룹 참여자들은 왜 기술 선택이 미리 논의되지 않았는지, 왜 위험이 불완전하게 평가되는 것처럼 보였는지, 실패할 경우 누가 책임을 질 것인지 궁금해했다. 유로바로미터가 '발견한' 무지하고 의구심을 품은 시민과는 대조적으로, 이 비교 연구는 성찰적이며, 적극적으로 질문하고 정치에 참여하는 유럽 시민들을 '발견했다'.[66]

이 차이는 응답자들이 조사자들에게 연구가 밝히고자 하는 면을 보여주었음을 시사한다. 대중의 특징을 규정하고자 설계된 연구에서 정작 대중과 그들의 이해는 불완전하게 포착되었다. 이 관찰 결과는 민주적 정치체에서 지식을 갖춘 시민들에 관해 적극적이고 포괄적인 이론화가 필요하다는 것을 보여주었다. 나는 다른 곳에서 이 시민들을 가리켜 경제 이론이 전제로 삼는 호모 에코노미쿠스homo economicus(경제적 인간._옮긴이)와는 상당히 다른 호모 스키엔스homo sciens(지성적 인간._옮긴이)로 불러왔다.[67] 우리는 시민 인식론을 다루는 장에서 이 이론 프로젝트를 다시 언급할 것이다.

두 번째 이슈는 '무지'의 정의와 의미에 관한 것이다. 유로바로미터 분석가들은 조사 응답자들이 사실에 관해 틀린 대답을 했다는 것을 지식이 부족하다는 증거로 간주했다. 예를 들어 폭넓게 보고된 핵심 사례는 조사 대상자의 3분의 1이 일반 토마토에 유전자가 있다는 점을 몰랐고, 유전자 변형 토마토에만 유전자가 있다고 가정했다는 점이다. 과학의 대중적 이해public understanding of science 연구는 이 관찰 내용과 적절성에 의문을 제기했다. 실질적인 측면에서 답변은 환원주의적인 질문이 의도했던 것들보다는 과학기술에 대한 복잡한 이해를 반영한 것인지도 모른다. 예를 들어 특정한 목적을 위해 기술을 이용해서 유전자가 토마토에 인공적으로 주입되지 않았다면, 대중은 소비나 정책에서 토마토 유전자가 문제 되지 않는다는 타당한 믿음을 가졌을 것이다. (따라서 실용적인 목적에서 보면 토마토 유전자가 '존재하지' 않는다.[68])

총계 차원의 수치 역시 전체 이야기의 일부만을 보여준다. 예를 들어 남성보다는 여성이 부친의 유전자가 자녀의 성별을 결정한다고 정확하게 답했다. 왜 어느 때에 여성이 전반적으로 남성보다 퀴즈에서 낮은 점수를 얻었는지를 검토하는 것은 흥미로운 일이다. 조사의 적절성에 관련해, 사실과 관련된 지식을 모른다는 점이 미치는 영향에 대해 많은 질문이 있었다. 결국 지식이 부족하다는 것이 기술에 대한 대중의 태도나 대중이 유익한 것으로 간주하는 영역에서 과학 연구를 지지할 의사에 영향을 끼치는가 하는 물음이었다.[69] 예를 들어 미국에서 건강 연구는 대중과 정치계에서 일관되게 강한 지지를 받았다. 과학적 사실들에 대한 높은 수준의 무지에도 불구하고 말이다.[70]

이 이슈들을 중요하게 여기는 것과 무관하게, 유로바로미터 조사와 여러 사회학적 장치들 때문에 생명공학과 관련된 유럽 시민의 특징을 둘러싸고 국가 간 논쟁이 활발하게 일어났다. 이 시민은 무지한가 아니면 정보에 밝은가? 두려워하는가 아니면 자신감이 있는가? 국가의 문화적이고 정치적인 프레임에 굴복하는가 아니면 거기에서 자유로운가? 이 논쟁은 많은 경우 엘리트들, 예를 들어 연구자, 집행위원회 직원과 분석가, 국가 정책 입안자 사이에 국한되어 있지만, 그럼에도 이 논쟁은 형성 중에 있는 유럽 정치 담론과 정체성에서 가시화된 영역이다.

## 유럽식 과학을 위한 유럽식 윤리?

1990년대 생명공학 논쟁은 고립된 정치 사안이 아니라, 여러 담론의 장에 조밀하게 얽혀 있었다. 여기에는 '광우병' 위기에 대한 유럽 내부의 논쟁과 호르몬 처리된 쇠고기에 관한 범대서양 무역 전쟁 같은 이슈들, 그리고 북해North Sea의 브렌트 스파Brent Spar 석유 굴착용 플랫폼의 폐기 같은 환경 이슈에서 정부와 사회 간 지속적인 갈등이 포함된다. 정책 입안자들은 이 모든 것을 가치에 관한 갈등으로 규정하려고 했다. 여기에는 자연과 자연적인 것의 의미, 식품 및 농업과 관련된 지역 관습 보존, 위험 감수에 대한 사전예방 선호 같은 가치를 둘러싼 갈등이 있다. 만약 정책 갈등이 다양한 가치에서 비롯된 것이라면, 국가와 유럽적 초국가 양자가 할 수 있는 논리적 반응은 이 가치 차이들에 대한 더 좋은 분석과 관리를 요청하는 것이었다. 결국 윤리에 관한 더 많은 전문가를 요구하는 것이다. 윤리가 유럽의 의제로 등장한 계기는 이런 우려들에 반응했기 때문이다. 이는 유럽연합의 생명과학에 대한 정책 입안과도 밀접하게 관련된다.

프랑수아 미테랑François Mitterand은 어떤 유럽 정치인보다도 앞서서 생명윤리의 정치적 위상을 높이도록 이끌었다. 그는 1983년 대통령 명령을 통해 윤리와 생명과학에 대한 상임 프랑스 국립자문위원회National Consultative Committee를 설립했다.[71] 비록 미테랑은 프랑스를 위한 행동을 취했지만, '윤리'라는 용어는 유럽 정책 담론에서 1980년대 중반까지 사용되었다. 1984년 과학기술 예측평가 보고서는 윤리적 의미, 위험, 수용 가능성을 포함하는 '사회적 차원의 검토 사항'을 '생명사회' 항목에서 네 가지 핵심 문제 가운데 하나로 꼽았다.[72] 그 보고서는 이후 15년이 지나서 여러 환경이 그 정치적 중요성을 가시적으로 드러낸 몇 가지 질문들을 밝혀냈다(7장 참고). 그 질문들은 다음과 같다.

"최소 기준으로 간주되는 염색체 유전chromosomal inheritance도 권리가 될 수 있는가? 여분의 동결된 배반포blastocyst가 권리를 갖는가? 인간배아 조직이 피부 혹은 뇌 조직 교체 같은 이식 목적으로 배양될 수 있는가?"[73]

1991년 11월 유럽집행위원회는 자신들의 윤리적 전문성을 심각하게 우려하면서, 독립적인 '생명공학의 윤리적 의미에 관한 자문단Group of Advisers on the Ethical Implications of Biotechnology, GAEIB'을 설립했다. 이것은 새로운 조치라기보다는 그 시대에 대한 자기의식적인 반응이었다. 유럽집행위원회 고위 관계자에 따르면 "윤리가 유행"이었다.[74] 초기 회원국 명단이 보여주듯이, 개별 회원국 내부의 상황을 고려해 '윤리' 개념은 느슨하게 정의되었다. 예를 들어 영국 대표자인 메리 워녹Mary Warnock 남작부인은 탁월한 도덕철학자이자 전임 영국 인간생식배아 연구위원회U.K. Commission of Inquiry on Human Fertilisation and Embryology 의장이었으며[75], 독일 대표자인 한스 자허Hans F. Zacher는 당시 뮌헨 소재 막스플랑크 특허법연구소Max Planck Institute for Patent Law in Munich 의장이었다.[76] 철학과 법 분야의 용어인 인격personhood과 재산property 개념은 생명윤리에 관한 유럽 차원의 권위를 구성하기 위해 구분되지 않고 함께 논의되었다. 생명공학의 윤리적 의미에 관한 자문단의 뒤를 이어 과학과 신기술에 관한 유럽윤리그룹European Group on Ethics (EGE) on Science and New Technologies이 1997년 12월에 설립되었고 2001년 4월에 재신임되었다. 윤리가 큰 주목을 받았던 사례로, 유럽윤리그룹의 대표자가 유럽집행위원회의 정책자문단Group of Policy Adviser 위원이 된 것을 들 수 있다. 정책자문단은 장기적인 관점에서 여러 이슈를 논의하기 위해 의장 및 집행위원들과 직접 대면하면서 일하는 기관이었다.

1990년대에 제기된 윤리에 관한 의견들은, 유럽윤리그룹과 그 전신인 생명공학의 윤리적 의미에 관한 자문단이 유럽집행위원회의 생명과학 정책이 잠재적으로 분열을 초래할 수 있는 결과들을 완화하는 도구로 설립되었다는 점이다. 그 사이에서 두 그룹은 그 시대의 거의 모든 논쟁적인 이슈를 다루었다. 1993년 소성장호르몬에서 시작해 21세기에는 유전자 치료, 생명공학 발명 특허, 유전자 변형 식품 표시제, 복제, 배아연구, 줄기세포 같은 주제들로 이어졌다. 자문가의 활동도 바뀌어서, 자문가들은 자신들이 상상하거나 원하는 대중과 직접 소통에 나섰다. 1998년에 시작된 유럽윤리그룹 의견들에는 보고서 내용이 요약된 보도자료가 첨부되었다. 하지만 이 단체들의 정당화 기능에 초점을 맞추면서 또 다른 차원을 놓쳐서는 안 된다. 즉, 이 기관들은 유럽의 정체성을 형성하는 정치에 은밀하게 참여했다.

유럽연합 윤리 자문가들은 과학을 장려하는 보편 목적을 추구하는 것과 유럽의 가치인 다원주의를 존중하는 것 사이에서 신중하게 균형을 잡아야 한다고 자주 언급했다. 유럽집행위원회의 과학정책의 궁극적인 목표는 연구자들, 프로젝트, 기금, 자료, 주제들이 국경들을 넘어 자유롭게 이동할 수 있도록 허용하는 단일한 유럽연구지역European Research Area을 만드는 것이다. 하지만 심각한 장벽은 특정 유형의 연구를 위한 윤리적 기초들에 따른 규제가 회원국들 사이에서 달랐다는 점이다. 생명공학의 윤리적 의미에 관한 자문단이 주관한 유럽연합 제5차 연구 프레임워크 프로그램EU's Fifth Research Framework Programme에 대한 1997년의 의견은 이런 긴장 관계를 보여준다. 프로그램 제6항은 유럽연합이 지원하는 연구에 "근본적인 윤리 원칙들"이 지켜져야 한다고 요구했다. 윤리그룹은 제6항을 준수하기 위해 윤리 평가가 필요하다는 데 동의했다. 또한 이들은 모순적이게도 "유럽 개념은 국가 간의 차이를 존중하지만, 공통 가치에 크게 의지한다"[77]라고 진술했다. 위원회는 공유 가치로 추정할 수 있는 것들을 여러 국제 문서에서 언급했다.

생명공학의 윤리적 의미에 관한 자문단과 유럽윤리그룹이 지적한 문제들은 위원회에서 반영되었다. 위원회 윤리 사무국은 연구용 인간배아 사용 같은 어려운 이슈들에서 회원국들 간 차이를 확인하고 협상하는 업무를 맡았다. 정치적으로 민감한 시점, 예를 들어 2002년 5월 제6차 연구 프레임워크 프로그램Sixth Research Framework Programme, FP6 같은 때에 견해 차이가 드러났다. 유럽연합 프레임워크 프로그램들은 유럽연합이사회와 유럽의회 간 합의를 요청하는 공동결정 절차를 통해 채택되었다. 제6차 연구 프레임워크 프로그램이 문제가 된 시기는 유럽의회가 제2독회reading(독회는 의회의 법안 심의 절차이며 법안을 제출하는 제1독회와 심의하는 제2독회, 제3독회가 있다._옮긴이) 준비를 위해 170개에 달하는 대규모 수정안을 상정해 협상이 결렬되도록 위협한 때였다. 논쟁적인 이슈들 중에는 일부 유럽의회 의원들이 기존 생물학에 비해 유전학에 과도하게 지원되고 있다고 주장한 것, "우수연구센터centers of excellence"를 통해 더 크고 안정적인 설비를 갖추도록 요구한 것, 가장 중요하게는 14일 이전의 연구용 배아 생성creation을 승인하는 논쟁적인 수정안 등이 있었다. 이 쟁점들을 둘러싼 갈등이 해결되지 않았다면, 제6차 연구 프레임워크 프로그램은 당시 스페인 출신 의장 임기 동안 승인될 수 없었을 것이다. 합의되지 않는다면, 2003년 1월 프로젝트의 재정 지원 협의를 위한 조정 절차가 지연되다가 실패로 끝날 수도 있었다.[78]

유럽의회 연구위원회는 다음의 세 연구 영역을 재정 지원으로부터 배제하는 법 조항을 통해 윤리적 분쟁을 해결할 것을 제안했다. 세 연구 영역은 인간 생식복제, 생식세포 유전자 변형, 연구를 위한 배아 생성이다. 몇몇 회원국이 이러한 입장을 지지했지만, 영국을 비롯해 더욱 관대한 연구 환경을 옹호하는 이들은 그 해법이 너무 규제가 심하다고 보았다. 유럽연합이사회, 유럽집행위원회, 유럽의회 사이의 3자회의 결과, 제6차 연구 프레임워크 프로그램이 제때 승인되도록 하는 타협안이 부상했다. 연구 기금이 앞의 세 가지 목적을 위해 사용되어서는 안 되지만, 체외수정에서 나온 잉여배아를 가지고 하는 연구는 계속될 수 있다고 유럽집행위원회는 선언했다.[79]

임시 해법 덕분에 제6차 연구 프레임워크 프로그램을 위한 공동의 윤리 기준을 만들 수 있었다. 하지만 그 방안은 법적 효력과 정치적 가시성에 한계가 있었다. 또한 이 해법은 2001년 겐스하겐에서 개최된 생명윤리 회의에서 제기된 질문을 해결하지 않은 채로 두었다. (프롤로그 참조) 그것은 연구윤리에서 있어 '유럽적'이라고 합당하게 지칭할 만한 가치들이 실제로 존재하느냐는 질문이었다. 실용적인 결과물은 유럽의 지위와 전적으로 일치했다. 유럽의 지위도 진행 중인 작업이기 때문이다. 극단적인 입장들은 회피되었고, 논쟁적인 과학은 보류되었고, 최소한의 규칙에만 따른다면 허용하는 연구 문화 출신이든 규제적인 연구 문화 출신이든 상관없이 과학자들은 유럽연합의 지원을 받을 수 있게 되었다. 결국 유럽에 관한 소극적 보호주의 관점이 채택되었다.


## 결론

1970년대 후반부터 유럽공동체와 이를 계승한 유럽연합은 어떻게 해야 유럽 내 생명과학 연구개발을 경쟁력 있게 촉진할 수 있을지에 관한 질문과 씨름했다. 정책 입안에 관한 여러 전통적인 설명과는 달리, 이는 이성적이고 선형적인 과정, 즉 정책 입안자들이 달성하려는 목표를 설정한 다음 이를 위한 효과적인 수단을 찾는 과정이 아니었다. 대신 생명공학 정책은 해석적인 정치의 장소가 되었으며, 유럽 정체성의 중요한 요소들이 유럽의 연구 목표 및 전략과 함께 논의되었다. 유럽을 하나의 정치적 공간으로 통합하는 프로젝트는 유럽 과학 연구 목표와 활동을 정의하는 노력을 통해 진전되었다. 마찬가지로 유럽이 생명공학에서 성공하기 위해 어떻게 나아가야 하는가에 답하기 위해, 유럽이 회원국들과 맺는 관계 및 세계에서의 행위자 역할이라는 두 관점에서 유럽이 어떤 종류의 연합이었는지 혹은 어떤 종류의 연합이 되기를 원했는지를 표명해야 했다.

이 설명에 따르면, 성공과 실패를 객관적으로 분석하면서 유럽이 생명공학 정책에 기여한 것을 평가할 수 없다. 유럽연합의 목적과 자아개념self-conception의 유동성을 고려하면, 유럽연합이 이 무대에서 얼마나 성공했는지를 묻는 것은 의미가 없다. 오히려 유럽연합이 제기한 여러 정책 논쟁들과 유럽연합이 브뤼셀을 포함한 여러 장소에서 제도적으로 논쟁들을 어떻게 추진했는지를 구체화하는 것이 더 유용하다. 우리는 유럽연합이 회원국들의 정책에 미친 영향이 어느 정도인지를 명확하게 평가할 수 없으며, 유럽연합이 어느 정도로 회원국들의 정책에서 영향을 받았는지에 관해서도 제한적으로 말할 수밖에 없다. 더 흥미로운 질문은 생명공학에 일관되게 접근하면서 정의하려는 시도가 유럽 정치 연합의 본성에 끼치는 영향은 무엇인가, 더불어 유럽 통합 역학에 어떤 영향을 주었는가 같은 것이다.

이 주제에 따라 1990년대 유럽의 생명공학에서 위험에 대한 독특한 프레임은 과학과 사회의 질서를 만드는, 또는 공동생산하는 큰 프로젝트의 하나로 등장했다. 잘 정의된 규제 체제의 부재, 상대적으로 수동적인 산업, 유럽의회와 제11사무국에서 녹색당의 영향력, 생명과학에 관한 포괄적 담론이 모두 결합되어 절차 중심의 정책 프레임이 생성되었다. 이 프레임 때문에 유럽 정책의 초기 설정은 미국이 선택한 방향과 달랐다. 사용 제한과 숙의적 방출을 위한 1990년 지침에서 유전자 조작은 유럽의 우려가 집중된 부분이었다. 비록 10년 뒤에 개정되긴 했지만, 1990년 지침은 대서양 건너편에서 통용되는 것보다 사전예방적이고 사회 지향적인 생명공학 정책을 위한 기초 작업이 마련되었다는 것을 의미한다. 유럽연합을 설립하는 데 기여한 조약들이 체결된 이후의 변화는 규제 사안에서 사전예방주의 약속을 강화했을 뿐이다.[80] 세기 전환기까지 이 조항은 유럽의 명확한 정책 방향이었고, 위험과 건전한 과학이 미국 정책을 위해 수행한 역할에 대응했다.

이런 프레임에서 멈춘다면 유럽 생명공학 정책의 또 다른 주요한 차원을 놓칠 수 있다. 다시 말해 유럽적인 것으로 논의된 이슈, 대중, 가치를 만든 정책의 역할을 놓칠 수 있다. 19세기 국민국가들처럼 유럽연합은 해결하려는 문제들을 구체화하는 것이 자신의 정치적 존재를 정당화하는 데 필수적이라는 것을 알았다. 유럽연합은 이 목적을 위해서 증거를 원하는 대중이 정부의 성공을 볼 수 있도록 근대 정부가 만든 여러 장치를 동원했다. 예를 들어 위기 담화talk of crisis, 전문가위원회, 특별 보고서, 새로운 통계 측정이 그것이다. 흔한 유전병같이 널리 알려진 문제를 치료하는, 단순하고 극적인 성공조차도 계속해서 브뤼셀을 피해갔다. 그러나 유럽의 경우 설득력 있는 정책 의제를 정의하는 과제가 복합적이었으며, 유럽연합 기관들이 명확하게 책임져야 할 정치체가 없었기에 이 문제가 더 복잡해졌다. 유로바로미터의 생명공학 질문들뿐만 아니라 이후에 생물학 연구에서 윤리 이슈들을 측정하고 규정하는 노력들은 어떤 의미에서는 결여된 혹은 유령 같은 정치체라는 문제에 대한 반응으로 이해될 수 있다. 하지만 익명의 비인격적이고 진화하고 있는 유럽의 초국가는 자신의 시민을 구성하고 그들과 대화하기 위해 더듬거리고 서투른 방법을 사용했다. 이 조치의 결점 때문에 유럽의 조화에 대한 논쟁이 시작된 것의 중요성을 무시해서는 안 된다. 이 대화는 처음에는 엘리트에 한정되었지만, 여러 문제들에 대한 민주적 우려를 명확하게 하는 데 유용했다. 예를 들어 그 우려들은 생명공학의 사회적 목적, 규제의 불확실성에 대한 표상, 기술이 발달된 사회의 시민이 적절하게 기대하는 과학적 지식과 이해에 대한 것들이었다. 세기 전환기에 유럽은 과학기술에 관한 숙의 정치가 등장하기를 기다리는 공간이었다. 우리는 이 결과가 최소한 부분적으로는 유럽 생명공학 정책을 둘러싼 복합적인 발달에 따른 것이라고 볼 수 있다.

# 4장 불완전한 해결책

　1975년부터 1995년까지 생명공학은 연구기업에서 혁신을 통해 이윤을 창출하는 글로벌 산업으로 성장했다. 이런 변화는 당시 연구자들조차 확신하지 못했으며, 유럽과 미국에서 거의 동시에 급속도로 성장했다(부록 참조). 미국, 영국, 독일, 유럽공동체European Community(후에 유럽연합EU)는 생명공학 상업화 촉진을 위해 유전자 변형 생물체 실험실 연구와 연구계획을 규제할 수 있는 법과 제도를 채택했다. 유전자 변형 생물체를 환경에 방출할 때 '숙의deliberate' 할 수 있도록 조치한 것이다. 한때 정책 기관들로부터 투기적이고 평가가 불가능하다고 고려되었던 환경영향평가는 10년 만에 과학적인 평가로 적극 수용되었다. 1990년대 유전자 변형 작물은 종말론 시각과 SF 레토릭에서 벗어나 기관의 승인을 받으면서 전문가 담론에 등장했다.

　많은 사람은 농업 생명공학의 이런 변화를 예상하지 못했는데, 상용화 시기에 산업 응용에 따른 위험들이 대부분 가설로 남아 있었기 때문이다. 과학자와 기업은 옥수수나 면화 작물에 제초제 또는 곤충 저항성 유전자를 이식하거나, 과수원을 운영하는 농부들이 과일에 서리가 생기지 않도록 특정 유전자가 제거된 박테리아를 식물에 뿌려주는 것이 생태계나 인체에 심각한 피해를 주지 않을 것이라고 확신했다. 그러나 생명공학 제품은 독성 화학물질과 달리 유통된 이후에 넓은 범주에서 유익하거나 부작용이 명확하게 나타나지 않았다. 실험실에서 합성된 생물체 사용에 관해 정책 입안자들이 문서로 된 증거를 검토했다는 선례가 없다. 또 다른 정책 시스템의 규제기관들은 유전자 변형 생물체의 환경 방출을 승인했는데, 그들은 기술의 안전성을 입증할 수 있는 신뢰할 만한 방법을 찾아야 했다.

하지만 안전을 입증할 만한 방법을 찾는 작업 때문에 유전자 변형 생물체의 환경 방출이 지연되었다. 과학적인 측면에서 규제 기관과 연구자는 규제 정책의 목적을 알리는 행정 절차에 동의해야만 했다. 즉, 규제과학과 관련된 강력한 실체를 만들어야 했다.[1] 행정 측면에서도 유전자 변형 생물체의 환경 방출에 관한 전문 지침을 포함하고, 적절한 감독하에서 상용화되어 대중이 안심할 수 있도록 관리·감독이 필요했다. 이 과정에서 국가별로 차이가 드러났다. 이전에 우리는 '생명공학의 문제'를 개념화하는 과정에서 미국, 유럽, 영국, 독일이 서로 다른 해석 프레임을 이끌어내는 것을 보았다. 어떤 곳에서는 '생명공학의 문제'를 단순히 제품의 집합으로 여기기도 했고, 다른 곳에서는 잠재적 위험 기술로 보았다. 또 다른 곳에서는 과학기술이 국가 차원의 사회 통제를 위협하는 프로그램으로 해석하기도 했다. 이 장에서 우리는 서로 다른 해석이 어떻게 과학 실천이나 평가 원칙, 유전자 변형 생물체의 환경 방출을 관리하는 구조에 영향을 주는지 살펴본다. 각각의 경우에 국가 차원의 노력에도 불구하고 논란이 줄어들지 않은 이유도 살펴본다.

이 장에서는 두 가지 이야기를 다룬다. 첫 번째는 근대화의 공통 주제인 표준화에 대한 것이다. 경계가 없고 모호하며 이름 붙이기 어려운 두려움은 분류, 계산, 제어 시스템 등의 진화를 통해 구체적으로 밝혀지고 다루기도 쉬워졌다. 적어도 그렇게 보였다. 기술적으로 개선된 자연의 제조는 과학자나 제조자 그리고 규제 기관 측에서 정당화하려는 노력이 필요했다. 이런 메커니즘을 들여다보기 위해 우리는 한 발자국 뒤로 물러나서 국가별로 생명공학 지지자들이 어떻게 무질서를 규제하고 통제했는지를 조사할 필요가 있다. 이를 위해 우리는 유전자 변형 생물체의 숙의적 방출에 관해 세 국가에서 벌어진 논란을 세밀하게 살펴보아야 한다. 또한 국가별로 위험을 통제하는 스타일이 어떻게 다른지도 검토해야 한다. 미국의 경우 규제기관들이 제품 안전에 관한 결정을 뒷받침하기 위해 과학의 권위를 요구했다. 반면 영국에서는 절차에 따라 규제기관의 유전자 변형 안전 인증 단계에서 전문가 판단을 위한 구체적인 개념에 의존했다. 독일에서는 시민과 프로그램 사이 새로운 형식의 대화 절차를 마련하는 등 절차 개혁과 제도 마련을 통해 정당성을 모색했다. 그러나 대부분 예상치 못하게 유전자 변형 제품 수용에 취약한 것으로 입증되었다. 결국 1990년대 말에 정부와 산업계가 잊고 싶었던 이슈들에 관한 논쟁이 재개되었다.

이 장의 두 번째 부분에서는 덜 알려진 탈규범화denormalization에 관한 이야기를 다룬다. 농업 생명공학을 정치적으로 수용하기 위해서는 과학적 위험평가처럼 사회적·제도적 합의에 기반을 둔 신뢰에 의존해야 한다는 게 모든 국가에서 분명해졌다. 새로 제기된 논쟁 때문에 첫 번째 표준화 논의에서 합의된 프레임과는 다른 지점이 드러났다. 국가별로 행위자, 논란의 궤적, 용어 불일치가 다르게 표현되었다. 특히 기술을 수용하는 대중의 반응은 문화와 긴밀하게 결합되었다. 이 충돌의 결과로 실험에 관한 사회적·과학적 논쟁이 더 이상 진행되지 못했다. 나는 과학, 국가, 시민의 관계와 공동생산의 이론적 논의에 이 논쟁을 결합해야 한다고 결론을 내렸다.


## 생명공학의 녹색화: 세 가지 이야기

대중은 농업 생명공학이 산업시대의 위험이나 오염, 공해, 비효율과는 크게 다른 것으로 수용하도록 유도를 받았다. 농업 생명공학은 전단지나 연차 보고서뿐 아니라 인터넷, 방송 홍보 자료 등에서 녹색 기술로 명시되었다. 이 문서들은 어린이가 있는 가정의 화목한 장면이나, 비옥한 땅의 풍성한 과일 이미지를 떠오르게 했다. 질서는 전면에 드러나는 핵심 주제이다. 가장 선호되는 시각 소재는 끊어지지 않은 곡물 줄기이다. 시간이 지나면서 생명공학 기업은 산업혁명에 오염되지 않고 인간과 자연이 상호작용하던 먼 과거로 농업을 다시 연결시켰다. 오래전 농업은 독일 녹색당이 현대 환원주의 과학이라고 비판했던 것보다 오히려 수천 년 앞선다. 예를 들어 1990년대 후반 농업 및 제약 산업에 압력을 행사하기 위해 조직된 생명공학 산업협회Biotechnology Industry Organization, BIO는 1,000개 이상의 회사들이 가입한 로비 단체였다. 이 로비 단체는 생명공학 초기의 세 업적을 다음과 같이 선정했다. 기원전 1750년경 수메르인들이 맥주를 만든 것, 기원전 500년경 중국인들이 곰팡이가 낀 두부를 항생제로 사용한 것, 서기 100년경 중국인들이 국화를 가루로 만들어 살충제로 사용한 것이 이 단체가 꼽은 세 업적이었다. 생명공학 산업협회가 제작한 또 다른 연대기에 따르면 생명공학은 기원전 8000년경 작물과 가축을 길들인 것에서부터 시작한다.[2]

이제 이런 희망은 순수 예술high art이 되었다. 대중문화가 정치에 기여했고, 광고가 역사와 결합되었다. 하지만 사람들이 이 표현을 믿도록 하려면 미디어 컨설턴트나 공기업뿐 아니라 전자매체를 이용한 여론 선동이 필요했다. 또한 과학자와 정부는 대중이 생명공학을 안전하다고 믿으면서 수용할 수 있도록 조치해야 했다. 유전자 변형 생물체의 환경 방출 전제 조건을 조율하는 첫 단계에서 화합과 불일치가 모두 발생했다. 이런 상황은 세 국가에서 명확히 다른 양상을 보였다. 그들의 합의는 대중의 신뢰를 구축하는 절차뿐 아니라 과학적 의사결정 과정에서 서로 다른 전통을 이용했다. 각국의 정치 상황을 반영하는 방법의 차이 때문에 입안된 정책도 달랐다. 결국 이런 초기 질서는 미래의 불확실성과 불만을 표현하는 근거가 되었다.

### 미국: 과학을 말하다

미국은 유전자 변형 생물체 정책을 집행하면서 '위험'이라는 용어를 사용했는데, 이 단어는 분석의 끝이 아니라 시작이었다. 독일 사회학자 울리히 벡Ulrich Beck이 자신의 핵심 저서인 『위험사회Risk Society』[3]를 발표했을 때, 그는 위험이 전체 산업에서 사회관계를 재편성할 수 있는 힘이라고 생각했다. 벡은 인간이 개발한 기술이 위험 기술로 변할 가능성이 크기 때문에 모든 사람이 위험에 처할 수 있다고 주장했다. 이런 위험은 인간의 사회적·경제적 지위를 무력화할 수 있다. 전통적인 의미의 범주에서는 오존 구멍, 기후변화, 핵 재앙에 대응하지 못했다. 위험이 확산되자, 윤리 측면에서 잠재적으로 저주받은 자와 구원받은 자가 구분되었다. 그러나 1980년대 미국 사회과학자들과 정책 입안자들은 위험을 유럽이 정의한 개념과 다르게 인식했다. 세계에서 가장 강력한 국가가 자신을 '위험사회'로 인식한다면, 그것은 새로운 제조 방법에 따른 위협적인 결과를 통제해야 한다는 신호였다. 미국 의사결정자들에게는 발명으로 인해 피해를 입은 사람들을 위한 사회적 책임이 없었다.

그러나 위험을 감수하기 위해서는 선행 작업이 필요했다.[4] 누가 그 작업을 수행할 것이며 어떤 규칙을 적용할 것인가? 우리가 보기에 새로운 유전자 변형 생물체가 환경에 방출되었을 때 미국의 법과 정책은 아직 준비되지 않았다. 실제로 1970년대 후반부터 1980년대 초반까지 유전자 변형 기술과 사용에 관한 규제가 거의 동시에 발전했다. 예를 들어 1976년 국립보건원에서는 처음으로 유전자 재조합 연구를 위한 지침을 발표했다. 1년 후 위스콘신대학교 대학원생 스티븐 린도가 식물에 서리 형성을 억제하는 슈도모나스 시린개 박테리아의 돌연변이종을 발견했다.[5] 하지만 그해 1977년 유전자 재조합 연구를 규제하는 16개 조항이 의회에서 통과되지 못했다. 과학계와 산업계가 모두 격렬하게 반대했기 때문에 연방 법안이 구체화되지 못했다. 또한 연구지원 기관인 국립보건원이 계속해서 유전학 연구를 감독하게 되자, 연구 결과가 상업화되는 방향으로 이동했다.

린도는 1980년대 초까지 버클리 소재 캘리포니아대학교에서 자신이 발견한 것을 개선해 실험실 밖에서 시험할 준비를 했다. 그의 연구팀은 슈도모나스 시린개 박테리아의 '정상' 균주('아이스-플러스ice-plus'로 명명)에서 아이스-핵을 구성하는 단백질을 생산하는 유전자를 규명했다. 그리고 이 유전자를 제거해 서리를 억제하는 균주를 만들어 '아이스-마이너스'라고 명명했다. 린도와 그의 동료 니콜라오스 파노파울러스를 포함한 버클리 연구자들은 박테리아 공학에서 그것을 환경에 옮겼을 때(자연과 사회 모두)의 공학으로 그들의 관심사를 돌렸다. 그들은 유전자를 제거한 아이스-마이너스 박테리아를 식물에 분사할 경우 자연스럽게 발생하는 세균 집단이 제거되고 서리 저항성이 높아질 것이라고 가정했다. 그들의 아이디어를 현장에서 시험하기 위해 공식적으로 승인 받는 일만 남았다. 이들 대학 연구팀이 승인을 받을 수 있는 기관은 국립보건원이었다.

연구자 관점에서 보면 기초연구에서 제품 시험까지 각 단계마다 그들이 취한 방식이 가장 일반적이었다. 그러나 사회적 수용성 관점에서 보면, 린도-파노파울러스 이니셔티브와 관련된 업계는 제도적·개념적 주요 경계들을 넘나들면서 새로운 문제를 제기했다. 이런 경계 횡단은 관리되기 어려웠다. 이 과정은 공식적으로 신청서를 검토할 수 있는 국립보건원 산하 재조합 DNA 자문위원회에 의해 조용히 진행되었다. 국립보건원의 자문가들은 유전자 변형 생물체의 환경 방출에 관한 우려를 포함한 1975년 아실로마 회의에 근거를 두고 이번 결정에 만족했다. 단일 유전자 제거 기술은 특정적으로 작용하기 때문에 결과를 확실히 예측할 수 있었다. 그래서 재조합 DNA 기술을 사용하는 연구자들은 그 결과에 놀랐다. 따라서 다른 과학자들이 판단한 것을 재조합 DNA 자문위원회 소속 과학자들이 승인한 것은 당연했다. 그러나 2장에서 살펴본 것처럼 반대자들은 위원들이 검토한 내용에 만족하지 못했다. 반대자들은 국가환경정책법에 근거해서 공적인 환경영향평가를 수행하라고 요구했다. 소송에서 원고[6]가 승리하는 경우가 많아지자 전문가 심의 제도가 신설되었다. 그러나 국가환경정책법에 의해 만들어진 국립보건원의 위험평가 원리, 즉 공개적이고 철저한 검토가 사라졌다.

연구자들이 아이스-마이너스 박테리아를 실험실에서 현장으로 이동시킨 것은 동료평가에 의한 기초과학에서 제품 규제로 이동한 것보다 더 심각하게 경계를 넘는 작업이었다. 그들은 통제된 실험 세계(과학)에서 복잡한 경험 세계(농업)로, 기술 논쟁에서 정치 논쟁으로, 보호받는 기초과학 공간에서 대중 감시와 경제적 이해관계가 큰 공간으로 이동했다.[7] 과학자들의 업적 평가를 위한 협력, 전략적 표현과 행동의 양상들이 상황에 따라 모두 변했다. 지금까지 불일치는 전문가 단체 내부에만 있었는데, 이제는 규제가 약한 채널로 흘러들어 갔다. 결국 버클리 연구팀은 그들의 요청에 대해 연방정부의 승인을 받았다. 그러나 시험 장소였던 캘리포니아주 툴리레이크Tulelake 마을은 시험에 반대 했다. 나중에는 반대 없이 재판이 반복되었지만, 유전자 변형 감자 3,000개를 심는 처음 계획은 무산되었다.[8] 어드밴스드 지네틱 사이언시스Advanced Genetic Sciences, AGS의 발견에 관해 논란이 지속되었는데, 린도에게 연구비를 지원 했던 오클랜드에 있는 한 민간 기업은 적절한 승인을 받지 않은 채 그들의 건물 옥상에 서리방지 박테리아를 방출했다. 결국 어드밴스드 지네틱 사이언시 스도 딸기 재배와 관련해 린도와 유사한 연구에 대해 환경보호청에서 승인을 받았다. 어드밴스드 지네틱 사이언시스의 시험을 막기 위한 제레미 리프킨과 그의 동료들에 의한 합법적인 전략은 실패했다. 1987년 4월 시험에 반대한 사람들Vandals은 어드밴스드 지네틱 사이언시스 사이트의 여러 기능을 마비시켰 다. 하지만 기업 소속 과학자들은 그해 5월 유해물질이 그려진 옷을 입고서 숙 의적 방출을 지지하는 시위를 벌였으며, 예상할 수 있듯이 이 사건은 언론 표지에 보도되었다.[9]

일부 사람들은 이 사건을 신기술이 겪어야 할 예상했던 성장통으로 해석했다. 이런 까닭에 대중의 불안이나 미지의 공포가 유전공학의 특징으로 취급되면서 소설에 반영되었다. 사회심리학자들은 당시 대중의 높은 관심을 그 원인으로 여겼다.[10] 이런 상황은 예측했던 대로 점차 완화되었다. 일부 단체들은 유전공학자들에게 접근했다. 법원은 유전공학에 관해 무책임한 이미지를 퍼뜨리는 리프킨의 행동을 중단하라고 판결했다. 언론도 있을 법하지 않은 위험에 관한 보도를 중단했다. 유전공학 정상화를 위한 이런 움직임 덕분에 대중은 전문가들에 의한 합리적인 위험 계산을 수용했는데, 많은 정보를 공개해 '오류의 사회학sociology of error'을 해결하려 했다. 오류의 사회학은 사실을 잘못 평가해 발생한 집단적인 반응을 가리킨다. 논쟁에서 '증명'이 줄어들었고, 과학자들은 작물과 식물의 유전공학이 안전하며 곧 그렇게 될 것이라고 주장했다. 갈등이 해결되자 미국의 농업 생명공학 규제 체제는 과학적인 판단을 통해 기술혁신의 불확실성을 극복하는 방향으로 이동했다.

미국과 유럽에서 벌어진 사건을 검토하면, 아이스-마이너스 사건을 이해하는 데 세 가지 문제가 있다. 첫째, 미국에서는 규제완화 기간에 논쟁이 종결되었다. 이는 농업 생명공학 제품에서 조사 강도와 유형을 줄이는 것이었다. 예를 들어 1987년 초기 재조합 DNA 자문위원회는 린도 방식처럼 연구를 쉽게 수행할 수 있도록 통제 숫자를 완화하기로 결정했다. 이 자문위원회는 다른 연방정부기관에서 이미 승인된 시험은 검토하지 않았다. 유전자를 제거한 미생물의 현장시험을 위한 사전승인 요구 또는 위험이 낮다고 판단된 생물orga-nisms determined to pose low risk에 대한 물리적인 차단을 요구했다.[11] 당장 미국 안팎의 규제자들은 연구를 허용할 정도로 안전하다는 증거를 비판적인 시선이 줄었다는 의미로 해석했지만, 이 결론은 전적으로 미국 규제 절차의 신뢰성에 의존했다. 생명공학 지지자들이 기대했던 것보다는 생명공학에 관한 신뢰가 확고하지 않았다.

둘째, 현장시험은 과학적인 질문을 해결하지 못했다. 현장시험 조건에서 아이스 핵을 감소시키는 박테리아의 능력에 관한 질문이, 환경에 미치는 장기 영향에 관한 질문으로 바뀌었다. 이는 정의상 현장시험에서 평가될 수 없었다. 환경보호청은 두 번째 문제를 해결하기 위해 모니터링을 요구했다. 그러나 자연에 이미 유전자 변형 아이스-마이너스가 존재한다는 이유로 이 연구를 부정하는 사람들도 있었다. 식품의약국의 전임 국장이자 보수 성향인 후버연구소의 연구자였던 헨리 밀러는 규제에 반대하면서 신랄하게 비판했다. "환경보호청이 '아이스-마이너스' 현장시험을 승인한 후에도, 기관은 현장시험에서 정교하고 값비싼 모니터링을 수행했다. 하지만 무엇을 위한 모니터링인가? 무해한 박테리아가 무서운 돌연변이가 되는지 누가 궁금해하겠는가?"[12]

밀러가 제기한 주요 논점이자, 분자생물학자들이 환경 방출 논란에서 대답할 수 없는 질문이 제기되었다. 과학자들은 유전자 접합의 정밀도에 의존해, 유전자를 정확하게 조작할 수 있기 때문에 이를 완전히 관리할 수 있다고 믿었다. 그러나 변화된 유기체가 공개 현장처럼 통제되지 않은 환경에서 어떻게 변

144

화될지 예측할 수 없었다. 유전공학의 정밀도를 안전의 증거로 제시한 생물학자들과 달리, 생태학자들은 기술 응용의 불확실성을 현재 지식으로는 해결할 수 없다고 주장했다.[13] 생물학자들은 현장시험을 불필요한 것으로 보았다. 반면 생태학자들은 유전자 변형 작물에 위험한 조작을 하지 않는 한, 현장시험이 유전자 변형 작물의 규모를 늘리는 데 필수적이라고 생각했다. 미국 안팎에서 두 주장은 생명공학을 지지하는 사람들의 노력에도 불구하고 충돌했다. 이 논쟁에서 생명공학 제품이 안전하다는 주장은 '과학'이 한목소리로 말하지 않았다는 사실을 간과했다.

세 번째 요점은 생명공학 수요에 관한 것이다. 아이스-마이너스 시험은 상업적으로 입증되지 않았다. 밀러는 환경보호청 규제를 주요 원인으로 언급했지만 다른 이유도 있었다. 1980년대 중반까지 미국 농무부의 규제 관할권하에서 식물의 해충 저항성 연구가 수행되었다. 이 기술은 아이스-마이너스 사건 같은 논란이 발생하지 않아 상업적으로 성공했다. 아이스-마이너스에 의해 동결 저항성이 증강된 특성이 상업적 투자 유치에 중요했는지 질문이 제기되었다.[14] 생명공학 시장에서 성공은 결국 수요에 달려 있었다. 미국에서는 아이스-마이너스의 상업성이 적었지만, 유전자 변형된 해충 저항성 옥수수, 면화, 대두는 상업성이 있다고 판명되었다.[15] 이 제품들은 대규모 농장주들을 겨냥해 출시되었으며, 제품에 만족한 고객들이 제기한 안전 문제도 해결되었다. 생명공학 시장에서 무시당한 행위자들은 또 다른 시기와 장소에서 벌어진 생명공학 논쟁에서 다른 목소리를 냈다. 유기농 작물 생산자, 슈퍼마켓 운영자, 식품산업 종사자, 환경주의자, 소비자, 다양한 분야의 생물학자들이 그들이다. 분자생물학자들은 위험과 안전을 거의 인식하지 못해, 안전에 관심이 있는 사람들의 우려를 해결하지 못했다.

## 영국: 전문가의 지식 관리

1980년대 중반 영국은 환경보호에 소극적이었다. 영국 대중은 미국과 달리 화학물질에 거의 관심이 없었다. 심지어 원자력의 경우 독일과 미국에 비견되는 항의가 제기되었지만, 논란이 되지 않았다. 마거릿 대처가 이끄는 보수당 정부는 유럽의 녹색정치를 비웃고, 환경 파괴 주장에 대해서도 회의적이었다. 화학자 출신의 총리는 1970년대 이후 미국 과학계에서 논의되었던 성층권 오존에 대한 위협조차도 무시했다. 대처 정부의 장관들은 아무 말도 하지 않으면서 "우리에게 시체를 보여달라"라는 식으로 접근했다. 이런 방식은 다른 유럽 공동체 국가에서 선호되었던 사전예방 방식과는 크게 달랐다.

이런 태도는 1988년 총선 때 바뀌었다. 정치적으로 유능했던 대처 정부는 유권자들 사이에 녹색 분위기가 고조되고 있으며, 사회자유민주당Social and Liberal Democrat이 환경을 선거 운동에 활용한다는 것을 눈치챘다. 대처 정부가 1988년 9월 27일 왕립학회 연설에서 이런 변화를 받아들이자 환경주의자들은 이를 환영했다. "우리는 의도하지 않았지만 이 행성을 대상으로 대규모 실험을 시작했다."[16] 그녀는 과학자들에게 엄격한 관리와 긴밀한 협력의 필요성을 강조하면서 환경 문제에 더 많은 연구가 필요하다고 지적했다. 후속 조치가 늦어졌지만 1년 후에 환경반대론자 니콜라스 리들리Nicholas Ridley의 후임 환경비서관으로 크리스토퍼 패튼Christopher Patten을 지명했다. 또한 '녹색법'을 도입해 보수당이 환경 문제 해결에 노력하고 있다고 홍보했다.

잠잠했던 이 기간에 농업 생명공학 규제 절차가 수정되었다. 전문가가 의사 결정을 하는 영국 전통에 따라, 유전자 조작 미생물 방출이 최초로 승인되었다. 1980년대 후반 생물학 해충 방제에 관한 연구가 자연환경연구위원회 Natural Environment Research Council, NERC 산하 기관인 옥스퍼드대학교 바이러스 및 환경미생물 연구소Institute of Virology and Environmental Microbiology, IVEM에서 수행되었다. 1985년부터 1995년까지 바이러스 및 환경미생물 연구소 이사였던 데이비드 비숍David Bishop은 미국의 실수를 반복하지 않으려고 했다. 그는 다음 단계로 이동하기 위한 데이터 수집 절차를 점진적으로 진행해 함정을 피하려 했다. 하지만 다른 사람들은 그만큼 신중하지 않았다. "많은 연구가 걷고, 기어 다니고, 눈을 맞추는 것을 배우기도 전에 곧장 뛰어다니려고 했다"[17] 바이러스 및 환경미생물 연구소의 경우 한 가지 해결책은 보호 코팅 단백질protective coat protein을 생산하는 유전자를 억제해 약화된 배큘로바이러스baculovirus 균주를 사용하는 것이었다. 변형된 유기체는 환경에 취약하기 때문에 연구자의 통제를 벗어날 위험이 적었다.

비숍은 바이러스 및 환경미생물 연구소 연구 홍보에 민감했다. 그는 1989년 봄에 예정된 배큘로바이러스 방출과 관련해 대중을 안심시키기 위해 환경단체와 사전 협의를 진행하고 지역 신문에 알렸으며, 연구 목적을 설명하는 비디오를 제작했다. 이 전략은 첫 번째 현장시험에서 효과가 있었다. 바이러스 및 환경미생물 연구소에서는 더 많은 정보를 요구하는 두 건의 서면요청서를 받았지만, 시민들의 우려에 따른 후속 조치가 필요하지는 않았다. 신문과 잡지는 그 사건을 보도하지 않았고, 영국 언론의 침묵은 미국 언론이 린도와 어드밴스드 지네틱 사이언시스에 관해 대서특필한 것과는 대조적이었다. 비숍의 과학자 동료들은 논란의 여지가 있는 상황에 대한 그의 대응을 마지못해 인정했다. 일부 사람들은 그것을 '모범적인'[18] 것으로 칭찬했지만, 다른 사람들은 '공개 식사such a [public] meal' 방식의 자기 홍보에 짜증을 냈다.[19]

일반 사업과 달리 시험용 바이러스에 관해 많은 질문이 쏟아졌지만, 바이러스는 공개되지 않았다. 현장시험 신청서는 보건안전국에서 승인을 받았으며, 환경 방출에 관해서는 자문위원회의 조언을 받았다. 정부의 역할은 현장시험 안전을 검토하는 것으로 제한되었다. 시험 자체는 생태학자가 안전을 평가하는 데 중요하다고 고려하는 문제, 즉 변형 생물체의 생존, 지속성, 확산, 다른 개체군 사이에 발생할 수 있는 유전자 흐름을 규명하도록 설계되었다. 그러나 바이러스 및 환경미생물 연구소에 관한 신뢰할 만한 방식을 대규모 상업적 이용이나 산업에 활용할 수 있을까? 결국 옥스퍼드 실험은 엄격한 통제조건하에서 수행되었다. 즉, 약화된 유전자 변형 생물체 균주, 제한된 표적 종을 이용한 사전 시험, 물리적 장벽 설치, 엄격한 모니터링과 시험 종료 후 철저한 시험장 소독 같은 조건이었다. 하지만 본격적인 상업적 응용에서 이 통제조건은 유지될 수 없었다. 현실 세계와 현장시험의 불일치를 감안할 때, 환경전문가들은 시험이 유전자 변형 생물체의 안전에 오해를 불러일으키지는 않을지 의문을 제기했다.[20] 그러나 정부 측 전문가들은 실제 시험 조건의 목적에 의문을 제기하지 않았다. 신기술의 효능[21]을 예측하는 데 관심이 모아져, 실제 시험에서는 중요한 질문이 제기되지 않았다. 전문가의 확신 아래에서 의심과 불확실성의 씨앗이 비밀리에 싹텄다.

### 독일: 절차와 규정

독일에서는 1990년이 생명공학의 분수령이었다. 그해 독일 의회는 새로운 유전공학법을 통과시켰고, 유럽공동체는 유럽 전역에 영향을 주는 두 개의 생명공학 지침을 채택했다. 지금까지 독일 유전학자들은 1980년대 중반 미국 생물학자들과 마찬가지로 전문위원회인 생물안전 중앙위원회Zentrale Kommission für die Biologische Sicherheit, ZKBS의 감독하에 운영되었다. 1981년에 설립되어 열두 명으로 구성된 이 위원회는 원래 여덟 명의 생물학자로 구성되었으며, 독일 협동조합, 노동조합, 산업 및 환경 단체, 연구 조직을 대표하는 전통을 반영했다.[22] 위원회는 대중의 관심을 받지 못한 채 활동했다. 1988년에 발표된 첫 번째 보고서는 스테이플러로 묶은 얇은 책으로, 지난 7년 동안 개최된 스물여섯 차례의 회의를 다루고 있다.[23]

유전공학법이 제정된 정치 상황 때문에 연방주의와 참여에 관한 질문이 제기되어 새 법안이 진지하게 검토되었다. 중앙정부와 주정부의 권력 분립을 기반으로 한 정부 체제에서 규제 당국의 관할권 문제는 수년간 해결되지 않았다. 1968년 학생운동 이후 독일 정치 이슈는 1970년대와 1980년대의 반핵 시위,[24] 녹색당 등장과 1983년 의회 진입 등 의사결정에 참여자가 많아졌다.[25] 유전공학법 논의에 이런 우려가 반영되었다. 주정부는 연방주의를 고려하면서 환경부 장관 클라우스 퇴퍼Klaus Töpfer와 연합해, 시설을 허가하고 환경 방출을 승인하는 데 분권화 방식으로 접근하라고 요구했다.[26] 그러나 연구자와 산업계 모두 생물안전 중앙위원회를 통한 원스톱 방식을 선호했다. 활동가들은 참여 측면에서 생물안전 중앙위원회의 구성을 바꾸는 데 성공했다. 생태 및 환경보호 관점에서 강력한 목소리를 내기 위해 위원의 수도 열두 명에서 열다섯 명으로 늘어났다. 시간이 지남에 따라 심의 결과를 이용할 수 있도록 위원회에서 여러 조치를 취했다. 영국 보건안전국에 자문했던 영국 환경방출 자문위원회처럼 생물안전 중앙위원회는 환경부보다는 보건부에서 활동했다. 헬무트 콜Helmut Kohl 총리는 독립적으로 활동하던 환경부장관 클라우스 퇴퍼에게 주요 산업에 관한 규제 책임을 위임하는 데 주저했다.[27] 보건부 내에 생물안전 중앙위원회를 유지하는 것이 실질적인 해결책이었다.

환경운동가들은 유전공학 설비 건설 및 운영, 유전자 변형 생물체의 방출에 관한 두 번의 공청회 개최 의무를 법에 포함시키려 했다.[28] 이 규정은 대기오염 통제를 위한 과거의 연방법 심의 요건과 유사했다. 그러나 숙의적 방출 조항을 유전자 변형 생물체의 기초연구를 수행하는 기관에 적용하면 산업 재해라는 우선순위를 놓치게 된다. 또한 이 규정은 기초과학 연구원들의 과학 목표와 방법을 대중에게 설명할 것을 요구했다. 법 16조에서는 유전자 변형 생물체의 방출이 인간, 동물, 식물, 또는 환경과 재산에 해로운 영향을 일으키지 않아야 한다고 규정했다. 결국 이 변화들은 입증되었다.

1980년대 말 막스플랑크연구소 페터 마이어Peter Meyer 연구팀은 쾰른에서 식물 육종 연구를 위해 유전자 변형 페튜니아의 특성을 시험하기 위한 실험을 계획하고 실시했다. 첫 번째 단계에서 옥수수 유전자를 이용해 식물을 변형시켰다. 이 유전자는 정상적으로 흰 페튜니아를 진한 연어 색으로 바꾸는 효소를 활성화시켰다. 이 연구에서 통상적인 관례에 따라 형질전환 식물에는 항생제인 카나마이신kanamycin에 내성을 부여하는 표지유전자가 삽입되었다.[29] 그 결과가 저명한 과학 학술지 《네이처》에 발표되었고, 유전공학 연구의 흥미로운 사례로 언론의 주목을 받았다.[30] 두 번째 단계에서 연구원들은 색 형성 유전자color-producing gene를 선택적으로 작동하지 못하도록 해, 여러 색이 혼합된 핑크색 꽃을 만들어낼 것으로 기대하는 일종의 '도약유전자jumping genes'(트랜스포존transposon이라고도 불림._옮긴이)를 연구했다. 의미 있는 결과를 얻기 위해 마이어 연구팀은 공개된 농장에서 재배되는 3만 가지 유전자 변형 식물을 연구할 계획을 세웠다. 그들은 출판된 문헌과 자신들이 수행한 사전 연구를 근거로, 어떤 식물도 한 번의 성장기부터 다음 번 성장기까지 생존하지 못한다는 것을 확신했다. 따라서 그들은 안전을 전혀 걱정하지 않았다.

이것은 독일에서 두 번째로 유전자 변형 생물체가 방출된 사례였다. 첫 번째 방출 사례는 유전공학법에 규정된 절차에 따라 실시되었다. 마이어 연구팀에서 시작된 초기 방출은 생물안전 중앙위원회의 승인을 받아 별다른 문제 없이 진행되었다. 두 번째 연구를 위해서는 위원회 승인 외에도 공청회를 열어야 했다. 이 절차는 선의라기보다는, 정치적으로 미숙한 과학자들이 협상하기에는 다루기 힘들고 산만한 것이었다. 유전공학법 제1조와 16조가 요구하는 위험과 이익의 균형을 맞추기 위해 실험의 가치와 설계를 논의하는 데 열 시간이 소요되었다. 마이어와 여러 사람들의 심경에 대해 환경운동가들은 연구의 과학적 실체에 초점을 두는 대신, 공청회 과정의 절차적 측면을 다루어야 한다고 주장했다. 예를 들어 영어로 제출된 많은 참고문헌을 검토할 수 있도록 독일어로 번역해달라고 요구했다.[31] 결국 논평가들은 광범위한 어젠다를 다루는 데 이 사건을 인용하면서, 자연을 대상으로 한 부자연스러운 실험을 막으려 했다. 이 모든 것은 대중의 우려를 덜어줄 책임감 있는 과학자들에게는 충격이었으며, 과학자들은 활동가들의 행동이 법 정신과 모순되며 법을 무시한다고 생각했다.

공청회에서 과학자들은 실질적 논증substantive argument과 형식적 논증 formal argument을 이해하지 못했다. 또한 그들은 대중이 우려한 불확실성에도 반대했다. 과학자들은 초기 페튜니아 연구에서 예상하지 못했던 결과를 얻었다. 온실에서 안정적으로 착색된 형질전환 식물은 실외 환경에서 안정적이지 않았다. 그 식물들은 색이 옅어지거나 잡색으로 변했는데, 과학자들은 이를 예상하지 못했다. 분자 수준의 분석 결과에 따르면 이 예측 불가능성은 삽입된 유전자를 절단하는 트랜스포존에 의한 것이 아니라고 판단되었다. (이는 과학자들이 연구하려는 메커니즘이었다.) 오히려 여름철 평균적인 열과 빛보다 뜨거웠던 혹독한 환경 요인에 의한 것으로 보이며, 이종 교배되어 생산된 씨앗의 보관 기간에 의한 것으로 보였다.[32] 이런 뜻밖의 결과에서 과학이 발전한다. 그들은 예상할 수 있는 질문을 제기했다. 마이어가 보기에 과학자들은 대중에게 안전을 단언했지만, 예상하지 못한 실험 결과에는 아무런 근거도 제시하지 못했다. 그는 계획에 따라 모든 것이 작동해야 했던(과학자들에게 가장 바람직한 것) 실험 결과상의 문제에서 안전 문제를 명확하게 구분했다.

　　페터 마이어: 그 결과는 매우 놀랍습니다. 물론 우리에게는 꽤 흥미롭습니다. 이제 이 모든 결과는 실험의 안전성 평가와는 아무 관련이 없습니다. 우리가 실험을 시작했을 때, 우리는 대중들에게 이 실험을 수행하고 싶다고 말했습니다. 왜냐하면 우리는 트랜스포존이 다양한 표현형을 생성할 것으로 기대했고, 그것들을 분리하기를 원했기 때문입니다. 그리고 그것이 트랜스포존에 기인할 거라고 기대했고 많은 결과가 필요했습니다.[33]

　　막스플랑크연구소 과학자들은 연구에서 특별한 모순을 보지 못했으며, 그 결과는 "예상한" 것인 동시에 "놀라운" 것이었다. 마이어가 보기에는 이는 "두 가지 다른 것"이었다.

　　페터 마이어: 결과는 예상대로였습니다. 페튜니아의 꽃은 피지 않았고 살아남지 못했습니다.
　　실라 재서노프 : 안전 측면에서요, 아니면 윤리 측면에서요?
　　페터 마이어: 그게 바로 제가 말하려는 겁니다. 이는 두 가지 다른 것입니다. 우리는 항상 '오케이'라고 말하며 실험을 하려고 하고, 지금까지 아는 지식을 통해 최대한 보장하려고 합니다. 하지만 당신이 이것을 [이해할 수 없는] 식물이라고 부른다고 해도, 어떠한 위험이나 이탈도 없다는 건 아닙니다. 그것은 우리가 최선을 다해 대중에게 공개해야 한다고 생각한 첫 번째 부분이었습니다. 두 번째 부분은 실험을 하고 싶었고, 물론 모든 실험은 결과가 공개되었습니다. 그렇지 않으면 연구비 지원 기관이 연구비를 지원하지 않았을 것입니다. 우리는 그것이 실험에서 기대했던 것이라고 말했고, 예상대로 나오지 않았습니다. 솔직히 말해 대중에게 알리는 것은 실수였을 수도 있습니다. 그것들은 흥미로웠지만, 기대하

지 않았던 것입니다. 우리가 뭔가를 발견하게 되어 매우 기뻤습니다. 이 부분에서 새로운 관찰을 이끌어냈습니다.[34]

안전성 연구에 대한 마이어의 확신은 보장할 수 있는가? 브라이언 윈과 여러 과학학 연구자들이 보여주었듯이 사회와 자연에 대한 검증되지 않은 기본 가정은 전혀 근거가 없다. 하지만 이 연구의 전제는 신중하게 검토되지 않았다고 말할 수 있다.[35] 스타링크StarLink 옥수수와 프로디진Prodigene에 대한 미국 사례에서 이를 다룰 것이다(5장 참조). 당시 막스플랑크연구소 연구자들은 유전자 변형 식물의 이탈이나 통제가 불가능한 '번식'에 관심을 두었다. 특정 실험을 넘어선 논란의 여지가 있는 질문이 아니라, 항생제 내성 유전자를 표지로 사용하는 것이 적절하다는 의미였다. 그러나 독일인과 국제 생명공학 비평가들은 만족하지 못했다. 막스플랑크연구소의 실험은 규제 조사를 통과해 초기의 공개적인 반대에도 실험이 진행되었지만, 불법의 흔적은 남아 있었다. 10년 후 이 연구는 유전공학의 "이상한 과학weird science"의 한 예로 북미살충제행동Pesticide Action North America 같은 활동가 그룹에 의해 계속 인용되고 있다.[36] 숫자도 이 이야기의 일부이다. 2000년까지 생물안전 중앙위원회는 숙의적 방출을 위해 총 118건의 신청서를 받았다. 이 중 세 건의 신청서에만 유전자 변형 페튜니아가 포함되었다.[37]

그러나 독일 유전공학 정책은 타협을 통해 실행될 수 있을 것으로 보였다. 공익 단체는 유전공학 목표와 전제에 의문을 제기할 수 있는 새로운 절차에 따른 포럼을 마련했다. 그들은 대중이 과학에 얼마나 의문을 던질 수 있는지를 아는 과학자들의 인식에 도전하는 질문을 제기했고, 이 때문에 연구자들은 화가 났다. 결국 이 모든 번거로운 문제를 거친 후에야 연구가 계속 수행되었다.

# 해체: 규정이 무너지다

생명공학 지지, 기술 진보, 규제가 일치하면서 1990년대 초반 생명공학이 안정되었다. 미국, 영국, 독일에서 파괴적disruptive 잠재력이 있는 신기술에 대중의 불안과 불신이 진정된 것처럼 보였다. 영국에서는 대중과 과학의 관계를 신중하게 관리해 피할 수 있었다. 그러나 관심 있는 관찰자라면 구름이 수평선에서 형성되는 걸 감지했을 것이다. 합의가 이루어지기는 했지만, 합의 기반이 국가마다 달랐다. 미국 과학은 특정 생명공학 제품의 위험에 집중하는 규제 시스템에 의해, 모든 질문에 답하거나 적어도 답변할 수 있는 것으로 간주되었다. 반면 영국에서는 추상적 안도감이 과학으로 넘어가지 않았다. 경험이 풍부한 사람, 비숍 같은 관리형 과학자들, 환경방출 자문위원회 위원 같은 전문가들이 대중의 필요를 진단하고 문제가 생기기 전에 해결해주었다. 전문가들은 위험뿐만 아니라 위험에 노출된 대중도 함께 관리했다. 독일에서는 새로운 절차를 도입해 과학 남용에 대한 국가 차원의 불안을 다루었으며, 과학자와 대중이 중재자 없이 직접 대화했다. 그러나 이런 절차를 실행하려고 시도할 때 공개적으로 연구의 방법과 목표를 평가한다는 의미에서 갈등이 발생했다. 이런 각국의 차이와 내부 모순은 해결되지 않은 채 논쟁으로 이어졌다.

## 미국: 과학이 과학을 혼란스럽게 하다

미국에서 유전자 변형 생물체의 방출 평가 제도는 위험에 대한 질문에 과학적으로 신뢰할 수 있는 답변을 하기 위해 도입되었다. 생명공학 감독에 책임이 있는 규제 기관들은 새로운 산업 기술의 문제를 해결할 수 있는 자문 역량을 강화했다. 그들은 규제 평가를 하는 동안 적절히 드러날 수 있도록 우려의 범위를 제한했다. 예를 들어 몬산토가 유전공학 소성장호르몬을 마케팅했을 때 비판하는 사람들은 소규모 농민이 위험에 대해 질문하거나 소의 복지 문제를 제기할 수 있는 곳이 연방정부에 없다는 걸 발견했다. 또한 이미 많은 보조금을 받고 있는 산업에서 많은 이익이 발생한다는 경제 논쟁과, 젖소를 높은 수

율의 우유를 생산하는 기계로 간주해 도구적으로 사용하는 것에 대한 윤리적 우려가 있다고 지적했다. 이런 주장과 가치관은 공식 채널이 아닌 정치 풍자만화나 인터넷 게시물로 표현되었다. 거버넌스 차원에서, 위험은 인간의 건강이나 환경에 해를 끼치는 위협으로 정의되었으며, 이것들은 과학적 분석 대상으로 간주되었다.

미국 농업 생명공학 규제 담론에서 위험평가와 과학평가가 동일시되기 시작했다. 관료들은 생명공학의 위협을 관리할 수 있는 유일한 방법은 '건전한 과학'에 기반을 둔 위험평가라고 주장했다. 미국 행정부와 정치인들은 과학이 유전자 변형 생물체의 방출이나 소비에 대한 심각한 우려를 정당화하지 못했다고 동의했다. 대부분의 사람들이 이 평가에 동의하는 것처럼 보였다. 주요 작물이 유전자 변형 작물로 대체되는 것에 관해 분쟁이 발생하지 않았다. 1996년에는 170만 헥타르, 1997년에는 1,100만 헥타르, 1998년에는 2,050만 헥타르에서 유전자 변형 작물이 재배되었다. 영국 전문가 단체의 관찰에 따르면 "이는 농업 표준에서 활용되는 신기술 채택률로는 상당히 높은 편이었다".[38]

미국 농업 생명공학은 창의성과 신제품 개발의 두 측면(원의 용어로는 '혁신과학innovation science'), 그리고 규제 목적의 과학(필자의 용어로는 '규제과학regulatory science')에 의존했다. 규제과학도 '과학'이라고 주장하면서 정당화하지만, 그 출발점이 보여주듯이 사회적으로도 기초연구와는 다른 활동이다.[39] 독일의 페터 마이어 사례에서 확인할 수 있듯이 규제과학의 핵심 차이는, 규제과학이 신뢰성이 있다면 잠정적이거나 불확정적인 지위를 부정하기 위해 블랙박스에 머물러야 한다는 것이다. 적대적이거나 정치적인 배경에서 해체되기 쉬운 과학은 권위 있는 전문가의 조언 같은 폐쇄적 메커니즘에 달려 있다.[40] 이와 대조적으로 일반과학ordinary science은 불확실성, 잠정적 성격, 놀라움을 통해 발전한다. 사람들은 일반과학의 유동적이고 불안정한 특성이 규제과학의 폐쇄적 경향을 위협할 것이라 예상했다. 실제로 미국에서는 형질전환 작물의 안전 평가와 관련된 '과학'이 블랙박스에 머물기를 거부했다. 1999년과 2002년에 중요한 두 가지 사건이 발생했다.

1999년 5월 코넬대학교 곤충학자 존 로세이John Losey와 그의 동료들은 유전자 변형 옥수수에 의한 제왕나비monarch butterfly의 영향에 대한 연구 결과를 《네이처》에 발표했다.[41] Bt옥수수Bt-corn는 박테리아 바실러스 투린지엔시스Bacillus thuringiensis 유전자를 포함하고 있어서, 해충인 유럽 옥수수 천공충European corn borer에게 치명적인 독소를 생성한다. 로세이 연구팀은 밀크위드Milkweed 나뭇잎에 Bt옥수수의 꽃가루를 뿌리고 이것을 제왕나비 유충에게 먹였는데, 거의 절반이 며칠 안에 사망했다. 이런 결과는 단순히 놀랄 만한 수준이 아니라, 잠재적으로 엄청난 폭발력을 지니고 있었다. 제왕나비는 독특한 오렌지색과 검은색을 띠며, 명확한 이동 습관으로 미국에서 사랑받는 나비 가운데 하나이다. 제왕나비 유충은 옥수수가 아니라 밀크위드를 먹기 때문에 Bt옥수수에 대해서는 비표적 종nontarget species이다. 로세이의 실험에 따르면 Bt옥수수는 의도했던 해충인 옥수수 천공충뿐 아니라 의도하지 않았던 종에도 위험하다는 것이 밝혀졌다.

《네이처》에 실린 짧은 논문 때문에 저자의 의도를 넘어선 사건이 발생했다. 생명공학 산업은 연구 의도를 비난하면서, 원래 연구를 반증하는 연구를 지원해 대중에게 '정보'를 적극적으로 알리는 데 성공했다. 로세이의 연구가 Bt옥수수의 위험을 평가하는 것과 무관한 것처럼 보이게 하려는 건 그의 능력이나 신뢰를 훼손하려는 목적이 아니었다. 가장 활발하게 활동하던 참가자 중에는 유전자 변형 작물의 세계적인 공급업체인 몬산토가 있었다.[42] 몬산토는 '생명공학 지식센터Biotech Knowledge Center 웹사이트에 이 논쟁을 게시했다. "이 실험은 제왕나비의 자연 서식지가 아닌 실험실에서 수행되었다."[43] 몬산토는 이렇게 지적하면서 학계와 사회비평가들이 산업 및 정부의 안전 요구에 오랫동안 공정하게 대처해왔다는 주장을 지지하고 이를 전략적으로 배포했다. 현실에서 최상의 제품 시험은 바로 실제 행동이다.[44] 실험실이나 현장 연구가 신중하게 설계되었지만 실제 환경에서 사용자의 복잡성을 근사해서 측정할 수는 없다. 실제로 로세이 연구팀의 결론을 검증하기 위해 수행된 연구에 따르면, 일부 Bt옥수수는 제왕나비에 독성을 갖는 것으로 밝혀졌지만 이 품종은 일부 농장에서만 사용되었다.

제왕나비 연구와 Bt옥수수의 상업적 사용의 논리적 연결을 반박하려는 업계의 시도는 전문 과학 논쟁 수준에서는 성공했을지도 모른다. 하지만 홍보는 잘 되지 못했다. 환경주의자나 반反세계화 그룹은 잠재적으로 위협을 받은 제왕나비에서 대중의 관심을 끌 수 있는 중요한 문제를 발견했다. 유전자 변형 작물의 환경시험 및 모니터링이 부적절하고, 비표적 종에 대한 위해성이나 생물 다양성에 대한 피해, 기업의 무모함이 바로 그것이다. 제왕나비 이미지는 시애틀에서 반세계화 폭동으로 명확해졌다. 운동가들은 분명히 '과학'이 Bt옥수수 같은 제품의 안전성을 검증했다는 것을 인정하지 않았다. 전문가의 판단은 전 세계 대중이 우려하는 근거를 밝히지도 못했고, 해답을 제시하지도 못했다.

2002년 봄 과학의 신뢰성에 장기적으로 영향을 줄 수 있는 불쾌한 논쟁이 발생했다. 이 이슈도 《네이처》에 실렸는데, 이번에는 버클리 소재 캘리포니아대학교 생물학자이자 멕시코 출신인 이그나시오 차펠라Ignacio Chapela와 그의 학생 데이비드 퀴스트David Quist가 문제를 제기했다.[45] 퀴스트와 차펠라는 꽃 양배추 모자이크 바이러스Cauliflower mosaic virus 유전자가 산업적으로 생산된 형질전환 옥수수의 프로모터promoter로 사용되며, 멕시코 오악사카Oaxaca 지역에서 재배된 토착종criolla이라는 것을 발견했다. 그들의 실험은 생명공학으로 처리된 옥수수 유전자가 먼 지역의 토착종까지 옮겨갔으며, 접근하기 쉬운 지역에 크게 확산될 가능성이 있다고 설명했다. 특히 멕시코가 1988년 형질전환 옥수수 재배를 유예했던 것을 고려한다면 이 발견은 매우 우려할 만한 것이었다. 멕시코에서 옥수수 경작의 기나긴 역사와 옥수수 종의 유전적 다양성을 보호하려는 강력한 의지를 감안할 때 연구자들은 정치적으로 민감하게 반응했다.

유전자 흐름이나 한 개체군에서 다른 개체군으로의 유전자 전달은 농업 생명공학과 관련된 핵심 논쟁 중 하나였다. 대규모 상업적 응용에 반대하는 사람들은 생물다양성을 위협하는 것으로 유전자 이동 가능성을 지적했다. 반면 지지자들은 유전자 이동 발생 확률을 최소화하거나, 이동이 발생하더라도 위협이 될 수 있다는 것을 부인했다.[46] 차펠라의 예기치 못한 발견으로 논쟁이 발생했는데, 반응은 예상 수준을 넘어 매우 격렬해졌다. 초기 반응으로는 《네이처》에 실린 신랄한 비판조의 수많은 서한도 있었다. 이 서한들은 보고된 결과가 조악한 실험 방법에 따른 오류이며, 논문을 출판하려고 급히 서둘렀다고 비난했다. 차펠라와 퀴스트는 역逆중합효소연쇄반응inverse polymerase chain reaction, iPCR 기술을 사용해 시료를 분석했다. 과학자들이 많이 사용하는 이 방법은 소량의 DNA를 증폭하여 분석할 수 있지만, 오염되기 쉽고 거짓 양성false positive을 유발할 수 있었다. 신문에 비난조의 글이 빗발치자 산업계의 비평가들도 이에 합류했다. 비평가들은 저자들이 정치를 이용해 과학을 무시했으며, 과학자가 아니라 활동가처럼 행동했다고 주장했다. 또한 그를 비난하는 사람들은 차펠라가 과거에 정치 운동에 가담한 적이 있다고 지적했다. 차펠라는 버클리 소재 캘리포니아대학교 식물 및 미생물학과Department of Plant and Microbial Biology가 스위스 제약 및 농약회사인 노바티스Novartis(이후 신젠타Syngenta)와의 5년 계약을 맺는 것을 반대했다. 노바티스는 잠재적 발견에 대한 특허권 취득의 대가로 2억 2,500만 달러의 연구비를 지원하기로 합의했다. 어떻게 이런 사람이 농업 생명공학의 환경영향을 중립적으로 조사할 수 있겠는가? 반면 차펠라와 퀴스트의 지지자들은 불법적인 정치 의도와 업계의 감춰진 연관을 공격하는 사람들을 고소했다.[47]

2002년 4월 4일 《네이처》의 저명한 편집자인 필립 캠벨Philip Campbell은 논란이 된 논문을 학회지 차원에서 지지를 취소하는 절차를 시작했다. 철회 수준은 아니었지만, 영향력은 약해졌다. 캠벨은 학술지 온라인판에 차펠라의 결과를 비판하는 두 건의 서한과 함께 다음과 같은 메모를 발표했다. "이용할 수 있는 증거만으로는 지금까지 발표되지 않은 독창적인 논문이라는 출판 기준에 미치지 못한다." 형질전환 유전자가 토착 옥수수 유전자에 포함되었다는 저자의 새로운 결과는 "합리적인 의문을 넘어서는 데" 실패했다. 그러나 저자들은 여전히 최초 발견을 지지하고 있다. 그는 "비판 내용과 그에 대한 저자들의 답변, 그리고 새로운 결과를 공개해 상황을 명확히 해야 하며, 독자들이 과학을

스스로 판단할 수 있도록 해야 한다"고 언급했다.[48]

실제로 캠벨의 행동은 논문이 출판된 후에 동료평가를 수행했다는 점에서 전례가 없었다. 저자들에게 호의적이었던 첫 번째 심사가 초기 편집자 심사와 승인을 거쳐야 하는 '현장시험' 같았다. 《네이처》 편집자에 따르면 이제는 결과에 대해 공개 회람이 필요하며 동료평가가 확장되어야 한다고 보았다. 하지만 유전자 변형 농작물이 실험실에서 상업 재배지로 이동한 것보다는 심사 절차에 더 큰 관심을 두고 논문이 검토되었다.

우리는 대학과 산업 간의 연결 고리가 명확하게 드러난 멕시코 옥수수 논쟁을 9장에서 다시 검토한다. 우선 여기서 중요한 점은 생명공학 논쟁에 의해 과학의 지위가 추락하거나 지속되는 방식이다. 어떤 측면에서는 대부분의 관찰자들에게 과학이 정치적으로 보였으며 실제로 정치적일 수밖에 없었다. 다른 측면에서는 과학을 계속 주장했는데, 특히 비평가들은 차펠라와 퀴스트가 객관성과 건전한 과학 실천이라는 잘 정립된 표준을 따르지 않았다고 보았다. 형질전환 작물의 환경영향 조사 방법이 유동적이고 체계적이지 않다는 것은 역설적이다. 《네이처》의 동료평가조차 이런 연구에서는 우연적인 압력과 유연한 해석에 영향을 받았다.[49] 필립 캠벨은 과학에 대한 평가에 독자를 진솔하게 초대하고, 편집권을 잃지 않으면서, 불확실성하에서 과학 판단의 주관성을 공개적으로 인정하고, 편집자가 모든 사항을 알아야 한다는 점을 포기했다.

## 영국: 약화된 전문성

미국에서는 농업 생명공학을 지원해야 한다는 압력하에서 과학의 권위가 추락했다면, 영국에서는 전문가들의 전문성이 인정되는 분위기였다. 다음 장에서 살펴보겠지만 유전자 변형이 아니라 소 해면상 뇌증bovine spongiform encephalopathy, BSE, 즉 '광우병'이 1990년대 전문가 권위를 가장 위협했다. 그러나 광우병 위기가 정치적으로 주목받기 훨씬 전에 영국 과학자들, 정책 입안자들, 그리고 대중은 숙의적 방출 위험으로 간주하기 어려운 복잡한 사안에 관한 전문 지식에 의문을 제기했다. 전문가 권위가 추락하는 게 보였으며, 일부 영역에서는 더 제한되었다. 10년간의 정치 논란이 끝난 뒤에야, 생명공학 공공 정책은 대중이 더 많이 참여하고 안심할 수 있도록 새로운 방향을 찾아야 했다.

한때 '공개 식사such a meal' 홍보를 한 적이 있는 옥스퍼드대학교 바이러스 연구자인 데이비드 비숍은 괜찮은 아이디어를 제안했다. 1994년 봄 바이러스 연구소의 실험실 조건이 크게 바뀌었기 때문에 현장시험에서 엄격한 조사를 받았다. 실제 제품에 관심 있는 연구소는 전갈 유전자가 삽입된 바이러스 살충 제를 시험하려고 했다. 이렇게 조작하면 바이러스는 식물에 해로운 벌레의 유 충을 빠르고 효율적으로 죽일 수 있는 독소를 생산할 수 있으며, 기존 화학농 약보다 강력할 것으로 기대되었다. 유전자 변형 바이러스인 AcNPVAutographa californica NPV는 양배추은무늬밤나방유충cabbage looper에서 시험되었 다. 이 시험은 양배추 패치cabbage patch를 연상시키면서 과학계와 대중의 관 심을 동시에 받았다. 특히 옥스퍼드를 포함해 여러 곳에 있던 비숍의 동료들은 이 시험에 반대한다는 의견을 국영 언론을 통해 표명했다.

비숍은 자신의 의견을 강하게 주장하는 연구책임자로 알려져 있었지만, 유 전자 변형 생물체 방출의 위험을 신중하게 고려했다. 하지만 이 문제를 판단하 는 데 필요한 몇 가지 질문이 더 제기되었다. 유전자 변형 생물체 방출에 반대 하는 사람들이 적절하게 다루지 못했던 기술적인 질문들이었다. 약화된 바이 러스로 수행된 이전의 시험을, 생물 활성이 완전하고 매우 '부자연스러운un-natural' 생물체를 방출하는 데 어떻게 적용할 수 있는가?[50] 과학자들은 AcNPV 가 100여 종의 나비와 나방에 영향을 줄 수 있는데, AcNPV의 효과를 특정 표 적(양배추은무늬밤나무유충)으로 제한할 수 있는지 의문을 제기했다. 비평가들 은 인시목(나비) 생물다양성의 '보고寶庫'인 위덤숲Wytham Wood과 가까운 곳에 외래 바이러스를 방출했다는 것이 문제를 악화시켰다고 보았다. 비정상적인 상황에서 일부 과학자들은 방출을 막기 위한 법적 조치까지 고려했지만, 환경 방출 자문위원회와 관련 정부기관의 승인을 받는 데 성공했다.[51]

시험이 진행되는 도중에 다른 주제들이 제기되었다. 이는 영국 생명공학의 초기 프레임인 절차에 특별히 관심을 갖는 것과 일치했다. 첫 번째는 의도하지 않았던 결과였다. 살충제 시험의 초기 보고서에 따르면 변형 바이러스를 보관하던 일부 재고가 유전자 변형이 되지 않은 야생형wild type에 오염되어, 실험 결과를 해석할 수 없는 것으로 드러났다. 위험에 관한 초기 논쟁과는 관련이 없지만 이 사건으로 유전자 변형 생물체의 예측 불가능성과 제품의 상업 가능성에 의문이 제기되었다.[52] 두 번째 주제는 책임성이었다. 비숍 연구팀이 유전자 변형 바이러스에 영향을 받는 종의 범위를 다룬 피해 예상 자료를 공개하지 않았다는 보도가 있었다.[53] 세 번째 주제이자 우리에게 가장 흥미로운 주제는 AcNPV 시험을 승인했던 규제 전문가의 문화에 일부 과학자들이 불만을 표현한 것이다. 런던대학교University College London 유전학 교수인 스티브 존스Steve Jones는 광우병 위기를 신랄하게 비판하면서, 정부 과학자들이 "유모도 알 수 있을 정도로 친절하게nanny knows best attitude" 작업해야 했다고 지적했다. 그는 경험주의 관점에서 승인 과정의 조악함을 비난했다. "그들은 바이러스가 도망치지 않을 것이라고 말한다. 만약 당신이 그들의 제안을 살펴보면, 분명 사실이 아니라는 걸 알 수 있다. 그들은 이 바이러스가 거기에 머무를 것이라고 보장할 수 없다."[54]

자연환경연구위원회에서 11년 동안 바이러스 및 환경미생물 연구소 책임자로 일했던 데이비드 비숍은 논란의 중심에 있은 지 1년이 채 안 된 1995년 3월 갑자기 해고되었다. 자연환경연구위원회는 공개적으로 AcNPV 시험이 해고와는 아무 상관이 없으며, 시험은 계속될 것이라고 말했다.[55] 자연환경연구위원회 연구 과제가 변경되어 비숍은 '구조적 중복structural redundancy'에 의해 해고되었다. 비숍 동료들은 1994년 바이러스 방출과 관련해 비숍이 결과를 왜곡하고 공개하지 않은 데 불만을 제기했으며, 사람들이 이 불만을 언급했다.[56] 비숍의 운명을 결정한 사람은 광우병 스캔들에서 대중의 신뢰 회복을 위해 영국 식품표준청Food Standards Agency의 첫 번째 청장이 된 자연환경연구위원회 대표인 존 크렙스John Krebs였다.

비숍이 갑자기 해고되면서, 전갈 유전자 사건은 영국 농업 생명공학 초기 발전 단계에서 가장 큰 논란이 되었다. 하지만 폭로를 우려하는 건 이 사건에만 그치지 않았고, 유전학자들은 시험되지 않은 기술 절차가 너무 빠르게 진행되는 것을 걱정했다. 영국의 '위대하고 선한' 인물로 평가를 받은 베테랑 외교관이자 환경운동가인 크리스핀 티켈Crispin Tickell이 의장을 맡은 지속 가능한 발전에 관한 영국정부패널British Government Panel on Sustainable Development에서도 비슷한 우려가 제기되었다. 이 패널은 광우병 사건이 발생하기 수개월 전인 1996년 1월에 발표된 두 번째 보고서의 주제로 생명공학 기술을 선택했다.[57] 티켈이 직접 이 문제를 지적했다. 티켈은 처음에 문제가 심각하다고 생각하면서 이 주제를 다루었으며, (부분적으로는 녹색연합 같은 존경받는 환경단체를 대변해) 정부가 이 문제에 관심을 갖지 않아 숙의적 방출을 감시하지 않았다고 확신했다. 패널의 목적은 논란을 제기하는 것이었으며, 정부의 관심을 끄는 데 성공했다. 그는 이에 대해 "아픈 곳을 건드렸다"라고 말했다.[58] 몇 달 뒤 정부는 패널이 예상했던 것보다 광범위하게 대응했는데, 생명공학에 대한 의지를 계속 표명하면서도 패널 보고서에서 제기한 대부분의 문제점이 근거가 충분하다고 인정했다.[59] 또한 패널이 우려했던 것처럼, 정부는 앞으로도 농업 생명공학의 위험평가, 긴급조치, 책임조항을 적절히 다루지 못할 수도 있다는 것을 인정했다.

이후 몇 년 동안 벌어진 정치적 격변 때문에 예방 조치들이 더 시급해졌다. 1996년 초에 발생했던 광우병 위기 때문에 1997년 총선에서 토니 블레어가 이끄는 노동당이 승리했다. 당시 노동당은 정부를 개혁해 투명성과 책임성을 높이겠다고 약속했다. 건강 및 환경규제는 기관 혁신의 핵심 주제가 되었으며, 비교 분석가들에게는 영국 기관의 의사결정 방식에서 무엇이 변했고 무엇이 유지되었는지를 검토할 수 있는 좋은 기회였다. 정부는 1999년 검토 이후에도, 녹색(농업) 및 적색(제약) 생명공학 기술의 전략 프레임에 관한 광범위한 의견 수렴이 필요하다고 결정했다. 그에 따라 2000년 6월 새로운 20명의 위원으로 구성된 농업환경 생명공학위원회Agricultural and Environment Biotechnology Commission, AEBC가 설립되었다. 농업환경 생명공학위원회는 자문을 제공하는 것뿐 아니라 새로 설립된 두 위원회인 식품표준청 및 인간유전학위원회Human Genetics Commission와 긴밀하게 협력하는 임무를 맡았다.

　새로운 위원회 조직은 자문 과정에 광범위한 의견을 제시해 전문성에 대한 이해를 넓혔다. 농업환경 생명공학위원회 위원은 연구자, 실무자, 과학자, 윤리학자, 농민, 기업가를 포괄했다. 확장된 전문가 네트워크는 유전자 변형 식물에 관한 논쟁 조건을 바꾸었는데, 특히 불확실성과 관련된 주제가 논쟁이 되었다. 또한 영국의 경험주의 문화에서 증거가 없다는 게 위험이 없다는 증거라고 간주하는 사람들과, 증거가 없다는 동일한 사실을 이용해 알려지지 않았고 상상하지도 못하는 위험을 지적하는 건 순진한 무지 탓이라는 사람들 사이의 긴장은 해결되지 않았다. 랭카스터대학교 환경사회학과 교수이자 영국 그린피스 의장인 로빈 그로브-화이트와 농업환경 생명공학위원회가 발표한 보고서인 「시험 작물Crops on Trial」[60]에 증거를 제출한 환경방출 자문위원회 의장 사이의 대화는 새로운 갈등과 관점의 충돌을 보여주었다.

　　로빈 그로브-화이트: 사람들이 유전자 변형 식물에 관해 '무엇을 모르는지도 모를unknown unknowns' 가능성을 우려하는 게 합리적이라고 생각하십니까?
　　자문위원회 과학자: 어떤 것을 모른다는 건가요?
　　로빈 그로브-화이트: 정확한 지점을 지적했습니다. 우리는 그것들을 미리 지정할 수 없습니다. 이는 예상하지 못했던 시너지 효과 또는 예상하지 못했던 사회적 개입 때문에 발생할 수 있습니다. 사람들은 다른 기술에서 경험했던 역사에서 유추할 수 있을 뿐입니다.
　　자문위원회 과학자: 당신이 말하고 있는 모르는 것을 명확하게 설명할 수 없다면 내가 대답할 수도 없다는 사실이 더 두렵습니다.[61]

대화가 명확하게 보여주는 것처럼, 영국의 유전자 변형 자문기관이 제기하는 유전자 변형 생물체의 안전에 관한 질문은 "얼마나 안전해야 안전한가?"에서 "어떤 증거로 누구의 주장에 따라 안전 문제를 제기하는 것이 합리적인가?"로 바뀌었다. 이 질문은 학술적인 것이었다. 농업환경 생명공학위원회는 유전자 변형 작물의 위기감 속에서 출범했다. 현장시험장 훼손에서부터 소송까지 환경단체의 항의 때문에 아그레보AgrEvo(나중에 아벤티스Aventis) 같은 회사들은 현장시험을 중단했다. 농업환경 생명공학위원회의 첫 번째 결과인 「시험 작물」은 영국에서 농장 규모 시험을 진행하기 위한 체계적인 프로그램을 권고했다. 이에 대해 환경식품농업부Department of Environment, Food, and Rural Affairs는 2003년 결과에 대한 충분한 규제 평가와 농장 규모의 시험 결과가 나올 때까지 유전자 변형 작물의 상업적 승인은 없을 것이라고 단언했다.

## 독일: 절차를 포함하다

영국에서 비슷한 움직임이 등장하기 몇 년 전, 1980년대 독일에서 녹색 이동Green mobilization 때문에 생명공학 정책의 투명성, 참여, 제도 개혁이라는 프로그램상의 문제가 제기되었다. 미국과 영국에서 과학과 전문성에 비판적인 입장을 반대하기 어렵다고 판명되자, 독일의 절차 기반 접근법도 논란이 되었다. 1990년 유전공학법의 절차 혁신 중 하나는 숙의적 방출에 관한 공청회였다. 그것은 생물안전 중앙위원회가 위험 범주를 설정하고, 공개적인 감독이나 개입이 없어도 새로운 방출을 평가할 수 있도록 자유를 부여한 절차였지만, 3년 후 폐기되었다. 이런 후퇴를 어떻게 설명할 수 있을까?

유전공학법이 제정된 이후 첫 2년 동안 공적 경험이 축적되면서 몇 가지 이유가 제시되었다. 그 계기는 1992년 2월 연구, 기술, 기술평가위원회Committee for Research, Technology and Technology Assessment가 주관해 의회에서 열린 공청회였다. 공청회 전에 회람된 질문 목록은 새로운 법이 지정한 공적 자문 요구에 대한 반응을 구체적으로 다루었다. 여러 응답자가 이 문제를 다루었으며, 의견이 크게 갈렸다. 독일에서 최초로 항생제 제조기술을 목표로 설정한 회사 중 하나인 훽스트[62]가 제출한 자료에 따르면, 유전공학법이 규정한 청문회가 헤센Hessen주에서 개최되지 않았으며, 기존 법에 의해 개최된 공청회조차도 대중을 과학과의 건설적인 대화로 이끌기에는 부적절하다고 비판했다. 참석자들은 구체적인 질문을 제기하지 않았지만, 유전공학에 전반적인 반대

의견을 표명했다. 이 회사는 여성단체인 페튜니아를 관찰하는 시민Citizenesses Observe Petunias(Bürgerinnen beobachten Petunien)의 전단지를 인용하면서, 유전공학의 명성을 손상시키고 생명공학에 대한 투자 환경을 저해하기 위해 모든 수단을 동원하고 있다고 지적했다.[63] 정부기관인 로베르트 코흐 연구소Robert Koch Institute, RKI도 비슷한 입장을 취했다. 페튜니아 청문회에 제출된 1,600건의 자료 중 대다수가 생명공학에 관한 전반적인 우려를 다루고 있으며, 관련 자료가 불완전하고 영어로 기록되어 있어 자료 활용에 문제가 있다는 불만을 다루고 있었다. 또한 청문회에서 정상적인 생물안전 중앙위원회 평가를 위해 100~1,500마르크보다 많은 10만 마르크의 비용이 책정되었다. 이런 상황에서 로베르트 코흐 연구소는 시민 참여에 의한 이익이 비용을 정당화하지 못한다고 결론지었다.[64] 로베트 코흐 연구소 전문가들은 공리주의 입장에서 시민들이 과학과 정부의 관계에 대한 감시자로 참여해야 한다는 명제를 반박했다. 이는 정부의 결정적인 승리였다.

관찰자들이 보기에 특이한 실험은 페튜니아 방출이 아니라 청문회였다. 관찰자 관점에서 보면 청문회는 하버마스 식으로 공론장에 기여할 수 있는 경우에만 의미가 있었다. 참가자들은 업계 및 정부가 사전에 설정해놓은 적절한 조사 개념을 승인하도록 계획된 토론에 참여해야 했다. 공청회는 적절한 한계 내에서 여론을 수렴하기 위한 것으로, 유전자 변형 생물체를 울타리에 몰아넣을 수 있을 만큼 물리적 억제 장치가 많았다. 참가자들이 광범위한 정치 의제를 발전시켜 공청회를 전략적으로 사용하는 것은 공개적인 자문 목적에는 위험했다. 시민들은 추론 행위자로서 책임 있게 행동할 수 있는 기회를 얻었지만, 그 시도는 실패했다.

브레멘대학교University of Bremen의 유럽법정치연구소Center for European Law Politics, Zentrum für Europäische Rechtspolitik, ZERP 소속 게르트 빈터Gerd Winter는 상당히 다른 분석을 제시했다. 시민들은 생명공학 제품의 목적과 이익에 의문을 제기할 만한 충분한 이유를 갖고 있으므로, 공청회 주최자가 이에 관한 질문을 배제하는 것은 잘못이라고 그는 주장했다. 빈터는 시민들이 위험에 대한 큰 그림을 그릴 수 있으며, 사전예방원칙에 따라 편익 분석이 필요하다고 제안했다. 그렇다면 주 당국은 프로젝트의 목표를 고려하지 않고, 프로젝트의 위험성을 수용할 수 있는 방법을 어떻게 평가할 수 있었는가? 프로젝트의 목적이 사회적 가치에 위배된다면, 이와 관련된 위험은 사회적으로 용납될 수 없다. 또한 빈터는 미국의 의사議事공개법Sunshine Act(정부 기관이 일정 종류의 정보를 일반에 공개하도록 규정한 법._옮긴이)을 모델로 인용하면서, 생물안전 중앙위원회 운영을 공개하도록 촉구했다. 위원회는 비밀 업무를 수행하는 것이 아니라, 사회적 전문성을 적극 활용하는 메커니즘을 대변해야 한다.[65] 이를 위해 생물안전 중앙위원회와 위원들에게 정보가 전달되어야 했고, 구성원들(특히 시민사회를 대표하는 사람들)은 위원회 외부에 정보를 전달할 수 있어야 했다. 빈터도 공청회와 생물안전 중앙위원회의 정보 및 의견 작성 역할을 강조했다. 이 절차의 타당성은 과학의 자유, 산업 생산성, 정부의 효율성에 대한 정부의 관심이 아니라, '위험에 처한' 또는 '통보받아야 하는' 시민의 입장에서 판단되어야 했다.

1993년 유전공학법 개정안은 과학 및 산업계의 불만과 정부 전문가들에 더 큰 관심을 두었으며, 빈터처럼 개방과 참여에 호의적인 환경주의자들의 주장에는 관심을 두지 않았다. 특히 독일 정부의 과도한 관료주의가 독일 과학을 질식시켜 경쟁력이 떨어지고 있다는 연구공동체의 주장은 효과적이었으며,[66] 1993년 법안은 마케팅과 방출에 관한 승인 절차를 간소화했다. 독일 당국은 정부의 승인 절차를 줄이고, 방출과 관련된 공청회를 없애기 위한 근거로 유럽연합이사회 지침 90/220/EEC를 인용했다. 이처럼 정부가 과학 실험을 우위에 두자, 대중은 생명공학의 관리와 통제에 참여하기를 포기했다.

영국과 마찬가지로 독일에서도 유전자 변형 작물의 시험 재배는 항의에 부딪혀 10년 동안 상업 재배가 금지되었다. 예를 들어 1999년 북부 슐레스비히 홀슈타인northern Land of Schleswig Holstein 주정부의 녹색당 소속 환경부장관 라인데르 슈텐블록Rainder Steenblock은 유전적으로 변형된 유채 종자 시험을 승인한 연방정부의 결정을 거부했다.[67] 그의 반대 때문에 연방주의에 새로운 질문이 제기되었으며, 유전자 변형 작물에 관한 지역 환경 문제를 해결하려 했던 로베르트 코흐 연구소에 대해서도 질문이 제기되었다. 2003년 늦은 봄에 그린피스 활동가들은 신젠타의 유전자 변형 밀 재배 시험이 승인된 함부르크 북부 도시 근처에 유기농 밀 씨를 뿌려 이 작업을 방해했다.[68] 이 행동 덕분에 독일 연구자들은 유전자 변형 옥수수가 뿌려진 밭의 위치를 비밀로 유지하게 되었다. 활동가들은 이것이 유럽 법에 위반된다고 비난했다.[69]

## 결론

1980년대 후반부터 1990년대 초반까지 미국, 영국, 독일은 유전자 변형 생물체의 환경 방출에 따른 위험을 관리하기 위해 새로운 절차와 규정을 제정했다. 각국에서는 역사와 논쟁을 반영하면서 국가 전략과 정책 담론이 달라졌고, 그에 따라 제품, 절차, 프로그램 차원에서 생명공학이 구성되었다. 국민을 안심시키고 대중의 비판을 피하기 위해 여러 제도와 담론이 동원되었다. 미국에서 '과학'은 대부분 유전자 변형 생물체 방출이 안전하다고 확인했다. 영국에서는 과학자들이 근거를 제시하자 안전하다고 여겨졌다. 독일에서는 시민의 두려움을 완화하기 위해 관료적 절차와 공개적 협의가 시작되었다.

각국의 안정화 방법에서 그 국가의 취약점이 씨앗이 되었다. 미국 과학은 가장 열렬한 생명공학 지지자들이 바라는 것보다 획일적이지 않았고, 정적이지도 않았다. 선례도 없고 감독도 없는 대규모 환경시험에 대한 생태학자들의 우려는 줄어들지 않았다. 로세이와 차펠라의 연구 결과는 많은 환경 위험요소가 완전히 시험된 적이 없다는 것을 보여주었다. 영국에서는 1990년대 초 규제와 정치 혼란으로 인해 전문가의 사회적 역할이 훼손되면서 다양하고 투명한, 새로운 자문기구가 설립되었다. 새로 설립된 포럼에서 증거 평가를 위한 전통적인 표준이 도전을 받았다. 일부 사람들은 알려지지 않은 것에 신중해야 한다고 촉구했으며, 다른 사람들은 엄격한 규제를 위해 위험과 관련된 경험적 증거가 필요하다고 주장했다. 그리고 이들 사이에 새로운 갈등이 등장했다. 독일의 경우는 여러 면에서 흥미롭다. 독일에서는 기술 지배 방식으로 회귀하면서 실험적이고 민주적인 합의 방식이 폐지되었기 때문이다. 그러나 주목해야 할 지점은 미국과 영국에서는 과학의 사실성과 전문 지식의 신뢰성이 수용되었지만, 독일에서는 지지할 수 없는 것으로 드러났다는 것이다. 그렇기 때문에 과학기술을 위한 개방된 심의 공간을 만들었고, 이 절차가 보편적으로 수용되었다.

규제 논쟁이 신속하게 해결되자 이번에는 생명공학 정책의 공감대 형성을 위한 논란이 새롭게 제기되었다. 21세기 초반 영국과 독일에서 숙의적 방출 이슈가 여전히 논쟁 중이다. 두 국가는 지속적으로 감독을 받는 과학 실험을 지원하면서 상업화를 미뤘다. 다음 장에서 우리는 유전자 변형 기술로 생산된 식품의 안전성 논쟁을 다룰 것이다.

1999년 2월 18일 그린피스 영국 지부가 운영하는 트럭이 유전자 변형 콩 4톤을 토니 블레어 영국 총리의 런던 거주지이자 영국 정치의 핵심인 다우닝가 10번 문 앞에 버렸다. 트럭 옆면 노란색 배너에는 "토니, 빌의 씨앗을 삼키지 말라"라는 문구가 있었다. 이는 빌 클린턴 대통령의 탄핵 심리 종결을 비꼰 영국식 어법이었다. 당시 클린턴 대통령은 백악관 인턴으로 일했던 모니카 르윈스키Monica Lewinsky와의 부적절한 행위 때문에 중대한 범죄와 비행 혐의로 고발되었다. 더 중요한 점은 이 사건이 2003년 세계무역기구 분쟁해결위원회에서 터진 세계 무역전쟁의 시작을 알리는 공격이었다는 것이다. 이런 극적인 사건이 왜 발생했고, 생명공학과 관련해 두 국가의 민주주의 논쟁에서 우리는 무엇을 알 수 있을까?

그린피스 영국 지부는 정치적 숙의를 거치는 대신 언론에 직접 호소하며 공식 규제기관과 전문 자문가가 통제하는 기술평가 과정에 개입했다. 다우닝가 문 앞에 버려진 콩은 효과가 컸다. 그것은 영국 식탁 위에 미국의 기술이 놓이는 것을 용납할 수 없다는 의미였다. 그린피스 대변인은 이렇게 말했다. "유전자 변형 콩을 먹고 싶은 집이 있다면 우리가 기꺼이 배달해드리겠다."[1] 이 캠페인은 유전자 변형 콩이 그냥 콩일 뿐이라는 미국의 주장을 거부했지만, 유전자 변형 식품의 지위에는 아무런 영향을 주지 못했다. 신문의 헤드라인과 만평은

'프랑켄식품Frankenfoods'의 유령이 영국 식품에 침략했다고 표현했다. 거대 슈퍼마켓 체인은 벽에 문구를 붙였고, 세인스버리Sainsbury 같은 회사는 상품 진열대에서 유전자 변형 제품을 철수하겠다고 발표해 고객을 안심시켰다. 유럽연합은 유전자 변형 식품의 수입 유예를 선언했다. 이는 2003년 7월 무역전쟁 초기에 해당 제품을 명확하게 표시하고 추적할 수 있는 조건을 요구하면서 결정했던 또 다른 유예 선언으로 이어졌다. 거리 공연과 언론 보도가 정부 규제기관보다 식품 안전 논쟁을 더 적극적으로 이끌어냈다.

세기 전환기에 영국과 유럽이 유전자 변형 식품을 유예한 것은 유전자 변형 제품의 세계적인 수출국인 미국에 충격을 주었다. 이것을 설명하는 과정에서 가장 먼저 부각된 점은 영국에서 광우병 위기로 대중이 과학을 오해했고 전문가의 신뢰가 추락했다는 것이다. 많은 사람은 대중의 우려를 자극하는 언론의 무책임한 과장 보도를 비난했다. 논평자들은 몬산토 같은 다국적기업의 오만함, 그리고 그것이 농촌에 미칠 악영향에 관한 대중의 우려를 지적했다. 하지만 이 설명들이 얼마나 설득력이 있을까? 1980년대에도 이들 중에서 몇 가지가 식물 성장조절제 알라Alar 같은 화학물질에 대한 '비합리적인' 두려움을 설명하는 데 활용되었다.[2] 당시 유럽인들은 식품 위험에 주목하지 않았다. 그렇다면 상황이 어떻게 바뀐 것일까? 과학적 무지, 비합리성, 불신 같은 요인들이 유전자 변형 작물과 식품에 대한 대중의 태도 변화에 중요한 영향을 주었다는 설명에 만족해야 할까?

이 장에서 우리는 식품 공급의 안전과 건전성integrity 우려가 특정 국가의 소비 대중에 국한되지 않는다는 점을 살펴본다. 세 국가의 소비자들은 지속적으로 식품 생산 방식을 걱정하면서, 여러 차례 유전자 변형 식품의 수용성 문제를 제기했다. 그들은 숙의적 방출 이슈처럼 새로운 사안이나 국가 차원에서 다루어야 할 유전자 변형 이슈를 항의하는 데 그치지 않았다. 오히려 그들은 반대를 표현하고, 시민 행동의 형태와 목표를 설정하고, 과학·기업·언론·정부 대응을 파악했다. 2장에서 살펴본 생명공학 초기 프레임과 소비자 보호를 위한 법적 규제에 의해 각국 시민행동이 제한되기도 했고 자극받기도 했다. 영국에서는 직접 행동으로, 미국에서는 유기농 식품의 건전성을 지지하는 형태로 유전자 변형 식품에 반대했다. 독일에서는 대중의 반대가 없었다. 하지만 국가 정책은 녹색 생명공학을 향한 비판과 유기농을 위한 강한 의지로 연결되었다.

유전자 변형 식품과 농업 실천, 자연보호, 식품 건전성 이슈는 분리되지 않았다. 유전자 변형 식품들은 식탁에 오르거나 슈퍼마켓 선반에 진열되었다. 더 정확하게는 그런 자리를 만들었다. 이는 '자연적natural'이라는 익숙한 방식으로 생산된 식품과 경쟁하면서 새로운 농산물이 되었다. 각국에서 유전자 변형 작물 및 식품의 수용성은 생명공학의 지배 프레임과 관련되어 평가되었다. 이는 선별적으로 자연화되거나 당연한 것으로 여겨지는 식품 생산 및 소비 시스템과 대비되었다. 또한 각국 소비자들은 이 시스템이 식생활 전통과 맞지 않는다고 비난하면서, 식품 공급의 변화에 저항했다. 유전자 변형 기술의 자연화 또는 비자연화는 맥락에 따라 모호하게 해석되었다. 세 국가 모두 유전자 변형 작물 및 식품을 수용하는 방향으로 나아갔지만, 이 제품들의 법적·문화적 의미가 변화했다.

이 장에서는 생명공학 관련 국가 프레임, 각국에서 벌어진 유전자 변형 식품 반대, 식품 공급의 안전 및 건전성을 확보하는 방법을 검토하면서 이것들의 관계를 추적한다. 우리는 각 정치 체제에서 식품에 관한 대중의 우려를 숙의하는 방법을 알아보고, 유전자 변형 식품이 건강과 안전, 그리고 사회적 가치를 침해하지 않는다면 그 다음에는 어떻게 해야 하는지를 살펴본다. 영국은 처음부터 유전자 변형에 집중했으며, 정부의 유전자 변형 정책에 논란이 많았다. 반면 미국에서는 초기에 제품 프레임이 유전자 변형 식품이 위험한지에 관한 논의를 막았지만, 유기농 식품 생산자와 소비자가 시장을 주도하면서 이 프레임에 반대했다. 독일에서는 농업 생명공학을 향한 우려가 정당 정치라는 렌즈로 굴절되었으며 유럽연합의 사전예방원칙을 지지했다. 마지막으로 유럽연합 정책은 유전자 변형 식품이 세계 시장으로 진출할 수 있는 조건을 만들었지만, 회원국의 위험과 불확실성 문제를 해결하기보다는 오히려 문제에 휘말렸다.

유럽을 조율하려는 유럽연합의 노력에도 불구하고, 각 국가는 유전자 변형 식품을 엄격하게 다루었다. 국가 정치 프레임에서 기술혁신에 개입하는 시민의 권리와 자격에 관한 질문은 암묵적이거나 명시적으로 다루어졌다.

## 영국: 광우병의 그림자에 가려진 유전자 변형

영국에서 광우병이 언급되기 시작한 이후, 1990년대 후반이 되어서야 유전자 변형 식품을 거부하는 움직임이 나타났다. 정작 광우병이 시작된 1986년에는 조용했다. 1996년 3월 20일 영국 당국이 이전 정부와 달리, 종의 장벽을 넘어 감염자가 발생해 사망했다는 발표를 하자 10년 만에 국내외에서 큰 소동이 벌어졌다. 지금까지 소에서만 확인되었던 질병이 변형 크로이츠펠트-야콥병variant Creutzfeld-Jakob Disease, vCJD이라는 새롭고 치명적인 형태로 인간을 감염시켰다.[3] 이 발표로 영국과 유럽은 큰 충격을 받았고, 전 세계적으로 2년 반 동안 영국산 쇠고기 수입이 금지되었다. 영국 농업수산식품부도 완전히 신뢰를 잃었다.[4] 대중은 농업수산식품부 관계자들과 전문가들이 '광우병' 위기에 전혀 대응하지 못했다고 비난했다. 보수당은 정권을 잃었고, 1997년 총선에서 노동당이 압도적으로 승리했다.[5]

새로운 노동당 정부는 공약대로 대규모 공공 조사를 실시했다. 농업수산식품부는 해체되었고, 담당 업무는 신설된 환경식품농업부Department of the Environment, Food and Rural Affairs, DEFRA로 이관되었다. 그리고 신뢰할 수 있는 식품 전문가들의 자문을 받기 위해 식품표준청이 설립되었다. 워스 마트라버스Worth Matravers의 필립스 경Lord Phillips의 주도로 진행되어 2000년에 발표된 광우병 조사 결과에 따르면, 영국 보건안전 전문가들이 매우 편협하고 비공개적으로 활동했다는 사실이 드러났다. 전문가들은 경험적으로 입증할 수 없는 위험을 방치한 채, 관련 지식을 개선하는 새로운 연구를 수행하지 않았다. 그러면서 이들은 대중이 비이성적이고 공황에 빠지기 쉽다고 생각하며 불확실성을 드러내기를 꺼렸다.[6] 이 사실이 폭로되자 사람들은 정부 관계자의 의사결정 시스템을 불신하게 되었다. 또한 대중은 위기가 닥쳤을 때 적절한 전문가가 대중의 긴급한 요구를 해결할 수 있는지에 대해서도 의심했다. 영국은 광우병 사건을 계기로 '과보호 국가nanny state'에서 벗어나 민주주의를 향해 한 걸음 더 전진했다.

따라서 영국 환경단체와 소비자단체가 유전자 변형 식품을 거부했을 때 광우병이 거부의 원인이라는 결론을 내리기 쉽다. 이 두 가지 쟁점은 놀랄 만큼 비슷했다. 둘 다 자연에 없는 기술을 이용해 식품을 공급하는 산업(고도화된 산업이라고 부르기도 한다)과 관련되었다. 왕립 환경오염위원회 전임 위원장이자 과학정책 엘리트였던 리처드 사우스우드 경이 위원장을 맡았던 한 위원회는, 이미 1989년에 광우병을 일으킬 가능성이 있으면서 문제가 있는 관행을 지적했다. "우리는 이 질병이 현대 농업에서 사용하는 자연스럽지 않은 사료를 주면서 사육하는 관행에 의해 야기되는 것으로 보인다는 데 주목한다. 우리는 병원체에 취약한 종을 찾아내는 방법에 의구심을 표하며, 이와 같은 일반적인 쟁점(자연스럽지 않은 사료로 사육하는 문제)에 대한 논의를 촉구한다."[7] '현대'와 '자연스럽지 않음'이 관련된다는 것은 유전자 변형 식품 논쟁에서도 드러났다.

일부 사람들은 1998년 중반 유전자 변형 식품으로 공황에 빠진 영국의 상황을 포스트-광우병post-BSE 환경이라고 지적했다. 이 사건의 계기는 일반적인 과학 논쟁이었다. 당시 언론은 실험 결과를 폭로하면서 과학 연구에 부정행위 혐의가 있다고 성급하게 보도했다. 사건은 1998년 8월 10일에 시작되었다. 스코틀랜드 로웨트연구소Rowett Research Institute 선임연구원인 아르파드 푸스타이Arpad Pusztai가 그라나다 텔레비전의 〈월드 인 액션World in Action〉이라는 프로그램에 나와서 말했다. 그는 실험실에서 발육장애, 면역 기능 저하, 체중 감소를 겪는 쥐들에게 해충 저항성 형질변환 감자를 먹이로 주었다고 말했다. 이틀 후 존경받는 연구소 소장인 필 제임스Phil James는 푸스타이의 자료에 문제가 있으며, 이를 조사하기 위해 감사위원회에 결과를 전달했다고 알렸다. 푸스타이는 정직되었다가 그해 말 계약이 갱신되지 않아 퇴직했다. 위원회는 푸스타이가 불법행위를 저지르진 않았지만, 결과가 모순적이기 때문에 그의 결론을 인정할 수 없다고 보았다. 그의 지지자들은 면역체계 영향에 관한 그의 연구 결과가 우려할 만한 것이라고 주장하면서, 엄격한 규제를 결정하는 동안에는 유전자 변형 식품 도입을 유예해야 한다고 촉구했다. 하지만 총리는 이 입장을 공식적으로 승인하지 않았다.[8]

　정치적 관점에서 영국이 유전자 변형 공포에 빠진 원인을 광우병으로 돌리면 많은 것을 설명하지 못한다. 이런 선형적인 해명은 유전자 변형 논쟁 프레임을 다루지 못하며, 정부와 대중이 위기에 대응한 방식을 설명하지도 못한다. 영국은 (광우병 위기를 겪은) 독일이나 미국과 달리 절차적 혁신을 이끌어냈기 때문에 대중의 특수한 반응에 주목해야 한다. 상당히 예외적으로, 영국의 유전자 변형 논쟁은 과학기술 관리 측면에서 국가-사회 간의 관계를 특수하게 재발명했다. 이 현상을 이해하려면 유전자 변형 식품 정책 형성에 기여한 대중의 역할을 자세히 살펴야 보아야 한다. 누가 대중을 대변했는가, 누가 논쟁의 조건을 설정했는가? 어떻게 대중이 국가와 대화하도록 이끌어냈는가? 반대로 국가의 대응도 검토해야 한다. 불만스러운 대중과 어떻게 만나야 하는가? 경쟁이 치열한 과학기술에서 전문성의 신뢰를 확보하고 수용되게 하려면 어떻게 해야 하는가?

## 찰스 왕세자와 그가 생각한 자연

　유전자 변형 식품 기술은 새로운 것이지만, 이 기술을 감독하는 기관은 오래되고 낡은 조직이었다. 현대화 과정에서 새로운 것과 오래된 것이 충돌하는 문제는 세기 전환기의 영국 정치에서 핵심 문제였다. 이 모순을 이해하기 위해서는 소설가적 상상력이 필요하다. 현재의 영국을 사악할 정도로 희화화해서 풍자한 소설 『잉글랜드, 잉글랜드England, England』에서[9] 줄리언 반스Julian Barnes는 와이트섬Isle of Wight을 독특한 5성급 관광지로 상상했다. 이곳에서는 세상에서 본질적으로 영국적인 것이라 생각하는 모든 것이 좁은 섬 안에 그대로 재현되어서, 안목 있는 관광객들이 여행을 떠나야 하는 불편 없이 이 나라에 대한 밀도 높은 경험을 할 수 있다. 이 프로젝트를 준비한 잭 피트먼 경Sir

Jack Pitman은 '본질적으로 영국스러운 50가지Fifty Quintessences of Englishness'를 결정하기 위해 전 세계를 조사했다. 왕실이 첫 번째로 명단에 올랐고, 빅벤/의회, 맨체스터 유나이티드 축구팀, 계급체계가 그 뒤를 이었다. 피트먼은 자신의 고급스러운 테마파크에 거주해달라고 왕실과 왕실 대변인을 설득했다.

21세기 초 관점에서 보면 입헌군주국인 영국에는 모순이 있다. 국민을 대표하지 않으면서 헌법상 권한도 없는 기관들이, 때로는 조롱당하고 때로는 존경받으면서 복잡한 방식으로 국가를 대표했다. 외국인이 보기에 영국 군주제는 줄리언 반스의 화려한 관광지처럼 국가를 상징하는 것 같다. 하지만 그 나라 안에서 왕실은 로고처럼 보이는 문장紋章, 국가의 실체, 국가적 상상력, 다른 사람들과 비슷하면서도 특이한 가족, 핵가족으로 국가를 대표하는 것처럼 보인다.[10] 엘리자베스 1세가 1558년 왕위에 올랐을 때 그녀는 귀족들에게 "이 왕실은 '통치하는 정치적 몸'이자 인간의 '자연적인 몸'을 의미한다고 말했다."[11] 역사학자 린다 콜리Linda Colley는 18세기 후반 왕권이 자주 바뀌면서, '왕실 구성원은 다른 사람들과 같으면서 동시에 약간 다르다는 신화'를 설득하고 전파하는 것이 도움이 되었다고 지적했다.[12] 윈저 가문의 허위, 어리석음, 스캔들에도 불구하고, 공통의 물리적 신체에서 무형의 국가기관을 포괄해 국가를 대표하는 왕실의 능력은 그들의 주요 자원이다. 대표성은 유전자 변형 논쟁에서 큰 역할을 했다.

왕위 계승 예정자인 찰스 왕세자는 영국 군주제와 선거제도 사이의 갈등을 보여주는 인물이다. 건축이나 농촌을 향한 낭만적인 견해, 귀족의 특권을 지지하거나, 당혹스러운 혼외정사로 비웃음을 산 찰스는,[13] 1997년 8월 31일 다이애나 왕세자비의 죽음으로 큰 비난을 받았다. 하지만 2년 후 찰스는 두 아들을 돌보는 사려 깊은 아버지의 모습을 보여주고, 유전자 변형 식품을 우려하는 입장을 표명하면서 대중의 시선을 사로잡았다. 1999년 6월 웨일스 왕자인 찰스 왕세자는 큰 논란이 된 유전자 변형 논쟁에서 특별 공개 성명을 발표했다. 그는 관례를 깨고 타블로이드 신문인《더 데일리 메일The Daily Mail》을 선택했는데, 이 신문은 그가 결혼 생활에 어려움을 겪는 동안 특히 비꼬는 태도를 보이

<표 5.1> 유전자 변형 식품에 관한 찰스 왕세자의 열 가지 질문

- 이 국가에 유전자 변형 식품이 필요한가?
- 유전자 변형 식품은 먹어도 안전한가?
- 유전자 변형 식품 승인 규정은 왜 신약 승인 규정보다 덜 엄격한가?
- 우리는 유전자 변형 작물에 따른 환경영향을 얼마나 알고 있는가?
- 엄격한 규정이 없는 상황에서 시험작물을 심는 것이 적절한가?
- 소비자들은 어떻게 선택할 수 있는가?
- 유전자 변형 작물에 문제가 발생했을 때 누가 책임을 지는가?
- 유전자 변형 작물은 증가하는 세계 인구를 먹여 살릴 수 있는 유일한 방법인가?
- 유전자 변형 작물은 세계 빈곤국가에 어떤 영향을 줄 수 있는가?
- 우리는 어떤 세상에서 살고 싶은가?

출처: 1999년 6월 1일 자《더 데일리 메일》.

던 신문이었다. 찰스는 이 신문에 유전자 변형 지지자들이 적절히 대답하지 못했다고 판단한 열 가지 질문을 발표했다(〈표 5.1〉 참고). 그는 제품과 거버넌스에 알려지지 않은 사항들에 집중했다. 이런 우려를 표현할 때 찰스는 과학교육을 받지 않은 일반인도 합리적이고 경험적으로 행동한다고 간주하면서, 자신(미래의 왕)을 일반 대중과 암묵적으로 일치시켰다. "대중은 우리가 모든 결과를 충분히 안다고 확신할 수 없는 한, 자연을 조작하는 것을 본능적으로 우려한다고 나는 믿습니다."[14]

왕세자의 솔직한 질문에 대중의 반응은 엇갈렸다. 여론조사에 따르면 영국인 대다수가 찰스 왕세자의 우려에 공감했다. 하지만 일부는 정부가 유전자 변형 기술을 선호하는 상황에서, 논란이 되고 있는 정치적 이슈에 왕실이 적극적으로 개입하는 것이 더 심각한 문제라고 보았다. 저명한 과학행정가이자 과학자문가인 데릭 버크Derek Burke는[15] 찰스 왕세자의 질문에 대한 답변으로 '당혹스러운 주제에 관한 논평comments from a puzzled subject'이라는 제목의 글을 발표했다. 왕세자는 여러 유전자 변형 주제를 다루면서 유전자 조작에 관한 알려지지 않았고, 불연속적이며, 부자연스러운 차원을 지적했다. 하지만 버크는 미국의 규제기관과 과학자들처럼 유전자 변형과 전통 농업 간의 연속성, 그리고 공공정책의 유사점을 강조했다. 버크는 명백한 위험이나 위해 없이 미국에서 유전자 변형 옥수수가 널리 재배되고 있다고 주장했다. 그는 왕세자의 마지막 질문(우리는 어떤 세상에서 살고 싶은가?)에 대한 대답으로 이렇게 말했다. "우리는 신기술을 안전하고 건설적으로 사용하는 세계를 지지하며, 신기술이 실패한다는 신호가 오는 순간을 잘 확인하면, 그렇게 할 수 있다."[16] 그는 기술혁신을 지지하는 신중한 사람들에게 높은 수준의 이성과 계몽을 요청했다.

다시 한 번 찰스 왕세자가 개입하자 갈등이 더 명확해졌다. 한쪽에는 과학과 합리주의가 있었고, 다른 쪽에는 신과 자연이 있었다. 2000년에 찰스 왕세자는 다섯 명의 저명인사와 함께 BBC의 권위 있는 리스 강연Reith lecture에 참석해 지속 가능한 개발이라는 주제로 발표했다. 강연의 주제는 과학과 신중하지 못한 기술이 세계를 너무 꽉 쥐고 있기 때문에, 성스러움의 감각이나 자연과의 조화에서 오는 균형을 회복해야 한다는 것이었다.

우리가 지구의 보호자 의무를 수용하면서, 인류와 창조주 사이에 성스러운 신뢰가 있다는 생각은 여러 시대에 걸쳐 종교적이고 영적인 생각의 중요한 특징이었습니다. 창조주의 존재를 인정하지 않는 종교인들도 이와 비슷한 도덕적·윤리적 입장을 갖고 있습니다. 하지만 최근 이 원칙은 과학적 합리주의라는 돌파할 수 없는 층에 막혔습니다.[17]

찰스 왕세자는 사전예방 방식을 지지하면서 청중들에게 다음과 같이 요청했다. 그는 미래의 생각과 행동을 인도하기 위해 '마음의 지혜'를 사용해 '자연과 분리되지 않도록' 촉구했다.

열 개의 질문은 불확실성과 무지를 강조했지만, 리스 강연에서는 과학이 자연을 이해하고 통제할 수 있는 체계라고 간주하면서 과학을 정면으로 공격했다. 과학공동체는 왕실의 선언에 격렬하게 반발했다. 『이기적 유전자』로 유명한 리처드 도킨스Richard Dawkins는 옥스퍼드 유전학자로 존경받는 평론가였다. 도킨스는 찰스 왕세자의 강연에 "슬프다"라고 표현했다. 도킨스는 찰스 왕세자가 자연과 지혜롭게 공존하는 근거로 삼은 마음을 명확히 거부했다. "나 역시 당신만큼 세계 보호자에 관심이 많다. 하지만 감정이 내 목표에 영향을 준다면, 목표를 달성하는 가장 좋은 방법을 결정할 때 감정을 느끼기보다는 생각을 하고 싶다. 여기서 생각한다는 것은 과학적인 생각을 의미한다."[18] 그러나 다른 논평가들은 인간의 소비를 우려하면서, 자연을 다룰 때 윤리가 필요하다는 점을 제기했다는 이유로 찰스 왕세자에 우호적이었다. 《가디언》에서 BBC로 이직하려던 앤드루 마르Andrew Marr는 우호적인 입장에서 찰스 왕세자의 기여를 다음과 같이 요약했다. "왕세자는 선량한 사람들의 경력을 해칠 정도로 매우 부유하고 선출되지 않은 사람이다. 하지만 그는 중요한 질문을 던졌다. 인류는 레밍처럼lemming-like(레밍은 북아메리카와 유라시아의 북쪽 온대지역과 북극지역에서 주로 서식하는 소형 설치류이다. 집단을 이루어 살며, 한꺼번에 많은 개체가 호수나 바다에 빠져 죽기도 한다. '레밍'은 하나의 목표만을 향해 집단적으로 움직이는 성향을 비유하는 의미로 자주 사용된다._옮긴이) 하나의 생각만을 추종하면서 통제를 벗어난 과격한 종인가? 아니면 우리는 호기심의 결과물을 통제할 수 있는 성찰적·민주적·철학적 장치를 가진 진짜 사피엔스인가?"[19]

찰스 왕세자는 '매우 부유하면서 선출되지 않은 사람'이었지만, 유전자 변형 이슈에 관해서는 여러 계층의 사람이 공감하는 우려를 드러내는 데 성공했다. 그는 자연에 미치는 변화의 방향과 속도에 의문을 제기했으며, 일부 사람들만이 공적 어젠다로 논의한 윤리 문제에 입장을 표명했다. 그는 최신 지식의 한계를 인식해야 한다고 강조하면서, 기술정책에는 유럽식 사전예방뿐 아니라 과학을 적용할 때 증거나 증명 같은 영국 특유의 성찰도 필요하다고 주장했다. 하지만 찰스 왕세자의 반反과학적 성향은 리스 강연의 또 다른 주제였다. 논란이 된 사안은 대문자 'N'으로 시작하는 자연Nature을 향한 근본주의와 자연에서 부여받은 권리였다.[20] 찰스 왕세자가 "지구의 보호자 의무를 수용하면서, 인류와 창조주 사이에 성스러운 신뢰"가 있다고 말했을 때, 누군가는 천년 동안 내려온 천부인권inherited privilege을 떠올렸을 수 있다. 이는 왕의 신성한 권리를 밝힌 스튜어트 교리Stuart doctrine를 되풀이한 표현이다. 포퓰리스트 정치인

이 자기 부인self-denying하면서 사용하는 '우리we'라기보다는, 왕실의 '우리'를 의미하는 유아론唯我論, solipsism(실재하는 것은 자아뿐이고 다른 모든 것은 자아의 관념이거나 현상이라는 입장._옮긴이)이었다. 신성하게 임명된 보호자가 고정된 자연을 보호한다는 생각은 민주주의의 실험적 역동성보다는 주권sovereign power 개념과 잘 부합한다. 민주주의의 역동성은 자연과의 관계에 질서를 부여하거나 재부여하는 분류 과정을 지속적으로 수행한다.[21] 찰스 왕세자도 일반인처럼 무의식적으로 국민을 대표해 말했다. 영국 시민들은 군주제에서 역사적인 국가의 실체가 아니라, 적극적으로 참여하는 대의제를 요구했다. 더 민주적인 방식으로 대의제를 조직하는 방법은 시민사회뿐만 아니라 국가의 핵심 의제였다.

## 민주주의 발명하기

2003년 영국 정부는 유전자 변형 식품에 관한 새로운 숙의 정치를 위해 주요 정책을 도입했다. 이 정책은 많은 비판을 받기는 했지만, 민주적 거버넌스의 새로운 실험이라고 인정을 받았다. 이는 절차, 이해관계가 있는 정치체, 신뢰할 만한 지식을 보유한 단체를 동시에 구성하는 공동생산 실험이었다. 이 정책은 노동당 정부의 환경식품농업부 장관인 마거릿 베켓Margaret Beckett 지휘하에 3단계로 진행되었다. 1단계는 총리 직속 전략부Strategy Unit가 실시한 유전자 변형 작물의 비용편익 연구였다. 2단계는 정부의 수석 과학자문역인 데이비드 킹 경Sir David King이 이끄는 과학심의Science Review였다. 3단계는 '유전자 변형 국가?'라는 주제의 공청회였다. 이 공청회는 대부분 농업환경 생명공학위원회 위원들로 구성된 운영위원회가 감독했으며, 이 위원회는 정부가 이 공청회를 조직하도록 권고했다.

각 단계별로 지적·사회적 혁신안이 제안되었으며, 숙의 관심 사안을 중심으로 미시정치도 구성되었다. 흥미롭게도 그 결과들은 수렴되었으며, 전략부가 맨 처음 결론을 내렸다. 전략부는 2002년에 설립된 총리 직속 기관으로, 여러 분야가 관련된 문제에 전략적으로 대응하고, 혁신 정책을 개발하며, 정부기관이 목표를 달성할 수 있도록 역량을 증진하는 업무를 담당했다. 정부기관들은 선례가 없었던 유전자 변형 이슈에 직면하자 민첩성 측면에서 시험받았으며, 일부 기관은 잘 대처해 높은 평가를 받았다. 전략부는 2003년 4월에 열린 '충격과 놀라움shocks and surprises'이라는 제목의 세미나를 중요하게 여겼다. 이 세미나는 전략부에서 이전에 발간한 요약 문서Scoping Note를 향한 비판에 대응하는 행사였다. 요약 문서에서 전략부는 비용편익분석을 보수적으로 고려했으며, 불확실성을 무시했다는 지적을 받았다. 전략부는 그해 4월 불확실성을 전면에 배치하면서, 세미나 참여자들이 이전 시나리오가 다루지 않은 파괴적인 사건의 가능성을 고려해달라고 요청했다. 관련된 모든 분야의 사람들이 세미나에 참석했으며, 유전자 변형 이슈를 논평할 자격이 있는 연구자들과 이해당사자들을 거의 모두 망라한 '인명록who's who'을 만들었다.[22] 세미나에 참석했던 한 명은 이 세미나가 중요한 전환점이라고 보았는데, 영국에서 유전자 변형 작물을 느슨하게 분석하지 않고 신중하게 전망하는 계기였다고 말했다.[23] 2003년 7월 전략부는 「현장 연구: 유전자 변형 작물의 비용편익 비교Field Work: Weighing Up the Costs and Benefits of GM Crops」보고서를 발표했다.[24] 이 보고서에 따르면, 영국 상황에 적합한 제품이 없으며 소비자 수요도 적어 유전자 변형 기술에서 얻는 편익은 단기적으로 보았을 때 제한적이라고 결론을 내렸다. 이 보고서는 미래 이익, 특히 작물에서 건강상의 이익을 얻을 수 있는 가능성도 고려했다. 하지만 대중의 부정적인 태도와 불확실성을 관리하는 규제 능력 부족으로 이런 가능성이 줄어들 수 있다고 경고했다.

전략부와는 달리 과학심의는 전통적인 전문가 자문 절차를 모델로 설립되었다. 과학심의는 광우병 사건이 발생하기 이전에 있었던 규범보다 투명성, 범위, 접근성을 높이는 데 관심을 기울였다. 과학자문역으로 데이비드 킹이 의장을 맡은 스물네 명의 과학심의 패널은 대부분 관련 분야의 자연과학자들로 구성되었다. 여기에다 균형을 맞추기 위해 일반인 대표 두 명과 사회과학자 한 명이 추가되었다.[25] 패널 회의는 공개되었지만, 관심 있는 사람은 참석 이유를 이메일로 사전에 보내야 했다. 또한 패널은 집중 토론 형식보다는 저명한 전문가들이 핵심 이슈에 관한 입장을 표명하는 간략한 발표와 질의응답 형식의 공개회의를 여러 번 개최했다. 2003년 1월에 열린 첫 공개회의에서 데릭 버크는 미국이 유전자 변형 안전성 시험을 위한 사실상의 자연 실험실로 세계 여러 지역을 이용했다고 말했다. 그런데 버크는 찰스 왕세자가 제기한 열 개 질문의 홍보 담당자였다. "3억 명의 미국인들이 유전자 변형 식품을 11년 동안 먹었으며, 세계에서 가장 소송이 많은 국가에서 아직까지 법적 소송이 없었습니다. 지금까지는 그렇습니다."[26] 불확실한 이 주장은 회의에서 별문제 없이 통과되었다. (예를 들어 부작용을 감지할 정도로 충분히 논의되었는가, 소송이 없다는 것이 안전성을 보여주는 적절한 지표인가?) 꽉 짜인 구조 안에서는 그럴 수밖에 없었다. 하지만 2003년 7월에 발표된 보고서는 유전자 변형 작물의 상용화 이슈에 과학적으로 답할 수 없는 질문들이 많다고 강조했다(전략부도 같은 입장이었다). 패널은 유전자 변형이 단순하고 균질적인 기술이 아니며, 과학뿐만 아니라 규제도 새로운 발전과 보조를 맞추어야 한다고 결론지었다.

처음엔 많은 사람이 공개토론에 불만을 토로했는데, 그 불만은 곧 불확실성에 관한 광범위한 조사로 이어졌다. 조사는 적법성이 모호하지만 유능한 부서인 중앙정보국Central Office of Information이 수행했으며, 자원과 시간의 제약을 받았다.[27] 그 결과 많은 지역회의에서 이 문제를 잘 알고 있는 사람들이 주로 참석했으며, 이들은 새로운 관점을 교환하는 데 기여하기 어려운 사람들이었다.[28] 결국 두 입장을 조정하는 작업은 어렵다고 판명이 났다. 단조로운 질문과 간략한 답변으로 구성된 웹사이트 또한 토론에 참여하지 않은 사람들의 관심을 끌지 못했다. 이런 노력들은 국가가 새로운 기술의 정치를 민주화할 때 직면하는 딜레마를 보여준다. 즉, 이해당사자를 확인해 이들 사이의 상호작용을 권고하기만 해도 기업과 정부의 오래되고 긴밀한 관계를 강화할 수 있다고 간주된다. 반면 믿을 만한 선례가 없다면 대중은 기술의 장단점을 다루는 논쟁에 참여하지 않으며, 진실성과 목적에 관한 숙의에도 참여하기 어렵다.

영국 정부는 새로운 개방형 숙의 절차를 만들어, 많은 행위자가 참여해 게임의 규칙을 정할 수 있는 유연한 공간을 만들었다. 우선 공개토론회의 일환으로 실시된 600회 이상의 회의(서른 명 이상이 참여한 회의만 고려)가 열렸다. 국가 및 여러 행위자는 유전자 변형에 관심이 있는 대중을 규정했고, 대중이 발언할 수 있는 자리를 만들었다. 이 단체들은 정부의 냉담하고 부족한 지원 때문에 사람들의 목소리가 제대로 전달되지 못하는 상황에 다양한 방식으로 적극 개입했다. 기술 능력을 갖춘 소규모 비정부기구인 진 워치Genewatch(유전공학이 식품, 건강, 농업, 환경, 사회에 미치는 영향을 연구하는 비영리 정책연구소._옮긴이)가 선택한 전략은 '유전자 변형 국가?' 논쟁을 자사 웹사이트에 홍보하면서 민주주의를 위해 노력했다. 그린피스 영국 지부는 충돌 전략을 채택해, 강력한 단체인 소비자협회Consumers' Association, CA의 시민배심원 자문 절차를 만들었다. 소비자협회는 중립성을 우려했지만, 두 후원사인 유니레버Unilever와 코옵 그룹Co-op Group이 지원을 약속하자 제안서에 동의했다. 2003년 7월 뉴캐슬대학교 연구원들과 협력해 서른 명의 배심원이 참여한 8주 과정이 시작되었다. 후원사 측 사람에 따르면, "이것은 정부가 대중의 관심사를 들을 수 있는 기회"였다.[29] 소비자협회는 배심원 절차에서 나온 결과가 최종보고서에 포함되도록 운영위원회의 동의를 받아냈다. 운영위원회 위원들은 공식 토론에 참여하기 위해 소비자협회 감독 패널에 임명되었다. 이런 방식으로 환경운동가, 식품공급업자, 산업계, 소비자, 학계가 포함된 임시 네트워크가 유전자 변형 식품 토론을 위한 민주적 모델을 제시했다.

영국에서 3단계 논쟁을 거치면서 찰스 왕세자가 열 가지 질문에서 제기했던 불확실성이 부각되었다. 일부 사람들은 과학적으로 알려지지 않은 것에 집중했으며, 다른 사람들은 유전자 변형 식품의 경제적·사회적·윤리적 위험에 관심을 가졌다. 대중이 유전자 변형 기술에서 얻는 이익을 수용하지 않자 관련된 질문들이 다시 제기되었으며, 이 때문에 생명공학을 절차 관점에서 고려하는 영국의 특성이 강화되었다. 정부는 과학적·사회적으로 알려지지 않은 사실을 보여주면서도, 2004년 3월 유전자 변형 옥수수의 상업적 재배를 허용했다. 이는 많은 사람에게 놀라움을 넘어 배신감을 주었다. 제품을 중심에 둔 이 결정은 과학적인 측면만을 고려한 것으로, 여러 영역에서 전달된 메시지가 반영되지 않았다. 해당 사례에서 생물 안전이 과학적으로 확고하게 입증되었다고 하더라도, 영국 대중은 공개채널을 통한 자문 절차에서 불확실한 이익을 주는 기술을 수용하지 않았다.


## 미국: 시장이 말하다

많은 미국인은 유럽인들이 유전자 변형 식품에 부정적인 관점을 갖는 것을 이해하지 못한 채, 이를 비합리적인 생각으로 간주했다. 그런데 유럽 대중은 흡연이 건강에 해롭다는 문서는 대수롭게 여기지 않으면서, 유전자 변형 식품에 관한 사변적이고 과학적으로 근거 없는 우려는 왜 참지 못했는가? 클린턴 정부의 국무장관 매들린 올브라이트Madeleine Albright는 2000년 미국과학진흥협회American Association for the Advancement of Science, AAAS 연례회의에서 불만을 토로했다. "과학은 미국 외부에 있는 일부가 두려워하는 프랑켄식품을 지지하지 않는다. 외부인들은 생명공학 식품이나 제품이 인간의 건강을 해칠 것이라고 걱정한다."[30] 미주리 출신의 공화당 상원의원 크리스토퍼 본드Christopher Bond는 올브라이트 국무장관의 주장을 반박했다. "생명공학과 관련된 가장 큰 위험은 제왕나비 유충monarch butterfly larvae이 아니라 회의론자들인데, 이들은 생명공학을 공격하면서 세계가 불필요한 영양실조, 실명, 질병, 환경파괴에 노출될 수 있다고 비난한다."[31] 미국 양당의 주류 의견에서 '부자연스럽고' 두려운 것은 농업에서의 유전자 변형이 아니라 그 반대이다. 과학에 의해 '안전' 인증을 받은 유전자 변형 작물과 식품은 다른 농업과 동등하게 자연스럽다고 간주되었다. 사실 농작물에 '부자연스러운' 화학 농약을 치는 것보다 더 낫긴 하다. 하지만 자연화는 순수한 자연 상태로 되돌아가는 문제가 아니라, 구성 요소를 분석하고 해체하는 사회구성 과정이다.[32] 어떤 사회든 자연스러운 것과 부자연스러운 것 사이의 경계는 미리 주어지지 않으며, 특정한 문화적 방식에 따른 경계 작업에 의해 구분된다.[33] 미국의 경우 유전자 변형 작물과 식품이 안전하다는 생각과 이를 지지하는 과학은, 장기적인 관점에서 이런 생산 방식의 불확실성을 내포한다. 2장에서 살펴보았듯이 1980년대 과학자와 정책 결정자가, 유전자 변형 자체는 위험하지 않으며 제품만 규제하면 된다는 결정을 내린 것이 중요한 분기점이었다. 위험평가 기술은 발생 가능한 영향의 총량이라는 좁은 범위에 초점을 맞추면서, 유전자 변형 식품의 독성 및 알레르기 특성에 의문을 제기했다. 이 프레임에서는 2002년과 2003년 영국 정책 기관이 직면했던 기술의 목표·비용·이익을 논의할 수 없었다. 이 논의를 반대한 사람들은 미국의 제품 프레임이 문제이지, 외부 도전이 문제는 아니라고 보았다.

1990년대 미국에 유전자 변형 식품이 최초로 시장에 출시되었고, 규제 절차, 전략적 채널 및 반대 운동을 거치면서 안전성을 확보하려 했다. 유전자 변형 식품을 도입해 세계를 안전하게 만드는 절차는, 유전자 변형 식품을 세계에 안전하게 도입하는 절차와 거의 동일했다. 식품의약국은 국가 차원에서 식품 안전을 보호하는 핵심 기관으로, 유전자 변형 식품의 안전평가 규정을 도입하는 데 앞장섰다. 1990년대 초반 이 기관은 공적 지위를 되찾기 위해 노력했지만,[34] 대부분의 규제가 철폐되고 재정적인 스캔들이 겹치면서 신뢰가 추락했다. 1991년 후반 《사이언스》는 식품의약국이 임상 시험을 끝낸 스물한 개 생명공학 신약의 승인을 보류하고 있으며, 시험을 진행하고 있는 111개에 대해서도 승인을 약속할 수 없다고 보도했다.[35] 이 기관은 신약의 장애물을 제거하면서, 동시에 농업 생명공학 신제품에 적극 대응해야 신뢰를 회복할 수 있었다. 1991년 12월 식품의약국장 데이비드 케슬러David Kessler는 당시에 닥친 문제와 기회를 알고 있었다.

데이비드 케슬러는 의학과 법학 교육을 받았으며, 식품의약국장에 임명되었을 때 겨우 40세였다. 그는 조지 부시 대통령 시기 공화당 정부와 빌 클린턴 대통령 시기 민주당 정부에서 탁월한 역할을 해냈다.[36] 그는 부임 첫해의 6월에 경제적으로 중요한 기술 분야에서 미국의 우위를 유지하기 위해, 대통령 경쟁력위원회의 희망과 일치된 생명공학 식품 승인 간소화 정책을 발표했다.[37] 식품의약국의 평가 전략은 단백질이나 효소처럼 안전하게 사용한 역사가 있거나

('일반적으로 안전하다고 인정된generally recognized as safe, GRAS'), 이미 승인된 식품첨가물과 비슷한 유전자 변형 식품첨가물의 승인 절차를 면제하는 데 중점을 두었다. 케슬러가 이끄는 식품의약국은《사이언스》에 실린 기사에서 기관의 방식을 설명하면서, 안전하게 사용된 물질의 '실질적 유사성substantial similarity' 덕분에 규제나 감독이 줄어들 것이라고 언급했다.[38] 이는 제품 프레임을 채택한 논리적 결과였다. 이미 상업적으로 유통되고 있는 제품을 생명공학이 대체하는 정도라면, 그 제품은 규제 기관이 관심을 둘 정도로 새롭지 않았다. 케슬러는 이에 관한 질문을 받았을 때, 전통적인 식품의 영양성분 변화 또는 독성 및 알레르기 반응을 유발할 수 있는 물질이 첨가되는 경우에는 식품의약국이 심의할 것이라고 답변했다. 하지만 식품의약국의 규제 방식은 대부분의 유전자 변형 작물 및 식품에 시장자유주의 태도를 취하는 것으로 드러났다. 생명공학 산업은 기관의 승인을 받아야 할 시기를 자발적인 협의를 통해 자유롭게 결정했다.[39] 2001년 식품의약국이 규제를 거의 하지 않는다는 의혹이 제기되자, 기관은 사전 고지를 통해 기관과의 협의가 필수적이라고 반박했다. 하지만 식품의약국 법률 자문위원은 기관이 관할권을 갖고 있지 않다고 판단하자 이 규정은 연기되었다.[40]

식품의약국의 유사성 기준(공식적으로는 '실질적 동등성substantial equivalence' 으로 알려진 기준)은 정책 실행과 관련 없는 과거의 결정에 의존했다. 기존 제품과 비슷하면서 유전자 변형 과정으로 생산된 신제품은 미국 규제기관의 문제가 아니었다. 정의상 이 방식은 유럽의 규제 환경에서는 불합리했다. 유럽에서는 이 절차가 중요하고 핵심적인 관심사였다. 관련 사건에서 볼 수 있듯이 규제 범위를 벗어나 절차를 규제하려는 시도는 미국에서 지속될 수 없었다.

### 초기 시험: 우유, 토마토, 옥수수

미국 시장에 진출한 첫 번째 식품 생명공학 제품은 신기술에 호의적인 반응을 끌어내지 못했다. 1993년 11월 몬산토의 재조합 소성장호르몬recombinant bovine growth hormone, rBGH; bovine somatotropin, rBST은 식품의약국으로부터 출시 승인을 받았다. 우유 생산을 늘리는 보조제로 도입된 재조합 소성장호르몬은 경제적·사회적·윤리적인 이유로 비난받았다. 미국에서 낙농 제품은 많은 보조금을 받아 과잉 생산되고 있기 때문에 경제적 이익이 의심받았다. 또한 재조합 소성장호르몬은 가족단위 소규모 농부들에게도 경제적 이익을 보장하지 못해 사회적 측면에서도 손해였다. 윤리적 측면에서 보아도 재조합 소성장호르몬 처치를 받은 젖소가 유방염mastitis 같은 질병에 걸릴 가능성이 크게 증가해 동물복지 단체들이 항의했다. 이처럼 심각한 수준의 공적인 실패를 겪었음에도 여전히 몬산토는 제품을 시장에서 팔려고 했다.

이런 문제들 때문에 소비자는 재조합 소성장호르몬을 이용해 생산된 우유를 마시지 않으려 했다. 따라서 몬산토는 재조합 소성장호르몬이 사용된 우유를 표시하는 정책에 격렬히 반대했으며, 이런 몬산토의 입장은 일부 식품의약국 담당자들로부터 지지를 받기도 했다. 식품의약국은 우유가 재조합 소성장호르몬 처치에 영향을 받지 않는다면, 건강상의 이유로 표시를 의무화할 필요가 없다는 입장이었다. 실제로 이 기관은 규정되지 않은 표시제가 오해를 일으킬 수 있다고 결론을 내렸다. 만에 하나 기관이 잘못 판단해 소비자가 제품에 문제가 있는 건 아닌지 의심할 수 있기 때문이었다. 만약 표시를 해야 한다면, 식품의약국은 재조합 소성장호르몬 처치 여부에 따른 차이가 전혀 없음을 명확히 밝힐 수밖에 없다고 보았다.[41] 식품의약국은 소비자가 선택할 수 있도록 명시적으로 표시해야 한다는 주장에 대응할 권한이 없다고 선언했다. 또한 재조합 소성장호르몬의 사회적·경제적 영향을 평가할 수 있는 권한도 없다고 인정했다.

재조합 소성장호르몬 논란은 미국의 독특한 특성을 보여준다. 특히 우유 생산량, 동물과 인간의 건강에 미치는 영향, 성장호르몬과 재조합 성장호르몬의 동일성(또는 차이)을 확인하기 위해 고안된 과학 연구 논쟁이 두드러졌다.[42] 이 기술을 지지하는 사람들은 동물복지와 인간 건강에 해롭지 않으며, 기술을 사용하지 않았을 때보다 생산량이 증가한다고 주장했다. 반면 기술에 반대하는 사람들은 유전공학에 의한 소성장호르몬이 연결단백질linker protein로 알려진 하나 또는 두 개의 아미노산 서브유닛subunit에 호르몬 분자 말단이 추가되었다고 지적했다. 따라서 두 호르몬은 기술적인 측면에서 보면 동일하지 않다고 주장했다.[43] 하지만 현명한 관찰자라면 정상과학 논쟁 외에도 근본적인 규제 프레임이라는 더 중요한 문제를 지적했을 것이다. 실제로 재조합 소성장호르몬에 반대한 사람들은 절차가 중요하며, 건강에 해롭지 않다는 이유가 적합성의 근거가 되지 않는다고 주장했다. 가족단위 소규모 낙농업자의 미래에 대한 염려, 표시제 및 소비자 선택에 관한 우려뿐만 아니라 소를 효과적인 생산 수단으로 취급하는 관점을 비난하는 만화와 칼럼은 제품을 중심에 둔 방식의 불안정성을 보여주었다. 비평가들은 재조합 소성장호르몬에 반대하면서 녹색 생명공학의 근본 전제에 의문을 제기했다. 즉, 비평가들은 인간의 건강과 안전에 위험이 없다면 생산성을 높이도록 자연을 밀어내는 데 아무런 문제가 없다는 관점에 반대했다. 미국의 주류 정책 프레임은 유전자 변형 제품과 '자연적인' 제품 사이의 구조적·기능적 유사성에 관심을 두었으며, 논란의 여지를 공적으로 남겨두지 않았다. 초기 정책에서 정치적·윤리적인 문제는 제외되었다.

공적 숙의 수준이 낮다고 해서 미국 소비자가 유전자 변형 제품 규제에 대체로 만족한다는 건 아니었다. 1994년 초 인터넷에 잠깐 논란이 된 사소한 사건을 보면 아무런 문제가 없는 게 아니었다. 국립농업도서관 관장 파멜라 안드레Pamela Andre는 지속 가능한 농업에 관한 정보를 교환하기 위해 1991년에 조직된 인터넷 토론 단체인 SANET-mg에 글을 올렸다.[44] 안드레는 도서관 소속 대학원생 연구조교인 라라 위거트Lara Wiggert가 재조합 소성장호르몬의 안전성에 관한 편향되고 오도된 문서를 인터넷에 게시했다고 고발했다. 즉, 안드레는 위거트가 코넬대학교 소속 저명한 과학자이자 재조합 소성장호르몬 전문가인 데일 바우먼Dale Bauman의 전문가적 진실성에 관한 편향된 내용을 게시했다고 비난했다.[45] 일부 사람들은 위거트가 부적절한 정치적 목적을 위해 온라인 네트워크를 남용했다고 비난하기도 했지만, 위거트를 적극적으로 지지하는 사람들도 많았다. 그중 흥미로웠던 글은 인터넷이 과학기술에 관한 민주적 논쟁을 할 수 있는 잠재력을 가지고 있다는 내용이었다.

186

확실하고 엄밀하면서 그럴듯해 보이는 과학적 의견, 그리고 불쾌하고 시끄러운 의견 중에서 선택해야 한다는 강한 압박을 받고서, 나는 크게 실망했다. 나는 온라인이나 오프라인의 재조합 소성장호르몬 대화에서 지식, 정책, 기술이 사회적으로 생산되는 구조에 의문을 제기하는 시민들을 보았다. 이들의 의견은 공식적인 답변을 주는 전문가들의 의견에 못지않게 복잡한 수준이었다. 시민들은 누군가의 승인을 받아 의견을 제시하지 않았지만, 보스턴 차 사건Boston Tea Party을 일으킨 사람들도 마찬가지였다.[46]

이 저자가 옹호한 인터넷과 대중의 기술평가는 1990년대 후반 농무부의 유기농 식품 표시 논란에서 상당한 반향을 일으켰다.

하지만 1990년대 내내 유전자 변형 식품은 대중의 관심을 받지 못했다. 혁신적인 제품이 가끔 출시되어도 생명공학 지지자들과 반대자들이 의례적으로 반응할 뿐이었다. 관심을 끌었던 첫 유전자 변형 처리된 무첨가식품whole food은 캘진Calgene Inc.이 만든 유전자 변형 토마토인 플레이버 세이버Flavr Savr로, 덩굴에서 토마토가 물러지지 않은 채 익도록 설계되었다. 캘진은 토마토의 펙틴pectin 분해 효소의 생산을 지연시키는 방법을 개발했다. 펙틴은 세포벽의 강도를 낮추어 열매가 썩는 원인이 되는 물질이었다. 플레이버 세이버는 정상 토마토보다 1주일 이상 단단하게 유지되었으며, 더 잘 익고 맛있는 상태가 되었다. 캘진은 소비자의 신뢰를 확보해야 한다고 보면서 1994년 식품의약국에서 승인받기 위해 5년간 식품의약국과 협력했으며,[47] 제품에 유전자 변형 표시를 하겠다고 약속했다. 그럼에도 제레미 리프킨의 경제동향재단이나 참여과학자연맹 같은 단체들은 안전에 의문을 제기했다. 리프킨은 플레이버 세이버와 여러 유전자 변형 식품을 거부하는 캠페인을 유명 요리사들과 식당들을 상대로 벌였다.[48]

식품의약국과 캘진 간의 논의는 대부분 비공개로 진행되었지만, 1992년부터 1994년까지 언론은 플레이버 세이버를 산발적으로 보도했다. 그 가운데는 분자생물학을 이용하면 인간 건강에 집중하면서 위험을 통제할 수 있다는 내러티브가 공적 프레임을 결정하는 방식을 보여주었다는 기사도 있었다. 1993년 8월 카네기연구소Carnegie Institution 소장이자 아실로마 재조합 DNA 회의를 이끌었던 맥신 싱어는 《워싱턴포스트》에 캘진 토마토에 관한 글을 기고했다.[49] 싱어는 "우리가 먹는 거의 모든 식품은 유전공학이 등장하기 전에 발생한 교차교배cross-breeding에 의한 산물"이라고 지적하면서, 유전공학은 짧은 DNA 프라이머primer로 토마토를 조작하는 것이라고 말했다. 그녀는 이 과정에 표적효소target enzyme를 정확하게 변형하고, 항생제 카나마이신antibiotic kanamycin에 내성을 주는 표지유전자marker gene를 삽입하는 과정도 포함된다고 언급했다. 공통 표지 장치는 유전자 변형 식물 원예가가 원하는 1차형질이 성공적으로 변형되었는지, 즉 이 경우에는 숙성이 지연되었는지를 알려준다. 또한 항생제 내성 유전자가 환경으로 전염될 가능성이 있는지, 즉 내성이 있는 유기체가 생산되거나 공중 보건을 잠재적으로 위협하는지가 주요 관심사였다. 하지만 싱어는 더 긴급한 보건 위험에 집중했다. 그녀는 유전자 변형 토마토에서 잔류 효소를 소량 섭취하더라도 인체 내 소화기관에서 쉽게 분해될 것이라는 독물학자들에게 익숙한 내용에 주목했다. 흥미롭게도 국립야생생물연합National Wildlife Federation 소속 과학자인 제인 리슬러Jane Rissler와 마거릿 멜론Margaret Mellon은 싱어의 글에 반박하는 서한을 기명 논평 기사로 발표했다. 그들은 참여과학자연맹에 소속되어 있었으며, 환경 위험을 언급하지 않았다(물론 식품의약국은 중요하지 않게 여겨지지만, 유럽에서는 상당한 의미를 지닌 것으로 간주되었다).[50] 결국 제품기반 정책 프레임에 따라 규제기관이 아닌 시장이 플레이버 세이버의 운명을 결정했다. 토마토의 맛이 문제가 되어 캘리포니아주와 미드웨스트주에서 판매가 저조하자, 제품은 조용히 철수되었다.[51] 2000년 9월 프랑스 다국적 회사 아벤티스가 생산한 유전자 변형 옥수수 스타링크StarLink에서 살충성 단백질 Cry9C가 발견되자 대중들이 분노했다. 이 단백질은 크래프트 푸드Kraft Foods에서 생산되어, 패스트푸트 체인인 '타코 벨Taco Bell'에서 판매된 '타코 쉘taco shells'에서 발견되었다.[52] 미국 환경보호청은 스타링크를 동물 사료용으로 승인했지만, 인간 소비용으로는 승인하지 않았는

데, Cry9C가 알레르기를 유발할 가능성이 해소되지 않았기 때문이었다. 지구의 벗Friends of the Earth 소속 과학자가 시행한 무작위 시험random test에 따르면, Cry9C는 규제기관이 의도했던 곳에 머물러 있지 않았으며 인간의 먹이사슬에서 안전하지 않았다. 첫 발견에 이어 다른 가공식품에서도 Cry9C가 발견되자 300여 개 식품이 회수되었다. 미국 농무부는 Cry9C가 포함된 종자를 되사는 프로그램을 집행하자, 일본과 한국으로 수출되는 미국 옥수수 선적량이 급감했으며, 아벤티스는 스타링크 등록을 자진 철회했다. 그린피스는 2001년 2월 7일 환경보호청 청사에 몇 톤에 달하는 스타링크 옥수수를 투기하는 시위를 벌였고, 이는 영국의 시위를 연상시켰다. 또한 그린피스는 새로 임명된 청장 크리스티 토드 휘트먼Christie Todd Whitman에게 생명공학 업계의 '유전학 실험genetic experiment'에 찬성하지 말라고 경고했다.[53]

또 다른 우려를 일으킨 사건에서 프로디진Prodigene Corporation은 인슐린 전구체insulin precursor인 트립신Trypsin이 포함된 유전자 변형 옥수수의 현장 시험을 승인받았다.[54] 이 식물은 농업 생명공학과 제약 생명공학이 겹치는 영역에 있으며, 성공한다면 경제적 의미가 컸기 때문에 중요한 시험이었다. 농무부의 승인에 따라 유전자 변형 옥수수는 미국 옥수수 경작지의 핵심인 아이오와주 농촌 지역에 표시 없이 재배되었다. 이 시험 장소는 다음 해에 유전자 변형 식물의 우발적 성장을 막기 위해 특수한 처리를 해야 했다. 하지만 특수 처리가 실패해, 다음 해에 정확하게 파악할 수 없는 양의 유전자 변형 옥수수가 50만 부셸의 콩과 함께 수확되었다(1부셸은 약 36리터. 50만 부셸은 약 1,800만 리터). 농무부는 위험이 없도록 이 콩을 모두 폐기했지만 여기에 상당한 비용이 투입되었다.[55]

스타링크와 프로디진 사건은 크게 논란이 되었고 경제적 부담도 커서, 논평가들은 이를 심각한 규제 실패라고 지적했다. 하지만 이 사건들은 상업적 생명공학을 관리하는 가능성이나 불가능성에 관한 경고라기보다는, 더 나은 감시 및 감독을 위한 인센티브로 해석되었다. 실수로도 돈을 벌 수 있는 부유한 나라에서 혁신의 가치는 암묵적으로 오류 비용을 능가했다. 대표적인 반응으로 전 농무부장관 댄 글릭먼Dan Glickman이 스타링크를 '주목해야 할 규제 실수'라고 지적한 것을 꼽을 수 있다. 그는 여러 의견 간의 대화를 신중하게 조정하면 농업 생명공학의 가치에 관한 의미 있는 회의가 될 수 있다고 주장했다.[56] 환경보호청은 스타링크의 승인을 분리한 것(인간을 제외한 동물용 승인)은 나쁜 아이디어였다고 보았다. 사람들은 화학농약과 유전자 변형을 통한 식물의 살충성을 동등하게 취급하는 것이 적절한지 의문을 제기했다. 1980년대 사회학자 찰스 페로Charles Perrow가 긴밀하게 결합된 고위험 기술의 '정상 사고normal accidents'를 지적했던 것처럼, 어떤 것도 체계적으로 검토되지 않았다.[57] 또한 유전자 변형 제품과 비유전자 변형 제품을 공존하게 하거나 분리해서 관리하는 정책이 불안정하다는 내용의 공개 토론도 없었다. 이처럼 스타링크와 프로디진은 미국의 공적 규제 체제를 바꾸지 못했다.

## 자연적인 것의 경계선

그렇다면 대중의 반응은 어땠을까? 2002년 11월 어느 을씨년스러운 날 매사추세츠주 케임브리지 포터광장Porter Square에 있는 쇼 슈퍼마켓Shaw's Super-market 밖에서 불안한 표정의 한 젊은 여성이 작은 테이블에 앉아 서명을 받고 전단지를 나눠주었다. 그녀는 쇼 슈퍼마켓과 스타 마켓Star markets 매장에서 유전자 변형 성분이 들어간 제품을 철수하도록 압박하려고 했다. 나는 그 식품들에 어떤 문제가 있는지를 그녀에게 물었다. "이 재료들은 제대로 검증되지 않았어요"라고 그녀가 대답했다. "이것들이 암을 유발할 수도 있어요." 그녀가 나누어준 전단지에는 다른 이야기가 실려 있었다. "미국인 수백 명이 유전자 변형 성분이 포함된 크래프트 제품과 다른 브랜드의 옥수수를 먹은 후 알레르기가 발생했다고 식품의약국에 보고되었다." 한 전단지는 이렇게 경고했는데, 다음 문장이 덧붙여 있었다. "실험실에서 수행된 시험과 업계의 공개 자료에 따르면, 비유기농 슈퍼마켓 식품의 60~75%에 유전자 변형 성분이 포함되어 있다는 '양성 반응test positive'이 나타났다고 한다." 다른 전단지에는 "원하지 않고 예측할 수도 없는 시험"이 수행되지 않도록, 소비자들이 "크게 말하고" "행동해야" 한다고 촉구했다.[58] 권고사항에는 인증된 유기농 식품을 구입하고 유기농 소비자협회Organic Consumers Association에 가입하는 것도 있었다. 농업 생명공학을 피할 수 있는 피난처를 찾던 미국 소비자들을 위한 유기농 제품 시장은 지금도 거대하다. 그런데 이 안전한 천국은 어떻게 만들어졌을까?

미국에서 유기농 제품 시장이 형성되는 데 10년이 걸렸다. 1990년 농장법Farm Bill에는 국가 유기농 프로그램National Organic Program의 기초를 마련한 유기농 식품 생산법Organic Foods Production Act이 포함되었다. 이 프로그램은 경쟁적이고 상충되는 국가 규정을 대체해, 유기농 식품 인증을 위한 일관된 국가 표준을 마련하는 데 목적이 있었다. 이는 유기농 식품을 기존 식품과 분리해서 관리할 수 있도록 실행 가능한 지침을 만드는 것이었다. 그동안 표준이 서로 달라 여러 성분이 들어간 제품을 취급하는 것을 사람들도 문제가 있다고 생각했고, 소비자도 확신하지 못했다.[59] 농무부는 1997년 12월 16일 유기농 식품 표시에 관한 대규모 규정을 제안했다. 이 규정을 요약하면 농무부는 '유기농' 명칭 승인을 담당하고, 유기농 식품 생산자와 소비자가 전통적으로 수용할 수 없거나 안전하지 않은 것으로 간주했던 몇 가지 관행을 허용했다. 특히 유기농 업계가 분노한 지점은 농무부가 3대 생명공학, 방사선, 하수나 오물 같은 부산물을 비료로 사용하는 것을 허용했기 때문이었다. 생명공학의 경우에 농무부는 식품의약국이 과거에 했던 것처럼 제품 프레임 논리를 철저히 준수했다고 말했다. 생명공학 식품에 유기농 표시를 거부하는 것은 이 절차에 위험하고 부자연스러운 점이 있음을 인정하는 것이라고 농무부는 주장했다. 하지만 미국 공식 정책에 따르면 제조 공정은 유전자 변형 제품 평가와 관련이 없었다. 제품 중심 방식에서 식품은 유전자 변형 여부에 관계없이 차이가 없어야 했으며, 이 원칙은 유기농 식품과 다른 유형의 식품에 모두 적용되어야 했다.

규정의 초안이 알려지자 유기물에 관한 로비가 경쟁적으로 펼쳐졌다.[60] 농무부는 대중의 의견을 받았는데, 4개월간의 제출 기간에 30만 건의 의견이 접수되었으며 대부분은 규정에 반대했다. 이 반응은 이전에 농무부가 제안했던 어떤 규정에 관한 의견보다 스무 배나 더 많은 것이었다.[61] 농무부장관 글릭먼은 클린턴 정부의 고위 관료들처럼 생명공학을 강력하게 지지했다. 그는 농무부가 대중의 격렬한 반응에 놀랐으며 소비자의 요구에 따를 예정이라고 인정했다.[62] 2000년 12월 20일 농무부는 3대 생명공학 승인을 포함한 유기농 식품의 최종 기준을 발표했다. 이 기준은 농업 생명공학과 고도로 산업화된 농업에 반대하는 사람들이 거둔 정치적 승리였다.

이 사건은 광우병의 초기 반응을 압도하는 수준의 대중 민주주의였지만, 농무부는 경제적인 측면을 더 중요하게 고려했다. 미국에서 유기농 산업은 1999년 60억 달러 규모로, 국가 총 식량 생산의 약 2%를 차지했으며, 연평균 20%씩 가파르게 성장하고 있었다.[63] 또한 유기농 제품은 주요 수출 품목이었고, 다른 나라들이 생명공학을 이용한 미국식 농업에 회의적이었기 때문에 유기농 제품의 수출 시장이 더 커질 것으로 예상되었다.

유전자 변형을 지지하는 세력이 표시제 논쟁에서 다른 문제에 대한 입장과 모순된 입장을 취한 건 경제적 이익 때문이었다.[64] 생명공학 산업협회는 식품의약국과 표시제를 두고 대립했지만, 유전자 변형 제품이 유기농 시장에서 좋은 조건으로 판매될 수 있다면 농무부의 표시제를 수용하려고 했다. 생명공학 반대 단체들도 일관성이 없기는 마찬가지였다. 생명공학 반대 단체들은 스타링크 옥수수 같은 유전자 변형 제품의 안전성, 추적 가능성, 제품 구분을 두고 업계와 대립했다. 하지만 이들도 유전자 변형 제품을 적절하게 표시하고 감시할 수 있다면 유기농 제품과 기존 제품을 구분할 수 있다고 인정했다. 모든 진영이 모순을 안고 있었기 때문에, 참여자들은 유기농 농업과 전통 농업 간 경계선 의미를 부차적으로 다루었다. 관련 업계는 이 경계선을 무너뜨려 생명공학이 전통 농업의 확장이라고 주장하려 했다. 생명공학의 건전성을 유지하는 것은 유기물 로비에서도 중요했다. '유기물' 범주를 이미 주어진 것으로 간주해 수용하면서 객관적 기준으로만 규정하려 한다면, 이는 사람들이 원하는 방식으로 세상에 질서를 부여하는 합리화의 도구일 뿐이라는 점을 놓치게 된다.

유기농 식품은 1970, 1980년대에 환경, 동물복지, 신선도와 맛, 제철음식, 소규모 농업, 제품 생산지의 근접성 같은 탈물질적 가치를 추구하는 소비 대중의 수요에 따라 미국 농산물 부문에서 발전했다. 소비자들은 이런 가치를 반영한 절차에 따라 생산된 식품에 더 많은 돈을 지불했다. 유기농 또는 '무첨가 식품' 광고는 생산자와 소비자 사이의 개인적인 관계를 만들어 이런 감성을 자극했다. 패키지 또는 회사 웹사이트에 실명을 밝힌 개인 이야기가 등장하기도 했다.[65] (생산자와 소비자를 직접 연결하는 사례는 미국에만 국한되지 않았다.[66]) 맥신 싱어는 슈퍼마켓에서 플레이버 세이버를 먹겠다고 말했지만, '대안'을 고민한 소비자들은 유전자 변형 때문에 사물의 질서가 낯설어졌다고 생각했다. 부유한 소비자들이 찾는 식품 생산 절차는 그 자체로 가치 있는 제품이었다. 유기농 제품을 구입하는 행위는 공동체와 자연에 기본적이고 윤리적인 제품을 구매하는 것이었다. 찰스 왕세자가 상속받은 땅인 영국에서 왕의 특권을 이용하려 했던 것처럼, 윤리적·정치적 질서를 유지하는 데 경제 권력이 사용되었다. 이런 관점에서 보면 유기농 표시는 강력한 사회정치적 신념을 보여주는 존재론적 ontological 플레이스홀더placeholder(빠져 있는 것을 대신하는 기호나 텍스트를 말한다._옮긴이)이며, 식생활과 생활 방식을 보여주는 명명 장치이다. 이 때문에 유전자 변형을 표시해야 한다는 입장과 하지 않아도 된다는 입장 사이에 심각한 논쟁이 발생했다.

하지만 민주주의 이론 관점에서 보면 미국의 시장 통합은 별다른 성찰 없이 근본적이고 형이상학적인 경계선에 따라 진행되었다. 또 다른 아이러니도 있었다. 표시제 규정은 제품을 경제적이고 지리적인 관점에서 추적할 수 있도록 표준화되었으며, 초기에 핵심 고객의 요청에 따라 제품 생산지와의 근접성도 포함되었다. 상업적인 측면에서 보면 유기농 표시제 덕분에 유전자 변형 제품이 관심을 받았지만, 유기농 식품은 전 세계에서 유통될 수 있는 상품이었다. 유기농 제품은 미국의 제품 기반 생명공학 프레임에 적절히 수용되었다. 부유한 소비자들이 자연 개념을 선호하자 유기농 식품이 상업적 가치를 인정받았으며, 국가에서도 인증을 받았고 시장 점유율도 크게 늘어났다. 하지만 케임브리지의 슈퍼마켓에서 전단지를 나누어주던 사람이 의도했던 자연적인 식품을 위한 약속은 여기에 없었다.

# 독일: 설득력 있는 침묵

독일은 유전자 변형 식품과 관련해 정치적으로는 다른 두 나라보다 훨씬 더 평온했다. 독일에서는 영국이나 미국의 시위에서 등장한 감정적인 표현을 볼 수 없었고, 유전자 변형 제품을 향한 언론의 광분이나 대중적인 동원도 없었으며, '프랑켄식품'이나 '유전적 오염genetic pollution' 같은 자극적인 담론도 없었다. 특히 유전자 변형에 관한 뚜렷한 규제나 제도 변화도 없었다. 여기서는 이 것들이 없었다는 게 중요한데, 독일도 영국만큼은 아니지만 비슷한 정도로 정부의 무능력을 보여주는 광우병 사건이 있었기 때문이다. 영국처럼 독일 정부도 철저한 개혁을 추진했지만, 여기에는 대중 참여 절차를 개혁하라는 요구는 없었다.

이 상황을 이해하기 위해서는 독일의 생명공학 정치에 중요한 두 곳, 유럽이라는 극장과 국내 정치라는 극장을 살펴봐야 한다. 두 맥락에서 독일은 국가 권력을 이용해 사건의 경계선을 명확하게 설정하면서 해결책을 찾았다.[67] 이는 미국과 영국에서 등장했던 지저분한 정치가 독일에는 출현하지 못하도록 막았다.

## 국경 폐쇄: 유럽의 기반

독일은 양심적이고 관심이 있던 유럽 시민으로서 유럽의 정책 설계에 중요한 역할을 했다. 그 가운데 하나는 분열의 원인이 될 수 있는 규제 정치의 상당 부분을 브뤼셀의 기술 중심적인 정치 환경에 위임했다는 것이다. 독일은 주요 세부 사항에서 유럽연합 차원의 유전자 변형 지침을 국내법으로 채택했지만, 일부 국가에서는 갈등이 심각했다.

독일의 유전자 변형 식품 정책은 1997년 유럽 신규 식품 규제 및 2000년 표시 규정에 따른 법적 프레임에서 추진되었다.[68] 유럽집행위원회 산업사무국 DG Enterprise이 관리하는 신규 식품 규제는 유전자 변형 작물로 만든 식품을 포함해 유럽연합에서 소비되는 모든 식품의 규제 절차를 규정했다. 이 규정은 유전자 변형 식품에 관한 두 가지 대안적인 의사결정 절차를 제시했다. 먼저 복잡한 승인 절차는 기존 유기물과 동일하지 않은 살아 있는 유전자 변형 생물체를 시장에 출시할 때 적용된다. 유럽연합은 기존 제품과 '신규 식품'을 동등하게 취급한 조사회원국rapporteur member state(처음으로 도입한 국가)의 긍정적인 보고서를 근거로 제품을 승인했다.[69] 두 번째로 간편 승인 절차를 위해서는 조사회원국이 통지해야 한다. 하지만 일부 국가는 모든 회원국이 유럽연합의 의사결정에 참여할 수 있어야 한다고 주장하면서, 참여 회원국 숫자가 논란이 되었다. 이 논의는 지금도 진행 중이며, 세부 권한 규정에 따라 통지 방식이 변경될 수도 있다.

## 내부 통제: 통제선

독일에서 신규 식품 규제는 2001년 1월에 새로 설립된 연방 소비자보호 식품농업부Federal Ministry for Consumer Protection, Food and Agriculture; Bundesministerium für Verbraucherschutz, Ernährung und Landwirtschaft, BMVEL에 의해 시행되었다. 이 부처는 농업부와 연방 보건부Federal Ministry of Health; Bundesministerium für Gesundheit und Soziale Sicherung, BMGS의 일부 조직이 합쳐져서 설립되었다. 독일에는 광우병이 없다고 수년간 반복적으로 주장되었지만, 2000년 말 독일에서 광우병을 확인한 충격적인 사실이 폭로된 이후에 이 기관은 구조조정되었다. 감염된 소가 500마리도 넘을 거라는 예측이 발표되었고, 담당 관리들은 살처분 외에는 다른 방법이 없다고 말했다. 살처분은 수년간 동물복지를 논의해왔던 국가에서 고통스러운 결정이었다. 이 위기로 녹색당 소속 보건부장관 안드레아 피셔Andrea Fischer와 사민당 소속 농업부장관 칼-하인츠 푼케Karl-Heinz Funke가 사임했다. 새로 설립된 부처 장관으로 도시 출신 변호사이자 녹색당 소속 레나테 퀴나스트Renate Künast가 임명되었고, 식품 규제 시스템의 추락한 신뢰를 회복해야 했다.

독일은 신뢰 회복을 위해 전문가 자문을 핵심 도구로 삼아 시험과 검사를 실시했다. 두 전문가 단체가 유전자 변형 식품의 기술평가에 참여했는데, 새로 설립된 연방 소비자보호 식품농업부 산하 연방 위험평가연구소Institute for Risk Assessment; Bundesinstitut für Risikobewertung, BfR[70]와 보건부 산하 로베르트 코흐 연구소였다. 연방 위험평가연구소는 식품과학자 13명의 자문을 받아 유전자 변형 기술로 생산되었지만 유전자 변형 생물체가 포함되지 않은 식품을 담당했고, 로베르트 코흐 연구소는 유전자 변형 생물체가 포함되었거나 생산된 식품을 평가했다. 2001년 독일을 방문한 유럽연합 조사단에 따르면, 독일 전문가 단체들은 제출된 제안서를 평가하고 논평하는 데 적극적이었지만, 신청기관 중에서 신규 식품 허가를 받은 곳은 아직 없었다.[71] 독일 국내법에 따르면 검사와 품질관리는 담당기관의 책임이었다. 2001년 유럽연합의 임무는 국가 수준에서 통제가 기술적으로 효율성 있게 수행되고 잘 조율되는지를 확인하는 것이었다. 이는 엄격한 법집행으로 유명한 독일의 역사적인 임무와 일치했다.[72] 대중은 이 과정에서 할 수 있는 게 거의 없었다. 승인요청 통지를 받았더라도, 정부의 법률고문은 신청자와의 계약에 따라 '실질적 동등성' 결정을 대중에 공개할 수 없다고 말했다.

국내에서 갈등 영역을 차단하는 전략은 표시제와 관련된 독일의 초기 임무에서 명확하게 드러났다. 다른 두 유럽연합 회원국(오스트리아와 네덜란드)과 함께, 독일은 1998년 이 문제에 관한 유럽연합 차원의 최종 규제의 시발점이자 적용 가능한 모델로, 식품에 '유전자 변형 없음GM-free' 표시를 도입했다.[73] 유전자 변형이 없는 식품으로 지정되기 위해서는 유전자 변형 성분 또는 유전자 변형 DNA가 1% 이상(이후 0.9%로 축소) 포함되지 않아야 했다. 이는 미묘한 독일 내 논쟁에 따른 타협의 결과물이며, 유전자 변형의 순수성과 위험에 관한 '정상normal' 정치가 일시적으로 바뀌었다. 유전자 변형 식품을 지지하는 생산자들과 연합한 바이에른 주정부는 유전자 변형 성분의 비율을 아무리 낮게 설정하더라도 이는 소비자를 속이는 것이며, 절대적인 순수함만이 유전자 변형 없음 표시가 합리적일 수 있는 유일한 근거라고 주장했다. 반면 유기농 농부와 소비자단체는 표시제가 의미 있게 자리를 잡으려면 일부 오염을 허용해야 한다는 현실적인 전망을 제시했다. 처음 법률에 기록된 1% 한계는 분리주의자들

의 승리였다. 그들은 유전자 변형이 포함된 농업 환경에서 오염은 현실이라고 인정했다.[74]

2001년 퀴나스트가 소비자보호 식품농업부 장관으로 임명되었을 때 독일 유기농 농부들은 장관 임명을 크게 환영했다. 그녀는 2003년까지 자신이 속한 녹색당이 강력하게 추진하고 있는 유전자 변형 논쟁이 비생산적인 찬성-반대 논쟁에서 벗어나야 한다고 말했다. 퀴나스트는 현재 2.5%를 차지하는 유기농 제품 비율을 10년 후에는 20%로 끌어올리겠다는 목표를 발표했다. 2002년 총선에서 야당인 기민당은 이 정책을 위해 정부가 50억 유로 이상의 보조금을 지불해야 한다고 주장했다. 일부 사람들은 유기농 제품이 고품질 식품이라는 녹색당의 주장에 의문을 제기했으며, 이는 미국과 영국에서도 제기된 의심이었다. 2002년 4월 유기농 제품 가공업체인 GS아그리GS agri가 판매한 가금류 사료에 제초제 성분인 니트로펜nitrofen이 포함되었다고 보도되자, 비판적 입장에 있던 사람들은 즉시 공격용 무기를 얻은 셈이었다. 보수 진영 신문으로 유명한 《프랑크푸르터 알게마이네 차이퉁Frankfurter Allgemeine Zeitung, FAZ》은 퀴나스트의 불만을 비꼬는 논조로 보도했다. 이 신문의 기자는 유기농이라는 '에덴Eden' 개념을 경제적으로나 행정적으로 지지할 수 없다고 말하면서 다음과 같이 보도했다.

중세 시대 분위기의 미니어처 벽으로 둘러싸인 에덴동산처럼 인간, 닭, 돼지가 조화롭게 살고 있는 동물공장에서 무너진 부분은 과거의 일이 될 것이다. 새로운 '유기농 표시' 브랜드로 보호받고 지원받은 이 시스템은 국가에서 보조금을 받았다. 죄인들을 쫓아내는 불타는 칼을 가진 천사의 역할은 정부 당국의 네트워크와 그들을 대표하는 사적 통제 조직에 의해 수행되었다. 이들은 1년 내내 사건을 주시했다.[75]

이 기자는 유기농업을 부자연스러운 사물의 질서로 보았으며, 바람직하지도 않고 실현 불가능해서 국가 차원의 지원이나 지속적인 감시가 없다면 유지될 수 없다고 보았다. 이는 현대 '원예 국가gardening state'의 자연을 인공적으로 포장한 것이며,[76] '실제 자연real nature'과는 관계가 없었다. 전통 농업은 암묵적으로 자연스러운 대안이었고, 시장에 의해 규제를 받는 자유주의 산물이며, 국가 계획에 의해 방해받지 않았다. 《프랑크푸르터 알게마이네 차이퉁》기자처럼 시장의 자연화를 지지하는 사람들은 집중화되고 산업화된 농업을 자연화했다. 이런 농업은 시장에 의해 익숙하고 경제적으로 바람직한 것이었다.

## 유럽의 해결책: 통합 조건

유럽연합 회원국들이 유전자 변형 농업의 성과를 논의하는 과정에서 유럽 정책의 방향이 바뀌었다. 또한 유럽연합 차원의 숙의 과정에서 유전자 변형 제품을 유전자 변형 절차와 통합해 고려해야 한다는 이슈가 공식적으로 제기되었다. 유전자 변형 식품은 유럽 시장에서 유통될 수 있지만, 유전자 변형 출처를 명확하게 표시해야만 가능했다. 유럽연합이 유전자 변형 식품의 제조공정을 규제해야 한다고 주장했던 근거는 유전자 변형 생물체 및 유전자 변형 제품의 승인, 추적 가능성, 표시에 관한 2003년 규정이었다.[77] 이 규정은 유전자 변형에 의해 생산된 최종 제품에 외부 유전자가 없어도 완벽하게 추적할 수 있어야 한다고 요구했다. 유럽연합의 새로운 법적 절차는 이전보다 더 명시적으로 규제가 식품 마케팅에 중요하다고 보았다. 만약 유전자 변형 농업이 유럽연합 상업의 중심에서 성공한다면, 가까운 장래에 유전자 조작 실험실에서 그 근거를 찾을 수 있을 것이다.

유럽연합 표시제 및 추적 가능성 규제 정책은 규제 통합의 수준을 보여준다. 이는 정치학자 토머스 베르나우어Thomas Bernauer가 제시한 영구 양극화permanent polarization 및 규제대립regulatory standoff 예측과 상반된다.[78] 유럽연합 규정이 제정되면 일부 국가는 자국 내에서 반발을 겪을 수 있다. 이와 관련해 독일에서 중요한 사건이 발생했다. 2004년 2월 슈뢰더 정부는 독일에서 규제 조치를 받은 유전자 변형 작물의 재배를 허용하는 안을 통과시켰다.[79] 이런 과정은 지식사회의 정치질서를 정립하는 프레임의 지속성을 보여준다. 유럽 연합과 회원국에서 소비자에게 제품이 유전자 변형인지 아닌지를 알 권리가 있다는 전제로 되돌아간 경우는 없었다. 또한 유전자 변형 식품의 안전성과 수용성을 확인하는 방법을 찾으려는 강력한 사회적 동력은 유럽연합 기관이 아닌 각국의 포럼에서 지속적으로 수행되었다. 이 책이 다루고 있는 논쟁은 정치 문화를 재검토하기 위한 것이며, 대중 지식을 만들고 논쟁하는 국가 전통과 관련된다. 우리는 10장 시민 인식론에서 이 점을 다시 다룬다.

## 결론

1990년대 유전자 변형 식품 논쟁들을 비교하면, 20세기 마지막 10년 동안 미국과 유럽 국가들에서 진행된 논의의 차이를 이해할 수 있다. 광우병으로 인해 발생한 대중의 히스테리 때문에 유전자 변형이 크게 논란이 되었다는 생각은, 국가별 유전자 변형 정치의 유사점과 차이점을 드러내지 못한다. 나는 이 장에서 유전자 변형 제품 등장과 관련된 구체적인 관심사들이 표면 아래서 끓어올랐다고 주장했다. 이런 우려가 정치적으로 표현된 형태는 식량 정책의 행위자들인 국가, 과학, 농업, 농부, 소비자의 역할을 반영했다.

독일에서는 광우병 사건조차 정당과 국가기관을 통해 정치를 수행하겠다는 약속을 흔들지 못했다. 국가 차원의 해결책이 신뢰를 받았던 건 기술 전문성과 법에 의한 규제를 명확하게 규정하는 전문 기관의 오랜 경험 덕분이었다. 반면 영국에서는 광우병 이후에 전문적 의사결정 네트워크가 형성되었으며, 대중의 무지와 불확실성이 정치적 질문으로 전환되었다. 정부와 주요 행위자들은 공적 지식의 한계를 고려해 의사결정 제도를 다시 논의할 때라고 보았다. 이에 따라 영국에서는 유례없는 대중 참여 실험이 수행되었고, 그 결과로 유전자 변형 작물에 관한 주제-특정적issue-specific 대중이 구성되었다. 미국에서는 스타링크 및 프로디진 사건으로 다소 약화되었지만, 초기의 제품 대 절차 경계선은 그대로 유지되었다. 독일과 마찬가지로 미국에서도 규제 강화에 많은 관심이 쏠렸다. 식품의약국은 자발적인 협의에서 벗어나려고 했고, 농무부는 복잡한 유기농 기준의 최종안을 발표했다.

대서양 양쪽에서 유전자 변형 식품 지위가 큰 관심을 받으면서, 유전자 변형 정치가 대안적인 농업 정치와 관련되는지 모호해졌다. 미국에서는 대중이 주목하기 전에 이미 유전자 변형 말馬이 규제 대상에서 제외되었다. 또한 미국에서는 식품 생산 과정에 주목했던 초기부터 유기농 표시에 정치적 힘이 집결되었다. 미국 정치에서 흔히 그렇듯이, 유기농 관련 로비가 영향력을 갖게 된 것은 시장이 대중의 관심을 받았기 때문이다. 로비 때문에 자연스럽다고 간주된 대안적인 식품 생산 영역이 생겼는데, 표시제는 단순히 도구였을 뿐이다. 독일에서 사민당-녹색당 연정은 유전자 변형 농업 지지와 유기농 제품에 대한 절대적인 헌신을 연결했으며, 유전자 변형이 없는 식품 생산 구역을 보호하고 확대하는 데 상당한 양의 국가적 자원을 투입했다. 영국에서는 유전자 변형에 반대하는 대중의 비난이 전통 및 농촌의 가치와 연결되었다. 상업적 유전자 변형 농업은 수요 이익, 확실성 수준에 관한 대중의 질문에 답해야 하며, 건강과 환경 안전 약속도 이행해야 했다.

2004년 유럽연합이 유전자 변형 식품이 유럽 시장에 진출할 수 있도록 추적 가능성과 표시 규정을 채택하자 유전자 변형 식품에 관한 유럽인들의 반감이 줄어들었다. 독일은 동일한 목적을 위해 공식적인 절차를 추진했다. 영국은 유전자 변형 작물 상업화 정책에서 불확실성에 관한 대중적 표현보다는 안전에 관한 과학적 권고를 따랐다. 경제학자들은 이런 행동을 기술혁신과 자유무역에 기여하면서 예측할 수 있을 정도로 수렴하고 있다고 보았다. 과학의 지지를 받은 시장 원리가 문화적 저항을 극복하는 건 시간 문제였다. 유럽은 유전자 변형 식품을 영역 내 관할권에 포함하려고 시도했다. 하지만 이는 미국과 생산자들이 세계시장에 유통하기를 바랐던 것과 동일한 유전자 변형 식품이 아니었다. 미국이 정책적으로 자연화하고 보이지 않게 만들려 했던 농업 생산물이

200

유전자 변형으로 명확하게 표시되었다. 유전자 변형 식품의 무역장벽은 해소되고 있었지만, 미국 제조업체들은 유럽의 유전자 변형 프레임을 사회적·법적 절차로 인정하는 조건에서만 수출할 수 있었다. 경제적 승리는 존재론적으로 굴복해야만 얻을 수 있었다.

# 6장 자연적인 모성과 그 외의 것들

앞 장에서 살펴보았듯이 농업 생명공학의 산업화는 정치적 이해관계를 넘어 공적 신뢰에 심각한 위기를 초래했다. 하지만 인간을 대상으로 한 생명공학은 달랐다. 이 경우에 정치적 논쟁(정치적 행동으로 이어지지 않더라도)은 발명과 거의 동시에 제기되었다. 과학 연구가 인체 생물학에 개입한 새로운 국면은 1978년 영국에서 최초의 '시험관 아기test-tube baby'인 루이스 브라운Louise Brown이 태어나면서 시작되었다. 1990년대 이후 인간 복제 및 줄기세포 연구 논쟁으로 이 기술이 얼마나 발전했고, 어떻게 감독해야 하는지에 전 세계의 관심이 집중되었다. 토론은 법원이나 의회 위원회 같은 전통적인 의사결정 형태뿐만 아니라 언론에서도 큰 논란이 되었다. 윤리위원회, 환자협회, 산업계 이익단체를 포함해 새롭게 등장한 여러 심의 단체들이 국내외 문제를 해결하려 했다. 인간의 생명을 조작할 수 있는 기술을 지닌 모든 정치적 공동체가 이 논쟁에 참여해야 한다고 생각했다. 인간이 개입할 수 있다는 가능성 때문에 윤리적으로 특수한 이 딜레마는 전 세계 산업사회에서 정치 쟁점으로 다루어졌고 부분적으로는 정치를 변화시키기도 했다.

영국, 독일, 미국의 고위 정책 결정자들은 이 질문에 큰 관심을 가졌다. 세 국가 모두 경제적인 경쟁력을 확보하고 건강을 증진하는 도구로 생명공학을 선택했으며, 생의학 연구에 상당한 공적 자금을 지원했다.[1] 각국은 경쟁이 치열한 제약 부문에서 과학적 발견을 불임, 암, 유전병을 겨냥한 고수익 치료법으로 바꿀 만반의 준비를 하고 있었다. 세 국가에서 주류 종교 전통은 정신적·신체적 문제를 치료할 수 있기를 희망했고, 기술을 이용해 인간이 개선될 수 있다는 입장을 지지했다. 하지만 종교 분파에 따라 특정 유형의 개입이 적절한 것인지를 두고 첨예하게 갈라지기도 했다. 미숙했거나 힘이 없는 것은 차치하고라도, 세 국가의 도덕적 감수성 차이는 뿌리 깊은 정치적 갈등과 결합되었고, 인간 생명 조작에 관한 질문이 제기되면서 법과 정치에서 두드러지게 돌출되었다. 농업 생명공학의 성장 과정에 숙의가 거의 반영되지 않았던 반면, 인간 생명공학은 대중의 과도한 관심을 받아 오히려 부담이 커졌다. 전자의 경우 성급하게 정책 합의를 도출하려는 시도 때문에 거버넌스 관련 쟁점이 흐려졌다. 반면 후자의 경우 이슈에 관한 숙의가 부족하지는 않았지만, 의견들이 강하게 충돌해 결론에 이르기는 어려워 보였다.

우리는 이 장과 다음 장에서 인간 생물학에의 개입 문제와 관련된 세 국가의 논쟁들을 살펴본다. 먼저 기술의 도움을 받은 생식 문제에서부터 시작한다. 이 기술 때문에 1980년대 중반 세 국가에서 규제 이니셔티브가 도입되었다. 이번 장에서 우리는 생식과 관련된 과학기술의 법적·행정적 통제가 어떻게 전개되었는지, 그리고 통제에 의해 어떤 기술을 허용해야 하는지를 구분하는 방법은 무엇인지 살펴본다. 다음 장에서는 인간 복제와 줄기세포 논쟁을 검토하면서, 인간을 대상으로 한 생물학 연구의 한계를 설정하는 담론으로서 생명윤리가 부상한 것도 살펴본다. 생명윤리의 역사를 살펴보면 각국의 국가 정상화 전략에 상당한 차이가 있다는 걸 알 수 있다. 다시 말해, 도덕적 불확실성과 갈등에 직면해 인간 생명공학이 일상적이고 통치 가능한 것처럼 보이게 하는 전략이었다.

새로운 생식기술 때문에 제기된 이슈는 각국 맥락에서 보면 동일한 시작점에서 출발한 것처럼 보였다. 임신을 언제 어떤 기준에서 의도적으로 중단할 수 있는가? 인간배아 발달 과정을 조작하는 데 적절한 조건은 무엇인가? '자연스러운' 가족 관계의 법적 개념은 어떻게 확장되고 수정되어야 하는가? 반면 이 질문들에 대한 세 국가의 정치·정책적 대응은 상당히 달랐다. 영국과 독일은 보조생식과 배아연구에 관해 포괄적인 입법을 채택했지만, 이 법률들은 인간 존엄성을 보호하는 국가의 역할뿐 아니라 인간 발달의 연속성에 관해 매우 다른 전제를 법률로 규정했다. 반면 미국의 정책은 주 및 연방 모두 경쟁적이고 중첩된 여러 규정에 끼워 맞춘 형태로 남아 있었다. 이 규정들은 생식 과학기술에 일부 제한을 가했지만, 배아연구를 두고 승인이든 금지든 기본적인 정당성을 제시하지는 않았다. 국가별로 비교해보면 각국에서 특정한 형태로 경로가 막혔음을 확인할 수 있으며, 각국에서 사용된 용어상의 차이도 알 수 있다.

어려운 문제인 낙태 정치는 각국 생식기술 정치의 핵심적 결절점이다. 내가 이 장에서 수행하는 세 국가의 낙태 논쟁을 검토하는 작업은 이 주제와 관련된 방대한 문헌에 자료를 추가하려는 것이 아니라, 낙태 문제가 새로운 인간 생명 공학을 두고 벌어지는 여러 갈등을 초래하고 제한하는 방식을 살펴보는 데 목적이 있다. 생명이 시작되는 시기 및 그와 관련된 윤리적 질문, 그리고 태아의 도덕적 지위는 낙태의 한계를 결정하는 핵심 전제이다. 또한 이 질문들은 기술적 보조생식 논쟁과도 연결된다. 여성의 권리와 전통 가족(이성애 부부와 그들의 생물학적 아이들로 구성된 가족)의 신성함이라는 이슈도 낙태와 생식기술의 전선戰線을 정의하는 데 도움이 된다. 낙태 투쟁은 여러 행위자가 새로운 인간 생명 공학의 적용 범위를 확장하거나 축소할 때 활용한 개념적·정치적 자원을 만들었다.

낙태는 이 장에서 이야기한 내용의 일부일 뿐이다. 새로운 생식기술은 태아에게 과학적으로 학대를 가하거나 위해를 주는 것을 넘어서며, 각 사회의 금기를 깨고 사회적 무질서를 초래할 수 있다. 피임과 낙태가 다양한 방식으로 그랬던 것처럼, 이 기술들은 성관계와 출산을 분리했을 뿐만 아니라 이제는 자궁 밖에서 수정conception을 할 수 있게 되면서, 수정을 착상implantation 및 임신gestation과 분리했다. 수정부터 출산까지 생물학적 과정이 연결되어 있을 때에는 사회적·과학적 모호함은 거의 없었다. 그러나 생물학적 과정이 분리되자 각 단계들이 여러 행위자에게 분배되었으며, 인간이 의도적으로 개입할 수 있게 되었다. 한 여성과 한 남성이 독점적으로 보유했고 기껏해야 제3의 기증자에 의한 인공수정 정도로만 조심스럽게 확장되었던 과정에 참여자들이 추가로 개입되었다. 그 결과 이방인과의 친밀한 관계가 새로 형성되었으며, 예상하지 못한 방식으로 태어난 재조합 세대들, 심지어 삶과 죽음의 경계선을 넘나드는 관계도 형성되었다. 체외수정, 대리모, 정자와 난자의 냉동보관 같은 방식으로 폐경이 지난 어머니에게서 아이가 태어날 수 있고, 숙모나 할머니가 대신 임신할 수도 있으며, 오래전에 죽은 부모와의 친족관계를 주장할 수도 있게 되었다. 예상하지 못했던 이 관계들을 자연스럽게 또는 부자연스럽게 만드는 방식, 그리고 특정한 실천을 허용하거나 허용하지 않기 위해 기존 법적·도덕적 제도에 맞추는 방식에서 큰 충돌이 발생했다. 이 갈등을 해결하기 위해 세 국가는 상당히 다른 경로를 취했으며, 이는 각국의 정치문화를 보여주었다.


## 영국: 과학을 위한 합의

1978년 세계 최초로 시험관 아기가 태어나자 대중은 심각하게 우려했는데, 과학을 통제할 수 없다는 염려, 신 노릇, 자연 조작 등도 그에 포함되었다. 하지만 시험관 아기는 불임을 해결했고 영국 과학이 거둔 승리였으며, 다시 한 번 불가능의 경계를 넘어서는 것이었다. 영국은 1960년대 후반부터 합법적으로 낙태를 허용했다.[2] 발생학자 로버트 에드워즈와 산부인과 의사(복강경 검사 전문가) 패트릭 스텝토Patrick Steptoe는 체외수정 실험을 시작했으며, 체외수정이 처음으로 성공해 루이스 브라운이 태어났다. 루이스가 태어났을 때 모두가 흥분한 건 아니었다. 배아가 연구 대상이 되는 광경은 낙태반대 세력의 강력한 저항을 불러 일으켰다. 이들은 체외수정을 인간 생명의 신성함에 대한 더 큰 공격이자 도덕적 타락의 징후로 보았다. 보수 종교단체 및 정치단체가 지지 세력을 동원하고 강경한 로비를 펼쳤지만, 영국 정책 결정자들은 미국이나 독일과 달리 상대적으로 부담이 적었다. 이들은 승인받은 배아연구를 위한 공간을 정의하고, 낙태권이 심각하게 침해되는 것을 막을 수 있었다. 수년간의 의회 심의에서 체외수정은 과학 연구의 합법적인 결과로 간주되었다. 오용의 우려가 있지만 과학의 자율성에 이익이 된다는 게 분명했다. 이 프레임을 유지할 수 있었던 건 영국의 정책 때문이었다. 개인과 기관의 리더십, 경험적 관찰과 시연에 관한 믿음, 법으로 사회세력의 일탈을 막을 수 있는 국가의 능력, 의학의 힘이 있었기에 가능했다.

## 위임해서 법을 제정하다

1990년 인간생식배아법Human Fertilisation and Embryology Act of 1990(이하 배아법)은 배아연구의 규제 프레임을 만들었지만, 입법까지는 예상보다 오래 걸렸다. 이 입법 과정의 역사는 영국이 정치체제에서 협상하기 어려울 정도로 큰 의견 차이를 다루는 방법을 보여준다. 마이클 멀케이Michael Mulkay는 배아연구 논쟁과 인체 밖에서 배아를 만든 에드워즈와 스텝토 및 그들의 동료들이 수행한 연구를 신중하게 연구했다. 에드워즈 연구팀이 수행한 연구는 비정상적인 태아를 만들거나 한 여성에서 다른 여성으로 배아를 이식하는 데 사용될 수 있어서, 1970년대에 비판이 제기되기도 했다.[3] 1982년 보건사회안전부 Department of Health and Social Security, DHSS는 블루리본 조사위원회 위원장에 옥스퍼드대학교 윤리철학자인 메리 워녹을 임명했고, 이후 본격적으로 공개 토론이 이루어졌다. 이 위원회는 보조생식이 발달하면서 생긴 사회적·윤리적·법적 영향을 조사하기 위해 조직되었다. 위원회 보고서는 입법을 포함해 미래의 정책 결정을 위한 지침이 되었다.

1984년 의회에 제출된 워녹 보고서Warnock Report는[4] 엄격한 지침에 따라 배아연구를 승인하는 법적 기관 설립을 권고했다. 크게 논란이 된 건 보고서의 결론으로, 배아연구는 14일 미만의 배아를 사용해야만 승인받을 수 있다는 내용이었다. 한계를 이렇게 설정한 생물학적 근거는 약 14일째에 원시선primitive streak이 등장한다는 사실이었다. 원시선은 배아세포가 단순 분열을 멈추고 분화가 시작된다는 것을 가리킨다. 위원회는 이 구분이 생물학적으로 또는 도덕적으로 타당한가를 두고 갈라졌고, 로마 가톨릭 위원 한 명과 다른 두 명이 함께 작성한 소수의견 보고서를 첨부했다. 그런데 워녹은 이 불일치가 보고서의 전반적인 균형과 '신뢰성authenticity'을 강화하는 것으로 생각했다.[5] 연구공동체는 14일 기준이 과학적 근거가 없으며, 생명과학이 발전해 인간 발달을 더 이해하게 되었기 때문에 이 기준은 지나치게 제한적이라고 우려했다.[6] 일부 연구자들은 14일 후 배아가 인격체에 가까운 특성을 가진다는 연구 결과와, 당시 임신 28주 이내에 낙태할 수 있는 낙태법 사이의 모순을 지적했다.[7] 낙태반대 단체는 이 시기를 배아와 전前 인간 사물상태prehuman object-state의 분기점이며, 그 이후에는 완전한 인간으로서 존중받을 자격을 부여받는다고 보았다. 이는 수정이 인간 발달에서 유일하고 연속적인 과정의 시작점이라는 핵심을 공격했다.

워녹 보고서는 입법 공지 예정이었지만, 권고사항을 위한 공식 조치까지는 6년이 걸렸다. 그동안 규제 감독을 위한 임시승인기구Interim Licensing Autho-rity가 설립되었는데, 안정적인 법적 합의에 도달하기 위해서는 많은 논란이 해결되어야 했다. 그렇기 때문에 결국 입법에 의문이 제기되었다. 보고서의 잉크가 마르기도 전에 태아보호협회Society for Protection of Unborn Children, SPUC가 주도한 낙태반대 단체들은 입법에 반대하기 위해 의회를 압박했다. 그 결과 많은 의원이 배아연구가 '태어나지 않은 아기들'을 과학을 위해 희생한다는 견해로 입장을 바꾸었다.[8] 1985년 보수당 소속 전 장관인 에녹 포웰Enoch Powell은 낙태반대 단체의 로비에 힘입어 배아연구를 금지하는 태어나지 않은 아기 보호법Unborn Children (Protection) Bill을 제출했다. 과학공동체의 실망에도 불구하고 포웰 법안은 하원에서 다수결로 두 번이나 통과되었다. 하지만 의회의 여러 조치를 통해 입법 과정에서 폐지되었다.[9] 연구를 지지하는 측과 이들을 후원하는 정부가 승리했던 것은 낙태반대 운동을 막아서고, 반대 의견에 적절히 대응했기 때문이다.

정부가 가진 무기 중에서 가장 강력한 것은 자문절차였는데, 이를 통해 합의를 도출하기보다는 의회의 불필요한 행동을 막았다. 1987년에 정부는 워녹 보고서의 조항을 검토하기 위해 저명한 전문기관과 1년간 자문을 진행했다. 정상적인 상황이라면 이런 자문을 통해 즉시 입법 조치를 종결했을 것이다. 하지만 정부는 앞장서 싸우거나 강경하게 보이기를 원하지 않았기 때문에, 겉으로 보기에 온건한 방식을 채택했다. 1987년 11월에 정부는 백서를 발간해 입법 프레임을 제시했다.[10] 이 문서는 연구용 배아에 14일 제한을 승인했지만, 일부 유전자 조작(예를 들어 복제나 장기 보관long-term storage)에 대해서는 워녹 보고서의 금지 권고를 넘어섰다. 과학자들은 워녹 보고서의 금지 사항을 사변에 불과하다고 지적했는데, 백서 작성자들이 결론에 제시한 일부 내용(예를 들어 미리 선별된 유전적 특성을 갖는 인공적인 인간 창조)은 '극도로 동떨어진extremely remote' 것이었다.[11] 또한 백서는 인간 세포와 비인간 세포를 결합해 합성 생명체인 키메라를 만드는 것과 이종 간 배아이식에 확고한 반대 입장을 취했다.

1988년 1월 상원에서 보고서에 관한 토론이 시작되자, 백서의 전략적 중요성이 명확해졌다. 보수당 소속 보건사회안전부 차관인 스켈머스데일Skel-mersdale 경은 '정부가 자문의 대체물을 만들고 있다'라는 의혹을 부인하면서 문서를 공개했다. 그는 다음과 같이 주장했다. "우리는 배아연구의 여러 가능성을 포함해, 백서의 세부 사항을 결정하고 의회가 이것을 논의하는 게 중요하다고 생각했다. 오늘 상원에서의 토론과 다른 곳(하원)에서의 토론으로 이번 회기에 법안으로 통과될 수 있도록 협조할 예정이다."[12] 결국 이 사안의 최종 의사결정자는 정부가 아니라 의회였다. 이 의제는 낙태나 사형처럼 양심의 문제로 간주되었으며, 의원들은 당론과 상관없이 독립적으로 투표했다. 정부는 이 절차를 알리면서 민주적 의지를 실행하고 있다고 홍보했다. 결국 정부는 정치 의제를 직접 추진하는 대신, 법에 따라 의회에 위임했다.

상원에서도 전략적인 논쟁이 시작되었다. 오랫동안 이 분야에 관심을 가진 관찰자이자 스코틀랜드 노동당 소속 의원이며 과학 칼럼니스트인 탐 델엘Tam Dalyell은 이런 움직임에 대해 "하원에 처음 제기되었을 때와 분위기가 다르다"라고 말했다.[13]

활동가이자 유전학 연구 지지 이익단체proresearch Genetics Interest Group

대표인 크리스틴 래버리Christine Lavery는 동료들이 대부분의 의원들보다 더 많이 알고 있으며, 연구에 우호적이라고 논평했다.[14] 마이클 멀케이는 사회학적인 의견을 제시했는데,[15] 동료들은 과학공동체의 저명한 사람들이 주장한 장단점을 별다른 의심 없이 받아들인다고 말했다. 예를 들어 연구 지지 단체 프로그레스PROGRESS의 설립자인 로버트 윈스턴Robert Winston과 저명한 발달 생물학자이자 워녹 위원회Warnock Committee 위원인 앤 맥라렌Anne McLaren 같은 사람들이다.[16] 의원들은 과학자들이 주장하는 인간 생물학의 사실이 어떤 근거에서 나온 것인지 질문하지 않으면서, 합리적인 사람이라면 수용해야 하는 계몽적이고 비근본주의적인 입장이라고 생각했다. 상원은 이런 식으로 과학의 목소리와 상원이 대표하는 정치적으로 계몽된 상식을 강하게 결합했다.

상원에서 백서를 두고 토론이 벌어지자, 이 주제를 대중의 이익 관점에서 다룰 권한을 가진 사람들이 명확히 드러났다. 정부 입장을 지지하는 연설자로는 요크의 성공회 대주교인 존 햅굿John Habgood과 의학연구위원회Medical Research Council, MRC 의장인 얼 제리코Earl Jellicoe가 포함되었다. 자유토론 분위기에서 각자 자신의 생각을 말했지만 이들의 지지가 중요했다. 무대의 중심에는 메리 워녹 남작부인이 있었다. 국가에서 처음 임명되었을 때 레이디 마거릿 홀Lady Margaret Hall의 수석연구원이었던 워녹은 1984년에 영국 귀족 칭호인 데임Dame을 받았으며, 워녹 보고서 발표 직후인 1985년에 일대 귀족life peerage이 되었다. 같은 해 그녀는 케임브리지대학교 기튼칼리지Girton College의 미스트러스Mistress가 되었다. 당시 그녀의 이름은 자신이 의장을 맡았던 위원회와 결합되어, 워녹이라는 이름은 영국의 생명윤리와 사실상 동의어였다. 영국의 유능한 여러 공무원처럼 그녀는 국내외 배아연구 윤리에 헌신했다. 우리가 3장에서 살펴보았듯이 그녀는 유럽집행위원회 의장 자크 들로르Jacques Delors가 소집한 첫 생명윤리 기관의 영국 대표였다. 성공적인 정치를 위해서는 대중의 신뢰를 확보해야 하기 때문에,[17] 정부는 행위자들이 대변하는 관점보다 더 안전한 한계를 요구했다.

## 차이를 구별하다

과학계와 언론에서 자주 언급되는 또 다른 행위자가 배아법 성공에 결정적인 역할을 했다. 이 행위자는 워녹 보고서와 법 조항에서 빠졌음에도 의회 논쟁에서 계속 부각되었으며, 법이 제정된 후에는 더 이상 증거로 제시되지 않았다. 이 행위자는 전 배아pre-embryo였으며, 원시선이 나타나기 전 첫 14일 이내의 인간 수태물conceptus을 가리키는 이름이었다. 워녹 위원회는 입법자들에게 명확하고 실행 가능한 경계선을 제시해야 한다고 인식하고 있었기 때문에 14일 한계에 합의해야만 했다. 하지만 발달 중인 배아는 수정된 순간부터 '태어나지 않은 아기'로 간주해야 한다는 반대 주장을 꺾어야만 연구를 허용할 수 있었다. 연구자들과 이들의 정치적 동맹자들은 14일 전pre-fourteen-day 존재에 이름을 부여해, 생명보호prolife 단체가 로비를 벌인 유명론 전략nominalist tactics을 막아냈다. 이 새로운 규정은 공동생산을 잘 보여준다.[18] 윤리적인 과학 연구를 위해 새 규정을 채택하자 새로운 자연적 존재가 등장했다. 전 배아는 분화되지 않은 세포 덩어리로 규정되어 인간성과 안전하게 구별되었다. 따라서 이것은 연구 대상이 될 수 있었고, 인간 생명의 진정한 전구체precursor 이자 법으로 규정된 배아와 구분되었다.[19] 이렇게 보면 정의상 전 배아는 태어나지 않은 아기가 될 수 없다. 하지만 이 중요한 존재론적 구별에 어떻게 합의했는가?

1990년 이전 영국에서 벌어진 논쟁을 회고해보면, 현실에서 확인하고 구별할 수 있고 자주 목격되며,[20] 공공정책의 기반이 되는 경험주의 문화가 영국에서 확고했다. 1993년 워녹과의 인터뷰에서, 그녀는 차이를 '보는 것seeing'이 복잡한 작업이라고 말했다.[21] 또한 차이를 적절하게 드러내는 것뿐만 아니라 정당화와 설득도 중요했다. 워녹 위원회와 상원은 14일 기준안에 합의하기 위해 신중하게 접근했다. 워녹은 배아연구를 위한 적절한 지점이 14일이라고 생각했던 사람은 워녹 위원회에 아무도 없었다고 말했다. 명확한 기준이 필요하다고 인정되면, 그 한계는 문제에 대한 임의적인 해결책이 아니라 설득력 있는 해결책이어야 했다. 그래서 위원회는 대중이 이해할 수 있는 언어로 결론을 설명했다. '전 배아'라는 용어는 앤 맥라렌과 여러 사람에게 익숙한 동물 발달 분야에서 사용되었다. 하지만 워녹은 위원회에서 이 용어와 잠재적으로 혼란을 일으킬 수 있는 여러 용어를 배제하면서, 배아의 물리적 변화를 직접 관찰할 수 있는 방식을 선호했다.

이런 접근 방식의 이점은 상원에서 진행된 논쟁에서 드러났다. 일부 동료들은 전 배아라는 용어로 합의를 도출할 수도 있지만 분열될 수도 있다고 보았다. 케넷 경Lord Kennet은 '특정 의도를 갖는 새로운 언어purpose-serving new language' 사용을 비난하면서 다음과 같이 말했다. "전 배아는 아무것도 말해주지 않는다. 전 배아는 배아가 되어가는 전 태아pre-foetus이며, 태아foetus는 아기가 되어가고 있는 전 아기pre-baby이다. 물론 아기는 전 성인pre-adult이다. 우리는 '전前, pre'으로 시작하는 단어로 인간 생명의 단계들을 부르지 않는다. 그것은 배아를 파괴한다는 비난을 피하기 위해 단지 배아가 아니라고 말하는 부정적인 정의일 뿐이다."[22] 이런 회의주의에 맞서기 위해 더 많은 경험적 관찰이 필요했으며, 전 배아가 존재론적으로 더 강인해지기 위해서는 과학 연구의 지지가 필요했다. 관찰과 문화적 권위, 즉 종교와 세속의 두 문화적 권위가 합쳐져야만 강하게 확신할 수 있었다.

1998년 몇 차례의 상원 연설은 인지적·문화적·사회적 권위의 상호작용을 보여주었다. 이 연설들은 정치적으로 불확실한 시점에서 전 배아의 실체를 강력하게 지지했다. 그중 요크 대주교의 성명서는 상원의원들에게 상당한 영향을 주었다. 대주교는 '인격을 개인 주체의 역사적 연속성'에서 찾는 사람들을 적극 지지하면서 이렇게 말했다. "초기 단계 유기체(배아)의 정체성은 유동적이고, 초기 단계에 분화가 시작된다고 해서 불확실성이 해결되지 않으며, 세포가 되어야만 해결된다. 배아가 이 단계에 들어서야만, 배아를 의미 있는 방식으로 말할 수 있다." 대주교는 생물학 기준을 중요하게 다루었는데, 확정적으로 입증하기 위해서는 윤리 기준과 생물학 기준을 통합해야 했다. 그는 인간 발달을 연속적으로 보아야 한다고 주장했다. "일반적인 인간 속성을 갖지 않는 인간의 물질에 인격적 가치를 부여하는 것은 합리적이지 않다."[23] 결국 완전히 성장한 개인을 도덕적·생물학적 관점에서 불연속적인 존재로 표현하자, 전 배아는 비인간적인 물질로 분류되었다.

브롬튼의 헨더슨 경Lord Henderson은 또 다른 인상적인 성명서를 발표했다. 그는 '불분명한' 주제를 발견해 자문 과정에서 통찰을 얻었으며, 다음과 같이 "배아라는 단어를 두 부분으로 나누었다".

> 수정된 난자에서부터 원시선과 착상에 이르는 전 배아가 있다.
>
> 둘째, 배아에 후 원시선post-primitive streak 시기가 있다. 이 시기 이후에 태아가 되고, 그 이후에 아기가 된다. 하지만 14일 시기를 배아라고 볼 수는 없다. 이것은 오늘의 연설로 분명해졌다. 내게 수년간 자문을 해주었던 전문가들이 이것을 명확하게 밝혀주었다. 나는 겸손한 의사들, 특히 해머스미스Hammersmith 의 윈스턴 박사, 의학연구위원회의 앤 맥라렌 박사와 쇼Shaw 교수가 자문해주었다. 이들은 배아가 수정된 후 첫 14일을 다룰 때 윤리 문제가 없다고 명확하게 구분해주었다. 이것은 나에게 도움이 되었고, 오해의 소지가 전혀 없을 정도로 정확했다.[24]

헨더슨 경은 자신이 어떻게 이런 지적·윤리적 통찰을 얻었는지를 동료들에게 직접 말했다. 그는 신뢰할 수 있는 전문가들의 도움을 받았으며, 전문가들은 겸손함 덕분에 생물학적 구분을 헨더슨 경 같은 일반 정치인이 이해할 수 있고 법적 구속력을 갖는 용어로 번역할 수 있는 권한을 부여받았다.

흥미로운 점은 상원에서 발표한 메리 워녹의 성명서에 다음과 같은 문장이 포함되었다는 사실이다. "내가 재직했던 칼리지의 채플에서 자주 언급되는 고귀한 기도가 있다. 우리는 서로 다른 사물들을 구분할 수 있는 은혜를 받았다. 칼리지 채플의 위원인 나는 열정적으로 이렇게 기도한다. 개체가 될 수 있는 배아와 그 전 단계인 전 배아를 구분하는 것이 윤리적 의무라고 믿기 때문이다."[25] 워녹이 언급한 기도는 15세기 기독교 신비주의자 토머스 아 켐피스Thomas a Kempis의 기도였다. 다음은 일반적인 기도문이며, 인도받지 못한 인간은 시력이 부족하다고 말한다.

> 주님, 저에게 알아야 할 가치가 있는 것을 알게 하시고,
> 사랑할 가치가 있는 것을 사랑하게 하시고,
> 당신을 가장 기쁘게 하는 것을 찬양하게 하시고,
> 주님 보시기에 귀한 것을 소중히 여기게 하시고,
> 주께서 꺼리는 것을 싫어하게 하소서.
> 제가 보는 것을 판단하게 내버려두지 마시고,
> 제가 들은 것을 따라 말을 전하지 말게 하시며,
> 그러나 다른 것들 사이에서 올바르게 판단하게 하시고,
> 그리고 무엇보다도 주님을 기쁘게 하는 일을 찾아내게 하소서.
> 우리 주 예수 그리스도의 이름으로. 아멘.[26]

워녹은 토마스 아 켐피스를 인용하면서 아마도 실수한 것 같은데, "제가 보는 것"으로 판단하는 것과 "다른 것들 사이에서 올바르게" 판단하는 것을 구분했다.[27] 전자의 경우엔 인간적인 능력이 필요하다. 하지만 후자의 경우엔 오직 신의 은총을 통해서만 가능한데, 그 은총이 흘러 워녹처럼 학자의 권위(케임브리지대학교), 국가 권력(상원), 기성 종교의 권한을 모두 가진 사람을 통해서만 지상까지 미칠 수 있다.

우리가 여기에서 내릴 수 있는 결론은 다음과 같다. 전 배아는 공식적으로 법으로 인정받진 않았지만, 영국에서 벌어진 체외수정 논쟁에서 중요한 사물이었다. 전 배아의 존재론적이고 정치적인 실재는 생물학 지식만의 산물이 아니라, 실용주의·경험주의·전문가 신뢰가 복잡하게 혼재되어 창조(또는 공동생산)된 것이기도 했다. 얼 제리코가 제시한 14일 규정은 그것이 성공하기 위한 복합적인 토대였다. "작업할 수 있고 관찰할 수 있으며 확실하다. 14일 후에 중요한 변화가 발생한다."[28] 배아를 정치적으로 보는 다른 시도들은 실패했는데, 사회적·문화적으로 증명하는 설득력이 부족했기 때문이다. 특히 낙태반대 운

동은 낙태 제한 시기를 24주에서 20주로 줄이려 했는데, 이는 전략적 오류였다. 태아보호협회SPUC는 모든 의원에게 20주 된 태아의 실물 크기 모델을 보냈는데, 입장을 결정하지 못한 의원들은 이 모델에 불쾌감을 표명했으며, 연구와 낙태에 관한 태아보호협회의 입장을 거부했다.[29] 그 모델은 비공식적 표준인 좋은 취향good taste을 위반했으며, 태아보호협회는 집단혐오를 일으키지는 못했지만 대중의 주목을 받는 데는 성공했다. 얼 제리코는 의회의사록에 기록된 문장의 끝에 전 배아는 "크기가 마침표와 같다"라고 말했다.[30] 태아보호협회는 전 배아를 태어나지 않은 아기unborn child의 물리적 대표로 주장했지만, 전 배아에게는 행동을 요청하는 힘이 있었다.

배아법에 낙태 조항이 포함되었지만 결국 배아법은 통과되었다. 상원에서는 합법적인 낙태 기한을 28주에서 24주로 줄이는 조항이 추가되었지만, 통제할 수 없을 수준의 반발이 일어날 수 있다는 우려는 근거가 없는 것으로 판명되었다.[31] 낙태와 배아연구가 하나의 법안으로 결합되었지만, 인간생명의 기원을 다룬 조항들 사이에 모순이 있다는 논의는 없었다.

## 미끄러운 경사면에서 멈추다

미끄러운 경사면slippery slope이라는 표현은 관습법common law 판사들이 보수적인 법적 판결을 합리화하는 데 자주 언급되었는데, 배아연구의 공적 담론에서도 이 표현이 사용되었다. 의회에서 열린 여덟 번의 주요 논쟁에서 이 표현은 189개 연설 중 서른세 개 연설에서 표현 그대로 사용되었으며, '쐐기의 얇은 쪽' 또는 '하향 경로' 같은 비슷한 표현도 등장했다고 멀케이는 지적했다.[32] 이 은유는 전문가와 정책 결정자들이 청중을 안심시키는 수단으로 사용되었다. 청중들은 미끄러운 경사면을 따라 허둥지둥 쓸려 내려가고 싶지 않았고, 미끄러운 경사면은 윤리적 타락을 막는 효과적인 보호 장치였다. 법에 따라야 한다는 믿음이 신뢰의 근거였다. 1988년 상원에서 진행된 논쟁에서 워녹은 동료들에게 이렇게 말했다. "나는 상원의원 당신들이야말로 미끄러운 경사면 주장을 두려워하지 않아야 한다고 생각한다. 나는 당신들이 그러지 않을 것이라고 믿으며, 일반 대중도 이 사실을 알고 있다고 확신한다. 우리는 미끄러운 경사면 아래로 떨어지지 않을 것이며, 입법을 통해 알려지지 않은 공포 속으로 떨어지지 않도록 막을 것이다."[33] 배아연구 타당성에 관한 의견과 상관없이, 양측은 법적(즉, 법적으로 임명된) 승인 기관이 필요하다는 데 동의했다.

의회 차원의 노력 외에도 연구를 지지하는 사람들은 연구가 위축되지 않도록 힘을 실었다. 앤 맥라렌은 1989년 《네이처》에 글을 발표해, 연구뿐만 아니라 모든 상황에서 윤리적으로 위험한 이니셔티브를 통제할 수 있는 영국 사회의 능력을 확신했다. "미끄러운 경사면은 과학에만 국한되지 않는다. 그것은 우리 사회의 일반적인 특징이며, 우리는 너무 많이 미끄러지지 않도록 잘 다듬어지고 오랜 기간 확립된 여러 방식을 가지고 있다. 규제, 승인 기관, 검사, 감시를 통해 미끄러운 경사면을 통제하는 방식은 짜증날 수 있지만 효과적이다."[34] 1990년 《네이처》에 실린 한 사설은 다음과 같이 지적했다. 법적 승인 기관은 "이식 전에 배아를 조작하는 것이 위험하고 미끄러운 경사면의 시작이라고 주장하는 사람들이 거짓임을 밝혀야 한다".[35] 프로그레스 설립자 로버트 윈스턴은 거의 같은 시기에 이 문제에 의문을 제기했다. 그는 "과학자들과 의사들이 도덕적 책임을 매우 진지하게 생각한다"라고 지적하면서, 경사면이 불가피하다는 생각을 거부했다.[36]

이런 낙관적 기대는 어느 정도로 나타났을까? 1990년 배아법이 통과되자 여성에게 동물배아를 이식하거나 동물에 인간배아를 이식하는 혐오스러운 활동이 철저하게 금지되었다. 나머지 부분에 대해 법은 인간생식배아국Human Fertilisation and Embryology Authority, HFEA이 두 가지 주요 기능을 수행하도록 규정했는데, 불임 치료 병원을 허가하고 배아연구 프로젝트를 승인하도록 규정했다. 인간생식배아국의 활동 중 일부는 준거법에 의해 정확하게 통제되지만, 법에 명시적으로 규정되지 않은 경계선에 있는 사건에는 상당한 재량권을 행사할 수 있었다. 이런 상황에서 인간생식배아국은 당연한 정의natural justice를 적용했다.[37] 다음 세 가지 사례는 인간생식배아국이 받았던 압력과 여기에 어떻게 대응했는지를 보여준다. 특히 이 사례들은 법적 기관이 맥라렌과 여러 사람의 기대에 부응하는 방식을 보여준다. 그들은 영국이 인간을 대상으로 하는 실험을 확인하지 못해, 미끄러운 경사면으로 떨어지는 일이 발생하지 않도록 배아연구를 통제해야 한다고 기대했다. 또한 이 사례들은 영국의 규제 체제와 독일 및 미국의 규제 체제 간의 차이를 보여준다.

인간생식배아국 설립 이전에 처음 공개된 사례는 다음과 같다. 노팅엄셔Nottinghamshire에 사는 32세 홍보 컨설턴트 다이앤 블러드Diane Blood는 1995년 세균성 수막염으로 사망한 남편 스티븐의 정자로 임신하려 했지만 성공하지 못했다. 남편 블러드가 혼수상태에 있는 동안 아내의 요청으로 정자가 추출되었기 때문에, 남편은 추출 또는 사용에 관해 사전에 서면동의를 하지 않았다. 영국 법에 따르면 블러드 부인의 임신 요청은 승인될 수 없었다. 법에 따르면 배우자는 기증자의 명시적인 동의가 있을 때에만 생식세포를 사용할 수 있다고 규정되어 있다.[38] 블러드 부인은 벨기에에 있는 병원으로 정자를 가져갈 수 있도록 요청했지만, 인간생식배아국은 이 요청을 거부했다. 최종 단계의 법적 투쟁에서 항소법원은 인간생식배아국의 결정을 뒤집고, 블러드 부인에게 다른 곳에서 자신의 계획을 수행할 권리가 있다고 판결했다. 블러드 부인의 권리를 인정하지 않을 경우 유럽 인권법을 위반하게 된다는 근거에서였다.[39] 다이앤 블러드는 1998년 죽은 남편의 정자를 이용해 아들을 낳았다. 또 다른 아들 조엘도 2002년에 같은 과정으로 태어났다.

인간생식배아국의 효율성에 문제가 제기된 두 번째 사건은, 사망한 사람이나 낙태된 태아에서 난소 조직을 채취해 불임치료에 사용하는 시술에 관해 당국이 사람들의 태도를 확인한 대규모 공개 협의였다. 당국은 2만 5,000명에게 전단지를 배포해 9,000건의 응답을 받았는데, 이는 매우 높은 응답률이었다. 하지만 언론을 통해 도덕적 어젠다를 제기하는 태아보호협회 같은 생명보호 단체들도 동원되었다. 이 과정에서 대중의 혐오가 표출되었고, 영국 배아연구 담론에 사용된 '혐오 요인yuk factor'이라는 새로운 단어가 등장했다.[40] 많은 응답자는 아이에게 아이의 어머니가 죽은 사람이거나 낙태된 태아라고 말하는 것을 거부했으며, 인간생식배아국은 이 거부를 존중해야 한다고 판단했다. 이는 영국 정부기관이 관련 주제에 관심이 있는 대중이 누구인지를 확인하고 협의하기를 원했다는 점에서, 유전자 변형 작물에 관한 공개토론과 마찬가지로 민주적 절차였다. 하지만 일부 사람들은 비민주적으로 협의가 진행되었다고 비판했는데, 태아보호협회처럼 재원이 풍부한 사설기관이 대중 여론에 영향을 줄 수 있는 방법을 마련해주었다는 이유 때문이었다.[41]

세 번째 사례는 유명하면서도 감정적인 이슈인 맞춤아기designer baby에 관한 것이다. 맞춤아기는 아픈 형제자매를 치료하기 위해 조직을 제공하려는 목적으로 임신 후 특정 유전적 특성을 갖도록 설계된 아기이다. 아직 태어나지 않은 아기는 아무런 이익을 얻지 못하지만, 희귀성 빈혈이 있는 기존 아이에게만 적합하도록 설계된 경우에 인간생식배아국은 조직적합검사를 허용하지 않았다. 아이의 부모인 미셸 휘태커Michelle Whitaker와 제이슨 휘태커Jayson Whitaker는 원하는 치료를 받기 위해 시카고로 '출산 여행'을 떠났다. 미셸은 첫째 아들과 유전적으로 완벽하게 일치하는 둘째 아들을 낳았다. 샤하나Shahana와 라즈 하시미Raj Hashimi의 아이인 자인Zain은 유전성 혈액 질환인 베타 지중해빈혈beta thalassemia로 고통받고 있었다. 인간생식배아국은 이 사건에서 이식 전 유전자 진단 및 선별screening을 승인했다. 이 시험은 자인이 갖고 있는 유전적 결함을 확인하면 앞으로 건강한 아이를 낳는 데 도움이 되며, 자인을 위한 '구세주 형제savior sibling'가 될 수 있다는 점이 두 사건의 차이이다.

생명보호 단체인 생식윤리 논평Comment on Reproductive Ethics의 조세핀 퀸타발Josephine Quintavalle은 이 결정에 대해 인간생식배아국을 법원에 고발했는데, 해당 기관은 조직적합검사를 승인할 법적 권한이 없다는 이유였다. 퀸타발은 닫힌 문 뒤에서 선출되지 않은 기관이 이런 결정을 내리는 걸 막겠다고 말했다. 그녀는 의회가 이런 문제를 민주적 방식으로 다룰 수 있는 적합한 기관이라고 주장했다. 그녀에게 우호적으로 판결했던 하급심 판결은 2003년 5월 항소법원에서 뒤집혔다.[42] 항소법원은 이 사건에서 이식 전 유전자 진단을 포함한 체외수정 덕분에 여성은 합법적으로 아기를 임신할 수 있었으며, 어머니는 신생아가 유전병 없이 태어날 것이라고 확신했다고 추론했다. 체외수정으로 태어난 아이는 (형제자매와의 조직적합성 같은) 여러 특성을 위해 선택될 수 있으며, 인간생식배아국이 이를 법적으로 결정할 수 있는지에 관해 의문이 제기되었다. 많은 관심을 받은 사건들 때문에 인간생식배아국에 가해지는 압력이 높아지자, 1990년 법의 재평가와 개정 요구가 급증했다.

세 사례(다음 장에서 살펴볼 복제 사건도 마찬가지)는 법원을 포함해 인간생식배아국을 설립하는 데 기여한 행위자들 사이에서, 인간생식배아국이 배아연구의 최종 권한을 가지며 보호받아야 할 기관이라는 확고한 공감대를 보여준다. 일부 반대자들은 불만을 표시했지만 정치적으로 약했으며, 생명보호주의자들은 인간생식배아국을 설립한 법을 거부했다. 결국 배아연구와 보조생식 관련 이슈가 탈정치화되었고, 생명보호주의자들이 원했던 입법 영역에서 벗어났다. 인간생식배아국은 불임치료에 태아조직을 사용하지 않기로 결정했던 것처럼, 대중의 적법성 관점에서 신중하게 운영했다. 2002년 3월 수지 레더Suzi Leather 가 인간생식배아국 국장으로 임명된 것은, 정부가 배아연구에 대한 대중의 우려를 민감하게 파악하고 있다는 신호였다. 레더는 영국 소비자 및 보건정책에서 존경받는 인물이었으며, 이전까지 광우병 사건 이후에 설립된 식품표준청의 부청장으로 일하면서 인정을 받았다. 영국 정부는 농업 생명과학에서 신뢰를 잃어버렸던 것과 달리, 배아연구에서는 위험을 피했다.


## 독일: 괴물을 배제하다

독일과 영국에서는 보조생식과 배아연구에 관한 논쟁이 거의 동시에 벌어졌고 국내법이 제정되었다. 하지만 1991년 1월 1일 자로 발효된 독일 배아보호법German Embryo Protection Law; Embryonenschutzgesetz, ESchG은 영국의 관련법과 상당히 달랐다. 이 차이는 여러 요인에 의한 것으로 독일 나치 시대의 기억이 그중 하나이며, 국가가 인간 생명과 인간 존엄의 신성함을 보증하는 모든 가능성에 극도로 민감했다. 그러나 각 국가 상황에 따른 접근법은 국가

정치의 우연성, 과학과 의학의 전문적 역할, 양국 법문화의 근본적 차이를 반영한다. 독일의 배아보호 과정을 확인하고, 생명의 기원과 국가의 책임에 관한 문제를 다룬 낙태법과 관련된 정치를 살펴보면 이런 차이를 알 수 있다.

## 낙태: 법에 따른 구분

낙태는 1990년 동서독 통일 시기에 해결해야 했던 문제들 중에서 예상하지 못했던 까다로운 문제였다.[43] 물론 문제의 미묘한 성격을 예상하지 못했던 건 아니었다. 분단된 두 국가의 법적 상황은 1970년대 이후 다른 방향으로 진행되었다. 1972년에 동독은 제1삼분기first trimester에 낙태를 허용하는 낙태허용법을 제정했다. 반면 서독에서는 1970년대 중반 사회주의-여성주의 연합이 낙태를 범죄로 규정하는 형법 제218조를 폐지하려 시도했지만 부분적으로만 성공했다.[44] 개혁 법안은 동독처럼 기간 기준 접근법term-based approach; Fristenlösung을 채택했는데, 제1삼분기 동안 비교적 제한되지 않은 낙태를 허용했다. 이 법안은 당시 의회 소수당이었던 기민당의 도전을 받았고, 연방헌법재판소는 1975년 낙태 관련 첫 판결에서 이 법이 위헌이라고 판결했다.[45]

사법 분석의 출발점은 "모든 사람은 생명권을 갖는다"라는 기본법 제2조 제2항 제1호였다. 법원은 이 권리가 태어난 아기뿐만 아니라 태어나지 않은 아기도 포함한다고 보았다. 인간 생명의 발달은 연속적인 과정으로, 임신 후 14일째부터 인격체로 간주해야 한다는 구분은 명확하지 않으며 심지어 출생 순간에도 마찬가지이다. 아이는 의식을 갖고 있으며 성인으로 성장한다. 이처럼 인간 생명을 연속적으로 보는 생각이 국가에 영향을 주었다. 국가는 법치국가Rechtsstaat로서 헌법을 수호해야 하며 인간 생명도 보호해야 한다. 따라서 국가는 법이 적용되지 않는 발달 과정상의 태아에 관한 책임도 포기할 수 없다. 1974년 법에 따르면 상담을 받기만 하면 낙태할 수 있기 때문에, 법원은 발달 과정상의 인간을 보호하지 못했다. 따라서 여성의 합법적인 자율권과 발달 중인 태아의 잠재적 생명을 존중하는 것 사이에서 법이 어떻게 균형을 맞추어야 할지 명확하게 규정할 필요가 있었다.

개정된 낙태법은 법원의 판결을 반영했다. 개정법은 합법적인 낙태를 정당화할 수 있는 네 가지 '표지indications; Indikationslösung'를 지정했다. 산모의 건강이 위험하다는 의학 표지, 태아가 위험하다는 우생eugenic 표지, 강간이나 근친상간 같은 범죄 행위와 관련된 윤리 표지, 산모가 출산을 매우 괴로워한다는 사회 표지였다. 서독에서는 낙태의 70~80%가 사회 표지에 근거해 이루어졌다. 하지만 실제로 이 비율이 얼마나 되는지는 지역에 따라, 진료하는 의사에 따라 달랐다.[46] 북부와 도시 여성들은 가톨릭 성향이 강한 바이에른이나 농촌 여성들에 비해 제약을 덜 받았다. 법을 위반하면 여성뿐만 아니라 의사도 형사처벌을 받을 수 있었다. 1988~1989년 악명 높았던 메밍겐Memmingen 재판에서, 의사 호르스트 타이센Horst Theissen은 징역형을 선고받았고, 이민자들이 대부분이었던 그의 환자들은 법을 위반해 벌금형과 개인정보 공개 처벌을 받았다. 서독 여성들은 의료 승인 압박을 피해 네덜란드나 다른 국가로 해외여행을 떠났다.

동독과 서독의 페미니스트와 진보 성향 사람들은 통일이 되면 서독 법이 동독 법 조항을 반영해 제한이 완화될 것으로 보았다. 하지만 중요한 '국가적 순간'이 닥치자 일관된 독일 정체성을 구축하려는 시도 때문에 공산주의는 완전히 붕괴되었고, 모두가 이것을 지지했다. 일부 사람들은 통일을 서독이 동독을 완전히 합병하는 과정, 즉 문화적 합병으로 보았다. 페미니스트 정치학자 안드레아 뷔르트Andrea Wuerth는 국가 통일에 의해 여성 문제가 부차적인 것으로 주변화되었으며, 통일은 가부장적인 '거대 서사master narrative'라고 주장했다.[47] 동독의 진보적 성과를 기념하는 계기는 거의 없었으며, 서독 집권당이었던 기민당은 포괄적인 낙태법을 발의했는데, 이는 실패하고 불신받은 체제가 도입한 착취적이고 비인간적인 관행에 불과했다. 통계를 근거로 한 주장에 따르면 서독 인구가 동독 인구보다 네 배 더 많았고 동독에서 이 법이 더 강압적으로 집행되었지만, 낙태 건수는 양국이 비슷했다. 양국의 독일 여성들은 낙태라는 측면에서 동등했다. 동서 분단으로 정치 분열을 협상할 수 없었으며, 양국 여성들은 페미니즘과 통일 어젠다에서 정치적 능력 부족과 불성실을 이유로 서로를 비난했다.

1990년 통일 조약Unity Treaty은 낙태 문제를 해결하지 못했지만, 통일 독일 의회는 태어나지 않은 생명을 효과적으로 보호하는 새로운 법을 논의했다. 1992년 하원은 정부의 허가를 받은 상담자에게서 상담을 받은 후, 제1삼분기에 낙태를 허용하는 법안을 통과시켰다. 곧바로 집권당인 기민당과 바이에른 주는 연방헌법재판소에 위헌소송을 제기했다. 연방헌법재판소는 심리를 열어, 대부분 남성이자 보수 성향인 상원의 입장을 경청했다.[48] 연방헌법재판소는 인간 생명을 완전히 존중하도록 보장하는 기본법 제2(2)조에 따라, 이 법이 낙태를 불법으로 규정하지 못했다고 판결했다. 낙태는 어머니의 근본적인 이익과 관련된 명확한 표지에 근거해 승인되어야 한다. 진보 성향 단체인 프로 파밀리아Pro Familia에 반대하는 사람들이 제기한 상담에 관한 법 조항도 위헌이라고 연방헌법재판소는 판결했다. 1995년 새로운 타협안에 따르면, 초기의 사회 표지 및 우생 표지에 근거해 허가를 받은 상담을 거친 후 낙태를 허용했다. 의료 표지 및 형사(윤리) 표지에 근거한 낙태 조항은 거의 변경되지 않았다. 오래된 '우생' 표지는 불충분한 생명은 살아 있을 가치가 없는 생명이라는 나치 세계관과 비슷해 불편하다는 이유로 공식 거부되었다. (프로 파밀리아 웹사이트에는 아이의 건강에 심각한 위험이 있는 경우에 어머니의 의학 표지와 관련지어 고려될 수 있다는 문구가 있다.[49]) 이런 식으로 낙태법은 배아의 초월적인 도덕적 지위를 확인했다. 하지만 1980년대 사민당-녹색당 연정은 유전공학 논의를 시작하면서, 생명체의 유전적 낙인stigmatization과 차별에 반대하는 담론에서 이 이슈를 분리했다. 법적으로 명확해지자 거버넌스 규정과 존재론도 분명해졌다. 하지만 경계선 관점에서 보면, 녹색당이 정치적 어젠다로 삼으려 했던 전체론적·프로그램적 생명공학 비전은 거부되었다.

## 보조생식 및 배아연구

독일에서 보조생식과 배아보호에 관한 법은 국가건설과 재건의 분위기 속에 공개적으로 논의되었다. 이 이슈에 관한 입법 심의는 공적·사적 포럼에서 수년간 진행되었다.[50] 논의 초기에는 강력한 전문가 단체인 독일의사회Bunde-särztekammer, BAK가 참여했는데, 이 단체는 1985년에 여든여덟 번의 연례 회의를 개최해 불임 치료를 위한 체외수정과 배아이식 지침을 승인했다.[51] 바이에른과 라인란트-팔츠를 포함한 몇 개 주에서도 1980년대 중반 보조생식과 관련된 입법을 검토했다. 하원은 1984년 유전자 기술에 관한 앙케트 위원회를 조직해, (2장에서 살펴본 것처럼) 1987년에 최종 보고서를 발표했다. 1984년 연방법무부와 연구기술부는 체외수정, 유전자분석, 유전자치료를 검토하기 위해 전 헌법재판소장 에른스트 벤다Ernst Benda가 의장을 맡은 실무그룹을 조직했다. 1년 후 벤다 위원회Benda commission의 최종보고서는 1986년 법무부가 제기한 도발적인 초안의 기초가 되었다. 특히 논란이 된 초안의 조항은 연구 제한 및 특정 행동을 금지하는 데 형법을 적용한 것이었다. 학계와 전문가 단체에서 많은 논쟁이 벌어졌으며, 상원의 지원을 받은 연방-주 실무그룹의 검토를 거쳐 1988년에 입법 초안이 만들어졌고 1990년에 법으로 제정되었다. 벤다 위원회는 배아연구를 우선순위로 허용했지만, 1990년 법은 관련 모든 연구를 엄격히 금지했다.

1990년 3월 의회 법사위원회에서 열린 청문회에서 법안에 관한 의견이 정당, 전문가, 종교에 따라 다르다는 점이 드러났다.[52] 사민당과 녹색당은 새로운 기술에 따른 여성과 가족 문제를 다루기 위해 민법을 대폭 개정해 배아를 보호하는 방식을 선호했다. 진보 성향 의원들과 전문가들은 법안이 다루지 않은 여러 문제점을 지적했다. 예를 들어 불임의 의학화 및 이에 따른 여성의 심리적·물질적 결과, 남녀 간 불평등한 불임치료, 낙태와 배아연구의 관계, 형법 조항으로서의 법의 기본 구조가 지적되었다. 막스플랑크 형법연구소Max-Planck Institute for Criminal Law 소장인 알빈 에제르 박사Dr. Albin Eser는 법안에 근거해 연구를 전면 금지한 것은 독일 낙태법의 균형 잡힌 방식과 일치하지 않는다고 주장했다. 독일 낙태법은 명시적인 상황에서 배아의 생명을 종결할 수 있도록 허용했다.[53] 의학 분야 부회장이 겸임하는 독일연구재단Deutsche Forsch-ungsgemeinschaft, DFG은 1987년 보고서에서, 명확하게 정의된 상황에서 일부 연구를 허용할 수 있다는 벤다 위원회의 결론을 지지했다.[54] 독일 의사회 대표들은 지난 5년간 의사회의 윤리 지침을 시행해 의료 행위를 효과적으로 규제했다고 입증하면서 자기 규제self-regulation를 적극적으로 지지했다.[55] 하지만 사회학자 엘리자베스 벡-게른샤임Elisabeth Beck-Gernsheim은 이런 낙관적인 평가를 반박했다. 그녀는 자기 규제에 의해 연구 우선순위 목록이 계속 늘어날 수 있으며, 기술적으로 실현 가능하다면 무슨 일이든 실행될 수 있다고 주장했다.[56]

결국 집권 기민당은 매우 엄격한 법을 통과시켜 보수 진영이 승리했다. 벌금형 또는 3년 징역형을 받을 수 있는 절대 금지 목록에는 한 여성의 난자세포를 불임인 다른 여성에게 이식하는 경우, 한 여성에게 한 번에 세 개를 초과해 배아를 이식하는 경우, 한 주기에 이식될 수 있는 배아보다 많은 배아를 만드는 경우, 체외수정 시 대리모가 시행하는 경우가 포함되었다. 전 배아의 난해한 형태가 영국에서 법적 상상력을 모으는 데 도움이 되었듯이, 독일에서도 법적 상상력은 잉여배아supernumerary(überzählig) embryo라는 존재하지 않는 인물을 만들었다. 전 배아는 영국 연구공동체의 희망을 진전시킨 수단이었지만, 독일에서 잉여배아는 질서를 위협하는 존재였다. 잉여배아는 규제받지 않은 회색지대를 만들었고, 인간 생명과 존엄에 관한 헌법상의 보호를 약화시켜 위험한 과학 연구가 수행될 수 있었다. 1990년 법사위원회에서 열린 청문회는 이런 부적절한 존재를 비공식적인 것으로 간주했다. 에를랑겐Erlangen의 뷔르멜링Wuermeling 교수는 한 체외수정 센터에 직접 방문해 서른 개 정도의 냉동배아가 보관되어 있는 것을 확인했으며, 모든 치료제가 사용되고 있었다고 보고했다. 일부 의원들은 이처럼 법적으로 모호한 실체의 정확한 수량을 확인해달라고 요청했다.[57]

어떤 과학자라도 개인적인 생각을 할 수 있지만, 연구 자유가 헌법으로 보장한 것과 일치하지 않는다는 이유로 배아법에 반기를 들지 않았다. 쾰른대학교의 저명한 유전학자이자 역사가인 베노 밀러-힐Benno Müller-Hill은 이 점에서 과학공동체의 침묵을 설명했다. 나치 우생학에 관한 중요한 역사[58]를 쓴 밀러-

힐은 한때 연구 자유의 열렬한 옹호자였으며, 유전학 연구의 남용을 비난했다. 그는 1994년 베를린 소재 막스플랑크 분자유전학연구소 소장에 한스-힐거 로페르스Hans-Hilger Ropers가 임명된 것에 반대하는 캠페인을 벌였지만 성공하지 못했다. 뮐러-힐이 로페르스의 소장 임명을 반대한 이유는 로페르스가 사회적 의미를 적절히 고려하지 않은 채 폭력의 기초에 관한 행동유전학 연구를 수행했다는 것이었다.[59] 1993년 나와의 인터뷰에서 뮐러-힐은 "그 바보 같은 아실로마"라는 말로 아실로마 회의를 비난했고, 재조합 DNA 연구에 관한 독일 규제 때문에 괴로워했으며, 규제에 질식되어 "완전히 노이로제"에 걸렸다고 말했다.[60] 하지만 그는 태아보호법을 중요하게 간주하지 않았다. 그는 인간을 대상으로 하는 연구는 박테리아, 식물, 형질전환 쥐에 대한 연구와 "완전히 다르다"라고 주장했다.

뮐러-힐의 절대적인 구분은 모호함이나 생물학적·사회적 실험을 금지한 법의 정신과 잘 부합한다. 그 법은 연구를 심각하게 제한했으며, 생물학적으로 연결된 이상적인 가족에서 벗어나 기술의 도움을 받은 사안을 범죄로 취급했다. 또한 1990년 법은 과학실험뿐만 아니라 사회에도 부정적인 영향을 주었으며, 이 사실을 중요하게 취급해야 한다. 맞춤아기 사건처럼 다이앤 블러드 사건도 이 법에 따르면 생각할 수도 없었으며, 보조생식과 관련해 미국에서 제정된 법과 독일법의 차이도 명확했다.


## 미국: 권리 체제

미국에서 낙태 정치는 다른 두 국가처럼 보조생식에 관한 사회적 대응의 결과였다. 영국과 독일에서는 이 영역들을 연결하려 했지만, 미국에서는 그런 시도가 거의 없었다. 1973년 로 대 웨이드 사건Roe v. Wade에 관한 대법원 판결이 나온 이후,[61] 국가 정치 영역에서 낙태 윤리 논쟁이 한 세대 이상 지속되었다. 논쟁은 법원, 의회, 언론에서도 벌어졌다. 이 논쟁은 20세기 후반 베트남전쟁을 제외한 모든 이슈를 압도하면서 미국 사회를 양극화시켰다. 낙태 윤리에 관한 사회운동이 조직되었고 새로운 분과학문도 등장했다. 낙태를 명확하게 구분하는 작업에서 숙의를 통한 화해나 입법상의 타협을 상상할 수조차 없었다. 반대론자들은 이 문제를 법원으로 가져갔다. 1973년부터 1992년까지 대법원은 낙태에 관한 주요 판결들을 내렸다. 그중 하나인 남동 펜실베이니아 계획부모 대 케이시Planned Parenthood of Southeastern Pennsylvania v. Casey 사건은 [62] 법적 안정성을 확인하는 계기였다. 하지만 2003년 말 부시 행정부의 법무 관련 지명자들이 낙태에 관한 입장을 밝히자 전쟁은 다시 격렬해졌다. 많은 사람은 2004년 대선 이후 대법원에서 진보 성향 재판관들이 은퇴해 로 대 웨이드 판결에서 후퇴하는 건 아닌지 걱정했다. 낙태권을 제한하고 태아권을 강화하려는 입법이 계속 시도되었다. 2003년 11월 연방정부가 부분출산낙태partial birth abortion를 금지했으며, 2004년 3월 법안이 통과되자 태어나지 않은 사람에게 위해를 가하는 행위를 범죄로 규정했다.

영국과 독일에서는 배아 지위에 관한 질문이 낙태 논쟁과 보조생식 논쟁을 넘나들었다. 반면 미국의 과열된 낙태 이슈는 체외수정 논쟁과 완전히 분리되었다. 이런 차이는 개인의 권리 관점에서 소송을 통해 낙태와 보조생식을 규정하는 프레임이 설정되며 나타났다. 그 결과 생식권 문제는 연구에 관한 이슈로 제한되었으며, 영국과 독일에서 발전된 여성의 권리, 태아의 지위, 과학 연구의 자유에 관한 논쟁들의 상호작용은 미국에서 구체적으로 드러나지 않았다. 다음 장에서 살펴볼 줄기세포 논쟁이 구체화되면서 상황이 변했다.

## 낙태 논쟁과 법의 한계

로 대 웨이드 사건에서 두 개의 폭풍이 시작되었다. 하나는 임신을 중단할 수 있는 절대적인 권리가 여성에게 있다는 프라이버시권의 확장에 관한 논쟁으로, 이전에는 주로 피임과 관련해 이 권리가 인정되었다. 다른 하나는 임신 기간을 구분하는 삼분기trimester마다 낙태 권리를 할당하는 논쟁이었다. 제1삼분기first trimester에는 국가가 낙태를 규제할 수 없으며, 제2삼분기second trimester에는 어머니의 건강 보호 목적으로만 허용되며, 제3삼분기third trime-ster에는 생존 가능성viability 측면에서 발달 중인 태아의 이익을 고려해 허용된다. 1992년 남동 펜실베이니아 계획부모 대 케이시 사건에서 법원은 여성의 낙태권을 재확인하는 판결을 내렸다. 하지만 로 대 웨이드 사건의 판결과 달리, 이 사건에서 법원은 임신을 중단할 수 있는 여성의 기본권에 '과도한 부담undue burden'을 주지 않는 한, 잠재적인 생명에 관심이 있는 국가는 제1삼분기에도 낙태를 규제해야 한다고 판결했다. 케이시 사건의 판결 이후 많은 주에서 젊은 여성들이 낙태하지 못하도록 상담 프로그램을 만들었고, 여성의 부모에게 통보하거나 대기 시간을 규정하는 지침이 마련되었다.

로 대 웨이드 사건과 남동 펜실베이니아 계획부모 대 케이시 사건을 비교하기 위해, 먼저 케이시 사건의 두 측면을 살펴보자. 첫째, 법원은 로 대 웨이드 사건의 판결을 인정하면서, "생존 가능성 확인 시점 이전에 낙태를 선택할 수 있고, 국가의 부당한 개입 없이 낙태할 수 있는 권리도 인정"했다.[63] 하지만 다수 의견은 수정헌법 제14조에 따른 자유보장에 관한 여성의 권리에 근거해 판결했다. 로 대 웨이드 사건에서 관리권controlling right으로 간주되었던 프라이버시privacy는 주로 여성과 의사 사이의 상담이나 여성과 배우자의 관계에 적용되었다. 하지만 케이시 사건의 판결에서 프라이버시는 부차적인 기능으로 격하되었다. 결국 법원은 예비 아버지의 정보를 강제로 공개하는 규정은 위헌이라고 판결했다. 법원은 국가가 부당하게 개인에 개입하는 것은 합당하지 않으며, 비록 그것이 배우자의 이익을 위한 것이라 하더라도 합당하지 않다고 판결했다. 즉, 국가와 임산부의 관계는 보호받는 권리 영역과 합당하지 않은 국가의 개입에서 자유로울 수 있는 개인의 권리 측면에서 규정되었다. 이것은 정부 정책상 독일 연방헌법재판소의 균형 잡힌 접근과는 다른 해결책이었는데, 독일 연방헌법재판소는 모든 인간 생명, 심지어 태어나지 않은 인간 생명까지도 존중해야 하는 국가의 적극적인 책임에서 출발했다.

두 번째로 언급할 사항은 미국 법원은 독일 법률 당국과 의견이 같았지만 영국 의원들과는 달랐던 점이다. 케이시 사건의 다수 의견은 생명이 시작되는 시기를 결정할 필요가 없다고 보았다. 국가는 임신 순간부터 발달 중인 생명을 보호해야 할 합법적인 의무가 있으며, 국가는 이를 위해 규제할 수 있다고 법원은 인정했다. 하지만 이 판결은 영국 태아법 논쟁처럼 태아의 존재론적 지위 결정과 달랐다. 대신 낙태권을 행사하는 여성들에게 부담을 지우는 정당성에 근거해, 사건별로 국가 규제의 합헌성을 판단할 수 있도록 남겨두었다.

## 생식 시장

미국 전역에서 벌어진 낙태 논쟁 이후에, 연방 차원에서 보조생식 기술에 제도적인 규제가 도입되었다. 하지만 사기업, 사회적 실험, 소송, 전문적인 표준 설정, 주정부의 규제를 통해 생식기술이 산발적으로 사용되고 관리되었다. 독일이나 영국과 비교해보면 미국에서 보조생식은 공식적인 국가 통제를 거의 받지 않았다. 언론은 성장하고 있는 영역을 보도하면서, 상상할 수 있는 모든 방식으로 아기를 만들 수 있다는 식으로 보도했다. 즉, 체외수정, 대리모, 출산 대리모, 레즈비언 커플을 위한 인공수정, 사망한 기증자에게서 받은 동결 생식세포, '입양'을 위한 배아, 유대인 대리모 및 난자 기증, 구매자의 엄격한 선택 기준을 만족한다면 기꺼이 제공될 수 있는 아이비리그 출신 기증자에게서 받은 정자와 난자가 예시로 제시되었다.[64] 극적인 이야기 뒤에는 비극과 절망에 빠진 사람들이 있었으며, 정말로 필요하다고 공감할 만한 경우도 있었다. 여러 사기업은 불임 부부가 요청하는 수요를 위해 서비스를 제공하거나 중개했다. 예를 들어 옵션스OPTIONS, 인테그라메드IntegraMed, 타이니 트레저스Tiny Treasures, 퍼틸리티 얼터너티브스Fertility Alternatives, 지네틱스 앤 아이브이에프 인스티튜트Genetics and IVF Institute, 대리 부모 및 난자 기증 센터Center for Surrogate Parenting and Egg Donation 같은 곳이다.

상업 서비스와 마찬가지로 많은 커플과 개인도 아이를 갖는 꿈을 이룰 수 있다면 무엇이든 시도하려 했다. 원하는 결과를 얻기 위해 유전학과 출산을 결합하는 것도 개의치 않았다. 극단적인 경우는 캘리포니아에서 발생한 버잔카의 결혼Marriage of Buzzanca으로 알려진 사건이었다.[65] 한 부부가 결혼한 대리모를 고용해 기증자가 알려지지 않은 정자와 난자로 생성된 배아를 이식하기로 결정했다. 출산 6일 전에 부부가 이혼했고, 남성은 자녀에 대한 법적 책임과 양육 책임을 거부했다. 사실심 법원trial court은 여섯 명의 성인 중 누구에게라도 친족임을 주장할 수 있는 그 아이에게 법적인 부모가 없다고 판결했다. 항소법원은 이 이상한 판결을 뒤집었는데, 가장 먼저 버잔카 부부가 아이를 가질 의도가 있었고 실제로 임신을 통해 아이를 가졌기 때문에 그들이 법적 부모라고 판결했다.

버잔카 사건은 생식에 관한 극단적인 자유주의를 보여주었지만, 법이 침묵하는 곳이 있다면 법원은 법을 제정하도록 요청해야 한다는 것이 이 사건을 통해 드러났다. 다른 곳에서 논의했던 것처럼,[66] 미국 주 법원은 보조생식에 관한 법질서를 만드는 데 앞장섰다. 이 과정에서 법원은 새로운 생식기술을 자연스럽게 사용했는지 또는 부자연스럽게 사용했는지를 판단했다. 캘리포니아에서 벌어진 존슨 대 캘버트Johnson v. Calvert 사건의 재판에서 생물학적 요소는 사회적 요소와 비교했을 때 부차적이었다.

세 살짜리 딸을 둔 미혼모이자 아프라카계 미국인인 안나 존슨Anna Johnson은 1990년 9월에 아들을 낳았다. 존슨은 필리핀 여성 크리스피나 캘버트Crispina Calvert의 난자와 그녀의 백인 남편 마크 캘버트Mark Calvert의 정자를 수정한 배아를 이식해 임신했는데, 크리스피나 캘버트는 자궁절제술hysterectomy을 받아서 아이를 가질 수 없었다. 양측의 관계는 임신 6개월 만에 깨졌고, 아이가 태어났을 때 양측 모두 자신을 합법적인 부모로 인정해달라고 법원에 요청했다. 캘리포니아 법원은 난자 제공자인 크리스피나의 '유전genetic' 모성과 아이를 임신한 안나의 '임신gestational' 모성 중에 어디에 우선순위를 부여할지를 가장 우선적으로 고려했다. 주 법에 따르면 두 사람 모두 어머니라고 주장할 수 있었는데, 한 명은 혈액 검사를 근거로, 다른 한 명은 출산을 근거로 주장할 수 있었다. 법원이 경쟁하는 두 주장을 판단하는 데 사용한 단어는

'자연스러움natural'이었다.

이 사건에서 판사들은 '자연스러운' 어머니가 합법적인 어머니라고 인정했다. 판사들은 임신 대리모 상황에서 무엇을 자연스럽다고 보아야 하는지를 검토했다. 외모·기질·행동을 결정하는 생식세포인가, 아니면 임신이라는 필수직이면서도 생식세포와 동등한 수준의 기여인가? 법적·문화적 주류 내러티브는 생식이라는 여성의 특수한 역할을 고려해 '출산한 어머니' 쪽을 인정하는 분위기였다.[67] 하지만 캘리포니아주 대법원은 관습법이 임신을 강조하지만, 임신은 어머니와 아이 사이의 '더 근본적인 유전적 관계'라는 반박할 수 없는 증거와 동등하다고 판결했다. 법원은 캘리포니아주 법에 따라 다음과 같이 판결했다. "유전적 혈족관계와 출산이 한 명의 여성으로 일치하지 않을 때, 아이를 낳기로 의도한 여성, 즉 자신이 직접 양육하려는 의도로 아이를 출산한 여성이 자연스러운 어머니이다."[68] 이 사건에서 이렇게 의도한 어머니는 바로 크리스피나 캘버트였다.

법원이 캘버트의 모성 주장을 인정하자, 가족의 경계와 공동생산 관점에서 본 '자연적'인 범주도 강화되었다. 법원은 '자신들의 유전자를 지닌' 아이를 갖기로 한 마크와 크리스피나의 결정을 출산하려는 인간의 욕망으로 확장 해석해 문제를 해결했다. 반면 안나의 자궁은 캘버트의 의도를 '촉진하도록facilitate' 설계된 도구로 해석되었다. 법원은 이러한 방식으로 캘버트 부부의 행동을 일반화했으며, 출산을 의도한 부모와 대리모의 관계를 심도 있게 분석하지 않았다. 실제로 생식 과정에서 안나의 기여는 단순한 경제 거래로 해석되었다. 법원은 자유주의에 근거해 이 행동을 다음과 같이 인정했다. "출산을 의도한 부모를 위해, 한 여성이 아기를 임신하고 출산하는 것에 의도적이고 지적으로 동의하지 않는다는 주장은, 수 세기 동안 여성이 동등한 경제적 권리와 법에 따른 직업상의 지위를 얻지 못했다는 추론을 포함하고 있다. 이 견해를 다시 인용하면, 이는 대리모가 개인적·경제적 선택을 포기하면서, 출산을 의도한 부모가 자신들의 유전자를 지닌 아기를 낳으려는 유일한 수단을 거부하는 것이다."[69]

우리는 '자신들의 유전자를 지닌'이라는 표현에서 규범화 작업normalizing work이 수행되었다는 걸 알 수 있다. 법원은 자신들의 유전자를 영원히 남기려는 사람들에게 '자연스러운' 질서가 있다고 판단했다. 이는 아이를 낳기 위해 타인을 도구로 사용하는 경우에도 마찬가지였다. 생물학적인 역할은 모성의 본질이 생겨난 바로 그 순간에 관련된다. 이 사건에서 모성은 임신을 제외한 채 구성되었으며, 인종적·경제적으로 더 유리한 당사자들에게 부모의 권리가 부여되었다. 따라서 (몇 년 전 뉴저지주에서 발생한 '아기 M 사건Baby M'처럼) 법원의 판결은 생물학적 관점과 사회적 관점에서 봤을 때 '자연스러운' 결론이었다. 시장중심 사회에서 친자 소송은 부유하고, 서비스를 구매할 능력이 있으며, '자연스러움'이라는 개념을 이해한 당사자들에게 유리했는데, 법원은 자연스러움에 관한 생물학적·사회적 판단에 근거해 이 주장을 인정했다.

시장에서도 보조생식과 관련된 논리가 발전했다. 특히 공격적인 광고주인 지네틱스 앤 아이브이에프 인스티튜트가 제시한 약속은 놀랍다. 2004년 3월에 발표된 광고에서 지네틱스 앤 아이브이에프 인스티튜트는 자신들이 보유한 기술을 이용해 여성이 아이를 갖지 못한다면, 결함 있는 제품이 100% 환불되는 것처럼 이 경우에도 100% 환불하겠다고 약속했다.[70] 또 다른 지네틱스 앤 아이브이에프 인스티튜트 광고에 따르면 '특별하게 선택되고, 여러 인종의 기증자들을 선택해' 난자, 정자 및 배아 프로그램을 구성했으며, '질병 예방과 가족 균형'을 위한 성별 선택 서비스도 제공한다고 했다.[71]


## 결론

한 독일 논평가는 보조생식을 법의 '흰 영역white field'라고 지칭하면서, 질서 있는 원칙과 실천으로 채워져야 할 비어 있는 영역이라고 말했다. 세 국가가 이 문제에 대처한 방식은 비슷했다. 공적 행동 시기도 세 국가 모두 거의 동일했다. 모든 문제는 보조생식 이슈로 간주되었으며, 낙태와 관련된 과거 또는

<표 6.1> 생식 선택: 허용되거나 금지된 행동

| | 미국 | 영국 | 독일 |
|---|---|---|---|
| 낙태 | 임신 제1삼분기까지 여성이 강력한 권리 지님, 하지만 규제 대상 | 24주 이전에만 허용 | 불법, 그러나 22주까지는 의학 상담을 받아 허용 |
| 체외수정 | 허용, 대부분 사적 서비스 | 인간생식배아국의 감독하에서 허용 | 허용되지만, 많은 금지 규정이 있음 |
| 대리모 | 주 법으로 규제 | 법적으로 허용되지 않음 | 금지 |
| 대리출산 | 주 법으로 규제 | 법적으로 허용되지 않음 | 금지 |
| 이식되지 않은 배아 (보관, 냉동) | 국가 차원의 규제 없음 | 법과 인간생식배아국에 의해 규제 | 금지 ('잉여배아'는 금지되지 않음) |
| 배아 연구 | 연방법으로 규제받지 않음 | 14일 이전에만 허용 ('전 배아' 단계에서만) | 금지 |

당시 판결이 이 이슈의 배경이 되었다. 각국은 배아 지위와 새로운 친족 형태의 윤리적·사회적 수용에 관한 근본 질문들을 해결해야 했다. 또한 각국은 국가가 생식 행위를 어느 정도로 규제할 수 있고 규제해야 하는지, 그리고 어떤 법적 도구를 사용해야 하는지에 관한 딜레마에 직면했다.

하지만 이 프레임에는 심각한 분열도 포함되어 있다. 여기에는 두 가지 다른 방식이 있다. 하나는 세 국가에서 생식 관련 행동 및 관계에서 허용된 것과 금지된 것을 비교하는 방식이다. 〈표 6.1〉은 국가 간 주요한 차이를 보여준다. 독일은 기술 변화에 따른 새로운 사회적 실천을 엄격하게 금지했다. 영국은 기술 변화에 따른 실천을 허용하는 입장이었지만, 정부의 규제에 따라 새로운 실천을 사건별로 처리했다. 미국에서는 기술적·사회적·법적·윤리적 측면에서 유동적이고 실험적이었다.

하지만 이 표는 이 책의 핵심 문제인 정치문화가 생명공학과 관련된 공적 숙의를 만들고 논의되는 방식을 다루지 않는다. 이 문제를 다루기 위해 우리는 세 국가의 유사점과 차이점을 다른 방식으로 검토해야 한다. 〈그림 6.1〉은 사

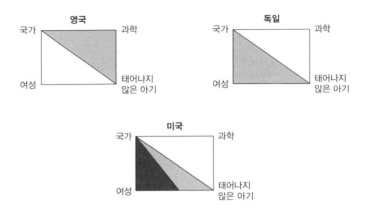

각형의 네 꼭짓점에 네 행위자, 즉 국가, 과학, 여성, 태어나지 않은 아기를 배치해 보조생식을 개념화한 것이다. 이 그림에서 우리는 각국의 정치 논쟁에서 네 꼭짓점이 다르게 작동했다는 걸 알 수 있다. 영국에서는 배아법에 낙태권을 제한하는 조항이 있었지만, 여성의 역할과 권리는 공적 영역에서 거의 논의되지 않았다. 독일에서는 연구공동체가 현행법과 관련해 정부에 자문을 했지만, 정치적으로 활용되지도 않았고 효과적이지도 않았다. 미국의 과학공동체는 보조생식 논쟁을 구성하는 데 아무런 역할을 하지 못했다. 결국 각국의 실제 정치 영역은 네 행위자 중에서 최대 세 행위자만 참여한 삼각형 공간이었으며, 이 세 행위자마저도 사건마다 달랐다.

참여자들의 유형에 따라 토론과 입법이 여러 형태로 진행되었다. 영국에서는 과학자와 국가가 결합한 지배적인 연합coalition이 배아를 위해 발언했다. 이 연합은 전 배아라는 존재론적 장치를 이용해, 발달 중인 태아의 이익은 연구자들이 고려하지 않아도 된다는 정치 부재 영역을 만들었다. 관련 기관인 인간생식배아국은 미끄러운 경사면을 따라 미끄러지면서 윤리적 무질서와 무정부 상태를 초래했다. 독일에서는 정부가 가장 적극적인 행위자였으며, 태어나지 않은 아기뿐만 아니라 여성의 이익도 보호했지만, 칼스루에Karlsruhe에 있는 연방헌법재판소에 의해 엄격한 감독을 받았다. 미국에서는 법원이 논쟁적인 영역을 관할했다. 법원은 낙태와 보조생식을 모두 포함하는 권리 담론을 확장했다. 낙태법은 여성과 국가의 관계를 진전시켰으며, 헌법상 보장된 개인의 자유를 근거로 낙태를 개인의 권리 중 하나로 간주하자 논란이 격렬해졌다. 생명보호 세력은 태어나지 않은 아기를 위해 강하게 발언했지만, 그들의 행동은 주로 법 밖의 포럼에서 이루어졌다.

반면 보조생식 사건을 다룬 주 법원의 판결에서는, 시장이라는 암묵적 논리가 미국의 법적 결과를 만들었다. 법원이 아이가 최선의 이익을 얻도록 판결했을 때조차, 그 결과는 서비스 구매자의 이익이었다. 경제적·사회적으로 더 유리한 위치에 있는 당사자들이 '자연스러운' 질서가 되도록 법이 해석되었다. 법원은 생식 서비스 제공자의 시장 논리에 대응하면서 이 질서를 재확인했으며, 서비스 제공자들은 고객과의 계약을 강조했다. 우리는 10장과 11장에서 비교 작업의 결론을 종합하면서 이 지점을 다시 다룬다.

# 7장 윤리적 이성과 감성

　　배아연구 논쟁은 윤리적이고 형이상학적인 질문들을 제기했지만, 우리는 이 영역들이 혼재된 상황을 성찰하지 않았다. 심지어 윤리 이슈도 처음에는 정책과 관련되어 등장했다. 정치인들은 경제, 과학, 법 같은 공적 담론에 익숙해서, 초기에는 위험, 권리, 비용, 이익, 재산권, 인권 같은 용어를 사용해 기존 프레임으로만 분석했다. 초기에 생명공학 지지자들은 새로운 과학기술을 설명하고 논쟁하는 단어들이 오히려 발전을 방해한다는 것을 깨닫지 못했다. 예를 들어 '인간'과 '자연'의 의미가 공격을 받을 때, 법은 인권과 자연보호를 어떻게 말해야 하는가? 전 배아 또는 잉여 배아처럼 새롭고 모호한 실체가 논쟁의 전면에 등장했을 때, 이것들은 고전적인 규제 관련 질문에 덧붙여진 소품으로 취급되었다. 즉, 정책 결정자들은 이 질문들을 인간 생명공학 때문에 제기된 법과 제도의 적합성에 관한 질문이라고 보았다. 이처럼 공적 담론에서 새로운 실체들이 등장하는 사안은 철학자 이언 해킹Ian Hacking이 말한 '범주 제작에 따른 세계 제작world-making by kind-making'과 관련된다고 인식되지 못했다.[1] 공공정책을 다루는 공적 언어가 집중한 주제는 생명공학에 의해 새롭게 등장한 사물의 본성과 목적이 아니라, 그 사물이 안전과 질서에 미치는 영향이었다.

　　그럼에도 유전학과 생명공학이 '신 노릇을 할 정도로' 발달하자, 이것이 초래할 위험과 약속을 검토하는 숙의가 필요하다는 인식이 세 정치 체제에서 등장했다. 시장에서 얻을 수 있는 이익이나 과학적 사실, 법 규정보다는 인간의 가치를 분석하는 데 숙의가 필요했다. 행위자들이 이런 의도로 사용했던 언어는 윤리철학, 특히 생명윤리bioethics였는데, 이 단어는 생명(비오스bios)과 윤리(에토스ethos)가 결합된 것이다. 생명윤리는 '혐오 요인'처럼 이전에는 비합리적이고, 감정적이고, 분석할 수 없었던 것들에 질서와 원칙을 부여했다. 혐오 요인이라는 말은 미국 의사이자 윤리 전문가인 리언 캐스Leon Kass[2]가 제안했으며, 영국 인간생식배아국은 체외수정 중 유산된 태아의 조직을 사용하는 논쟁에서 이 단어를 사용했다.[3] 또한 생명윤리는 생의학 발전 초기에 유용한 도구로 인정받았다. 과학이나 법 같은 오래되고 전통적인 분야와 달리, 생명윤리는 정치인과 정책 결정자들이 최종적인 법으로 제정하는 데 활용되었다. 생명윤리를 유전학과 유전체학이라는 새로운 영역으로 확장하려는 시도는 담론을 구성하는 중요한 방식이었다. 우리는 이 장에서 국가별로 생명윤리가 제도적 정책 담론으로 성장하는 과정을 살펴보고, 유전자 복제와 줄기세포의 위험성을 숙의하는 데 사용된 사례를 검토한다.

세 정치 시스템에서 생명윤리의 역할을 비교하는 작업은 개념적으로 어렵고 방법론적으로도 도전적인 과제이다. 용어 정의는 추후에 다룰 문제로 남겨두자. 생명윤리란 무엇이고, 정치적·문화적 환경이 다를 때 생명윤리를 어떻게 이해해야 하는가? 생명윤리가 모든 국가에서 동일한 게 아니라면 우리는 각국의 이슈와 논쟁을 어떻게 비교할 수 있을까? 또 다른 어려움은 생명윤리 발전 과정에서 개별 회원국이 아닌 유럽연합의 역할을 규명하는 것이다. 1990년대 초반부터 유럽의회와 유럽집행위원회는 생명윤리를 유럽 정치 어젠다로 부각시키면서 직원을 이 어젠다에 투입하고, 전문가 그룹을 조직하고, 보고서 작성을 지원하는 등 생명윤리에 적극 대응했다.[4] 그러나 생명윤리 담론이 국경을 넘어 확장되자 국가 차원의 정책을 위한 논의 규모를 결정하기 어려워졌고, 특정 국가가 생명윤리에 관한 자율권을 주장하기도 힘들어졌다.

이 문제를 완전히 해결하지 않고 국가별 생명윤리에 관한 완벽한 민족지를 서술하지도 못한다면, 행위자를 중심에 놓고 비교 작업을 한다고 해도 문제를 해결할 수 없고 그 중요성도 줄어들 것이다. 대신 각국이 특정 목적을 위해 생명윤리 담론을 제도화하는 방식을 보여주어야 하고, 각국의 시민사회 행위자들이 국가 차원의 생명윤리 논쟁을 이해하고 전략적으로 개입하는 방식을 제시해야 한다. 이를 위해 나는 세 가지 방식으로 비교했다.

첫째, 각국에서 '공식적인 생명윤리official bioethics'가 발전하는 모습을 검토했다. 여기서는 공공정책의 도구로 기능한 생명윤리에 집중했으며, 공적 윤리 조사를 위해 조직된 숙의 단체들이 정의하고 채택한 생명윤리를 분석했다. 여기에서 생명윤리를 공식적인 분과학문의 분석 담론으로 간주하면서, 생명윤리의 제도적 메커니즘과 발전 간 상호작용에 관심을 두었다. 따라서 이 절에서는 새로운 공적 단체들이 자신들의 정체성과 정당성을 구축한 과정과 대조하면서, 생명윤리 논쟁의 오래된 배경을 검토한다. 또한 이런 기관의 구조나 검토 과제가 윤리적·도덕적 이슈를 논의하는 데 어떤 프레임을 제공했는지도 살펴본다. 이 책에서 집중적으로 다루고 있는 과학과 민주주의 관점에서 국가별로 생명윤리를 대변하는 주체가 누구인지도 질문한다. 즉, 어떤 주체가 공식적으로 생명윤리를 발언하면서 어떤 이슈들을 다루는가?

비국가nonstate 행위자가 생명윤리를 전략적인 담론으로 선택했던 이유를 이해하는 작업도 중요하다. 이 장의 두 번째 부분에서는 '비공식적 생명윤리unofficial bioethics'를 검토한다. 나는 기업과 비정부기구를 포함해 시민사회 단체와 행위자들이 규범적 목표를 달성하기 위해 생명윤리를 다루었다고 보았다. 이런 의제를 국가별로 비교하면, 각국의 행위자들이 유전학과 생명공학에 관한 윤리적 질문에 부여한 가치가 서로 다르다는 것을 알 수 있다. 이 분석을 통해 담론 매체discursive medium인 생명윤리의 분권적인 특성을 확인할 수 있지만, 과학 및 법 지식을 공유하는 방법을 교육하는 기관은 없다. 따라서 '생명윤리를 발언하는 데' 요구되는 진입 장벽은 기존 정책 담론보다 낮았다. 결국 관련된 행위자들은 자신들의 목적에 따라 생명윤리를 발명하거나 재발명해야 했다.

이 장의 마지막 부분에서는 21세기 서구 사회에 등장한 복제 및 줄기세포 연구와 관련된 생명윤리 질문을 검토한다. 이를 위해 각국의 생명윤리 관련 숙의와 법적 숙의를 자세히 살펴보고, 윤리·정치·과학의 경계가 어떻게 협상되었는지 분석한다. 또한 생명윤리를 통해 불분명한 것들이 명확해진 사례도 다룬다. 이 비교 작업의 목표는 정치적 선택에 사용된 생명윤리 담론의 권력을 평가하는 것이다. 생명윤리 담론이 생명공학 제품에 인지적·윤리적 질서를 부여하고 공동생산하는 데 기여한 점도 평가한다.

## 생명윤리의 공식적인 등장: 윤리적인 비전

대중은 불확실성을 강조하면서 '생명윤리' 개념을 정의하려 했다. 그래서 1992년 유럽의회 보고서는 1978년에 한 백과사전이 정의한 생명윤리 개념을 인용했다. "생명윤리란 생명체에 관한 인간 행동의 체계적인 연구이며, 윤리와 원칙에 입각해 검증되어야 한다."[5] 하지만 유럽의회 보고서는 생명윤리를 독자적인 분과학문으로 취급하지 않았다. 대신 생명윤리는 전문가와 일반인에게 열려 있으면서, 인간을 대상으로 하는 생명과학 또는 생명공학에서 민감한 사건을 검토하기 위한 소통과 성찰의 장으로 간주되었다.[6] 하지만 윤리 분석 전문가들은 생명윤리를 협소한 하나의 분과학문으로 인식했으며, 이보다 넓게 생명윤리를 민주적 숙의로 간주하려는 이들은 윤리 분석 전문가들의 입장에 반대했다. 이러한 갈등관계가 생명과학의 윤리 발전에 영향을 주었다. 예를 들어 1995년 미국 의학연구소U.S. Institute of Medicine 보고서는 다음과 같이 지적했다. "'윤리 분석ethical analysis'이 대수학이나 기하학처럼 단일하고 직접적인 방식이 아닌 것은 분명하다."[7] 따라서 윤리적 숙의의 목적은 명확한 답을 내놓는 것이 아니라 대안을 제시하는 것이다.

하지만 대부분의 분석가들은 역사적인 두 사건이 현대 생명윤리 발전에 중요하다는 점에 동의했다. 첫 번째는 환자를 위한 의사의 의무를 다룬 고대 히포크라테스 선서 전통이다. 이 선서는 기원전 5세기경 고대 그리스 의사 히포크라테스가 썼다고 알려진 글로, 의학은 환자의 이익을 최우선으로 삼아야 한다는 약속이다. 단순하면서도 널리 알려진 선서의 명령은 '해치지 말라'였다. 또한 이 선서는 내용과 표현이 조금씩 다르지만 많은 의대 졸업식에서 낭독된다. 1948년 9월 제2차 세계의사총회Second General Assembly of the World Medical Association에서 나치 시기에 의사들이 저지른 악행을 반성했다. 이 총회에서는 전문직으로서 의사의 신뢰를 재구축하면서, 제네바 선언Declaration of Geneva과 유사한 내용의 새로운 히포크라테스 선서가 채택되었다.[8]

두 번째는 나치가 저지른 생의학 실험에 관한 것이다. 공식적으로 가장 먼저 뉘른베르크 강령Nuremberg Code에서 언급되었다. 이 강령은 뉘른베르크에서 열린 나치에 부역한 의사에 관한 재판에서 미국인 의사가 작성한 원칙으로, '허용할 수 있는 의학 실험permissible medical experiments'을 열 개의 강령으로 정리해 증언했다. 강령의 첫 번째이자 가장 명확한 원칙은 실험 대상의 자발적인 동의가 절대적으로 중요하다는 점이다. '자발적voluntary'이라는 단어는 자유롭고, 강요당하지 않으며, 사전에 고지되며, 실험의 목적과 위험을 충분히 이해하고 있다는 의미로 해석되었다. 결국 이 원칙은 사전동의informed consent 규정의 기초가 되었다. 히포크라테스 선서처럼 뉘른베르크 강령은 세계의사총회를 통해 세계에 확산되었고, 1964년 6월 제8차 총회에서 헬싱키 선언Declaration of Helsinki으로 채택되었다.

히포크라테스 선서와 뉘른베르크 강령 같은 윤리 전통은 서구의 생명윤리 담론에 중요한 영향을 주었다. 두 전통은 의사와 환자의 관계에 집중하면서, 의학 전문가에게 연구 대상이자 치료 대상인 환자를 위한 선행을 요구했다. 또한 동료 감시를 통해 자기 규제를 실행하고, 인체에 가해지는 물리적 영향과 위험을 최우선으로 삼았다. 이 원칙들은 허용할 수 있는 실험의 한계를 정하는 데 유용했지만, 생의학 연구개발을 지원하는 국가의 역할이 증가하고 있다는 점을 고려하지 못했다.

뉘른베르크 재판이 남긴 중요한 유산은 새로운 장비와 치료법을 개발할 때 윤리적 숙의가 필요하다는 점이다. 특히 미국에서 새로운 생의학 기술을 개발하기 위해서는 공식적인 윤리 분석이 포함된 문서가 요구되었다. 윤리가 이렇게 사용되자, 현대 시장경제에서 윤리는 평가 기술이 되었다. 윤리는 논란이 있거나 위험한 제품을 걸러내는 필터 역할을 수행했지만, 생산과 관련된 정치경제에 개입하거나 과학 연구와 기술 개발의 목적을 다루는 상향식 담론이 되지는 못했다. 다음 절에서는 각국에서 생명공학 과제들을 해결하기 위해 생명윤리가 제시한 원칙과 가정이 진화하는 과정을 살펴본다.

## 미국: 전문화와 정치 사이에서

윤리 강령을 만드는 건 하나의 의미 있는 작업이지만, 강령을 살아 있는 형태로 바꾸는 건 또 다른 작업이었다. 미국은 두 개의 최전선에서 다른 국가들을 이끌었다. 하나는 생명윤리 분석을 전문화하면서 기업의 리더 역할을 한 것이고, 다른 하나는 지저분한 정치·권력을 넘어 생명윤리가 주기적으로 넘쳐흐르도록 관리했다는 것이다.

미국에서는 개인에게 위해危害한 요인이 변화의 주요 동력인데, 이 경우에는 의학연구에서 윤리 규범과 실제 행동의 간격에 따른 위해였다. 하버드대학교 마취과 교수인 헨리 비처Henry Beecher는 개인에게 가해진 학대를 폭로했다. 그는 젊은 시절에 신비 경험을 하고서, 뉴잉글랜드 출신의 저명한 노예제 폐지론자의 이름을 따서 이름을 바꾸었다.[9] 1966년 비처는 《뉴잉글랜드 저널 오브 메디슨New England Journal of Medicine》에 뉘른베르크 강령을 충실하게 따르지 않은 스물두 건의 의학연구를 폭로했다.[10] 각 사건에서 의사-연구자는 선행 원칙과 사전동의 원칙을 심각하게 위반했다. 그의 고발은 적중했다. 곧바로 국립보건원과 식품의약국은 공적 지원을 받은 연구는 모두 동료평가와 사전동의를 받아야 하며, 이를 확인하는 기관생명윤리위원회Institutional Review Board 설립을 의무화하는 지침을 채택했다.

그럼에도 규제와 실천은 계속 어긋났다. 1972년 고통스러운 사건이 다시 발생했다. 《뉴욕타임스》는 미국 정부가 지난 50년 동안 피험자의 동의 없이 인간을 대상으로 한 실험 중 가장 오랫동안 수행되었던 터스키기 매독 연구

Tuskegee Syphilis Study 사건을 폭로했다. 미국 공중보건국Public Health Service 소속 의사들은 병에 걸린 가난한 흑인 농부들에게 치료제를 의도적으로 주지 않았다. 이는 의료윤리 위반에 인종차별까지 더해진 악랄한 사건이었다. 피험 자들은 연구 목적과 자신들의 역할이 무엇인지 듣지 못했으며, 심지어 치료제 를 구할 수 있는 상황에서도 치료를 받지 못했다. 1997년 빌 클린턴 대통령은 생존해 있는 연구 참여자들에게 공식 사과했으며, 터스키기대학교에 새로운 생명윤리 연구소를 설립하기 위한 연방 기금을 지원했다.

여기에 의학 신기술(특히 연명치료)이 정착되지 못해 1960~1970년대는 미국 생명윤리에 중요한 시기였다. 학술적으로 훈련받은 철학자들은 처음으로 이 문제를 생의학 윤리 문제로 간주했는데, 이전에는 의학연구와 임상 의사들이 다루던 영역이었다. 1969년 헤이스팅스 사회, 윤리, 생명과학 연구소Hastings Institute of Society, Ethics, and Life Sciences(후에 헤이스팅스 센터Hastings Center로 개명)가 설립되었고, 조지타운대학교 소속 케네디 윤리 연구소Kennedy Institute of Ethics가 1971년에 설립되었다. 이 연구소들은 생의학의 최전선에서 발생하는 윤리 문제를 전문적인 학제 간 연구로 다루었다. 이 연구소들의 업적 중 하나는 생명윤리를 위한 교육용 언어를 만든 것이다. 공리주의 입장에서 이해 균형interest balancing을 추구하는 윤리와, 의무와 필요에 따른 의무론적 윤리는 생명윤리를 연구하는 학자들의 개념 도구였다. 하지만 이 연구소들은 차이를 넘어서는 방법을 제시하지 못한 채 갈등 지점만을 강조했다.

1970년대에 공식적인 생명윤리가 전면에 등장했다.[11] 의회의 요청으로 설립된 국립 생의학 및 행동연구 피험자 보호 위원회National Commission for the Protection of Human Subjects of Biomedical and Behavioral Research가 1974년부터 1978년까지 활동했다. 1978년에 발표된 벨몬트 보고서Belmont Report는 인간을 대상으로 연구를 수행할 때 지켜야 할 세 가지 윤리 원칙, 즉 인간, 선행, 정의 관점의 강령을 제안했다. 1980년부터 1983년까지 39개월 동안 많은 논의를 통해 의학, 생의학, 행동연구의 윤리 문제 연구를 위한 대통령 위원회President's Commission for the Study of Ethical Problems in Medicine and

Biomedical and Behavioral Research가 설립되었다. 「생명을 접합하다Splicing Life」[12]라는 제목의 보고서는 환자의 체세포를 조작해 유전병을 치료하는 유전자 치료를 적극적으로 지지했다. 하지만 이 보고서는 유전자 치료 때문에 변성된 환자의 생식세포가 다음 세대로 전달될 수 있으니 신중해야 한다고 지적했다. 두 국립위원회의 작업을 보완하기 위해 뉴욕과 뉴저지에 있는 여러 윤리학단체들이 관련 집행부를 구성했다. 여기에는 아실로마 회의(2장 참조)에 힘입어 1975년에 조직된 재조합 DNA 자문위원회가 포함되었다. 또한 10년 뒤 국립인간게놈연구소National Center for Human Genome Research, NCHGR 산하 윤리적·법적·사회적 영향Ethical, Legal, and Social Implications, ELSI(엘시) 실무그룹도 포함되었다.

이 단체들은 과학과 생명윤리 실천의 표준을 정하고 제도화하는 데 기여했다. 첫째, 생명윤리 규제는 실험의학 제품과 서비스를 전달하려는 취지로 수립되었는데, 위험이 주 관심사였기 때문에 환자들은 기술 설계와 제품에 관해 질문할 수 없었다. 둘째, 추상적인 윤리 원칙을 사전동의 같은 일상적인 실천으로 번역하는 작업은 혁신과 생명윤리 분석 덕분에 이익을 얻는 환자들 개인에집중했다. 환자는 생명윤리의 최전선에 있는 소비자로 간주되어, 위험과 이익을 공리적으로 계산해 치료에 참여하거나 거부하는 '좋은 환자' 개념이 등장했다. 셋째, 사전동의 원칙은 환자에게 권한을 주기는 했지만 일반인과 전문가를구분했다. 전문가가 부담해야 하는 보호 의무는 환자의 정보 권리로 대체되었다. 하지만 전문가는 보호하고 환자는 보호를 받는다는 개념 때문에 위계가 형성되었다. 끝으로 윤리 분석을 위한 표준 용어(예를 들어 벨몬트 보고서에서 제안된 용어)를 만드는 작업은 학계나 임상에서 생명윤리 전문가라는 새로운 계층에 권위를 부여했다. 이들은 생의학 연구개발과 더 넓게는 농업 및 환경 생명공학의 핵심 가치를 숙고하는 능력을 환자나 소비자에게서 박탈해야 한다고위협했다. 이런 경향은 미국의 생명윤리를 위험과 이익의 균형을 맞추는 공리적인 입장으로 몰아갔다. 또한 이런 분위기는 미국 다원주의 정치철학 및 시장중심주의와 양립했고, 생명공학 규제 이슈들을 제품 중심으로 논의하는 계기가 되었다.

생명윤리의 한계, 실천, 요구 문제들을 비판적으로 다룬 문헌들이 발표되었고 이를 연구할 필요성이 대두되었다.[13] 인류학자들은 서구 생명윤리가 다른 문화에서는 질병 치료와 의학 발전에 전혀 도움이 되지 않는다고 주장했다. 생명윤리가 등장한 서구에서 윤리 담론을 적용해 가치 논쟁을 해결하려 했지만, 이를 적극적으로 지지한 사람들조차 그 결과를 예상할 수 없었다.

인간게놈프로젝트 산하 엘시 연구는 생명윤리 프로그램 중에서 가장 많은 공적 지원을 받았다.[14] DNA 구조의 공동 발견자이자 국립인간게놈연구소의 초대 소장이었던 제임스 왓슨은 기자회견에서 엘시 연구에 관심이 없다고 말했다.[15] 인간게놈프로젝트가 윤리 이슈를 어떻게 다루고 있는지를 묻는 질문에, 왓슨은 연구비의 3%(후에는 5%)를 엘시 연구에 배정하겠다고 약속했고 이를 의회에 보고했다. 결과는 두 가지 형태로 드러났다. 하나는 국립인간게놈연구소의 엘시 사무국이 관리하는 외부 연구 프로그램이었고, 다른 하나는 광범위하지만 정확히 규정되지 않은 감독 임무를 맡은 엘시 실무그룹ELSI Working Group이었다.

이 기원 이야기(여기에서 설명된 것보다 더 비판적으로 읽어야 한다)에서 왓슨은 개인적 문제 때문에 결국 엘시를 보호해야 했지만, 미래에 닥칠 엘시의 약점도 보여주었다. 늘 연구비가 부족했던 생의학 연구공동체 입장에서 보면,[16] 인간게놈프로젝트에 지원되는 연구비는 제로섬 게임이었다. 즉, 엘시 연구를 위해 배정된 5%는 생의학 연구자 입장에서 보면 연구비가 아니었다.[17] 왓슨이 연구소 소장으로 재임하던 시기에 엘시는 적대적인 비판을 받지 않았다. 여덟 명으로 시작한 실무그룹은 유전학과 윤리학이 논쟁하던 초기에 적극적으로 활동하던 사람들로 구성되었지만, 공식적인 권한이 없었고 정치적 논쟁을 제기할 기회도 없었다. 왓슨은 엘시를 진지하게 생각하지 않았다. 그는 연구비의 95%가 배정된 '진짜' 인간게놈프로젝트에 비해 엘시를 부차적인 일로 취급했다.

1993년 국립인간게놈연구소 소장으로 프랜시스 콜린스Francis Collins가 부임하자 상황이 바뀌었다. 왓슨은 경제적인 이해 충돌 사건으로 연구소장에서 물러났는데, 많은 사람은 이 사건이 과장되었다고 보았다. 콜린스가 부임하던 시기에 엘시 실무그룹 구성원도 교체되었다. 원년 멤버들이 대부분 떠나고 열두 명으로 구성된 새로운 그룹이 조직되었으며, 그중에는 유전학과 사회학 분석가들도 있었다. 콜린스는 사소한 일까지 챙기는 스타일이었다. 그는 엘시 프로그램이 인간게놈프로젝트에 도움이 되는지 확신하지 못했다. 그가 보기에 이 프로그램의 주요한 문제점은, 연구자들이 기존 데이터 은행에 축적된 수십억 개의 조직 샘플에 접근할 때 발생할 수 있는 문제를 유전자 프라이버시 법genetic privacy bill으로 해결하지 못했다는 데 있었다. 그는 이를 해결하기 위해 엘시 프로그램을 연구소가 직접 관리하도록 했고, 새로운 정책 자문역으로 케이티 허드슨Kathy Hudson을 임명했다. 그런데 허드슨은 엘시 프로그램이 최신 행동유전학 주제를 다루는 것에 반대하면서 실무그룹과 충돌했다. 콜린스와 실무그룹은 엘시 프로그램의 독립성을 놓고 충돌했으며, 이 과정에서 엘시 프로그램의 리더이자 저명한 법률가였던 로리 앤드루스Lori Andrews가 사임했다.[18]

콜린스는 논란을 잠재우기 위해 엘시 프로그램의 임무와 조직을 점검하는 위원회를 조직했다. 1996년 12월에 발표된 보고서에는 다면적이면서 정책과 관련되어 있는 이 연구 프로그램이 지속되어야 한다는 내용이 담겼다. 하지만 이 보고서는 엘시 실무그룹을 해체하고 싶어 하는 콜린스에게 최종 결정을 위임했다.[19] 보고서 평가자들은 엘시 실무그룹이 국립보건원과 에너지부가 관할하는 여러 거버넌스에서 활동하도록 조직을 분산할 것을 권고했다. 이 권고에 따라 엘시 실무그룹이 수행하던 업무들, 즉 연구비 감독, 국립보건원과의 업무 협조, 보건복지부 장관의 자문역은 여러 위원회로 분산되었다. 처음 두 권고 사항은 1997년에 실행되었지만, 정치적인 측면이 고려된 세 번째 권고 사항은 원래 형태로 실행되지 않았다.[20] 다시 말해, 보건복지부 장관은 유전자 시험에 관한 소규모 자문위원회를 조직했고, DNA 이중나선을 이루는 네 가지 염기의 약자인 ACGT를 따서 위원회 이름을 지었다.

당시 국립보건원 원장이었던 해럴드 배머스Harold Varmus는 21년간 활동한 재조합 DNA 자문위원회를 해체하는 계획을 발표했다가, 엄청난 비판을 받아 그 계획을 철회했다. 일부 사람들은 재조합 DNA 자문위원회가 개별 연구를 대상으로 수행되는 동료평가를 반복하고 있다고 비난했지만, 다른 사람들은 이 위원회가 생의학 연구에서 생식세포 유전자 치료나 행동유전학 같은 논쟁적인 영역을 감독하는 역할을 담당한다고 인정했다.[21] 결국 재조합 DNA 자문위원회는 유지되었지만, 우리의 목적에서 봤을 때 결과보다 이유가 중요하다. 이 위원회는 유전자 치료의 위험 관리라는 중요한 기능을 담당한다는 이유로 유지되었다. 또한 생의학 관련 이해당사자들도 무시할 수 없었다. 1999년 펜실베이니아대학교의 환자였던 18세 제시 겔싱어Jesse Gelsinger의 비극적인 죽음은 유전자 치료의 미래가 어둡다는 것을 보여주는 실망스러운 메시지였다.[22] 겔싱어의 사망으로 세부 윤리 규정 중 몇 가지가 비판을 받았다. 즉, 생명윤리 측면에서 개인이나 집단에게 허용될 수 있는 위험 수준을 설정하는 역할은 국립보건원이 제도화된 생명윤리로 관리해야 한다는 주장이 큰 지지를 받았다.[23]

생명윤리를 국가 차원의 담론으로 만들려 하자, 생의학 연구에 부정적인 영향을 주었으며 정치적으로도 복잡해졌다. 그래서 1980년대 후반 의회가 대통령 위원회를 계승한 생의학 윤리 자문위원회Biomedical Ethics Advisory Committee를 설립하려고 했지만, 첨예한 낙태 논쟁 때문에 무산되었으며, 이후 의회는 국가 차원의 생명윤리 단체를 승인하지 않았다.[24] 위원회 활동이 종결되자 배아연구를 지원하는 연방 연구비가 모두 보류되는 예상하지 못했던 사태가 발생했는데, 이는 배아연구 프로젝트를 승인하는 위원회가 사라졌기 때문이다. 1995년 의회는 보건복지부 지출예산을 심의하는 과정에서 배아연구를 공식적으로 금지했다. 디키-위커Dickey-Wicker 지출예산 수정안은 배아가 '파괴되거나, 버려지거나, 다치거나, 죽을 위험이 있다고 알려진' 연구에 연방 연구비를 사용할 수 없다고 규정했다. 이에 따라 생명윤리를 중앙에서 관리해야 한다는 요구가 클린턴 정부 시기 백악관에 전달되었다. 1995년 10월 클린턴 대통령은 국립 생명윤리 자문위원회National Bioethics Advisory Commission, NBAC를 설립하는 행정명령 제12975호를 발동했다. 이 위원회 의장은 프린스턴대학교 총장 해럴드 샤피로Harold T. Shapiro가 맡았다. 법으로 규정된 이 자문위원회는 열다섯 명의 위원으로 구성되었고, 연구를 윤리적으로 수행하기 위한 포괄적인 원칙들을 수립하는 임무를 맡았다. 1997년 2월 복제양 돌리가 등장하고, 인간 복제도 멀지 않았다는 소식이 알려지자 국립 생명윤리 자문위원회가 다루던 의제가 긴급 사안으로 간주되었고, 위원회도 더 많은 주목을 받았다. 1997년 6월에 발표된 보고서 「인간 복제하기Cloning Human Beings」도 많은 관심을 끌었으며, 1999년 줄기세포 연구 관련 윤리 이슈들을 담은 보고서도 큰 관심을 받았다.[25]

국립 생명윤리 자문위원회의 활동은 2001년 10월에 종료되었다. 두 달 뒤 조지 W. 부시 대통령은 행정명령 제13237호를 발동해 대통령 생명윤리위원회President's Council on Bioethics, PCBE 설립을 지시했다. 부시 대통령은 이 위원회가 생의학 및 행동연구 분야의 과학기술 발달에 따른 '인간적·윤리적 의미를 근본적으로 조사하는 임무를 수행'한다고 밝혔다. 시카고대학교 소속 의사인 리언 캐스를 의장으로 한 이 위원회는 열일곱 명의 위원으로 구성되었으며, 정치적으로는 보수에 치우쳐 있었다. 캐스는 생식과 수명연장 연구를 검토한 다음, 현대 과학이 윤리적 태도를 잃어버렸다고 주장했다. 이는 캐스처럼 보수 입장에서 연구의 가치를 폄하했기 때문에, 생의학 연구공동체뿐 아니라 페미니스트와 자유주의 진영에서도 그 주장을 거부하면서 큰 논란이 되었다. 대통령은 위원들을 임명하면서 다음과 같은 포괄적인 용어로 교육 임무를 강조했다. "위원회는 나를 포함해 사람들이 용어의 의미를 이해하고, 의학과 과학이 생명 관련 이슈와 생명의 존엄성을 어떻게 연결하는지를 파악하고, 생명에는 창조주가 있다는 생각을 이해하는 데 도움이 되는 역할을 해야 한다." 대통령은 위원들이 자기 자신을 위해, 국가를 위해, 세계를 위해 일해야 한다고 반복해서 말했다. "우리는 여러 최전선에서 세계를 이끌고 있다. 이것은 미국이 세계를 선도할 수 있는 또 하나의 최전선이다."[26] 대통령 생명윤리위원회의 관점은 첫 보고서인 「인간 복제와 인간 존엄성Human Cloning and Human Dignity」이 발표되자 더 명확해졌다.

## 독일: 근본 질문들

지금까지 살펴보았듯이 생명윤리의 역사는 20세기 독일 역사와 긴밀하게 연결되어 있다. 국가의 양심에 난 상처를 치유하는 게 중요했다. 당연히 생명윤리 담론을 공적 의사결정 절차와 결합하려는 모든 시도가 문제에 부딪쳤고, 비극적으로 종결되었다. 독일에서 생명윤리를 정치적으로 다룰 때 드러난 두 가지 특징은 미국과 비교하면 분명하게 드러난다. 독일은 위험을 개인에게 돌리는 것에 반대하면서 사회적·집단적 선善에 관한 질문을 강조하고, 공공정책을 개발할 때 공리주의보다는 의무론을 선호했다.[27] 하지만 이런 경향은 단단한 기반 위에 있지 않았다. 독일은 이런 경험을 통해, 정치문화가 지속적으로 수행되는 과정에서 행위자들은 새로운 목소리를 얻었고, 포괄적이고 문화적인 헌신을 표현했으며, 적절한 상황이 주어진다면 완고한 근본주의에서 해방되어 다시 상상할 수 있는 기회를 얻을 수 있다는 걸 깨달았다.

1990년대 초 독일에서 생명윤리는 논쟁적인 이슈였다. 당시 다른 국가들은 생명공학 상업화에 성공했지만 독일 정치인과 시민은 국가 정체성에 더 몰두했는데, 이와 관련된 질문은 독일이 전후 회복기에 논란이 되었던 용어를 다루었다. 6장에서 살펴보았듯이 서구 승리주의Western triumphalism 담론이 다른 주장들을 압도했다. 즉, 절대주의 입장에서 배아의 지위가 규정되었는데, 페미니즘과 사회민주주의 진영은 이를 통일에 따른 비용으로 간주하면서 수용할 수밖에 없었다. 이와 비슷한 절대주의가 생의학 이슈에서 논란이 된 윤리 문제를 논의할 때도 등장했다. 호주 출신 윤리철학자 피터 싱어Peter Singer가 1989년 이후에 주장한 내용이 중요한 사례이다.

1999년부터 프린스턴대학교에서 일했던 싱어는 동물권 옹호자였으며, 심각하게 위태로운 인간은 살 가치가 없다는 관점을 공개적으로 지지해 유명해졌다. 그는 특수한 상황에서 안락사와 유아 살해를 허용해야 한다고 주장했다. 예를 들어 심각한 장애를 지니고 태어난 아이의 부모는 국가의 개입 없이 의사의 도움을 받아 아이를 살릴 것인지 죽일 것인지를 결정할 자유가 있다고 주장했다(물론 이런 주장을 싱어만 한 것은 아니다). 이 관점은 많은 논쟁을 일으켰고 광범위하게 논의되었다. 그가 프린스턴대학교에 부임한 지 몇 달 후《뉴요커New Yorker》는 싱어를 '생존하는 철학자 가운데 가장 논쟁적인 철학자'이자 '가장 영향력 있는 인물'로 선정했다.[28] 당시로부터 10년 전인 1979년에 출간된 『실천윤리학Practical Ethics』[29]이 유럽 몇 개 언어로 번역되자, 싱어는 국제적 강의 네트워크에서 유명해졌다. 따라서 그가 1989년에 독일을 방문했을 때 환영을 받았고 불길한 예감은 없었다.

하지만《뉴욕 리뷰 오브 북스New York Review of Books》에 싱어의 글이 발표되고 나서[30] 그가 독일을 방문하자 사람들은 격렬하게 항의했다. 잘브뤼켄Saarbrüken 소재 잘란트대학교Saarland University에서 열릴 예정이던 세미나가 취소되었다. 당시 행사는 청중의 항의와 야유로 방해받았으며, 행사 관계자가 청중들에게 반대 이유를 설명하라고 요구할 때까지 방해가 계속되었다. 싱어와 비슷한 입장에 있던 다른 철학자들도 학계에서 배척당했고, 학생들에게서 항의를 받았다. 함부르크대학교University of Hamburg는 실천윤리학 전공 교수를 채용하려다가 대신 미학 전공자를 채용했다. 싱어는 1991년 취리히에서 개인적으로 가장 불쾌한 경험을 했다. 그는 '유대인은 떠나라Juden raus'를 연상시키는 '싱어는 떠나라Singer raus; Singer out'라는 구호를 듣고서 강연을 취소했다.

싱어는 이런 폭력적인 반응에 안타까워하면서 다음과 같이 논평했다. 그는 독일에서 윤리 담론이 발전되지 않아, 영어권에서는 수년 전부터 생명, 죽음, 생의학 관련 질문들을 논의한 윤리적 숙의를 독일에서는 할 수 없다고 말했다. 하지만 잘브뤼켄 세미나에 싱어를 초빙한 독일 주최자와의 대화를 통해 더 복잡한 현실, 즉 두 철학 전통이 충돌했다는 점을 알 수 있다.[31] 인터뷰어들은 싱어에게 이렇게 질문했다. '살 가치가 없는 생명life not worth living'이라는 표현이 나치가 사용한 '살 가치가 없는 생명lebensunwertes Leben'이라는 혐오스러운 개념을 지지하는 것으로 인식될 수 있으며, 그래서 국가가 생명을 끝낼 수 있다는 주장으로 인식될 수 있다는 점을 생각하지 않았는지를 물었다. 싱어는 번역이 잘못되었다고 대답했다. 그는 '살 가치가 없는 생명'을 '살아남아야 할 자격이 없는 생명life unworthy of being lived'과 구분하기를 원했다. 싱어는 전자가 특정 생명체가 주체적이고 개별적으로 살아가는 관점에서 삶의 질을 판단하는 것이고, 후자는 파시스트가 살아남을 자격이 없는 생명을 끝내는 객관적인 기준을 의미한다고 말했다.

싱어는 이 과정에서 개인이 개입할 수 있는 권리가 가장 먼저 보호되어야 한다고 희망했다. 그다음으로 그는 국가의 승인 없이 무제한으로 개인이 주체적으로 생명을 끝내는 게 허용되기를 바랐다. 하지만 그는 독일 관계자들이 중요하다고 생각한 여러 질문을 회피했다. 터부를 깨는 데 중요했던 사례는 싱어가 주장했던 안락사였다. 싱어는 그런 터부 깨기가 알려지지 않은 부정적인 결과를 초래할 수 있는지에 관한 질문을 받았다. 그는 남용될 우려가 있으면서도 검토되지 않은 도그마처럼 공식적인 터부를 드러내는 것은 항상 좋은 일이라고 단언했다. 그러면서 그는 철학의 임무는 "자연에 맡겨 되어가는 대로 놓아두다letting nature take its course"라는 말처럼 현란하면서도 혼돈을 일으키는 장막을 없애는 것이라고 주장했다. 그는 이 말이 행동에 책임을 져야 한다는 가정을 거부할 수 있게 만든다고 말했다. 그는 올바르게 구별할 수 있고 거짓 주장을 폭로할 수 있는 비판적 탐구의 힘을 신뢰하면서 관습에 반대하고 이성을 지지했는데, 이는 철학자의 신조를 암송한 것이었다.

철학이 정확한 생각의 범주를 규정할 수 있다는 싱어의 신념에서 우리는 워녹 남작부인의 최고 신념을 떠올릴 수 있다. 그녀도 싱어처럼 사물들을 구별할 수 있다고 믿었는데, 이는 영어권 세계에서 선호되는 분석철학의 산물이다. 싱어가 검토하지 않았던 질문은 절대적 윤리 의무로 간주했던 것들의 역사적 기원과 사회적 근거에 관한 것이었다. 예를 들어 자격 없는 생명을 주체적으로 인식하는 것은 어디에서 기원하는가? 가치 있는 또는 무가치한 생명을 인식할 때 어떤 사회적 가치와 관련되는가? 사람들이 자신의 생명을 끝내거나 끝내지 않을 권리가 있다는 사실을 우리는 어떻게 해석해야 하는가? 다리에서 떨어져 자살하려다 생존한 사람이 떨어지기 직전에 원했던 것을 법과 도덕은 어떻게 다루어야 하는가? 이언 해킹, 알래스데어 매킨타이어Alasdair MacIntyre, 리처드 로티Richard Rorty 같은 역사적 관점을 지닌 분석철학자들과 위르겐 하버마스를 포함한 대륙 철학자들은, 싱어의 주장과 달리 절대주의 입장에서 주체와 객체를 구분할 수 없다고 보았다. 반면 이들은 싱어를 독일에 초대한 관계자들처럼 상호 이해를 더 중요하게 생각했다. 또한 독일 철학계에서 진행된 독자적인 윤리 논쟁이 있었다. 독일 통일 이후 가장 중요한 사건은 1999년 7월 페터 슬로터다이크Peter Sloterdijk가 '인간 동물원 규정Regeln für den Menschenpark; Rules for the Human Zoo'이라는 제목으로 한 강연에서 시작되었다. 그는 생존하는 독일 철학자 가운데 가장 영향력 있는 사람으로 꼽힌다. 바이에른성에서 열린 학회의 마지막 강연에서 슬로터다이크는 인간 문명에 등장한 야만성과 잔인함을 개탄하면서, 유전공학으로 인간의 가장 추악한 특성을 제거하는 바이오 유토피아bio-utopia를 예견했다. 그는 축산업처럼 번식과 선택으로 인간을 더 좋게 만들 수 있다고 제안했다. 이듬해 봄 하버드대학교에서 슬로터다이크는 나치 시기에 진보적 우생학의 초기 전통이 무너졌으며, 이 어두운 역사는 인간을 유전적으로 개선하려는 긍정적인 비전을 막아 영원히 허용할 수 없게 만들었다고 주장했다.

슬로터다이크는 인간의 유전적 정체성을 의도적으로 변경하는 것을 강력 지지했으며, 금기시되는 번식과 선택이라는 용어를 사용했다. 또한 그가 마르틴 하이데거Martin Heidegger 같은 정치적으로 비난받는 철학자를 근거로 삼자, 독일의 주요 신문과 잡지들은 격렬하게 그를 비난했다. 슬로터다이크는 독일 진보철학의 거두인 하버마스에게 공개서한을 보내 불에 기름을 부었다. 공개서한에서 슬로터다이크는 하버마스가 자신을 공격하도록 제3자를 끌어들였고, 하버마스가 이상으로 간주한 민주주의 담론을 배신했으며, 자신의 주장이 오류투성이에다가 불법 복제된 텍스트를 근거로 삼았다는 주장을 제기했다고 밝혔다. 이는 지적 거인들이 충돌하는 자극적인 사건이었지만, 많은 논평가는 생명공학의 미래에 관한 논쟁이라기보다 독일의 역사 논쟁으로 보았다.[32] 1980년대 중반에 터진 역사 논쟁Historikerstreit처럼[33] 이 논란은 나치가 통치한 12년을 어떻게 기억해야 하는지에 관한 질문과 직접 연결된다. 나치 시기를 독일의 역사 및 문화와는 상관없는 일탈이라고 보아야 하는가, 아니면 연결된 것으로 보아야 하는가에 관한 질문이었다.[34] 즉, 나치는 일반화할 수 없는 예외인가, 아니면 독일 일상에 근거를 둔 사건인가? 특히 가장 두려운 생각은 다음과 같았다. 사람들이 독일의 새로운 민주 제도를 계속 감시하지 않거나, 민주 제도가 인간 존엄성을 무시하는 일탈 행위를 근절하지 않는다면, 또다시 독일에 극악한 리더가 등장할 가능성이 있는가?

독일 정체성에 관한 질문이 여전히 논란이 되고 있는 상황에서, 독일 지식인들은 생명윤리와 유전공학이 이 질문과 관련된다는 점을 깊이 인식하고 있었다. 생명윤리는 여러 맥락을 지닌 매우 민감한 주제였다. 또한 공적 언어의 전용, 담론 차원의 터부, 거버넌스에서의 학문 분과(철학과 생명과학 포함)의 역할, 나치 이전과 이후의 사회 전통에 관한 질문뿐만 아니라, 가장 중요하게는 통일과 새천년 시기의 독일 정체성에 관한 질문에 대답해야 할 시급한 요구가 등장했다. 독일 지식인들은 이 모든 이슈에 적극적으로 대처했지만 깊은 상처도 받았다. 또한 미국이나 영국의 정치 환경이 비교적 좋았던 반면, 독일인들은 정치와의 불화 속에서 고통스러운 자기 성찰을 해야 했다.

공식적인 생명윤리는 이런 경쟁적인 분위기 속에서 정체성을 구축해야 했다. 두 국가와 달리 독일에서 윤리적 숙의 작업은 인간 존엄성과 진실성이라는 핵심 약속을 존중하면서도, 생명과학과 생의학이 규제하에서 발전하도록 안전한 길을 마련하는 것이었다. 다른 국가들이 경쟁력 있고 생산적인 목적을 위해 생물학 지식을 활용하고 투자하는 데 비해, 독일의 주요 정당 소속 정치인들은 독일이 그 대척점에 있다고 확신했다. 다시 말해 정치인들은 새로운 과학기술이 초래할 수 있는 위험, 기회, 윤리적 모호함을 국가 정책으로 적절히 관리할 수 있다고 독일 대중을 설득해야 했다. 신뢰를 확보하기 위해서는 적절한 자문 단체로부터 자문을 받는 것이 핵심 절차였다. 독일 의회 체제에서 하원은 자문을 요청하는 주요 장치인 앙케트 위원회를 관리한다. 2장에서 살펴보았듯이 '현대 의학의 전망과 위험Prospects and risks of modern medicine'을 논의한 위원회는 1990년 독일에서 유전공학법이 제정되는 데 기초적인 작업을 수행했다.

2000년 3월 하원은 스물여섯 명으로 구성된 현대 의학의 법과 윤리에 관한 앙케트 위원회Enquete Commission on the Law and Ethics of Modern Medicine를 조직했는데, 선출직 열세 명과 독립적인 전문가 열세 명으로 구성되었다.[35] 이 위원회의 임무는 다음 세 가지였다. 의학연구 및 치료법 발전에 따른 윤리적·헌법적·법적·정치적 의미를 평가하는 것, 규제받지 않는 연구 영역을 규정하는 것, 인간 존엄성을 보호하면서 생의학을 활용하고 응용하도록 기준을 설정하는 것이었다.

누군가는 독일의 법과 정치문화에 남아 있던 규제받지 않는 영역을 위원회가 책임져야 한다고 보았다. 감시의 시선이 없는 구석에서 무질서가 확산되기 마련이었다. 시민들은 이 위원회 활동을 통해 위험, 불만족스러운 보건, 인간 존엄성을 해칠 수 있는 사안이 드러나기를 바랐다. 또한 대중은 정부가 공공선公共善에 기여해야 한다는 헌법상의 의무를 다하고 있는지를 확인할 수 있기를 바랐다. 이런 분위기에서 윤리적 관심과 법적 관심이 결합되었다. 윤리 문제가 결합된 사안을 이해하기 위해서는, 문제 해결의 책임이 있는 정부의 권력이 필요했다. 미국의 엘시 실무그룹은 자유방임 방식으로 접근했고, 엘시 연구 프로그램은 수년 동안 법적 정책과 상관없이 수행되었지만, 독일에서는 이런 방식을 상상할 수조차 없었다. 헌법에 규정된 앙케트 위원회의 의무는 입법 절차를 알리는 것이다.

프랜시스 콜린스가 경쟁적인 미국의 생의학 연구 관점에서 엘시 연구의 효율성을 평가했던 것처럼, 독일 과학자사회와 정부 관계자들은 생명윤리가 매우 중요하기 때문에 변화가 심한 의회에 맡길 수 없다고 보았다. 앙케트 위원회 절차는 1980년대 후반부터 법이 제정되던 1990년까지 연구공동체의 요구를 반영하지 않았고, 특히 배아보호법은 연구를 전면적으로 금지했다. 따라서 의회는 과학의 이해관계를 지지하는 새로운 위원회를 설립할 이유가 없었다. 독일의 기술경쟁력이 뒤처지고 있다는 우려에 대해 슈뢰더 정부는 2001년 5월 두 번째 윤리 단체인 국립윤리위원회를 설립하는 특별 절차를 시작했는데, 취지는 '생명과학의 윤리적 이슈를 논의하는 국가 차원의 포럼'이었다. 정부는 이 위원회가 생명윤리 분야의 학제 간 담론을 주도하고, 개인과 사회를 위해 생의학 발전에 따른 윤리적 측면을 평가하는 핵심 기관이 되어야 한다고 선언했다. 이 위원회는 자연과학, 의학, 신학, 철학, 사회학, 법학, 경제학 연구자 스물다섯 명으로 구성되었다. 환자 협회에 소속된 한 명을 제외하고는, 일반인이나 정치적 이해관계에 관련된 대표자가 전혀 없었다.

많은 사람은 정부 주도로 조직이 설립되는 게 특이하다고 생각했고, 1980년대 벤다 위원회가 생명윤리 관련 정부 정책의 선례로 인용되었지만 일부는 헌법상 문제가 있다고 지적하기도 했다. 새로 설립된 기관은 기존 앙케트 위원회와 관계를 정립해야 하는 특별한 난제를 안고 있었다. 진보 성향 신문인《디 차이트Die Zeit》는 논평에서 정부가 조직한 국립윤리위원회가 하원을 자문하는 특이한 상황을 지적하면서, 만약 위원회가 자존심을 내세운다면 의회는 국립윤리위원회의 자문을 거부해야 한다고 말했다.[36] 이 장의 마지막 절에서 살펴볼 줄기세포 논란은 이를 명확하게 드러냈다.

### 영국: 사유화된 권력, 감춰진 가치

영국에서는 생명윤리 담론이 공식적으로 시작된 시점조차 없었다. 1990년대 후반까지 영국의 많은 논평가들은 국가 차원의 생명윤리 단체가 없다고 개탄했다. 워녹 위원회라는 긍정적인 유산과 새로운 과학 발전에 따른 윤리적 질문에 신속하고 통합적으로 반응해야 한다는 요구를 인식한 다음에야 단체를 조직하려는 움직임이 등장했다. 유럽에서 발전한 생명윤리에 균형추 역할을 해야 한다는 요구가 중요했다. 영국의 논평가들은 유럽에서 영국의 입장을 대변하는 강력한 목소리가 없는데도 영국의 연구를 제한하는 것은 멍청한 일이라고 우려했다. 문제는 이런 단체의 소속과 지원 방법에 관한 것이었다. 1990년까지 재임한 마거릿 대처 총리는 양심이라는 공식적인 목소리의 영향력을 우려하면서, 정부 산하에 관련 단체를 설립하는 안을 강력하게 반대했고, 결국 왕립 환경오염위원회를 모델로 한 상임위원회가 설치되지 못했다.[37]

다른 행위자들이 정부의 영향력이 미치지 않는 빈 공간을 채우기 시작했다.

1988년 일부 저명한 과학자들과 연구 관리자들이 생명윤리 단체를 설립하는 데 도움을 얻기 위해, 영국의 유명한 자선단체인 너필드 재단Nuffield Foundation과 접촉했다. 1990년 4월 이 재단은 약 서른 명이 참여하는 소규모 회의를 후원했다. 이는 영국에서 익숙한 협의체 형태로, 과학자와 전문가 단체 회원들이 회의에 초대를 받았고, 법학·철학·신학·언론·소비자단체·공적 이익단체 대표도 참여했다.[38] 회의가 끝난 후 공개된 회의 문서에는 국가 차원의 새로운 생명윤리위원회가 필요하다는 참여자들의 결론이 실렸다.[39] 보고서는 단체 구성원의 기준도 제시했는데, 미국 대통령 위원회를 모델로 삼아 구성원들은 전문성을 갖추어야 한다고 제안했다. 하지만 구성원들은 개인 자격으로 참여해야 하고, 기관 대표로 참여해서는 안 된다고 보았다. 회의가 열린 지 수개월 후 175개 단체와 예순 명이 청원했고, 1990년 12월 소규모 집행부는 만장일치로 재단 평의회에 이미 제안된 단체를 설립하라고 권고했다. 너필드 생명윤리위원회Nuffield council on Bioethics는 바로 그달에 설립되었다. 정부는 이 움직임을 환영했고, 생의학 윤리 이슈뿐만 아니라 더 포괄적으로 접근해 식품·농업·환경 관련 생명공학 윤리 이슈도 다루어줄 것을 요청했다. 이는 미국의 어떤 국립위원회보다 포괄적인 역할이었고, 독일에서 유전공학의 위험과 전망을 다룬 첫 번째 앙케트 위원회와 비슷한 수준이었다.

너필드 생명윤리위원회의 위원 자격, 소관, 권위의 근거는 상호 지지를 받았다. 초기 협의 문서에 따르면 위원 중 비과학 전문가에게 특권을 주기로 명시적으로 표현되었다. 이 문안을 검토했던 사람 가운데 한 명은, 영국인을 위해 올바르게 검토할 것으로 믿을 수 있으면서 권위 있는 단체를 시급히 설립해야 하는 영국의 입장을 고려했다고 말했다. 보고서에 제안된 기준은 다음과 같았다. "위원의 다수(소수가 아니라)는 전문 과학자도 아니고 의료 자격을 갖춘 사람도 아닌 일반인 관점이어야 하며, 위원장은 이와 동일하게 일반인의 관점을 지녀야 하고, 가능하다면 저명한 변호사여야 한다." 추후 문서에서 '일반lay'이라는 단어가 사라졌지만, 위원장과 위원의 다수는 과학자나 의사가 아니어야 한다는 원칙은 수용되었다. 집행부가 재단 평의회에 제출한 보고서에 따르면 위원회를 신뢰성 있는 전문 단체로 구성하려는 희망은 위원회의 연구 결과와 일치했으며, 전문성보다 우선적으로 고려되어 곧바로 실행되었다. 일반인을 대변해야 한다는 요구에 관해, 보고서에는 철학자 오노라 오닐Onora O'Neill이 언급한 '납득할 만한cogent' 관찰이라는 표현이 인용되었다. "나는 생명윤리 논의에서 많은 사람이 불안해하고 상처받기 쉽다는 점이 무시되고 있는 위험을 관찰하고 있다. 변호사, 경제학자, 윤리 관련 종사자들은 모두 인간의 이성과 독립성을 느슨하게 가정하는 데 익숙하다. 자신이든 타인이든 의학적·유전적 위험에 처했을 때, 인간적인 취약함을 전문적으로 인식하고 있는 사람을 나는 본 적이 없다."[40] 집행부는 이것이 적절한 우려라고 결론을 내렸지만, 위원 자격에는 반영되지 않았다.

대신 자격에 관한 질문은 위원회 권위의 근거에 관한 관심으로 이어졌는데, 위원회에는 공식적인 권한이나 규제력이 없었다. 위원회를 지지한 사람들은 권위가 일차적으로 '개별 위원들과 집행부원들의 입장과 자질'에 따라 확보되어야 한다고 결론을 내렸다.[41] 권위는 '수행된 작업 결과의 가치', 공적 영향력, 위원회의 독립성에 근거를 두고 적절한 시간에 증대되어야 한다. 다시 말해 개별 위원들의 덕성을 구축해서 위원회가 신뢰와 인정을 점진적으로 얻어야 한다. 결국 인식이 더 좋은 인식으로 이어지고, 영향력은 다른 영향력을 만들어야 했다.

신뢰할 만한 단체를 설립하는 것은 매우 중요했는데, 위원회에 법적 권한이 없는데도 임무는 광범위했기 때문이다. 미국 정책 결정자들은 생명윤리를 환자가 위험을 인식할 수 있는 해결책으로 간주했고, 독일 정치인들은 생명윤리로 인간 존엄성을 보호하기를 원했던 반면, 영국 과학공동체는 생명윤리를 연구를 위한 보호 장치로 보았다. 영국 과학자들은 유럽인들의 우려 때문에 연구 공간이 침해받고 있다고 보았다. 1990년 4월에 작성된 예비 문서에 따르면 유럽 맥락에서 생명윤리는 네 가지 힘을 받고 있다고 한다. 이 중에서 경쟁력을 확보하기를 원하는 힘만이 유일하게 과학을 지지했다. 부정적인 영향력으로는 발생학에 관한 가톨릭의 입장과, 우생학 및 유전자 조작에 관한 독일의 우려가 있었다. 위원회가 대중의 우려를 예상하고 반응하는 것을 가장 중요한 임무로 간주한 건 놀라웠다. 영국에서 제도화된 생명윤리의 역할은 대중이 우려하는 사안이 유럽에서 유입되어 구체화되기 전에 차단하고, 대중을 교육해 대중적 이해(더 일반적인 표현은 과학의 대중적 이해)를 장려하면서 신뢰를 확보하는 것이었다. 위원회가 자신들의 역할을 이렇게 인식한 것은 오노라 오닐이 언급한 '대중의 불안과 취약함'을 위원회가 대변할 수 없다는 의미였다. 또한 위원회는 다양한 유전자 변형과 응용을 한꺼번에 다루면서 윤리를 미국이나 독일보다 더 광범위하게 정의했다.

너필드 위원회는 1991년에 업무를 시작한 이후 첫 작업 주제로 유전자 스크리닝genetic screening과 인체 조직을 선택했다. 이후 다양한 논쟁점들을 다룬 보고서와 의견서가 발표되었는데, 예를 들어 유전자 변형 작물, DNA 특허, 유전학과 행동연구, 이종이식xenotransplantation, 줄기세포 연구, 보건연구 윤리, 개발도상국에서의 유전자 변형 작물의 윤리 등이 있었다. 이런 이슈들은 대중의 관심을 예측하고 다른 단체의 업무와 겹치지 않아야 한다는 원칙에 따라 선택되었다. 하지만 이후에 논의된 관점에서 보면, 1999년 영국 정부가 생명공학을 규제하고 자문하기 위해 설립한 세 단체(인간유전학위원회, 식품표준청, 농업환경 생명공학위원회Agriculture and Environment Biotechnology Commission)가 등장하자 위원회의 입장이 크게 변했다. 이 세 기관은 너필드 위원회가 참고했던 용어를 동일하게 사용하면서, 대중의 신뢰를 확보하고 광범위한 사회적·윤리적 주제를 고려했다. 이 기관들이 영국에서 활동하기 시작하자 비로소 공식적인 생명윤리가 자리를 잡았다. 회고해보면 너필드 위원회는 사회적 기술이전을 담당했던 행위자이자 인큐베이터였다. 윤리 분석은 공공선을 개별적으로 숙의하는 불분명한 형태에서 출발해, 가시적이고 설명 가능한 공적 영역으로 이동했다. 이런 관점에서 보면 위원회는 관리 방식에서도 실험을 선호하는 경험주의 문화에 따랐다. 결국 너필드 위원회는 영국의 미덕인 '그럭저럭 해냈던muddling through' 사례였다.

# 권력을 향해 윤리를 말하다: 시민사회의 역할

생명윤리가 생명공학 정책 결정의 강력한 도구가 되자, 여러 사회적 행위자는 담론에 참여하는 게 이익이라는 걸 깨달았다. 그래서 그들은 공적 가치분석을 독점하는 국가(또는 영국 내 전문가 엘리트들)에 도전했다. 몇몇 사례에서 사회적 행위자들은 생명윤리 어젠다를 확장하거나 재규정했고, 특정 이슈와 발전을 윤리적으로 분석하라고 요구했으며, 자신들의 윤리 관점을 정책 논쟁과 연결하려고 시도했다. 각국의 비정부 행위자들은 새로운 언어로 새로운 숙의 공간을 만들기 위해 윤리 규정을 사용하는 것을 목표로 삼았으며, 공적 정책 결정자들이 제안한 내용을 보완했다. 생명윤리 정치는 다양성의 정치였으며, 새롭게 제기된 어젠다와 이슈를 위한 새로운 목소리 및 포럼이 등장했다. 어떻게 해석되고 어디에 사용되었든 생명윤리를 이용한 제도적 시도들이 넘쳐났다. 물론 시민사회가 생명윤리에 개입한 유형은 세 국가마다 달랐다. 여기에는 정치적·사회적 관심을 반영한 생명공학 초기 프레임이 지속적으로 영향력을 행사했다.

## 미국: 다시 등장한 이해관계

앞에서 살펴보았듯이 미국에서 공식적인 생명윤리는 여러 주제가 결합된 결과물이었는데, 생의학 연구공동체 및 의사공동체의 요구와 이해관계, 환자와 피험자의 권리, 국가 차원의 이해관계가 결합되었다. 국가는 생의학 연구를 지원하면서도, 인종과 젠더 평등을 위반하지 않는지, 종교적 감성을 모욕하지 않는지, 법적 책임을 요구해야 하는지를 고려했다.[42] 모든 공공정책 담론과 마찬가지로 생명윤리도 실행 측면에서 제한되었다. 특히 공식적인 생명윤리는 개인에게 제공되는 새로운 의료제품과 서비스에 집중하면서 사전동의 이슈를 직접 다루었다. 이처럼 생명윤리가 협소하게 정의되었기 때문에, 유전자 변형 식품이나 종자 특허 같은 많은 영역이 논의되지 않았다. 특히 생명공학이 발전하면서 인간적 가치가 침해당했지만, 이를 다룰 수 있는 공적·제도적 수단이 없었다. 생명공학 기업이 이 문제를 가장 먼저 인식하고 해결하기 위해 노력했다. 많은 생명공학 기업들은 생명윤리를 유망하고 필요한 도구로 보았으며, 이를 통해 인체 시료를 이용한 연구를 효과적으로 수행할 수 있도록 사람들을 유도할 수 있다고 보았다.[43]

여기서는 기업의 생명윤리를 깊이 다루지는 않겠지만, 중요한 분석 지점을 보여주는 사례를 살펴보자. 생명공학 산업협회가 특히 중요한 사례이다. 생명공학 산업협회는 500여 개 기업을 대표하는 두 무역협회를 합병해 1993년에 설립되었다. 이 협회는 제품 개발로 수십억 달러의 매출을 올리는 일부 대기업과 연구개발에 적극적인 수백 개의 중소기업이 하나의 조직으로 뭉친 단체이다. 생명공학 산업협회의 임무는 정책 결정자, 언론, 회원사에게 정보를 제공하는 것이었다. 특히 생명윤리는 이 협회의 핵심 어젠다였으며, 1995년 생명공학 산업협회 산하에 생명윤리 관련 상임위원회가 설립되었다. 생명공학 산업협회가 내세운 산업 역사에 따르면, 1997년 복제양 돌리가 등장한 이후에 생명윤리가 매우 중요해졌다고 한다. 이 협회는 인간복제에 반대한다는 성명서를 신속하게 발표했다. 2001년 9·11테러 이후에 생물학 무기 개발에 반대한다는 정책도 재확인했다. 또한 이 협회는 생명공학 혁신에 관한 의회와 언론의 질문에 답변했다. 이는 크고 작은 수백 개 생명공학 기업을 대변해 대중을 향해 발언하는 '목소리'였다.[44]

생명공학 산업협회가 윤리를 맨 앞에 내세우는 정책을 본 활동가들은 여기에 심각한 불일치가 있다는 것을 깨달았다. 즉, 유전자 조작에 윤리적인 관심을 두지 않았던 기업이 이제는 윤리를 가장 중요하게 취급했다. 예를 들어 생명공학 산업협회의 원칙Statement of Principles에 따르면, 생명공학에서 관심을 두어야 하는 주제는 제품이 아니라 과정이라고 제시했다. 이 협회는 생명윤리 담론을 채택하는 과정에서 대중의 관심을 두 영역으로 분리했다. 하나는 제품에만 집중하면서 위험평가와 건전한 과학의 목소리에 따르는 규제 영역이었으며, 다른 하나는 대중과 생명공학의 전 영역에 관해 소통하는 영역이었다. 이는 기업이 제시한 생명윤리에 의해 통제되고, 대중의 시선을 의식하면서 사회에 알리고 교육하는 프로그램이었다. 이런 측면에서 생명공학 산업협회는 영국의 너필드 위원회가 담당했던 역할과 비슷한 역할을 했는데, 대중의 인식과 이해를 증진하도록 사전에 협의된 논쟁을 장려하는 것이었다. 영국 너필드 위원회는 잘 정립된 자문 형식을 취하면서 그림자 정부 단체로 기능했다. 반면 생명공학 산업협회는 광고와 전자통신 매체를 이용해 미국과 전 세계에 자신들의 이해관계가 걸려 있는 생명윤리를 전파했다.

의도적이든 그렇지 않든 생명공학 산업협회의 전략은 대표적인 포스트모던 발전 방식과 일치한다. 기술 전문화가 진행되고 공공부문 규제 담론에서 윤리가 빠지면서, 윤리와 가치에 관한 질문은 개인의 윤리와 '소비자의 선택'으로 간주되었다. 하지만 인터넷 시대에 대안적인 숙의 공간을 만들 수 있는 기회를 어느 한 사람이 독점할 수 없다. 5장에서 살펴보았듯이 사람들은 유기농 표시제에 격렬히 반대했다. 미국 내 기업뿐 아니라 시민단체도 윤리 감정을 표현하고 생명공학에 관한 대중의 생각을 유도하는 데 전자매체를 사용하기 시작했다. 여기서 두 사례를 검토해보자.

1983년 진보 성향의 과학자, 의사, 철학자, 사회과학자들이 모여 유전학 기술에 관한 공적 논쟁을 장려하기 위해 책임 있는 유전학위원회Council for Responsible Genetics, CRG를 케임브리지에 설립했다. 생명공학 산업협회처럼 책임 있는 유전학위원회는 위원회를 생명공학 제품 프레임과 연결하지 않았다. 1980년대부터 이 유전학위원회는 두 달마다 《진 워치GeneWatch》라는 뉴스레터를 발행했는데, 이는 생명공학의 사회적·윤리적·환경적 영향을 알리는 미국 내 유일한 매체였다. 이 위원회는 이슈들을 논의할 때 유전학에 관한 반反환원주의 관점을 장려했다. 이런 측면에서 책임 있는 유전학위원회는 2001년 오클랜드에 설립된 유전학과 사회 연구소Center for Genetics and Society, CGS와 지적 동맹체였는데, 이 연구소는 인간 복제에 관한 논쟁의 결과로 설립되었다. 유전학과 사회 연구소는 연구소 웹사이트에 생명윤리 담론에 관한 비평글을 게시해, 사회정의나 인간 존엄성 같은 공동체 가치를 희생하면서까지 개별적이고 공리적인 가치를 추구해야 하는지 논쟁했다. 또한 유전학과 사회 연구소는 책임 있는 유전학위원회보다 인간에 관한 유전학에 집중했다. 이 연구소는 유전학을 공적 이익을 위해 사용하도록 장려하는 것을 자신들의 임무로 규정해, 책임 있는 유전학위원회보다 국내외 입법 과정에 더 적극적으로 개입했다.

반면 책임 있는 유전학위원회의 전략은 개념적이었다. 2000년 봄 위원회 의장단은 유전학 권리장전Genetic Bill of Rights을 발표했는데, 이 권리장전을 통해 생명과학이 제기한 인간 존엄성, 개인의 자유, 생물권의 건강에 관한 국제적이고 공적인 대화를 촉구했다. 위원회는 정책 어젠다를 직접 다루기보다는 다른 행위자들에게 정보와 분석을 제공하는 것을 목표로 삼았다. 이런 이유로 위원회는 부분적으로만 성공했기 때문에 무대 뒤에 가려졌으며, 뉴스레터도 폭넓은 대중의 관심을 받지 못했다.[45]

## 독일: 네트워크로 연결된 정보

독일 생명공학 기업은 미국의 생명공학 산업협회처럼 생명윤리 담론을 공격적으로 개척하지는 않았지만 국가 정책과 정치에는 개입했다. 1985년 독일이 분단되어 있을 때 책임 있는 유전학위원회에서 영감을 받아 한 단체가 설립되었다. 정치적으로 독립적인 이 단체는 유전윤리 네트워크Genethisches Netzwerk, GeN였으며, 컴퓨터를 이용하면 언론이 뉴스를 통제하는 힘을 줄일 수 있다는 것에 열광하면서 출범했다.[46] 또한 유전윤리 네트워크는 생명공학 정보의 독립성에 관심을 두었는데, 설립자들은 전통적으로 생명공학 정보를 제공했던 대학이 사회를 비판하는 역할을 포기하면서 거대한 생명공학 산학복합체가 되었다고 주장했다. 유전윤리 네트워크는 두 달에 한 번씩 뉴스레터를 발행했는데, 기존 사회 정치 조직과 거리를 두면서 유전공학과 관련된 최신 법적·정치적·사회적 결과를 다루었다.

하지만 객관성은 독립성만을 목적으로 한 것이 아니라, 잠재적으로 분리를 위한 방식이었다. 뉴스레터가 전문적인 내용을 다루면서 유익한 정보를 제공했지만, 얼마나 많은 정치적 청중에게 전달되었고 그들을 움직였는지는 명확하지 않았다. 초기 출판물은 주로 보고서였으며, 비판적으로 보자면 독일과는 별로 상관없는 미국의 생명공학 사건들을 다루었다. 1980년대 후반 독일에서 입법 절차가 진행되자, 뉴스레터는 주요 정책 담당자들의 인터뷰와 사회 활동가들이 제기한 비판적인 논평을 실었다. 뉴스레터는 첫 호부터 페미니스트 관점을 비중 있게 다루었다.[47] 또한 1990~1991년에 유전윤리 네트워크는 유전자 특허에 반대하는 캠페인을 강력하게 추진했다.[48] 특히 여러 비정부기구들과 협력하면서 캠페인을 홍보하는 데 뉴스레터를 활용했다. 이 단체는 유럽연합의 특허 지침에 반대하는 청원서에 3만 명의 서명을 받아냈는데, 이는 다음 장에서 자세히 다룬다. 이 네트워크가 부분적으로 개입했던 사건은 유전자 변형 식품에 반대하는 캠페인에서부터, 1991년 니더작센주에서 열린 형사재판에서 DNA 감식을 증거로 채택하려는 시도에 반대하는 것까지 다양했다.[49]

## 영국: 생명윤리를 탈전문화하기

영국의 '공식적인' 생명윤리는 과학자, 과학행정가, 정부 엘리트의 '위대하고 선한' 감정이 결합된 우려에 공식적으로 반응한 결과였다. 생명윤리는 영국에서 발전한 담론으로, 유럽의 종교적 성향과 비합리성을 막지 않는다면 영국으로 유입될 것이라는 우려가 있었다. 다른 한편으로 과학사회학자 브라이언 윈이 지칭한 대중의 '결핍 모델deficit model'에 의해 생명윤리가 발전되었다. 이 모델은 대중이 자신의 이익을 파악하고 행동하기 위해 알고, 깨우치고, 안내받으려 하는 집단적 요구를 가리킨다.[50] 윈을 포함한 연구자들과 사회 행위자들은 공식적으로 생명윤리를 전문화하는 것에 반대하면서, 전문가뿐만 아니라 일반인도 접근할 수 있도록 윤리적 숙의를 민주적 참여 방식으로 재설정하도록 요구했다.

생명윤리를 민주화하려는 이런 시도를 지금 논의에서 보면 그저 단순한 행동처럼 보일 수도 있지만, 실제로 복잡한 주제였으며 관련 사례가 더 있다. 예를 들어 랭카스터대학교 소속 연구자들은 윤리분석이 전문가의 평가 기술로 취급되어 규제평가나 임상치료의 뒷부분에 첨부되어서는 안 된다고 주장했다. 이런 의사결정 방식 때문에 윤리판단의 복잡성을 무시하는 사실-가치 구분이 절대적인 것으로 간주될 수 있다는 이유였다. 윈이 설득력 있게 제시했던 것처럼, 기술발달(예를 들어 농업 분야의 유전자 변형 생물체)에 따른 윤리를 평가할 때 불가피하게 과학의 한계, 기관의 오류 가능성, 사회적으로 알려지지 않은 영역 같은 지적인 판단이 동반될 수밖에 없다.[51] 결국 사실과 가치가 서로 섞이기 때문에 분리해서 평가할 수 없다. 랭카스터대학교 사회학자 필 맥노튼Phil Mc-Naghten 같은 연구자들은 생명윤리를 공리주의적이고 의무론적으로 접근하는 전통을 비판했는데, 이 관점으로는 유전자 변형 동물의 위해성 같은 새로운 범주를 다룰 수 없다고 주장했다. 즉, 유전자 변형 동물은 유전자 조작 기술이 적용되기 때문에 종간 경계를 넘어 '본성'이 달라진다.[52] 생명공학은 이언 해킹의 용어로 표현하면 범주 제작과 관련되기 때문에, 윤리적 숙의를 통해서는 세계 제작 또는 재제작remaking에 참여하는 사람들의 태도를 알 수 없다. 영국 학계가 제기한 이 이슈는 전문적 생명윤리와 숙의적 생명윤리 사이의 긴장이 표출된 대표적인 사례였다.

영국 학계가 생명공학에서 윤리의 의미를 묻는 데 앞장섰다면, 다른 단체들은 생명윤리 논쟁에 일반인이 참여할 수 있는 공간을 만들었다. 예를 들어 공적 이해단체인 영국 진 위치는 웹을 이용해 대중과 소통하면서, "유전학 기술이 공적 이익을 위해 개발되고 사용되어야 하며, 인간의 건강을 증진하고, 환경을 보호하며, 인권과 동물의 이익을 존중하는 방식으로 활용되어야 한다"라고 주장했다. 이 목적에 따라 영국 진 위치는 생명공학의 주요 발전을 담은 간략한 문서(문서 제목은 「유전자 변형 국가?」였다)를 발행했으며, 2003년에는 영국 정부가 주최한 유전자 변형 식품 논쟁에 참여할 수 있는 방법도 홍보했다(5장 참조). 또한 이 단체는 생명공학 관련 정치적 절차를 소비자 입장에서 감시하면서 협의 과정을 알리겠다고 약속했다.

## 첨단 연구에서 논란이 된 생명윤리: 줄기세포 논쟁

과거의 1,000년이 끝나가고 있을 때 생의학은 젊음의 비결을 곧 이해할 수 있을 거라고 발표했다.[53] 다시 말해 인간 배아줄기세포가 기적을 일으켰다. (완전히 성장한 인체에 있는 분화된 성체줄기세포와는 달리) 이 만능세포는 어디에 이식되어도 거의 모든 세포로 발달할 수 있었다. 따라서 이것은 세포 재생이 필요한 파킨슨병, 알츠하이머병, 심장질환, 신부전증을 치료하는 데 매우 유망해 보였다. 1998년 말 미국 내 두 연구팀의 연구책임자들은 실험실에서 인간 배아줄기세포를 배양하는 데 성공했다고 발표했다. 한 명은 존스홉킨스대학교 의과대학 존 기어하트John Gearhart였고, 다른 한 명은 위스콘신대학교 제임스 톰슨James Thomson이었다. 이들은 수명을 연구하는 사기업인 제론 코퍼레이션Geron Corporation에서 연구비를 일부 지원받았다. 당시 미국 법에 의하면 공적인 연구비를 지원받을 수 없었기 때문이다.

쥐를 대상으로 한 초기 연구에서 배아줄기세포가 근육, 연골, 뼈, 치아, 머리카락 등 여러 조직으로 발달할 수 있다는 것이 밝혀졌다.[54] 게다가 인간 배아줄기세포주까지 수립되자 인체 세포 생산 과정을 이해할 수 있는 가능성이 보였다. 하지만 이 과학뉴스에 흥분했던 사람들은 세포 출처를 둘러싸고 심각한 윤리적 난관에 빠졌다. 원칙적으로는 네 가지 방식으로 세포를 구할 수 있었다. 즉, 선택적 낙태에 따른 태아의 조직, 체외수정 시 사용하지 않고 남은 잉여배아, 연구를 위해 기증받은 생식세포를 이용해 만든 배아, 세포핵치환cell nuclear replacement, CNR을 이용해 (잠재적으로) 성별 없이asexually 만들어진 배아가 있다.[55] 세포핵치환은 성인 체세포의 핵을 핵이 제거된 난자에 이식하는 방식이다. 기어하트의 실험실은 치료를 위해 낙태된 태아의 배아생식세포(난자와 정자의 전구체)를 사용했다. 톰슨의 실험실은 체외수정에서 사용되지 않은 배아와 연구 목적에 동의한 부부에게서 기증받은 배아를 이용했다.

배아줄기세포를 이용한 연구는 배아를 파괴하기 때문에, 배아를 잠재적인 인간으로 간주하는 사람들은 이를 인간 파괴로 간주하면서 여기에 윤리적으로 심각한 문제가 있다고 주장했다. 이들은 배아가 연구를 위해 의도적으로 조작되기 때문에 인간 존엄성을 침해하는 것으로 보았다. 또한 이 연구는 윤리적으로 혐오스러운 보조 시술, 즉 연구나 치료 목적으로 낙태하거나 배아를 선택하는 것을 장려할 수 있는 것으로 보였다. 배아줄기세포를 이용한 연구와 배아 출처는 서구 사회에 윤리적·정치적으로 심각한 분열을 초래했으며, 커다란 희망과 두려움을 동시에 제기했다. 따라서 이 이슈는 우리가 분석하고 있는 세 국가에서 즉시 생명윤리와 정치 포럼에서 논의되었다. 하지만 각국은 정치적 선택을 분명하게 하려는 윤리적 숙의보다는, 생명윤리 논의를 결정하는 정치에 관심을 가졌다.

## 미국

빌 클린턴은 1997년 복제양 돌리가 등장했을 때처럼 신속하고 적극적으로 줄기세포 보고서에 대응했다. 그는 1998년 11월 인간 줄기세포 연구와 관련된 의학적·윤리적 이슈를 검토해줄 것을 생명윤리 자문위원회에 요청했다. 다른 모든 사안에 그랬던 것처럼 기술에도 낙관적이었던 클린턴은 위원회가 이처럼 좋은 과학지식이 즉각 치료에 사용될 수 있도록 장려해야 한다는 의견을 낼 것이라고 기대했다. 검토를 요청한 지 10개월 후 클린턴이 위원회의 보고서를 받았을 때 다음과 같은 희망을 드러냈다. "언젠가 줄기세포는 심장질환을 앓고 있는 사람의 심장근육세포를 치환하고, 파킨슨병에 걸린 수십만 환자의 신경세포를 대체하고, 당뇨병에 걸린 아이를 위해 인슐린을 생산하는 세포로 사용될 수 있다."[56] 이것은 정부가 인간의 비참함을 보살피고 치료하는 보호자 역할을 해야 한다는 비전을 지닌 대통령의 전형적인 성명서였다.

생명윤리 자문위원회는 후원자이자 핵심 지지자를 실망시키지 않았다. 위원회는 이슈를 정면으로 돌파하면서 다음과 같이 선언했다. 의회가 배아연구에 연방 연구비를 지원하지 못하도록 금지한 것은 생명윤리 관점에서 선행의 원칙에 위배되며, 의학이 치료, 예방, 연구에 헌신해야 한다는 원칙과도 불일치한다. 결국 위원회는 배아줄기세포주의 출처와 사용을 구분하는 데 윤리적 정당성을 찾지 못했다. 죽은 태아의 조직과 체외수정에서 남은 잉여배아를 이용한 배아줄기세포 연구는, 새로운 줄기세포 심의 패널의 감독을 받는 조건하에서 연방 연구비를 받을 자격이 있다고 위원회는 권고했다. 여기서 심의 패널의 임무는 조직과 세포가 적절한 표준절차에 따라 획득되었는지를 확인하는 것으로, 영국 인간생식배아국이 담당했던 역할과 비슷했다. 생명윤리 자문위원회는 배아연구에 연방 연구비를 지원하지 못하도록 금지하는 정책을 부분적으로 폐지하라고 의회에 권고했다. 또한 위원회는 사적으로 연구비를 받아 연구를 수행하면서 공적 감시를 받지 않는 것보다는, 공적 연구비와 공적 심의를 받는 것이 사회에 더 좋다는 결론을 내렸다. 결국 생명윤리 자문위원회는 신중하고 심의를 잘 지키는 줄기세포 연구자에게 우호적이었으며, 미국 정부가 의학연구와 생명윤리 사이의 협력 관계를 만들기 위해 20년간 노력한 결과였다.

미국 역사의 다른 시기였다면 생명윤리 자문위원회의 권고는 별다른 논란 없이 법과 정책에 반영되었을 것이다. 1999년 후반 국립보건원 원장 해럴드 배머스는 정치적으로 치밀하게 대처했다.[57] 당시 국립보건원은 줄기세포 연구를 지원하기 위한 새롭고도 신중한 규정을 발표했다. 국립보건원은 배아에서 얻은 세포주를 이용한 연구는 지원하지 않지만(이는 생명윤리 자문위원회의 입장과 정반대였다), 사적으로 수립된 세포주를 이용한 연구와 태아 조직에서 얻은 세포주를 이용한 연구는 지원하기로 했다.[58] 하지만 미국 정상 정치는 뒤집어졌다. 2000년 12월 조지 W. 부시는 앨 고어Al Gore를 물리치고 대통령에 당선되었다. 신임 대통령이 성공하기 위해서는 공화당 내 우파를 기쁘게 해야 했는데 낙태는 매우 민감한 이슈였다. 대통령 생명윤리위원회는 2001년 9·11테러의 그림자 속에서 임명되었으며, 군사상으로 승리하기 이전에 먼저 대통령을 정치적으로 강력하게 만들어야 했다. 공화당의 정치적 관심은 위원회 의장인 리언 캐스와 위원 선정에 반영되었는데, 위원 대부분은 백인이었고 보수 성향이었다. 대통령 생명윤리위원회는 즉시 생명윤리 자문위원회가 다루었던 주제를 재검토했으며, 첫 보고서 주제로 복제를 선택했다.

예상할 수 있듯이 대통령 생명윤리위원회는 생식 목적의 복제를 만장일치로 반대했다. 또한 위원회는 10 대 7의 다수결로 치료 목적의 복제를 4년 동안 중지할 것을 권고했다. 이는 의학연구자들에게 나쁜 소식이었지만 그다지 놀랍지도 않았다. 또한 위원회는 담론 수준에서 창의적으로 기여했다. 즉, 위원회는 과거 복세 논쟁에서 사용된 표준 용어를 사용하지 않았다. 대신 보고서에 이렇게 표현했다. "우리는 물질의 설명적 실재descriptive reality of the matter를 가장 정확하게 표현할 수 있는 용어를 찾으려 했다. 이를 통해 윤리 논쟁을 가치 있는 방향으로 나아가게 할 수 있다. 또한 우리는 윤리 문제를 교묘하게 artful 재정의하거나, 당면한 윤리 문제가 드러나도록 윤리적 핵심 요소를 새롭게 명명하면 문제를 해결할 수 있을지도 모른다는 유혹에 저항했다."[59] 위원회는 이 원칙에 따라 생식 목적 복제reproductive cloning라는 표현을 '아이를 낳기 위한 복제cloning to produce children'로, 치료 목적 복제therapeutic cloning를 '생의학 연구용 복제cloning-for-biomedical-research'로 바꾸었다.

이런 담론 변화에서 몇 가지 주목할 점이 있다. 생명윤리 프레임의 힘을 이해하는 게 중요하다. 첫째, 위원회가 수행한 언어분석의 비대칭에 주목해야 한다. 보고서에는 '물질의 설명적 실재'라는 표현이 있지만, 다른 곳에서는 실재를 '교묘하게' 왜곡하는 표현도 사용되었다. 이런 표현은 발언자를 지지하면서 객관성을 확보하게 하지만, 반대자를 의존적이고 주관적으로 만든다. 이는 사회학자 나이겔 길버트Nigel Gilbert와 마이클 멀케이가 제안한 과학자들의 수사적rhetorical 전략과 일치한다.[60] 둘째, 위원회는 논의 주제를 '설명적 실재'와 '윤리적 주장moral argument'으로 분리하면서 사실과 가치의 경계선을 강화했다. 이 점은 브라이언 원을 포함한 연구자들이 보기에 공식적인 윤리 담론에 문제가 있었다. 셋째, 위원회는 "나에게 사실을 알려달라" 같은 표현처럼 쉬운 언어를 사용해 신포퓰리즘을 지지하는 척하면서 논란이 되는 이슈의 프레임을 바꾸었다. 예를 들어 '생식 목적 복제'라는 용어는 '생식권reproductive right'이라는 포괄적인 담론과 복제 담론을 연결해, 생식을 목적으로 하는 복제에 접근하는 게 권리라는 생각이 들게 한다. 위원회는 이처럼 담론들이 연결되는 것을 막으려고 했다. 또한 '치료 목적 복제'라는 용어를 폐기하면서 치료라는 긍정적인 의미(선행도 포함된 의미)를 배제한 채, 여기에 연구라는 용어로 대체하면서 불확실하고, 실험적이며, 통제할 수 없는 상황에 처할 수 있다는 의미를 전달했다.

결국 쉬운 용어를 사용한 건 윤리적으로 중립적인 방식이 아니었으며, 사회적 의미와 가능성 관점에서 전경과 배경을 다르게 만들었다. 위원회는 윤리 문제가 객관적으로 저기에 있다고 가정하면서, 윤리 풍경을 바꿀 수 있도록 재프레이밍하는 장치로서 언어를 전략적으로 사용했다.

부시 대통령은 생명윤리위원회가 줄기세포 연구에 관해 국가 차원의 윤리적 합의를 도출할 수 있기를 바랐지만, 그의 희망은 환상에 불과했다. 위원회의 윤리적 힘은 내부 및 외부의 압력에 의해 약해졌다. 내부적으로는 연구를 지지했던 위원인 엘리자베스 블랙번Elizabeth Blackburn과 윌리엄 메이William F. May가 재임명되지 않자, 위원회는 격렬한 비판을 받았다. 2004년 3월 200여 명의 생명윤리학자들은 대통령에게 편지를 보내 위원회의 관점이 협소해진 것은 대통령의 책임이라고 지적하면서, 자문에 적절히 대응하라고 주장했다. 외부적으로는 배아줄기세포 연구가 생의학 분야에서 유망하다고 본 과학자들이 강력한 정치력을 행사했다. 이들은 환자 단체의 대표자들과 연합해, 과학을 종교 근본주의와 연결하려는 대통령의 시도를 공격했다. 2004년 여름 줄기세포는 대통령의 정치 어젠다였으며, 로널드 레이건 대통령의 아들인 로널드 레이건 주니어Ronald Reagan, Jr.라는 유별난 인물이 등장했다. 그는 보스턴에서 열린 민주당 전당대회에서 줄기세포 연구가 유망하다고 발언했다. 레이건은 메리 워녹을 연상시키는 어조로, 배아줄기세포는 신체와 마음을 지니고 손발이 있는 실제 인간과 다르기 때문에 줄기세포 연구를 지지한다고 말했다. 그는 미국 방식으로 당뇨병에 걸린 13세 소녀가 신의 은총에 호소하지 않고 용감하게 싸우는 이야기를 들려주면서 지지를 요청했다.

## 독일

독일에서도 줄기세포 논쟁은 윤리 분석의 책임을 놓고 갈라졌다. 미국의 대통령 생명윤리위원회처럼 연대순도 아니고 정당 정치에 따른 것도 아닌 헌법상의 입장에 따라, 줄기세포 논쟁을 관할한 두 단체가 대립했다. 하나는 하원이 임명한 앙케트 위원회였고, 다른 하나는 슈뢰더 정부가 임명한 국립윤리위원회였다. 정치적 입장에서 보면 국립윤리위원회는 비교할 만한 선례도 없고 검증되지도 않은 기관이었지만, 앙케트 위원회는 조직과 기능이 잘 정립되어 있었다. 두 단체 간의 경쟁을 어떻게 관리해야 하고, 줄기세포와 생명윤리 관련 숙의에서 어떤 결론을 도출해야 할까?

줄기세포 논쟁은 수입된 배아줄기세포를 이용한 연구에 독일연구재단이 연구비를 지원해야 하는지에 관한 청원으로 시작되었다. 독일연구재단은 이 청원의 법적 지위를 명확하게 정의해달라고 정부에 요구했는데, 배아줄기세포가 법적으로 해외에서 수입될 수 있는 것인지를 판단해달라는 것이었다. 재단 측은 미국 국립보건원이 용인했던 것처럼 실질적인 해결책을 기대했다. 국립보건원은 첫 줄기세포수립을 불법으로 간주했지만, 기존 세포주를 이용한 연구는 허용했다. 물론 독일에서 연구용 배아줄기세포를 만들었거나 체외수정 후 남은 잉여배아를 이용해 세포주를 만들었을 가능성은 없었는데, 이는 배아보호법으로 금지되어 있기 때문이다. 따라서 해외에서 세포주를 수입하는 게 적법인지가 즉시 이슈화되었다. 하지만 미국과 달리 독일의 두 생명윤리위원회는 행위의 적법성에 관해 의견이 달랐다. 2001년 11월 12일에 앙케트 위원회는 17 대 7로 수입에 반대했으며, 11월 29일에 국립윤리위원회는 13 대 9로 수입을 허용했다.

두 생명윤리 단체는 이 결과를 의회에 보고했는데, 최종적인 법적 판단을 할 수 있는 유일한 기관이 의회였기 때문이었다. 2002년 1월 30일 의회는 독일에 배아줄기세포를 허용할 때 발생할 수 있는 결과에 대해 다섯 시간 동안 논의했다. 세 가지 입법 선택지가 주어졌다. 첫째, 인간 존엄성 보호를 위해 수입을 금지한다(기민당/기사당 지지). 둘째, 배아를 파괴해야 하는 연구는 금지하지만, 배아줄기세포는 적법한 배아가 아니어서 헌법상 보호해야 할 필요가 없기 때문에 기존 세포주 수입을 엄격하게 감독하면서 허용한다(사민당과 일부 녹색당

지지). 셋째, 배아줄기세포를 이용한 적법한 연구가 인간에게 이익을 주며 잠재적 인간에게 피해를 주지 않기 때문에 허용해야 한다(자유민주당 지지).

제한적 수입을 허용하는 두 번째 선택지가 하원에서 360 대 190으로 통과되었다. 여기서 우리의 관심을 끄는 것은 세 정당이 주장한 내용이다. 기독교 관점에서 보면 수입 금지 조치는 수정 순간부터 인간 생명과 존엄성을 존중해야 한다는 가치와 일치하기 때문에 정책을 지지하기 쉽다. 기민당/기사당 연합 대변인은 댐, 벽, 기초 같은 비유를 반복해서 사용하면서, 생명에 관한 독일의 가치가 분명하게 드러나도록 군건하게 구축해야 한다고 말했다. 또한 대변인은 공공정책의 윤리적 기초에 균열이 발생하는 댐 붕괴Dammbruch를 두려워했으며, 영국의 앤 맥라렌과 달리 홍수가 발생했을 때 이를 통제할 입법기관의 능력에 부정적인 견해를 밝혔다. 하버마스가 주장했던 것처럼 독일 정치 논쟁에서 무질서에 관한 발언은 영국 배아연구 논쟁의 담론과 달랐다.[61] 자유주의 성향의 자유민주당만이 무제한 수입 허용과 독일 내 줄기세포 수립을 지지했는데, 공공선을 증진할 수 있는 의학 발전에 높은 가치를 부여하면서 공리주의 입장에서 주장했다.

흥미로운 점은 일관되지 않는 입장을 정당화하려는 주류의 시도였다. 수입을 허용하는 건 배아 파괴를 암묵적으로 승인하는 것인데, 다른 한편으로 배아를 파괴해서 사용하는 연구를 법적으로 금지해야 한다는 주장과 모순이었다. 또한 사민당은 이중 기준(독일과 다른 국가에 대해)을 제시하면서 생명 가치에 관한 윤리적 모순을 드러냈다. 이 모순을 해결하기 위해 독일에서 낙태를 불가피하게 타협해야 한다는 의견이 등장했다. 첫째, 사민당 의원들은 배아를 사용하는 연구는 안 된다keine vebrauchende Embryonenforschung는 원칙을 협상할 수 없다고 명확하게 밝혔다. 마찬가지로 협상할 수 없는 규정에 따라 그들은 수입 허가와 금지 영역을 구분해 기존 세포주만을 허용했다. 이는 윤리적으로 비난받을 만한 행동이 이미 발생했으며, 이 세포주가 인간으로 온전하게 발달할 수 없기 때문이었다. 수입 금지를 지지하는 사람들은 미래의 배아를 희생해서 얻는 인센티브가 없다고 주장했다. 윤리적 입장은 명확했다. 즉, 논란이 된 장벽을 낮춘 후에도 독일에서 배아줄기세포가 생산되어서는 안 된다는 것이었다.

배아연구의 초기 이슈에서 줄기세포 논쟁은 독일이라는 국민국가의 본성에 관한 논쟁이었다.[62] 독일은 연구자의 이익을 인간 존엄성보다 우위에 둘 것인가, 그리고 기본법이 아니라 생물학이 인간을 규정하도록 허용할 것인가? 과학이 발전한 다른 국가들을 따라가야 하는가, 아니면 의학과 사회 사이에 더 성찰적인 약속을 지지해야 하는가? 강경한 정책을 선택해 윤리 원칙을 명확하고 일관되게 지켜야 하는가? 다른 국가들의 법적 근거보다 더 상위의 법 관념을 따를 수 있는가? 줄기세포 논쟁에서 이런 이슈들이 제기되었고, 딱딱한 과학정책 토론과 달리 진지하게 논의되었다. 또한 이익단체들은 이익과 발전이라는 일반 관심사에서 벗어나, 민주사회를 존재론적으로 지키려는 정치에 관심을 가졌다.

하지만 논쟁은 용두사미로 끝났다. 2002년 4월 연방의회는 연구 목적으로 줄기세포를 수입하려는 연구자는 로베르트 코흐 연구소에서 승인을 받아야 한다는 내용의 법을 통과시켰다. 독일 관습에 따라 실제 승인은 자문위원회에 위임되었는데, 이 자문위원회는 생물학, 의학, 윤리학, 신학을 대표하는 열여덟 명으로 구성된 중앙 줄기세포 윤리위원회Central Ethics Commission on Stem Cells였다. 이를 통해 정치는 댐을 높게 유지했으며, 자유로운 과학 연구에서 무질서와 윤리적 혼란을 분리했다.

### 영국

마지막으로 영국은 인간생식배아국의 엄격한 규제 감독하에 배아연구를 허용했으며, 많은 사람이 영국 과학의 성취를 자랑스러워했다. 영국에서 줄기세포 논쟁은 어땠을까? 인간생식배아국은 체외수정 후 남은 잉여배아를 이용한 줄기세포 수립을 관리했지만, 인간 배아줄기세포를 수립할 수 있는 네 번째 방법인 세포핵치환과 관련해 법 해석 측면에서 새로운 질문이 제기되었다. 1990년 인간생식배아법은 배아를 '생식이 완료된 살아 있는 인간배아'로 규정했다. 하지만 기술적으로 보면 핵치환으로 만들어진 배아는 생식의 결과가 아니어서 법에 적용되지 않아, 핵치환 배아나 이 배아에서 만든 줄기세포를 이용한 연구는 인간생식배아국의 규제를 받지 않았다. 이런 간극 때문에 의회에서 법을 개정해야 할 필요가 제기되어 입법 절차가 시작되었다. 또한 인간생식배아법으로 규정된 연구용 배아에 정부가 새로운 대상을 추가할 권한이 있는지에 관한 문제도 등장했다.

이 이슈를 다루기 위해 영국 정부는 새로운 기술 발전을 반영한 배아연구의 과학과 윤리를 심사하는 전문가 패널을 임명했다.[63] 패널은 체외수정 후 남은 잉여배아 중에서 5~6일 지난 배아에서 만든 배아줄기세포를 연구용으로 사용할 수 있으며, 핵치환을 이용해 만든 줄기세포도 제한적으로 사용할 수 있다고 결론내렸다. 정부는 이것을 기존 인간생식배아법으로 처리할 수 있다고 보았으며, 새로운 규제를 포함한 시행령 초안을 만들었다. 이런 점진적인 발전은 1987년 인간생식배아에 관한 백서1987 White Paper on Human Fertilisation and Embryology에서 예견되었다. 상원 특별위원회는 이 보고서를 검토하고서, 2002년 초 인간 배아줄기세포를 이용한 의학연구가 유망하며 기존 법에 따라 연구가 지속되어야 한다고 발표했다.[64] 또한 하원은 법 해석을 명확히 하는 작업을 시작했다. 2001년 인간생식복제법Human Reproductive Cloning Act of 2001은 여성의 몸에 생식 이외의 방식으로 만들어진 배아를 이식하는 것을 금지했다. 미국의 대통령 생명윤리위원회의 용어로 표현하면 아이를 낳기 위한 복제를 금지했다.

입법 과정에서 친생명 연합Pro-Life Alliance(이 단체의 의장은 브루노 퀸타발Bruno Quintavalle이었다)은 법정에서 인간생식배아법을 핵치환 배아에 적용할 수 없다고 주장하면서 정부 규제에 반발했다. 고등법원에서 크레인Crane 판사는 친생명 연합의 주장이 옳다고 인정하면서, 핵치환 배아는 인간생식배아국의 승인을 받지 않아도 된다고 판결했다. 하지만 이 판결은 항소심에서 뒤집혔다. 2003년 3월 영국 최상위 법원인 상원은 인간생식배아법이 핵치환 배아에도 적용되며, 핵치환 배아를 사용한 연구를 규제할 권한이 인간생식배아국에 있다고 재확인했다.[65]

두 번째 퀸타발 사건(6장에서 다룬 조직적합검사tissue typing 사건 참고)은 미국 대법원이 살아 있는 생명체에 특허를 인정할 수 있는지를 다룬 다이아몬드 대 차크라바르티 사건[66]과 유사한 법 해석에 문제를 제기한 것이었다. 입법기관이 인간에 관한 상황 변화를 반영하지 못하는 법을 제정했을 때, 법원은 법의 취지를 변경된 생명체 조건에 어떻게 적용해야 하고, 이 사건이 기존 사건과 상당히 달라 새로운 법이 필요하다는 것을 어떻게 결정할 수 있는가? 이 질문은 기술 변화 맥락에서 상당히 시급한 것으로, 법을 제정한 입법자들이 이후 발생할 수 있는 사안에 개입할 가능성을 고려하지 않았기 때문이다. 예를 들어 차크라바르티 사건에서 미국 의회는 18세기에 토머스 제퍼슨이 초안을 만들었던 법을 해석해, 20세기 현대 생명공학에 적용할 수 있는지를 검토했다. 영국 상원의 경우에 시간 간격은 더 짧았지만 법리적인 이슈는 마찬가지로 도전적이었다.

상원 법관의원들은 판결에서 하나의 해석 지점에 동의했다. 판결에 따르면 상원은 입법의 기반을 만들 수 없으며, 하원이 새로운 사실을 다루기 위한 작업을 해야 한다고 요청했다. 법관들의 역할은 법이 새로운 사물을 포함한 '사실 유類, genus of fact'를 다룰 수 있는지를 확인하는 것이었다.[67] 법원은 법규가 '항상 말을 한다고always speaking' 간주하면서,[68] 기존 법을 새로운 사건에 적용해 적합하게 해석할 수 있는지를 질문했다. 상원은 새로운 사실이 의회가 알고 있던 것과 비슷하든 다르든 간에, 개인이나 기관 차원에서 차이를 구분할 수 있어야 한다고 인정하면서 경험적이고 사법적인 눈으로 보았다.[69] 콘힐의 빙햄 의원은 다음과 같이 지적했다. "오래전이라고 하더라도 의회가 개에 적용되는 법안을 통과했다면, 이 법은 고양이에게 적용될 수 없다. 하지만 적용 대상이 개가 아니라 동물이라면, 그 법은 지금 적절히 적용될 수 있다." 이런 이유로 상원은 인간생식배아법이 제작 방법에 상관없이 인간배아에 적용된다고 결론을 내렸는데, 핵치환 배아는 생식 배아와 같은 종류에 속한다고 인정했다. 즉, 개를 고양이로 간주해도 아무런 문제가 없으며, 개는 항상 개일 뿐이다. 빙햄 상원의원은 다음과 같이 결론을 내렸다. "질문해야 할 중요한 문제가 있다. 위에서 언급한 종교적·윤리적·과학적으로 난해한 이슈를 법적으로 해결해야 하는 의회는, 과학적으로 가능한 핵치환 방식으로 제작된 살아 있는 인간배아를 규제하지 않아야 하는가? 이 질문에는 하나의 대답만이 있으며, 그 대답은 '아니요'이다."[70]

상원 법관의원들이 하급 법원의 판결을 뒤집으면서 의회의 취지에 관한 질문에 '하나의 대답만이 있다고' 강력하게 확신하는 발언을 하자, 브루노 퀸타발과 그가 이끈 단체는 이유를 따져 물었다. 상원의 답변은 공식적인 추론의 결과라기보다는 권위 있는 목소리에 따른 문화적 산물이었으며, 다른 사람들을 설득할 수 있는 자원을 가진 사람이 누구를 위해 추론하는지가 중요했다. 누군가는 빙햄 의원이 강력하게 확신하고 있다고 생각했지만, 최고 사법기관의 권위가 이런 추론에 확신을 주었다고 보는 게 맞다.


## 요약

세 국가에서 벌어진 줄기세포 논쟁은 현대 서구 민주주의에서 정책 결정 담론인 생명윤리의 본성과 한계를 잘 보여준다. 따라서 여기에서 긴 결론은 필요하지 않으며, 세 국가의 맥락을 고려해 생명윤리 발전 과정에서 드러난 특징을 간략히 요약한다.

의사와 환자가 긴밀하게 연결된 상황에서, 20세기 후반 생의학이 발전하면서 등장한 생명윤리는 핵심적인 국가 정치 담론이었다. 이는 국가가 생명과학을 지원하고 활용하는 기능이 늘어나고 있다는 점을 보여준다. 따라서 국가는 시민 관점에서 생물학 지식과 권력을 사용하고 윤리적으로 생산해야 하는 당사자이다. 생명윤리는 미셸 푸코가 상상한 생명권력의 진화를 보여준다. 생명윤리는 철학과 관련되기는 하지만, 세 국가에서 모두 학계·전문성·기관 사이의 분열 및 과학·국가·사회 사이의 분열을 연결하는 장치로 간주되었다. 생명윤리를 전문화하고 용어를 표준화하려는 시도는 지속되었으며, 새로운 행위자와 기관은 생명윤리를 권력으로 보면서 이익을 얻으려 했다. 생명윤리 분석이 정책 결정을 위한 분석적 표현으로 제시되고, 가치와 정책의 의미에 관한 질문이 공식적인 결정 과정에 반영되면서 갈등이 종결되었다. 이와 관련해 생명윤리 분석의 적합한 경계선에 관한 질문이 제기되었다. 생명윤리 담론은 인체에 제한되어야 하는가, 아니면 생명 전체를 포괄해야 하는가?

지금까지 살펴보았듯이 정치 어젠다가 생명윤리를 규정했다. 생명윤리는 생의학 연구를 장려하는 선행beneficence을 가장 잘 설명하는 개념이었다. 하지만 윤리 논쟁은 광범위하고 강력한 국가 내러티브와 관련되었다. 미국에서는 의료를 혁신하고 낙태에 반대하는 내러티브, 독일에서는 법치국가 수립과 관련된 내러티브, 영국에서는 경험주의 원칙에 입각해 연구를 위한 적절한 공간을 확보하는 내러티브와 관련되었다. 흥미롭게도 윤리를 정치에 종속시키려는 언어가 등장했다. 미국의 대통령 생명윤리위원회는 윤리와 사실을 적절히 연결하기 위해 새로운 언어를 발명했다. 영국 법관의원들은 새로운 기술 구성물과 배아줄기세포에 윤리적 확실성을 부여하기 위해 의회의 언어를 단정적으로 해석했다. 독일에서 일어난 피터 싱어와 페터 슬로터다이크 논란은 생명윤리 언어를 선택하는 것이 매우 위험하다는 걸 보여주었다.

각국의 맥락과 상관없이 세 국가에서 공식적인 생명윤리는 과학기술에 의해 새롭게 등장한 이슈에 반응한 결과주의 담론이었다. 범주 제작을 통해 세상을 바꾸었던 윤리학은 독일에서 슬로터다이크가 인간 동물원을 주장하자 불편해졌고, 영국에서 필 맥노튼이 동물의 본성에 관심을 가졌던 것처럼 어젠다에 비춰진 희미한 빛에 불과했다. 범주 제작이라는 의미 있는 숙의 정치를 위한 주장은 공식적인 생명윤리와 국가 정책에 전혀 제기되지 않았다.

# 8장 생명을 상품으로 만들다

딱딱하고, 생명이 없고, 물질적인 사물은 주류 정치에서 거의 논의되지 않는다. 그러나 법, 규정, 표준, 치안, 조직의 설계 및 현황같이 사회적 상호작용의 산물들은 정치의 중심에 있다. 그런데 생명공학은 이런 정상 질서를 뒤집는다. 유전자, 세포, 식물, 배아, 약물, 박테리아, DNA 서열, 유전자 검사, 유전자 변형 생명체 등 생명공학이 다루는 사물들은 지난 20년 동안 논란의 중심에 있었고 지금도 그렇다. 하지만 현대 생명공학의 등장에 기여한 사회적 기술은 정치 분석에서 벗어나 있다. 예를 들어 벤처캐피탈, 신생기업, 기술이전, 지적재산권법, 그리고 우리의 관심사인 특허가 그렇다. 이 장에서는 미국과 유럽의 특허 관련 정치를 살펴보면서, 왜 미국에서는 이런 고안물들이 민주적 숙의에서 배제되었으며, 유럽에서는 오랫동안 논란이 되었는지를 검토한다.

만약 특허가 없었다면 사회경제적 잠재력이 큰 지금의 생명공학 산업이 불가능했을 것이라고 말하는 건 과장이 아니다. 특히 미국에서 특허는 생명공학 발전에 핵심적인 역할을 담당했다.[1] 첫째, 생명과학의 특허 범주를 사물로 확장해 이전에는 소유할 수 없다고 여겨지거나, 소유권 주장을 할 수 없다고 간주되었던 사물에 새로운 종류의 재산권이 등장했다.[2] 그 결과 이 사물들은 가치가 결정되고, 교환되고, 시장에서 유통되고, 생산성을 높일 수 있는 상품이 되었다.[3] 둘째, 특허는 생명공학 발전 초기에 여러 사물이 상업 제품이 되기 전에 등장했으며, 열정적인 벤처 투자자들이 자신들의 투자를 정당화하며 미래 가치를 입증할 수 있는 증거였다. 셋째, 특허는 상업적이고 유용한 제품이 출시되었을 때, 민감한 투자자들이 끝없는 법적 소송에 빠지지 않도록 보장하는 보험이었다. 넷째, 특허는 발명 네트워크에 포함된 경쟁 주장들을 분류하는 방법이었다. 이 네트워크는 환자, 피험자, 농부, 학계 연구자, 대학, 신생기업, 정부, 산업계가 각자의 이해관계로 연결되어 있다.

특허는 재산권을 보증하며, 두 가지 정치적 관점으로 발명을 규정할 수 있다. 하나는 재산으로 고려될 수 있도록 사물을 분류하는 것이다. 특허를 새로운 영역으로 확장하기 위해서는 상품이란 무엇이고, 누가 소유권을 주장할 수 있는지 판단하는 기본 개념을 수정해야 했다. 생물학 제품을 특허로 인정할 경우, 특허 대상은 자연 범주에서 인공물 범주로 이동한다. 이것은 형이상학적으로 중요한 이동이며 이론적인 공적 숙의가 필요하다. 특허의 두 번째 정치적 기능은 분배이다. 특허는 발명에 참여한 사람들을 보상하는 차원에서 제품 시스템에 소유권을 부여한다. 예를 들어 실험보조원과 피험자는 특허 신청서에 거의 포함되지 않으며, 특정 발명에 따른 경제적 이익도 받지 못한다. 반면 발명 수행 기관은 가장 많은 특허 사용료를 받는다. 결국 특허는 경제적 분배 도구로도 기능한다.

이런 분배 문제에도 불구하고 생명공학 특허는 유전자 변형 식품이나 줄기세포에 비해 대중의 관심을 끌지 못했다. 논쟁이 오래 지속되었던 유럽에서도 정부기관, 전문가 단체, 과학 저널리스트 같은 관련 그룹 내부에서만 논의되었을 뿐이다. 특허에 정치가 작동하지 못했던 데에는 몇 가지 이유가 있었다. 미국에서는 정치 영역에서 논쟁이 되었던 이슈가 법적 판결로 해결되었다. 유럽에서는 유럽특허협약European Patent Convention, EPC에 의해 특허 보호가 국제화되었으며, 이후 유럽연합 입법 과정에 반영되었다. 이처럼 중앙집중화 때문에 지적재산권은 생명공학의 여러 이슈와 달리 국가 차원의 정치 이슈가 되지 못했다. 지적재산권법은 기술 발명의 확장으로만 간주되었고, 특허는 정의正義, 형이상학, 생명, 건강, 환경 같은 민감한 관심사와 관련 없는 것으로 인식되었다. 따라서 유럽과 미국에서 특허법은 특수 전문 기관이 담당하고 수행하는 난해한 영역에 한정되었다.

그럼에도 생명공학 특허는 정치적이었으며, 미국과 영국에서 논란이 된 이슈들은 각각 프레임도 달랐고 법적·정책적 결과도 달랐다. 특허 정치를 비교 관점에서 검토하기 위해, 나는 지적재산권법 또는 블랙박스로 처리된 정치적 선택처럼 사회적 기술 관점에서 관찰했다. 그 다음에 대서양 양쪽에서 특허가 정치적 이슈가 되거나 이슈가 되지 않았던 세 사건을 검토한다. 미국에서 벌어진 사건으로는 살아 있는 생명체에 특허를 인정한 연방대법원의 판결, 인체 조직과 세포에 소유권을 인정한 캘리포니아주 대법원의 판결, DNA 서열 분석 특허 논쟁을 다룬다. 유럽에서 벌어진 사건으로는 하버드 종양쥐Harvard onco-mouse 특허 논쟁, 10년 동안 지속된 1998년 유럽연합 생명공학 특허 지침 논쟁, 그리고 미국과 마찬가지로 DNA 서열 분석 특허 논쟁을 다룬다. 연대순으로나 분석적으로나 미국의 사례부터 살펴보는 것이 적절하다. 미국에서 가장 먼저 생명체 특허가 법적·정치적 어젠다로 제기되었고 정치 논쟁에서 분리되었기 때문이다.

## 비정치적인 것의 정치

생명공학 정치에서 지적재산권법의 역할을 평가하기 위해서는 두 학문분과인 비판적 기술연구critical technology studies라는 오래된 전통과, 기술인류사회학anthropology and sociology of technology이라는 새로운 분야에서 개념을 끌어와야 한다. 비판적 기술연구는 지적재산권법의 정치경제학에 주목하면서, 강력한 사회정치적 이해관계에 관심을 둔다. 기술인류사회학은 특허로 보호해야 한다고 간주되는 특정 사물과 그에 관한 권한을 만들고 자연화하는데naturalize 기여했다. 두 분과학문에서 사물은 원래부터 비정치적인 것이 아니라, 인간의 판단에 의해 정치적인 것이 된다. 또한 이 분과들은 기술이 작업의 결과로 드러날 때 선택 요인들이 보이지 않았던 이유를 설명해준다. 우리는 인간이 만든 발명과 제도를 통해 사물의 특성을 선택하며, 이는 사회적이고 정치적인 복합체로 드러난다는 것이 기술연구의 공리axiom이다. 독일어에서 구체화 또는 객관화를 뜻하는 단어인 'verdinglichen(물건을 만들다)'은 객관성이 구성된다는 점을 알려준다. 이 관점에서 보면 사물을 (정치적·사회적 의미가 없는) 대상으로 귀속하는 건 당연한 현상이 아니라 설명이 필요한 현상이다. 결국 기술 대상과 시스템이 살아 있지 않고 비사회적이라고 하더라도, 거기에는 인간의 가치·신념·상상력·권력이 포함되어 있다. 기술 대상과 시스템은 견고하고 쉽게 변하지 않기 때문에 인간이 만든 구성물은 정치 영역 밖에 있는 것처럼 보이지만, 드러나는 양상과 결과는 정치 연구의 영역이다.

정치학자 랭던 위너Langdon Winner는 인공물이 정치력을 가질 수 있는지를 질문하면서 이 점을 강력하게 주장했다.[4] 위너는 이 질문에 긍정적인 대답을 내놓으면서 두 사례를 들었다. 첫째, 일부 기술은 설계상 정치적 해결책을 제시할 수 있다. 그는 뉴욕 롱아일랜드 간선도로 위를 지나는 다리가 낮게 설계된 것을 그 사례로 제시했다. 뉴욕의 고속도로 시스템을 만든 유명한 도시계획자인 로버트 모세스Robert Moses는 일부러 다리를 낮게 설계했는데, 버스에 탑승한 가난한 사람들이 다리 아래에 있는 간선도로를 이용해 부자들의 거주지가 있는 시 외곽으로 소풍가는 것을 막으려 했다. 인종과 계급 간의 불평등은 사회 정의에 관한 긴 논쟁과 함께 도시 계획과 결합되었다. 두 번째 사례로 위너는 프리드리히 엥겔스Friedrich Engels의 주장을 인용하면서 '선천적으로 정치적인inherently political' 기술이라는 개념도 제안했는데, 기술이 작동되기 위해서는 특정한 사회적 관계와 제도적 배치가 필요하기 때문이다. 위너는 원자력발전소를 예로 들어, 군산복합체의 지원이 없다면 원자력발전소가 유지될 수 없었다는 분석을 비평가들이 제시했다고 지적했다.

이후에 위너는 기술 설계와 결합된 이해관계의 다양성을 강조하면서, 사회적이지도 않고 물질 구조도 아닌 사실은 냉혹하다고 지적했다. 일부 연구자들은 이 프레임에 따르는 연구를 기술사회구성주의social construction of technology라고 지칭했고,[5] 기술적인 문제를 해결하기 위해 잠재적 사용자들 사이에 진행되는 협상을 강조했다. 구성주의 관점에서 보면 설계design는 이해관계자들의 협상의 결과로, 변하지 않는 물질 제품에 융통성 없는 권력을 억지로 넣은 것이 아니다. 행위자-네트워크 이론 학파는 기술복합체가 임의적으로 구축된다고 주장하면서, 기술복합체는 이질적인 요소들로 구성되고, 기술이 '최종' 형태를 갖추어도 그 요소들은 적극적으로 상호작용한다고 본다. 사회구성주의자들이 설계자와 사용자 입장에서 초기 설계를 관찰한다면, 행위자-네트워크 이론은 시스템 운영자 및 시스템의 모순을 포함한 특이점과 함께 살아가는 사람들 입장에서, 시스템이 작동한 이후에도 설계를 계속 관찰한다. 행위자-네트워크 이론 연구자들이 주장했듯이, 기술 시스템에서 인간 행위자human actor를 비인간 행위소nonhuman actant보다 우위에 두는 위계적인 차이는 합리적이지 않다.[6] 각 참여자는 전체 네트워크가 기능하도록 역할을 다하며, 상호작용하고, 제약하고, 영향을 주며, 기술의 비인간 요소들도 사회적인 관점에서 참여한다.

이런 아이디어는 생명공학 특허 정치가 등장했다가 사라지는 특성을 이해하는 데 유용하다. 정치경제학자들은 어떤 기술이 비정치적으로 제작될 수 있는지 고려하면서, 물질이면서 동시에 사회적인 인공물은 설계와 용도에 의해 굳어져서 정치적 선택이나 경제적 권력과 연합하는 방식이 드러나지 않는다고 보았다. 이는 과거에 건설된 고속도로를 지금은 아무 관련 없는 운전자가 통과하는 것과 같다. 기술이 블랙박스로 처리되어 사용되면, 사회적으로 분명한 선택을 할 때 문제가 발생한다. 예를 들어 음주운전에 반대하는 어머니들이 사회운동을 벌여 자동차 설계와 교통시스템을 해체하고, 유기농 식품 소비자들이 강력하게 로비를 해서 농업 생명공학이 적용되지 않았다는 인증을 받은 식품만을 파는 시장을 만들었다.

행위자-네트워크 이론이나 기술사회구성주의는 기술 설계가 매끄럽고 동질적이며 완전히 고정되어 있다고 간주하지 않으며, 해석적으로 유연해 조작될 수 있다고 본다. 또한 기술 시스템이 매우 안정되고 블랙박스로 처리되어 있다고 해도, 해결 지점들을 다시 열어서 재협상할 수 있다고 보았다. 기술 시스템이 잘 작동하고 있을 때는 시스템의 규정을 창의적으로 수정할 수 있는 영역이 얼마나 있는지가 외부인들에게 분명하게 드러나지 않는데, 유연성이 명확하게 드러나면 시스템이 붕괴될 수 있다. 기술 재난이 발생한 이후에 반복적으로 밝혀진 사실에 따르면, 시스템에 오류가 발생했을 때 사용자 또는 운영자는 설계자 또는 규제자가 예상하지 못했던 방식으로 행동했다는 것이다. 사용자가 시스템의 약한 지점이나 애매한 사항들을 발견하고는 함부로 다루다가 비극적인 결과를 초래했다.[7] 기술에 관한 이 관점에 따르면, 전략적 사용자는 시스템 설계에 문제가 있는 부분을 발견하면, 해결할 수 있는 방법을 찾거나 완전히 해체하고 재설계한다.

우리는 특허법과 관련된 정치적 선택에 관심을 두면서 생명과 묵인quiescence의 근거를 살펴보아야 한다. 사회적 기술인 특허는 재산property 개념을 도입해, 재산권property rights이 이미 존재하고 있다고 간주했다. 또한 특허는 기존 상황을 인정하면서, 특허가 관할하는 '대상'(무엇이 소유될 수 있는가?)에 관한 질문과 '인물'(누가 소유할 수 있는가?)에 관한 질문의 관점에서 비정치적으로 간주된다. 이런 관점에서 특허는 규범이 아니라 도구로 작동한다. 하지만 위너가 반박했듯이, 특허는 소유권의 우선순위를 확증하는 선언 도구에 그치는 것은 아니며, 예정되지 않은 특정 형태로 재산권을 만들고 유지한다. 현재 미국법에 명시되어 있는 것처럼, 과학기술 특허는 발명자들과 발명의 순간을 규명할 수 있다고 추정한다. 또한 특허법은 발명자와 발명기관에 보상하는 것이 사회적으로 이익이 되는 방향으로 발명을 이끄는 방식이라고 추정한다. 하지만 이런 추정은 생명공학 발전에 적합하지 않은데, 생명공학의 발견은 생명의 진화처럼 여러 중심부에서 돌발적으로 출현하며, 천재가 불연속적으로 창의력을 발휘해 선형적으로 발전하는 게 아니기 때문이다.[8] 하지만 경험적으로 입증되지 않더라도 특허법에 내재된 이런 가정들은 순서를 정하는 데 유용하다. 특허법은 논쟁 가능성을 줄이는 방식으로 소유권을 결정하고, 기업 행위자와 발명자 피고용인이 발명에 따른 보상을 받아 그 능력을 증진시킬 수 있도록 자본

축적을 인정한다. 결국 자유주의 경제 체제에서 지적재산권의 기본 가정들은 재협상되기 어렵다.

사회적 기술 중에서 법은 특허 분석에 중요하고도 독특한 역할을 한다. 법이라는 가장 강력한 제도가 자기 성찰을 막기도 하지만, 사건별로 기존 의미를 해체하고 변화된 사회 환경에 맞추어 사건을 재해석하기도 한다. 기술 변화는 잠재적으로 법적인 자기 성찰을 할 수 있는 많은 기회를 주고, 기존 분류체계와 규정에 도전하면서 새로움을 만들어낸다. 하지만 법적 자기 성찰은 항상 부분적이고 선택적이다. 특허 소송에서 지적재산권의 전 영역이 논의되지는 않으며, 주장은 준거법에 따라 좁은 영역에서만 허용된다. 법원은 법을 다른 영역에서 해석하면서 입법 취지를 규명하는 데 집중하고, 법원의 역할을 법 해석자로 제한한다. 법원은 새로운 법이나 정책을 만드는 것이 아니라, 법을 발견해 적용해야 한다. 이는 큰 논란이 된 사건에서 이전 법의 의미가 의심스럽더라도 재판관이 해야 하는 일이다.

브루노 퀸타발이 1990년 배아법으로 핵치환 배아를 규제하는 정책에 반대하자, 영국 법관의원들은 법 해석을 통해 이 문제를 처리했다(7장 참조). 지적재산권법 맥락에서 보았을 때, 미국 연방대법원은 다이아몬드 대 차크라바르티 사건에서 살아 있는 생명체에도 특허를 인정할 수 있는지 결정해야 하는 문제에 직면했다.[9] 두 최고법원은 기존 법이 새로운 사실에 적용되며, 새로운 법이 필요하지 않다고 판결했다. 이 판결들이 있기 전에 새로운 조짐은 전혀 없었으며, 두 사건 모두 최고법원은 하급법원의 판결을 뒤집었다. 여기서 우리는 차크라바르티 사건을 자세히 다루지만, 정치 상황이 달랐다면 다른 판결이 가능했다는 점도 고려해야 한다. 만약 연방대법원이 생명체에 특허를 인정하지 않는다고 판결했다면 이 이슈는 분명 의회로 넘어갔을 것이며, 특허로 인정받을 수 있는 물질에 관해 확정적이지 않은 결정도 가능했다. 생명공학 특허와 관련해 유럽과 미국의 가장 큰 차이는, 유럽에서는 이슈가 입법 절차의 복잡성을 따라갔다면, 미국에서는 특허법 프레임이 유전자 변형 생물체 이슈와 충돌하지 않았다는 점이다.

# 누가 생명체를 소유하는가?: 미국에서 벌어진 논쟁

생명공학 제품과 절차에 특허를 인정하는 이슈는 '생명체를 소유한다'라는 주제로 등장했다. 생명공학 특허의 기본 '대상'이 언론과 입법 논의에서 주목을 받았지만, '인물'과 관련된 이슈인 누가 소유하고, 누가 이익을 얻고, 누가 혁신에 따른 인센티브를 받아야 하는가와 같은 질문은 주목받지 못했다. 미국 생명공학 지적재산권 논쟁에서 놀라운 점은 포괄적인 프레임이 정해지자 특허 충돌이 거의 발생하지 않았다는 것이다. 생명체를 소유한다는 표현이 공적 공간에서 논의되었는데, 정책 언어라기보다는 반대를 위한 언어로 사용되었다. 주요 법적 논쟁은 법 해석에 관한 협소한 질문에 관한 것이었으며, 법원은 사건마다 해석한 기술적인 기준이 특허 인정에 합당한지를 판단했다. 차크라바르티 사건을 포함해 일부 사건에서만 갈등이 법의 한계를 넘어, 인간이 생명체를 지배할 권리에 관한 윤리적·철학적 숙의로 확장되었다. 하지만 이런 논쟁의 결과를 평가하기는 어렵다. 1995년 80개가 넘는 종교단체들이 인간 유전자와 유전자 변형 동물에 관한 특허에 반대했다. 하지만 국립인간게놈연구소 소장이자 독실한 기독교신자인 프랜시스 콜린스는 '특허는 윤리적 이슈가 아니라 법적 이슈'라고 말했다.[10] 즉, 법 절차에 윤리적 충돌을 포함한 것이 이 절의 주제이다.

미국에서 생명공학 관련 지적재산권 논쟁은 특허를 받기 위한 네 가지 원칙을 규정한 특허법에 따라 소송으로 이어졌다. 첫째, 발명은 법에 의해 특허 대상으로 정의된 범위 내에서만 이루어져야 한다. 둘째, 발명은 새롭고, 유용하고, 자명하지 않아야nonobvious 한다.[11] 법원 입장에서는 특허 대상에 관한 문제보다 새롭고, 유용하고, 자명하지 않아야 한다는 용어가 자유주의 관점에서 해석되었기 때문에 더 큰 문제였다. 생명공학 특허 사건에서 자연물이기 때문에 발명에 따른 특허를 받을 수 없다는 입장이 있었지만, 발명은 변하기 때문에 발명에 우호적이면서 특허를 허용해야 한다는 입장이 더 많아졌다. 최근에는 전기나 중력 같은 가장 기본적인 물리 현상에 대해서만 특허권을 절대 인정할 수 없다고 간주된다.

## 다이아몬드 대 차크라바르티 소송

1장에서 살펴본 것처럼 차크라바르티 사건은 미국 생명공학 정치에서 중요한 순간이었다. 연방대법원은 성장하고 있는 신생산업에서 생명체 특허의 합법성을 인정한다고 판결했으며, 이 판결로 유전학 연구개발에 자금을 지원했던 투자자들은 인센티브를 받았다. 제레미 리프킨과 대중사업위원회는 이 판결이 환원주의와 생명을 조작한다는 우려를 제기했지만 법원은 이를 인정하지 않았다. 법원은 미국 생명공학이 유용하면서도 시장성 있는 상품이라는 프레임을 인정하면서, 유전공학의 윤리와 지혜는 명확하지 않다고 보았다. 또한 법원은 '태양 아래 인간이 만든 모든 것anything under the sun that is made by man'이 특허 대상이라고 보았다. 차크라바르티 사건에서 특허 대상은 미래의 거의 모든 유전공학 제품을 포함한다고 법원은 판결했다. 이 사건에서 발명품은 미생물이었지만, 이미 미국 특허상표국Patent and Trademark Office, PTO은 1987년 유전자 변형 굴에, 1988년 포유류(하버드 종양쥐)에 특허를 인정했으며 법원은 차크라바르티 사건에서 이 판결을 인용했다. 미국의 진보 성향 언론인《뉴욕타임스》는 사설에서 고등생물의 특허를 지지하면서, 여기에 윤리적 우려를 제기하는 것은 "틀렸다"라고 말했다.[12] 종양쥐에 특허가 인정되자, 고등 생명체에 특허를 인정하는 것을 중지해야 한다는 여러 법안이 의회에 제출되었지만 더 이상 진전되지 못했다. 특허에 법적으로 도전하려는 시도는 근거가 없다는 이유로 이 법안들이 의회에서 통과되지 못했다.[13]

차크라바르티 사건에서 특허법의 범위를 넓게 해석하는 사안에 관해, 법원은 선택적 자연화selective naturalization를 근거로 5 대 4의 다수결로 소유권을 좁게 해석했다. 다수 의견은 발명이 자연현상이므로 멈출 수 없다고 보았지만, 법원은 불가피한 과학 발전을 주변부에서 관찰하는 것으로 자신의 역할을 축소했다. 법원은 다음과 같이 판결했다. "크누트 왕이 파도에게 명령했던 것처럼, 특허 자격에 관한 법적 결정은 과학이 미지의 것을 알아내는 것을 막을 수 없다."[14] 하지만 이런 제도적 겸손은 일관되지 않았다.[15] 다수 의견은 법이 기술 발전을 장려한다고 명확하게 추정했지만, 법적 판결은 연구의 흐름에 영향을 주어서는 안 된다는 의견을 밝혔다. 하지만 자기 희생적인 법원의 입장은 특허 대상에 관해 언급해야 할 것을 모두 언급했기 때문에 특허법을 인정한다는 판결과 일치했다. 이런 태도는 의회의 입법 취지를 무의식적으로 쓰거나 다시 쓰는 형태로 법적 해석을 축소했다. 법원이 말하는 건 특허법이다. 재판관들은 새로 추가될 것이 없으며, 재분배나 정치적인 것이 전혀 없다고 판결했다.

차크라바르티 사건에서 재판관들은 문제가 된 특허 대상이 충분히 새롭고, 의회가 다시 규정해야 할 정도로 이전의 모든 특허 대상과 충분히 다른지를 판단해야 했다. 이 이슈는 동일한 사건에서 두 가지 방식으로 새로움을 다루어야 하기 때문에 문제가 되었다. 다시 말해 발명이 충분히 새롭지도 않고 자명한 것이라면 차크라바르티의 특허는 인정될 수 없다. 완전히 새로운 대상만을 보상한다는 원칙이 입법 취지였다. 한편, 의회가 특허 대상으로 규정한 범위를 넘어설 정도로 발명이 매우 새롭다면, 이 역시 특허를 받을 수 없다. 다수 의견은 자연에서 찾을 수 없는 사물을 만드는 것을 정상이라고 추정해 이 딜레마를 해결했다. 법원은 "예상할 수 없는 발명은 발명으로 보호받을 수 없다는 규정은, 특허법의 핵심 개념과 충돌한다"라고 인정했다.[16] 따라서 발명은 다시 법적 숙의를 거쳐야 할 정도로, 분명한 질적 단절이 없어도 되는 과정이다. 차크라바르티의 발명은 보호받을 가치가 있을 정도로 충분히 '예상할 수 없었다'. 하지만 제작 과정은 새로운 법적 규정이 필요하지 않을 정도로 정상적인 발명 과정과 충분히 연속적이었다.

자명하지 않아야 한다는 원칙이 특허의 유효성을 정당화한다면, 이 원칙은 법적 판결의 근거가 될 수 없다. 법원은 자명함 또는 자명하게 보이는 것에 정당성을 부여하는 주체이며, 추론과 상식에 근거를 두지 않는 법 적용은 명백한 오류이기 때문이다. 이런 자명한 특성을 어떻게 확보했는지를 검토하기 위해 우리는 다수 의견이 다루지 않은 부분을 살펴보아야 한다. 강력한 반대 의견에서 적합한 맥락을 찾아볼 수 있는데, 예를 들어 동일한 이슈에서 판결이 다르게 나왔을 때 다른 사법기관의 판결을 검토해볼 수 있다(물론 모든 사법 체제가 그렇지는 않다[17]). 2002년 캐나다 대법원은 하버드 종양쥐 특허를 5 대 4의 다수결로 거부했는데, 이 사건은 상당히 중요한 의미를 지닌다. 캐나다 대법원은 미국 연방대법원과 거의 동일하게 법을 해석했지만, 고등 생명체의 특허에 상당히 다른 결론을 내렸다.[18] 캐나다는 우리의 비교 연구 대상이 아니지만 자세히 살펴볼 필요가 있다. 이 판결은 차크라바르티 사건의 추론에서 자명하지 않은 것을 밝히는 데 도움이 된다.

역사상 가장 논쟁적인 소송에 휘말린 종양쥐는 하버드대학교 연구자들이 듀퐁DuPont에서 연구비를 지원받아 만들었다. 종양쥐에 적용된 유전자 변형 기술은 암을 유발할 수 있는 종양유전자를 가진 단세포 시기 수정란을 주입하는 방식이었다. 유전자 변형된 수정란은 암컷 쥐에 이식되고 착상되어, 모든 세포에 종양유전자가 있는 새끼가 태어났다. 멘델의 유전법칙에 따라 종양유전자를 갖고 태어난 쥐가 다시 새끼를 낳아, 특정 암에 잘 걸리는 쥐 계통이 만들어졌다. 이렇게 만들어진 동물은 발암 요인과 암 예방 실험 연구에 사용될 수 있으며, 다른 용도로도 사용될 수 있다. 이 시험 시스템이 화학산업과 제약산업에 미칠 엄청난 영향은 명확했다. 하지만 환경단체와 종교단체는 윤리적인 이유로 동물실험을 포함해 모든 생명체 특허에 강력히 반대했다. 이 단체들중 일부는 2002년 5월 캐나다 대법원에 종양쥐 특허를 거부하라는 청원서를 제출했다.[19] 이들의 근거는 종양쥐 특허가 과학에 부정적인 영향을 주고, 전 지구적인 불평등을 초래하며, 생물다양성·보건·환경을 위협한다는 것이었다.

종양쥐 소송은 캐나다 특허 제도에서 수년 동안 논란이 되었다. 1995년 특허 담당 고위 관료는 쥐에 암유전자를 삽입하는 방법에 관한 하버드대학교의 요청을 승인했지만, 제품인 종양쥐는 승인하지 않았다. 하버드대학교는 첫 재판에서 패소했지만, 즉시 이 결정에 이의를 제기하면서 항소했다. 이후 연방 항소법원은 다수 의견으로 제품 특허를 승인했다. 이 사건의 재판이 대법원까지 가는 동안, 하버드대학교는 종양쥐와 종양쥐 제작 방법으로 유럽과 미국에서 특허를 받았다. 비슷한 특허 신청이 일본과 뉴질랜드에서 접수되었다. 캐나다 대법원은 처음으로 종양쥐 특허를 거부했다.

　강력하고 긴 분량의 반대 주장이 제기되었지만, 다수 의견을 낸 다섯 명의 재판관들은 차크라바르티의 주장에서 두 가지를 지적했다. 쥐 같은 고등생물은 캐나다 특허법에 따른 '합성물composition of matter'인가? 고등생물에 특허를 인정하는 것을 거부한다면 이는 의회를 존중하는 것인가, 아니면 의회의 의도를 무시하는 것인가? 대법원이 첫 번째 이슈를 거부했던 근거로는, '합성물' 개념이 살아 있는 동물 같은 복잡한 대상을 포함하기에는 제한적이며, 동물의 유전자 가운데 하나의 유전자를 바꾸었다고 해서 온전히 새로운 '합성물'을 만들었다고 볼 수 없다는 점이었다. 다수 의견의 판결문을 작성한 미셸 바스타라시Michel Bastarache 재판관은 유전자 환원주의에 반대하면서 다음과 같은 결론을 내렸다.

　　고등생물은 생물체를 구성하는 유전물질을 초월하는 특성과 자질을 가지고 있다고 간주된다. 방사능에 의해 유전자가 변형된 사람도 원래 자신과 동일하다. 마찬가지로 수정된 난자세포에 종양유전자를 삽입했다고 해도 쥐는 동일하다. 단순히 이 때문에 암에 취약해지는 건 아니다. 암에 취약하다는 특성이 인간에게 가치가 있더라도, 여러 동물 생명 유형animal life form과 마찬가지로 쥐도 유전물질이 합성된 것으로만 정의할 수는 없다. 여러 동물 생명 유형들은 다양하면서도 독특한 특성을 지니고 있으며, 이것은 동물들을 구성하는 특정 물질을 초월한다는 사실 때문에 고등동물을 단순한 '합성물composition[s] of matter'로 개념화할 수 없다. 결국 이 표현은 고등동물을 설명하는 데 부적절하다.[20]

　유전자 하나를 바꾸어 쥐를 발명했다고 해서, 특허를 인정받을 수 있는 '합성물'이 될 수 없다는 바스타라쉬의 주장이 옳았던 것일까? 대답은 법적 개념에 달려 있다. 강경한 반대 의견을 밝힌 비니 재판관Justice Binney은 다음과 같이 판결문을 작성했다. "나는 법원이 쥐 생명의 신비를 논쟁하는 장소로는 적합하지 않다고 생각한다."[21] 비니 재판관은 법원에서 이 지점을 논쟁하지 않는 것이, 이슈가 논쟁의 여지가 없다고 판결하는 데 도움이 된다고 인식하지 않았다. 미국의 경우에 이 주제는 어떤 포럼에서도 논의되지 않았다. 따라서 비니 재판관의 입장은 고등 동물과 합성물의 차이를 생략하면서 '쥐 생명의 신비'에 특정 해답을 제시하는 것이었다.

여기서 중요한 비교 지점은 다음과 같다. 1980년 차크라바르티 사건에서는 살아 있는 생명체를 기계적으로 발명할 수 있다는 아이디어가 자연스럽다고 간주되었지만, 2002년 캐나다 재판관들은 근소한 차이의 다수 의견으로 이런 식의 발명이 자연스럽지 않다고 판결했다. 결국 미국 연방대법원은 생물학적 발명 과정의 자연화를 고려했을 때, 본래부터 자연적인 것이란 없다고 보았다.

종양쥐 사건에 관한 캐나다 대법원의 판결은 미국 연방대법원과 달리 입법 취지를 질문하면서 추론했다. 일단 두 법원은 사회 및 환경 정책은 특허법 집행과 관련이 없다는 원칙에 동의했다. 하지만 두 법원의 관점이 달랐다. 캐나다 대법원은 고등 생명체에 특허를 승인하는 것은 의회 취지에 크게 벗어난다고 보았다. 다수 의견이 특별히 언급한 두 가지 이슈는 농업에 미치는 영향과 인간에 관한 특허 가능성이었다. 첫 번째 이슈에 관해 대법원은 자기 복제를 하는 식물과 동물에 특허를 인정하는 것은 의회가 원래 법에서 명확하게 고려하지 않았던 새로운 이슈를 제기하는 것이며, 의회만이 이 이슈를 다룰 수 있는 제도적 수단을 갖고 있다고 보았다. 또한 대법원은 재판관이 인간과 관련해서는 이 이슈를 다루기에 적절하지 않으며, 선을 그을 필요가 있다고 결론을 내렸다. "내 생각에 법원이 인간에 관한 특허에 예외를 만드는 것은 적절한 사법 기능이 아니다. 그런 예외는 인간이 무엇이며, 인간의 어떤 측면에서 배제되어야 하는지를 고려해야 한다."[22] 여기서 확인해야 할 비교 지점은 법을 해석하는 유연성 측면에서 미국 연방대법원과 캐나다 대법원의 차이이다. 두 법원 모두 입법부에 해석을 위임했다. 미국 연방대법원은 새로운 사건을 다루기 위해 기존 법을 확장하자는 의미에서 위임했으며, 새로운 입법 절차가 불필요하다고 보았다. 반면 캐나다 대법원은 윤리적·정치적으로 새롭고 혼란스러운 질문을 입법부가 새롭게 규정해야 한다고 보았다.

## 무어 대 캘리포니아대학교 대리인 사건

차크라바르티 사건과 종양쥐 사건이 특허 대상에 관한 질문을 제기했다면, 캘리포니아주 법원은 누가 생물 재료를 소유할 수 있는지에 관한 소송을 다루었다. 무어 대 캘리포니아대학교 대리인Moore v. Regents of the University of California 사건에서,[23] 생의학 연구 시설을 갖춘 대학병원에서 치료받은 환자가 자신의 조직과 세포는 자신의 것이라고 주장하면서, 연구자가 치료 과정에서 불법행위를 저질렀다고 고발했다. 이 사건의 청구자인 존 무어John Moore는 시애틀에 사는 엔지니어였으며, 1976년 생명에 위협을 줄 수 있는 털세포백혈병hairy-cell leukemia 진단을 받아 로스앤젤레스 소재 캘리포니아대학교UCLA 병원에서 치료를 받았다. 담당의사 데이비드 골드David Golde와 보조의사 셜리 콴Shirley G. Quan의 권고로, 무어는 병에 걸린 비장을 제거하는 수술을 받았다. 골드와 콴은 무어에게 알리지 않은 채 그의 T림프구(백혈구)를 이용해 면역시스템을 조절하는 림포카인lymphokine과 단백질을 만들었다. 그들은 이것이 에이즈AIDS나 다른 질병 연구에 유용할 것이라 생각했다. 즉, 대학 연구자들은 무어의 비장을 절제해 세포주를 수립하는 데 사용해 이것을 MO세포주MO-cell line라고 명명했으며, 대학교와 공동으로 특허를 신청했다. 1984년 골드와 콴이 발명자로 인정을 받아 특허가 승인되었으며, 대학교도 특허 양수인讓受人으로 인정을 받았다. 이 도중에 골드와 대학은 사기업인 제네틱스 인스티튜트Genetics Institute와 MO세포주 제품 개발에 관한 계약을 협상했다. 이 제품으로 약 30억 달러의 수익을 얻을 것으로 예상되었지만, 실제로는 그보다 작았다.

이 시기에 무어는 표면상 후속 치료를 받기 위해 시애틀에서 캘리포니아대학교를 반복해서 방문했지만, 실제로는 연구팀이 그의 피와 조직 시료를 얻으려고 허락을 받으려는 방문이었다. 그는 이 모든 방문의 목적을 의심하게 되었고, 1983년 골드가 무어의 세포를 연구에 사용할 수 있도록 허락하는 사전동의서에 사인을 하라고 강요하자, 무어는 법적 자문을 받아 캘리포니아대학교와 연구팀을 고소했다. 무어는 의사가 연구상 이해관계를 자신에게 알리지 않아

신탁 의무fiduciary duty를 위반했으며, 자신의 세포를 동의 없이 불법적으로 점유해 사실상 훔쳤다고 고발했다. 사실심 법원에서는 무어에게 불리한 판결이 나왔지만 항소법원에서는 이 판결을 뒤집었고, 최종 판결을 위해 사건을 캘리포니아주 대법원으로 이송했다.

큰 관심을 받았던 이 사건에서,[24] 캘리포니아주 대법원은 의사가 신탁 의무를 위반했다는 무어의 주장을 인정했다. 대법원은 환자의 건강과 관련 없는 연구나 경제적 이해관계는 의료행위가 수행되기 전에 환자에게 먼저 알려야 한다고 판결했다. 하지만 전환(절도) 혐의에 대해 대법원은 무어의 주장을 기각했다. 대법원은 무어가 자신의 세포에 관한 소유권을 법적으로 인식하지 않았다고 보았다. 차크라바르티 사건처럼 이 판결은 법원이 무어 사건에서 새로운 사항을 보는 관점 및 기존 법과의 관계에 달려 있었다.

항소법원과 대법원은 무어의 주장이 선례가 없다는 것을 알았지만, 두 법원이 상당히 다른 판결을 내린 것은 이 때문이 아니었다. 항소법원에서 다수 의견 판결문을 쓴 로스먼 재판관Judge Rothman은 법이 없다는 건 새로운 권리를 인정하는 문을 열어두는 것이라고 표현했다. 그는 차크라바르티 사건의 법정 의견서를 인용하면서 다음과 같이 주장했다.

> 피고가 재조합 DNA 기술을 시행했을 때 이를 하지 않아야 했다고 추론하는 것은 부적절하다. 이 기술은 처음부터 격렬한 도덕적·종교적·윤리적 우려를 제기했다. 많은 환자는 자신들의 동의 없이 자신들의 세포가 재조합 DNA 실험에 사용되는 것은 종교적 신념을 심각하게 위반하며, 자신들에게 알렸다 하더라도 절제된 조직의 운명은 불공정하다고 생각했다.[25]

항소법원에 따르면 몸에서 적출된 조직은 친밀하고 개인적인 것이므로, 기술의 새로움은 무어의 재산권에 확장해서 적용할 수 있다고 판결했다. 대법원 판결에서 판결문을 작성한 패널리 재판관Justice Panelli은, 직접적인 법적 권한이 없을 때는 전환 법칙에 따라 정책 이슈를 재검토할 수 있는 근거가 된다고 보았다.[26] 이 주장은 세포 사용에 관한 무어의 이익은 재산권으로 취급되지 않아야 하며, 이것이 대법원을 설득하는 데 활용되었다.

캘리포니아주 대법원은 연구에 사용된 세포에 개인의 재산권을 거부하면서, 그 세포를 만든 연구자에게 재산권이 있다고 인정했다. 이것은 무어 사건의 판결에서 가장 명확하게 드러난 비대칭이었다. 무어가 전환이라고 주장한 내용은 새로웠지만 의문의 여지가 있었다. 반면 골드와 콴의 특허 주장은 새롭지 않아 추가 분석이 필요하지 않았다. 무어가 주장한 유전물질의 유일성은, 그의 몸에서 만들어진 림포카인은 "모든 인간이 가지고 있는 동일한 분자 구조"라는 이유로 기각되었다.[27] 하지만 무어의 세포로 만든 세포주에서 동일한 단백질을 추출하는 것은 특허를 인정할 수 있을 정도로 충분히 독창적이었다. 결국 법원은 생물 시료의 인간 '출처'에 관한 재산권이 학계 연구와 산업에 유해한 불확실성을 제기한다고 보았다. 반면 캘리포니아대학교 연구팀에 지적재산권을 인정하는 것은 아무런 문제가 없었다. 특허는 생물 물질의 배포를 금지하지 않으며, 오히려 장려한다고 추정되기 때문이다. 결국 사전동의 없이 행동했다는 무어의 주장에 대해, 법원은 의료서비스 소비자로서 그의 주권을 인정했지만 세포에 대한 재산권은 거부했는데, 이는 피험자의 자율성을 거부한 것이었다. 이에 대해 법학자 제임스 보일James Boyle은 다음과 같이 신랄하게 비난했다. "다수 의견이 밝힌 것처럼 무어는 자신의 비장이 아니라 자신의 운명을 소유한 창작자였다."[28]

우리는 무어 사건에서 제시된 근거들을 비판할 수 있지만, 제도의 폐쇄성을 명확하게 드러내는 게 더 중요하다. 캘리포니아주 대법원이 정치 논쟁에서 세포와 조직 소유권에 관한 질문을 배제한 이후 10년 동안, 다른 사법체계에서 유사한 소송이 제기되지 않았다. 어떻게 이럴 수 있었을까? 여기에는 실용주의와 타협이 중요했다. 판결에 따르면 환자에게는 정보권을 인정하고 연구자에게는 재산권을 인정해, 환자와 연구자를 명확하게 구별했다. 또한 판결은 기존 행정적 통로를 이용해 절차적 해법을 제시했다. 무어 사건의 해결책(그와 비슷한 상황에 있는 환자의 해결책도 포함)은 임상치료와 연구 윤리를 통제하는 주요 도구인 사전동의를 여기에 결합하는 것이었다. 하지만 이 사건의 판결은 미국의 모든 생명공학 정책에 활력을 주는 시장 논리에 적합했다. 이 논리에 따라 제품혁신을 주도하는 기업가정신은 다른 주장과 가치보다 선호되며, 좋은 가치를 지닌 것이라도 마찬가지였다. 시장이라는 '도덕률higher law'은 무어의 주장을 반박하면서, 권리영역을 구분해 투명하고 납득할 만한 것으로 만들었다.

## 논란이 된 염기서열

종교단체, 동물보호 활동가, 환경주의자, 피험자들은 차크라바르티 사건 이후에 법정에서 살아 있는 생명체에 특허를 받는 것을 정치적으로 막으려고 했다. 논란에 정치가 개입되자, 식물·동물·인간·'생명'보다 더 작은 것이 이들을 압도했다. 세기 전환기에 가장 격렬한 특허 논쟁이 된 대상은 DNA 염기서열이었으며, 염기서열의 생물학적 기능은 확실하지 않았지만 연구에 매우 유용할 것으로 간주되었다. 거의 20년 동안 특허 논쟁이 발생하지 않자 생명체 특허는 정치 어젠다가 되었다. 미국과 국제 게놈 연구공동체에서 갈등이 발생했고, 미국과 영국의 정부 최고책임자들이 협상을 벌였다. 논란은 다시 특허 대상에 집중되었다. 이 염기서열에 특허를 승인할 수 있는가? 이 질문이 제기되었던 이유는 '누가' 특허를 소유하는지가 중요했기 때문이다. 염기서열 특허에서 얻는 이익이 연구개발 네트워크에 재분배되어야 한다는 주장은, 하나의 강력한 공동체(기업 소속 개발자)가 다른 강력한 공동체(기초연구자)에게 희생을 요구하는 것이었다. 연구개발 시장에서 이런 분배 효과는 윤리적인 주장만이 정치적인 문제를 제기하는 것이 아니라는 점을 재검토하는 데 유용하다.

DNA 염기서열 특허 논쟁은 공적 지원을 받은 인간게놈프로젝트에 따른 파생물이었으며, 이 프로젝트는 미국 국립보건원과 에너지부에서 연구비를 지원받았다. DNA 염기서열을 밝히는 데 30억 달러라는 엄청난 돈이 투입되자, 인간게놈 염기쌍은 대중의 주목을 받았다. 국립보건원 소속 과학자였던 크레이그 벤터Craig Venter는 작업 속도가 매우 느린 것에 불만을 표현하면서 국립보건원을 나와 셀레라Celera(이 회사명은 속도를 암시한다)라는 회사를 설립했다.

그는 2005년까지 프로젝트를 완료하겠다는 정부 계획보다 더 앞서, 2001년에 완료하겠다고 발표했다. 벤터는 염기서열 분석 산업화에 개별 투자를 받아 자신이 직접 발명한 장비들을 활용해 사업을 추진했다. 이 기술은 DNA를 작은 조각으로 잘라 분석한 다음에 그 결과를 연결해 전체 유전자 서열을 규명하는 것으로, 유전자의 기능을 알지 못해도 이 기술을 활용할 수 있다. 셀레라는 수백 대의 염기분석 장비를 갖추고서 염기서열 식별자identifier sequence를 이용해 엄청난 속도로 유전자를 분석했다. 이와 동시에 벤터는 유전자 매핑 과정에서 유용했던 유전자 조각에 특허를 신청했다.

언론은 벤터와 국립보건원 사이의 경쟁을 집중 보도했지만, 과학자들은 여기에 화가 났다. 여러 발현서열 꼬리표expressed sequence tag, EST에서 충돌이 발생했는데, 이 꼬리표는 유전자가 발현되어 단백질이 만들어지는 것을 보여준다. 제임스 왓슨과 여러 연구자는 벤터의 '토지 횡령land grab'을 막으려고 했다. 이에 국립보건원은 3,000개의 DNA 염기서열을 공적인 목적으로 사용하기 위해 특허를 신청했다. 국립보건원 법무팀은 이 특허 신청을 지지했지만, 저명한 과학자들은 이 행위가 '발명'을 보상하는 특허를 왜곡한다고 비난했는데, 과학적으로 의미도 없고 명확한 유용성도 없는 발명을 보상하려 했기 때문이었다.[29] 또한 일부 과학자들은 발현서열 꼬리표의 소유권 주장이 생물학적으로 의미 있는 구조라는 것을 규명하고, 상업성이 있는 제품으로 개발하려는 시도가 매우 복잡해질 것이라고 우려했다. 이러한 시도는 셀레라 같은 정력적인 염기서열 분석 업체가 보유한 기존 특허를 가지고 작업해야만 했기 때문에, 여러 특허 보유자에게 특허 사용을 허가받아야 했다.[30] 갈등은 단일염기 다형성single nucleotide polymorphism, SNP 같은 다른 종류의 조각들에 관한 특허 신청으로 이어졌다. 단일염기 다형성은 1,000개 염기당 한 개 비율로 사람들에게 발생하는 단일 염기쌍 변이이다. 개인들 사이의 이 차이는 개인별 병에 대한 민감성과 약물 반응을 규명하는 데 유용하다. 하지만 단일염기 다형성은 개인들 사이의 유전적 변이를 알려주는 표식일 뿐, 발현서열 꼬리표처럼 명확한 기능은 없었다. 단일염기 다형성 특허를 보유하면 특허 보유자는 다른 사람들이 신약개발에 이 특허를 사용하지 못하도록 금지할 수 있다.

유전자 특허와 관련해 정치적으로 가장 논란이 된 사건이 2000년 3월에 발생했다. 미국 빌 클린턴 대통령과 영국 토니 블레어 총리는 인간게놈프로젝트 데이터를 최대한 신속하게 공적 영역으로 이동시켜야 한다는 내용의 성명서를 발표했다. 성명서에는 이것이 외교상 매우 중요한 이슈이기 때문에 수개월 동안 정부 간 협상이 필요하다고 밝혔다. 하지만 과학자들은 이 사건을 무시했다. 국립보건원 원장 프랜시스 콜린스는 클린턴-블레어 성명서가 기존 정책에 아무런 변화를 주지 않는다고 보면서, 이 성명서가 인간게놈과 관련된 수천 건의 특허 소송을 해결하지 못하는 행정명령일 뿐이라고 간주했다. 그럼에도 셀레라를 포함한 여러 생명공학 회사들의 주식은 이 발표 이후에 급격히 하락했다. 이에 대해 일부 사람들은 DNA 염기서열 관련 특허 소송이 완전히 끝났다고 해석했다.

국립보건원 원장이 바뀌고 연구공동체가 로비를 벌여, 미국 특허상표국은 유전자 조각에 관한 특허 입장을 밝혀야 했다. 발현서열 꼬리표 관련 특허가 이미 여러 건 승인되었지만, 특허상표국은 2001년 1월 유용성 요건을 강화했다. 특허상표국은 예측된 생물학적 기능의 구조를 규명하는 데 사용된 염기서열만 특허를 받을 수 있다고 제시했다.[31] 앞으로 살펴보겠지만 국제 게놈 연구 공동체는 여기에 만족하지 못했다.


## 윤리를 위한 장소: 유럽에서 벌어진 논쟁


유럽에서 생명공학 특허 논쟁은 미국과 다르게 진행되었는데, 동물 특허 이슈를 해결하고 유럽연합 차원에서 새로운 법을 만드는 데 시간이 오래 걸렸다. 특허 담론도 둘 사이에 상당히 달랐다. 특허 논란은 시작부터 윤리와 연결되었는데, 이는 가장 논란이 된 미국의 특허 숙의 절차에서는 거의 드러나지 않았다. 당연히 이슈를 해결하는 방식도 크게 달랐다. 이런 관점의 차이를 고려하면서 미국과 유럽의 특허 제도를 비교해보자.

유럽의 생명공학 특허는 두 개의 독립적인 법률상의 기둥 위에 서 있다. 하나는 1977년부터 시행된 1973년 국제 조약인 유럽특허협약으로, 이 협약에는 유럽연합 회원국을 포함해 24개국 이상이 참여했다. 유럽특허협약은 참여 회원국의 국내법과 동등하게 특허를 보호하고, 신청자는 하나 또는 여러 협약 참여 국가에 특허를 신청할 수 있다. 유럽특허협약에 따라 특허는 뮌헨에 있는 유럽특허청European Patent Office에서 승인을 받게 되는데, 이 기관은 유럽연합 산하의 조직이 아니었다. 유럽특허협약은 여러 면에서 미국 특허법과 달랐다. 유럽은 특허를 먼저 신청한 사람이 특허를 승인받는 선출원first-to-file 규정을 따르는 반면, 미국법은 신청한 순서와 관계없이 먼저 발명한 사람이 특허를 승인받는 선발명first-to-invent 규정을 따랐다. 선발명 규정은 발명을 보상한다는 측면에서 일관성이 있지만, 선출원 규정보다 우선권 논쟁을 관리하거나 해결하기가 어렵다.

생명공학 특허 입장에서 중요한 내용은 유럽특허협약 제53조인데, 이 조항은 특허를 받을 수 있는 발명의 범주에 두 가지 예외를 두고 있다.

(a) 발명이 '공서公序, ordre public(국제사법상 일국의 법질서 유지를 위해 양도할 수 없는 가치로서 외국법의 적용을 배제하는 것을 말한다._옮긴이)' 또는 윤리와 어긋나는 형태로 상업적으로 이용될 때, 회원국의 일부 또는 전부가 법 또는 규제에 의해 금지된다는 이유로 예외가 인정되어서는 안 된다.

(b) 식물이나 동물의 변이들, 또는 식물과 동물의 생산을 위한 근본적이고 생물학적인 과정. 이 조항은 미생물학적 과정이나 제품에 적용되지 않는다.

제53조는 동물 특허 논쟁에서 중요한 역할을 했으며, 차크라바르티 사건의 판결보다 더 엄격했다.

유럽의 생명공학 특허에 관한 두 번째 주요 법적 조항은 특허 대상에 관한 유럽연합 지침EU directive으로, 1998년 유럽집행위원회와 유럽의회에서 모두 승인되었다.[32] 10여 년 동안 진행된 유럽집행위원회와 유럽의회 간 논쟁의 결과인 1998년 유럽연합 지침은 지적재산을 보호하는 데 미국법보다 더 제한적인 프레임을 제시했다. 하지만 우리의 분석 목적에서 보면 이 지침으로 법과 윤리 사이의 경계를 넘을 수 있었다. 반면 미국 법원과 프랜시스 콜린스 같은 이해당사자 사이의 경계선은 신성불가침이자 넘을 수 없는 것으로 간주되었다. 이 지점에서 유럽특허협약과 유럽연합 특허 지침은 미국 시스템과 크게 달랐다.

## 종양쥐가 유럽특허협약을 통과하다

유럽특허청은 1985년 하버드대학교로부터 종양쥐 관련 특허 신청을 받았지만 1989년에 제53(b)조를 근거로 거부했는데, 이 조항을 유전자 변형 동물에 관한 특허를 금지하는 것으로 해석했다. 하버드대학교는 연구를 지원한 듀폰과 함께 이 결정에 항소했다. 이들은 협약에 언급된 용어인 '변이들varieties'이 출산에 따른 생산만을 지칭하며, 유전공학이라는 새로운 기술을 지칭하고 있지 않다고 주장했다. 항소위원회는 이 해석에 동의하면서 특허 신청자들이 제53(a)조의 '공서'를 따라야 한다고 인정했는데, 이 조항에 따르면 윤리적·도덕적 근거로 발명이 거부될 수 있었다. 유럽특허청은 위험과 이익을 따져본 후, 암 연구를 촉진하는 목적의 종양쥐는 인류 복지에 매우 중요하다고 결론을 내렸다. 즉, 이 발명은 동물에게 위해를 줄 수 있고 환경을 위협할 수 있는 두 고려 사항보다 더 중요하다고 인정되었다. 이후 법적 절차를 거쳐 종양쥐 특허는 1992년에 승인되었다. 하지만 유럽의회가 동물 특허를 정치적으로 해결하려는 시도를 유보하자, 새로 신청한 특허들은 불확실한 상태에 빠졌다. 유럽특허청의 결정은 동물 특허와 관련된 윤리적 이슈를 사건별로 심의하는 선례가 되었으며, 자동적으로 승인된 경우는 없었다. 예를 들어 유럽특허청은 업존 Upjohn Company의 털 없는 쥐hairless mouse에 관한 특허 신청을 거부했다. 이 쥐는 털 성장 자극 시험을 위해 유전공학으로 만든 제품이었다. 즉, 업존이 내세운 이 목적은 유전자 변형에 의한 동물과 환경의 위험보다 중요하지 않다고 유럽특허청은 결론을 내렸다.

종양쥐 특허는 결국 승인되었지만, 제53조를 다른 생명공학 발명에 적용할 수 있는지는 명확하지 않았다. 1995년 유럽특허청은 자신의 초기 입장을 뒤집고, 제초제에 내성이 있는 식물을 생산하는 과정에 관한 특허를 거부했다.[33] 그린피스에게서 법적 소송을 당한 유럽특허청은 유전자 변형 식물이 제53(b)조의 변이들에 해당해 특허를 받을 수 있는 발명이 아니라고 결정했다. 이 결정에 따라 불확실성이 증가하면서 신뢰가 추락하자, 유럽연합은 생명공학 특허와 관련해 회원국들의 상이한 조항들을 조정해야 한다는 압력을 받았다. 이는 처리되지 않고 있는 특허 신청 건이 증가하면서, 미국과 일본의 생명공학 산업에 비해 유럽연합이 경쟁력을 잃고 있다는 우려와 함께 증폭되었다. 유럽집행위원회는 유럽 전체에 적용되는 지침을 만들라는 요청에 대응했지만, 그 일이 얼마나 논란이 되고 얼마나 오래 걸릴지 알 수 없었다.

## 논란이 된 공동결정

마스트리흐트 조약에 따른 새 공동결정 절차상 벌어진 정치적 논란에서, 1995년 3월 유럽집행위원회는 충격적인 패배를 당했고 반대로 유럽의회는 승리를 얻었다. 유럽의회는 240 대 188로 거의 7년 전에 제정했던 특허 지침을 폐지했다. 지침이 뜻밖에도 폐지되자 이것을 재검토하려는 움직임이 등장했고, 유럽의회에 새로 선출된 녹색당 소속 유럽의회 의원들이 강력하게 로비를 벌였다. 차크라바르티 사건을 담당한 미국 연방대법원과 달리 유럽의회는 도덕적·윤리적 관심을 다룬 정치적 포럼을 개최해 기꺼이 이슈를 경청하려고 했다. 그린피스는 투표가 실시되기 전에 모든 유럽의회 의원들에게 다음 메시지가 담긴 엽서를 보냈다.

태초에 주님이 하늘과 땅, 그리고 모든 것을 만들었습니다.
하지만 과학자들은 말했습니다. 인간, 생쥐, 쥐 유전자를 가지고 있는 물고기로 가득 찬 바다를 보여달라고.

그리고 훽스트와 몬산토는 말했습니다. 박테리아와 바이러스 유전자를 가지고 있으면서 열매가 맺힌 식물과 나무가 있는 땅을 만들어달라고.

그리고 시바 가이기Ciba Geigy는 말했습니다. 전갈 유전자를 가지고 있는 옥수수가 자라게 해달라고.

그리고 아모코Amoco는 말했습니다. 햄스터 유전자를 가지고 있는 담배를 만들어달라고.

그리고 제네카Zeneca는 만들었습니다. 온갖 종류의 썩지 않는 과일과 야채를.

7일째 되는 날 주님의 권능이 실행되지 않았고, 회사들은 자신들의 목적에 맞는 생명을 다시 창조했습니다.

그리고 천사들의 의회는 7일째 되는 날을 축복하면서 모든 생명체를 특허 대상으로 만들었습니다.[34]

이 텍스트는 독창성이 없는 시였지만 홍보에는 효과적이었다. 몇 개의 짧은 문장으로 생명공학 거버넌스 논쟁의 표면 아래에서 끓어오르는 여러 우려, 즉 범주 위반, 비자연적 조작, 신 노릇, 기업의 탐욕과 야망, 효율적인 규제 결여를 명확하게 표현했다. 유럽의회의 많은 사람은 인체, 인체 일부, 또는 유전자 복제나 생식계열 유전자 치료같이 논란이 되고 있는 절차에 관한 특허를 거부할 수 있는 안전장치가 불충분하다고 생각했다. 결국 특허법 초안은 유럽인들의 윤리적 감수성을 충분히 수용하지 못했다.

많은 특허 전문가들은 유럽의회의 투표 결과에 놀랐지만, 생명공학과 관련된 유럽의 정치적 입장을 알고 있는 사람이라면 이 결과에 놀라지 않았다. 유럽의 비정부기구들은 윤리와 특허를 연결하기 위해 1990년대 초반부터 적극적으로 노력했다. 독일의 유전윤리 네트워크는 '생명체 특허 거부'를 표방한 캠페인을 벌여 3만 명의 서명을 받아 1991년 2월 법무부장관에게 제출했다. 유럽 생명윤리에 관한 유럽의회의 자체 보고서는 1992년 수준으로 생명체 특허에 관한 윤리적 차원을 주목해야 한다고 권고했다.[35] 이 보고서에 따르면 유럽의회의 기술평가 담당자는 동물과 환경에 위험한지, 인간 존엄성을 위협하는지, 과학 연구를 수행하는 데 미치는 생명공학 특허의 영향력을 규명해야 했다.

1995년 유럽의회의 투표로 지침은 3년간의 숙의 과정에 들어갔다. 1997년 중반 유럽의회가 수정된 지침 초안 개요에 동의하면서 타협안들이 제시되었다. 하지만 주요 환경 단체들은 여전히 만족하지 못했고, 핵심 조항의 단어들을 조율하는 데 거의 1년이 걸렸다. 1998년 5월 압도적인 찬성으로 승인된 지침에는 유럽의회가 제안한 여러 변화가 포함되었다.[36] 인간복제, 생식계열 유전자 치료, 상업적인 배아 사용과 관련된 절차는 명확하게 배제되었다. 또한 지침은 '발견discovery'과 '발명invention'을 구분했는데, 기술적인 응용을 명확하게 설명할 수 없는 지식의 확장은 특허를 받을 수 없었다. 또한 지침은 유럽 집행위원회 산하에 과학과 신기술 관련 유럽윤리그룹European Group on Ethics in Science and New Technologies을 설립해 지속적으로 윤리적인 내용을 검토하도록 규정했다.

지침을 채택하는 것만으로는 특허와 관련된 유럽인들의 생각을 조율하지 못해 긴 고통을 끝내지 못했다. 2001년 지침은 유럽법원에서 일부 회원국들이 제기한 법적 소송에 직면했다. 일부 회원국은 관련법이 인간 존엄성과 개인의 완전성을 충분히 존중하지 못한다고 주장했다. 2002년 중반 프랑스와 독일을 포함한 여덟 개 유럽연합 회원국은 2000년 7월에 제정된 국내법 때문에 지침을 실행하지 못하고 있었다. 유럽집행위원회는 생명체 특허와 관련된 법적·정치적 난관을 법원이 해결해야 한다고 지체된 이 국가들에게 촉구했다.

## 문제가 된 염기서열

유전자 염기서열도 큰 논란이 되었다. 유럽연합 지침은 충돌을 해결하기 위해 기술적 유용성을 강조하면서 개념을 엄격하게 사용했다. 인체의 생물학적 물질에 관한 특허에 범주 측면에서 반대하는 사람들과, 제약업계의 혁신을 장려하면서 미국의 자유주의와 경쟁하기 위해 이 물질에 관한 특허 규정을 해제해야 한다는 사람들 사이에 갈등이 발생했다. 유럽의회의 입장을 보여주는 지침의 제5(1)조에 따르면, "여러 발달과 형성 단계의 인체와 그 요소 중의 하나를 단순히 발견한 것(유전자의 염기서열 또는 염기서열 일부도 포함)은 특허를 받을 수 있는 발명이 아니다". 제5(2)조와 제5(3)조에서는 분리된 유전자 염기서열은 특허를 받을 수 있다고 허용하면서 이런 금지를 완화했다. 심지어 분리된 염기서열이 자연에서 발생한 요소와 동일하더라도, 기술적인 과정으로 만들어졌거나 산업적인 응용을 규명할 수 있다면 특허를 받을 수 있었다. 하지만 2003년 프랑스 상원은 생명윤리법 초안에서 유럽연합 지침과 반대로 유전자와 유전자 염기서열은 특허를 받을 수 없다고 규정한 반면, 체외수정을 하고 남은 잉여배아를 이용한 줄기세포 연구는 허용했다.

생명체 특허에 관한 제5조는 작업 가능한 경계선을 설정하지 못했다. 자연적으로 발생한 인간 DNA 염기서열을 발견한 것은 특허를 받을 수 없었지만, 동일한 염기서열이라도 분리된 복사본이라면 산업적으로 응용할 수 있고 특허를 받을 수 있었다. 윤리적인 면에서 반대 주장은 지침을 논평하는 형식으로 제기되었다. 비판의 한 흐름은 DNA 염기서열이 인간성에 매우 근본적이기 때문에 개인의 소유 대상이 되어야 한다는 주장이었다. 유전자 이슈에 적극적으로 대처한 국제 비정부기구들과 유럽 비정부기구들은 생물 해적행위biopiracy와 생물 식민주의biocolonialism를 근거로 유럽연합을 고발하면서, 유럽연합 내부의 정책 문제를 국제적인 인권 문제로 확장했다. 심지어 유전학 연구개발에 참여하고 있는 사람들도 분리된 DNA 염기서열을 특허로 보호해야 한다는 주장에 유보적인 입장을 취했다.

영국의 주류 의견을 대변하는 너필드 생명윤리위원회는 2002년 보고서에서 유럽연합 지침이 논란을 해결하지 못해 지적인 어려움이 있다고 밝혔다. 저명한 작가들로 구성된 패널은 제5조의 근거를 설명하는 데 형이상학적인 어려움이 있다고 다음과 같이 설명했다.

자연현상에 관한 과학지식은 단순한 '발견'이기 때문에 특허 대상이 아니다. 이런 관점에서 자연적으로 발생한 현상에 의해 생성된 유전 정보에 관한 과학지식도 마찬가지로 특허 대상이 아니다. 반면 유전 정보를 담고 있지만, 자연적으로 발생하지 않은 인공적인 현상(예를 들어 분리되고 복제된 분자)은 특허 대상이 될 수 있다.[37]

보고서에 따르면 과학지식과 유전 정보를 구분하는 선은 '미세하게 구분하는fine' 특허법을 이해하는 데 중요하다고 설명했다.

미세한 구분선이 중요했다! 여러 역설 중에서 DNA 염기서열과 관련해 인공 현상(분리된 유전자 조각)은 자연 현상과 정확히 상동homologous이기 때문에 문제가 되었다. 이 조각은 동일한 정보를 담고 있지만, 염기서열이 분리되기 전에는 특허 대상이 아니다. 동일한 유전 정보를 담고 있는 동일한 생물 물질이 자연 상태에서 인공 상태로 변해야만 소유권의 대상이 된다. 따라서 특정 염기쌍이 결합된 DNA를 단순히 발견하기만 했는지 아니면 그것을 분리하는 방법을 밝혔는지에 따라, 특허 대상이 되기도 하고 아니기도 했다. 물질을 분리하는 발견이 발명으로 신기하게 변환되며, 개념적인 화체설化體說이 물질 분리 과정에서 등장하기도 했다. 너필드 위원회의 패널은 이런 신기함에 문제의 소지가 있다고 보았다. 특허의 두 번째 근거는 노동가치설에 근거를 두면서 추론되었다. DNA 염기서열을 분리하는 일(주로 실험실에서 수행된다)이 실제로 수행되었을 때만 DNA 염기서열은 특허 대상이 된다.[38] 위원회는 컴퓨터만을 이용해 계산적으로 규명된 염기서열도 발명에 관한 유럽특허기준을 통과할 수 있다는 점을 인정하는 데 유보적이었다. 패널이 보기에 자연적인 것과 인공적인 것 사이의 개념적이고 미세한 경계선은 적절하지 않았으며, 인공적인 요소를 생산하는 데 들어간 일의 총량도 여전히 문제였다. 미국법에서 자명하지 않아야 한다는 기준은 여기에서 필요하지 않았다. 패널은 DNA 염기서열이 적법한 특허 대상이 되기 위해서는 발명과 유용성 측면에서 더 엄격한 유럽의 요건을 충족해야 한다고 판단했다.

# 결론

　　지적재산권법 논쟁은 다른 어떤 정책 논쟁보다 생명공학의 새로운 형이상학에 집중했다. 사회적으로 이로운 발명에만 보상한다는 전통 때문에 자연현상을 발견한 것만으로는 원칙상 특허를 받을 수 없다고 간주되었다. 따라서 법을 적용하기 위해서는 자연물과 인공물, 발견과 발명, 유용한 것과 새로운 기술 사이에 경계선을 설정해야 했다. 무엇이 특허를 받을 수 있는지 조사하는 작업, 즉 법에 의해 무엇이 특허 대상으로 구성될 수 있는지를 확인하는 작업은 생명과학과 생명공학에 큰 영향을 주었다. 이 작업은 동물, 기계, 진료와 치료 도구로 변환된 인간 DNA 염기서열 사이에 명확했던 구분을 무너뜨렸다. 소유권 주장은 인간적이거나 자연적인 것으로 간주되던 물질로 깊숙이 침투했다. 이는 사적 소유의 범위를 넘어 특허 담당관, 재판관, 활동가, 대중에게 불확실성과 혼란을 주었다. 이런 우려를 해소하려는 시도는 미국뿐만 아니라 유럽에서도 특허법과 관련된 예상하지 못했던 도전이었으며, 중요한 정치적 변화와 결과를 초래했다.

　　차크라바르티 사건과 무어 사건에서 미국 법원이 내린 판결은 특허법을 넘어선 윤리적·정치적 논쟁으로 이어졌으며, 특허와 입법정치 사이의 경계선을 유지했다. 반면 유럽에서는 이 관심사가 생명공학 제품과 절차에 관한 작업 가능한 특허 제도를 만들려는 시도를 여러 차례 압도했다. 이런 시도에는 여러 이유가 있지만, 유럽에서는 의회 차원의 숙의와 새로운 입법으로 지적재산권 이슈를 해결하려 했다는 점이 중요하다. 반면 차크라바르티 사건에서 미국 연방대법원은 다수 의견이 정치적 우려와 관련 없다고 간주한 것을 배제하기 위해 기존법을 인용해서 해석했다. 무어 사건에서도 법원은 환자와 연구자의 재산권을 할당하는 데 상업화에 우호적으로 법을 해석했다. 반면 환자의 이익이 무시되지는 않았지만, 행정 문서상의 사전동의 절차로 해결했다.

　　1980년 차크라바르티 사건의 판결과 2002년 캐나다 대법원의 종양쥐 판결의 차이는 법 해석 프레임도 형이상학적 질문이 제기되어 논의될 수 있다는 것이다. 미국 재판관들은 미국 경제 산물을 철저하게 탈신성화하는 지점을 분석하는 자연물-제조물의 경계를 규정하지 않으면서, 발명과 시장을 가치중립적이라고 간주했다. 인간의 개입에 의해 자연은 어떤 형태로든 상품으로 전환되어, 상업적으로 유통되고 가치가 내재된 영역 밖으로 방출되었다. 차크라바르티 사건에서 해석된 미국 특허법에는 제품 선택과 관련된 윤리를 검토할 영역이 없다. 설사 그런 공간이 있다고 하더라도 특허 대상 평가가 아닌 유용성에 의해 관심에서 멀어지게 된다. 유럽에서는 특허협정의 '공서' 조항과 유럽연합 생명특허 지침에 언급된 언어 때문에 윤리 문제를 광범위하게 다루었다. 따라서 유럽의 지적재산권 담론은 미국처럼 적법성을 기술적인 담론으로 해결하지 않았다. 영국 너필드 생명윤리위원회는 유럽특허청이 '공서' 조항을 해석하기 위해 유럽윤리그룹의 관리를 받아야 한다고 권고했다는 내용이 2002년 보고서에 실렸다.[39]

미국에서 DNA 염기서열 특허와 관련된 정치적 논란은 흥미로운 문제를 제기했다. 왜 이 제품이 관심을 받았는가? 미국 과학자들만 관심을 갖긴 했지만, 비非생물체에서 생물체로, 하등동물에서 고등동물로 특허 대상의 범위를 확장하는 논의도 중요했다. 우리는 이전의 어떤 단계보다 이 단계에서 생명공학 연구개발의 핵심에 경쟁적인 분열이 발생했다고 결론을 내려야 한다. DNA 염기서열 특허에서 기초연구의 이익과 응용연구의 이익이 충돌하고, 사적 후원과 공적 지원이 충돌하고, 거대 제약회사와 소규모 유전공학 회사가 충돌했다. 그러다 2000년 3월 클린턴-블레어 선언으로 대서양 양쪽이 협력하게 되었다. 유기농 표시제 사건처럼 미국에서 윤리적 관심은 경제 문제와 관련된 이익단체의 정치와 관련될 때만 공적 관점에서 제기된다. 다음 장에서 우리는 과학, 사회, 국가의 관계를 고려하면서 생명공학 산업 내부의 분열을 살펴본다.

# 9장 새로운 사회계약

  과학기술은 20세기 두 번의 세계대전으로 부상했으며, 과학기술과 국가의 관계가 공고해졌다. '사회계약social contract'[1]이라고 불리는 새로운 관계는 미국에서 명확하게 드러났는데, 미국이 제2차 세계대전 중 과학과 의학에서 큰 성공을 얻자 공적 지원을 받은 과학의 유용성을 누구도 의심하지 않았다. MIT 출신의 유명한 엔지니어이자 프랭클린 루스벨트Franklin D. Roosevelt 대통령의 자문역이었던 배니버 부시Bannevar Bush는 보편적으로 인정된 수요와 분명하게 제공될 서비스를 위해 연방정부가 기초과학 연구 지원을 평화 시기에도 지속해야 한다는 계획을 발표했다. 1945년에 발표된 그의 보고서인 「과학—끝없는 프런티어Science—The Endless Frontier」[2]는 생의학을 제외한 모든 자연과학·사회과학의 기초연구를 지원하기 위해 1950년에 설립된 미국 국립과학재단National Science Foundation, NSF의 청사진을 제공했다. 반면 생의학 연구는 이미 1930년부터 국립보건원에서 연구비를 지원받고 있었고, 국립보건원은 1879년에 시작된 연방 의학연구 프로그램을 계승했다. 부시를 포함해 미국 국립과학재단을 설계한 사람들의 생각은 단순했다. 그들은 정부가 돈을 제공하고, 연구주제 설정은 연구자들에게 위임하도록 설계했다. 과학자들은 기술 훈련을 받은 인력을 배출하며, 국가의 보건·번영·복지를 위한 발견을 지속적으로 생산해야 한다고 설계자들은 생각했다.

영국과 독일에서도 전쟁 시기 과학기술이 거둔 업적을 인정해 평화 시기에도 국가가 과학을 지원하도록 했고, 공적 투자에 따른 보상도 비슷하게 기대했다. 두 국가는 전후에 과학을 지원하는 새로운 기관을 만들었다. 영국에서 연구위원회 간 네트워크는 1960년대 중반 사회과학, 자연과학, 의학을 지원하는 전문기관 협의체로 개편되었다. 개편된 조직은 원래 목적인 과학 지원을 기본 임무로 유지했지만, 기관의 책임은 다시 규정되었다. 2002년에 일곱 개의 연구위원회가 활동하고 있었다. 여기에는 1913년에 설립된 권위 있는 의학연구위원회와, 1994년에 설립되어 의학을 제외한 생명과학을 지원하는 생명공학 및 생명과학 연구위원회Biotechnology and Biological Sciences Research Council, BBSRC도 포함되었다.

독일에서 연방연구기술부는 1994년에 교육과학부와 통합되었고, 1998년 '지식기반, 학제 간 기초연구'를 지원하는 연방연구기술부로 개편되었다. 과학을 지원하는 또 다른 연방기관으로는 독일연구재단이 있는데, 미국의 국립과학재단과 영국의 연구위원회처럼 모든 분야의 기초연구를 지원한다. 또한 독일은 공적 기금을 받는 연구기관 네트워크도 지원한다. 여기에는 첨단 기초연구를 수행하는 엘리트 기관인 막스플랑크연구소Max-Planck Institute, 응용 공학연구를 수행하는 프라운호퍼 연구소Fraunhofer Gesellschaft, 거대 장비 및 설비 관련 연구(또는 고전적인 '거대과학big science')를 수행하는 헬름홀츠 연구센터Helmholtz research center, 라이프니츠 네트워크Leibniz network 같은 여러 연구센터도 포함된다.

유럽연합과 마찬가지로 세 국가 모두 처음에는 생명공학에 열광했다. 이 국가들은 생명과학 투자에서 경쟁적으로 이익을 얻기 위해, 실험실 수준의 연구를 금방 상업화할 수 있을 정도로 수요가 있다고 보았다. 이런 절박함 때문에 각국은 과학과 국가 사이의 암묵적인 사회계약을 재검토했다. 각 정부는 배니버 부시 시기에 등장한 사회계약의 모순을 재검토했다. 자율적이고, 가치중립적이고, 공정한 과학이라는 이상은 경제적 생산력이 있는 과학과 어떻게 타협해야 하는가? 성장 한계를 시급히 극복해야 하는 상황에서 의학, 농업, 환경 분야를 혁신할 수 있는 풍부한 자원을 가진 생명과학을 어떻게 다루어야 하는가?

이에 따른 긴장과 충돌은 전통적으로 정치와 가장 분리된 곳, 즉 '순수' 또는 '기초' 과학의 역사적 장소인 대학에서 명확하게 드러났다. 각 정부는 대학과 생명공학회사를 새로 연결하려고 시도했는데, 이는 과학과 정치 사이의 경계선을 새로운 방식으로 재설정하는 작업이었다. 공정하다고 간주되던 연구가 시장에 나오자 정치적 문제가 발생했으며, 공적 영역에서 과학과 과학자의 지위가 다시 규정되었다. 과학이 유용성을 인정받아 상업화되면서, 과학에서 필요하고 중요한 가치였던 자율이라는 낡은 생각은 설득력을 잃었다. 대신 과학에는 포용이라는 새로운 임무 및 그와 관련된 책임이 요구되었다. 정책 결정자들은 혁신을 새롭게 규정하면서, 과학과 사회의 관계를 설명하는 용어로 생명과학의 공적 지원을 정당화하려고 노력했다. 이러한 압력에 적응하는 시도들은 국가마다 달랐는데, 이해 충돌conflicts of interest과 공공재인 지식의 충돌을 이해하는 방식이 달랐기 때문이다.

이 장에서 나는 대학에 기반을 두었던 생명과학이 생명공학으로 변화하는 모습을 살펴보고, 이 변화에 따른 생명과학의 정치를 비교 관점에서 검토한다. 개별 국가의 이야기를 다루기 전에 먼저 21세기에의 과학기술사회의 모습을 큰 그림으로 그리고, 지식 생산의 거버넌스 의미를 확인하면서, 민주적 책임에 포함된 모순도 제시한다. 각 국가에서 학계와 산업계를 더욱 긴밀하게 연결하려는 정부 차원의 시도 때문에, 과학 실천과 민주주의 사이에 간격이 벌어졌다. 결국 공공복지 증진을 목적으로 설계된 과학-국가-기업 협력체는 지식 생산의 민주적 관리와 사용에 책임지지 않는 모순을 초래했다. 각 국가에서 벌어진 논쟁들은 이런 결과 때문에 제기되었다. 이 논쟁이 일어난 것은 공적 이해관계를 파악하고, 과학과 기업을 다루는 선출직 공무원의 권한에 관심이 증가했기 때문이다. 부를 창출하기 위해 과학 연합체를 구성할 때, 국가는 동시대 지식사회에서 시민의 가치와 요구를 놓쳤는가?

## 과학의 맥락을 바꾸다

과학은 국가 번영의 도구 역할을 했으며, 그 성공은 여러 형태로 측정된다. 가장 일반적으로는 돈, 즉 한 국가의 연구비 총액 또는 GDP 대비 연구비로 측정된다.[3] 다른 방식으로는 특허 수, 출판된 논문 수, 새로 발간된 과학 학술지 수로 계산된다. 과학사학자 데릭 데 솔라 프라이스Derek de Solla Price가 지적한 것처럼 지난 250년 동안 이 숫자들은 지수함수로 증가했는데, 1963년에 그는 다음과 같이 비꼬았다. "(지난 250년 동안) 1만 배 증가했던 것처럼, 앞으로 100배 더 성장할 수 없다는 건 명확하다. 설령 그렇게 할 수 있다고 해도, 전체 인구 중 남자, 여자, 어린이, 반려견 각 한 개체, 즉 네 개체당 두 명의 과학자를 보유해야 하며, 과거보다 두 배 더 많은 비용을 지출해야 한다."[4] 1984년에 정치학자 야론 에즈라히는 미국에서 정치 자료로 활용된 과학을 관찰한 후 새로운 지표를 제안했다. 모든 사회단체와 사회운동은 특정 이슈에 관한 입장과 관계없이, 완벽과 진보라는 미시적 이상세계를 실현하기 위해 과학을 포함시켰다.[5] 그 결과 과학은 사회 전체에 광범위하게 확산되었지만, 비상식적인 목적에 따라 생산된 상품이 되어버렸다. 이 모든 측정 결과를 검토하면 수백 년 동안 과학의 성공은 놀라운 것이었지만, 과학의 과정과 공적 기대치는 근본적으로 변했다.

간략하게 요약해보면 1960년대 과학정책이 과학의 자율과 순수성을 보호하는 데 중점을 두고 논의되었다면, 1990년대에는 과학이 만든 생산물의 목적과 절차를 적절하게 규제하는 방식이 논의되었다. 하지만 거버넌스 차원의 문제는 대서양 양쪽과 심지어 유럽 내에서도 프레임이 달랐다. 정치적이고 복잡한 경로들을 분리해서 검토해야만 세 국가의 생명공학 관련 대학-기업 관계에 관한 논쟁을 이해할 수 있다.

### 미국: 포위된 과학

순수과학은 미국의 에덴이었다. 미국은 에덴을 상실하며 극도의 슬픔에 빠졌고, 잃어버린 품위를 다시 찾기 위해 국가 프로젝트가 반복해서 수행되었으며, 미국인들은 이 프로젝트에 집착했다.[6] 과학 정치에서 추락이라는 단어는 과학의 순수성을 회복하라는 주장과 관련된다. 특히 과학지식이 사회적·정치적인 복잡한 맥락으로 들어올 때 이 주장이 제기된다. 플라톤적인 과학의 전문성 개념은 공적 정치 담론에서 일반적인데, 선하고 건전한 과학 대 편향되고 객관적이지 않고 이해관계에 의해 타락한 비표준 과학이라는 이항대립으로 표현된다. 생명공학에서 대학-기업 관계는 이 주장을 잘 보여주는 사례이다.

로버트 머튼이 1942년에 주장해 잘 알려진 설명에 따르면, 과학은 이해관계와 무관하고, 보편적이며, 모든 인류가 소유하는 공공재이다.[7] 과학 정책에 관한 배니버 부시의 전후戰後 보고서는 과학의 윤리적 순수성과 공공성을 향한 비전을 잘 보여준다. 부시는「과학─끝없는 프런티어」에서 정부가 과학을 지원해야 한다고 주장하지만, 기술 발전에 관해서는 명확하게 언급하지 않았다. 이 침묵 자체가 말하는 것이 있다. 즉, 저자는 기초 지식이 선형적이며 아무런 문제 없이 응용으로 확산될 수 있다고 가정했다. 기술혁신은 엄청난 경제적 보상으로 이어지기 때문에, 과학지식이 실험실에서 산업으로 전달되는 데 시장이 충분한 동력이 될 수 있다고 부시는 생각했다. 다른 인센티브를 추가로 고려할 필요도 없었다. 국가는 혁신을 권장하지만, 과학자들이 동료 과학자들의 기준을 뛰어넘으면서 '호기심이 이끄는 대로curiosity-driven' 수행하는 연구만 지원하는 것이 효율적이었다. 결국 기초지식은 국가의 적극적인 지원이 없다면 공급되기 어려운 공공재였다. 부시의 제안이 실현되는 데는 몇 년이나 소요되었으며, 그것도 불완전하게 구현되었다.[8] 그의 계획은 수정되었고 규모도 축소되었지만, 자율적이고 공적 지원을 받는 과학을 위한 제도적 플랫폼은 성공적으로 만들어져 기초연구를 지원하는 미국 국립과학재단이 1950년에 설립되었다. 기초연구와 응용연구를 구분하는 기준은 대학에서 수행된 연구인가, 아니면 기업이나 농업 시험장에서 수행되었거나 과학지식으로 제품을 만들기 위한 연구인가를 기준으로 삼았다. 과학 연구의 품질과 생산성을 확보하는 가장 좋은 방법은 과학자들의 자율성을 보호하는 것이며, 과학자들이 연구 주제를 결정하고 연구에 대한 책임도 연구자가 부담한다는 주장에 어느 누구도 문제삼지 않았다. 연구 결과의 생산성과 진실성을 확보하는 도구는 동료평가였다. 미국 국립과학재단은 연구비를 지원하기 전에 먼저 연구제안서를 심사해서 연구자가 해당 분야의 우선권, 이론, 방법을 알고 있는지 확인했다. 학술지 편집위원회가 결정한 동료평가를 거친 후 출판된 결과의 독창성, 이해관계와 마찬가지로 여러 수준에서 그 신뢰성이 입증되었다.

미국 과학기술정책의 역사를 연구하는 사람들은 전후 시기 과학에 관한 합의가 이상적인 표상처럼 단순하지 않으며,[9] 1980년대에 사회계약이 훼손되기 시작했다고 본다. 기초과학에서 동료평가의 신뢰성을 떨어뜨리는 부정행위가 자주 발생해 과학의 자율성이 심각하게 위협받았기 때문이다. 대표적인 사례로 노벨생리의학상 수상자인 데이비드 볼티모어David Baltimore가 이끄는 MIT 연구소에서 발생한 부정행위 의혹에 관한 장기간의 의회 조사를 들 수 있다. 과학 학술지는 이를 일시적인 사건으로 보도했지만 곧바로 미국 전역에 알려졌다. 볼티모어와 그의 연구팀은 수년간 조사를 받은 후 지역조사국 및 연방조사국Federal Bureau of Investigation을 포함한 연방당국으로부터 무죄 판정을 받았다.[10] 결과는 무죄였지만, 머튼이 주장한 순수하고 공정한 과학이라는 이미지는 크게 손상되었다. 결국 볼티모어는 뉴욕의 록펠러대학교 총장에서 사퇴하라는 압박을 받아 캘리포니아공과대학 총장으로 자리를 옮겼다.

결국 부정행위 의혹 때문에 연방정부 차원의 연구 감시가 크게 증가했고, 정책 결정자들과 대중은 기초과학이 언제나 순조롭게 진행되는 것은 아니라고 의심했다. 일부 사람들은 볼티모어 사건을 중요한 신호로 간주했고, 입법자들은 기술에서 얻는 이익의 대가로 돈과 자율성을 보장하는 낡은 사회계약이 더 이상 작동하지 않는다고 보았다.[11] 과학은 연구에 사용하는 돈을 더 명확하게 설명해야 했다. 사회계약 당사자들 사이의 관계 변화 중 하나는 미국 국립과학재단의 동료평가 기준을 바꾸는 것이었다. 연구자들은 기술적인 장점뿐 아니라 더 넓은 사회적인 의미에 대해서도 연구제안서를 통해 설득해야 했고, 심사자들은 이 관점에서 연구자를 평가했다. 이런 두 단계 방식의 접근으로 과학의 사회적 유용성이 더욱 강조되었다.

과학 실천이 맥락과 분과마다 다르다는 게 알려지자, '과학'이 단일한 활동이라는 생각이 거부되었다. 정치 관점에서 보면 과학은 연구 제도에 따라서도 다르다. 특히 규제과학은 위험으로부터 대중을 보호하는 국가 차원의 노력을 지원하는 역할을 담당하며, 과학자들의 호기심에 따른 연구와는 크게 달랐다. 국가마다 제도적·사회적 제약이 달랐기 때문에 규제과학을 확인하는 방식도 달랐다. 예를 들어, 1990년에 내가 수행한 미국 전문가 자문위원회에 관한 연구에서, 정책 결정자들은 규제과학에도 '동료평가'를 수행하고 있다는 것을 확인할 수 있었다.[12] 그러나 이 절차는 연구 분야의 동료평가와는 크게 달랐다. 규제 심사는 잘 정립된 기준이나 핵심 전문가 그룹에 의해 분과학문 내에서 수행되는 게 아니었다.[13] 즉, 규제 심사는 한 분야의 전문가들이 아닌, 여러 분야의 전문가들이 모인 위원회에서 수행되었다. 위원회의 역할은 위험을 정의하고 조사해 결과 분석의 신뢰성을 확인할 수 있는 새로운 방법을 평가하는 것이었다. 과학의 기준을 관리하는 사람처럼 전문가 자문위원회는 경계 작업에 지속적으로 참여하면서, 정책상 좋은 과학과 그렇지 않은 과학 사이에 선을 그었다. 하지만 위원회의 이런 기능은 정치적이고 존재론적 측면이었고, 전문가위원회는 공동생산의 행위자처럼 행동했다. 규제과학에 의해 정의되는 여러 사물(예를 들어 유전자 변형 작물이나 전 배아)은 법적 근거 또는 과학 심사와 전문가 자문에 따른 규정이 없이는 논의될 수조차 없다.

규제과학은 사적 부문에 위임되어 수행되기도 했다. 미국에서 신기술의 안전과 효율을 시험하는 연구는 대부분 생산자에 의해 수행되며, 비밀에 부쳐지고, 공적 심사에서 배제되기도 한다. 기업에서 수행되는 모든 연구가 공개되어야 한다는 규정은 없으며, 공식적으로 공개해야 할 의무가 없는 경우에 곤란한 정보는 공개되지 않는다. 기업의 지식 생산 의무의 범위는 규제기관과 개별적으로 협상되기도 하며, 공적으로 드러나지 않는 경제적·정치적인 영향을 받기도 한다(암 연구 중 수행된 동물실험에서의 최대허용용량maximum tolerated dose 설정이 대표적인 경우이다). 자원 제약 때문에 기업 실험실을 조사하고 검사하기 어려워, 불공정하고 부적절한 품질 관리로 이어지기도 한다. 또한 기밀 기업정보를 공개하지 않아도 된다는 규정 때문에 기업에서 생산된 제품이나 공정에 관한 정보의 투명성도 떨어진다. 결국 특정 시기에 법적 규제를 받지 않아 지식 생산에 따른 기업의 책임 근거가 사라지게 된다. 여러 환경 사고를 검토해보면 유해물질이 집단이나 환경에 노출되는 사고가 발생할 때에만, 정보 격차를 줄이고 지식을 종합하는 데 실패했다는 것이 드러난다.

하지만 과학이 구성된다는 점, 맥락 의존성, 규제과학의 불완전성, 정치권력 등을 경험적으로 관찰해보면, 좋은 과학은 서구 거버넌스에 여전히 존재한다. 예를 들어 과학이 전통적인 연구 맥락에서 벗어나 법정이나 규제정책을 지원하는 경우에도, 미국 정책 결정자들은 과학지식을 평가하는 가장 좋은 방법이 동료평가라는 데 다시 한 번 동의했다. 결국 다우버트 대 머렐 도우 제약회사Daubert v. Merrell Dow Pharmaceuticals, Inc.사건에 관한 1999년 미국 연방대법원의 판결[14]에 따르면, 동료평가는 과학 증거가 법정에서 인정될 수 있는지를 판단하는 기준이었다. 2003년 백악관 관리예산처White House Office of Management and Budget, OMB는 경제에 중요한 영향을 미치는 규제를 결정하는 데 사용되는 과학 정보는 동료평가를 받아야 한다고 제안했다. 관리예산처는 이 제안이 정책과 관련된 과학의 진실성을 확보하는 수단이라고 주장했다. 하지만 이 제안은 관리예산처가 동료평가를 정치화한다는 과학자, 학계, 기관 공무원들의 격렬한 항의를 받고서 수정되었다. 하지만 이는 미국 정치에서 과학이 맥락에서 분리되어야 하고 분리될 수 있다는 생각이 강력하다는 것을 보여준다.[15]

관리예산처의 제안과 비슷한 움직임들은 동료평가가 정치와 무관하다는 생각을 부추겼는데, 가치와 정치에서 독립된 규제과학을 구성하거나 제시할 수 있다고 보았다. 이 과정을 대변하는 동료평가는 내부에 미시정치(나는 이를 정부의 '다섯 번째 부서fifth branch'라고 명명했다)가 없다고 가정되었다. 의사결정과 관련된 필터를 이용하면 가치나 편향의 오염을 제거할 수 있어서, 과학을 비정치적 또는 덜 정치적으로 만들 수 있다고 간주되었다. 동료평가를 거치기만 하면, 맥락과 상관없이 머튼식의 '좋은 과학'과 신뢰할 수 없고 정치적으로 오염된 지식 주장을 구분할 수 있다. 결국 동료평가를 거치면 정치적 고려라는 지저분한 영역에서도 객관적 지식을 위한 공간을 확보할 수 있다. 이런 순수한 공간에서 생산된 과학은 국가 차원에서 가장 논쟁적인 사안을 결정할 수 있는 충분한 권위를 확보할 수 있다. 하지만 '정치가 없는politics-free' 영역을 만든다는 것 자체가 논쟁적인 정치 이슈이며, 비교 연구에 따르면 이런 움직임은 미국의 독특한 현상이었다.

## 유럽의 대안들: 생산의 새로운 형태

동시대 여러 거버넌스 영역과 마찬가지로 과학정책에서도 유럽과 미국의 담론은 시작과 끝이 달랐다. 미국과 달리 유럽의 과학과 사회 연구자들은 기초과학과 응용과학이 세상에서 어떤 의미가 있는지를 질문했다. 즉, 과학지식의 생산과 사용이 결합되어 있고, 사회적·정치적 기관들이 과학을 둘러싸고 있으며, 이 기관들은 긴밀한 네트워크로 연결되어 있었다. 하지만 유럽은 미국처럼 과학과 정치 사이에 손상된 벽을 재건해 타락하기 전으로 되돌리려 하지 않았다. 오히려 유럽의 분석가들과 정책 결정자들은 과학 안에 구축된 사회와 정치를 이해해서 과학-사회 관계를 다시 개념화하려고 시도했다.

실비오 푼토웍츠Silvio Funtowicz와 제롬 라베츠Jerome Ravetz는 다음과 같이 지적했다. 정책과 관련된 과학에서 확실성의 수준을 확보하기 위해 다른 지식도 포함된다. 이 수준은 다음 세 가지 유형으로 구분되며, 각각은 자체적인 품질관리가 요구된다. ① 일반적인 과학 연구를 위한 정상과학normal science(토머스 쿤Thomas Kuhn이 제시한 개념[16]), ② 잘 정립된 문제에 적절한 지식을 적용하는 자문과학consultancy science, ③ 보건, 안전, 환경 관련 결정을 지원하는 의도로 생산된 매우 불확실하고 경쟁적인 '탈정상과학post-normal science'.[17] 푼토웍츠와 라베츠는 분과학문 내의 평가가 정상과학과 자문과학에는 효과적이지만, 탈정상과학의 품질은 동료평가 같은 표준적인 방법으로는 확보될 수 없다고 주장했다. 대신 그들은 이를 위해 확장된 동료평가extended peer review를 도입해야 한다고 제안했는데, 과학자뿐만 아니라 과학을 정책에 적용할 때 영향을 주는 이해당사자들도 포함되어야 한다고 보았다.

이들은 유럽에 관한 연구에서 동시대 과학 활동의 구조적인 성격을 검토하면서 다음과 같은 결론을 내렸다. 배니버 부시가 '끝없는 프런티어'를 제안했던 시기의 전통 과학은 이제 지식 생산의 새로운 형태인 '모드 2Mode 2'로 대체되었다.[18] 마이클 기번스Michael Gibbons와 그의 동료들이 제시한 새로운 모드의 주요 특징은 다음과 같다.

- 지식은 응용이라는 맥락에서 볼 때 급격하게 증가하고 있다. (모든 과학은 어느 정도 '응용' 과학이다.)
- 과학에서 초학제적 특성이 급증하고 있다. 다양한 분야에서 경험적 요소와 이론적 요소가 결합되어 이용된다.
- 지식은 이전보다 다양한 장소에서 생산된다. 대학과 기업뿐만 아니라 연구소, 컨설팅 회사, 싱크탱크에서도 지식이 생산된다.
- 과학 참여자들은 사회적 의미와 연구의 가정을 인식하고 있다. (그들은 더 '성찰적'이 되었다.) 대중도 과학기술이 이해관계와 가치에 영향을 주는 방식을 의식하고 있다.

기번스와 그의 동료들은 모드 2 과학이 등장하면서 품질관리의 의미가 명확해졌다고 주장했다. 지적인 연구라는 오래된 질문과는 별도로, 과학자들은 연구 목적과 결과가 상업화될 수 있는지, 사회평등과 복지에 기여하는지에 관한 질문에 답해야 한다. 또한 기번스 연구팀은 이렇게 말했다. "품질은 사회적으로 구성된 평가시스템을 반영하는 여러 기준에 따라 결정된다. 즉, '건전한 과학'을 결정하기 더 어렵다. 더 이상 분과학문 내부의 동료평가에 제한될 수 없기 때문에, 품질관리가 취약해져 작업 결과물의 품질이 떨어질 것이라는 우려가 있다. 모드 2에서 작동되는 품질관리 방식이 폭넓은 기반을 확보하고 있다고 해도 저급한 결과를 피할 수 없다."[19] 모드 2 과학에서 진실성은 실제 목적상 사회적 책임과 같은 말이다. 유럽과학에 관한 전문가이자 관리자인 저자들은 과학이라는 직물이 점점 복잡하게 얽히고 있어서 광범위한 사회를 고려해야만 답할 수 있다고 보았다. 그들의 개념에 따르면 기초과학을 위해 독립된 공간을 확보해야 한다는 주장은 구시대의 잔존물이다. 공공정책의 목적은 과학 연구, 기술혁신, 정치 어젠다 사이의 유익한 상호작용을 권장하는 것이며, 이 모델에서는 역동적이면서 사회에 내재된 생산시스템들이 긴밀하게 연결되어 있다. 결국 모드 2 개념에는 '순수'과학이나 비정치적인 과학(규제과학을 포함해)이라는 개념이 들어갈 수 있는 공간이 없다. 품질은 탈정치화된 형태의 동료평가에 의해 유지될 수 없다.

## 생명공학과 학계: 세 가지 협업 스타일

거버넌스 담론은 장소특정적place-specific인 역사, 기억, 지식 전통에 의해 유동하면서 변하고 있지만, 기술이 발전한 서구 문화들 사이에서 공통 영역도 있다. 미국 대통령, 영국 총리, 독일 총리는 선거에서 유권자들이 경제 발전을 체감할 수 있도록 알려야 한다. 이들은 집단의 안전과 안보를 알리고, 과학기술 프로젝트가 국가 정체성을 공유하면서 미래로 전진한다는 느낌을 대중에게 전달해야 하는 책임이 있다. 우리는 과학기술정책처럼 비정치적인 것으로 보이는 영역에서도 양쪽에서 가해지는 압력을 볼 수 있다. 신속하게 정부를 혁신하고, 일자리를 창출하라는 통합의 압력, 그리고 익숙하면서도 특정한 상상된 공동체를 연상시키는 국민성 개념을 이용해 정책 용어를 바꾸라는 압력이 있다.[20] 생명과학 분야에서의 대학-기업 관계와 대중의 반응 때문에 이 압력이 완화되었다.

### 미국: 실락원
미국만큼 생명공학이 중요한 국가 프로젝트로 인정받는 곳은 없다. 각종 '첫 번째' 지표에서 농업 부문 혁신과 국민성이 연결되어 있다는 걸 확인할 수 있지만 알려지지 않은 것도 많다. 아이스-마이너스 박테리아 같은 유전자 변형 생물체를 처음으로 방출한 것, 유전자 변형 옥수수인 Bt옥수수, 면, 유전자 재조합 소성장호르몬 같은 제품을 처음으로 개발한 것, 플레이버 세이버 토마토 같은 유전자 변형 식품을 처음으로 승인하고 수출한 것, 농업 생명공학을 이용해 처음으로 경제적 이익을 거둔 사건을 들 수 있다. 또한 미국은 '건전한 과학good science'이라는 단어로 유전자 변형 생물체에 관한 위험평가와 관리를 합리적으로 하고 있는 반면, 미국의 무역파트너인 유럽은 과학적으로 틀린 사전예방 입장을 취한다고 간주된다(5장 참조).

반면 인간에 대한 생명공학은 시작이 늦었지만 성공 스토리는 더 많았고, 국가 차원에서 명확한 목표가 제시되었다. 인간게놈프로젝트는 미국식 거대과학이었는데, 국가 차원에서 재능·창의·자원이 투입되었으며, 미국이 전 세계를 발전시킬 수 있다는 미국식 비전을 포함한 국가 차원의 희망이었다. 이 프로젝트는 전 인류를 위한 것이며, 다양한 미국인들을 위한 것이기도 했다. 2001년 인간게놈을 완전히 밝혔다고 발표한《사이언스》의 표지에는 이런 의미를 담은 그림이 실렸다.[21] 이 그림에는 영화 포스터처럼 어두운 배경에 영화배우처럼 아름답고 밝게 빛나는 여섯 개의 얼굴이 등장했다. 이들은 세 그룹의 인종, 젠더, 그리고 인간의 '세 시기three ages'를 대표했다. 이 프로젝트는 전 인류에게 유익한 프로젝트였다. 미국 연구팀을 이끈 미국 국립인간게놈연구소 소장 프랜시스 콜린스는 컨트리음악 가수와 함께 〈이것은 노래입니다This Is a Song〉라는 곡을 불렀다.

합창: 이것은 모든 선한 사람을 위한 노래입니다
모든 선한 사람은 우리가 가진 게놈을 축하합니다
이것은 모든 선한 사람을 위한 노래입니다
우리는 이 공통의 실로 하나가 됩니다

이것은 모든 가족을 위한 노래입니다
우리가 어디에서 왔는지를 알 수 있습니다
우리는 과학과 유전학 연합 위에 서 있습니다
더 밝은 미래를 위한 신념과 희망이 있습니다

이것은 과학의 리더를 위한 노래입니다
그들은 미국을 포함한 여섯 국가에서 일을 합니다
독일, 중국, 일본, 프랑스, 그리고 영국
그들은 쉬지 않고, 포기하지 않고 일을 합니다

이것은 모든 엘시 연구자를 위한 노래입니다
밝은 미래와 두려움을 함께 봅니다
그들은 알기 위해, 정의를 위해, 공정함을 위해 글을 발표합니다
그들은 우리의 양심, 우리의 눈, 우리의 귀입니다

이것은 교과서이자 역사 기록입니다
의학교과서이며 이 모든 게 결합되어 있습니다
인간의, 인간에 의한, 인간을 위한 것이며,
당신의 것이자 나의 것입니다.


   콜린스는 엘리트 과학자, 유능한 관료, 음악적 감수성을 지닌 예의 바른 사람이라는 미국이 추구하는 가치들을 지니고 있었다. 그의 노래는 하나의 텍스트에 미국의 여러 상징, 즉 가족, 과학, 정의, 박애, 치료, 국제협력, 그리고 에이브러햄 링컨Abraham Lincoln이 표방한 민주주의의 이상을 포함하고 있었다. 만약 인간게놈이 미국 국립인간게놈연구소 소장이 상상한 것처럼 우리 인류의 구성물이라면, 이것은 모든 인간을 위한 구성물이기도 하다. 콜린스가 제시한 게놈 연구의 비전과 결과는 공공 관리를 피할 수 없고, 배제될 수 없으며, 비밀

에 부쳐질 수도 없다. 결국 '이것은 당신의 것이자 나의 것이다'.

이제 실제 상황을 들여다보자. 1980년 미국 의회는 양당 합의로 대학의 성격과 생명과학 연구에 큰 영향을 준 베이-돌 법을 통과시켰다.[22] 이 법안의 전제와 목적은 복잡하지 않았다. 부시 행정부의 사회계약을 통해 대학 연구실에서 중요한 사실들이 발견되었다. 이 법을 지지한 사람들은 이 발견들을 학계에만 두는 것은 위험한 일이며, 사회 이익에 기여하지 않는다면 금방 사라질 수 있다고 생각했다. 잠재적인 개발자가 발견을 위한 연구를 시작하는 데 인센티브가 필요했다. 그렇다면 발견자들이 상업화에 따른 이익을 갖는 것보다 더 좋은 인센티브가 있겠는가? 결국 이 법은 연방정부의 지원을 받아 수행한 연구 결과도 특허로 보호받을 수 있다고 인정했다. 이는 공적 지원을 받은 작업은 사적으로 소유되거나 점유될 수 없다는 추정을 바꾸는 것이었다.

이 단순한 절차가 미국 학계의 풍경을 바꾸었다. 막강한 대학 연구소들은 기업 인큐베이터로 변했고, 대학 캠퍼스의 물리적 외양도 바뀌었다. 베이-돌 법은 정부와 계약한 일부 연구자에게 상업화의 의무가 있다는 것으로 읽힐 수 있다. 대학들은 이 관점에 전적으로 동의했다. 1979년부터 1997년 사이에 대학이 보유한 특허가 264건에서 2,436건으로 거의 열 배 증가했는데, 같은 시기에 전체 특허 건수는 두 배 증가했다.[23] 물리적인 측면에서 주요 연구대학 주변의 건물들도 바뀌었다. 큰 변화 가운데 하나가 매사추세츠주 케임브리지에 있는 MIT 인근 켄들광장Kendall Square이다. 이 지역은 음침하고 반쯤 버려진 공업지대였는데, 생명공학 기업과 컴퓨팅 분야 신생기업들의 번듯한 사무실로 바뀌었다. 2002년 영국 영사관이 MIT 인근 케임브리지 원 메모리얼 드라이브One Memorial Drive에 지역 사무소를 열었다. 이는 영국과 미국의 외교에서 무역 및 기업 관계를 재검토하는 신호였다. 영사관 웹사이트에는 이런 메시지가 명확하게 언급되어 있다. "영사관은 광범위한 공동의 이해와 공공정책에 신기술을 적용하기 위해 뉴잉글랜드 지역의 첨단 생명공학 회사와 과학기술 리더 및 혁신가와 협력한다."

또한 대학 연구에 기업이 연구비를 지원하는 경우도 증가했다. 2003년 학계의 연구개발에 기업이 연구비를 지원하는 비율은 7.7%였고, 연방정부가 지원하는 비율은 58%였다. 하지만 기업에서 지원받는 연구비는 다른 분야에서 지원받는 연구비보다 빠르게 증가했다.[24] 많은 주목을 받은 사례는 1998년 거대 생명공학회사인 노바티스와 버클리 소재 캘리포니아대학교 식물 및 미생물학과가 맺은 협약이다. 이 협약에 따르면 회사는 대학에 2,500만 달러를 제공한다. 그 대신 논문을 발표하기 전에 먼저 검토할 권리와, 학과에서 발견한 결과를 제3자가 사용할 때 협상권과, 연구비 사용을 감독하는 연구위원회를 대표하는 권리를 갖는다.[25] 시작부터 논란이 되었던 이 협약은 계약을 체결한 학과 소속 이그나시오 차펠라가 생명공학을 이용해 토종 멕시코 옥수수의 유전자를 치환하는 연구를 《네이처》에 발표하자 더 큰 논쟁이 발생했다(4장 참고). 차펠라와 그의 학생이자 공동 저자인 데이비드 퀴스트는 노바티스와 맺은 협약에 반대했다. 많은 사람은 과학적 검열이 아니라 정치적 복수 측면에서 이 논문이 불러일으킨 분노를 확인했다.[26] 2003년 대학이 차펠라의 종신재직권을 거부하자 적대감이 줄어들었지만, 대학 주변 비평가들의 걱정을 줄이지는 못했다. 노바티스 측은 학과의 연구 주제를 파악하지도 못했고 투자 대비 이익을 거두지도 못했지만, 대학이 위임한 외부 평가는 거버넌스와 관련된 심각한 이슈를 제기했다.[27]

베이-돌 법이 제정된 이후 20년 동안 미국 생의학 연구의 공정성은 무용지물이 되었고, 격렬한 비난이 쏟아졌다. 첫째, 비평가들은 일부 대학이 노골적으로 이익을 추구하고 있다고 비난했다. 에이얄 프레스Eyal Press와 제니퍼 워시번Jennifer Washburn은 《애틀랜틱 먼슬리Atlantic Monthly》에 '감춰진 대학Kept university'이라는 글을 발표했다. 이들은 대학의 기술이전 부서에 공격적인 기업문화가 등장했고, 비윤리적 영역의 경계에서 일하고 있다고 주장했다. 둘째, 많은 사람은 대학-기업 사이의 비밀협약에 주목하면서, 이 때문에 대학의 핵심 가치인 개방성openness이 침해받고 있다고 말했다. 비밀을 요구하는 분위기는 후원 기업이 특허를 신청하기 위해 정보를 공개하지 않도록 규정한 기간을 지나도 지속되었다. 기업과의 관계가 나빠질 것을 우려하는 과학자들의 자기 검열도 좋지 않았다. 성공한 과학자들이 머튼식의 규범을 회피하거나 무시해서가 아니라 부서의 수장들이 규범을 어겼다. 오랫동안 대학-기업 연합을 연구한 셸던 크림스키Sheldon Krimsky는 과학자들이 이 시기에 기업 투자라는 사회적 특권을 누렸다고 지적했다.[28] 당시에는 과학자를 대상으로 한 윤리교육 프로그램도 비공개로 진행되었고, 동료 연구자들과 학생들 사이의 자유로운 정보교환도 허가를 받아야 했다.[29]

대학-기업 관계가 더 긴밀해지면서 결과를 조작하거나 노골적으로 압력을 행사하는 경우도 증가했다는 우려가 제기되었다. 연구자들이 결정한 박사학위논문 초고의 공개 범위를 넘어 기업이 이를 보유했다는 사례를 보고한 건 프레스와 워시번만이 아니었다.[30] 《뉴 잉글랜드 저널 오브 메디슨》 같은 생의학 분야의 저명한 학술지들은 연구 결과에 편향을 줄 수 있는 이해 충돌을 밝히도록 엄격히 규정하고 있다. 어떤 국가의 유명한 생명과학자들이 여러 상업적 이해관계에 연관되어서, 학술지 편집자들은 이들이 제출한 논문을 공정하게 판단할 수 있는 심사자를 선정하기 어렵다고 토로했다.

모든 사람이 이 문제를 공적으로 다루어야 할 만큼 심각하다고 간주했던 건 아니다. 많은 사람은 낡은 사회계약이 과학, 기술, 사회의 관계를 설명하지 못할 정도로 편향되어 있고 느슨하면서 이상적이라고 생각했다. 베이-돌 법이 보여주듯이 생물학과 생명공학을 위한 새로운 사회계약은 지식세대 시스템의 모드 1에서 모드 2로 나아가는 이동과 생산을 위한 확고한 기초가 되었다. 인센티브가 없다면 지식은 응용될 수 없다. 신생기업 같은 새로운 조직은 지식자본을 제품으로 만들어야 한다. 20세기 중반 과학자들과 정책 관련 학자들이 상상했던 것과 달리 대학은 사회와 분리될 수 없다. 하지만 여기서 우리가 관심을 가져야 하는 점은, 새로운 계약이 생명과학과 생명공학의 숙의적 의사결정deliberative decision making을 위한 실용주의 방식이며, 그 맨 앞에 미국의 정책 심사부서가 있다는 것이다.

학계에서 기업으로 지식을 신속하게 이전하도록 장려하는 상황에서 베이-돌 법이 적용되자 지식 생산의 사회적 목적에 관한 논의가 사적 부문에서 진행되었다. 예를 들어 생물학 연구개발 결과를 이용하는 목적과 가능성에 관한 질문들이 그것이다. 개별 수혜자, 연구자, 투자자의 기업 마인드에 따라 투자처가 선택되면서 연구가 대중에 노출되었다. 그 결과로 대학-기업 복합체는 투명성의 가치와 전후 사회계약에 따라 과학의 자율성을 보장했던 조직적인 자기 비판 기능을 상실했다. 분석가들은 생명과학 연구에서 상업 문화가 줄어드는 방향으로 역전되기를 원했다. 비판자들은 잃어버린 순수성을 갈망했는데, 이 장의 마지막에서 우리는 이런 비판의 의미와 효과를 재검토한다.

### 영국: 영국 과학 유한책임회사[31]

영국의 과학정책도 실패와 상실의 내러티브이기는 하지만, 과학이 고상함에서 추락한 미국식 신화와는 다르다. 세계 최고 수준의 연구소들이 있는 영국은 순수과학이 원만하게 수행되고 있지만, 연구 결과를 산업제품으로 이전하는 성과는 미미했다.[32] 과학은 순수해야 하므로 산업과 분리되어야 한다는 주장이 영국에는 많았다. 1970년대 중반 세자르 밀스테인César Milstein과 게오르기 쾰러Georges Köhler가 단일클론항체monoclonal antibody를 발견한 사건은 생명공학에서 흥미로운 이야기이다. 케임브리지대학교에 소속된 두 과학자는 면역체계를 기능화하는 데 관심이 있었고, 연구 중에 하이브리도마hybridoma라고 명명된 새로운 생물 합성물을 만드는 방법을 발견했다. 이 합성물은 무한 복제하는 세균, 암세포, 종양세포처럼 질병을 일으키는 특정 유기체를 인식하고 공격할 수 있도록 항체를 생산하는 세포를 주입한 것이다. 하이브리도마는 진단이나 암 치료를 위한 약물 전달을 포함해 현대 생의학 분야에 광범위하게 응용될 수 있다는 것이 입증되었다. 단일클론항체는 수십조 달러 산업으로 성장했지만, 밀스타인과 쾰러에게는 후원 기업이 없었고, 영국 의학연구위원회가 발명 특허를 받았다. 이 결과는 1975년 《네이처》에 발표되었다.[33]

밀스테인은 이 기술이 쓸모없다고 생각해, 하이브리도마의 가능성을 인식한 다른 과학자들이 이 연구에 접근하는 것을 수년 동안 막지 않았다. 더 흥미로운 점은 공적 지원을 받은 연구에서 나온 발명에 대해 우선매수청구권right of first refusal을 가진 정부기관인 국립연구개발공사National Research Development Corporation, NRDC가 단일클론항체로 특허를 받을 생각을 하지 않았다는 것이다.[34] 1976년 국립연구개발공사가 의학연구위원회에 보낸 공식 서한이 이를 잘 보여준다. "논문이 발표되지 않았더라도 우리는 상업적인 투자를 고려할 정도로 즉각적이고 실제적으로 응용될 수 있는지를 규정하기 어렵다. 특허 관점에서 보면 유전공학은 어려운 영역이며, 현재까지는《네이처》에 발표된 결과가 특허가 될 수 있는지도 지금은 명확하진 않다."[35] 영국의 경험주의 지식문화에서는 지극히 자연스러운 '즉각적인 자명함immediate obviousness'이라는 기준은 최근 공격적이고 상업적인 관점에서 보면 유별난 태도처럼 보인다. 결국 하이브리도마 이야기는 1970년대 대학-기업 관계가 21세기 초와는 달랐음을 보여준다. 당시 관점에서 보면 과학 발견의 유용성은 믿을 수 있는 수준으로 제시되어야 했지만, 요즘에는 사소한 생물학적 발전조차 영역 다툼이 벌어지고 있으며, 거기에서 이익을 얻을 수 있기를 바라면서 공격적으로 상업화하고 있다.

대처 정부 시기 영국 과학이 지체된 것은 과학을 포함해 여러 학문 분야를 지원하는 대학 지원금이 대폭 삭감되었기 때문이다. 1993년 GDP 대비 과학투자 비율에서 영국은 미국, 일본, 독일, 프랑스 다음이었다. 대학 연구자들은 '영국 과학을 구하라Save British Science' 같은 새로운 로비 기관을 만들어 자연과학 예산 삭감을 중단하도록 요구했다. 이들은 영국에서 가장 뛰어난 연구자들이 더 좋은 연구 환경을 찾아 해외로 나가는 두뇌 유출을 막아야 한다고 주장했다. 1997년에 실시된 총선에서 신노동당이 집권하자, 영국 정치 상황과 맞물려 과학정책이 재조정되었다.

과학, 공학, 기술Science, Engineering and Technology, SET 포럼에서 노동당에 전달된 컨설턴트 보고서는 노동당이 총선에서 승리하기 직전에 발표되었으며, 이 보고서는 노동당이 실행해야 할 과제를 제시했다. 과학, 공학, 기술 분석가들은 과거 과학정책의 두 모델은 수용할 수 없을 정도로 선형적이라고 비난하면서 거부했다. 분석가들은 과학이 '변화의 엔진engine of change', '과학 장려science push'(전후 미국 패러다임과 유사), '문제 해결자problem-solver', '수요 견인demand pull'이라는 표현으로 규정되었다고 보았다. 분석가들은 다른 곳에서 3단계Phase 3 사고를 제안했는데, 과학의 제도적 복잡성을 더 높은 수준에서 파악하고, 기술혁신을 위해 정부의 적극적인 관리가 필요하다는 내용이었다. 이 분석은 앞에서 언급한 모드 2 개념을 구체적인 용어로 바꾼 것이다. 보수당은 노동당의 과학, 공학, 기술 분석을 보고 나서, 대처 총리가 물러난 1990년대 초 이후 발생한 문제가 비선형적이라는 것을 깨달았다. 보수당이 순수한 시장자유주의 이데올로기를 고집하는 동안 노동당은 효율적인 개입을 고민했다.

과학, 공학, 기술 분석의 주요 특징은 과학기술정책의 파트너로 시민사회를 포함하는 내용이었다. 보고서의 저자들은 이렇게 말했다.

> 미래는 분명 복잡하고, 더 많은 행위자들이 개입할 것이다. 과학과 대중 사이의 대화를 촉구하는 과학의 대중적 이해는 이 과정의 일부이며 더 강화되어야 한다. 우리는 3단계 어젠다를 이해하고 있는 과학, 공학, 기술 정책 결정자와 자문가가 필요하며, 공정성과 포용 사회를 위한 비전을 지닌 정부는 여러 참여자와 함께 유연하게, 그리고 책임을 지면서 일해야 한다. 시민들이 혁신 사회를 구상하고 만드는 게 노동당 과학, 공학, 기술 정책의 핵심이 되어야 한다.[36]

결국 성공적인 과학정책은 역동적인 민주주의에 기반을 두어야 하고, 과학은 공적 숙의가 필요한 주제이다.

토니 블레어 정부는 생명공학에 관한 이런 제안을 얼마나 적극적으로 따랐을까? 노동당 집권 후 첫 두 회기 동안 과학은 정치적 어젠다로 제기되었다. 블레어 총리는 2002년 5월 왕립학회에서 연설해 고조된 분위기를 상징적으로 보여주었다.[37] 인도 방갈로르에 있는 한 과학자 그룹이 블레어를 향해 과거 유럽은 '과학에 유연했다'라고 말하자, 블레어는 영국 과학이 거둔 성취를 칭송하면서 일부 세력이 생물학을 포함한 연구를 방해해서는 안 된다고 말했다. 그는 매년 7%씩 과학 예산이 증가하고 있다고 언급하면서, 과학을 지원하는 정부를 높이 평가했다. 생명과학에서 좋은 결과를 내고 있는 주요 연구소들의 발전을 살펴보면, 과학자들이 과학정책을 이끄는 민주적인 강인함, 포용성, 참여를 실행하기보다는 공격적인 기업가처럼 행동할 때 더 좋은 결과를 만드는데, 이는 성공적인 미국 과학자들의 모습과 같다.

한 사람의 경력은 국가 정책의 과정을 상징적으로 보여주기도 하는데 톰 블런델Tom Blundell 교수가 그런 경우이다. 그는 1996년부터 케임브리지대학교 생화학과의 윌리엄 던 석좌교수로 재직했으며 2003년에는 학과장으로 일했다. 블런델은 노벨상 수상자인 도로시 호지킨Dorothy Hodgkin이 있는 유명한 옥스퍼드연구소에서 엑스레이 결정학자로 훈련을 받았으며, 1990년 농업식품 연구소Agriculture and Food Research Council, AFRC 소장으로 임명될 때까지 성공적인 연구자였다. 그가 소장으로 임명된 다음 해부터 영국의 과학정책에 변화의 바람이 불었는데, 1993년 과학기술부Office of Science and Technology가 발표한 백서가 대표적이었다. 여기에는 정부의 과학정책이 크게 바뀌어야 한다는 권고사항이 있었다. 또한 백서에는 과학 연구소를 구조조정해야 한다는 내용이 포함되었으며, 블런델은 1994년 새로 설립된 생명공학 및 생명과학 연구소 소장으로 임명되었다. 이 연구소는 농업식품연구소와 과학공학연구소Science and Engineering Council의 일부 부서를 합병한 것으로, 1년 예산이 2억 1,500만 파운드를 상회했다.[38] 이 시기에도 블런델은 버크백 칼리지Birkbeck College의 교수직을 유지하고 있었다. 또한 그는 자신이 개발한 기술을 이용한 신약개발 회사인 아스텍스 테크놀로지Astex Technology의 공동설립자였는데, 이 회사는 2003년 9월 영국에서 가장 빠르게 성장하는 스무 개 기술회사 중에서 12위에 올랐다.[39]

블런델은 케임브리지에서 이루어진 한 인터뷰에서 자신의 회사를 포함한 기업들은 유능한 연구자들에게 좋은 조건을 제공할 수 있다고 말했다. 거대 제약회사들은 계속 합병되면서 세기 전환기에 문제가 되었으며, 많은 과학자는 글락소스미스클라인GlaxoSmithKline이나 화이자Pfizer 같은 거대 회사들의 정책에 의해 은밀하게 통제되고 있었다. 블런델은 과학자들이 소규모 회사에서 일할 때 더 많은 돈을 벌 수 있다고 강조했다. 케임브리지대학교 교수 월급은 1년에 4만 파운드를 넘지 못하며, 교수들 가운데서도 일부만 그 수준으로 받는다. 하지만 블런델처럼 회사에 소속된 과학자는 10일만 일해도 그 정도 월급을 받을 수 있다. 과거에 과학자들은 왕립학회 회원이 되고자 했는데, 지금은 회사를 세워 건전한 과학을 수행하기를 원한다. 이는 블런델이 평가한 개인적 이익에 관한 문제가 아니다. 그는 "자신의 지혜로 살지 않으면" 영국에서 생존할 수 없으며, 미국과 달리 영국에는 과학자들의 두뇌 외에는 '천연자원'이 없다고 말했다.[40]

하지만 현대 국가에서는 누구도 혼자서 생존할 수 없다. 생존하기 위해서는 과학적 재능이라는 '천연자원'을 활용하는(심지어 생산하는) 기반시설이 필요하다. 우선 과학교육에 대규모 공적 투자가 이루어져야 한다. 《런던타임스》의 칼럼니스트인 사이먼 젠킨스는 과학교육이 실패했다고 비난했는데, 거대과학은 대부분의 학생들이 관심도 없고 관련도 없는 일자리를 창출하기 때문이다.[41] 블런델의 회사인 아스텍스는 케임브리지대학교 세인트존스 칼리지가 소유하고 있는 혁신공원Innovation Park에 자리 잡고 있으며, 이곳은 그의 집 근처이기도 하다. 혁신공원 옆에는 세인트존스 칼리지가 운영하는 혁신센터Innovation Centre가 있는데 약 9,000제곱미터의 공간에 55개 회사 900여 명이 일하고 있다. 케임브리지 혁신센터에서 일하는 한 전문가는 지금까지 세인트존스 칼리지가 한 투자처 중에서 여기가 가장 좋은 투자처라는 데 99%가 동의할 것이라고 말했다.[42] 마찬가지로 트리니티 칼리지는 1970년에 조성된 케임브리지 과학공원을 소유하고 있다. 이곳은 원래 전쟁 발발 시 미군이 유럽에 상륙하기 위해 이동수단과 탱크를 보관했던 곳이었지만 당시에는 버려진 땅이었다. 1970년대 저성장 시기가 지나자 1980년대 이곳에 첨단기술 회사들이 입주했다. 특히 국립연구개발공사를 이은 영국기술그룹British Technology Group이 공적 지원을 받은 연구의 특허를 소유하는 독점권이 1985년에 사라지자, 벤처 투자자들이 더 자유롭게 유입되었다. 부자를 더 부유하게 한다고 비난받는 과학정책 변화는 공공복지 입장에서 논의된 적이 없다.

케임브리지 주변에는 기술이전에 성공한 이야기들이 많다. 21세기 초 이 지역에는 1,200개 기업에서 3만 5,000명이 일하고 있었다. 2002년 1월 케임브리지는 정부가 발표한 여섯 개의 '유전학 지식 공원genetics knowledge park' 중 하나를 유치했다. 공적 지원을 받는 이곳은 의사, 과학자, 학자, 기업 연구자들이 한데 모여 새로운 유전학 실험을 하며 치료제를 개발하는 장소였다. 이처럼 지역이 번성하자 재산 가치가 상승했으며, 첨단기업이나 생의학 붐과 관련 없는 교수와 직원은 케임브리지에서 살기 어려워졌다. 대학 안팎에서 지적 발전이 편향되자 사소한 합의도 도출하거나 측정하기 어려워졌다.

생명공학처럼 빠르게 변하는 과학기술이 지역의 일자리 창출에 기여해 혁신사회를 실현했다는 점이 우리에게 중요하다. 노동당 과학, 공학, 기술 포럼에서 컨설턴트들이 제안했던 혁신사회는 시민들이 만들고, 사회정의를 향해 나아가자는 제안이었다. 창의적인 과학자들은 기업과 사적·공적(그들의 관점에서) 이익 추구를 연결하는 데 방해받지 않았다. 하지만 이런 기술이전 모델은 과학정책 결정자들의 사회적 개입을 대체하지 못한다. 또한 영국이 과학을 경제적으로 지원하는 데 성공했다는 결론과 상관없이, 세인트존스 칼리지와 트리니티 칼리지의 과학공원이 시장의 힘으로 성장했는지, 아니면 사적 연구와 자본에 관한 통제가 약해지면서 모드 2(또는 과학, 공학, 기술 포럼에서 제시된 용어로는 3단계) 사고에 기반을 둔 정부의 숙의 정책에 따라 성장한 것인지는 명확하지 않다.

## 독일: 미래로 되돌아가다

지난 20년 동안의 독일 과학과 생명공학의 혁신에 관한 두 가지 이야기가 있는데, 둘 모두 위기와 통제 불능을 보여준다. 하나는 외부자의 관점에서 본 이야기로, 독일의 과학기관과 1인당 논문수 및 인용수를 기준으로 성과를 평가했다. 이 수치들에 따르면 독일은 미국, 영국, 캐나다뿐 아니라 독일보다 작은 국가들과 비교했을 때도 뒤처졌다. 영국 정부의 과학자문역이었던 로버트 메이Robert May는 1997년 연구에서 다음과 같은 결론을 내렸다. 학부생과 박사후연구원이 있는 대학 환경에서 수행되는 기초연구는 독일이 자랑하는 막스플랑크연구소 시스템처럼 전적으로 연구만 하는 기관보다 생산성이 더 높은 경향이 있다. "교육 업무에 방해받지 않으면서, 연구기관에서 평화롭고 고요함 속에서 주어진 임무에 집중하는 게 더 좋은 연구 환경인지 의문이다."[43] 21세기 초 독일 고등교육이 크게 개편되고 있으니 이런 평가가 앞으로는 달라지겠지만, 개편의 성과도 섣불리 예측할 수 없는 상황이다.

독일의 과학자와 과학 분석가들이 1990년대까지 불평했던 내부 이야기는, 생명공학 연구에 적대적인 대중과 이에 대응해 우왕좌왕하는 정부의 과도한 규제 때문에 연구가 거의 불가능했다는 것이다. 초기의 경고 신호는 거대 독일 화학회사가 독일이 아니라 연구 환경이 더 좋은 미국 연구소에 기초과학을 지원하겠다고 결정하면서 울려퍼졌다. 1980년대 초 휙스트는 보스턴 소재 매사추세츠종합병원과 새로운 분자생물학과를 설립하기로 협약을 체결했는데, 이는 독일의 산업과 기초과학 사이에 문제가 있음을 보여주는 상징적인 사건이었다.[44] 같은 시기 미국에 생명공학연구소를 세운 독일 기업들로는 헨켈Henkel과 바이엘Bayer이 있다. 하지만 이들의 관심사는 미국에 연구소를 세우는 것이 아니라, 선도적인 미국 생명공학 회사들(예를 들어 제넨텍Genentech, 카이론Chiron, 바이오젠Biogen)과 협력하기 위한 시설을 갖추는 것이었다.[45]

1980년 이후 대중은 생명공학에 반대했으며, 휙스트는 대중의 주요 공격 대상이었다. 유전공학으로 인슐린을 생산하기 위해 프랑크푸르트가 아닌 외국에 공장을 설립하려는 계획은 수년간의 소송으로 막혀 있었다. 이 소송은 독일에서 생명과학 분야의 두뇌 유출이 발생할 수 있다는 우려 때문에 제기되었다.[46] 이 논쟁은 1990년 유전공학법이 제정될 때까지 계속되었는데, 이 법은 생명공학을 규제하는 법적 근거를 마련해 장기적으로 대중의 우려를 줄이기 위한 것이었다. 하지만 법이 통과되었을 때, 과학자들은 미국과 일본에 비해 뒤처져 있는 이 분야의 연구를 정부가 불필요하게 억제하고 있다고 보았다.

1990년대 중반 대중은 새로운 이슈에서 우려를 제기했다. 녹색당은 유전공학을 절대적으로 반대했던 입장에서 물러나, 의료용 적색 생명공학을 수용했다. 그렇지만 대학에 기반을 둔 과학과 산업에 기반을 둔 개발은 여전히 극명하게 구분되어 있었다. 막스플랑크연구소 소속 생화학자인 페터-한스 호프슈나이더Peter-Hans Hofschneider는 이렇게 지적했다. 독일이 계속 실패하는 것은 생명공학 분야에서 문화 분야로 기술이전이 생산적으로 이루어지지 않기 때문이며, 이는 대학에서 수행되는 기초 생물학 연구와 기업에서 이익을 목적으로 한 개발을 분리하는 '두 진영 사고방식two-camps mentality' 때문이다.[47] 호프슈나이더는 연구기관들 사이의 협력이 이루어지지 않는다고 비난하면서, 19세기 후반부터 제1차 세계대전 사이 독일 화학의 황금기를 언급했다. 하지만 그는 과학과 산업이 너무 근접해 있다고 염려하는 많은 독일 지식인과 정치인의 우려를 과소평가하고 있었다. 현대 화학전쟁의 기술적인 근거를 제공하고, 독일 대학에서 유대인 과학자를 쫓아냈으며, 홀로코스트에서 과학과 의학을 남용한 것은 바로 과학과 산업이 연합한 결과였다.[48]

1990년대 후반 독일 정부는 대학과 산업을 연결하고, 독일 생명과학이 국내외 시장에서 경쟁력을 갖도록 조정하는 새로운 의제가 필요하다고 보았다. 이를 위해 '바이오지역bioregion'이 선정되었다. 이곳은 영국의 유전학 지식공원처럼 법적 지원을 받는 연구개발 기관을 한데 모은 것으로, 혁신을 장려하고 기관들 사이의 장벽을 넘어 연구할 수 있는 연구원들을 배출하는 것을 목적으로 한다. 연방교육연구부는 기업가 정신을 고취하기 위해 뮌헨, 라인, 라인-네카르에서 신청한 열일곱 개 지역 중에서 세 지역을 선정하는 바이오레지오BioRegio 공모전을 실시했다. 더 전문적인 바이오지역은 과거 동독 지역의 경제성장을 위해 예나Jena에 설립되었다. 선정된 지역은 개별 투자 증진을 위해 연방정부에서 추가로 지원을 받았다. 정부가 의도했던 것처럼 이 정책을 통해 독일 생명공학은 불확실하던 시기에서 벗어났으며, 초기에 발생했던 두뇌 유출도 어느 정도 역전되었다. 2002년 독일에 약 465개의 신생 생명공학 회사가 있었으며,[49] 특히 뮌헨은 영국의 케임브리지나 미국의 보스턴-케임브리지 지역처럼 생명공학의 성지聖地로 부상했다. 국가 재건이라는 주제는 이런 발전을 다룬 공식문서에 빠지지 않았다. 담당 정부 부처의 웹페이지에는 독일 전역의 바이오지역을 보여주는 그래프가 게시되어 있는데, 이 그래프는 단백질 분자처럼 생겼다. 정부 보고서는 다시 태어나 부활하는 불사조 이야기처럼 생명공학의 부활을 이야기하고 있다. 생명공학 발전이 전국으로 확산되는 데 이 이야기가 중요한 역할을 했다. '바이오bio'라는 접두사는 (지역, 미래, 개요 같은 단어에 연결되어) 전후 50년 동안, 그리고 통일 이후 10년 동안 침체에 빠졌던 독일이 '생명'으로 소생한다는 비유였다.[50] 바이오는 불경기에서 벗어나, 많은 비판가가 기력이 다한 복지국가라고 보았던 독일 공동체를 다시 꿈꾸게 만드는 단어였다.[51]

과학과 산업의 재건 과정에서 정치와 민주주의는 어떻게 작동했을까? 전후 독일 정책 결정 절차의 특징인 합의와 협력 방식이 바이오지역의 계획과 발전에 기여했다는 건 분명하다.[52] 바이오지역 유치 공모전도 정부 계획과 지역발전을 위한 행정적 차원에서 수행되었다. 하지만 이전 장들에서 다루었듯이 생명공학 관련 논쟁은 농업과 생의학에서 지속되고 있었는데, 예를 들어 2002년 줄기세포 논쟁, 그리고 외국인 컴퓨터과학자와 엔지니어의 이민과 관련해 정치적 입장 차가 큰 논쟁이 있었다.[53] 이처럼 독일 국가의 정체성과 국제적 역할에 관한 논쟁은 해결되지 않은 채 지속되고 있다. 정부는 생명과학 기술이전 문제를 기술적인 방식으로 접근해 산학협력과 지역 간 경쟁이라는 새로운 모델을 만들었다. 하지만 이런 기술관료적 방식이 과학자·기업가·시민이 참여해 연구개발의 목표를 논의하는 생명과학 정치로 확장될 수 있는지는 21세기 초에 해결되지 않은 문제로 남아 있다.


## 결론

서구 국가에서 과학과 국가는 서로를 지원하는 네트워크를 구성하고 있지만, 과학을 위한 사회계약은 정치문화에 따라 다르게 해석된다. 과학과 국가의 관계는 발명과 진보라는 가정에 부분적으로 영향을 받았다. 하지만 과학정책과 관련된 정치는 과학이 사회에 자리하고 있는 위치에 따라 다르고, 기술혁신의 성공과 실패 경험에 따라 다르며, 과학이 사회에 기여하는 제도적 전통에 따라 달랐다. 결국 서구 사회를 관통하는 단일한 사회계약은 없다. 공적 목적을 위해 과학과 정치가 어떻게 연합해야 하는지에 관한 기대는 역사적·문화적 상황에 따라 달랐다. 이런 차이는 각 정치체제에서 과학의 헌법적 위치constitutional position를 결정할 정도로 상당히 중요하며, 국가 차원에서 과학·과학자의 의무와 권리는 영국, 독일, 미국에서 모두 달랐다. 이런 근본적인 차이 때문에 국가가 생명공학을 지원하는 방식과 생명과학 연구개발 과정이 국가마다 달랐다.

공공정책 입장에서 보면 세 국가 모두 기술이전을 장려하기 위해 경제적 인센티브, 규제 폐지, 지적재산권 규정 완화, 순수과학이라는 이데올로기에서의 해방 같은 동일한 방법을 사용했다. 하지만 자세히 살펴보면 세 국가가 채택한 전략, 즉 혁신을 이끌고, 원하는 파트너를 찾고, 지식 교환을 촉진하는 정책 결정 모델이 달랐다. 미국의 정책은 희귀한 공공재인 순수과학을 정부 차원에서 지원해, 정부 지원을 받은 연구에서 사회적 이익이 창출되도록 긍정적인 임무를 부여했다. 또한 베이-돌 법이 제정된 이후 미국 정부는 생명공학 발전을 위해 대학과 연구자를 기술이전을 수행하는 행위자로 간주했다. 반면 영국의 정책은 문화적 자원이라는 압박에 우려가 더해지면서 대학이 제외되었다. 대신 정부 정책은 과학자들이 시장과 밀접하게 결합해 스스로 기업의 행위자가 되는 재공학화reengineering를 선호했다. 하지만 이 전략은 오래된 과학과 산업 사이의 간격을 극복하지 못했으며, 부유한 과학자-기업가라는 새로운 계층이 등장해 대학 주변의 회사들에서 일했다. 독일에서 연방정부 정책의 가장 큰 수혜자는 과학과 사회의 새로운 혼종인 바이오지역이었는데, 이 조직은 경제적·기술적 현대화 사업을 공유하면서 전국적으로 연결되었다. 이 조직의 임무는 통일 독일의 국가적 자긍심을 고취하고, 기초연구와 응용에서 국제적인 위치를 확보하는 것이었다.

지역 차원의 일자리 창출과 성장 관점에서 보면 이런 발전이 분명 이익이 되었지만, 과학의 민주적 거버넌스를 평가하기는 더 어려워졌다. 과학의 다양성을 확보해야 한다는 맥락에서 보면, 연구 진실성과 관련된 질문들은 과학에 기반을 둔 새로운 기술의 목표, 비용, 이익을 평가하는 데 많은 대중이 참여해야 한다는 요구와 결합되었다. 20세기 후반 생명과학 분야만큼 이 변화가 명확했던 분야는 없었다. 그러나 과학 연구 결과를 신속하게 적용해 산업화하려는 세 국가의 전략에서 어떤 국가도 대중이 지식이전을 인도하거나 반응하며 참여할 수 있는 새롭고 대안적인 모드에는 관심을 갖지 않았다. 저명한 학자들과 정치 비평가들이 있었고, 이들의 혁신이 사회정의를 확보하는 방향으로 진행되도록 민주적 대중이 관심을 가져야 한다고 주장하던 두 유럽국가에서도 이런 관심이 없었다는 게 놀랍다. 미국에서 대학-기업 관계 논쟁은 과학의 순수성 담론과 결합되어 있으며, 비평가들은 이제 순수한 상태로 되돌아갈 수 없다고 주장했다. 세 국가 모두가 부를 창출하는 것 이외의 어떠한 민주적 가치도 연구개발의 공적 관리와 결합하지 못했고, 영국의 마이클 폴라니가 플라톤식 공화국platonic republic 모델[54]이라고 칭송했던 제도를 해체하는 방식으로 순수과학을 산업화했다는 게 매우 중요하다.

# 10장 시민 인식론

 1970년대 중반 이후 영국, 독일, 미국, 유럽연합에서 전개된 생명공학 정치를 살펴보면 생명과학과 국가가 긴밀하게 협력하는 모습을 볼 수 있다. 그러나 시민들은 이 관계에 어떤 형태로 참여했는가? 과학에 정치가 작동하면서 시민성citizenship의 역할과 의미는 어떤 영향을 받았는가? 과학정책과 관련해 미국에서 발표된 글들은 이런 질문을 하지 않았다. 앞 장에서 논의한 사회계약은 과학(학계와 산업계 포함)과 국가라는 오직 두 당사자 사이의 협약으로 인식되었다. 이 한 쌍의 표상에서 국가와 과학이 맺은 협약이 누구를 위한 것이며, 누가 지시한 것인지에 관심을 갖는 대중들은 무시되었다. 민주 정부는 시민의 요구와 수요를 파악하고, 이를 위해 과학기술을 효율적으로 활용할 수 있다고 가정했다. 반면 대의 정부를 선출한 시민은 과학 육성과 관련해 독자적인 이해관계가 없다고 간주되었다. 결국 헌법상 정부기관들은 국가 권력을 남용하지 않도록 규제를 받지만, 과학은 진리 추구라는 초월적인 규범의 지배를 받았다.

 유럽의 사회이론가들은 시민이 과학기술 정치에 깊이 관련되어 있다고 보았지만, 과학지식의 생산과 사용에서 시민이 적극적인 역할을 한다는 점을 인정하는 것에는 주저했다. 사회이론가들은 국가가 어떻게 의학과 생명과학을 거버넌스의 도구로 사용하는지에 관심을 두지 않은 채, 표준화된 물질적·정신적·사회적 특성에 따라 사람들을 분류하는 데 집중했다. 이 기술을 이용해 국가 또는 국가와 비슷한 기관은 광범위한 사회적 어젠다를 명확히 설명할 수 있었다. 이런 사회적 어젠다로는 질병, 빈곤, 무지, 폭력 퇴치를 예로 들 수 있으며, 이것은 표준화된 생물학 지표에 따라 정의되거나 재정의된다. 또한 자연적인 사물의 질서인 인간과 인간 행동을 과학에 기반을 두고 분류하면서, 이를 수용하라고 사람들을 규제할 수 있었다. 미셸 푸코는 이 현상을 '생명권력biopower'이라고 불렀는데, 오늘날 인간 생명이 과학에 기반을 둔 거버넌스 기관에서 통제하고 관리하는 물질이 되었다고 주장했다.[1] 반면 다른 학자들은 정부가 시행한 분류 결과를 중요하게 다루었다. 사람들의 주관적 인식을 바꾸기 위해 '되돌림looping back' 방식을 사용하거나, 국가 목적에 부합한다면 모든 계층의 사람들을 주변화하거나 쓸모없는 것으로 만들었다.[2]

지난 25년 동안 우리는 생명공학의 민주 정치를 연구하고 있지만, 과학·국가·사회의 관계는 아직 충분히 설명되지 않았다. 자유민주주의 국가에서 대중은 미국의 사회계약이나 푸코의 생명권력처럼 과학지식의 생산과 응용에서 배제된 행위자였다. 국가가 과학기술을 시연할 때 가장 중요한 대상은 시민이었다. 관객 없는 연극이 존재할 수 없는 것처럼, 과학기술을 이용해 진보한다는 거대 내러티브는 대중이 지닌 경제권을 무시하면서, 동시에 집단적인 상상력을 주입했다.[3] 과학의 신뢰성을 확보하고 과학지식 생산을 위한 국가 지원의 타당성을 설득하기 위해 시민들의 지속적인 지지가 필요했다. 우주정거장이나 인간게놈프로젝트처럼 막대한 비용이 드는 거대과학은 대중의 지지가 없이는 불가능했다. 미국에서 지난 100년 동안 생의학 연구가 적극적인 지원을 받은 것처럼, 기초연구 지원도 정치적인 결정이었다. 이 책에서 살펴본 것처럼 정부와 생명과학의 상호작용에는 대중의 반응이 핵심이었다. 문화적 특수성을 고려하면서 생명공학 정치를 설명하기 위해서는 과학, 국가, 사회라는 세 측면에서 검토해야 한다. 결국 과학과 민주주의 연구에 대중을 포함하기 위해 새로운 이론이 필요했다.

생명과학 정치에 기여하는 시민의 역할을 연구해야 하는 또 다른 이유들이 있다. 원자물리학과 달리 생명공학을 사용한 전쟁에서 우리는 승리한 적이 없다. '암과의 전쟁'같이 비유든 실제든 마찬가지이다. 2001년 9·11 테러 이후 생명공학은 국가안보보다는 생화학 테러 위협과 관련되었다. 미국 생명공학에서 달 탐사나 녹색혁명 같은 상징적인 승리는 없었다. 국가는 21세기 초까지 30년 이상 적극적으로 생명공학을 홍보했다. 결국 대중은 농업 생명공학에 여전히 양면적인 태도를 보이고 있긴 하지만, 인간을 대상으로 한 생명공학은 조만간 수익을 낼 수 있을 것으로 기대하고 있다. 생명공학 기업들도 대중에게 경제적인 욕망을 주입했다. 이런 상황에서 생명공학 연구에 투입되는 비용 또는 이익을 공적으로 평가하는 작업은 과학자마다 국가마다 달랐다.

보편적으로 인정되는 공적 증거가 없는 상황에서도 신기술이 수용되는 사건에는 설명이 필요하다. 국가는 정책의 신뢰성을 확보하기 위해 아직 확인되지 않은 신기술을 지식 측면에서, 그리고 효용성 측면에서 대중이 수용하도록 설득해야 한다. 정부의 주장과 시민의 참여 유형은 국가별 생명공학 정치와 정책 결정의 차이를 검토하는 데 유용하다.

현대 지식사회에서 정치문화의 요소들이 통합되면서, 과학에 근거를 둔 주장을 대중이 어떻게 평가하는지를 이 장에서 다룬다. 모든 사회에는 어떤 주장이 신뢰성 있고, 어떻게 표현되어야 지지를 받는지에 관한 공유된 이해 방식이 있으며, 이는 잘 정립된 문화 영역인 국민국가마다 다르다. 그래서 공적 추론은 지식이 권위를 얻는 방식을 다루는 문화적 기대를 충족해야 한다. 정치와 달리 과학은 지지를 얻기 위해 공적으로 잘 정립된 방식을 따라야 하며, 특히 과학이 중요하면서도 집단적인 선택을 입증할 때는 더욱 그래야 한다. 시민 인식론이라는 용어를 사용해 문화별로 다르고, 역사적·정치적 맥락에 의존하며, 공적인 지식의 유형을 분석한다.

다양한 국가 정치 맥락에서 시민 인식론이 어떻게 기능하는지 살펴보기 위해, 이 개념을 공적 지식과 공적 위험 인식을 설명하는 데 자주 사용되는 과학의 대중적 이해public understanding of science, PUS 또는 기술도 포함된 과학기술의 대중적 이해public understanding of science and technology, PUST 개념과 구분하는 것부터 시작한다. 이 단어들은 학자들의 관심과 문화적 다양성의 의미로 'understanding'의 'u'를 가져왔다. 반면 과학에는 아무런 문제가 없으며, 과학은 보편적이고 불변하며 원칙적으로는 모든 시간과 장소에서 동일하게 이해될 수 있다고 간주되었다. 과학의 이해 여부에 따라 개인과 공동체 사이에 차이가 발생했다는 의미였다. 이런 가정에서 과학의 대중적 이해 모델은 대중의 과학 이해 수준을 측정하는 연구로 이어졌으며, 이런 연구는 특정 과학 사실에 관한 예/아니요 형식의 질문이 있는 설문 조사로 수행되었다. 여기서 우리의 관심을 끄는 사례는 유럽연합이 생명공학과 관련된 대중의 지식을 조사한 것이다. 이 조사는 유로바로미터가 열 개의 질문을 응답자에게 묻는 형식으로 수행되었으며, 일반 토마토가 유전자를 가지고 있는지, 오직 유전자 변형 토마토만 유전자를 가지고 있는지를 묻는 질문도 포함되었다(3장 참고).

이 연구의 설계자들은 과학지식이 적절히 전달되기만 한다면, 과학 인식 또는 기술 수용성에서 문화에 따른 차이가 없을 것이라고 가정했다. 또한 생명공학의 사회적 이해에 차이가 있다면, 이 모델은 대중이 무지하거나 오해하고 있다고 설명한다. 이해하지 못한다는 문제는 지식을 잘 전달하기만 하면 해결될 수 있는 결핍 상태이다. 이런 방식으로 과학의 대중적 이해 모델은 문제의 원인(대중이 과학에 기반을 둔 발전을 반대하는 것)을 단편적으로 정의했으며, 민주적인 방법으로 이것을 해결할 수 있다고 보았다. 하지만 대중이 특정 과학지식에 무지한 것과 과학기술에 관한 집단적 반응 사이에는 유의미한 상관관계가 있다는 증거가 없다. 생명공학은 이것이 사실로 입증된 영역 가운데 하나이다.

시민 인식론 관점에서 보면 대중이 과학을 알아야 하고 이해해야 한다는 선험적a priori 가정에서 벗어날 수 있다. 모든 민주주의 사회가 그렇듯이 우리는 정치에서 지식, 특히 지식의 패턴이 신뢰를 확보하고 과학 주장이 권위를 갖는 방식을 볼 수 있다. 시민 인식론은 현대 정치에서 과학에 대한 신뢰를 이미 주어진 것이 아니라 설명되어야 할 현상으로 간주한다. 우리가 사실에 관한 지식이나 무지보다는 정치 공동체가 사물을 이해하는 방식에 관심을 둔다면, 과학기술을 향한 대중의 반응이 문화별로 다르다는 사실을 시민 인식론을 통해 이해할 수 있다.

이 장의 두 번째 부분에서는 여러 정치문화에서 질적 비교가 가능하도록 시민 인식론을 정의해 분석했다. 특히 앞 장들의 실제 사례에서 확인한 생명공학 정치의 다양성을 이해하는 데 도움이 되도록 이 기준들을 사용했다. 세 국가를 비교해서 내린 결론은 영국, 독일, 미국의 시민 인식론이 각각 공동체주의, 합의 추구, 논쟁적인 스타일이라는 것이다. 이 장의 마지막 절에서는 이런 특성들의 근거를 요약하면서, 유형 분석을 신중하게 해야 한다는 점을 지적했다.

## 과학의 대중적 이해

영국 물리학자이자 과학비평가인 존 지만John Ziman은 1966년에 쓴 글에서 과학이 '대중 지식public knowledge'과 동일하다고 주장했다. 그는 과학적 실재가 공적 실험을 통해 만들어지며, 지식과 경험의 공통 기반을 형성한다고 주장하면서 다음과 같이 말했다. "우리는 다른 사람과 공유할 수 있는, 사물에 관한 절대적이고 실제적인 대중의 관점을 수용하는 조건 속에 있다."[4] 지만을 포함한 비평가들은 '사물에 관한 대중의 관점public view of things'이라는 표현을 이용해, 과학을 현대사회의 절대지식을 보관하고 있는 저장소로 간주했다.

오늘날 우리는 과학이 사회 활동이며, 많은 과학지식은 과학 연구보다는 세상에 관한 이해가 공유된 상태에서 생산된다는 사실을 알고 있다. 과학기술 주변의 사회 질서를 만드는 데에는 그 자체 목적으로서의 과학지식 생산을 넘어서는 많은 문제가 관련되어 있다. 사실과 인공물은 온전히 외부의 비인간 세계에서 만들어지는 것이고, 그 문화적 가치는 기술의 영향을 받아 생성되는 게 아니다. 또한 사회적인 특성 때문에 과학기술이 부차적인 존재로 격하되는 것도 아니다. 과학기술은 사회적 실재의 핵심이며, 현대사회의 모든 내러티브에 포함되어 있다. 대중의 질문은 과학기술이 우리를 어떻게 구성해야 하는가에 있으며, 그 대답은 다시 과학 연구의 목적과 수단에 반영되어야 한다.

일반적으로 인식되는 과학의 대중적 이해 개념은 이런 복잡성을 설명하지 못한다. 왜 그런지 살펴보기 위해 우리는 과학의 대중적 이해가 거버넌스의 도구로 정의되고, 측정되고, 배치되는 방식을 신중하게 검토해야 한다. 우리는 사회분석가들이 제기하는 이 개념에 대한 비판과 비판의 한계도 자세히 살펴보아야 한다.

수십 년 동안 영어권 국가들에서 '과학의 대중적 이해' 논의를 빼고는 과학기술정책을 이야기하기 어려웠다. 주요 과학자사회는 그 논의를 장려하거나, 그에 대한 논의가 부족하다고 개탄했다. 예를 들어 미국과학진흥협회는 과학기술의 대중적 이해의 증진에 기여한 기자에게 매년 우수 저널리스트상을 수여했다. 영국 과학박물관Science Museum과 물리학연구소Institute of Physics는 1990년대에《과학의 대중적 이해Public Understanding of Science》라는 학술지를 만들었으며, 최근에는 미국 코넬대학교에서 발행하고 있다. 1985년에는 영국의 주요 과학기관 세 곳이 공동으로 과학의 대중적 이해 위원회Committee on Public Understanding of Science, COPUS를 설립했는데, 이 위원회의 목표는 과학과 대중의 소통을 장려하는 것이었다.[5] 미국 국립과학아카데미는 과학의 대중적 이해를 위한 사무국Office on Public Understanding of Science, OPUS을 만들었다. 이 사무국의 임무는 '과학자와 언론이 대중과 소통할 때, 과학의 결과뿐 아니라 과학의 본성과 과정을 정확하고 균형 있게 다루어야 하는 책임을 양자 모두 진다'라는 것이었다. 또한 매년 미국 국립과학재단은 각종 과학·공학 지표를 담은 연차보고서를 발표하는데, 여기에는 과학기술에 관한 태도와 대중적 이해에 관한 장(7장)이 포함되었다. 독일은 과학의 대중적 이해 모델을 뒤늦게 공식적인 정책으로 도입했다. 2002년 연방정부의 지원을 받는 과학협회 연합회는 과학과 인문학의 대중적 이해Public Understanding of Sciences and Humanities, PUSH 프로젝트를 시작했다. 이 프로젝트의 목표는 과학과 대중의 대화를 장려하는 것이었는데, 어젠다는 독일어에서 과학을 의미하는 'Wissenschaft'의 정의를 확대 해석한 것으로, 자연과학·사회과학·인문학을 포함해 모든 지식을 아울렀다.

이런 활동들은 현대사회에서 대중이 이해하는 방식을 다루지 않았다. 즉, 과학자들(2차적으로는 국가) 입장에서 대중이 알아야 한다고 기대하는 내용을 대중이 얼마나 알고 있는지를 다루었다. 첫째, 서구 사회에서 대중은 과학을 긍정적으로 평가한다. 하지만 과학의 대중적 이해 옹호자들은 대중이 과학자사회가 원하고 필요하다고 생각하는 수준만큼 과학을 알고 있지 못하다고 강조했다. 둘째, 이들은 과학지식과 대중의 이해 사이의 간격이 과학을 위협하고 있다고 보았다. 유사과학과 대체의학에 관한 믿음이 증가하면서 기초연구를 손상시키고 있고, 특히 미국에서 창조론자와 여러 비과학적 주장이 등장하고 있다고 주장했다.[6] 셋째, 과학자사회의 리더들은 예외 없이 대중과의 소통이 늘어나면 과학 인식 수준도 올라갈 것이라고 가정했다. 넷째, 이런 주장과 믿음에 근거해 대중이 과학지식을 이해하고 있는 수준을 확인하는 프로그램이 시작되어, 미국 국립과학재단은 매년 체계적인 방식으로 대중의 태도를 조사한다. 이와 유사한 조사는 유럽연합과 회원국에서도 시행되었다. 과학의 대중적 이해에 관한 이런 요인들은 암묵적인 민주주의 이론으로도 볼 수 있다. 무지한 대중은 교육을 잘 받은 특권 계층인 과학자와 국가에 의해 구제받아야 한다는 가정을 전제로 한 이론이었다.

우리는 민주주의 사회에서 대중이 알아야 하는 지식과 교육법에 관해 과학자사회가 내린 결론을 신중히 살펴봐야 하는데, 이런 결론은 공공정책의 강력한 근거가 되기 때문이다. 과학의 대중적 이해 어젠다와 관련해 다음 두 사례는 주목할 만하다. 첫째는 미국 국립과학재단 조사에서 일반적인 과학지식을 묻는 것, 둘째는 유럽과 미국에서 진행되고 있는 생명공학 지식을 묻는 것이다. 국립과학재단 조사에서 미국 대중은 여러 과학기술 영역의 지식(예를 들어 기초물리학에서 유전학까지, 진화생물학에서 레이저까지)을 묻는 열 개의 질문을 받는다. 수년 동안 정답률이 약간 변했지만 크게 보면 일정하게 유지되었다. 사람들은 분자가 무엇인지 거의 설명하지 못하지만 대륙이동설은 잘 알고 있다. 응답자의 절반은 지구가 태양 주위를 1년에 한 바퀴 돈다는 것을 모르고, 지구가 태양을 돈다는 것도 거의 모른다. 또한 비슷한 수의 사람들은 초기 인류가 공룡과 공존했다고 생각한다. 그리고 여자들이 남자들보다 이런 질문들에 정확한 대답을 하지 못한다. 응답자들의 교육 수준과 과학기술의 훈련 여부에 따라 전체 정답률도 달라진다.

유로바로미터도 열 개의 질문으로 구성된 생명공학 관련 질문지를 사용했는데, 미국 국립과학재단 지표 보고서는 이를 '쪽지시험pop quiz'이라고 불렀다. 과학자들과 언론이 가장 주목했던 질문은 토마토의 유전 성분에 관한 것이었는데, 응답자들은 다음 설명에 '맞다/틀리다'로 대답했다. "일반 토마토에는 유전자가 없지만, 유전자 변형 토마토에는 유전자가 있다." 유럽에서 이 질문이 처음 등장했을 때 응답자의 1/3이 '맞다', 1/3이 '틀리다', 나머지 1/3이 '모른다'를 선택했다. 올바른 대답인 '틀리다'를 선택한 응답자 수는 40%를 상회했다. 미국과 캐나다에서 이 숫자는 44%였지만, 전체 응답자의 절반을 넘지 못했다.[7]

많은 사람은 이 결과를 보면서 다음과 같은 결론을 내렸다. 모든 토마토에는 유전자가 있다는 것을 사람들이 알기만 하면, 플레이버 세이버 같은 유전자 변형 제품의 지지도가 올라갈 것이다. 그러면 유전자 변형 토마토가 탈신화화되어, 유전자 변형 지지자들이 생각하듯이 유전자 변형 토마토의 수용률도 증가할 것이다. 유럽과 미국의 응답 차이는 통계적으로 유의미하지 않지만, 지식 부족과 기술 거부 사이의 관계를 추론할 수 있었다. 비록 문제가 있는 관점이기는 하지만, 과학교육을 받은 미국인들은 덜 교육받은 미국인보다 생명공학이 주는 이익에 더 회의적이었다. 과학적 '이해' 측면에서 남성과 여성의 불평등이 지속되어, 여성이 과학을 이해하는 능력이 떨어진다거나 여성을 위한 과학교육이 실패했다는 주장도 제기되었다. 하지만 한두 번의 조사 결과로는 어떤 논평이나 분석도 할 수 없었다. 대류이동설이 분자 개념보다 더 쉽게 인식되는 이유나, 아빠의 유전자가 아이의 성을 결정하는지에 관한 질문에서 여성이 남성에 비해 예외적으로 높은 정답률(한 조사 결과에서 여성 72% 대 남성 58%[8])을 보인 이유를 검토하는 것이 흥미로운 상상이었다.

이런 문제점이 지금까지 논의되지 않았던 것은 아니다. 지식사회학자들은 과학의 대중적 이해를 관습적으로 분석했던 것에서 벗어나 중요한 전환점을 제시했다. 그들은 지금까지 시행된 조사들이 응답자의 과학 이해만을 측정하지 않았다고 지적했다. 이런 조사들을 통해 특정 형태의 응답자, 즉 무지한 대중의 이미지가 형성되었다.[9] 영국의 저명한 사회학자이자 과학정책 분석가인 브라이언 윈은 과학의 대중적 이해에 관한 여러 글에서 이 점을 강력하게 주장했다.[10] 윈은 체르노빌 원자력발전소 사고 때문에 영국에 낙진 위험이 닥쳤을 때 방사능 전문가와 양 목축업자가 인식하는 세계가 다르다는 중요한 연구를 수행했다. 이 연구에서 윈은 방사능이 흙에서 풀로, 풀에서 양으로, 양에서 식탁 위 고기로 이동하는 과정을 설명하는 지식들이 경쟁하고 있다고 보았다. 이 문제에 관해 방사능 전문가들은 목축업자들보다 잘 알고 있지 않았다. 전문가들은 양을 기르는 일반인들과는 다른 방식으로 알았고, 다른 의미에서는 모르고 있었다. 결국 일반인과 전문 지식 시스템 사이에 차이가 발생할 가능성을 고려하지 못한 것이 '결핍 모델'로 이어졌다고 윈은 주장했다. 이 모델에 따르면 사람들은 과학자들과 과학의 대중적 이해 연구자들이 정의한 이상적 인식 상태와는 동떨어져 있다. 이 모델은 과학기술과 관련된 인간의 모습을 제대로 보여주지 못하며, 21세기의 시민성과 민주주의를 고민하는 데도 도움이 되지 않는다.

우리는 인간이 과학을 오직 '이해한다'라는 관점보다는, 통합된 신념 체계를 갖고 있다는 관점에서 접근해야 한다. 윈과 여러 연구자는 대중이 얼굴 없는 대상이 아니며, 과학을 아는 (소수의) 사람들에서부터 과학을 모르는 (다수의) 사람들까지 직선 축에 배열되어 과학에 참여하는 것도 아니라고 보았다. 즉, 인간을 더 복잡하고 유능한 주체로 간주했다. 새로운 인간 주체는 경쟁적인 인지적·사회적 압력들의 양면성을 고려하면서 노력하고, '사실들'뿐 아니라 무지와 불확실성을 극복하기 위해서 시도한다. 또한 이 주체는 기술의 목적과 거버넌스를 윤리적으로 선택할 수 있는 권리를 갖고 있다. 윈은 미국에서 시행된 과학의 대중적 이해 조사에서 드러난, 익명의 대중을 가리키는 세 종류의 '일반 시민lay citizen' 개념을 거부했다. 첫째, 소규모이며 선택된 '경청하는 대중 attentive public'이 있다. 이들은 과학기술을 이해하고 따르며 과학자들이 바라는 대중이다. 둘째, 대규모의 '관심 있는 대중interested public'이 있다. 이들은 과학기술을 따르지만, 부적절하게 알려진 방식으로 반응한다. 셋째, 또 다른 대규모의 '나머지residual'가 있다. 이들은 관심도 없고 능력도 없으며, 기술 민주주의에서 시민의 능력 밖에 있다. 윈과 여러 연구자는 과학의 대중적 이해를 표현한 그림에서 최외각 원에 있는 일반 시민은 단순히 과학에 무지한 사람이 아니라 문화적 지능을 가진 사람들이며, 과학이 아닌 다른 분야의 복잡한 현상을 이해할 수도 있다. 특히 일반 시민은 알려진 내용들 사이에 존재하는 모르는 것을 파악하는 데 전문가보다 뛰어날 수 있다.

인간의 지식을 이렇게 세밀하게 분석했지만, 비교 분석 관점에서 보면 아직 해결되지 않은 문제들이 있다. 과학의 대중적 이해 지지자들이 인간 지성을 너무 좁게 규정해왔음을 적절히 지적했지만, 비판자들도 단순하게 환원된 대중 인식론에 빠지지 않도록 주의해야 한다. 맥락을 벗어나면 '일반' 주체는 결핍 모델의 핵심인 '기술 문맹인technically illiterate' 개인처럼 이상화된 유형이 될 수 있다. 대중이 위험을 인식하는 것은 관련 분야 전문가들의 합리성과 지식에 따라 달라진다. 하지만 이야기는 여기서 끝나지 않는다. 컴브리아Cumbria 지역에서 양 목장을 운영하는 사람들은 미국 국립과학재단이 과학의 대중적 이해 조사를 시행할 때 상정하는 '경청하는attentive' 시민이라는 보편적 개인처럼 전 세계에 적용될 수 있는 일반 시민이 아니다. 맥락이 중요하다. 특히 문화는 사람들이 세상을 바라보고 평가하는 방식을 어떻게 만드는가? 지식과 권력은 규제기관들의 관계와 거버넌스 경험에 의해 조건 지어진 시민을 어떻게 보고 있는가? 과학기술에 대중이 참여하는 방식을 어떻게 역사 속에서 설명할 것인가? 무엇보다도 어떻게 주도적이고, 역동적이고, 인식론적으로 적극적인 개념인 '대중'을 규정할 것인가? 대중은 과학 발전을 수동적으로 수용하지도 않고, 두려움 때문에 거부하지도 않으면서, 과학기술을 규정하고, 다듬고, 성찰하고, 기록하고, 실험하고, 가지고 놀고, 시험하고, 저항하면서도 동일한 과학기술을 사용해 다양한 '삶의 형태들'을 만들어왔다.

질문을 이렇게 유형화하면, 과학기술의 대중적 이해 모델의 두 번째 요소는 단일성에서 다원성으로 바뀌어야 한다. 단일한 '과학기술의 대중적 이해'에서 대안적인 '대중적 이해들'로 변해야 한다. 이런 변화가 없다면 인간 사회에 광범위하게 분포된 여러 기술 발명품을 설명할 수 없으며, 변화 과정에서 발명품은 지역의 상황에 따른 지식, 가치, 선호에 적합하도록 조정된다는 점도 규명할 수 없다. 우리에겐 근본적인 변화가 필요하다. 대중이 특정 과학지식을 아는지 묻는 대신, 지식이 집단행동의 기반을 이루면서 문화적으로 구성되는 방식을 검토해야 한다.

## 시민 인식론

여러 문화에서 생명공학 정치를 검토하면서 우리는 각 문화에 속한 대중이 생명과학의 가능성에 다르게 반응한다는 사실을 확인했다. 경제적·사회적 발전 수준이 비슷한 사회에서도 대중은 동일한 기술 대안을 다르게 선택한다. 당장 시급한 것이 무엇인지를 규정하는 다양한 프레임이 있고, 그에 따라 가능한 경로의 위험·비용·이익을 평가하는 여러 방식이 있다. 과학기술은 정치문화에 따른 여러 방식으로 대중의 상상력을 자극하고, 시민 인식론이라는 문화적으로 특정한 방식에 의해 변형된다.

이 용어를 간략하게 정의하는 것부터 시작하자. 시민 인식론은 특정 사회의 구성원들이 집단적으로 선택해 지식 주장을 시험하고 사용하는 제도적인 실천을 의미한다. 모든 문화에는 사회적 상호작용에 의미를 부여하는 나름의 방식이 있다. 현대 과학기술 문화도 암묵적인 지식방식knowledge-way을 발전시켜, 시민 인식론으로 생명에 질서를 부여하는 주장의 합리성과 강인함을 평가했다. 이 시험을 통과하지 못한 주장이나 시연은 불법적이고 비합리적인 것으로 취급되어 무시되었다. 이런 집단적 지식방식은 문화적 시민 인식론을 구성하며, 독특하고, 체계적이며, 제도화되고, 공식 규정보다는 실천을 통해 명료화된다.

하지만 우리는 불분명한 시민 인식론을 어디에서 찾을 수 있을까? 분석가들은 대중 지식형성을 위한 문화 실천을 어떻게 파악할 수 있을까? 나는 이 문제를 두 가지 방식으로 검토한다. 첫 번째로 '광우병' 사건을 간략하고 해석적으로 다루면서, 이 사건이 영국의 유전자 변형 식품에 대한 반응에 준 영향과, 나아가 영국의 시민 인식론에 미친 영향을 살펴본다. 두 번째로 시민 인식론의 요소들을 체계적으로 비교해 검토한다. 특히 생명과학의 수용과 거부 측면에서 영국, 독일, 미국의 정치문화를 살펴본다.

## 광우병과 대중 지식

1990년 5월 6일 영국 신문들은 엘리자베스 2세 여왕 재임 40여 년 동안 정부부처 장관이 저지른 최악의 오판을 보도했다. 불운의 당사자는 보수당 정부의 농업부장관 존 굼머John Gummer로, 그는 식품 안전을 맨 앞에서 지켜야 하는 공직자였다. 불과 일주일 전 광우병에 걸린 듯이 보이는 소 한 마리가 죽었다는 소식이 보도되었다. 이 질병은 광우병에 걸린 소를 이용해 만든 사료를 매개로 소에서 고양이로 종을 넘어 전염될 수 있었다. 굼머는 "영국 쇠고기는 먹어도 안전하다"라는 확신에 찬 메시지를 언론에 전달해 공포를 차단하려고 했다. 이를 위해 그는 자신의 네 살 난 딸 코델리아를 동원했다. 그는 텔레비전 카메라와 신문 기자들 앞에서 햄버거를 딸에게 먹였다. 그의 행동은 신뢰를 확보하기 위한 오래된 두 방식을 결합한 것이었다. 아버지가 아이에게 음식을 먹이는 방식, 그리고 부모 입장의 국가가 확신에 찬 공적 시연을 통해 시민을 안심시키는 방식이었다. 하지만 이 시연은 역효과를 일으켰고, 그 때문에 더욱 주목을 받았다.

먼저 굼머는 신뢰성과 신뢰할 수 있는 개인을 결합해 신뢰성을 구체적이고 개별적인 개념으로 만들었다. 언론은 존 굼머가 누구이고, 그가 어떤 입장을 지지하는지를 보도해 그가 신뢰할 만한 장관인지를 확인했다. 굼머는 대중이 자신들을 통치할 권한을 그가 갖고 있다고 생각하기 때문에 신뢰를 확보할 수 있을 것으로 기대했다. 둘째로 장관은 정부 정책의 신뢰를 확보하기 위해 상식적인 실험을 계획했는데, 부모가 아이에게 음식을 먹이는 모습을 연출해서 누구라도 메시지를 이해할 수 있도록 했다. 음식이 완전히 안전하다고 믿지 않는다면 어떤 부모가 아이에게 그렇게 할 수 있겠는가? 언론이 '광우병'과 관련해 던졌던 질문 가운데 정부 관료를 화나게 한 것은, 관료와 그의 가족이 지금도 영국 쇠고기를 먹고 있느냐는 것이었다.[11] 굼머와 코델리아가 공개석상에서 먹는 행동을 보여준 것은 경험적 입증이라는 영국의 문화 전통에 따른 것이다. 보는 것이 믿는 것이며, 당신이 보는 것이 당신이 얻는 것이다. 영국 시민은 직접적이고 공개적인 방식으로 사실 입증에 접근할 수 있다는 사실을 그의 행동이 단적으로 보여주었다. 여러 분야의 기술 전문가들이 광우병의 위험을 경고하는 미국에서는 이런 행위가 필요 없었다.

공개석상에서 한 굼머의 행동이 흥미로운 점은 그 행동이 그의 기대와는 완전히 다르게 수용되었다는 것이다. 그는 무대 위에서 신뢰를 줄 수 있도록 신중하게 행동했지만, 언어와 이미지 측면에서 모순적인 의미를 전달해 다양한 해석을 유발했다. 언어 측면에서 신문과 텔레비전은 공개 드라마로 설득하려는 장관의 절망적인 시도를 보도했다. 언론들은 이 장면이 연극적인 면에서도 설득력이 없는 실패였다고 보도했다. 언론은 대중에게 진실을 말해야 한다는 이상에 기여하는 정치체로서, 그의 행동이 사실을 전복하거나 회피하기 위해 공개 시연을 시도한 것으로 보였다고 보도했다. 광우병 사건을 조사한 필립스 조사위원회Philips Inquiry의 발췌 기록에 이와 관련된 언급이 있다. "BBC2 텔레비전 채널은 굼머 씨가 쇠고기가 안전하다는 것을 보여주기 위해, 그의 네 살 난 딸 코델리아에게 쇠고기 햄버거를 먹이는 장면을 주요 뉴스로 보도했다. 하지만 햄버거가 너무 뜨겁다며 코델리아가 햄버거를 먹으려 하지 않자 그의 시도는 실패했다. 논평가들은 굼머 씨라면 쇠고기 햄버거를 기쁘게 씹어 먹었겠지만, 코델리아는 별로 그러고 싶지 않았다고 언급했다."[12]《가디언》은 무대 위의 행동과 무대 뒤의 행동이 다르다는 것을 조명하면서 부정직하다고 보도했다. "아빠 굼머는 딸의 귀여운 입에 햄버거를 쑤셔 넣으려고 했다. 동시에 그는 영국의 모든 소가 살처분되어야 한다고 비밀리에 논의했다."[13]

비판적인 이미지들도 눈에 띄었다. 유명한 정치풍자 만화가인 제럴드 스칼프Gerald Scarfe는 굼머를 주요 인물로 보지 않았으며, 그저 대중에게 적절한 예의를 갖추어 안심을 주려는 친절한 공무원 정도로 간주했지만, 실은 굼머를 악의적인 인물로 비꼬았다. '우리가 무엇을 먹었다고?'라는 설명문 위의 삽화에는, 검은색 옷을 입은 남성이 핑크색 옷을 입은 가여운 어린이에게 무엇인가를 억지로 먹이는 장면이 그려져 있었다. 중국 인형과 살아 있는 사람의 중간 형태로 그려진 소녀는 남자의 우월한 물리적 힘에 눌려 굴복하고 있다. 소녀의 머리는 뒤로 젖혀졌고(실제로는 그렇지 않았지만), 햄버거는 '소녀의 귀여운 입에' 쑤셔 넣어졌다. 이 이미지는 아동학대를 노골적으로 드러내면서 폭력적이고 불안해 보였다. 이 이미지의 배경에는 요리사가 까맣게 탄 스테이크가 들어 있는 프라이팬을 실망스럽게 바라보면서 이렇게 말하고 있다. "쇠고기를 어떻게 구울까요? 완전히 태워주세요." 멀리서 소 사체들이 불타고 있었다. 이 풍자만화를 본 사람들 중 누구도, 이런 풍자를 자초한 농업부장관과 그가 대변한 정부가 희망했던 행복한 미래를 상상할 수는 없었다.

스칼프는 예술가로서 18세기 영국의 위대한 정치비평가 제임스 길레이James Gillray의 전통을 따랐다. 길레이는 유연한 선과 왜곡된 인물을 이용해 제국주의 야망을 드러낸 국가 권력을 날카롭게 풍자했다. 많은 영국인처럼 길레이도 물리적인 폭식을 정치 과잉과 권력의 폭력으로 비유했다. 길레이는 많은 풍자만화에서 엄청난 식욕을 표현하면서 정치인과 사건을 그렸다. '소화 공포에 빠진 방탕자A Voluptuary under the Horrors of Digestion'라는 유명한 그림에서 그는 우아한 선과 예쁜 파스텔 색을 이용해 미래의 조지 4세가 포악할 것이라고 정확하게 묘사했다. 이 그림에서 조지 4세는 고기를 엄청나게 먹은 후 이를 쑤시면서 쉬고 있는 역겨운 모습으로 그려졌다. 잘 알려진 다른 풍자만화인 '새 연합 축제에서의 괴물 같은 밥통Monstrous Craws, at a New Coalition Feast'은 웨일스 왕자의 끝없는 식욕과 방탕을 그렸다. 그의 부모인 왕과 왕비는 아들의 엄청난 부채를 의회에서 면제받으려고 절차에 참여하는 불쌍한 모습으로 묘사되었다.

길레이가 활동하던 시기 이후에 영국 통치자는 능력을 보여주어야 한다는 인식이 상당히 변했다. 18세기 국가에서 전문성 구축, 공적인 표현, 방어는 중요하지 않았다. 최근 공적인 생활에서 이런 쟁점은 어디에나 있다. 하지만 한 국가의 정치적 상상을 구성하는 요소들은 시간이 지나도 유지된다. 즉, 과학적·기술적·윤리적이거나 이것들이 혼합된 주제에서 대중이 통치자의 신뢰성을 평가하는 제도와 실천이 유지된다. 쇠고기를 굽는 문화에서 햄버거는 결코 샌드위치로 대체될 수 없다. 1770년 에드먼드 버크Edmund Burke는 반항하는 식민지인 미국을 가리켜 이렇게 말했다. "사람들이 독이 든 음식을 상상할 때, 음식을 제공하는 손을 사랑하지도 않고 신뢰할 수도 없을 때, 음식이 차려진 식탁에 앉으라고 설득할 수 있는 건 올드 잉글랜드Old England에서 구운 쇠고기가 아니다."[14]

불쌍한 존 굼머! 그는 과보호되어온 공공서비스 전통 속에 안주하며 성찰 없이 행동하면서 국가와 자신을 동일시하는 게 위험한 행동이라는 사실을 알지 못했다. 정치적이든 왕실이든, 또는 실제적이든 상징적이든 통치 실체는 방어막이 되어주기는 하지만 흥미로운 풍자 대상이 되기도 한다. 드러나는 것만이 권위를 보장하는 것은 아니다. 굼머는 사람들에게 장관 직함보다 더 복잡한 기준을 봐서 공적 행동을 판단해달라고 호소했다. 이런 상식 저장소는 과거에 국가의 실패나 권력을 남용했던 기억도 보관하고 있다. 브라이언 윈은 체르노빌 사건 이후 컴브리아 지역에서 양 목장을 운영하는 사람들이 회의적인 입장을 보였다고 주장했다. 정치체의 상상적 영역을 새로운 시각적 상징물로 채우기 위해서는, 그 영역을 차지하고 있는 기존 사물을 매우 신중하게 다루어야 한다. 이번 경우에는 사진뿐만 아니라 정치풍자 만화에서 제공되는 현실성 있는 언어가 그런 대상이었다. 농업부장관은 시민 인식론이 사실시험truth-testing을 위해 동원하는 다양한 자원들을 인지하지 못했다. 결국 개인적인 성실을 보여주면서 공적인 신뢰를 확보하려는 그의 계획은 역효과를 일으켰다.

## 대중은 어떻게 아는가: 비교의 관점

존 굼머의 신뢰성 위기는 시민 인식론의 여러 지점을 보여준다. 즉, 우리는 공적 영역에서 지식이 제시되고, 시험받고, 입증되고, 사용되는 여러 방식을 확인할 수 있다. 여기에는 지식 주장이 경쟁할 때 이를 입증하기 위한 공적 영역을 인식해야 하고, 국가 통치의 신뢰를 확보하는 극장이라는 의미도 포함된다. 기술이 발전한 사회에서 정부의 신뢰성을 확보하는 문제는 과학지식을 공적으로 생산하는 과정에 포함되어야 한다. 푸코가 언급했듯이 시민들은 생명정치를 훈육받는 수동적인 주체이기도 하지만, 야론 에즈라히가 언급했듯이 공적 지식이 생산되고 제시되는 것을 감시하는 관객이기도 하다.[15] 부유한 민주국가에서 국가는 지식을 독점하지 못한다. 기업 행위자와 개별 시민들도 국가가 제시한 전문 주장을 시험하고 논쟁할 수 있는 능력과 자원을 가지고 있으며, 이들의 이해관계가 능동적 인지 표상을 요구할 때는 대안 지식을 생산하기도 한다.

우리는 앞 장들에서 생명공학 사례를 검토하면서 시민 인식론을 구성하는 여섯 개의 구성적이고 상호 관련된 차원을 확인했는데, 그 차원은 국가마다 상당히 달랐다. 각국에서의 여섯 차원은 다음과 같다. ① 공적 지식 생산의 참여 스타일, ② 책임 규정, ③ 공적 시연, ④ 선호되는 객관성 목록, ⑤ 인정받은 전문성의 근거, ⑥ 전문가의 가시성. 〈표 10.1〉은 미국, 영국, 독일에서 이 차원들이 어떻게 다른지를 보여준다. 이 표는 앞에서 다룬 사례 연구를 정리한 것이다.

처음 몇 단어는 신중하게 검토되어야 한다. 이 표는 개념적으로 명확하긴 하지만 환원론에 빠질 위험이 있다. 표에 있는 칸은 각 정치문화의 반복적인 경향을 보여준다. 하지만 이것이 고정되어 있거나, 경쟁이 없거나, 시간에 따라 변하지 않는다거나, 사회의 모든 영역에 분포되어 있다는 의미는 아니다. 이 단어들은 가장 깊은 곳에 있는 유형을 보여준다. 마치 고무줄이나 휘어진 나무가 정지해 있는 위치처럼, 규제기관이나 행위자의 실천이 반복해서 되돌아가

| | 미국<br>논쟁적 | 영국<br>공동체주의 | 독일<br>합의 추구 |
|---|---|---|---|
| 공적 지식 생산<br>스타일 | 이해관계에 기반을<br>둔 다원주의 | 서비스에 기반을 둔<br>구체화 | 기관에 기반을 둔<br>협력주의 |
| 공적 책임<br>(신뢰를 위한<br>근거) | 불신을 가정; 법적 | 신뢰를 가정; 이성적 | 신뢰를 가정; 규정<br>기반 |
| 시연 (실천) | 사회기술적 실험 | 경험 과학 | 전문가의 합리성 |
| 객관성 (기록) | 공식적 · 수치적 ·<br>추론적 | 자문, 협상적 | 협상, 추론적 |
| 전문성 (기반) | 전문적 기술 | 경험 | 훈련, 기술, 경험 |
| 전문가의 가시성 | 투명 | 가변 | 불투명 |

는 곳이다. 이는 오래된 법적·정치적·관료적 실천을 통해 자기 자리를 확보하고 있기 때문이기도 하다. 여러 문화 측면과 마찬가지로 시민 인식론은 살아 숨 쉬는 도구처럼 자신의 자리를 유지하기 위해 수행되고 다시 수행되어야 한다. 급격한 붕괴나 변화는 이론상 언제라도 발생할 수 있지만, 예외적인 심각한 충격이 있어야 시작되는 것이 일반적이다.

## 지식 생산에 참여하는 스타일

지난 수십 년 동안 생명공학 정치는 대중 지식 정치로 표현되었다. 기업과 정부는 유전자 변형 기술이 사회적으로 수용되기 위해서는 먼저 지식 문제를 해결해야 한다는 걸 깨달았다. 다음 질문에 답하기 위해 많은 제도적 실험이 수행되었다. 정책 결정에 어떤 지식이 필요한가? 누가 지식 생산을 책임지는가? 지식이 표현되고 기록되려면 어떤 형태가 되어야 하는가? 지식의 타당성은 어떻게 결정되어야 하는가? 지식은 어떻게 도전받을 수 있는가? 생명공학의 위험, 비용, 이익에 관한 지식은 많은 노력에도 해결되지 않은 채 쟁점으로 남아 있다. 또한 의사결정 과정은 지속 가능한 합의 수준에 도달하기 위해 여러 형태로 수정되었다. 이런 노력 덕분에 우리는 안정적인 정치문화 형태로 드러나는 지식 생산 유형을 파악할 수 있으며, 이것을 공적 지식 생산의 '스타일'이라고 부를 수 있다.

생명공학과 관련된 대중 지식이 생산되고 확인되는 맥락은 각국의 제도 절차에 의해 규정된다. 미국에서는 관련 사실과 주장을 제기한 기업, 학계 연구자, 환경주의자 같은 이해당사자에 일차적으로 의존한다. 다른 서구 국가들처럼 미국의 규제 시스템은 위험 정보를 알려야 하는 제조업체에 의존한다. 하지만 생명공학의 경우에 이런 자료를 생산해서 안정성을 입증하는 의무는 유전자 변형 농산물 및 유전자 변형 식품의 초기부터 상당히 가벼웠다. 코넬대학교에서 수행한 제왕나비 연구와 버클리 소재 캘리포니아대학교에서 수행한 멕시코 옥수수에 유전자를 이식한 연구에서, 학계 연구자들은 안전평가 이슈들을 수용했지만 공식적인 규제 평가 방식에 따라 연구를 수행하지 않았다. 식품 생산과 관련해 스타링크 옥수수 사건에서, 환경보호청은 환경보호 그룹이 개별적으로 제기한 요구에 따라 다목적 유전자 변형 제품을 분리해서 승인하는 정책을 수행했다.

영국과 독일에서 지식 생산은 미국보다 넓은 의미로 인식되었으며 국가가 적극 개입했다. 두 국가는 생명공학을 제품과 안전에만 국한된 사안이 아니라고 보면서, 생명공학의 초기 프레임을 결정하는 데 필요한 정보를 광범위하게 규정했다. 비판적인 관점에서 보면 광우병 사건 이후 영국은 농업환경 생명공학위원회를 포함한 새로운 기관을 설립해 전문가 신뢰를 다시 구축해야 했다. 이 위원회는 4년짜리 농장 규모 시험을 할 수 있었고(다른 어떤 국가 기관도 이런 시험을 할 수 없었다), 유전자 변형 작물의 상업성을 세 측면에서 공적으로 평가할 수 있었다. 기술 발전에 따른 사회적 수행 측면의 불확실성을 없애기 위해 영국에서 이런 기관과 절차가 잇달아 수립되었다. 농업환경 생명공학위원회와 공적 논쟁을 이끄는 그룹은 다원적으로 구성되었고 여러 공적 요구에 열려 있었지만, 공복公僕이라는 영국의 전통 개념을 반영했다. 국가를 위해 지식 생산에 참여할 위치에 있는 사람의 의견은 진지하게 받아들여질 수밖에 없었다. 유전자 변형 논쟁에서 다양한 관점이 충돌하자, 기관을 설립해야 하는 영국 정부 입장에서는 각 관점을 대변하면서도 공적 신뢰성이 있는 단체에 의존해야 했다.

독일에서 진상 조사fact-finding는 투명성과 공적 책임이 분리되어 다루어졌다. 1990년에 제정된 유전공학법과 배아보호법 같은 새로운 입법을 위한 정책 연구와 엄밀한 사회조사가 함께 수행되었다. 유전공학 관련 앙케트 위원회는 독일에만 있는 기관으로, 입법의 기초와 목적을 광범위하게 논의하기 위해 입법자와 기술전문가가 함께 참여했다. 초기 생명공학을 규정하는 데 기술 분석가들이 참여했지만, 전문가의 의사결정 영역이 드러나지 않았다. 유전자 변형 생물체의 숙의적 방출에 관한 공식 청문회를 포기한 사건은 독일이 전문 지식과 공적 가치 사이에 그어놓은 명확한 경계를 보여주었다. 법의 중요한 기능은 복잡하게 얽힌 공적 영역을 기술적으로 명확한 숙의 영역과 열정적인 정치(따라서 시민) 참여를 구분하는 것이었다. 독일에서 법 제정 이후에는 생명공학 관련 지적 논쟁은 사실보다 규범에 집중되었다. 영국에서 유전자 변형 작물과 상업화에 관한 논쟁이 지속되었던 것과는 달리(미국에서는 논란이 적었다), 독일의 공적 논쟁에서는 새로운 지식을 위한 생명공학의 발전을 다룰 수 있는 영역이 없었다.

### 대중의 책임

지식 생산은 신뢰성 있는 공적 지식을 수립하는 첫 단계이다. 민주사회에서 정책 관련 지식을 보유한 사람은 대중에게 자신의 신뢰성을 보여주면서 설득해야 하며, 대중이 지식 보유자의 주장에 질문할 권리가 있든 없든 마찬가지이다. 모든 현대 지식사회에 정책 결정자와 전문가가 책임지는 장치가 있지만, 그 성격과 의미는 정치 체제마다 다르다.

미국에서는 책임 시스템 때문에 소송이 매우 선호된다. 다른 정책 논쟁처럼 과학적인 주제도 대심對審 절차로 신뢰를 확보한다. 이 방식에서 진실은 경쟁적인 회의에서 공격적인 시험을 통해 드러난다. 유전자 변형 생물체의 숙의적 방출에서부터, 살아 있는 생명체로 특허를 받거나 특정 등급 제품에 관한 위험평가 지침을 마련하는 것까지, 생명공학 발전의 각 단계마다 소송이 제기되었다. 하지만 1980년대 화학물질 규제 사건과 달리,[16] 생명공학 관련 소송은 농업과 의학에서 유전자 변형 제품의 상업화와 불확실성을 해결하지 못했다. 스타링크나 프로디진 같은 사건에서 대규모 손해배상 소송이 제기되었지만, 유전자 변형 생물체 제품의 안전 기준이 상대적으로 낮았기 때문에 법적 도전을 물리칠 수 있었고, 엄격한 조사에서도 규제과학을 보호할 수 있었다.

영국과 독일에서는 규제 절차가 분리되었는데, 이는 역사적으로 전문가의 신뢰성이 높았기 때문이다. 하지만 신뢰를 확보하고 제도화한 방식은 두 국가에서 달랐으며, 유전자 변형 생물체 관련 정치 논쟁에서도 다른 종류의 저항을 받았다. 대처 정부 시절 많은 영국인은 정부의 핵심 가치가 추락했다고 생각한 반면, 정책 담당 공무원들은 정치적 압력에서 보호를 받았고 대중의 이해관계에서 자유로웠다. 전문가들은 공공재를 제공하면서 수년 동안 존경을 받았고, 유능한 공무원으로 인정받아 신뢰를 구축했다. 하지만 광우병 사건이 터지자 신뢰가 무너졌고, 식품 및 농업 정책 기관들은 철저한 감사를 받았다. 새롭게 구성된 기관들에는 대중 이슈에 헌신한 사람들이 채워졌으며, 광범위한 주제를 공개적으로 숙의하기 위해 다양한 사람들이 참여했다.

독일에서 신뢰성은 시민이나 국가에 봉사하는 개인에 속하는 것이 아니라, 기관에 속한 산물로 간주되었다. 정부 주최 청문회에 참여한 조사위원회, 전문가위원회, 증인들은 사안이 무엇이든 진상 조사와 숙의 과정을 반드시 고려하고, 이해관계와 위치관계를 파악하면서 균형을 맞췄다. 이 과정에서 모든 참여자는 기관이나 집단의 이해관계(정당, 교회, 전문가 및 직업 그룹, 환자연합, 공적 이해관계 조직, 법학회와 유전학회 같은 학술 단체)를 대변했다. 공무원의 기록보다는 기관별 대의代議가 핵심이었다. 그 결과 영국에서는 개인의 신뢰를 통해 대표 기관의 신뢰를 확보했다면, 독일에서는 기관을 대변하는 개인의 신뢰성보다 기관의 신뢰성이 더 중요했다.

## 시연을 실행하기

전문 기술이나 지식을 대변하는 사람뿐만 아니라 그들이 말하는 사실이나 사물도 대중에게 신뢰를 받아야 한다. 미국에서는 사회기술적인 실험을 통해 주장을 입증해야 하며, 이는 기술낙관주의 내러티브를 강화한다. 미국 정부가 전쟁이나 평화 시기에 기술을 도구로 사용한 것은 문서로 잘 기록되어 있다. 농업 생명공학은 이런 자기 정당화 스타일의 수혜자로, 예를 들어 식물들이 곧 게 자란 비옥한 대지의 이미지를 보여주는 기업 웹사이트와 광고 전단지는 생명공학이 자연의 무질서를 정복했다는 강력한 시각적 증거였다. 미국인들은 건강에 해로운지 정보를 접한 적도 없이, 열성적인 생명공학 지지자들이 기술의 성공을 입증한다는 주장에 따라 (자신들도 모른 채[17]) 수년 동안 유전자 변형 작물을 소비했다. 유럽은 유전자 변형 작물을 회의적으로 보았지만, 미국 정부와 다국적기업은 생명공학이 영양실조나 세계의 기아를 해결할 수 있다는 잠재력을 강조했다.

에즈라히는 시연 프로젝트가 현대 자유민주주의가 작동하는 데 필수라고 주장했다.[18] 미국 민주주의에서 공적 주장은 비판적인 시민과 언론에 의해 계속 시험되었다. 그렇다고 해도 실험을 통한 공적 시연이 시민 참여의 특수한 형태라는 생각은 좋지 않았다. 이는 폭로를 통해 투명성을 확보할 수 있고, 사람들이 공적 주장과 증명과정을 평가할 수 있는 의지·방법·능력을 가지고 있다고 가정했다.[19] 기술은 시연 환경에서 순수과학보다 민주적 의지에 많이 기여했다. 소아마비 백신이나 달 탐사선은 특정 과학지식을 축적하는 것보다 구체적인 목표를 설정하고 달성하는 국가의 능력을 보여주는 지표였다. 제2차 세계대전 이후 미국 국립과학재단 설립의 강력한 근거는 무기와 신약의 성공이었고, 인간게놈프로젝트는 유전병 치료를 약속해서 지원을 받았다.

영국에서는 공공 연구비가 예측하기 힘들 정도로 급격히 변했지만, 엘리트 과학은 공적으로 큰 존경을 받았기 때문에, 가치를 인정받아 연구비를 지원받기 위한 기술 시연이 필요 없었다.[20] 영국의 과학은 실용적이고 경험을 추구한다는 원칙이 주요 정책에 공유되어 있어서, 자연이나 사회에서 관찰할 수 있는 사실을 넘어선 주장에는 회의적이었다.[21] 초기 환경규제에서 영국 정책 결정자들은 화학물질 때문에 암이 발생할 수도 있다는 주장에 미국보다 회의적이었는데, 이를 입증할 만한 경험 증거가 없었기 때문이다. 결국 규제 정책은 거의 절대적으로 확실한 사실에 근거를 두고 실행되었다.[22] 이런 편향 때문에 영국은 미국이나 독일보다 규제가 적었다. 하지만 흡연, 오존 고갈, 기후변화처럼 합리적인 근거가 있는 과학에서 영국 정책 결정자들은 미국의 규제과학과 달리 논란을 길게 이어가지 않았다.

경험 증거가 선호되기 때문에 생명공학에서도 유전자 변형 생물체의 방출 결정이 지연되었고, 유전자 변형 생물체의 상업적 사용에 관해 모르는 것을 광범위하게 파악하려고 했다. 2002년부터 2003년 사이에 수행된 과학평가에 따르면 영국 전문가들은 유전자 변형 생물체가 환경에 안전하다는 주장이 증명되지 않았다고 간주하면서 시민들의 우려에 동참했다. 설득력 있는 증거가 없었기 때문에 일반인과 전문가 모두 유전자 변형 작물이 환경에 방출될 경우 부작용 시나리오를 배제할 수 없다는 결론을 내렸다. 2003년 7월 과학 패널이 제출한 보고서는 유전자 변형 기술의 비균질성을 강조했는데, 영국 정부는 특정 유전자 변형에 따른 위험과 이익을 사례별로 지속적으로 평가해야 한다고 권고했다.

독일에서는 높은 진입 장벽과 신중한 규제 절차 때문에 다른 두 국가보다 규제가 긴급하게 다루어지지 않았다. 예를 들어 독일에서는 유전자 변형 작물의 상업화가 21세기 초까지도 이슈가 되지 않았다. 따라서 2004년 정부가 승인했을 때 영국과 달리 전국적인 논란이 벌어지지 않았다. 유전자 변형 재료가 들어 있지 않다는 표시를 해야 한다는 초기 결정 덕분에 잠재적인 소비자들의 불만과 정책 논란이 제기되지 않았다. 또한 2001년까지 어떤 회사도 독일 정부에 유전자 변형 식품을 새로운 식품으로 인정해달라는 청원을 하지 않았다. 생물 안전 중앙위원회 같은 독일 전문가위원회는 경계 시험 논란을 피하기 위해 일반적인 방식으로 일을 처리했으며, 비판적인 대중의 감시를 받지 않았다. 전문가들은 내부 합의만 도출하면 되었고 결정 사항을 기정사실로 보고했다. 이 과정에서 자명했던 것은 기술적인 문제를 합리적으로 해결할 수 있는 전문가 단체를 적절하게 구성하는 능력이었으며, 심의의 합리성은 공적 적합성을 위한 근거였다.

### 객관성

객관적 지식은 정의상 어떤 사회적 관점에서 봐도 동일해서 믿을 만한 공적 지식이며, 주장하는 사람의 주관적 선호에 편향되지 않기 때문에 독립적이다. 객관성은 국가의 강력한 자원이다. 이를 통해 통치 기관은 높은 인지 차원에서 주장할 수 있고, 피통치자의 이해관계나 지식 주장에 휘둘리지 않으면서 모든 사람에게 이익이 되도록 행동할 수 있다. 하지만 책임을 고려했을 때 객관성을 확보하기 위한 실천(또는 객관성이 있는 것처럼 보이기 위한 실천)은 정치문화마다 다르다.

미국에서 공적 결정을 객관적으로 수행했다는 것을 보여주기 위해 선호되는 방법은 숫자를 사용해 결정의 근거를 표현하는 것이다. 양적 분석을 선호하는 경향은 20세기 초까지 거슬러 올라간다. 양육 이슈와 관련해 어머니들이 캠페인을 벌이는 데 동참했던 시민단체는 문제를 드러내는 전략 도구이자 정치 도구인 숫자의 힘을 깨달았다.[23] 연방 기관은 갈등이 폭발할 수 있는 분배 문제를 의회의 비판에서 보호하기 위해 숫자를 나열하는 중성화 방식을 채택했다. 전쟁 시기에 비용편익분석은 미국 공병대의 강력한 정당화 도구였다.[24] 1970년대 사회 규제가 크게 증가하자 도미노 효과로 방법론도 발전했다. 환경보호청 같은 기관들은 대중에게 중요한 결정을 알리고, 규제받는 기업의 도전을 물리쳐야 했는데, 이때도 양적 방법론은 중요한 도구였다. 정부 의사결정자들은 재산권, 멸종 생물, 만성적인 보건 위험, 실업, 최신 오염방지 기술 설치 및 공장 성능개선 비용 같은 공약 불가능한incommensurable 것들을 비교하고 그들 사이의 중요도를 측정해야 했다.[25]

1980년대 환경규제에서 모든 정치적 방식을 압도했던 것은 '위험평가'라는 대규모 양적 분석이었다. 원래 위험평가는 금융이나 보험에서 사용되었는데,

1960~1970년대에 원자력발전소가 늘어나면서 유해 산업에도 적용되었다. 1980년대에는 위험평가가 생물 유해성을 분석하는 방법(예를 들어 환경에 의한 발암부터 생태계 위협과 파괴, 전 세계 지속 가능성까지)으로 널리 채택되었다. 미국 규제기관은 위험평가에 과도한 객관성을 부여하지 않기 위해 신중했다. 위험평가는 과학이라기보다 발견적인heuristic 분석 방법으로 간주되었다. 하지만 법정에서 소송이 반복되자 기관들은 이 방법을 적극적으로 사용했다. 1980년 미국 연방대법원은 벤젠을 사용하는 직업 표준 사건에서 보건, 안전, 환경규제를 위해 연방 규제기관에게 양적 분석을 시행하라고 판결했다.[26]

위험평가가 규제를 객관적으로 결정하기 위한 좋은 방법으로 인식되자 점차 과학의 근거가 되었다. 1983년 영향력 있는 미국 국립연구위원회는 규제 결정을 위한 과학적인 도구로 위험평가를 사전에 수행해야 하며, 위험평가 이후의 가치 판단과 분리해야 한다고 권고했다. 이런 방식으로 사실과 가치 사이에 경계선을 정하자 비평가들은 이를 비판했다. 연구와 비판이 이어지자 위험평가에 내재된 심각한 규범적 성격, 즉 객관적인 방법이 아니라는 점이 주목을 받았다. 위험평가는 특정 방향으로만 사안을 이해하도록 제한하면서, 분석 범위를 좁히고, 불확실성을 없애며, 정치를 제거한다.[27] 그럼에도 위험평가와 관련된 과학 담론은 모든 현대 규제기관과 관리기관이 저항할 수 없이 매력적인 것으로 입증되었다. 이 기관들은 위험평가가 판단을 감추는 중요한 도구이며, 정치적으로 방어할 수 있고, 행정적으로 추적할 수 있는 수준으로 생명권력의 복잡성을 다루는 도구로 보았다.[28] 1990년대 중반 '위험평가'와 '건전한 과학'이라는 용어는 미국에서 생명공학 규제 담론과 분리될 수 없었다. 2003년 유럽연합이 유전자 변형 작물과 유전자 변형 식품에 관한 일시 유예를 선언하자, 미국은 위험평가의 객관성을 신뢰하면서 유럽연합을 세계무역기구에 제소했다. 미국은 유럽연합이 세계무역기구의 조약을 위반했으며, 위험평가의 객관성을 무시했고, 과학과 이성을 공격했다고 소송을 제기했다.

영국과 독일의 규제기관들도 지식을 정리하고 대안들의 중요성을 평가하는 원칙으로 위험평가를 수용했다. 위험분석은 생명공학에서 발생할 수 있는 영향을 극복하기 위한 핵심 실천으로 자리를 잡았다. 하지만 두 국가는 위험평가가 규제 결정을 위해 충분한 객관성을 확보하고 있지 않다고 보았다. 즉, 위험평가는 입장에 따른 이해관계에서도 분리되어야 하며, 객관적 과학과 권위에 의한 규제가 지향해야 하고, '특정 관점 없음view from nowhere'이 궁극의 목표였다. 유럽 두 국가의 대의 정치는 전문가위원회를 설립하고 자문 절차를 도입하는 방식으로 위험분석을 부분적으로 수용했다. 2003년 미국 부시 행정부가 책임을 부과하기 위해 도구적으로 선택한 전문가위원회 방식은 독일에서 검토되지 않았다.[29] 광우병 사건 이후 영국에서는 생명공학 과학 자문위원회가 다양해져 위원회의 투명성이 명확하게 규정되었다.

하지만 영국과 독일에서 위험 판단과 관련된 과학적·사회적 혼종이 허용되자, 편향이 없다는 것을 확인하는 실천이 중요해졌다. 시민 인식론이 문화적으로 다르게 구성된다는 것을 성찰하면서 그 실천도 다양해졌다. 전체적으로 보면 영국에서는 진실을 인식할 수 있는 능력을 특권으로 간주하면서, 객관적 지식은 그런 사람들의 자문을 통해 획득되었다. 영국의 전문 자문가들은 사회적 이해관계를 대변할 수 있었고 실제로 대변했다. 궁극적으로 객관성을 인식하는 것은 개인적 인식 능력(사물의 차이를 볼 수 있는 능력)의 탁월함이었다. 그럼에도 미국처럼 보고 믿는 것에 관한 규범이 없는 곳에서는 전문가 인식 능력에 관한 믿음은 문화적 맥락에서 거의 설 자리가 없었다. 반면 독일에서 전문가위원회는 사회의 잠재적 이해관계를 반영하는 소우주로 간주되었으며, 이렇게 생산된 지식은 참여자의 개인 자질과 집단이 생산한 결과를 모든 관점에서 통합하여 객관성을 확보했다. 특정 관점이 없기 때문에 독일 의사결정 단체가 모두 포함되었으며, 모든 관점(또는 이슈와 관련된 모든 곳)이 포함되었다.

## 전문성

전문가들은 지식사회의 정치와 밀접하게 관련된다. 그들은 현대 관점에서 무지와 불확실성을 없애고, 민주적·관리적 문제를 해결하려 한다. 정부는 유동적인 사실, 검증되지 않은 기술, 사회적 행동에 관한 불완전한 이해, 예측할 수 없는 환경적인 외부 요인들에 의해 항상 변하는 이슈와 질문을 검토한다. 이때 정부가 현명하게 행동할 수 있도록 충분히 알 수 있는 방법이 무엇이며, 정부가 책임 있게 행동하고 있다는 것을 대중에게 설득할 수 있는 방법은 무엇인가? 알려지지 않은 위협들이 알려진 것을 계속 삼켜버리는데, 집단행동을 정당화하기 위한 규정에서 요구되는 증거의 종류와 양을 결정하지 않는다면 정부는 더 이상 행동할 수 없다. 전문가들은 불확실한 조건에서 지식과 안심이라는 두 사회적 요구를 만족시켜야 한다. 예를 들어 시험은 전문가들이 기술 안전을 확보하기 위해 만든 장치로 사용 목적에 따른 실제 성능을 파악하는 것, 다시 말해 기술을 사용할 때 충분히 안전하다는 것을 보여준다.[30] 대중은 전문가에게 규제의 핵심 질문인 '얼마나 안전해야 충분히 안전한가?'에 관해 답을 요청한다. 모든 공적 이슈와 마찬가지로 생명공학 정치에서도 전문가의 신뢰성은 공무원의 합법성만큼이나 민주 정부의 핵심이다. 헌법에 따른 위임 규정과 달리 신뢰성 규정은 모든 현대 정부에 성문화되어 있지 않다. 전문가들은 문화적 특성이기 때문에 문화의 변화에 따라 달라진다.

전문성을 적법하게 만드는 가정은 세 국가에서 약간 달랐다. 전문 지식은 모든 곳에 필요하지만, 지식 자체는 전문성과 같은 말이 아니다. 이언 해킹의 주장에 따르면, 전문가는 정보를 제공하고 불확실성을 관리해 질서를 유지하려는 욕망을 충족해주기 때문에 개인적 범주인 동시에 사회적 범주이다. 따라서 전문가는 지식을 전달해야 하고 책임도 져야 한다. 그들은 어떻게 이런 두 가지 요구를 만족시킬 수 있을까?

세 국가에서 전문성이 다른 원인은 전문가의 공적 자질과 개인적·제도적 경험 사이에서 균형을 취하려는 시도 때문이었다. 미국에서 직업 능력과 입장은 개인의 특성이나 제도의 신뢰성 같은 자질보다 중요하게 간주된다. 비인격적인 지능 시험으로 운영되는 능력주의 사회에서는 누구라도 자신의 직업에서 성공해 전문가가 될 수 있다.[31] 전문가에 속하지 못한 사람은 중요하게 고려되지 않는다. 기술 능력만을 강조하는 건 전문가 단체에 불균형을 초래할 수 있다. 미국 연방자문위원회법Federal Advisory Committee Act에 따르면 전문가들은 자신들이 대변하는 관점에 균형을 맞추어야 한다. 따라서 공정성은 전문성의 사전 요건으로 취급된다. 한편 전문가들이 정치적 이해관계에 관련되어 있다는 의혹이 미국에서 지속적으로 제기되었다. Bt옥수수에 유전자 변형을 한 이그나시오 차펠라의 결과에 관한 논쟁은 정치적 이해관계가 관련된 처음이자 가장 두드러진 사건이었으며, 학계의 핵심에서 발생했다.[32] 영국에서는 아르파드 푸스타이의 결과를 두고 의견이 양쪽으로 갈라졌으며, 논쟁은 개인이나 기관의 능력과 관련된 과학이 관리되지 못해 발생했다. 정치적 이해관계와 산업계의 입장은 영국의 논쟁에서 중요한 주제가 아니었다. 마찬가지로 종교 보수주의자들로 구성된 부시 대통령 직속 생명윤리위원회의 관리에 관한 논쟁은 영국과 독일에서 벌어지지 않았으며 다른 국가에 전파되지도 않았다.

영국과 독일에서 경험은 전문성을 정의하는 요소 중에서 중요하게 취급되었지만, 동일한 경험이 각 사례마다 고려된 것은 아니었다. 영국에서 전문성은 상당 부분 전문가 개인과 관련되었으며, 전문가 개인은 지식과 능력뿐만 아니라 사회봉사 기록으로도 전문성을 확보했다. 전문가는 대중의 수요를 인식하고 공공재를 파악하며, 문제를 쉽게 해결할 수 있는 적절한 기술 지식과 능력을 보유하고 있어야 한다. 이런 문화적 상황에서 찰스 왕세자나 워녹 남작부인부터 녹색연합의 줄리 힐과 여러 분야의 사회과학자들까지 개인들은 영향력 있는 정책 행위자였으며, 그들은 모두 탁월한 인지 능력을 보유하고 있었다. 또한 너필드 생명윤리위원회 같은 사적 단체도 공식 승인이 없어도 회원과 패널의 신뢰성을 통해 정책 숙의 과정에 참여할 수 있었다.

독일에서는 강력한 기관의 지원을 받지 않는다면 개인의 자격에 의존하지 않았다. 기관을 존중하는 것은 나치 이후에 카리스마를 두려워하면서 개인에 의한 정치를 부정적으로 보는 경향과 관련되었다. 독일에서 전문가는 사회에서 특정 지위를 차지하는 것이 아니라, 사회에 참여하는 한 분야를 대표했다. 독일에서 공론장의 전문성은 적절한 근거를 제시하면서 동시에 역사적인 성찰을 보여주어야 했다. 또한 전문성은 이성의 영역을 완벽하게 지도로 그려낼 수 있으며, 그 지도는 공적 의사결정을 올바르게 배치하고 정확하게 성찰하는지를 확인하는 법적·정치적 절차로 기능했다. 따라서 전문가는 이성만이 허용된 고립 지역에서 벗어나, 국가·도시 또는 영토·장소를 위한 대사 역할을 담당했다. 독일에서 정치적 정당성을 이루는 핵심 기초인 합리성은 권위 있는 전문가 단체가 만든 집단지성과 공유된 대표성에서 나오며, 이런 전문가 단체는 사회 속에서 소우주로 행동했다.

독일 생명과학 정치에서 이와 관련된 여러 성찰 지점을 볼 수 있다. 숙의적 방출을 규제하려는 초기에 생물안전 중앙위원회 위원들이 증가한 것, 숙의적 방출에 관한 공식 청문회에서 이성과 열정의 경계를 흐리는 무질서를 거부한 것, 입법 과정의 시작인 앙케트 위원회를 다양하게 구성한 것, 생의학 이슈를 다루는 두 번째 위원회이자, 슈뢰더 총리가 내각의 승인을 받아 설립을 지시한 국립윤리위원회를 두고 격렬한 논쟁이 벌어진 사례를 들 수 있다. 여기서 공적 근거를 위한 지도 제작은 대변인들로만 단체를 구성해 일시적으로 시민의 개입을 막는다는 모순적인 결과를 낳았다. 이것은 폐쇄 시스템이었으며 순수이성이 작동하는 합리적인 미시정치를 위한 장소였다. 결국 잠재적으로 배제되고 비이성적인 광범위한 대중을 위해 책임지지 않아도 되었다.

## 가시성

마지막으로 전문가 단체의 구성은 물론 이들의 활동 환경이 되는 절차는 세 국가마다 달랐다. 절차상의 차이 때문에 각국의 시민이 공적 판단의 근거를 파악하기 위해 무엇을 볼 수 있는지가 달라졌다. 미국 전문가위원회는 다원주의 정치 및 개인과 분리된 객관성을 따랐다. 이 위원회는 대중의 감시를 받는 숙의 과정을 거쳐 행동하도록 요구받았다. 여기에는 모든 이해당사자들의 엄밀한 조사만이 개인적 편향과 주관을 배제할 수 있다는 가정이 있었다. 전문가 그룹의 작업 결과물 대부분은 기본 규정에 따라 회의 중간이나 종료 후에 조사를 받았다. 공개성은 모든 정부위원회에 적용되는 연방법에 따라 보장되었다. 영국의 전문가 단체는 가시성을 여러 측면에서 실행했지만, 대중과 소통하는 방법을 개발하고 일관되게 접근하는 규정을 조정하는 것은 특정 단체에 위임되었다. 영국처럼 독일의 전문가위원회는 투명성에 관한 법적 요구에 따르지 않았다. 과학 문제를 포함한 전문가의 반대는 독일에서 거의 드러나지 않았다. 전문가 그룹은 합리성을 완벽하게 구현한 소우주로 간주되었다. 따라서 독일 정치에서는 사안과 관련 없는 사람도 확인할 수 있도록 여러 층위의 투명성을 위한 특별한 노력을 볼 수 없다.


## 결론

우리는 시민 인식론 개념을 통해 25년간 과학기술의 비교정치에 내재되어 있던 논쟁점을 자세히 살펴보았다. 생명공학은 가장 최근의 사례이다. 경제가 발전하고 합리적이면서 계몽된 사회에서 왜 동일한 과학 사실과 기술 인공물이 다른 정치적 반응을 일으키는가? 관례적인 대답(대중이 과학을 이해하지 못하기 때문에 발생한 간극이다)은 이런 질문을 쓸모없게 만든다. '과학의 대중적 이해' 프레임은 시민의 행동을 외면하고, 역사를 없애고, 문화를 무시하면서, 복잡한 의미 프레임의 지배를 넘어선 고립된 사실(또는 그런 사실에 관한 무지)에 관한 사람들의 지식에 특권을 부여한다. 이것은 인간 의식을 일차원으로 환원하면서 다양한 해석을 허용하지 않는다. 우리는 과학의 대중적 이해가 하나라는 생각을 하지 말아야 하고, 여러 이해 가능성을 열어두어야 한다.

우리는 시민 인식론의 요소가 다양하다는 인식을 더 진전시킬 수 있다. 이는 현대 시민을 '결핍 모델'로 보는 과학의 대중적 이해의 약점을 보완하지만, 평범한 지혜라는 문제가 많은 모델로 그 자리를 치환하는 건 아니다. 시민 인식론은 동시대 정치에 속한 인간이 지성을 가진 행위자이고, 정부와 영향을 주고받으며 살고, 모든 민주주의 이론은 누구나 사물을 인식할 수 있는 능력을 공통적으로 가지고 있음을 시작점으로 삼는다. 집단 지식은 권리를 가진 누구나 배워야 하는 정치 생활의 특징이다. 사회 지식은 집단이 이해한 고립된 과학 사실의 단순 총합이라는 가정은 극단적인 환원론이다. 내가 시민 인식론이라고 명명한 공적 지식 방식은 일반인과 전문가의 지식과 인식을 이분법적으로 나누는 환원론이 아니다. 우리는 근본적이고 체계적이고 공유된 방식으로 맥락을 파악해 말해야 한다. 모든 정치체는 공적 지식을 만들 수 있고, 지식의 신뢰성을 확보할 수 있으며, 행동의 근거로 삼을 수 있다.

각 국가나 정치공동체가 보유할 만큼 시민 인식론은 다양한가? 만약 그렇다면 이것은 설명 능력이 없는 지역적이고 우연적인 개념이다. 하지만 문화적 변이가 무한하지 않기 때문에, 시민 인식론을 다섯 가지 기준으로 구분해 집단 결정 유형에 적용할 수 있다. 특히 영국, 독일, 미국은 공적 지식을 생산하는 세 유형을 대표한다. (공유된 인식에 의존하는) 영국식 공동체 유형, (협상을 통해 구축하는) 독일식 합의 추구 유형, (충돌을 통해 해결하는) 미국식 경쟁 유형이 있다. 물론 이것은 각국의 대표적인 경향이며, 세 국가의 제도화 수준과 폭은 다르지만 세 유형은 각국에 모두 있다. 각 인식론 전통은 민주적 거버넌스의 결과라는 점이 우리의 목적상 중요하다. 투명성의 의미를 다르게 이해하고 기술 관련 의사결정에 적절한 시민 참여를 구축해야 한다. 전 세계가 긴밀하게 연결된 상황에서 이런 차이가 어떻게 발생하고, 정치문화에서 어떻게 지속될 것인지를 묻는 작업이 중요하다.

결국 시민 인식론은 과학기술 정치를 적절히 보유한 사회의 굳건한 개념 도구이다. '과학의 대중적 이해' 모델의 큰 약점은 문화와 사회에 내재된 과학기술이 아니라, 과학기술의 이해 측면에서 지적인 대중을 분석하도록 강요한다는 점이다. 이런 움직임은 정치 분석을 비웃는 것이다. 과학의 대중적 이해 연구가 우리에게 제시하는 대중은 무지하고, 계산할 줄 모르고, 문맹이다. 이들은 민주주의 작업을 수행할 수 없다. 우리는 이 책의 비교 분석을 통해 능력, 덕성, 이성이라는 문화적으로 인정된 기준으로 대중의 지식 주장(전문가의 지식 주장도 포함하는)을 시험하고 지지하면서, 적극적이고 인지적인 행위자를 볼 수 있다. 집단 지식을 추구하는 시민들은 주저하고 의심하기 때문에 전문가들의 도움이 필요하며, 기술 관련 주제를 의심할 수 있다. 그들은 수학적 확률의 의미를 파악하지 못할 수도 있다. 하지만 복잡한 시민 문화의 구성원인 시민은 과학의 대중적 이해 모델이 제시하는 것처럼 일차원적인 용어로 규정될 수 없다. 시민 인식론은 현대 정치와 정치적·정책적 결과로 드러나는 공적 신뢰와 이성을 통해 풍부한 분석 프레임을 제공한다. 이런 강력한 지식 방식이 배제된 현대사회 정치 이론의 설명력은 빈약할 수밖에 없다.

# 11장 과학공화국

 

독일, 영국, 미국의 정치 및 정책 시스템에서 생명공학이 수용되는 과정은 역사적 전환기의 세 민주 국가의 일반적인 작업 방식을 보여준다. 생명공학 정치는 과학과 권력 그리고 합법성이 연결되어 있으면서 이것들이 동시에 문제가 되기 때문에, 21세기 지식사회에서 거버넌스 혼란을 보여주는 교과서적인 사례이다. 앞 장들에서 우리는 위험을 평가하고, 가치를 명료화하며, 시민들을 참여시키고, 재산권을 만들고, 기술혁신을 장려하는 국가 차원의 노력을 살펴보았다. 대중의 불신이 순식간에 퍼지고, 대중이 생명과학 및 생명공학의 급속한 발전에 따른 주제를 반대하는 모습도 확인했다. 이런 미시정치는 독자적으로 작동하며, 인간이 생명을 조작할 수 있게 되자 사회질서를 보호하고 윤리적 확실성을 확보하려는 오랜 관심사에 미시정치가 깊게 침투했다. 시민 인식론이라는 렌즈를 통해 우리는 다양한 정치문화에서 대중이 새로운 과학기술에 근거를 둔 주장을 어떻게 평가하는지를 검토했다. 불확실성의 조건에서 해당 주장이 특정 형태의 혁신을 지지할 정도로 강인한지를 평가하는 방식도 살펴보았다. 결론에 해당하는 이 장에서 우리는 일반적인 관점에서 민주주의 이론을 비교한 의미를 검토한다.

생명공학 거버넌스 작업의 절차를 구축하기 위해 자유민주주의의 기본 가정에 몇 가지 의문이 제기되었다. 대의 정부는 시민의 선호를 인식하고 이것을 장려하는 방향으로 움직일 수 있는가, 민주적 기관은 과학기술 변화의 방향을 규제할 정도로 충분한 지적 능력이 있는가, 전문 지식과 전문성에 관한 요구가 증가하는 상황에서 시민들은 결정 과정에 의미 있는 참여를 할 수 있는가와 같은 의문들이 제기되었다. 비교 연구를 통해 우리는 어려운 문제에 대응하는 국가 차원의 반응을 검토할 수 있었고, 현대 산업사회에서 민주주의 구조와 우수성을 평가할 수 있었다. 이 책에서 분석한 세 국가 연구에서 우리는 생명공학 수용이 국가 기관별로 절차나 전통에 따라 다르다는 것을 확인했으며, 각 국가가 상황을 해결하는 과정에서 얻은 것과 잃은 것이 무엇인지를 성찰했다.

우리는 앞 장들에서 분석한 결과들을 과학정책의 특수성 및 민주주의와 관련된 세 가지 주제로 분류할 수 있다. 첫 번째로 생명과학을 수용하는 요소인 정치문화의 역동성이 있다. 생명공학 문제에 관해 문화적 조건에 따른 프레임은 어떻게 등장하고, 시간이 지나면서 정치·정책 어젠다로 제기된 새로운 이슈에 어떤 영향을 주는가? 두 번째 주제는 민주 절차와 과학기술 변화의 관계에 관한 것이다. 이런 규정에서 참여, 숙의, 대의라는 고전적인 정치 범주가 생명공학 정책을 입안하는 국가 차원의 시도에 의해 어떻게 활력을 얻고 변형되는지를 조사할 수 있다. 세부적으로 각국에서 대중은 유전자 변형의 사회적 의미를 어떤 방식으로 규정하며, 이 의미가 위험, 재산권, 윤리, 혁신 같은 공적 담론과 어떻게 관련되는가? 여기에 민주주의의 중요한 실패가 있는가, 만약 그렇다면 세 국가에서 이런 실패가 어떻게 분포되는가? 세 번째 주제는 기술이 발달한 사회에서 정치적 책임의 근거를 다시 검토하는 것이다. 과학기술을 통치한다는 권위적인 생각은 어디에서 나왔고, 정부는 과학 관리에 어떻게 책임을 지며, 권위 생산 과정은 유럽과 미국의 정치문화에서 어떻게 다른가?

이 방식으로 책에서 확인한 사실들을 재조정하면서 국가별 다양성을 살펴보고, 1장에 다룬 비교 목적에 관한 질문들에 답을 할 수 있다. 국가별 차이는 불가피한가, 만약 그렇다면 그런 사실은 우려해야 할 일인가? 과학기술에 관한 국가 차원의 대응이 자율적이고, 자기 복제적이고, 정치문화의 제도적 역동성을 띤다는 조건에 따른다면, 국가나 시민은 서로의 경험에서 무엇을 배울 수 있을까? 지식과 권력이 경쟁하는 문화에 있는 우리는 생명공학 관련 정치적·윤리적 대응을 조화하려는 관점에서 국가 간 비교 작업을 통해 무엇을 배울 수 있는가? 이 질문들에 대한 대답은 부분적이고 열린 결론일 수밖에 없지만, 추후 연구를 위한 시작점이 될 수 있다.

이 장에서 나는 유전혁명이 시작된 후 25년 동안 여러 문화의 차이를 학습할 수 있고 필요하다는 점을 주장했다. 하지만 이것은 정부의 실천을 개선하기 위한 보편적인 처방을 제공해주지 않는다. 이 책은 유전자 변형 식품에 관한 위험평가를 잘 수행하기 위한 지침서가 아니며, 공적 자문을 위한 표준 작업지시서도 아니다. 정부가 생명과학의 혁신을 장려하는 방식을 제안하는 것도 아니다. 이 장에서 앞선 비교 작업을 통해 확인한 사실들을 요약하면서, 생명공학 거버넌스를 위한 프레임 설계에 도움이 되는 내용을 검토한다. 여기에 제시된 생각에 공감하거나 다른 가능성을 성찰하는 독자라면 또 다른 의미들을 발견할 수도 있을 것이다.


## 고착된 프레임


2003년 5월 13일 미국 무역대표부는 다음과 같은 내용을 발표했다. 미국과 동맹국들은 생명공학 식품과 작물에 관해 '불법적이고 비과학적인 일시 유예'를 선언해 '농업과 세계발전'을 방해했다는 이유로 유럽연합을 세계무역기구에 제소했다.[1] 같은 해 7월 유럽연합은 유럽 소비자들이 대체 식품을 선택할 때 투명하고 믿을 만한 수단을 원한다고 주장하면서, 유전자 변형 성분이 포함된 식품을 표시하고 추적할 수 있는 새로운 규제를 도입했다. 또한 같은 해 8월 미국은 유전자 변형 작물 논란을 해결할 패널을 세계무역기구에 요청했다. 유럽연합 보건 및 소비자보호 위원장인 데이비드 바이른David Byrne은 미국의 행동을 비난하면서 다음과 같이 말했다. "불과 한 달 전만 해도 우리는 최신의 과학적·국제적 발전을 반영해 유전자 변형 제품에 관한 규제 시스템을 개정했다. 표시를 명확하게 하고 추적할 수 있게 한 규정은 유럽에서 유전자 변형 제품에 관한 소비자의 신뢰를 회복하는 데 매우 중요하다."[2] 생명공학이 발전하면서 그에 따라 정책도 자동적으로 수정되리라 기대한 사람은 아무도 없었다. 이 경우에 규제 방향은 적절한 사건 설명에 영향을 받는다.[3] 세계 경제에 강력한 힘을 행사하는 양측은 농업 생명공학을 장려할 것인지, 장려한다면 어떻게 할 것인지에 관해 의견을 달리 했다. 또한 규제과학은 무엇을 고려해야 하며, 생명공학의 성과를 관리해야 할 때 과학을 어떻게 다루어야 할지에 관해서도 양측의 의견이 달랐다.

우리가 보았던 것처럼 불일치의 뿌리는 깊었다. 1980년대 미국과 유럽연합 사이에, 그리고 유럽연합 회원국들 사이에 생명공학 위험에 관한 여러 프레임이 등장했다. 이 위험에 관한 과학적 설명은 '공동생산'에 따른 정치 기관과 실천 때문에 문제에 부딪쳤다.[4] 이 방식에 따르면 과학기술이 사회로 확장될 때, 세계에 관한 지식은 사람들이 어떤 세계에서 살기를 선택하는지를 결정하고 그 결정에 영향을 받기도 하는 여러 방식이 있음을 강조한다. 생명공학의 사회정치적 역사는 자연 질서가 사회 질서를 유지하기도 하고, 반대로 사회 질서에 의해 자연 질서가 유지되기도 한다는 사실을 명확히 보여준다. 인간이 생명과학과 생명공학을 접하면서 정치적으로 중요한 기관, 정체성, 대의, 담론이 수립되거나 재설계되었다. 정치적 실천, 사회 규범, 국가 정체성은 새로운 생물학 개념과 구성물에 의해 생산되었으며, 이것들은 서로를 강하게 지지했다. 이와 관련된 공동생산 개념으로 프레임 고착성stickiness of frame을 설명할 수 있다.[5]

세 국가에서 제기된 생명공학의 세 가지 프레임(제품, 절차, 프로그램)은 과학적·행정적·법적·정치적 합의에 의존했다.[6] 제품에 기반을 둔 방식은 주로 미국에서 채택되었다. 미국에서는 분자생물학을 이용해 특정 방식으로 접근하는 유전공학이 유망하고 명확한 이익을 가져다줄 것이며, 보건과 환경에 미칠 나쁜 결과는 충분히 예상할 수 있다(설령 그런 결과가 발생하더라도 무시할 수 있다)고 보았다. 반면 영국과 유럽연합은 절차에 기반을 둔 방식을 채택했다. 생태전문가들은 많은 불확실성을 인정하고 사전예방 차원에서 규제하는 규범적인 태도를 보였다. 독일은 과학적으로 모르는 것뿐만 아니라 정치적·윤리적으로 모르는 것을 강조하면서 사전예방 쪽으로 한 걸음 더 나아갔다. 과학과 국가가 프로그램별로 연합해 생명공학 발전을 엄격히 통제하지 못한다면 권력이 남용될 수 있다고 보았다. 이런 두려움은 독일의 여러 법률과 규제에 반영되었다. 이는 애매하고 개념적으로 다루기 어려운 상황에 반대하면서 범주들을 명확히 구분하려는 시도였다. 이 연구에서 분석하고 있는 시기에 독일의 생명공학 정치는 자연, 사회, 국가에 새로운 생명 형태를 도입하는 실험을 가장 적극적으로 반대했다.

각국에서 기술적·정치적인 초기 설정은 공동생산되었고, 새로운 이슈가 등장하면 계속 재조정되었다. 우리는 비교 연구를 통해 각국에서 위험이 공적으로 명료화되고, 거버넌스의 제도적 특성들이 연결되는 상황을 관찰했다. 여기서 우리는 기술결정론이나 경직된 경로의존성을 찾으려는 게 아니라, 시민·과학과 산업·국가 간의 관계에 관한 기대에 근거를 두고서 새로운 과학기술의 가능성들이 복잡하고 미묘하게 상호작용하는 모습을 확인할 수 있었다.

상업 제품 관점에 따른 생명공학 프레임은 미국에서 가장 잘 수용되었다. 미국에서는 국가 안보와 관련되지 않는 한, 합법적이고 강력한 사회 조직인 시장이 국가를 압도했다. 국가 통제 대신 시장에서 해결하는 방식을 선호하는 경향은 1980년대 이후에 더욱 강해졌으며, 레이건 정부의 탈규제 열기는 정부의 일상적인 실천들과 결합되었다. 시장 이데올로기는 사회주의 붕괴와 함께 프랜시스 후쿠야마가 언급한 유명한 문구인 '역사의 종말'이 더해져[7] 정치적 힘이 더 강해졌다. 친시장, 반규제 경향은 생명공학과 관련된 정부의 모든 행동(더 정확하게는 방치)에 적용되었다. 1970년대 연방의회 차원에서 포괄적인 법안을 만들려던 시도가 실패했고, 1980년대에는 상대적으로 느슨한 협력 프레임워크로 이동했다. 또한 다이아몬드 대 차크라바르티 사건[8]에서 특허를 승인한 것에서, 대학-기업 간의 기술이전을 촉진하기 위해 1980년에 제정된 베이-돌 법으로 이동했다. 기회비용을 보전하기 위해 반대가 많아지자 민간 투자와 위험

감수[9]라는 시장자유주의 정책으로 전환되어, 생명공학 혁신을 위한 장벽이 상당히 낮아졌다. 하지만 스타링크나 프로디진 사건에서 보듯이 생산자와 국가 모두 큰 대가를 치러야 했으며 결국 더 엄격한 통제로 이어졌다.

생명공학 제품의 프레임은 기술을 발전의 도구로 보고, 자연을 인간 창의력의 적용 대상으로 보는 미국의 역사를 반영하면서 강화되었다.[10] 이 프레임에서 시민은 만족할 줄 모르는 기술 소비자이면서, 끝없이 많은 욕망을 충족하기 위해 항상 새로운 상품과 서비스를 찾는다. 의회나 규제기관뿐만 아니라 법원과 윤리위원회도 시민이 새로운 생명공학을 기업가 입장에서 채택한다는 것을 재확인했다. 따라서 차크라바르티 재판이 생물과 무생물인 '합성물'의 차이를 없애버리자 혁신이 빨라졌다. 이 판결은 캐나다 대법원이 20년 이상 주저하면서 유전자 변형 종양쥐 사건에서 취한 입장과 명확히 대비된다. 그리고 자유개인주의를 지지하면서 사회적·기술적 실험에 내재된 선惡이 사법 결정에 영향을 주었다. 예를 들어 무어 대 캘리포니아대학교 대리인 소송[11]에서 재판부는 의학연구자가 인체 조직에 관한 재산권을 아무런 제한 없이 가질 수 있다고 판결했다. 또한 존슨 대 캘버트 소송에서 재판부는 자신의 신체에 상품을 시술할 수 있는 권리를 인정하는 생명자본주의biocapitalist에 입각해 임신한 대리모의 주장을 거부했다.[12] 개인 권리에 집중하면서 시장가치에 따른 실용주의 논리를 선호한 것이 공식적인 생명윤리 선언에 반영되었다. 클린턴 정부 시기 대통령 직속 위원회는 인간복제를 복제 위험에 근거해 금지했다.[13] 조지 W. 부시 대통령의 요청에 의해 설립된 윤리위원회만이 공리주의에서 벗어나 윤리 규정을 발표했다. 우리는 이런 변화가 민주주의를 위해 어떤 의미를 지니는지 살펴보았다.

영국에서는 국가 차원에서 생명공학 육성에 적극적이었으며, 존 메이저 총리가 이끄는 보수당 정부와 그 이후 노동당 정부에서도 지지를 받았다. 하지만 정부 정책은 대중의 분열된 반응 때문에 어려움을 겪었다. 상대적으로 덜 논쟁적이었으며 과학에 우호적인 법 영역에서는 배아 및 배아줄기세포를 이용한 연구, 대학 소속 과학자와 제약회사 간 협력 측면에서는 발전이 있었다. 반면 농업 생명공학은 온정적인 '과보호 국가'에 반대하면서 심각한 반발을 겪었다. 이는 다른 두 국가에서 경험하지 못했던 것으로 국가 차원에서의 정치적 협상이 필요했다. 우리는 두 영역에서 대중의 특별한 관심에 따른 생명공학 프레임이 장기 지속되며, 대중의 관심은 배아연구나 제약 생명공학처럼 공식 정책에 포함되기도 했다.

영국에서 적색 생명공학과 녹색 생명공학의 결과는 달랐지만, 두 생명공학과 관련된 정치는 몇 가지 체계적인 영국의 정치문화에 따랐다. 두 분야 모두 전문가의 신뢰성 덕분에 국가 정책이 지지를 받았지만, 광우병 사건 이후 농업수산식품부가 해체되어 정책 결정자에게서 공적 행동을 승인하는 전문가의 '안전한 손'을 빼앗는 위기가 발생했다. 2000년 행정 경험이 많은 존 크렙스 경이 주도해 새로 설립된 식품표준청은[14] 광우병 사건 이후에 신뢰를 회복하기 위해 노력했다. 하지만 크렙스의 역량은 부족했고 그가 2004년에 사임하자, 블레어 정부는 식품안전과 관련해 대중과 효율적으로 소통할 필요가 있다고 판단했다. 배아연구와 마찬가지로 권위 있고 신뢰성 있는 단체(개인이나 집단 모두 포함)의 절차는 메리 워녹에 의해 수립되었으며, 이후 너필드 생명윤리위원회가 영국 생식과학과 생의학 결과를 보호하는 데 기여했다. 유명한 소비자 보호주의자였으며, 인간생식배아국이라는 잠재적으로 논쟁이 될 수 있는 단체를 이끌던 수지 레더가 초대 식품표준청장으로 임명된 사건은 영국이 여전히 구체적인 전문성을 생산하고 그에 의존하는 모습을 보여준다.

이런 방식으로 정치 권위를 인정하는 건 경험적 시연을 선호하는 영국의 시민 인식론과 맞물려 실행되었다. 즉, 배아연구와 농업 생명공학 정책에서 일반인이 보고 이해할 수 있도록 증명하라는 요청이 제기되었다. 경험적인 정당화 요구를 충족시키지 못하는 경우에는 광우병 사건 이전에도 유전자 변형 작물의 안전에 불만이 제기되었다. 또한 영국의 정책자문가들은 미국의 입장을 수용하지 않았는데, 미국은 대부분의 유전자 변형 제품이 유전자 변형 없는 제품과 사실상 다르지 않기 때문에 안전하다는 입장이었다. 학계와 환경단체의 비판적인 목소리가 농업 생명공학을 지원하기 위해 강력한 합의를 구축하려는 정책 숙의 절차에 추가되었다. 하지만 미국과 달리 영국에서는 정치를 확장하기 위해 과학적으로 미지의 세계를 확인해야 한다는 점이 더 고려되었다. 농장 수준에서의 유전자 변형 작물 시험과 유전자 변형 제품의 상업화에 관한 국가 차원의 논쟁이 중요하게 언급되었다.

반면 사회적 권위와 과학적 권위가 서로 강화되는 연합은 거의 볼 수 없었다. 14일 된 전 배아는 적절한 배아에서 경계선 밖으로 명확하게 배제되었는데, 인간의 특징을 갖고 있지 않았기 때문에 연구 대상으로서 적합했다. 하지만 공동생산 관점에서 보면 발달 중인 인간배아를 법적 대상과 생물학적·사회학적 존재로 구분한 것은 국가 정책 변화에 따른 생명권력을 보여주는 사례이다. 경계선은 윤리적이고 과학적으로 지지되어야 한다. 정부가 시민을 대신해 실재를 구성할 수 있도록 국가는 보유하고 있는 모든 권위를 동원했다. 배아연구를 위한 공간을 만들고 유지하기 위해서는 공식적인 윤리위원회가 완벽하게 운영되고, 의회에서 신중하게 승인되어야 했다. 또한 인간생식배아국에 법적 권위가 위임되고, 이 기관의 규제 권한은 추후 법적 도전을 물리칠 수 있도록 상원의 지지를 받아야 했다. 이 과정에는 메리 워녹으로 대표되는 윤리전문가라는 새로운 사회적 범주가 필요했다.

독일은 영국과 유럽연합처럼 절차 프레임을 채택했는데, 어떤 형태의 유전자 변형이라도 그것의 응용 영역에서는 특별한 감시가 필요하다는 것이었다. 하지만 독일에서 생명공학의 위험을 줄이기 위한 절차는 1989년의 사회주의 몰락, 1990년 10월의 통일이라는 역사적·정치적 기억 관리와 함께 진행되었다.[15] 생명공학과 관련된 초기 정치 논쟁을 해결하기 위해서는 무엇보다 법이 존중되는 법치국가로서의 독일을 재확인해야 했다. 독일 국가는 정부이면서 동시에 인간 존엄성 같은 헌법상의 기본 규범을 엄격하게 수호해야 한다. 이런 맥락에서 과학, 기술, 국가의 관계는 프로그램 측면에서 특징을 고려해야 한다. 이는 전후 독일의 정체성을 규정하려는 지속적인 노력에 기반을 두고 있다.

독일은 규제를 통해 생명공학 문제를 해결하는 과정에서 법적·윤리적인 절대 기준을 반드시 설정하려고 했다. 독일은 어려운 문제를 애초에 차단하거나, 예외 규정을 명확히 명문화했다. 따라서 기본법은 여성이 정신적인 고통을 이유로 낙태를 할 수 있지만, 인간 태아는 무제한 생명권을 갖는다고 해석했다. 여분의 잉여배아로 줄기세포를 만든다고 하더라도 대리출산은 금지되었다. 이런 방식으로 태어난 일부 사람들은 법의 규제를 받지 않는 국경 지역에 숨어서 약탈자처럼 비참하게 살고 있으며 그 숫자도 정확하게 파악되지 않았다. 독일에서 배아줄기세포 수입은 불법이었다. 법에 명확히 규정된 기한 이전에 만들어진 배아줄기세포만이 수입되었다. 국가는 명확한 경계를 제시해 위험한 상태에서 댐이 무너지지 않도록 해야 하고, 공적 윤리·법·질서에 영향을 주는 사안을 잘 알고 있는 사람은 댐이 무너지지 않도록 지지해야 한다. 독일이 무법 상황을 두려워하는 양상은 영국이나 미국과는 크게 다르다. 영국과 미국에는 윤리 판단이 어려운 상황에서도 경사면에서 미끄러지지 않게 법이 기반을 확보할 수 있다는 확신이 있었다. 모든 규제 시스템이 그런 것처럼 독일에도 불분명한 상황이 있긴 하지만, 독일이라는 법치국가는 이런 존재를 공식적으로 허용하지 않았다.

독일은 명확한 법적 지원이 없이는 논쟁적인 선택을 하지 않기 때문에, 국가는 생물안전 중앙위원회 같은 전문기관 네트워크를 통해 재량권을 행사할 수 있었다. 이 기관들은 법적 한계 안에서 기술적으로 행정결정을 내린다고 스스로를 규정하고 있다. 윤리적으로 애매한 생명 형태가 법적 존재가 아닌 것처럼, 규제 절차도 정치적 표현이 애매한 경우에는 적절하지 않은 것으로 간주되었다. 예를 들어 유전자 변형 식물을 숙의적으로 방출할 경우 청문회를 열어야 한다는 규정은 유전공학법에 포함되었다가 폐지되었는데, 이 관점에서 보면 적절한 결정이었다. 반면 이런 규정은 절차와 실체의 경계선을 흐리게 만들고, 표현적 또는 상징적 정치, 그리고 위르겐 하버마스가 제안한 공론장에서 정치 논쟁의 경계선도 불분명하게 만드는 혼종적인 절차였다.

슈뢰더 정부는 생명과학과 국가의 관계를 재설정하려고 시도했는데, 우리는 여기에서 규정을 엄격히 따라야 한다는 전통의 흔적을 볼 수 있다. 생명공학 발전을 촉진하기 위해 여러 분야에서 타협이 이루어졌다. 녹색당 소속 연방 소비자보호 식품농업부 장관인 레나테 퀴나스트는 농업 생명공학에서 "그저 '아니요'라고만 말하는" 태도를 분명하게 거부했다. 유전자 변형 식품과 유전자 변형 작물은 유럽연합의 표시 및 추적 가능성 규정을 따르면서 승인되었다. 줄기세포와 생의학 연구에 규제가 완화된 정책을 적용하기 위해 생명윤리위원회 설립이 추진되었다. 대학-기업 간 기술이전을 장려하기 위한 바이오지역을 적극적으로 육성하기도 했다. 이 과정들은 낡고 완고한 정책이 완화되고 있음을 보여주지만, 생명공학을 지원하고 규제하는 핵심 기관은 여전히 국가였다. 슈뢰더 총리 직속 생명윤리위원회 위원들은 첫 공개회의에서 하버마스의 공론장을 언급하면서 위원회가 합리적이고 투명한 방식으로 대표성을 확보해야 한다고 지적했다.[16] 퀴나스트는 유전자 변형 작물을 개방하는 대신 유기 농업에 공적 보조금을 약속했다. 바이오지역에 있는 기업은 공적 기업의 성격을 유지했지만, 이 공기업은 기본적으로 경쟁 체제로 운영되었다. 독일에서 과학, 기술, 정부 사이의 관계는 21세기에도 그대로 유지되었다. 다만 윤리적 우려와 전후 정치의 도덕적 망설임, 위험이 따르는 혁신을 향한 두려움은 발명 과정을 합리적으로 관리하는 독일의 강력한 관료 전통으로 대체되었다.

나는 유럽연합의 생명공학 정치는 회원국의 정치에 크게 의존하고 있다고 주장했다. 생명공학 제품의 수용성과 관련된 논쟁에서 제기된 질문들은 국가별로 달랐다. 하지만 유럽연합 정치를 무시하면 세기 전환기의 국제화라는 중요한 요소를 놓치게 된다. 유럽연합은 숙의적 방출에 관한 규제를 개정하고 유전자 변형 식품 표시와 추적을 법으로 규정해 유전자 변형 식품과 비非유전자 변형 식품이 '공존coexistence'할 수 있는 공간을 만들었다. 또한 유럽연합은 회원국들이 각국의 농업과 식품 상황을 고려해 유전자 변형 제품의 적합성을 다르게 판단할 수 있도록 조정했다. 생명윤리와 관련해 제6차 연구 프레임워크 프로그램은, 인간을 생물학 대상으로 연구하거나 사용하는 것을 혐오하는 사람들과 규제 안에서 단계적으로 혁신할 수 있다고 믿는 사람들이 규범적으로 공존할 수 있도록 한 계기였다. 세계무역기구에서 미국이 제기한 소송은 유럽 정체성에 관한 협상의 배경에 반대하는 것으로 볼 수 있다. 단순히 자유무역을 위한 전투가 아니라, 정치적(그리고 존재론적) 공존을 위한 대안 모델을 위한 전투였다.


## 민주적 경험의 다양성

세 국가에서 생명공학을 적절히 관리하려면 과거의 정치 절차를 새로운 어젠다에 적용하지 않아야 했다. 낡은 법적·정치적 기관이 빠르게 발전하는 과학기술을 쫓아가기도 어려웠다. 각 민주사회가 생명공학을 수용하고 어느 정도 재구성하는 시도들에서, 우리는 과학기술과 관련된 정치가 무엇이고 기술정치 절차를 어떻게 조직하고 수행해야 하는지를 파악했다. 이런 관점에서 생명공학 정치는 민주 정치를 구성하는 핵심 요소이다. 각국에는 적극적인 시민 참여를 통해 과학과 국가 간 사회계약을 새롭게 경신해야 하는 문제가 있었다.

세 국가에서 생명과학은 특별한 정치 문제를 제기했다. 형이상학적 무질서 또는 사물을 분류하는 방법에 관한 논란은 유전자 변형의 부산물이었고 거버넌스 실천에 혼란을 초래했다. 생명공학은 수 세기 동안 서구에서 법적·정치적 관점에서 인정받은 경계선인 고대 분류체계를 붕괴시켰다. 원칙상 정치 영역에서 그리고 많은 경우 의사결정 영역에서 자연과 인공물, 생물과 무생물, 살아 있는 것과 죽은 것, 신체와 재산 사이의 경계가 갑자기 문제가 되었다. 법을 재해석하고 새로운 정책을 실행하는 모습은 새천년의 전환기를 관찰할 수 있는 렌즈 역할을 한다. 생명과 생명을 구성하는 물질은 규제가 필요한 제품, 상품, 치료 행위자, 시험 대상이 되었다.[17] 국가는 생명에서 성스럽게 보존해야 할 것이 무엇인지를 규정하면서, 동시에 어떻게 그 생명을 통제할 것인지 규정하는 의무를 부담하는 정치 행위의 기로에 서 있다.

생명공학 및 생명과학 정치에서 공적 개입은 기술정치의 민주적 의미를 강조하기 위해 세 가지로 나눌 수 있다. 첫째는 대의제이다. 정치적·정책적 절차에서 어떤 목소리가 경청할 만하고, 정치적 포용이 이슈 프레임에 어떤 영향을 주는지에 관한 것이다. 둘째는 참여이다. 이는 누가 정치에 실제로 참여하는지 그리고 누가 참여하지 않는지에 관한 것이다. 셋째는 숙의이다. 이는 정치 논쟁이 수행되는 담론의 한계와 성취에 관한 것이다. 우리는 이 세 측면에서 국가별 유사성과 차이점을 살펴보고 공공정책의 의미를 검토한다.

### 대의제

대의제는 지식사회 정치에서 두 얼굴을 지닌 단어이다. 첫째로 이 단어는 통치기관 내부와 외부에서 대중이 자신을 대변하는 것을 뜻한다. 또한 대중이 집단 차원에서 의미 있다고 간주되는 이슈를 다루는 단체를 대변하는 것이기도 하다. 대의제의 첫 번째 의미는 전통적인 민주주의 이론 가운데 하나이지만, 두 번째 의미는 정책 어젠다의 프레임과 실천에 영향을 주면서 중요해지고 있다. 우리가 생명과학 논쟁에서 자주 보듯이 두 가지 의미는 서로 관련되어 있다.

생명공학 정치는 각국에서 통상적인 업무로 처리되었지만, 이런 업무 방식은 여러 수준에서 공격을 받았다. 미국의 저명한 과학자들은 아실로마에 모여서 재조합 DNA 연구의 위험성에 주목했고, 전 세계에 널리 전파된 규제를 위한 개념적 기초를 만들었다. 아실로마 회의에 참석한 사람들은 공공복지 차원에서 우려를 표명했지만, 이해관계 그룹들 간의 정치라는 미국의 전형적인 유형을 보여준 사례이기도 했다. 분자생물학자들은 핵물리학자들이 핵무기 개발에 참여했다는 이유로 존경을 받지 못한 사례를 떠올리면서, 미래를 예측할 수 없다고 두려워하면서 주저했다. 하지만 아실로마 회의의 참석자들은 부주의했다는 비난을 막으면서, 정치적으로 강력한 내러티브를 만들어 분자생물학자들의 이익을 도모했다. 이 내러티브는 과학의 자기 규제와 사회적 책임, 유전자 변형 기술의 안전성을 보장할 수 있는 분자생물학, 위험 관리의 핵심이 되는 보건문제, 주요 위험 관리 도구인 물리적·생물학적 밀폐containment에 관한 내용을 담고 있었다. 생명공학의 초기 프레임을 만드는 데 여러 사회적 행위자들이 어떤 역할을 했는지를 정치 시스템 관점에서 비교해보면 이 내러티브의 효과가 명확히 드러난다.

영국이 생명공학 이슈에서 보인 첫 반응은 하향식 유형이었고, 보이지 않는 전문가위원회 네트워크에서 정보를 얻고 도움을 받았다.[18] 그러나 영국 정부는 다원주의 정치가 아닌 합의를 추구하고 엘리트 전통에 따르면서, 정책 협상 테이블에 모든 합리적인 목소리 또는 적어도 정부가 판단하기에 합리적인 목소리를 수용했다. 여기에는 생태주의자와 환경주의자도 포함되었다. 이들은 1990년대부터 미국식 평가를 넘어, 농업 생명공학에서 알려지지 않은 것들도 조사했다. 심지어 광우병이 일반 단어가 되기 이전에, 영국의 과학자들과 정책 결정자들은 미국과 달리 생명공학 규제를 사전예방 차원에서 접근했으며, 유전학 기술이 사용된 제품만을 규제 대상으로 삼는다는 생각을 지지하지 않았다. 하지만 크게 보면 이런 발전에 대중의 기여는 거의 없었고, 유전자 변형이나 유전자 변형 응용에 관해 자발적으로 참여한 적도 없었으며, 참여해 달라는 제안을 받은 적도 없었다.

광우병 이후 신뢰가 완전히 무너진 것은 생명공학 정치의 전환점이었다. 하지만 위기에서 드러난 점은 과학과 산업을 향한 영국 대중의 반감이라기보다는, 세계에서 가장 성공적인 경제·기술 지식사회 중 하나에서 규제자와 피규제자 관계가 부실했다는 것이었다. 보수당 정부가 장기집권하면서 환멸이 극에 달했고, 유럽화 속도와 과정에 불만이 많았던 상황에서 광우병 사건은 영국 시민과 국가를 연결하는 관계가 약했음을 보여주었다. 앞에서 검토했듯이 이는 '시민 전위civic dislocation'의 순간이었고, 정부의 목표와 기술의 목표를 성찰하는 계기가 되었다.[19] 유전자 변형 식품에 관한 공포가 확산된 뒤 노동당 정부가 파악했던 것처럼, 신뢰를 회복하기 위해서는 정부 정책을 다시 만들어야 했다. 정부는 시민과 더 효율적으로 소통하는 법을 배워야 하고, 그 반대도 마찬가지라는 기본 규정을 만들었다. 정부를 재발명하기 위해서는 시민성도 재발명되어야 했다. 2003년 유전자 변형 제품에 관한 세 번의 격렬한 논쟁에는 과학, 경제, 정치가 한꺼번에 개입되었고 수개월 동안 전국적으로 논란이 벌어졌다. 이는 국가가 보호해야 하는 대중이 만들어진 계기였다.

그러나 혁신을 향한 이런 열광은 과거의 거버넌스가 완전히 폐기되지 않았음을 보여주었다. 정부의 최고위층은 생명공학 논쟁에서 시민과 비정부기구의 반발에도 '과보호 국가'의 성격을 계속 유지했다. 토니 블레어 총리는 2002년 왕립학회에서 과학을 주제로 자신감 넘치는 연설을 했고, 존 크렙스 경은 유전자 변형 식품에 관한 대중의 우려에 반대했으며, 정부는 2004년 Bt옥수수의 상업 재배를 승인했다. 이것은 영국 활동가들과 학자들이 과학기술과 연합한(내가 제안한 용어로는 프로그램적인programmatic) 정부와 기업에 요구했던 겸손과 신중함을 무시한 처사였다.

독일에서 대의제는 미국처럼 전통적인 민주주의 채널을 통해 진행되었다. 하지만 대중을 위해 발언하는 일은 이해관계 단체가 아니라 정치 정당의 몫이었다. 생명공학과 관련된 초기 논쟁은 녹색당(항상 소수였다)이 주도했다. 녹색당은 자신들이 효과적으로 활용할 수 있는 정치 채널(입법, 소송, 직접 행동, 언론)을 사용해 모든 형태의 유전자 조작에 격렬히 반대했다. 유럽의 다른 곳과 마찬가지로 독일 녹색당의 초기 전략은 생명공학을 새롭고 비정상적인 산업 공정으로 규정하면서, 국가와 기업이 공포를 조장하고 있다고 알리는 것이었다. 윤리 감정을 불러일으키는 정치 환경은 과학적·사회적·정치적 실험에 적대적이었다. 이 때문에 유전자 변형 식품처럼 새로운 생명체, 전 배아, 줄기세포같이 경계에 있는 생물학적 실체를 만드는 위험한 실험은 금지되었다. 슈뢰더 총리 시기의 적녹 연정처럼 녹색당이 권력 내부에 있을 때에만 정당의 절대적 입장에서 벗어날 수 있었다. 역설적이게도 이 시기 통일 독일은 경제 침체에서 벗어날 수 있는 도구로 생명공학에 크게 의존했다. 이 연정에 반대하는 목소리가 수년째 계속되자,[20] 녹색당은 바이오지역으로 독일 지도를 다시 그리는 작업을 시작했다. 바이오지역은 국가 경제 회복의 도구였으며, 국가 차원의 생명정치 프로그램이 시작되었음을 보여주는 것이었다.

## 참여

세 국가 사이의 대의제 전통의 차이는 누가 생명공학 숙의에 참여하는지, 새로운 지식 생산과 사회 행동에 따른 결과는 무엇인지를 검토하는 데 도움이 된다. 대의제의 두 기능(대중을 위한 발언과 정책 이슈 프레이밍)은 정치적 포섭, 배제, 숙의를 위한 주제와 인물을 결정하는 전제 조건을 결정한다. 미국에서는 유전자 변형 제품이 신속하고 명확하게 성공해 유전자 변형 기술(특히 농업 관련)의 사회적·윤리적 의미에 대한 논쟁이 막혔고, 유전자 변형 식품의 생산 기록을 표시해 공적으로 알리는 것조차 어려웠다. 정책 결정자들과 기업은 유전자 변형 기술이 대중에게 수용되었다고 해석했으며 정치 논쟁은 생략되었는데, 이는 대중의 무지가 반영된 결과인 듯하다. 2003년 9월 비영리기관인 퓨이니셔티브PEW Initiative가 식품 및 생명공학 발견에 관해 수행한 조사 결과는 다음과 같다. "식료품점에 있는 가공음식 중 70~75%가 유전자 변형 식품인데, 미국인 중 24%만이 자신들이 유전자 변형 식품을 먹고 있다고 생각했으며, 58%는 그렇지 않다고 대답했다. 이 결과에 따르면 미국인들은 매일 먹는 음식에 유전자 변형 식품이 어느 정도 포함되어 있는지 모른다."[21] 특허상표국은 지적재산권을 제한했고, 법원도 생명공학을 위한 경제를 개척하기 위해 시민 참여를 제한했다.[22] 유기농 운동은 담론적이고 제도적인 장벽을 부분적으로 극복하면서 유전자 변형에 의문을 제기할 수 있는 통로를 만들었고, 비유전자 변형 제품이 시장에서 자리 잡는 데 기여하기도 했다. 이들의 승리는 유전자 변형이 문제를 일으키지 않는 생산 방식이라는 기본 프레임을 건드리지 못했으며, 비유전자 변형 제품에 유기농 표시를 붙여 중요한 상업적 지위(문자적이고 비유적으로)를 만들어주었다.

생의학 응용 영역에서는 의학실험상 윤리적 타락을 보여준 역사와 미국 국립인간게놈연구소에서 수행된 윤리적·법적·사회적 영향에 관한 연구인 엘시에 의해 윤리적 관심을 표현하는 제도적 공간이 형성되었다. 하지만 엘시 연구의 방향에 관한 논란은 1970년대 이후 윤리 논쟁을 제기한 연구공동체의 권력을 보여주었다. 생명공학 관련 지적재산권 영역은 별다른 정치적 장애물 없이 법적 지원을 받으면서 발전했다. 베이-돌 법에 의해 변화된 미국에서 과학의 사회계약은 기초연구, 특히 생명과학의 응용을 감시하는 대중의 권한을 약화시켰다. 대학에서 수행되는 과학은 목표와 목적에 대한 자기 성찰을 하지 않았고, 과학은 '끝없는 프런티어'임을 내세우며 대중을 고려하지 않았다.

영국에서 녹색 및 적색 생명공학의 움직임은 미국과는 정반대였다. 대중이 식품 안전에 큰 관심을 보이자, 국가는 농업 생명공학 절차를 규제하는 제도적 장치를 재검토했다. 학계와 비정부기구 대표자들은 정책 이슈의 범위를 확대하기 위해 새롭게 구성된 자문위원회에 참여했다. 다른 영역과 달리 제품 영역에서 영국 정치가들은 유전자 변형을 점진적 발전 과정으로 보면서 단순히 수용하기보다는 기술의 목적을 논의하려는 자세를 희미하게나마 보여주었다. 반면 배아와 줄기세포 연구 정책은 국가 공무원과 엘리트 자문가 사이의 전통적인 연합을 통해 입안되었으며, 정책 방향은 영국 과학이 국제적으로 경쟁력 있는 분야에서 연구 자유를 확보하는 것이었다. 상업화와 관련해 사회적·법적 제한을 폐지하려는 시도가 있었으며, 제약 분야에서 대학 소속 과학자와 기업 사이의 이해관계가 긴밀해졌지만 의미 있는 공적 논의는 없었다. 하지만 유전자 변형 작물 사례를 살펴보면 신중한 관리가 얼마나 오래 지속될 수 있을지는 의문이다. 결국 영국 정부가 유전학과 유전체학에 관한 사회적 연구를 지원한 것은 이런 불안정성을 공식적으로 인정한다는 의미였다.

세 번째 유형인 독일의 참여 방식에서는 법적인 행동에 들어가기 전에 상당한 규모의 공적인 논쟁이 진행된다. 하지만 정치 논쟁은 기능적으로 전문화된 전문가위원회의 지원을 받아 종결된다. 이 방식에서 흥미로운 점은 불확실성과 관련된 공식적인 침묵(또는 의도적인 무관심)이다. 생명공학 연구개발을 위한 법적 프레임을 만들고 나면, 독일 정치인과 시민은 미국에서 이익단체 활동이나 소송을 통해 유지되는 높은 수준의 경각심을 보이지 않았다. 법이 제정되면 참여와 숙의가 중단되었다. 독일에서는 낙태 사건이 칼스루에에 소재한 연방헌법재판소의 판결에 의해 종결되었을 때나 의회에서 표결을 통해 법안이 통과되었을 때처럼, 농업 부문과 생의학 부문에서 과학자를 포함한 행위자들은 일단 법령이 결정되면 이를 거부하거나 제한하려 하지 않았다. 영국과 미국에서 공적 논쟁으로 표면에 드러나는 과학적 불확실성이 독일에서는 어떠한 정치적 역할도 하지 못했다.

## 숙의

독일, 영국, 미국은 대의 민주주의와 함께 숙의도 도입하려고 했다. 세 국가에서 정치 행동의 합법성은 이론상 참여의 양과 질에 의존한다. 숙의 과정을 거치지 않은 단순 투표 행위는 민주적 거버넌스로는 불충분했으며, 특히 캘리포니아에서 시행된 주민투표에서 많은 불만이 제기되었다. 하지만 서구 국가들에서는 시민 참여에 회의적인 시선이 많았다. 과학의 대중적 이해와 관련해 대서양 양쪽에서 제기된 우려는 이런 자기 의심을 보여줬다. 유럽연합에서는 민주주의가 없다고 걱정했고, 영국에서는 (식품 안전과 관련해) 윤리적 공포에 빠졌다. 미국에서는 영향력 있는 미국 저널리스트인 월터 리프먼Walter Lippmann이 1920년대에 제기한 '유령 대중phantom public'의 역할에 절망했다.[23] 과연 우리는 비교 분석을 통해서 생물학 혁명이라는 풀리지 않은 의미를 숙의할 수 있는 민주 정치를 확인할 수 있을까?

세 국가에서, 그리고 이 책에서 다룬 거의 모든 주제에서 우리는 생명공학의 형이상학적인 측면에 의미 있는 논의가 부족하다는 것을 확인했다. 즉, 생명공학 기술을 이용해 만들었거나 만들 수 있는 실체의 범주나 생명체의 형태에 관한 논의가 부족했다. 유전자 변형은 세상에 새로운 실체를 내놓는 중요한 방법이며, 참여에 기반을 둔 숙의 정치는 이 신제품의 타당성을 가장 먼저 다루어야 한다. 우리는 자연의 과정에 개입하는 권력을 어떻게 사용해야 하는가? 정책 결정을 위한 공적 담론은 기술적으로 제작된 사물의 영향에만 주목하면서 논의되었다. 이 사물의 존재 의미, 목적, 가치는 공적·사적 포럼에서 거의 논의되지 않았다. 재조합 소성장호르몬은 인간에 해로운가? Bt옥수수는 비非표적 곤충에 피해를 주는가? 유전자 변형 식품은 건강의 위험 요인인가? 국제협약을 어기면서 무역을 규제하는 것이 효과가 있는가? 유전자 복제로 태어난 동물은 교배로 태어난 동물보다 허약하거나 질병이나 노화에 더 취약한가? 이런 위험은 인간 복제를 금지할 수 있을 정도로 충분한 근거가 있는가? 유전자 조각, 새로운 박테리아, 유전자 변형된 동물은 법적으로 특허를 인정할 수 있는 대상인가? 기업은 생명공학의 창의적인 과정이 새로운 정치적 숙의의 주제가 될 정도로 충분히 새롭다는 담론을 완강하게 거부했다. 위에서 언급한 문제 모두를 전문가들이 해결할 수 있다는 것이다. 그렇다면 정치적 변화를 위해서는 무엇이 필요한가?

규제를 위한 공식 포럼 외에도, 자연과 분리된 생명공학 관련 질문들은 거절된 연구계획서, 법정조언자가 작성한 의견서, 언론 홍보물, 정치인의 사무실 앞에 쌓아놓은 곡물 같은 여러 반대 담론에서 찾아볼 수 있으며, 유전자 변형 제품에 표시를 금지하는 규정에서도 질문을 찾을 수 있다. 미국의 리언 캐스나 프랜시스 후쿠야마, 독일의 위르겐 하버마스나 페터 슬로터다이크처럼 대중에게 알려진 지식인들은 자신의 생각을 밝혔고, 그들의 목소리는 20세기 후반에 새로 등장한 기관인 국가 윤리위원회에서 증폭되었다. 전략과 강조점이 서로 얽히면서 정상 정치가 일부 변했다. 반면 기존 숙의 기관뿐만 아니라 담론이 가장 약했고 실천의 근거도 부족했던 곳에서 참여에 기반을 두고서 승리했다.

환경주의자들은 유럽의회 같은 새로운 기관에서 (유전자 특허 및 연구윤리와 관련해) 가장 큰 성공을 거두었다. 유전자 변형 정치의 신참인 슈퍼마켓 산업은 소비자들의 선호에 직접 응답하면서 큰 성공을 거두었다. 영국에서는 대중이 광범위하게 참여했던 역사 경험이 없었는데, 유전자 변형 작물의 상업화와 관련해 혁신적인, 세 방향에서 진행된 숙의 과정이 새롭게 등장했다. 이것은 재조합 DNA 연구에 관한 민주적 절차와는 거리가 멀었던 아실로마 회의 이후, 생명공학 분야에서 과학적으로 알지 못하는 것을 가장 광범위하게 조사한 사례였다. 미국에서 유전자 변형 반대자들은 유기농 식품 시장이 형성되던 초기에 자신들의 목소리를 분명하게 전달했다. 1990년대에는 연방 차원의 규제가 아직 정립되지 않았지만, 미국 식품의약국은 유전자 변형 식품의 가치를 광범위하게 평가하라는 요구를 완강하게 거부하다가, 유럽의 반대자들에게 밀려 유전자 변형 제품과 비유전자 변형 제품 사이의 '실질적 동등성' 원칙에서 마지 못해 일부 후퇴했다.

유전자를 복제하거나, 잠재적 인간인 배아줄기세포를 파괴해 등장할 수 있 는 새로운 종류의 인간이라는 망령이 세 국가에서 떠돌아다녔다. 이는 생명공 학의 존재론적 결과를 전면적이고 공적으로 숙의하게 되는 계기였다. 이슈가 폭발하듯 터져 나왔지만 결과는 신기할 정도로 제한적이었다. 영국은 전 배아 를 비인간화하는 데 성공하면서 미국과 달리 낙태 논쟁을 막을 수 있었다. 하 지만 독일에서 시작된 배아 조작과 관련된 논의에서 우생학과 페미니즘 관점 의 연구는 금지되었다. 독일에서 벌어진 엄격한 지적 논쟁을 통해 만들어진 법 은 흑백논리로 연구를 금지하면서 추후 혁신을 막았을 뿐 아니라, 줄기세포 연 구에 윤리적으로 불편한 타협을 강요했다. 미국에서 생명윤리는 실용주의 관 점에서 의학연구를 장려하기 위해 개발되었다. 조지 W. 부시 대통령이 임명한 보수 성향의 생명윤리위원회는 '설명적 실재'를 명확하게 밝히고 윤리적 추론 을 장려하기 위해 투명한 단어를 채택했다. 이 위원회는 새로운 담론 차원의 길을 제시하면서, 자신들이 제안한 언어가 갖는 프레이밍 권력을 거부했으며, 문제가 많은 사실-가치 구분을 윤리 분석 대상으로 동원했다. 위원회는 중립적 인 위치와 거리가 멀었으며, 위원회가 제안한 용어는 줄기세포 연구와 정치적 으로 절박한 치료 및 생식권에 관한 담론 사이의 연결을 끊어버렸다.


## 권력의 배후에서

생명공학에 대한 민주적 개입은 대의, 참여, 숙의라는 국가 차원의 접근 방 식을 통해 형성되었고 제한을 받았다. 이 방식은 누가 사람들과 이슈들을 대변 하는지, 이슈들이 어떻게 규정되는지, 공식적인 정책 결정 절차에 이슈들이 어 떻게 반영되는지를 결정했다. 각국의 특정한 문제들은 대중의 통제 범위 밖에 완강하게 남아 있고 일상 정치와도 구별되었다. 여러 제도적 경계 작업 때문에 이런 이슈들이 보이지 않거나, 전문적인 분석만 가능하도록 이슈들이 조정되었다. 민주적 통제는 정치적 합법성이라는 문화적으로 승인된 규범에 우호적이었지만 종종 그 규범에서 벗어났다. 이런 규정할 수 없는 권위의 원천은 무엇이며, 이 원천은 국가별로 어떻게 다르게 나타나는가?

우리는 비교를 통해 각 국가에는 윤리적 의사결정에 선호되는 모델이 있다는 것을 확인했다. 이 모델은 생명공학 거버넌스에 관한 공식적인 민주 절차를 보완하는 힘으로 작동한다. 숙의적 방출(4장) 논란을 통해 우리는 미국에서 과학의 권위가, 영국에서 전문성이, 독일에서 제도적 합리성이 감추어진 힘으로 작동했음을 볼 수 있었다. 이런 합법화 장치는 정치적 책임이라는 일반 규정에 따르지 않는 숙의 공간을 마련해주었다. 또한 합법화 장치는 정치 이론보다 우선해서, 잘 정립된 민주주의 체제에서 상대적으로 의심을 받지 않는 사회 실천이 정상정치의 배후 역할을 했다. 여기서 정상정치란 토머스 쿤이 과학혁명을 설명하는 데 사용했던 용어에서 착안한 단어이다. 주류 과학 패러다임의 보이지 않는 가정은 정상과학이 일상적인 인식·의미·합법성을 얻을 수 있는 안전한 피난처를 제공하는 모습과 같다는 뜻이다.[24] 물론 정치문화의 패러다임적 요소는 절대적이거나 보편적으로 작동하는 것은 아니어서, 그 정체가 드러나게 되고 또 비판의 대상이 된다.

미국에서 과학은 정치적 권위를 강력하게 보완할 수 있는 초월적인 인지적 권위를 갖고 있다. 정치에 포함된 과학의 지위는 근본적이고 구성적이어서, 독일이 자칭 법치국가로 간주하는 것처럼 미국을 과학국가Wissenschaftsstaat라고 부르고 싶을 정도이다. 과학은 생명공학(특히 농업) 정치 논쟁을 종결하거나 사전에 해결하는 데 꾸준히 이용되었다. 하지만 과학적 사실만으로는 충분하지 않았다. 정치적 반대를 물리칠 수 있는 과학의 능력은 미국 국립과학아카데미에서부터 규제기관 산하의 자문단체까지 다양한 전문기관의 도움을 받았다. 이 단체들은 미국에서 추진된 초기 제품 프레임에 동의했고, 농업 및 식품 분야 생명공학의 안전성을 검증하는 기반을 제공했다. 또한 과학은 이 단체들을 통해 인간 복제에 반대하면서도 줄기세포 연구를 지지하는 설득력 있는 주장을 펼쳤고, 대학 연구가 상업 제품으로 곧바로 연결될 수 있게 사회계약을 새로 쓰도록 지원했다.

물론 과학은 이런 합법화 기능을 수행하기 위해 정치에 오염되지 않도록 독립적이어야 했고, 이렇게 분리하도록 경계 작업을 수행하는 여러 행위자가 있었다. 과학이란 이해관계로부터 독립된 활동이라는 머튼의 생각은 기업의 과학을 격렬히 비판하는 미국의 비평가들에게도 여전히 유지되고 있다. 이들의 꿈은 과학이 철저히 사회화되었고 그 안에 정치가 포함되어 있다고 보는 모드 2 분석가들과는 달랐다. 생명공학 특허 논쟁과 산학협력의 윤리적 문제점에 관한 지속된 논쟁으로 약간의 균열이 있었지만, 이 모든 논쟁에서 지탄의 대상은 잘못된 개발, 기업, 사람이었다. 가치중립적인 과학이라는 이미지는 미국의 회의주의자나 지지자들 모두로부터 든든한 지원을 받는 이상理想이었다.

영국에서도 과학은 미국처럼 지적으로 우월한 지위를 누렸다. 하지만 개인이든 집단이든 사회적으로 신뢰를 받는 전문가 단체를 통해 말하지 않고서는, 과학은 정치적 정당성을 보증하는 권한을 행사할 수 없었다. 영국에서는 대중을 위해 발언할 수 있는 의문의 여지가 없는 전문가를 배출하는 데 많은 에너지가 투입되었다. 이들의 권위는 역량이나 지식뿐만 아니라, 사회적 책임을 의미 있게 보여주면서 형성되었다. 일반적으로 영국 전문가들은 자신들을 '탁월하고 선한' 지위로 끌어올리면서 상식적인 관점을 갖도록 연속적이고 개별적인 시험을 통해 대중을 대변할 권위를 갖게 되었다. 전문가들은 일반인의 예측 능력을 뛰어넘는 넓은 시야에서 대중을 위해 관찰하는 능력을 갖춘 사람으로 간주된다. 광우병 사건처럼 이런 권위 시스템에 오작동이 발생하면 광범위한 전문성을 동원해 규제 기관을 강화하는 방향으로 개혁해 국가의 신뢰성을 높인다. 무엇이 전문성을 구성하는지 의문을 가질 필요가 없었다. 영국에서는 실제로 정치 권위가 과학자들에게만 주어지는 것이 아니어서 국민을 위해 발언할 수 있으며, 따라서 국가에 서비스를 제공하는 능력을 지니고 있다고 여겨지는 누구나 전문가 역할을 해낼 수 있다. 심지어 많은 풍자 대상이자 왕위 계승자인 찰스 왕세자도 광범위한 윤리적·정치적 영향력을 행사했다. 그는 유전자 변형 작물의 불확실성에 관해 다수가 공감할 수 있는 방식으로 의견을 제시했다. 우연이긴 하지만 찰스 왕세자는 단 하나의 이슈로 전통주의자라는 자신의 이미지를 극복하면서 전문가 역할을 해냈다.

독일의 의사결정 시스템은 초월적 지식이나 실체화된 권위 대신에 민주 정치를 보완하는 장치로 제도적 이성을 신뢰했다. 다른 국가들과 달리 독일에서는 다루기 어려운 정치 개입은 지하로 숨어버리는 경향이 있다. 예를 들어 유전공학에 관한 의회 차원의 앙케트 위원회를 녹색당이 장악하면서 벌어진 논쟁을 들 수 있다. 당시 그 사안은 정치 논쟁의 영역에서 벗어나 포괄적인 법적 통제를 받는 정부 차원의 실행처럼 적합하게 구성된 전문가위원회가 마련한 지침에 따랐다. 하지만 정책 입법과 관련해 이 위원회의 지위는 미국이나 영국의 전문가위원회의 지위와는 약간 달랐다. 미국과 영국의 단체는 국가에 자문을 제공하지만, 독일의 위원회는 그 자체로서 일종의 이성으로 기능했다. 독일의 위원회는 사안과 관련된 모든 주장을 명료화하고 사회적인 합의를 도출하는 능력을 가지고 있다. 사안이 상식적으로 숙의할 수 있는 것이라면 사회적으로 합의에 도달할 수 있다고 간주되기 때문이다. 이 때문에 위원의 자격과 대의에 관련된 이슈가 중요했다. 독일 입법기관은 관련된 사회 그룹을 대변할 수 있도록 위원의 자격을 규정하라고 위원회에 요구할 뿐 아니라, 각 위원들을 대체할 수 있는 사람들을 미리 정해놓을 것을 요구했다. 분명한 관점을 지니지 못하는 위원회는 전체를 적절히 대변할 수 없기 때문이다.


## 비교의 끝: 이론과 실천

지금까지 살펴본 것처럼 세 산업국가의 정치에 생명공학이 수용된 초기 모습은 단순히 과학기술의 발전에 관한 것이 아니었다. 그것은 지식, 기술 능력, 정치, 문화가 복잡하게 얽혀 만들어진 산물이었다. 국가 차원의 해결책에 따른 결과를 이해하려면, 연구소와 산업 설비 밖으로 물질화되어 나온 발견과 제품을 검토하는 작업만으로는 부족하다. 국가의 정치적·사회적 기관과 시민에게서 도출된 인간 발달과 집단 선택에 관한 자료도 동등하게 고려해야 한다. 과학기술에 정치적으로 참여하는 학자들을 위해 과학자들은(일부 지식사회학자들이 강조했던 것처럼[25]) 과학의 힘에 관한 일부 지식만을 제공해줄 수 있다. 즉, 다양한 사회적 행위자들의 궤적을 그려보아야 한다. 그들의 가치와 기대는 과학자나 발명자의 가치와 기대에 상호침투하고, 과학적인 생각이 물질과 사회적 실체로 변환되는 조건을 만든다. 과학문화는 그 자체로 정치문화이기도 하다.[26] 정치를 고려하지 않고 과학을 설명하려는 시도는 편협한 시각을 낳고, 표피적 기술thin description에 그치며, 부적절한 분석이다. 현대를 연구하는 책임 있는 민족지학자라면 과학과 정치 양쪽을 살피고, 증가하는 중층 네트워크를 고려해 탁월한 분석을 시도해야 한다.

비교, 특히 국가별 정치 시스템을 비교하는 작업에서 우리는 이런 분석 결과를 얻었다. 특정 국가의 경험을 다른 국가의 경험과 비교해보면서, 동질적인 서구에서도 과학기술에 대한 반응이 다르다는 것을 확인할 수 있었다. 민주주의는 단일한 삶의 형태가 아니며, 다양한 제도적·문화적 배치를 통해서 자기를 표현하는 자기 통제의 양식이다. 생명공학 발명에서부터 규제와 사회적 활용(어떤 경우에는 거부)에 이르는 복잡한 경로를 추적하면서, 우리는 현대 문화가 생명으로 무엇을 만들려고 하는지(자연에 관한 설계) 그리고 생명의 의미를 성찰하고 숙의할 때 필요한 자원이 어떤 것들인지에 관해 깊은 통찰을 얻었다. 우리는 과학기술이 선형적이고 미리 결정된 방식으로 발전하지 않는다는 사실을 보았다. 과학기술은 우연적이고 문화적으로 특수한 방식으로 수용된다. 지식과 정치는 지속적으로 얽혀, 특이하면서도 풍요로운 결과를 만든다.

물론 이 책에서 비교한 세 국가 사이에는 많은 유사점이 있다. 특정 정치문화 안에서는 행위자들이 독특한 방식으로 행동하는 모습이 명확하게 드러나지 않기 때문에, 나는 각국의 차이를 강조하기 위해 이 국가들을 선택해서 비교했다. 우리는 비교 작업을 통해 문화적으로 우리 자신에 관한 깨달음을 얻었다. 우리가 자신을 적절하게 평가하기 위해서는 외부로 눈을 돌려 다른 사람들의 실천을 관찰해보아야 한다. 현대를 연구하는 사람이라면 각국의 생명공학 정치를 검토하면서 이런 깨달음을 얻을 수 있다. 그 연구자는 영국에서 적극적인 시민 참여라는 정치문화 요소를, 독일에서는 격렬한 과학 논쟁을, 미국에서는 구체화된 덕성을 '고려하지 못했다면서' 후회하기도 한다. 하지만 이런 것들이 없기 때문에 해외에서 수입해야 한다는 주장은 필요하지도 않고 충분하지도 않은 주장이다. 정치문화의 독특한 특성은 쉽게 전달되지 않는다. 그런 특성은 다양한 경험과 실천 속에 내재되어 있다. 특정 정치문화를 다른 환경에 이식하려는 노력은 실패하거나, 이식하는 사람들이 수용할 수 없을 정도로 비싼 비용을 치르게 될 것이다.

다른 정책 시스템을 모방하여 모델로 사용할 수 있을 것이라는 기대는 이 책에서 중요하게 다룬 문화 결핍 때문에 생겨났다. 정치문화는 객관적으로 규정할 수 있고 쉽게 보충할 수 있는 차원의 결핍이 아니다. 이것을 미국 어린이들이 사랑하는 고전인 프랭크 바움L. Frank Baum의 『오즈의 마법사The Wonderful Wizard of Oz』에 나오는 등장인물로 설명해보자.[27] 허수아비에게는 머리가 없고, 양철 나무꾼에게는 심장이 없고, 겁쟁이 사자에게는 용기가 없다. 바움의 주요 등장인물들은 오즈가 사기꾼이라는 게 밝혀지자 현대판 프로스페로Prospero처럼 오즈의 마법을 거부했으며, 자신들이 이미 가지고 있던 것을 더 복잡하게 만든 오즈의 능력을 폭로했다는 것을 잊지 말자. 오즈의 마법사는 허수아비에게 학위를, 양철 나무꾼에게 감사 시계를, 겁쟁이 사자에게 명예 메달을 주면서, 이런 외부로부터의 장기 이식이 불필요하다고 강조한다. 바움은 윤리적·사회적 탄생이라는 고단한 작업에는 발명과 재발명이라는 내적 자원이 필요하다고 이야기한다. 하지만 이 메시지는 1900년 바움의 대중소설 영웅에게는 진실이었지만, 최근 역동적인 지식사회에서는 더 이상 진실이 아니다.

비교는 정책적 해결보다는 결과를 설명하는 방향으로 수행되어야 한다. 비교는 임상진단보다는 해석적 비판을, 인과적 설명Erklärung보다는 이해Verstehen를 제공해야 한다. 비교정치의 목적을 최대한 단순하게 서술하기 위해, 우리는 1988년 상원에서 배아법에 관해 연설한 워녹 남작부인의 말로 되돌아가는 게 좋다. 그녀는 이 사안에 대해 다음과 같이 말했다. "대학 채플 시간에 자주 말했던 고귀한 기도의 내용은, 우리가 사물들을 구별할 수 있는 은혜를 받았다는 것입니다."[28] 워녹의 기도에서 사소하지만 중요한 것을 수정하면, 우리는 비교 작업의 시작점을 확보할 수 있다. 다른 문화를 관찰하는 사람은 사물들을 구별할 수 있는 은혜를 받아야 하지만, 이런 차이는 관찰한 문화 영역 안에 있는 사람에게 속한다는 의미를 항상 기억해야 한다. 비교는 비판적 거리와 인식적 관용을 확보하면서 다른 문화와 구별되는 중요한 것을 드러내는 작업이다. 그 과정에서 자신이 가지고 있는 관점을 성찰해야 한다는 것도 잊지 않아야 한다. 이것은 비교를 통해 얻으려는 지식이나 거버넌스에 관한 보편적으로 유효한 원리를 생산하는 신학적인 특권이 아니다. 동시대 여러 형태의 과학적·정치적 삶이 지닌 규범적 의미를 밝히는 작업이며, 인간을 알고 추론하고 그 세계에 거주하려 할 때 위험한 것이 무엇인지를 보여주는 작업이다.

# 연표

생명공학 관련 과학적·정책적 주요 사건

## 연도 ㅣ 발견 또는 개발

1865 ㅣ 그레고르 멘델(Gregor Mendel)이 유전법칙 발견

1900 ㅣ 멘델의 법칙을 재발견

1944 ㅣ 오스왈드 에이버리(Oswald Avery), 콜린 맥러드(Colin MacLeod), 매클린 매카티
(Maclyn McCarty)는 DNA가 유전되는 물질이라는 것을 규명

1953 ㅣ 제임스 왓슨(James Watson)과 프랜시스 크릭(Francis Crick)이 DNA 이중나선 구조 규명

1972 ㅣ 스탠리 코엔(Stanley Cohen)과 허버트 보이어(Herbert Boyer)가 재조합 DNA 기술 개발

1973 ㅣ 고든 회의에서 재조합 DNA 안전성 논의

1974 ㅣ 인간을 대상으로 하는 연구에 관한 벨몬트 보고서 발간

1975 ㅣ 캘리포니아주 아실로마에서 재조합 DNA 안전성에 관한 회의 개최

1976 ㅣ 재조합 DNA 연구에 관한 지침을 미국 국립보건원이 발표

1977 ㅣ 프레데릭 생어(Frederick Sanger), 앨런 맥섬(Allan Maxam), 월터 길버트(Walter Gil-
bert)가 DNA 염기서열 결정 기술 개발

1978 ㅣ 영국 연구자 패트릭 스텝토(Patrick Steptoe)와 로버트 에드워즈(Robert Edwards)가 개
발한 체외수정을 통해 첫 번째 시험관 아기인 루이스 브라운(Louise Brown) 출생

1980 ㅣ 다이아몬드 대 차크라바르티 사건에서 미국 연방대법원은 살아 있는 생명체에도 특허
를 신청할 수 있다고 판결

1982 ㅣ 미국 국립보건원이 DNA 염기서열 데이터베이스인 젠뱅크(GenBank) 설립

1983 ㅣ 헌팅턴병과 관련된 첫 인간질병유전자가 DNA 표지에 의해 확인됨

1984 ㅣ 영국에서 알렉 제프리스(Alec Jeffreys)가 DNA 지문감식법을 개발. 미국에서 케리 멀
리스(Kary Mullis)가 중합효소연쇄반응(PCR) 개발. 영국 인간생식배아 연구위원회 산
하 워녹 위원회(Warnock Committee)에서 보고서 발표

1987 ㅣ 어드밴스드 지네틱 사이언시스(Advanced Genetic Sciences)가 서리방지 박테리아인
슈도모나스 시린개(Pseudomonas syringae)를 유전자 변형한 생물로 첫 번째 현장시험
실시

1988 ㅣ 미국 국립보건원이 인간게놈서열과 지도에 관한 보고서 발표. 인간게놈기구(HUGO)
설립. 유전자 이식된 첫 번째 고등동물인 '하버드 쥐(Harvard mouse)'가 미국에서 특허

로 인정됨

1989 | 인간게놈프로젝트가 미국에서 시작. 캘진사가 유전자 변형 토마토로 첫 현장시험실시

1990 | 독일에서 유전공학법과 배아보호법이 제정됨. 영국에서 인간생식배아법이 제정됨. 유럽연합에서 유전자 변형 생물체의 사용, 숙의적 방출, 작업자 안전에 관한 지침 발표

1996 | 첫 번째 인간게놈지도 완성. 스코틀랜드 로슬린에서 첫 번째 복제 포유류인 돌리 탄생

1997 | 세포핵치환을 한 지 7개월 후에 복제양 돌리가 태어났다는 《네이처》의 발표

1998 | 존스홉킨스대학교와 위스콘신대학교 연구자들이 인간 배아줄기세포 수립

2000 | 인간게놈서열 초안 완성

2001 | 인간게놈서열 초안 발표

2003 | 인간게놈서열의 최종안 발표. 인간게놈프로젝트가 모든 목표를 달성하고서 종료. 복제양 돌리가 진행성 폐병으로 사망. 유전자 변형 농산물의 상업화에 관한 논쟁인 〈유전자 변형 국가?(GM Nation?)〉가 영국에서 개최됨


참고자료 : 2004년 4월 24일 자 《네이처》(422호). (특히 836-837쪽)

# 주

## 프롤로그

1. 이 마을은 1289년에 '얀스하겐(Janshagen)'으로 처음 명명되었다.

2. 1999년 100여 명의 폴란드 여성들로 구성된 한 단체가 다임러-크라이슬러를 상대로 보상을 요구하는 소송을 제기했다. 그들 중 절반은 전쟁 시기에 겐스하겐 공장에서 강제로 노동했다. 2000년 이들 겐스하게린넨(Genshagerinnen)은 '망각에 반대하는 프로젝트(projects against forgetting)' 재단이 1996년에 제정한 드레스덴평화상을 받았다. 다음 자료도 참고하라. Daimler-Chrysler Special Report, "Moral Responsibility: Confronting the Past," http://www.daimlerchrysler.com/index_e.htm?/specials/zwangs/zwarb3_e.htm(2002년 3월 6일 접속).

3. 겐스하겐 회의에는 앵거스 주교와 가톨릭, 개신교, 유대교, 이슬람교 대표들도 참가했다.

4. 줄기세포는 배아발달 과정에서 포배낭(blastocyst) 기의 특별한 세포이다. 이 세포는 인간 발달에 필요한 약 200개의 세포로 분화될 수 있기 때문에 치료용으로 주목받고 있다. 줄기세포 논쟁에 관한 더 자세한 내용은 이 책의 7장을 참고하라.

5. 줄기세포 연구에 관한 상원 보고서, http://www.parliament.the-stationeryoffice.co.uk/pa/ld200102/ldselect/ldstem/83/8301.htm, 2002년 2월 13일 (2004년 4월 접속).

6. 과학과 국가의 관계에 관한 이런 움직임은 공공장소에서 증가하고 있다. 다음 자료를 참고하라. Sheila Jasanoff, "In a Constitutional Moment: Science and Social Order at the Millennium," in Bernward Joerges and Helga Nowotny, eds., *Social Studies of Science and Technology: Looking Back, Ahead* (Dordrecht: Kluwer, 2003), pp. 155-180.

7. Simon Jenkins, "This Constitutional Cloud-Cuckoo Land," *The Times* (London), January 24, 2001, p. F 16.

8. Alex Berenson and Nicholas Wade, "A Call for Sharing of Research Causes Gene Stocks to Plunge," *New York Times*, March 15, 2000, p. A1.

9. Ernst and Young, *Eighth Annual European Life Sciences Report 2001* (London: Ernst and Young International, 2001), pp. 66–67.

10. 지식사회로의 이행은 다음 자료를 참고하라. Daniel Bell, *The Coming of Post-Industrial Society* (London: Heinemann, 1973); 『탈산업사회의 도래』, 김원동, 박형신 옮김, 아카넷, 2006. 최근 자세한 논의는 다음 자료를 참고하라. Helga Nowotny, Peter Scott, and Michael Gibbons, *Re-Thinking Science: Knowledge and the Public in an Age of Uncertainty* (Cambridge: Polity, 2001); Gernot Bohme and Nico Stehr, *The Knowledge Society: The Growing Impact of Scientific Knowledge on Social Relations* (Dordrecht, NL: Reidel, 1986). 개념의 중요성이 부각되고 있는 것은 유럽과학기술학회와 과학사회학회의 연합 학회에서 다룬 주제를 통해서도 알 수 있다. European Association for the Study of Science and Technology and the Society for Social Studies of Science, "Signatures of Knowledge Societies", held in Bielefeld, Germany, in October 1996.

11. 예를 들어 다음 책을 참고하라. Edward Yoxen, *The Gene Business: Who Should Control Biotechnology?* (London: Pan Books, 1983); Sheldon Krimsky, *Genetic Alchemy: The Social History of the Recombinant DNA Controversy* (Cambridge: MIT Press, 1982); Susan Wright, *Molecular Politics: Developing American and British Regulatory Policy for Genetic Engineering, 1972–1982* (Chicago: University of Chicago Press, 1994).

12. 과학은 정치로부터 독립적이어야 한다는 이상화된 관점은 다음 자료를 참고하라. Robert K. Merton, "The Normative Structure of Science," in Merton, *The Sociology of Science: Theoretical and Empirical Investigations* (Chicago: University of Chicago Press, 1973), pp. 267–278; 『과학사회학』, 석현호, 양종회, 정창수 옮김, 민음사, 1998; Michael Polanyi, "The Republic of Science," *Minerva* 1 (1962): 54–73. 하지만 이 관점은 최근 과학사회정치학 연구에 의해 비판받고 있다. 다음 자료를 참고하라. Yaron Ezrahi, *The Descent of Icarus* (Cambridge: Harvard University Press, 1990); Sheila Jasanoff, *The Fifth Branch: Science Advisers as Policymakers* (Cambridge: Harvard University Press, 1990); Chandra Mukerji, *A Fragile Power: Scientists and the State* (Princeton: Princeton University Press, 1989).

13. Lee Silver, *Remaking Eden* (New York: Perennial, 2002); 『리메이킹 에덴』, 하영미, 이동희 옮김, 한승, 1998; Geoffrey C. Bowker and Susan L. Star, *Sorting Things Out: Classification and Its Consequences* (Cambridge: MIT Press, 2000); 『사물의 분류』, 주은우 옮김, 현실문화연구, 2005; Michel Foucault, *The History of Sexuality*, vol. 1 (New York: Vintage, 1990 [1976]); 『성의 역사』, 이규현 옮김, 나남, 2004.

388

14. 나는 여기서 베네딕트 앤더슨이 제안한 '상상된 공동체' 개념을 이용했다. Benedict Anderson, *Imagined Communities*, 2nd ed. (London: Verso, 1991); 『상상된 공동체』, 서지원 옮김, 길, 2018. . 하지만 앤더슨과 달리 나는 국가를 다시 상상하는 프로젝트에 국가가 적극 개입할 뿐만 아니라 시민사회도 역할을 할 수 있는 가능성을 보았다. 또한 국가를 다시 상상하는 중요한 순간에 과학기술이 크게 변하는 사례들도 관찰했다.

15. 2004년 1월 27일 토니 블레어 총리는 대학생들에게 등록금을 부과하는 법안에 관해 자신이 속한 당의 반대를 근소한 차이로 물리쳤다. 316 대 311로 정부 측이 이겼다. 의무 과반수(normal majority)는 161표였다. 많은 노동당 의원은 등록금 부과 법안은 교육의 평등을 주장해온 당의 역사를 저버리는 것으로 간주했다.

16. 다섯 번의 연속 강연은 다음 자료를 참고하라. Stephen Mulvey, BBC News Online, including "The EU's Democratic Challenge" (source of the quoted line) and "EU Values —United in Diversity," http://news.bbc.co.uk/2/hi/europe/3224666.stm (2004년 1월 접속). Also see Richard Bernstein, "Europe's Lofty Vision of Unity Meets Headwinds," *New York Times*, December 4, 2003, p. A1.

17. 미국이 지닌 힘의 범위와 한계를 고려해 미국의 정체성을 새롭게 규정해야 한다는 생각은 이 시기 많은 책에서 언급되고 있다. Serge Schmemann, "The Only Superbad Power," *New York Times Book Review*, January 25, 2004, p. 12.

18. Robert Kagan, *Of Paradise and Power: America and Europe in the New World Order* (New York: Knopf, 2003).

19. Juan Díez Medrano, *Framing Europe: Attitudes to European Integration in Germany, Spain, and the United Kingdom* (Princeton: Princeton University Press, 2003).

20. Thomas Bernauer, *Genes, Trade, and Regulation: The Seeds of Conflict in Food Biotechnology* (Princeton: Princeton University Press, 2003).

21. 설명의 비대칭에 관한 거부는 최근 과학기술학의 핵심 주제다. 다음 자료를 참고하라. David Bloor, *Knowledge and Social Imagery* (Chicago: University of Chicago Press, 1976); 『지식과 사회의 상』, 김경만 옮김, 한길사, 2000. 또한 정치적 설명의 대칭에 관련된 저자의 논의는 다음 자료를 참고하라. Sheila Jasanoff, "Beyond Epistemology: Relativism and Engagement in the Politics of Science," *Social Studies of Science* 26, 2 (1996): 393–418.

22. Svetlana Alpers, *The Art of Describing: Dutch Art in the Seventeenth Century* (Chicago: University of Chicago Press, 1983), p. xxvii.

23. '이해(Verstehen)'는 독일 철학자 빌헬름 딜타이(Wilhelm Dilthey)가 처음으로 정교하게 정의한 개념이다. 막스 베버가 채택하면서 이 용어는 해석적 사회학에 사용되었다. 해석적 사회학은 인간의 동기와 의도를 체계적이고 내적 성찰(introspection)을 통해 설명하는 사

회학의 한 방법이다. 현대 과학기술사회학자들에게 내적 성찰보다 더 익숙한 개념은 '성찰성(reflexivity)'이다. 이 개념은 신념의 하부에 있는 가정을 탐색하는 개인적·제도적 능력을 말한다. 베버의 사회학에서 이해 개념을 간략하게 설명한 자료는 다음을 참고하라. Hans H. Gerth and C. Wright Mills, eds., *From Max Weber: Essays in Sociology* (New York: Oxford University Press, 1946), pp. 56–57.

# 1장. 왜 비교하는가?

1. 신뢰할 수 있는 과학지식을 생산하는 작업 또는 기술 시스템을 시험하는 작업에서 평가자는 주어진 현상이 비교 대상과 같은지 다른지를 계속 판단해야 한다. 판단에 개입되는 불가피한 우연성(비보편성, nonuniversality)에 관해서는 다음 자료를 참고하라. Barry Barnes, *T. S. Kuhn and Social Science* (London: Macmillan, 1982); 『패러다임』, 정창수 옮김, 정음사, 1986; H. M. Collins, *Changing Order: Replication and Induction in Scientific Practice* (London: Sage Publications, 1985); Trevor Pinch, "'Testing—One, Two, Three … Testing!': Toward a Sociology of Testing," *Science, Technology, and Human Values* 18 (1993): 25–41.

2. Philip Kitcher, *Science, Truth, and Democracy* (Oxford: Oxford University Press, 2001); Ian Hacking, *The Social Construction of What?* (Cambridge: Harvard University Press, 1999).

3. 자연의 구성성에 관해서는 다음 자료를 참고하라. William Cronon, ed., *Uncommon Ground: Rethinking the Human Place in Nature* (New York: Norton, 1996). Sheila Jasanoff and Marybeth Long Martello, *Earthly Politics: Local and Global in Environmental Governance* (Cambridge: MIT Press, 2004).

4. 정책 과정의 경계 작업에 관해서는 다음 자료를 참고하라. Sheila Jasanoff, *The Fifth Branch*; David Guston, "Stabilizing the Boundary between U.S. Politics and Science," *Social Studies of Science* 29 (1999): 87-112. 정책 담론의 권력에 관해서는 다음 자료를 참고하라. Langdon Winner, *The Whale and the Reactor: A Search for Limits in an Age of High Technology* (Chicago: University of Chicago Press, 1986).

5. 이성적 정치가 미적 충동을 자극한다는 주장은 야론 에즈라히가 자신의 책 *The Descent of Icarus*에서 주장했다. '서브정치학(subpolitics)'과 미시 유토피아 개념을 만들어 과학의 역할을 설명한 자료는 다음과 같다. Ulrich Beck, *Risk Society: Towards a New Modernity* (London: Sage, 1992); 『위험사회』, 홍성태 옮김, 새물결, 1997; Yaron Ezrahi, "Science and

Utopia in Late 20th Century Pluralist Democracy," in Everett Mendelsohn and Helga Nowotny, eds., *Nineteen Eighty-Four: Science between Utopia and Dystopia, Sociology of the Sciences Yearbook VIII* (Dordrecht, NL: Reidel, 1984), pp. 273-290. 과학이 동시대 실재를 반영하는 독점권을 잃었다는 자료는 다음을 참고하라. Yaron Ezrahi, "Science and Political Imagination in Contemporary Democracies," in Sheila Jasanoff, ed., *States of Knowledge: The Co-Production of Science and Social Order* (London: Routledge, 2004), pp. 254-273. 정치적 이해관계에 의해 전문성이 착취당한다는 최근의 실증 연구는 다음 자료를 참고하라. U.S. House of Representatives, Committee on Government Reform (Minority Report), *Politics and Science in the Bush Administration*, Washington, DC, August 7, 2003, http://www.house.gov/reform/min/ politicsandscience/index.htm (2004 년 4월 접속).

6. 주권(sovereignty) 약화는 기술 변화 및 생태적 상호의존과 자주 관련된다. 다음 자료를 참고하라. Richard Falk, *This Endangered Planet: Prospects and Proposals for Human Survival* (New York: Vintage Books, 1971); Joseph Camilleri and Jim Falk, *The End of Sovereignty? The Politics of a Shrinking and Fragmenting World* (Aldershot, Hants: Edward Elgar, 1992); Jens Bartelson, *A Genealogy of Sovereignty* (Cambridge: Cambridge University Press, 1995); Thomas Bierstecker and Cynthia Weber, eds., *State Sovereignty as Social Construct* (Cambridge: Cambridge University Press, 1996). 부분적 인 반박은 다음 자료를 참고하라. Eugene Skolnikoff, *The Elusive Transformation: Science, Technology, and the Evolution of International Politics* (Princeton: Princeton University Press, 1993).

7. 다음 자료를 참고하라. Klaus Eder and Maria Kousis, eds., *Environmental Politics in Southern Europe* (Dordrecht: Kluwer, 2001), especially Eder, "Sustainability as a Discursive Device for Mobilizing European Publics," pp. 25-52.

8. 이런 동역학에 관한 사례 연구는 다음 자료를 참고하라. Jasanoff and Martello, *Earthly Politics*.

9. 최근 대표 사례는 두 권으로 된 다음 자료를 참고하라. The Social Learning Group, *Learning to Manage Global Environmental Risks: A Comparative History of Social Responses to Climate Change, Ozone Depletion, and Acid Rain* (Cambridge: MIT Press, 2001).

10. Merton, "The Normative Structure of Science."

11. Merritt Roe Smith and Leo Marx, *Does Technology Drive History? The Dilemma of Technological Determinism* (Cambridge: MIT Press, 1994).

12. 다음 자료를 참고하라. David Vogel, "The Hare and the Tortoise Revisited: The New

Politics of Consumer and Environmental Regulation in Europe," *British Journal of Political Science* 33 (2003): 557–580.

13. 사회 규제를 담당하는 정부기관의 능력은 오랫동안 미국 정치학과 정책연구의 주요 주제였다. 미국 하원의 연구는 다음 자료를 참고하라. Stephen G. Breyer, *Breaking the Vicious Circle: Toward Effective Risk Regulation* (Cambridge: Harvard University Press, 1993); 『규제의 악순환』, 법제처 비교공법연구회 옮김, 법령정보관리원, 2012; and Marc K. Landy, Marc J. Roberts, and Stephen R. Thomas, *The Environmental Protection Agency: Asking the Wrong Questions from Nixon to Clinton*, expanded ed. (New York: Oxford University Press, 1994). 기관의 능력에 주목한 비교 연구는 다음 자료를 참고하라. Peter M. Haas, Robert O. Keohane, and Marc A. Levy, eds., *Institutions for the Earth: Sources of Effective International Environmental Protection* (Cambridge: MIT Press, 1993).

14. 의제설정과 관련해 널리 활용되는 킹던의 모델에서 '정책', '정치', '문제'는 분리된 세 가지 흐름으로 간주되며 가끔 합쳐지기도 한다. John W. Kingdon, Agendas, *Alternatives, and Public Policies*, 2nd ed.(New York: Longman's, 1995). 정치의제의 사회적 구성에 민감한 저자들은 국가 간 비교와 정책 분석·평가를 비교할 때 이 프레임이 관련되는 문제를 다루지 않았다. 다음 자료를 참고하라. Roger W. Cobb and Charles D. Elder, *Participation in American Politics: The Dynamics of Agenda-Building* (Baltimore: Johns Hopkins Press, 1972); Joseph Gusfield, *The Culture of Public Problems: Drinking-Driving and the Symbolic Order* (Chicago: University of Chicago Press, 1981).

15. 이것을 중요하게 다룬 자료는 다음을 참고하라. Stephen Kelman, *Regulating America, Regulating Sweden: A Comparative Study of Occupational Safety and Health Policy* (Cambridge: MIT Press, 1981); Graham Wilson, *The Politics of Safety and Health: Occupational Safety and Health in the United States and Britain* (Oxford: Clarendon Press, 1985); Ronald Brickman, Sheila Jasanoff, and Thomas Ilgen, *Controlling Chemicals: The Politics of Regulation in Europe and the United States* (Ithaca: Cornell University Press, 1985); Joseph Badaracco, *Loading the Dice: A Five Country Study of Vinyl Chloride Regulation* (Cambridge: Harvard University Press, 1985); Jasanoff, *Risk Management and Political Culture* (New York: Russell Sage Foundation, 1986); David Vogel, *National Styles of Regulation: Environmental Policy in Great Britain and the United States* (Ithaca: Cornell University Press, 1986).

16. Brendan Gillespie, Dave Eva, and Ron Johnston, "Carcinogenic Risk Assessment in the United States and Great Britain," *Social Studies of Science* 9 (1979): 265–301; Sheila Jasanoff, "Cultural Aspects of Risk Assessment in Britain and the United States," in

Branden B. Johnson and Vincent Covello, eds., *The Social and Cultural Construction of Risk* (Dordrecht: Reidel, 1987), pp. 359–397; Jasanoff, *Risk Management and Political Culture.*

17. 규제 결과의 융합에 관한 설득력 있는 사례는 화학물 규제를 다룬 다음 결과를 참고하라. Brickman et al., *Controlling Chemicals.*

18. 이 시기의 국가 재건에 관해서는 다음 자료를 참고하라. Peter Evans, Dietrich Rueschemeyer, and Theda Skocpol, eds., *Bringing the State Back In* (New York: Cambridge University Press, 1985).

19. 미국 문화에서 법원의 역할을 통계적으로 해석할 때는 주의해야 한다. 진행 중인 재판의 비율이 지난 10년 동안 크게 떨어졌다. 대부분의 사건들은 하나 또는 여러 유형으로 해결 되기는 하지만, 미국은 다른 산업국가보다 소송의 진입장벽이 낮으며, 소송에 의해 경제적 ·사회적 변화가 발생하기도 한다.

20. Badaracco, Loading the Dice. See also David Vogel, "Consumer Protection and Protectionism in Japan," *The Journal of Japanese Studies* 18 (1992): 119–154.

21. 정당화 장치인 위임과 전문성이라는 전통 개념이 부적절하다는 것이 미국 환경보호청의 의사결정과정에서 드러났다. 다음 자료를 참고하라. Sheila Jasanoff, *The Fifth Branch*; and Jasanoff, "Science, Politics, and the Renegotiation of Expertise at EPA," *Osiris* 7 (1991): 195–217. 심지어 적절한 보호 조치를 위한 숫자들도 제시되지 않았다. 2001년 공 중 보건 및 안전과 관련해 양적 위험평가에 근거해 합리적 의사결정을 내리는 환경보호청 의 능력은 기업에 의해 심각하게 침해되었다. 휘트먼 대 미국운수조합 사건(*Whitman v. American Trucking Associations, Inc.*, 531 U.S. 457, 2001)에서, 연방대법원은 대기관리 법과 환경 관련 법안의 가장 기본적인 부분에서 지위를 부여받은 행정기관의 결정은 합헌 이므로, 환경보호청의 의사결정이 합당하다고 만장일치로 판결했다.

22. 모든 일반화처럼 이것은 평가되어야 하고 이 책의 나머지 부분에서 유연하게 다룬다. 하지 만 최근 유럽이 공식적인 정당화보다, 정치적 이해당사자로부터 독립적인 전문가를 결정 하는 데 더 관심을 두고 있다는 것은 여기서 주목할 만하다. 예를 들어, 다음 자료를 참고하 라. Commission of the European Communities, *European Governance: A White Paper*, COM (2001) 428, Brussels, July 27, 2001, http://europa.eu.int/eur-lex/en/com/cnc/200 1/com2001_0428en01.pdf (2004년 4월 접속).

23. Theodore M. Porter, *Trust in Numbers: The Pursuit of Objectivity in Science and Public Life* (Princeton: Princeton University Press, 1995).

24. 사회 범주에 관해서는 다음 자료를 참고하라. Ian Hacking, "World-Making by Kind-Making: Child Abuse for Example," in Mary Douglas and David Hull, eds., *How Classification Works: Nelson Goodman among the Social Sciences* (Edinburgh: Edinburgh

University Press,1992), pp. 180-213.

25. 사회범주의 본성을 다룬 자료들이 증가하면서 특히 다음 연구들이 주목받고 있다. 이 연구들은 역사적·사회적 우연을 제시하면서, 사례를 들어 그런 범주들이 지닌 정치적 힘을 보여준다. Michel Foucault, *The Archaeology of Knowledge* (New York: Harper and Row, 1976 [1972]);『지식의 고고학』, 이정우 옮김, 민음사, 2000; David Bloor, *Knowledge and Social Imagery*;『지식과 사회의 상』, 김경만 옮김, 한길사, 2000; Donna Haraway, *Primate Visions: Gender, Race, and Nature in the World of Modern Science* (New York: Routledge, 1989); Bruno Latour, *We Have Never Been Modern* (Cambridge: Harvard University Press, 1993);『우리는 결코 근대인이었던 적이 없다』, 홍철기 옮김, 갈무리, 2009; Ian Hacking, *Rewriting the Soul: Multiple Personality and the Sciences of Memory* (Princeton: Princeton University Press, 1995); Bowker and Star, *Sorting Things Out*,『사물의 분류』, 주은우 옮김, 현실문화연구, 2005.

26. Jasanoff, ed., *States of Knowledge*.

27. Kingdon, *Agendas, Alternatives, and Public Policies*.

28. 다음 자료를 참고하라. Theda Skocpol, *Protecting Soldiers and Mothers: The Political Origins of Social Policy in the United States* (Cambridge: Harvard University Press, 1992).

29. 미국에서 에이즈(AIDS) 관련 활동은 인상적인 사회운동 사례다. 이 운동은 치명적인 질병에 관한 지식을 만드는 데 참여하면서 에이즈를 재정의하는 데 기여했다. 다음 자료를 참고하라. Steven Epstein, *Impure Science: AIDS, Activism, and the Politics of Knowledge* (Berkeley: University of California Press, 1996).

30. Doug McAdam, Sidney Tarrow, and Charles Tilly, *Dynamics of Contention* (Cambridge: Cambridge University Press, 2001), p. 22.

31. 1989년 소련이 갑자기 무너지는 것을 관찰하고 예측했던 서구 정치분석가 대부분은 이런 주제의 이론을 충분히 다루지 않았다. 비슷하게 편협했던 맹목성은 2001년 9월 11일 이슬람 테러리스트가 저지른 사건에 미국 당국이 예측하는 데(또는 예방책을 시행하는 데) 실패했다는 것을 설명하는 데서 볼 수 있다.

32. 정책 담론에서 생명공학 프레임을 다룬 초기 연구는 다음 자료를 참고하라. Sheila Jasanoff, "Product, Process, or Programme: Three Cultures and the Regulation of Biotechnology," in Martin Bauer, ed., *Resistance to New Technology* (Cambridge: Cambridge University Press, 1995), pp. 311-331; Herbert Gottweis, *Governing Molecules: The Discursive Politics of Genetic Engineering in Europe and the US* (Cambridge: MIT Press, 1998).

33. 화학물 위험 규제에 관한 비교 연구는 다음 자료를 참고하라. Brickman et al., *Controlling*

*Chemicals*; Wilson, *The Politics of Safety and Health*; Badaracco, *Loading the Dice*; Jasanoff, *Risk Management and Political Culture*; Vogel, *National Styles of Regulation*.

34. 환경정책 결정을 국제적으로 비교한 최근 연구 결과를 보면 담론의 정치적 의미를 알 수 있다. 다음 자료를 참고하라. Maarten Hajer, *The Politics of Environmental Discourse* (Oxford: Oxford University Press, 1995); Karen Litfin, *Ozone Discourses: Science and Politics in Global Environmental Cooperation* (New York: Columbia University Press, 1994).

35. 독해 또는 오독 때문에 문화는 포스트식민주의를 연구하는 학자들의 작업에 중요했다. 특히 다음 자료를 참고하라. Gananath Obeyesekere, *The Apotheosis of Captain Cook: European Mythmaking in the Pacific* (Princeton: Princeton University Press, 1992); and Marshall D. Sahlins, *How "Natives" Think: About Captain Cook, For Example* (Chicago: University of Chicago Press, 1995). Also see Clifford Geertz, *Available Light: Anthropological Reflections on Philosophical Topics* (Princeton: Princeton University Press, 2000).

36. 하버드대학교 도서관 카탈로그를 검색해보면 화성에서 온 방문자 입장을 금방 이해할 수 있다. 정치문화는 대부분 과거(대부분 역사적 작업)와 비서구를 설명하는 데 사용된다. 심지어 서구 국가에서도 국민국가의 하위 수준, 즉 미국 연방에서 각 주 단위를 다룰 때 사용된다. 이 관점은 학자들이 계몽주의 진보사관을 성찰 없이 사용하고 있다는 것을 보여준다. 인류는 문화의 특수성에서 과학과 이성이라는 보편성으로 나아가는 긴 과정이라는 관점 말이다.

37. Jasanoff, ed., *States of Knowledge*.

38. 보일의 과학적 업적과 사회적 의미에 관해서는 다음 자료를 참고하라. Steven Shapin and Simon Schaffer, *Leviathan and the Air-Pump: Hobbes, Boyle, and the Experimental Life* (Princeton: Princeton University Press, 1985); Shapin, "Pump and Circumstance: Robert Boyle's Literary Technology," *Social Studies of Science* 14 (1984): 481-520; Shapin, *A Social History of Truth* (Chicago: University of Chicago Press, 1994). 과학혁명과 자유민주주의 등장 사이의 관계에 관해서는 다음 자료를 참고하라. Ezrahi, *The Descent of Icarus*.

39. Michel Foucault, *The Order of Things: An Archaeology of the Human Sciences* (New York: Pantheon, 1970); 『말과 사물』, 이규현 옮김, 민음사, 2012; Helga Nowotny, "Knowledge for Certainty: Poverty, Welfare Institutions and the Institutionalization of Social Science," in Peter Wagner, Björn Wittrock, and Richard Whitley, eds., *Discourses on Society: The Shaping of the Social Science Disciplines* (1990), vol. 15, pp. 23-41; Theodore M. Porter, *The Rise of Statistical Thinking 1820-1990* (Princeton: Princeton

395

University Press, 1986). 특히 통계학을 이용해 산업분야의 위험을 규정한 것에 관해서는 다음 자료를 참고하라. Beck, "From Industrial Society to the Risk Society." 중앙 국가 권력을 굳건하게 만든 이미지와 문서의 역할에 관해서는 다음 자료를 참고하라. Benedict Anderson, *Imagined Communities*, 『상상된 공동체』, 서지원 옮김, 길, 2018. ; Bruno Latour, "Drawing Things Together," in Michael Lynch and Steve Woolgar, eds., *Representation in Scientific Practice* (Cambridge: MIT Press, 1990), pp. 19-68.

40. Mary Douglas, *Purity and Danger: An Analysis of Concepts of Pollution and Taboo* (London: Routledge and Kegan Paul, 1966); 『순수와 위험』, 유제분, 이훈상 옮김, 현대미학사, 1997.

41. Brian Wynne, "Public Uptake of Science: A Case for Institutional Reflexivity," *Public Understanding of Science* 2 (1992): 321-337. 다음 자료도 참고하라. Irwin and Wynne, *Misunderstanding Science? The Public Reconstruction of Science and Technology* (Cambridge: Cambridge University Press, 1996).

42. Jasanoff, "Science, Politics, and the Renegotiation of Expertise."

43. William Butler Yeats, "Among School Children," in *The Collected Poems of W. B. Yeats* (New York: Macmillan, 1956), pp. 212-214.

44. Erving Goffman, *Frame Analysis: An Essay on the Organization of Experience* (Cambridge: Harvard University Press, 1974).

45. 사회운동의 상징정치학을 구조화하는 프레임에 관해서는 다음 자료를 참고하라. Sidney Tarrow, *Power in Movement: Social Movements and Contentious Politics*, 2nd ed. (Cambridge: Cambridge University Press, 1998), pp. 106-122. 고프먼이 공적 행동을 연극적인 퍼포먼스, 즉 배우들이 무대에서 역할을 수행하는 것으로 설명한 연구도 중요하다. 이런 연결에 관해서는 다음 자료를 참고하라. Stephen Hilgartner, *Science on Stage: Expert Advice as Public Drama* (Stanford: Stanford University Press, 2000).

46. 역사를 보면 비슷한 규모로 심각한 사건이 많았지만, 정치적 격변과 사회 반응에는 큰 차이가 있었다. 나치가 저지른 홀로코스트와 소련에서 이오시프 스탈린이 저지른 대량학살의 영향을 비교해보라. 또한 1994년 르완다에서 후투족이 투치족을 상대로 인종청소를 일으킨 사건과 코소보에서 세르비아인들이 저지른 학살을 비교해보고, 1984년 인도 보팔에서 발생한 화학물 참사와 2001년 세계무역센터를 겨냥한 테러를 비교해보라.

47. 사건 프레이밍의 첫 번째 결과는 2001년 말 미국과 동맹국이 아프가니스탄을 상대로 벌인 전쟁을 들 수 있다. 하지만 비유는 전쟁의 초기 국면을 넘어, 2002년 이스라엘이 팔레스타인 지역에 벌인 전쟁과 2003년 미국이 이라크를 상대로 벌인 전쟁에도 영향을 주었다. 이언 해킹은 이들 맥락의 차이를 언급하면서, 상상을 구체화하고 앞으로의 행동을 지시하는 데 활용된 언어를 정확히 포착했다. "비유는 인식할 수 없는 여러 방식으로 마음에 영향을

396

준다. 전쟁에 비유하면서 심각한 불일치를 설명하려는 시도는, 실제로 전쟁이 자연적이고 불가피하며 인간 조건의 한 부분이라는 것을 정당화한다. 이런 비유는 전쟁을 무감각하게 만들어 실제 전쟁이 얼마나 끔찍한 것인지를 인식하지 못하게 한다." *The Social Construction of What?*, p. viii.

48. 고프먼의 생각을 정책 영역으로 확장한 주요 연구는 다음 자료를 참고하라. Donald A. Schön and Martin Rein, *Frame/Reflection: Toward the Resolution of Intractable Policy Controversies* (New York: Basic Books, 1994).

49. Gusfield, *Public Problems*.

50. 행위자-네트워크 이론에 관해서는 다음 자료를 참고하라. Michel Callon, "Some Elements of a Sociology of Translation: Domestication of the Scallops and Fishermen of St. Brieuc Bay," in John Law, ed., *Power, Action, and Belief: A New Sociology of Knowledge?* (London: Routledge, 1986), pp. 196-233; Wiebe E. Bijker, Thomas P. Hughes, and Trevor Pinch, eds., *The Social Construction of Technological Systems* (Cambridge: MIT Press, 1987); 『과학기술은 사회적으로 어떻게 구성되는가』, 송성수 편저, 새물결, 1999; John Law and John Hassard, *Actor Network Theory and After, Sociological Review Monographs* (Oxford: Blackwell, 1999).

51. 이것은 단순한 수사가 아니며 이 책에서 다루는 비교와 관련된다. 독일 투표자들은 음주운전 문제가 제기되었지만 아우토반의 속도 제한을 계속 거부했다. 미국 법원은 술과 관련된 교통사고에서 모텔 주인에게 일부 책임이 있다고 보았지만, 영국 법원은 이런 방향으로 책임을 확장하지 않았다.

52. Medrano, *Framing Europe*.

53. Ibid., p. 6.

54. 체외수정 시술에 관한 사례는 다음 자료를 참고하라. Frances Price, "Now You See It, Now You Don't: Mediating Science and Managing Uncertainty in Reproductive Medicine," in Irwin and Wynne, *Misunderstanding Science?*, pp. 84-106; Charis Cussins, "Ontological Choreography: Agency through Objectification in Infertility Clinics," *Social Studies of Science* 26 (1996): 575-610. 배아 '입양'에 관해서는 다음 자료를 참고하라. Anne Zielke, "Im Disneyland der Kindermacher," *Frankfurter Allgemeine Zeitung*, Feuilleton no. 67, March 20, 2002, p. 49.

55. 인간게놈프로젝트 단장이었던 프랜시스 콜린스는 2001년 2월 19일 워싱턴 D.C.에서 열린 미국과학진흥협회 회의에서, 인간게놈을 완벽하게 밝힌 후 드러난 열 가지 놀라운 사실 중의 하나로 이것을 제시했다.

56. Thomas Gieryn, *Cultural Boundaries of Science: Credibility on the Line* (Chicago: University of Chicago Press, 1999); see also Gieryn, "Boundaries of Science," in Sheila

Jasanoff et al., eds., *The Handbook of Science and Technology Studies* (Thousand Oaks, CA: Sage, 1995), pp. 393-456.

57. Latour, *We Have Never Been Modern*; 『우리는 결코 근대인이었던 적이 없다』, 홍철기 옮김, 갈무리, 2009. 다음 자료도 참고하라. Donna Haraway, *Simians, Cyborgs, and Women: The Reinvention of Nature* (New York: Routledge, Chapman, and Hall, 1991); 『유인원, 사이보그, 그리고 여자』, 민경숙 옮김, 동문선, 2002.

58. Zygmunt Bauman, *Modernity and Ambivalence* (Ithaca: Cornell University Press, 1991).

59. Susan Leigh Star and James R. Griesemer, "Institutional Ecology, 'Translations' and Boundary Objects: Amateurs and Professionals in Berkeley's Museum of Vertebrate Zoology, 1907-39," *Social Studies of Science* 19 (1989): 387-420.

60. 과학기술과 관련해 법원에서 수행된 경계 작업에 관한 논의는 다음을 참고하라. Sheila Jasanoff, *Science at the Bar: Law, Science, and Technology in America* (Cambridge: Harvard University Press, 1995); 『법정에 선 과학』, 박상준 옮김, 동아시아, 2011.

61. 전문가 자문위원회의 경계 작업은 과학(제도적으로는 위원회의 권한 안에 포함된 모든 것으로 정의된다)과 비과학을 구분하는 데 매우 중요하다. 또한 정책을 분석하는 데 누가 참여해야 하는지 또는 참여하지 않아야 하는지를 결정하는 데 중요하다. 다음 자료를 참고하라. Jasanoff, *The Fifth Branch*.

62. 주목할 만한 예외는 다음과 같다. Mary Douglas, *How Institutions Think* (Syracuse: Syracuse University Press, 1986).

63. Roger Friedland and Robert A. Alford, "Bringing Society Back In: Symbols, Practices, and Institutional Contradictions," in Walter W. Powell and Paul J. DiMaggio, eds., *The New Institutionalism in Organizational Analysis* (Chicago: University of Chicago Press, 1991), p. 251.

64. Clifford Geertz, *The Interpretation of Cultures: Selected Essays* (New York: Basic Books, 1973), p. 314; 『문화의 해석』, 문옥표 옮김, 까치, 1998.

65. Brigitte von Beuzekom, *Biotechnology Statistics in OECD Member Countries: Compendium of Existing National Statistics*, STI Working Papers 2001/6 (OECD, 2001).

66. Robert Bud, *The Uses of Life: A History of Biotechnology* (Cambridge: Cambridge University Press, 1993).

67. 미국 록펠러재단의 적극적인 지원을 받으면서 과학의 한 분야로 발전한 분자생물학이 이 역사의 중심에 있다. 다음 책을 참고하라. Lily E. Kay, *The Molecular Vision of Life: Caltech, the Rockefeller Foundation, and the Rise of the New Biology* (New York: Oxford University Press, 1993). 분자생물학은 생화학, 물리학, 유전학, 구조학이 합쳐지면서 등장했다. 간략하면서도 유용한 리뷰는 다음 자료를 참고하라. Lawrence Busch et

al., *Plants, Power, and Profit: Social, Economic, and Ethical Consequences of the New Biotechnologies* (Oxford: Blackwell, 1991), pp. 66-81.

68. Evelyn Fox Keller, *The Century of the Gene* (Cambridge: Harvard University Press, 2000), pp. 1-2;『유전자의 세기는 끝났다』, 이한음 옮김, 지호, 2002.

69. DNA 이중나선 구조를 밝힌 논문은 다음과 같다. James D. Watson and Francis H. C. Crick, "Molecular Structure of Nucleic Acids: A Structure for Deoxyribonucleic Acid," *Nature* 171 (1953): 737-738, and "Genetical Implications of the Structure of Deoxyribonucleic Acid," *Nature* 171 (1953): 964-967. 몇 년 후 왓슨과 크릭은 자신들의 발견과 관련된 개인적인 사항들을 다음 책에서 발표했다. (크릭이 더 성찰적인 모습을 보였다.) James D. Watson, *The Double Helix: A Personal Account of the Discovery of the Structure of DNA* (New York: Atheneum, 1968);『이중나선』, 최돈찬 옮김, 궁리, 2006; Francis H. Crick, *What Mad Pursuit: A Personal View of Scientific Discovery* (London: Weidenfeld and Nicolson, 1989);『열광의 탐구』. 권태익, 조태주 옮김, 김영사, 2011. 분자생물학의 황금기 및 생명공학의 등장과 발전을 역사적으로 설명한 자료는 다음을 참고하라. Horace F. Judson, *The Eighth Day of Creation* (New York: Simon and Schuster, 1979); James D. Watson and John Tooze, *The DNA Story: A Documentary of Gene Cloning* (San Francisco: W.H. Freeman, 1981); Bud, *The Uses of Life*.

70. 일부 바이러스의 유전자는 거의 RNA 형태로 이루어져 있다.

71. Crick, *What Mad Pursuit*, p. 76;『열광의 탐구』. 권태익, 조태주 옮김, 김영사, 2011.

72. Ibid., p. 62. 이 말은 DNA 구조가 지난 50년 동안 일상 개념이 되었다는 것을 보여준다. DNA 구조는 많은 책, 기사, 신문, 잡지, 웹사이트에 언급되고 제시된다. 특히 활용할 수 있는 버전은 다음 자료를 참고하라. National Research Council, *Mapping and Sequencing the Human Genome* (Washington, DC: National Academy Press, 1988).

73. Watson and Crick, "Molecular Structure," p. 738.

74. Stanley N. Cohen et al., "Construction of Biologically Functional Bacterial Plasmids in Vitro," *Proceedings of the National Academy of Sciences* 70 (1973), pp. 3240-3244. 코헨과 보이어는 DNA 절단과 재조합 과정에 관해 특허를 받았는데, 이에 대해서는 8장을 참고하라.

75. 지난 20년 동안 유럽 정부 차원에서 생명공학을 지원한 역사를 정리한 자료는 다음을 참고하라. Mark Cantley, "The Regulation of Modern Biotechnology: A Historical and European Perspective," in *Biotechnology*, vol. 12 (Legal, Economic and Ethical Dimensions) (New York: VCH Weinheim, 1995), chapter 18. 기술낙관론자인 캔틀리는 유럽의 모순적이고 주저하는 모습을 비판하면서, 일관되면서도 문제를 해결해 나가는 미국을 극찬했다. 다음 자료도 참고하라. Gottweis, *Governing Molecules*.

76. Ian Wilmut et al., "Viable Offspring Derived from Foetal and Adult Mammalian Cells," *Nature* 385 (1997): 810-813.

77. 복제인간에 관한 유명한 이야기는 올더스 헉슬리의 책을 참고하라. Aldous Huxley, *Brave New World: A Novel* (London: Chatto and Windus, 1932);『멋진 신세계』, 안정효 옮김, 2015. 헉슬리는 이 책에서 셰익스피어의『템페스트(*The Tempest*)』에 나오는 '멋진 신세계(brave new world)'라는 표현을 인용해, 특정한 사회적 목적을 위해 동일한 인간이 만들어지는 세계를 보여주었다.『템페스트』는 마법을 이용해 생물학적으로 조작하고 통제해 두 번째 생명을 얻은 이야기다.

78. Foucault, *The History of Sexuality*, vol. 1, pp. 135-145;『성의 역사』, 이규현 옮김, 나남, 2004. 다음 자료도 참고하라. Giorgio Agamben, *Homo Sacer: Sovereign Power and Bare Life* (Stanford: Stanford University Press, 1998), pp. 1-8;『호모 사케르』, 박진우 옮김, 새물결, 2008. Michael Hardt and Antonio Negri, *Empire* (Cambridge: Harvard University Press, 2000), pp. 22-41;『제국』, 윤수종 옮김, 이학사, 2001.

79. 이런 가능성을 막기 위해 강력한 규제와 감독이 필요하다는 주장은 다음 자료를 참고하라. Francis Fukuyama, *Our Posthuman Future: Consequences of the Biotechnology Revolution* (New York: Picador, 2002);『부자의 유전자, 가난한 자의 유전자』, 송정화 옮김, 한국경제신문, 2003.

80. Kay, *The Molecular Vision of Life*.

81. Garland E. Allen, "Modern Biological Determinism: The Violence Initiative," in Michael Fortun and Everett Mendelsohn, eds., *The Practices of Human Genetics* (Dordrecht: Kluwer, 1999), pp. 1-23.

82. James C. Scott, *Seeing Like a State: How Certain Schemes to Improve the Human Condition Have Failed* (New Haven: Yale University Press, 1998);『국가처럼 보기』, 전상인 옮김, 에코리브르, 2010.

83. 과학의 보편성을 부정적으로 보면서 과학의 사회적 토대를 인식해야 한다는 주장은 최근 일반적인 관점으로 인정되며, 이는 토머스 쿤의 중요한 업적이다. Thomas Kuhn, *The Structure of Scientific Revolutions* (Chicago: University of Chicago Press, 1962);『과학혁명의 구조』, 김명자, 홍성욱 옮김, 까치, 2013. 물론 실재는 더 복잡하다. 이 주제와 관련된 학계의 자료를 비평한 책은 다음과 같다. Jasanoff et al., eds., *Handbook of Science and Technology Studies*.

84. Spencer Weart, *Nuclear Fear: A History of Images* (Cambridge: Harvard University Press, 1988). 다음 자료도 참고하라. Dorothy Nelkin and Susan M. Lindee, *The DNA Mystique: The Gene as a Cultural Icon* (New York: Freeman, 1995).

85. 나치의 인종주의를 선전하고 강화하는 데 기여한 과학자들과 의사들의 역할을 역사적으로

연구한 자료는 다음과 같다. Benno Müller-Hill, *Tödliche Wissenschaft: die Ausson-derung von Juden, Zigeunern und Geisteskranken 1933-1945* (Reinbek bei Hamburg: Rowohlt, 1984); Robert Proctor, *Racial Hygiene: Medicine under the Nazis* (Cambridge: Harvard University Press, 1988); Peter Weingart, Jürgen Kroll, and Kurt Bayertz, *Rasse, Blut und Gene: Geschichte der Eugenik und Rassenhygiene in Deutschland* (Frankfurt: Suhrkamp, 1992).

86. 이 주제에 관한 유명한 소설은 다음과 같다. Michael Crichton, *Jurassic Park: A Novel* (New York: Knopf, 1990); 『쥬라기 공원』, 정영목 옮김, 김영사, 1991. 이 소설은 1993년 영화로 제작되어 크게 흥행했으며 후속 시리즈도 제작되었다. 하지만 어떤 시리즈도 책의 주요 주제인 과학적·기술적·경제적인 오만을 크게 다루지 않았다.

87. 생명공학에 대한 초기의 부정적인 평가는 저명한 활동가이자 사회비평가인 제레미 리프킨 에 의해 제기되었다. 다음 자료를 참고하라. Jeremy Rifkin, *Algeny* (New York: Viking Press, 1983). 생명과학의 역할에 주목하면서 근대를 비평한 주요 자료는 다음과 같다. Jacques Ellul, *The Technological Society* (New York: Vintage Books, 1964); 『기술의 역 사』, 박광덕 옮김, 한울, 1996. Michel Foucault, *Power/Knowledge: Selected Interviews and Other Writings 1972-1977* (New York: Pantheon, 1980); 『권력과 지식』, 홍성민 옮 김, 나남, 1995. Beck, *Risk Society*; 『위험사회』, 홍성태 옮김, 새물결, 1997. Bauman, *Modernity and Ambivalence*. 일반적인 기술비관론에 관해서는 다음 자료를 참고하라. Leo Marx, "The Idea of 'Technology' and Postmodern Pessimism," in Smith and Marx, eds., *Does Technology Drive History?*, pp. 237-257; Yaron Ezrahi, Everett Mendelsohn, and Howard Segal, eds., *Technology, Pessimism, and Postmodernism* (Dordrecht: Kluwer, 1994). 표준화와 통제에 주목하면서 유전학의 위험을 다룬 역사적인 작업은 다음 을 참고하라. Lily E. Kay, *Who Wrote the Book of Life: A History of the Genetic Code* (Stanford: Stanford University Press, 2000). 농업 생명공학에 관해서는 다음 자료를 참고 하라. Busch et al., *Plants, Power, and Profit*. 은둔자이자 폭탄테러범인 테어도르 카진스 키(Theodore Kaczynski)는 미국에서 세기말 기술(유전학 포함)을 향한 개인 차원의 비판 을 명확히 보여주는, 영어로 5만 단어 가량의 선언문을 발표했다. Theodore Kaczynski, *The Unabomber Manifesto* (San Francisco: Jolly Roger Press, 1995); 『산업사회와 그 미 래』, 조병준 옮김, 박영률, 2006. 기술낙관론을 향한 더 극적인 비판은 빌 조이(Bill Joy)에 의해 제기되었다. 선마이크로시스템스의 창립자이자 과학자인 그는 종종 공상가로 간주되 기는 하지만, 기술이 인간을 통제하는 미래를 비관적으로 예견했다. Bill Joy, "Why the Future Doesn't Need Us," *Wired* 8.04 (April 2000): 1-11, http://www.wired.com/wired/archive/8.04/joy.html (2004년 4월 접속).

88. 이 지점은 인도 활동가 반다나 시바가 수십 년 동안 지속적이고 열정적으로 제기했다.

Vandana Shiva, *Monocultures of the Mind: Perspectives on Biodiversity and Biotechnology* (London: Third World Network, 1993); *Biopiracy: The Plunder of Nature and Knowledge* (Toronto: Between the Lines, 1997); *Yoked to Death: Globalisation and Corporate Control of Agriculture* (New Delhi: Research Foundation for Science, Technology and Ecology, 2001).

89. Jasanoff, *States of Knowledge*.

90. 조지 마커스는 인류학자들을 설명하는 데 이 용어를 사용했다. 그는 인류학자들이 흥미로운 여러 장소를 횡단하면서 얻은 단편적이고 새로운 문화적 유형들을 설명해야 한다고 주장했다. 다음 자료를 참고하라. George E. Marcus, *Ethnography through Thick and Thin* (Princeton: Princeton University Press, 1998), pp. 79-104.

91. 이 주제에 관한 주요 연구는 다음 자료를 참고하라. Jürgen Habermas, *Legitimation Crisis* (Boston: Beacon Press, 1975).

# 2장. 내러티브 통제하기

1. 윈드스케일 원자력발전소와 미국 쓰리마일섬 원자력발전소 사고가 국제 원자력 사고 등급 (International Nuclear Event Scale)의 0~7등급 중에서 5등급에 분류되었다는 사실을 바탕으로 그 심각성을 알 수 있다.

2. Angela Liberatore, *The Management of Uncertainty: Learning from Chernobyl* (Amsterdam: Gordon and Breach, 1999).

3. Rachel Carson, *Silent Spring* (New York: Houghton Mifflin, 1962); 『침묵의 봄』, 김은령 옮김, 에코리브르, 2011.

4. 이 사건들에 대한 설명과 정책에 미친 영향을 확인하려면 다음을 참고하라. Michael Reich, *Toxic Politics: Responding to Chemical Disaster* (Ithaca: Cornell University Press, 1991); Sheila Jasanoff, ed., *Learning from Disaster: Risk Management after Bhopal* (Philadelphia: University of Pennsylvania Press, 1994).

5. Michael J. Sandel, "The Case against Perfection," *Atlantic* (April 2004): 51-62.

6. Weart, *Nuclear Fear*.

7. Mary Wollstonecraft Shelley, *Frankenstein, or, The Modern Prometheus* (1818); 『프랑켄슈타인』, 김선형 옮김, 문학동네, 2012. 셸리의 글에서 프랑켄슈타인은 괴물이 아닌 괴물을 탄생시킨 스위스 의대생 이름이었다. 의학 실험가의 이름이 그가 만든 괴물에게 전이된 것은 과학이 탄생시킨 괴물이 인간의 통제를 벗어날 것이라는 지속적인 두려움을 방증한다.

8. 에디슨은 15분 길이의 무성영화를 제작했다. 수년간 소재를 알 수 없다가 다시 발견되어 재 소장되었다. 영화 스틸은 아래 웹사이트에서 확인할 수 있다. http://www.lrsmarketing.com/adventures/Frankenstein/stillsfrank.htm(2002년 4월 6일 접속). 보리스 칼로프(Boris Karloff)가 1931년 제임스 웨일(James Whale)이 감독한 영화의 괴물 역을 맡았다. 많은 이들이 이를 프랑켄슈타인 영화의 정석이라 여긴다. 20세기 프랑켄슈타인 영화의 가장 최신작은 케네스 브래너(Kenneth Branagh) 감독의 실망스럽기로 유명한 1994년 작품이었다.

9. 환경 분야는 셸리나 헉슬리처럼 유명한 작가가 언급하지는 않았지만, 상대적으로 덜 알려진 1950년대 중반의 SF 소설 주제로 등장했다. 이 이야기는 중국에서 생물학 실험이 실패해 전 세계의 곡물 종이 멸종되어 기근이 발생하고, 전 세계 문명이 무너지는 모습을 그렸다. John Christopher, *The Death of Grass* (London: Michael Joseph, 1956).

10. 다음 자료를 참고하라. Aldo Leopold, *Game Management* (New York: Scribner's, 1933); Donald Worster, *Nature's Economy: A History of Ecological Ideas* (Cambridge: Cambridge University Press, 1977); Daniel Botkin, *Discordant Harmonies: A New Ecology for the Twenty-First Century* (Oxford: Oxford University Press, 1990).

11. 이에 대한 명확한 설명과 영국 제국주의가 자연 세계에 미친 영향에 대해서는 다음 자료를 참고하라. James Morris, *Pax Britannica: The Climax of an Empire* (New York: Harcourt, Brace and World, 1968), pp. 77-78.

12. *Buck v. Bell*, 247 U.S. 200 (1927), p. 208. 홈스는 미국에서 가장 존경받는 법학자 중 한 명이지만, 과학적·정치적으로 자신이 속한 시대의 인물이었다.

13. 이 사건에 대한 더 자세한 설명은 다음 자료를 참고하라. Daniel J. Kevles, *In the Name of Eugenics: Genetics and the Uses of Human Heredity* (Berkeley: University of California Press, 1985); Robert Proctor, *Racial Hygiene; Troy Duster, Backdoor to Eugenics* (New York: Routledge, 1990); Weingart, Kroll, and Bayertz, *Rasse, Blut und Gene*.

14. 미국 의학연구자들에게 윤리적 안전장치가 없다는 것을 경고하는 유명한 글은 다음 자료를 참고하라. Henry K. Beecher, "Ethics and Clinical Research," *New England Journal of Medicine* 274 (1966): 1354-1368.

15. 퍼그워시 회의가 열리게 된 계기는 영국 철학자이자 평화운동가인 버트런드 러셀(Bertrand Russell)과 알베르트 아인슈타인(Albert Einstein)이 1955년에 공동 발표한 "러셀-아인슈타인 선언"이었다. 첫 번째 회의는 캐나다인 자선가 사이러스 이튼(Cyrus Eaton)이 자신의 고향인 노바스코샤에서 개최했다. 1995년 10월 퍼그워시 회의와 조직위원장인 핵물리학자 조지프 로트블랫(Joseph Rotblat)은 노벨평화상을 공동 수상했다.

16. 원자력의 안전에 관한 논쟁과 활동의 역사에 대해서는 다음 자료를 참고하라. Brian Balogh, *Chain Reaction: Expert Debate and Public Participation in American Commercial Nuclear Power, 1945-1975* (New York: Cambridge University Press, 1991).

17. 최신 인명록에 따르면 분자유전학 연구위원회의 위원은 다음과 같다. 의장, 폴 버그(Paul Berg), 데이비드 볼티모어(David Baltimore), 허버트 보이어(Herbert W. Boyer), 스탠리 코언(Stanley N. Cohen), 로널드 데이비스(Ronald W. Davis), 데이비드 호그니스(David S. Hogness), 대니얼 네이선스(Daniel Nathans), 리처드 로블린(Richard Roblin), 제임스 왓슨, 셔먼 와이즈먼(Sherman Weissman), 노턴 진더(Norton D. Zinder).

18. 이 역사에 관한 많은 설명 중에서 다음 자료가 특히 참고할 만하다. Judith Swazey et al., "Risks and Benefits, Rights and Responsibilities: A History of the Recombinant DNA Research Controversy," *Southern California Law Review* 51 (1978): 1019-1078; Clifford Grobstein, *A Double Image of the Double Helix: The Recombinant DNA Debate* (San Francisco: Freeman, 1979); Krimsky, *Genetic Alchemy*; Donald S. Frederickson, "Asilomar and Recombinant DNA: The End of the Beginning," in Kathi E. Hanna, ed., *Biomedical Politics* (Washington, DC: National Academy Press, 1991), pp. 258-292.

19. Paul Berg et al., "Potential Biohazards of Recombinant DNA Molecules," *Science* 185, 4148 (1974): 303.

20. 생명공학 지지자들이 생명공학 담론을 구성했다는 연구는 다음을 참고하라. Gottweis, *Governing Molecules.*

21. Interview, Sheldon Krimsky, Cambridge, MA, July 26, 2004. 다음 자료도 함께 참고하라. Jon Beckwith, *Making Genes, Making Waves: A Social Activist in Science* (Cambridge: Harvard University Press, 2002); 『과학과 사회운동 사이에서』, 이영희, 김동광, 김명진 옮김, 그린비, 2009.

22. 이 설명을 확인하려면 다음 자료를 참고하라. Donald S. Frederickson, *The Recombinant DNA Controversy: A Memoir: Science, Politics, and the Public Interest 1974-1981* (Washington, DC: ASM Press, 2001). 이 책을 논평한 생명윤리학자 토머스 머레이(Thomas Murray)는 프레데릭슨(Frederickson)이 "가장 우선적으로 과학자이기 때문에 그 직업의 가치관이나 관점에 깊이 고취되어 있고, 과학적 특권에 대해 의문을 제기하는 의견을 묵살했다"라고 지적했다. 이와 같은 프레데릭슨의 태도를 보면, 1977년 한 해 동안 의회에 제출된 14개 법률안과 결의안에 관해 프레데릭슨과 국립보건원이 강력하게 반대한 것을 알 수 있다. Murray, *Journal of the American Medical Association* 286 (2001): 2331-2332.

23. 이 논쟁은 미국 특허권과 관련해 발생했다. 35 U.S.C. Sec. 100 et seq. 생명공학과 특허법의 교차점에 대한 종합적인 내용은 8장에서 다룬다.

24. *Diamond v. Chakrabarty*, 447 U.S. 303 (1980), at 306.

25. Ibid. at 307.

26. Ibid. at 309.

27. Ibid. at 317.

28. PBC Brief, quoting Dr. George Wald, Harvard biochemist and Nobel laureate, and Dr. James F. Crow, population geneticist at the University of Wisconsin, respectively.

29. Jasanoff, *Science at the Bar*; 『법정에 선 과학』, 박상준 옮김, 동아시아, 2011.

30. Foundation on Economic Trends v. Heckler, 756 F.2d 143 (D.C. Cir. 1985).

31. "Report of the Committee to Review Allegations of Violations of the National Institutes of Health Guidelines for Research Involving Recombinant DNA Molecules in the Conduct of Studies Involving Injection of Altered Microbes into Elm Trees at Montana State University," Washington, DC, December 15, 1987.

32. 이 시기의 법적 고립에 대한 간략한 역사를 위해서는 다음을 참고하라. Jasanoff, *Science at the Bar*, pp. 138-159; 『법정에 선 과학』, 박상준 옮김, 동아시아, 2011.

33. 당시 가장 곤경에 처해 있던 사람 중 한 명은 아실로마 회의를 계획했던 맥신 싱어였다. Maxine Singer, "Genetics and the Law: A Scientist's View," *Yale Law and Policy Review* 3 (1985): 315-335. 그녀와 여러 과학자의 관점에 대해서는 다음 자료를 참고하라. Jasanoff, *Science at the Bar*, pp. 153-155; 『법정에 선 과학』, 박상준 옮김, 동아시아, 2011.

34. James D. Watson, "In Defense of DNA," *New Republic* 170 (1977): 11. 또한 다음도 참고하라. "Trying to Bury Asilomar," *Clinical Research* 26 (1978): 113.

35. National Research Council, *Field Testing Genetically Modified Organisms-Framework for Decisions* (이후 현장시험(Field Testing)이라고 지칭) (Washington, DC: National Academy Press, 1989).

36. 환경보호청은 협력 프레임워크에 참여하는 여러 단체 중에서 식품의약국이나 미국 농무부와 달리 위험을 회피하면서 사전예방적인 접근을 취했다.

37. Henry I. Miller et al., "Risk-Based Oversight of Experiments in the Environment," *Science* 250, 4980 (1990): 490-491.

38. 다음을 참고하라. NRC, *Field Testing*, Executive Summary, pp. 3-4.

39. Henry I. Miller, "The Big Fed Freeze," *National Review On Line*, April 4, 2002, http://www.nationalreview.com/comment/comment-miller040402.asp (2002년 7월 접속).

40. 이에 대한 자세한 설명으로는 다음 자료를 참고하라. Brickman et al., *Controlling Chemicals*, pp. 81-82; Wilson, *The Politics of Safety and Health*, pp. 112-119.

41. 명명의 정치에 대해서는 다음 자료를 참고하라. Les Levidow and Joyce Tait, "The Greening of Biotechnology: GMOs as Environment-Friendly Products," *Science and Public Policy* 18, 5 (1991): 271-280.

42. 기존 규제는 범위의 한계뿐 아니라 더 이상 존재하지 않는 유전자 조작 자문그룹과 관련이

있었기 때문에 결점이 많다고 간주되었다. 환경부와 보건안전국, 생명공학 산업협회에서 후원한 회의에 대한 보고서인 다음 자료를 참고하라. *The Impact of New and Impending Regulations on UK Biotechnology.* (이후 Impact로 지칭.) (Cambridge: Cambridge Biomedical Consultants, 1990), p. 12 (remarks of Richard Clifton, health and safety executive).

43. Bernard Dixon, "Who's Who in European Antibiotech," *Bio/Technology* 11 (1993): 44-48.

44. 레스 레비도우(Les Levidow) 덕분에 나는 이 지점에 주목을 할 수 있었다. 농업수산식품부는 광우병 사건을 기점으로 구조조정되어 새로운 환경식품농업부(Department for Environment, Food and Rural Affairs)에 편입되었다.

45. Letter from Sir Donald Acheson, Chief Medical Officer, to Mr. D. H. Andrews, MAFF, March 23, 1988. See also U.K. Government, *The BSE Inquiry: The Report*, vol.4, introduction, sec. 1, http://www.bseinquiry.gov.uk/report/volume4/chapterb.htm# 886837 (2002년 4월 10일 접속).

46. Royal Commission on Environmental Pollution, *The Release of Genetically Engineered Organisms to the Environment* (이후 Release of GEOs로 지칭), Thirteenth Report (London: HMSO, 1989). 이 위원회는 '유전자 재조합 생물체(GEOs)'라는 단어를 사용했지만, 결국 유전공학으로 생산된 유기체에 대한 국제표준용어인 유전자 변형 생물체(GMO)로 대체되었다. 이 장에서는 국제적으로 사용되는 유전자 변형 생물체(GMO)를 사용한다.

47. Ibid., p. 21.

48. Ibid., p. 20.

49. 제국주의와 식물학, 농업에 대해서는 다음 자료들을 참고하라. Kavita Philip, "Imperial Science Rescues a Tree: Global Botanic Networks, Local Knowledge, and the Transcontinental Transplantation of Cinchona," *Environment and History* 1 (1995): 173-200; William Storey, *Science and Power in Colonial Mauritius* (Rochester: University of Rochester Press, 1997); Richard Drayton, *Nature's Government: Science, Imperial Britain, and the "Improvement" of the World* (New Haven: Yale University Press, 2000). See also Morris, *Pax Britannica.*

50. Impact에서 리처드 클리프턴(Richard Clifton)과 더글러스 브라이스(Douglas Bryce)의 논평을 보라. note 42. pp. 15, 24.

51. 다음 자료를 참고하라. 1장 주 85.

52. 이 주제에 대해서는 다음 자료를 참고하라. Bauman, *Modernity and Ambivalence.*

53. 다음 자료에서 인터뷰에 대한 뮐러(Müller)의 발언을 인용하고 있다. Ian Buruma, *Wages of Guilt: Memories of War in Germany and Japan* (London: Vintage, 1994), p. 89; 『아우

슈비츠와 히로시마』, 정용환 옮김, 한겨레신문사, 2002.

54. 해당 부서명은 그 후에 "독일 연방교육연구부(Bundesministerium für Bildung und Forschung, BMBF)"로 변경되었다.

55. Sheila Jasanoff, "Technological Innovation in a Corporatist State: The Case of Biotechnology in the Federal Republic of Germany," *Research Policy* 14 (1985): 23-38.

56. 과학의 대중적 이해와 (표면적인) 대중적 수용 간의 간극에 대한 사회학적 분석에 대해서는 다음 자료를 참고하라. Irwin and Wynne, eds., *Misunderstanding Science?*

57. 다음 자료를 참고하라. Gottweis, *Governing Molecules*, pp. 237-245.

58. *Report of the Parliamentary Commission of Enquiry on Prospects and Risks of Genetic Engineering*, German Bundestag, Bonn, January 1987. 모든 인용된 자료는 보고서의 공식 영문판을 참고한 것이다. 이후에는 Prospects and Risks로 언급한다.

59. Die Grünen, *Erklärung zur Gentechnologie und zur Fortpflanzungs—und Gentechnik am Menschen*, Hagen, February 15-16, 1986.

60. Gottweis, *Governing Molecules*, pp. 229-262.

61. *Prospects and Risks*, p. 316.

62. Ibid., p. 315.

63. Etel Solingen, "Between Markets and the State: Scientists in Comparative Perspective," *Comparative Politics* 26 (1993): 31-51; at p. 43.

64. Wright, *Molecular Politics*.

65. *Prospects and Risks*, p. 354b. 맥클린톡의 작업에 관한 이런 관점은 여성주의 역사학자 에벌린 폭스 켈러가 쓴 중요하면서도 논쟁적인 맥클린톡의 전기에서 등장했다. Evelyn Fox Keller, *A Feeling for the Organism: The Life and Work of Barbara McClintock* (San Francisco: W. H. Freeman, 1983);『생명의 느낌』, 김재희 옮김, 양문, 2001.

66. Constitution of the United States, article I, sec. 8, cl. 8.

67. 이 부분을 다음 저서에서 더욱 발전시켰다. *Science at the Bar*.『법정에 선 과학』, 박상준 옮김, 동아시아, 2011.

68. 많은 철학서에서 이 주제를 다루었다. 예를 들어, 다음 자료를 참고하라. Jonathan Glover, *What Sort of People Should There Be? Genetic Engineering, Brain Control and Their Impact on Our Future World* (Middlesex, UK: Penguin, 1984). 법적 판례 분석을 기반으로 한 기관 중심적인 접근으로는 다음 자료를 참고하라. Sheila Jasanoff, "Ordering Life: Law and the Normalization of Biotechnology," *Politeia* 17, 62 (2001): 34-50.

69. Polanyi, "The Republic of Science," 54-73.

70. 이 보장은 독일의 기본법 제5장 3번째 문단에 제시되어 있다. 다음 자료를 참고하라. *Prospects and Risks*, p. 284.

# 3장. 유럽의 문제

1. 세계화에 대한 문헌은 방대할 뿐 아니라 지금도 증가하고 있다. 국제 관계, 공공정책, 사회학, 인류학, 문화학을 비롯한 많은 분과학문의 관점을 통해 세계화 연구가 이뤄지고 있다. 최근 연구 사례로는 다음을 들 수 있다. Robert O. Keohane and Joseph S. Nye, Jr., *Power and Interdependence* (New York: Longman, 2001); Nye and John D. Donahue, eds., *Governance in a Globalizing World* (Washington, DC: Brookings Institution Press, 2000); Will Hutton and Anthony Giddens, eds., *Global Capitalism* (New York: The New York Press, 2000); Ann Cvetkovich and Douglas Kellner, eds., *Articulating the Global and Local: Globalization and Cultural Studies* (Boulder: Westview Press, 1997); Mike Featherstone, *Undoing Culture: Globalization, Postmodernism and Identity* (London: Sage Publications, 1995).

2. 유럽연합에 대한 광범위한 연구는 다음을 참고하라. Medrano, *Framing Europe; Kjell Goldmann, Transforming the European Nation-State* (London: Sage, 2001); Alberta Sbragia, ed., *Euro-Politics: Institutions and Policymaking in the "New" European Community* (Washington, DC: Brookings Institution, 1992).

3. 분노가 촉발된 부분적인 이유는 일부 국가들이 유로화를 도입하면서 수용할 수 없을 정도로 물가가 상승했기 때문이다. 독일은 도이치마르크(Deutschmark)를 별다른 대중의 반발 없이 포기했는데, 이런 독일에서조차 새로운 화폐를 '비싼'이란 뜻의 독일어인 'teuer'를 따서 튜로(Teuro)라는 별명으로 불렀다.

4. 즉각적이고 매우 회의적인 논쟁은 다음 자료를 참고하라. Andrew Moravcsik, "If It Ain't Broke, Don't Fix It," *Newsweek*, March 4, 2002, p. 15. 다음 자료도 참고하라. Bernstein, "Europe's Lofty Vision of Unity Meets Headwinds."

5. 유럽집행위원회 의장 로마노 프로디가 2002년 2월 28일 브뤼셀에서 열린 유럽 미래회의 (Convention on the Future of Europe)의 개막식에서 행한 연설. http://european-convention.eu.int/docs/speeches/181.pdf (2002년 5월 접속).

6. "국가 형성(state formation)" 개념은 정부 형태를 갖춘 국민국가의 출현을 설명하는 데 널리 사용된다. 하지만 유럽연합의 경우에 개념적이며 법적인 저항 가운데 일부는, 새로 등장한 독립체를 위한 적당한 명칭을 찾는 것이다. 유럽연합은 때때로 하나의 초국가(as a superstate)로 불렸으며 때때로 초국가적인 것(as supranational)으로 불렸다. 어떤 용어로도 완전하게 포착할 수 없는 특성은 유럽연합이 통제력 중 일부를 발휘해 회원국들 위에 있기도 하고, 각국의 정치적 절차들과 의회를 통한 정당화가 필요하기에 회원국들 아래에 있기도 하다는 사실이다. 회원국들의 지속된 독립성과 보완원칙(subsidiarity, 유럽연합에서 결정 사항을 조직 전체가 아닌 관계국에서만 시행하는 방식._옮긴이)의 중요성을 강조하는

견해에 대해서는 다음 자료를 참고하라. Jack Straw, "By Invitation," *Economist*, July 10, 2004, p. 40.

7. Jasanoff, ed. *States of Knowledge*.

8. Thomas Fuller, "A Blunt Appraisal of EU's Laggards," *International Herald Tribune*, January 13, 2004, p. 1.

9. Personal communication, Angela Liberatore, Brussels, May 14, 2002.

10. Anderson, *Imagined Communities*; 『상상된 공동체』, 서지원 옮김, 길, 2018.

11. Neil Walker, "The White Paper in Constitutional Context," in Christian Joerges, Yves Mény, and J.H.H. Weiler, eds., *Mountain or Molehill? A Critical Appraisal of the Commission White Paper on Governance* (Florence: European University Institute, 2001), pp. 33–53; 특히 다음 쪽을 보라. p. 37.

12. 이런 단일한 유럽 기관 내 갈등에 대한 연구는 다음 자료를 참고하라. Claire Waterton and Brian Wynne, "Knowledge and Political Order in the European Environment Agency," in Jasanoff, ed., *States of Knowledge*, pp. 87–108.

13. 유럽집행위원회만이 유럽의 날이라는 문제를 고심한 유일한 행위자는 아니었다. 예를 들어 1998년 5월 프랑스-독일 관계 개선에 전념하는 조직인 겐스하겐 소재 베를린-브란덴부르크 연구소는 "유럽의 관점을 기억하는 장소들(Sites of Memory in European Perspective)"에 관한 회의를 개최했다. 그 회의의 주된 목적이 공공기념비 설립에 관한 최근 프랑스와 독일의 역사학(historiography)을 다루는 것이었음에도, 참석자들은 유럽의 날이 존재할 수 있는지 논의했는데 이는 아마도 불가피한 일이었을 것이다. 그 회의에서 작성된 문서들은 다음 자료에서 볼 수 있다. Alexandre Escudier, Brigitte Sauzay, and Rudolf von Thadden, eds., *Gedenken im Zwiespalt: Konfliktlinien europäischen Erinnerns* (Göttingen: Wallstein, 2001).

14. 1950년 5월 9일은 "쉬망 선언(Schuman declaration)"의 날이었다. 이날 프랑스 외무장관 로베르 쉬망(Robert Schuman)이 유럽석탄철강공동체(European Coal and Steel Community), 즉 두 개의 중대한 국가적 자원들을 공동 출자하기 위한 단체를 창설할 것을 제안했다. 쉬망과 그의 자문가들은 이 연합이 역사적으로 교전해온 대륙 국가들 사이에서 평화적인 관계들을 보장하는 수단이 될 것으로 예상했다. 웹 인용은 다음을 보라. "Europe Day, 9 May," http://europa.eu.int/ abc/symbols/9-may/index_en.htm (2003년 8월 접속).

15. 이들은 유럽석탄철강공동체의 6개 회원국이었다. 벨기에, 프랑스, 독일, 이탈리아, 룩셈부르크, 네덜란드이다.

16. 국제화의 위험은 민주주의 이론의 특정한 형태(자유주의, 숙의주의, 공화주의)에 따라 다르다. 하지만 그 위험이 전적으로 사라지지는 않는다. 다음 자료를 참고하라. Goldmann, *Transforming the European Nation-State*, pp. 142–145.

17. Christian Joerges, "'Economic Order'—'Technical Realisation'—'the Hour of the Executive': Some Legal Historical Observations on the Commission White Paper on European Governance," in Joerges et al., *Mountain or Molehill*, pp. 128-129.

18. David Earnshaw and David Judge, *The European Parliament* (Houndmills, Hampshire: Palgrave Macmillan, 2003).

19. Medrano, *Framing Europe*.

20. 예를 들어 증기 엔진은 열역학의 이론적 정교화보다 앞섰다. Crosbie Smith and M. Norton Wise, *Energy and Empire: A Biographical Study of Lord Kelvin* (Cambridge: Cambridge University Press, 1989). 유사하게 전신이 장론(field theory)보다 먼저 나타났다. Bruce J. Hunt, "Michael Faraday, Cable Telegraphy, and the Rise of Field Theory," *History of Technology* 13 (1991): 1-19; Simon Schaffer, "Late Victorian Metrology and Its Instrumentation: A Manufactory of Ohms," in Robert Bud and Susan E. Cozzens, eds., *Invisible Connections: Instruments, Institutions and Science* (Bellingham, WA: SPIE Optical Engineering Press, 1992), pp. 23-56. 이 사례들에 대해 나는 마이클 데니스 (Michael A. Dennis)의 도움을 받았다.

21. Commission of the European Communities, *European Governance: A White Paper* (이후 백서(White Paper)로 지칭).

22. 특히 베아테 콜러-코흐(Beate Kohler-Koch)의 주장에 따르면, 백서에는 위원회 관점들이 반영되었으며, 성공을 판단하는 위원회의 기준들뿐 아니라 위원회가 선호하는 장치들도 선택되었다. Kohler-Koch, "The Commission White Paper and the Improvement of European Governance," in Joerges et al., *Mountain or Molehill*, pp. 177-184.

23. Philippe C. Schmitter, "What Is There To Be Legitimized in the European Union … and How Might This Be Accomplished?", *Political Science Series*, Institute for Advanced Studies, Vienna, May 2001.

24. 미확인 비행 물체(UFO)의 비현실성을 암시하는 것은 아마도 우연은 아닐 것이다.

25. Walker, "The White Paper," *Mountain or Molehill*, p. 35.

26. *White Paper*, p. 35.

27. Joerges et al., *Mountain or Molehill*.

28. White Paper, p. 17.

29. Paul Magnette, "European Governance and Civic Participation: Can the European Union be Politicised?" *Mountain or Molehill*, pp. 24-25.

30. Jürgen Gerhards, "Westeuropäische Integration und die Schwierigkeiten der Entstehung einer Europäischen Öffentlichkeit," *Festschrift für Soziologie* 22 (1993): 96-110.

31. 다음 자료를 참고하라. Maria Eduarda Gonçalves, "The Importance of Being European:

The Science and Politics of BSE in Portugal," *Science, Technology, and Human Values* 25, 4 (2000): 417-448; Sheila Jasanoff, "Civilization and Madness: The Great BSE Scare of 1996," *Public Understanding of Science* 6: 221-232 (1997).

32. Klaus Eder, "Zur Transformation nationalstaatlicher Öffentlichkeit in Europa: von der Sprachgemeinschaft zur inspezifischen Kommunikationsgemeinschaft," *Berliner Journal für Soziologie* 10, 2 (2000): 167-184; Klaus Eder and Cathleen Kantner, "Transnationale Resonanzstrukturen in Europa: Eine Kritik der Rede von Öffentlichkeitsdefizit," in Maurizio Bach, ed., *Die Europäisierung nationaler Gesellschaften* (Wiesbaden: Westdeutscher Verlag, 2000), pp. 306-331.

33. Gottweis, *Governing Molecules*, p. 174, 고트바이스는 다음 자료에서 유럽 정책의 초기 단계들을 탁월하게 논의했다. pp. 166-181.

34. Ezrahi, *The Descent of Icarus*.

35. 아폴로 임무에 대한 논의는 다음 자료를 참고하라. Wolfgang Sachs, *Planet Dialectics: Explorations in Environment and Development* (Halifax, Nova Scotia: Fernwood Publishing, 1999); Sheila Jasanoff, "Image and Imagination: The Formation of Global Environmental Consciousness," in Paul Edwards and Clark Miller, eds., *Changing the Atmosphere: Expert Knowledge and Environmental Governance* (Cambridge: MIT Press, 2001), pp. 309-337.

36. 통계학의 등장, 사회 '제작', 사회 정책 '승인'에서의 역할에 대한 자료 중에서 우리의 목적상 특별히 주목해야 할 자료는 다음과 같다. Ian Hacking, *The Taming of Chance* (Cambridge: Cambridge University Press, 1990); 『우연을 길들이다』, 정혜경 옮김, 바다출판사, 2012; Porter, *The Rise of Statistical Thinking*; Wagner, Wittrock, and Whitley, eds., *Discourses on Society*; Dietrich Rueschemeyer and Theda Skocpol, eds., *States, Social Knowledge, and the Origins of Modern Social Policies* (Princeton: Princeton University Press, 1996).

37. 생명공학 운영위원회는 짧은 기간 무기력하게 운용되었다. 위원회 회의는 1985년 5번, 1986년 4번, 1987년 3번, 1988년 2번, 1988년 7월 최종 회의가 1번 개최되었다. Interview with Mark Cantley, OECD, Paris, May 18, 1993.

38. 제11사무국(DG XI)은 지금은 환경사무국(DG Environment)이다.

39. 과학기술 예측평가 프로그램(FAST Program)은 각료 이사회(Council of Ministers)의 1978년 7월의 결정에 의해 설립되었다.

40. Cantley interview, May 18, 1993 (이 자료에서 마크 캔틀리의 인용문 출처를 참고하라).

41. Commission of the European Communities, *Eurofutures: The Challenges of Innovation, The FAST Report* (London: Butterworths, 1984).

42. Gottweis, *Governing Molecules*, pp. 168–172.

43. 예를 들어 다음 자료에 등장하는 근대성의 '원예 본능(gardening instinct)'을 참고하라. Bauman, *Modernity and Ambivalence*, pp. 18–52.

44. *Eurofutures*, note 41, p. 8.

45. Ibid., p. 9.

46. 이 말을 인용하는 시점에서 12개 회원국 출신의 17명의 위원들이 있었다. 7개의 소규모 국가들은 1명의 위원을 배출했고, 5개의 대규모 국가들은 2명의 위원을 배출했다.

47. Les Levidow et al., "Bounding the Risk Assessment of a Herbicide-Tolerant Crop," in Ad van Dommelen, ed., *Coping with Deliberate Release: The Limits of Risk Assessment* (Tilburg, NL: International Centre for Human Rights, 1996), p. 83.

48. Interview, DG XI, Brussels, July 13, 1993.

49. MFC/CORR/NOT/jh, XII/87, Brussels, 17.08.1987.

50. 독일의 어떤 환경 잡지가 캔틀리에게 개인적인 공격을 했는데, 생명공학 산업의 대리자라고 자칭하면서 생명공학 산업을 홍보하는 자료를 유럽집행위원회 문서로 출간한 것을 그의 책임으로 돌렸다. Michael Bullard, "Unser Mann in der Kommission (Our Man in the EC Commission)," *Natur* 8 (August 1991): 34–35. 캔틀리는 이런 혐의를 강하게 부인하면서, 이 보고서의 무수한 잘못들을 제시했다. 또한 그는 유로바로미터의 생명공학 질문 설계 같은 많은 결정들이 그에게 책임이 있다고 비난받았지만, 이 질문들은 공식적이며 상호 검토된 유럽집행위원회의 사업이었다고 반박했다. Personal communication, June 21, 1993.

51. 유전자 조작 생물을 환경에 숙의적으로 방출하는 것(deliberate release)에 대한 유럽의회와 이사회의 지침 2001/18/EC(Directive 2001/18/EC)와 금지에 관한 이사회 지침 90/-220/EEC(Council Directive 90/220/EEC)를 보라. 또한 1997년 1월 27일의 신규 식품 및 신규 식품성분 규제(Regulation on Novel Foods and Novel Food Ingredients)를 보라. Regulation (EC) 258/97 유전자 변형 생물체의 연구에 대한 지침은 1990년대 후반에 개정되었다. 1998년 10월 26일의 이사회 지침 98/81/EC(Council Directive 98/81/EC)를 보라. 이는 유전자 변형 미생물의 제한적 사용에 대한 지침 90/219/EEC(Directive 90/219/EEC)의 수정안이다.

52. 이런 이의제기들은 부분적으로 숙의적 방출에 관한 1990년 지침 제16조의 보호 조항에 표함되었다.

53. Gordon Lake, "Scientific Uncertainty and Political Regulation: European Legislation on the Contained Use and Deliberate Release of Genetically Modified (Micro)organisms," *Project Appraisal* 6, 1 (March 1991): 7–15.

54. Commission of the European Communities, Directorate-General for Agriculture, Draft

Proposal for a Council Regulation concerning the use of certain substances and techniques intended for administration or application to animals to simulate their productivity, VI/3670/90-REV.1 (1990). 또한 다음을 보라. "Controversial Proposal on Fourth Criterion in Commission Pipeline," *European Report*, January 26, 1991, pp. 3–5.

55. 유럽의 정체성 형성에서 유럽 환경기관의 역할에 대한 제도적 분석은 다음 자료를 참고하라. Waterton and Wynne, "Knowledge and Political Order in the European Environment Agency."

56. Interview with Ulrike Riedel, former German Health Ministry official, Berlin, July 2002. 또한 유전자 변형 생물의 숙의적 방출에 관한 2001년 3월 12일의 지침 2001/18/EC(Directive 2001/18/EC)와 이를 취소하는 이사회 지침 90/220/EEC(Council Directive 90/220/EEC)를 참고하라.

57. 다음 자료를 참고하라. European Commission, "Promoting the Competitive Environment for the Industrial Activities Based on Biotechnology within the Community," SEC(91)629 final, Brussels, April 19, 1991; "Innovation and Competitiveness in European Biotechnology," Enterprise Papers No. 7, Eur-Op catalogue no. NB-40-01-690-EN-C (2002).

58. European Commission, *The EC-US Task Force on Biotechnology Research-Mutual Understanding: A Decade of Collaboration 1990-2000* (Brussels: European Communities, 2000). 흥미롭게도 보고서에 실무그룹의 유럽 공동의장인 브루노 한센(Bruno Hansen)의 인터뷰가 실려 있다. 인터뷰어는 그에게 미국과의 협력이 유럽 연구개발의 경쟁력을 강화하려는 유럽연합의 사명과 일치하는지 질문했다. 그는 "생명공학을 전 세계적 범위로 이해해 우리가 유럽의 경쟁력을 최고로 높일 수 있다"라고 답했다. (p. 34).

59. Mark F. Cantley, "Democracy and Biotechnology: Popular Attitudes, Information, Trust and the Public Interest," *Swiss Biotech* 5, 5 (1987): 6.

60. http://www.gesis.org/en/data_service/eurobarometer/index.htm (2004년 4월 접속). 조사는 유럽집행위원회의 기존 제10사무국(Directorate-General X)이었던 현재의 교육문화사무국(Directorate-General for Education and Culture)을 대신해 수행되었다. 조사에 새로 포함된 국가와 시기는 다음과 같다. 1980년 가을부터 그리스, 1985년 가을부터 포르투갈과 스페인, 1990년 가을부터 동독, 1995년 봄부터 오스트리아, 핀란드, 스웨덴이 포함되었다.

61. 과학기술학에는 표상(representation)의 존재론적 역할에 대한 많은 문헌이 있다. 그중 가장 중요한 자료는 이언 해킹의 저작들이다. 특히 다음을 참고하라. Ian Hacking, *Representing and Intervening: Introductory Topics in the Philosophy of Natural Science* (Cambridge: Cambridge University Press, 1983); 『표상하기와 개입하기』, 이상원 옮김,

한울아카데미, 2005.

62. 각 조사들은 다음과 같다. EB 35.1, EB 39.1, EB 46.1, EB 52.1, and EB 58.0.

63. European Commission, Quality of Life Programme, *Eurobarometer 52.1, The Europeans and Biotechnology* (2000), http://europa.eu.int/comm/research/quality-oflife/euro barometer.html (2004년 4월 접속).

64. Brian Wynne, "Creating Public Alienation: Expert Cultures of Risk and Ethics on GMOs," *Science as Culture* 10, 4 (2001): 445-481; 특히 다음 자료에 언급된 논의를 참고하라. *Eurobarometer* on pp. 463-464.

65. Irwin and Wynne, eds., *Misunderstanding Science?* 다른 저자들은 신뢰와 불신의 조건들이 문화적이고 구체적인 공적 정당화의 전략들과 밀접하게 관련되어 있음을 보여주었다. 다음을 참고하라. Porter, *Trust in Numbers*; Jasanoff, "Science, Politics, and the Renegotiation of Expertise at EPA."

66. Claire Marris et al., *Public Perceptions of Agricultural Biotechnologies in Europe (PA-BE)*, Final Report of the PABE Research Project, Contract number: FAIR CT98-3844 (DG12.SSMI), Lancaster University, December 2001.

67. Jasanoff, "In a Constitutional Moment: Science and Social Order at the Millennium."

68. Brian Wynne, "Public Understanding of Science," in Jasanoff et al., eds., *The Handbook of Science and Technology Studies*, pp. 361-388.

69. Irwin and Wynne, *Misunderstandings Science?*; Marris et al., *PABE Report*.

70. Daniel S. Greenberg, *Science, Money, and Politics: Political Triumph and Ethical Erosion* (Chicago: University of Chicago Press, 2001).

71. 이 움직임에 대한 더 많은 자료는 다음을 참고하라. Paul Rabinow, *French DNA: Trouble in Purgatory* (Chicago: University of Chicago Press, 1999), pp. 71-111. 프랑스 위원회는 합의 추구라는 역할에 부합할 정도로 규모가 컸다. 처음에는 37명의 회원들로 구성되었고, 추후 41명으로 늘어났다.

72. *Eurofutures*, note 41, p. 3.

73. Ibid., p. 56.

74. Interview with Adrian van der Meer, Commission of the European Communities, Brussels, July 13, 1993. 이 단체는 6명의 회원들로 시작했지만, 1994년부터 1997년까지의 두 번째 임기에 9명으로 증가했다.

75. 워녹 위원회로 알려지게 된 이 위원회는 1978년 태어난 영국의 첫 번째 시험관아기 루이스 브라운(Louise Brown)의 출생에 따르는 의미를 고려하기 위해 1982년 7월에 설립됐다. 다음 자료를 참고하라. Mary Warnock, *A Question of Life: The Warnock Report on Human Fertilisation and Embryology* (Oxford: Blackwell, 1984).

76. 다른 회원들로는 프랑스 헌법위원회(Constitutional Council) 회원인 노엘 르누아르(Noel-le Lenoir), 덴마크의 의학 유전학자 마가레타 미켈슨(Margareta Mikkelsen), 스페인의 변호사이자 국회의원 마르셀리노 오레하(Marcelino Oreja), 이탈리아의 유전학 교수 마르첼로 시니스칼코(Marcello Siniscalco)가 있었다.

77. GAEIB, "The Ethical Aspects of the 5th Research Framework Programme," Opinion no. 10, December 11, 1997, http://europa.eu.int/comm/european_group_ethics/gaieb/en/opinion10.pdf (2004년 4월 접속).

78. Interview, Theodoros Karapiperis, Brussels, May 14, 2002.

79. European Commission, DG Research, "Minutes of the Fifth Meeting of Contact Persons for 'Ethics in Research,'" Brussels, April 26, 2002.

80. Joel A. Tickner, ed., *Precaution: Environmental Science and Preventive Public Policy* (Washington, DC: Island Press, 2003).

# 4장. 불완전한 해결책

1. 미국에서 '규제과학'의 개념과 등장은 Jasanoff의 *The Fifth Branch*에 상세하게 설명되었다.

2. 생명공학 산업협회가 집계한 '생명공학 연대표(Timeline of Biotechnology)'는 http://www.biospace.com/articles/timeline.cfm; see also http://www.bio.org/er/timeline.asp (둘 다 2002년 7월 접속)를 참고하라.

3. Ulrich Beck, *Risk Society*,『위험사회: 새로운 근대성을 향하여』, 홍성태 옮김, 새물결, 2006. 독일에서 *Risikogesellschaft: auf dem Weg in eine andere Moderne* (Frankfurt: Suhrkamp, 1986)이 처음 출판되었고, 10만 권 이상 팔리며 주목받았다.

4. Hacking, *The Taming of Chance*,『우연을 길들이다』, 정혜경 옮김, 바다출판사, 2012.

5. Barry A. Palevitz and Ricki Lewis, "Perspective: Fears or Facts? A Viewpoint on GM Crops," The Scientist 13, 20 (October 11, 1999): p. 10.

6. *Foundation on Economic Trends v. Heckler*, 756 F.2d 143 (D.C. Cir. 1985). 2장 참조.

7. 숙의적 방출과 관련된 사건의 자세한 내용은 다음 자료를 참고하라. Sheldon Krimsky and Alonzo Plough, *Environmental Hazards: Communicating Risks as a Social Process*, chapter 3, "The Release of Genetically Engineered Organisms into the Environment: The Case of Ice Minus"'" (Dover, MA: Auburn House Publishing Company, 1988), pp. 75-110을 참조하라.

8. Palevitz and Lewis, "Perspective: Fears or Facts?"

9. Brian Tokar, "Resisting the Engineering of Life," in Tokar, ed., *Redesigning Life? The*

*Worldwide Challenge to Genetic Engineering* (London: Zed Books, 2001). 어드밴스드 지네틱 사이언시스 과학자인 줄리 린드먼(Julie Lindemann)의 사진을 보려면 Mark Crawford, "California Field Test Goes Forward," *Science* 236, 4801 (1987): 511을 보라.

10. Paul Slovic, "Beyond Numbers: A Broader Perspective on Risk Perception and Risk Communication," in Deborah G. Mayo and Rachelle D. Hollander, eds., *Acceptable Evidence: Science and Values in Risk Management* (New York: Oxford University Press, 1991), pp. 48-65; Slovic et al., "Characterizing Perceived Risks," in Robert W. Kates, Christoph Hohenemser and Jeanne X. Kasperson, eds., *Perilous Progress: Managing the Hazards of Technology* (Boulder, CO: Westview, 1985), pp. 91-125; Slovic et al., "Facts and Fears: Understanding Perceived Risk," in R. Schwing and W. A. Albers, Jr., eds., *Societal Risk Assessment: How Safe is Safe Enough?* (New York: Plenum, 1980), pp. 181-214.

11. Mark Crawford, "RAC Recommends Easing Some Recombinant DNA Guidelines," *Science* 235, 4790 (1987): 740-741.

12. Henry I. Miller, "The Big Fed Freeze."

13. 다음 자료를 참고하라. Gina Kolata, "How Safe Are Engineered Organisms?" *Science* 229, 4708 (1985): 34-35. 다음 자료도 참고하라. Gottweis, *Governing Molecules*, pp. 235-236.

14. Tokar, *Redesigning Life?*

15. 미생물 살충제 연구는 계속되었지만, 연구의 초점이 일반 농업에서 라틴아메리카의 아편 같은 위험한 식물을 방지하기 위한 살충제 개발로 바뀌었다. 또한 새로운 살충제는 생물학적 전쟁을 위한 잠재적인 도구였다. 아이스-마이너스에 대한 반대는 민간에서 군대까지 미생물 살충제 연구를 촉진시켰다.

16. Jonathon Porritt, "Down-to-Earth Agenda; Suggestions to Mrs. Thatcher," *The Times* (London), September 27, 1988. 연설 전문은 마거릿 대처 재단 홈페이지 http://www.margaretthatcher.org/default.htm에서 볼 수 있다.(2004년 4월 접속)

17. Interview, David Bishop, Institute of Virology and Environmental Microbiology, Oxford, July 5, 1990.

18. Les Levidow, "The Oxford Baculovirus Controversy—Safely Testing Safety?" *Bioscience* 8, 45 (1995): 545-551.

19. Interview, U.K. Advisory Committee on Releases to the Environment, London, July 16, 1990.

20. Levidow, "The Oxford Baculovirus Controversy" (지구의 벗(Friends of the Earth) 활동가 앨런 리스(Alan Lees)는 약화된 배큘로바이러스(baculovirus)를 "유전공학 산업을 위한 트

로이의 목마"라고 묘사했다.)

21. 이 점에 관해서는 특히 다음 자료를 참고하라. Donald Mackenzie, *Inventing Accuracy: A Historical Sociology of Nuclear Missile Guidance* (Cambridge: MIT Press, 1990); Pinch, "'Testing—One, Two, Three… Testing!'"

22. Steven Dickman, "New Law Needs Changes Made," *Nature* 343 (1990): 298.

23. *Bericht über die zurückliegende Amtsperiode der Zentralen Kommission für die Biologische Sicherheit*, (29.01.81 bis 30.06.88), Bonn, 1989.

24. Dorothy Nelkin and Michael Pollak, *The Atom Besieged: Extraparliamentary Dissent in France and Germany* (Cambridge: MIT Press, 1981).

25. Eva Kolinsky, ed., *The Greens in West Germany: Organisation and Policy Making* (Oxford: Berg, 1989); Gottweis, *Governing Molecules*, pp. 237-245.

26. Steven Dickman, "Germany Edges towards Law," *Nature* 339, 6223 (1989): 327.

27. 클라우스 퇴퍼는 1987년 5월부터 1994년 11월까지 연방 환경 자연보호 핵안전 장관 (Federal minister for the environment, nature conservation, and nuclear safety)을 역임했다.

28. *Gentechnikgesetz*, sections 18(1) and 18(2) (1990).

29. 표지유전자는 획득된 내성을 이용해 형질전환 식물에서 분리할 수 있다. 이런 연구에서 항생제 내성 유전자가 널리 사용되고 있는 것은 당시 대중의 관심사가 아니었다.

30. Peter Meyer et al., "A New Petunia Flower Colour Generated by transformation of a Mutant with a Maize Gene," *Nature* 330 (1987): 667-668. 이 연구는 여러 영어 신문에 게재되었다. 다음 자료를 참고하라. Boyce Rensberger, "Making a Pink Petunia Turn Red," *Washington Post*, December 21, 1987, p. A3.

31. Peter Meyer, "Regulations for the Release of Transgenic Plants according to the German Gene Act and Their Consequences for Basic Research," *AgBiotech News and Information* 3, 6 (1991): 999-1001.

32. Peter Meyer et al., "Endogenous and Environmental Factors Influence 35S Promoter Methylation of a Maize A1 Gene Construct in Transgenic Petunia and Its Color Phenotype," *Molecular and General Genetics* 231 (1991): 345-352.

33. Interview with Peter Meyer, Max-Planck Institute for Plant Breeding Research, Köln, July 1993.

34. Ibid.

35. Irwin and Wynne, eds., *Misunderstanding Science?*

36. "A field test of genetically engineered petunias that were designed to produce one color wound up having wildly fluctuating results in the field." Richard Caplan and Ellen

Hickey, "Weird Science: The Brave New World of Genetic Engineering," October 21, 2000, http://www.mindfully.org/GE/GE-Weird-Science.htm (2004년 4월 접속).

37. "Elfter Bericht nach Inkrafttreten des Gentechnikgesetzes (GenTG) fur den Zeitraum 1.1.2000 bis 31.12.2000," *Bundesgesundheitsblatt-Gesundheitsforschung-Gesundheit sschutz* 9 (2001): 929-941.

38. Nuffield Council on Bioethics, *Genetically Modified Crops: The Ethical and Social Issues* (London: Nuffield Council on Bioethics, 1999), p. 31.

39. Jasanoff, *The Fifth Branch*, pp. 76-83.

40. Jasanoff, "Science, Politics, and the Renegotiation of Expertise at EPA"; *Risk Management and Political Culture*.

41. John E. Losey, Linda S. Rayor, and Maureen E. Carter, "Transgenic Pollen Harms Monarch Larvae," *Nature* 399 (1999): 214.

42. 회사의 홍보 웹사이트에 따르면 "몬산토는 생명공학 작물에서 세계 선두 주자다. 2001년 제초제 저항성, 곤충 저항성 형질 씨앗 시장에서 전 세계 90% 이상을 차지했다. http://www.monsanto.com/monsanto/layout/about_us/ataglance.asp. (2002년 8월 접속).

43. Monsanto, "Bt Corn and the Monarch Butterfly," Biotech Knowledge Center, http://www.biotechknowledge.monsanto.com/biotech/knowcenter.nsf/f055f4dc645999ad86256 ac4000e6b68/0231086dd38f9a3d86256af6005433ae?OpenDocument(2002년 8월 접속). 이 헤드라인의 흥미로운 특징은 다음과 같다. 《네이처》에 발표된 글을 생략한 채, 코넬보고서(Cornell report)에 인용된 로세이 그룹의 연구를 반복적으로 언급했다.

44. 예를 들어 도널드 맥켄지는 미국의 탄도 미사일 시스템의 정확성이 "발명되었다"라고 말했다.

45. David Quist and Ignacio H. Chapela, "Transgenic DNA Introgressed into Traditional Maize Landraces in Oaxaca, Mexico," *Nature* 414 (2001): 541-543.

46. 다음 자료를 참고하라. Marc Kaufman, "The Biotech Corn Debate Grows Hot in Mexico," *Washington Post*, March 25, 2002, p. A9.

47. 생명공학 회사는 인터넷 상에서 차펠라와 퀴스트를 공격하기 위해 사람들을 가짜로 조직해 이상한 이야기를 퍼트렸다. 산업계 대표들은 이런 비난을 강하게 부인했다. George Monbiot, "The Fake Persuaders: Corporations are inventing people to rubbish their opponents on the internet," *The Guardian*, May 14, 2002, p. 15.

48. See Philip Campbell, "Editorial Note," *Nature* 416 (2002): 601.

49. 과학 학술지 편집자는 종종 연구 보고서의 참신성 및 정치적 중요성과 같은 요소를 고려하여 동료평가의 엄격성을 조정한다. Jasanoff의 *The Fifth Branch*, pp. 66-68을 보라. 이 경우 편집인이 저널의 독자층에 대한 해석 재량권을 위임한 것이 특징이다.

50. Levidow, "The Oxford Baculovirus Controversy," p. 545.

51. 이 점에 관해서는 1994년 5월에서 11월까지 《인디펜던트(Independent)》의 과학통신원 수전 와츠(Susan Watts)의 글을 참고하라. 특히 "Genetics Row Fueled by Scorpion's Venom," *Independent*, May 17, 1994, p. 3; "Legal Fight Planned to Halt Scorpion Toxin Test," *Independent*, May 18, 1994, p. 3; "Warning: This Thing Isn't Natural," *Independent*, May 26, 1994, p. 20; "Safety Scare on Eve of Mutant Virus Test," *Independent*, June 26, 1994, p. 또한 "Controversy in the Cabbage Patch," *Independent*, May 17, 1994, p. 15.의 논설도 참고하라.

52. Susan Watts, "Genetic Riddle of 'Scorpion' Pesticide Virus, *Independent*, September 4, 1994, p. 2; Oliver Tickell, "Scorpion Gene Virus Experiment Abandoned," *Pesticides News*, no. 25 (September 1994), p. 21.

53. Watts, "Safety Scare."

54. Watts, "Legal Fight."

55. Steve Connor, "Gene Scientist 'Sacked without Warning,'" *Independent*, March 18, 1994, p. 5; Christian Tyler, "Private View: Professor with Killer Gene Blues," *Financial Times*, April 8, 1995, p. 18.

56. "Scorpion Has Sting in Tale," The Splice of Life, *Bulletin of the Genetics Forum*, 1, 8/9 (May 1995).

57. British Government Panel on Sustainable Development, *Second Report*, January 1996.

58. Interview, Sir Crispin Tickell, Warden, Green College, Oxford, July 9, 1996.

59. Government Response to the Second Annual Report of the Government's Panel on Sustainable Development, Department of the Environment, London, March 1996.

60. Agriculture and Environment Biotechnology Commission, *Crops on Trial* (September 2001), www.aebc.gov.uk/aebc/pdf/crops.pdf (2003년 7월 접속).

61. Robin Grove-White, "New Wine, Old Bottles? Personal Reflections on the New Biotechnology Commissions," *Political Quarterly* 72, 4 (October 2001): 466–472.

62. Jasanoff, "Product, Process, or Programme."

63. Position paper of Hoechst AG, submitted to Hearing on Experiences with the Law for Regulating Questions of Gene Technology, January 31, 1992, pp. 16–17.

64. Position paper of Robert Koch Institute, Federal Health Office, submitted to Hearing on Experiences with the Law for Regulating Questions of Gene Technology, February 7, 1992, pp. 9–11.

65. "Die Tätigkeit in der ZKBS ist kein Geheimdienst, sondern Aktivierung gesellschaftlicher Sachkunde." Gerd Winter, position paper of ZERP, University of Bremen, submitted to

Hearing on Experiences with the Law for Regulating Questions of Gene Technology, January 28, 1992, p. 15.

66. 예를 들어 뮌헨 소재 막스-폰-페텐코퍼 연구소(Max-von-Pettenkofer Institute)는 저명한 연구소인 마르틴스리에드(Martinsried) 소재 막스플랑크 생화학 연구소(Max-Planck Institute for Biochemistry)의 결과를 지지했으며, 새로운 법이 자유로운 연구와 교환을 장려하기 위해 없애야 할 장애물을 설명한《사이언스》에 실린 글을 첨부했다. Patricia Kahn, "Germany's Gene Law Begins to Bite," *Science* 255 (1992): 524-526.

67. Quirin Schiermeier, "German Transgenic Crop Trials Face Attack," *Nature* 394 (1998): 819.

68. Planet Ark, "German GM Wheat Trials Approved but Site Sabotaged," Hamburg, April 1 1, 2003, http://www.planetark.org/dailynewsstory.cfm/newsid/20444/newsDate/11-Apr-2003/story.htm (2003년 7월 접속).

69. Ned Stafford, "GM Crop Sites Stay Secret," *The Scientist*, 28 May 2004, http://www.biomedcentral.com/news/20040528/02 (2004년 6월 접속).


# 5장. 성찰이 필요한 식품

1. http://news.bbc.co.uk/hi/english/uk_politics/newsid_282000/282376.stm (2004년 4월 접속).

2. 알라 논란에 관한 사례 연구는 다음 자료를 참고하라. Jasanoff, *The Fifth Branch*, pp. 141-149.

3. 뉴기니 쿠루(Kuru)에서 크로이츠펠트-야콥병에 이르기까지 프리온으로 유발된 뇌 질환에 대해서는 다음 자료를 참고하라. Richard Rhodes, *Deadly Feasts* (New York: Simon and Schuster, 1997; paperback edition with new afterword, 1998).

4. Jasanoff, "Civilization and Madness."

5. 2000년 4월 영국 정부는 광우병 위기를 해결하는데 2001-2002년 회계연도까지 공공부문에 37억 파운드가 소요될 것으로 예상했다. *The Inquiry into BSE and Variant CJD in the United Kingdom* [hereafter cited as *The Phillips Inquiry*] (2000), vol. 10, Economic Impact and International Trade, http://www.bseinquiry.gov.uk/report/volume10/-chapter1.htm#258548 (2004년 4월 접속).

6. Ibid.

7. Department of Health, Ministry of Agriculture, Fisheries and Food, 1989, *Report of the Working Party on Bovine Spongiform Encephalopathy* (Southwood Committee Report),

p. 22.

8. Martin Enserink, "Preliminary Data Touch Off Genetic Food Fight," *Science* 283 (1999): 1094-1095; also see Ehsan Masood, "Gag on Food Scientists Lifted as Gene Modification Row Hots Up…," *Nature* 397 (1999): 547; and Editorial, "Food for Thought," *Nature* 397 (1999): 545, saying that James's actions against Pusztai had been "provocative" and hard to understand, and that the "lessons of BSE have yet to be fully absorbed."

9. Julian Barnes, *England, England* (London: Picador, 1998).

10. 나는 여기서 앤더슨이 제안한, '상상된 공동체에 영감을 받은 국민성'이라는 인류학 개념을 언급했다.

11. David Starkey, *Elizabeth* (London: Vintage, 2001), p. 242.

12. Linda Colley, *Britons: Forging the Nation 1707-1807* (New Haven: Yale University Press, 1992), p. 233.

13. 언론에서 왕세자를 풍자한 사례는 다음을 참고하라. Christopher Buckley, "Royal Pain: Further Adventures of Rick Renard," *The Atlantic Monthly* (April 2004): 94-106.

14. Prince Charles, "My 10 Fears for GM Food," *The Daily Mail*, June 1, 1999, pp. 10-11.

15. 데릭 버크(Derek Burke) 교수는 이스트앵글리아대학교 부총장이자, 신규 식품 및 공정 자문위원회 위원장(1988-97) 및 유전자 변형 작물에 관한 너필드 생명윤리위원회 실무위원회 위원장을 역임했다.

16. "Food for Our Future," Food and Drink Federation, *Feedback*, http://www.foodfuture. org.uk/answer.htm (2003년 7월 접속).

17. 2000년 리스 강연은 '지구를 존중하라(Respect for the Earth)'라는 제목으로 진행되었다. 전체 강연은 다음 웹사이트에 있다. http://news.bbc.co.uk/hi/english/static/events/reith _2000/(2003년 7월 접속). 강연자들은 순서대로 다음과 같다. 거버넌스를 다룬 크리스 패튼(Chris Patten), 생물다양성을 다룬 톰 러브조이(Tom Lovejoy), 기업을 다룬 존 브라운(John Browne), 건강과 인구에 관한 그로 할렘 브룬트란드(Gro Harlem Brundtland), 빈곤과 세계화에 관한 반다나 시바(Vandana Shiva), 그리고 찰스 왕세자는 하이그로브(Highgrove)에 있는 자택에서 강연했다.

18. Richard Dawkins, "Charles: Right or Wrong about Science?" Focus Special, *The Observer*, May 21, 2000, p. 21.

19. Ibid.

20. 이와 관련해서는 다음 자료를 참고하라. Brian Wynne, "The Prince and the GM Debate: Performing the Monarchy as Culture," http://domino.lancs.ac.uk/csec/bn.NSF/0/c3bbc 73ca660b14f802569df005d6ccdd?OpenDocument (2003년 7월 접속).

21. 현대사회에서 자연과 정치의 상호 조정에 관해서는 다음 자료를 참고하라. Jasanoff and

Martello, *Earthly Politics*.

22. Strategy Unit Study on the Costs and Benefits of GM Crops: Seminar on "Shocks and Surprises," April 3, 2003, http://www.number-10.gov.uk/output/Page3673.asp (2003년 7월 접속).

23. 2003년 6월 17일 런던에 있는 그린피스 영국 지부의 선임과학자인 덕 파르(Doug Parr) 박사와의 인터뷰.

24. http://www.number-10.gov.uk/output/Page3673.asp (2003년 7월 접속).

25. See GM Science Review, http://www.gmsciencedebate.org.uk/default.htm (2003년 7월 접속).

26. GM Open Meeting—Food Safety, Science Museum, London, January 23, 2003, Transcript, p. 9.

27. 이를 위해 정부는 처음에 25만 파운드의 예산을 책정했지만, 공개 토론을 위한 운영위원회의 권고로 50만 파운드로 증액했다. 여덟 개 주요 소비자 및 환경단체들은 준비 부족과 최종 정책 결정에 명확하게 반영되지 않는다는 이유로 이 과정을 비판했다. Personal communication, Sue Davies, principal policy adviser, Consumers' Association, July 23, 2003.

28. 2003년 7월 17일 런던 소비자협회 수 데이비스(Sue Davies)와의 인터뷰.

29. Consumers' Association Press Release, July 18, 2003, personal communication, Sue Davies.

30. Madeleine K. Albright, plenary address, AAAS Annual Meeting ("Science in an Uncertain Millennium"), Washington, DC, February 21, 2000, http://secretary.state.gov/www/statements/2000/000221.html (2004년 4월 접속).

31. Senator Christopher Bond, AAAS Annual Meeting, Washington, DC, quoted in Environment News Service, February 23, 2000, http://www.wired.com/news/technology/0,1282,34507,00.html. (2003년 7월 접속)

32. 이와 관련된 문헌이 많은데 특히 다음 자료를 참고하라. Jasanoff and Wynne, "Science and Decision making," Cronon, ed., *Uncommon Ground*; Latour, *We Have Never Been Modern*; 『우리는 결코 근대인이었던 적이 없다』, 홍철기 옮김, 갈무리.

33. 과학기술의 경계선 작업에 관해서는 다음 자료를 참고하라. Gieryn, *Cultural Boundaries of Science*. On the notion of "situatedness" in knowledge production, see Haraway, *Simians, Cyborgs, and Women*, pp. 183-201; 『유인원, 사이보그, 그리고 여자』, 민경숙 옮김, 동문선, 2002.

34. 지금의 식품의약국은 1906년에 설립된 선구적 기관을 이어받았으며, 가장 오래되었고, 많은 사람들이 건강·안전·환경규제를 담당하는 연방기관으로 가장 신뢰한다고 말한다.

35. Ann Gibbons, "Biotech Pipeline: Bottleneck Ahead," *Science* 254 (1991): 369-370.

36. Ann Gibbons, "Can David Kessler Revive the FDA?" *Science* 252 (1991): 200-201; "Kessler Gives FDA a Facelift," *Science* 255 (1992): 1350.

37. Statement of Policy: Foods Derived From New Plant Varieties, 57 *Fed. Reg.* 22,984 (proposed May 29, 1992).

38. David A. Kessler et al., "The Safety of Foods Developed by Biotechnology," *Science* 256 (1992): 1747-1749, 1832.

39. Richard Caplan and Skip Spitzer, "Regulation of Genetically Engineered Crops and Foods in the United States," March 2001, p. 3, http://www.gefoodalert.org/library/admin/uploadedfiles/Regulation_of_Genetically_Engineered_Crops_and.htm (2004년 4월 접속). See also John Schwartz, "FDA Clears Tomato with Altered Genes," *Washington Post*, May 19, 1994, p. A1.

40. Emily Gersema, "FDA Opts against Further Biotech Review," *Associated Press Online*, June 17, 2003.

41. 유명한 인증표시 사례로 벤앤제리 아이스크림 회사(Ben & Jerry's ice cream company)가 사용 허가를 받은 것이 있다. "우리에게 우유와 크림을 공급하는 농부는 재조합 소성장호르몬을 소에게 처치하지 않겠다는 서약을 합니다. 식품의약국이 재조합 소성장호르몬을 처치한 소와 처치하지 않은 소 사이에 아무런 차이가 없는 결론을 내렸지만, 우리는 재조합 소성장호르몬 사용에 반대합니다."

42. 과학적 주장을 해체하려는 미국 규제 시스템의 경향에 관해서는 다음 자료를 참고하라. Jasanoff, *Risk Management*; Brickman et al., *Controlling Chemicals*.

43. 다음 자료를 참고하라. Eric Brunner, *Bovine Somatotropin: A Product in Search of a Market, Report to the London Food Commission's BST Working Party* (London: London Food Commission, April 1988), p. 18. 미국 단체들은 재조합 소성장호르몬이 인체에 미치는 영향을 계속 우려했다. 다음 자료를 참고하라. Vermont Public Health Research Group, "rBGH, Monsanto, and the FDA," http://www.vpirg.org/campaigns/genetic Engineering/rBGHintro.html (2003년 7월 접속).

44. 새넷(SANET)은 지속 가능한 농업 네트워크(Sustainable Agriculture Network)의 약자이며, 미국 농무부 산하 지속 가능한 농업연구 및 교육 프로그램에서 협력 정보공유 기금을 받았다.

45. Pamela Andre, comments on bST/bGH postings, February 23, 1994.

46. Michele Gale-Sinex, BST & soul of the new machine, February 27, 1994.

47. 플레이버 세이버 규제의 역사에 관해서는 다음 자료를 참고하라. Secondary Bioengineering Protein Product Permitted as Food Additive, *Food Drug Cosmetic Law Reports*,

para. 40301 (1994).

48. Sandra Sugawara, "For the Next Course, 'Engineered' Entrees? 'Genetic' Tomato May Launch an Industry," *Washington Post*, June 10, 1992, p. F1.

49. Maxine Singer, "Hot Tomato," *Washington Post*, August 10, 1993, p. A15.

50. Jane Rissler and Margaret Mellon, "A Real Hot Tomato," *Washington Post*, August 14, 1993, p. A19.

51. 제네카(Zeneca)가 생산한 다른 유전자 변형 토마토 품종은 토마토 퓌레에 사용되었고 플레이버 세이버보다 더 많이 판매되었지만, 유럽에서 유전자 변형 논란이 발생하자 시장에서 철수했다.

52. 스타링크에 관한 더 많은 에피소드는 다음 자료를 참고하라. William Lin, Gregory K. Price, and Edward Allen, "StarLink™: Where No Cry9C Corn Should Have Gone Before," *Choices* (Winter 2001–2002): 31–34; Michael R. Taylor and Jody S. Tick, "The Star-Link Case: Issues for the Future," Pew Initiative on Food and Biotechnology and Resources for the Future (October 2001).

53. Comtex, "Greenpeace Dumps GM Corn at Whitman's EPA Door," February 8, 2001, Environmental News Network, http://www.enn.com/news/wire-stories/2001/02/020-82001/greenpeace_41881.asp (2003년 7월 접속).

54. Bill Hord, "The Road Back: Prodigene and Other Biotech Companies Are Moving Ahead in an Environment of Increasing Fear of Crop Contamination," *Omaha World Herald*, January 19, 2003, p. 1d.

55. Stephanie Simon, "The Food Industry Loves Engineered Crops, but Not When Plants Altered to 'Grow' Drugs and Chemicals Can Slip into Its Products," *Los Angeles Times*, December 23, 2002, p. 1.

56. Dan Glickman and Vin Weber, "Frankenfood Is Here to Stay. Let's Talk," *International Herald Tribune*, July 1, 2003, p. 9.

57. Charles Perrow, *Normal Accidents: Living with High-Risk Technologies* (New York: Basic Books, 1984).

58. 2002년 11월 매사추세츠주 케임브리지 포터광장에서 받은 전단지, 저자 보관.

59. 간략한 역사는 다음 자료를 참고하라. National Organic Program, Regulatory Impact Assessment for Proposed Rules Implementing the Organic Foods Production Act of 1990, http://www.ams.usda.gov/nop/archive/ProposedRule/RegImpAssess.html (2003년 7월 접속).

60. Ben Lilliston and Ronnie Cummins, "Organic vs 'Organic': The Corruption of a Label," *The Ecologist* 28, 4 (July/Aug. 1998): 195–199.

61. Mikael Klintman, "Arguments Surrounding Organic and Genetically Modified Food Labelling: A Few Comparisons," *Journal of Environmental Policy and Planning* 4 (2002): 247–259.

62. 다음 자료를 참고하라. Rick Weiss, "'Organic' Label Ruled Out for Biotech, Irradiated Food," *Washington Post*, May 1, 1998, p. A2.

63. Marian Burros, "U.S. Imposes Standards for Organic-Food Labeling," *New York Times*, December 21, 2000, p. A22.

64. Klintman, "Arguments," elaborates on this point.

65. 이 프로젝트 중 하나인 랍스터 테일스(Lobster Tales)는 메인주 아일랜드 연구소(Island Institute)라는 환경단체에서 시작되었다. 이 단체는 판매용 랍스터의 집게발을 묶는 데 특별한 고무밴드를 사용하기로 여덟 명의 랍스터 판매상과 협약을 맺었다. 고무밴드에는 '누가 나를 잡았을까?'라는 말이 인쇄되었으며, 프로젝트 웹사이트 www.lobstertales.org에 개별 랍스터 판매상을 식별하는 네 자리 숫자가 공개되었다. 이를 통해 랍스터를 먹는 사람이 그것을 잡은 사람과 개인적인 관계를 맺을 수 있기를 희망했다.

66. 유기농 식품을 광고하는 문제를 이 장에서만 다루지만, 첫 사례는 영어권을 넘어선다. 유기농 오트케이크 패키지에 인쇄된 다음 메시지가 유익하다(2003년 관찰, 저자 소장 자료). "빌리지 베이커리 멜머비(Village Bakery Melmerby)는 25년간 나무 오븐에서 건강하고 맛있는 빵과 케이크를 만들고 있습니다. 식물, 동물, 사람 사이의 섬세한 관계를 존중하면서 건강하게 재배된 유기농 재료를 사용하고 있습니다. 더 자세한 정보를 원하시면 방문하거나 연락해주세요."

67. 이 글을 쓰는 시점에서 독일은 미국 유기농 생산자와 소비자가 반대했던 '3대(Big Three)' 식품 중 하나인 방사능 처리된 식품을 금지했다.

68. Novel foods are governed by Regulation (EC) No 258/97 of the European Parliament and of the Council of January 27, 1997 concerning novel foods and novel food ingredients. Labeling is subject to Commission Regulation (EC) No. 49/2000 and Commission Regulation (EC) No 50/2000 of January 10, 2000.

69. 새로운 유전자 변형 식품을 시장에 출시하기 위해 신청자는 제출한 위험평가 자료를 심층 평가하는 조사회원국(rapporteur member state)을 선정해야 한다. 조사회원국은 신청서에 관한 의견을 90일 이내에 유럽집행위원회에 제출해야 하며, 신청자는 모든 질문에 답변해야 한다. 허가 절차상 유럽집행위원회는 30일 이내에 다른 14개 회원국에 관련 서류를 전달해야 하며, 권한을 가진 당국은 60일 이내에 이의를 제기할 수 있다. 사소한 이의가 45일 이내에 해결되면, 제품은 긍정적인 의견을 제출한 조사회원국들의 만장일치 합의로 승인된다. 첫 단계에서 결정이 나지 않으면 관련 서류가 규제위원회에 전달되며, 규제위원회는 120일 이내에 과반수 찬성으로 결정한다. 그래도 결정이 나지 않은 경우 세 번째 단계로

넘어간다. 장관급 위원회는 90일 이내에 과반수 찬성으로 결정한다. 마지막 단계에서 위원회는 과학 자문을 토대로 결정한다.

70. 연방 위험평가연구소는 이전에 연방 소비자건강보호 및 수의학 연구소(Federal Institute for Health Protection of Consumers and Veterinary Medicine; Bundesinstitut für gesundheitlichen Verbraucherschutz und Veterinärmedizin, BgVV)였다.

71. European Commission, *Final Report of a Mission Carried out in Germany from 12 March 2001 to 16 March 2001 in Order to Evaluate Official Control Systems on Foods Consisting of or Produced from Genetically Modified Organisms (GMOs)*, DG(SANCO)/3233/2001-MR final (2001).

72. 다음 자료를 참고하라. Brickman et al., *Controlling Chemicals*.

73. The Novel Foods and Food Ingredients Regulation (Neuartige Lebensmittelund, Lebensmittelzutaten-Verordnung, NLV) of May 19, 1998.

74. Alison Abbott and Burkhardt Roeper, "Germany Seeks 'Non-modified' Food Label," *Nature* 391 (1998): 828.

75. Konrad Schuller, "Digging in the Dirt," *Frankfurter Allgemeine Zeitung* (English edition), April 6, 2002.

76. '원예 국가(gardening state)'에 관해서는 다음 자료를 참고하라. Bauman, *Modernity and Ambivalence*, pp. 26–39.

77. EC Regulation nos. 1829/2003 and 1830/2003 of September 22, 2003, concerning the authorization, traceability, and labeling of GMOs and GMO derived products, http://europa.eu.int/eur-lex/pri/en/oj/dat/2003/l_268/l_26820031018en00010023.pdf and http://europa.eu.int/eur-lex/pri/en/oj/dat/2003/l_268/l_26820031018en00240028 pdf, respectively (2004년 3월 접속).

78. Thomas Bernauer, *Genes, Trade, and Regulation: The Seeds of Conflict in Food Biotechnology* (Princeton: Princeton University Press, 2003).

79. Uwe Hessler, "Schroeder's Reluctant Cabinet to Allow GMO Foods," Deutsche Welle, Germany, http://www.gene.ch/genet/2004/Feb/msg00061.html (2004년 3월 접속).

# 6장. 자연적인 모성과 그 외의 것들

1. Gottweis, *Governing Molecules*.
2. 1967년 낙태법은 어머니의 신체적·정신적 건강을 지키고, 중증 장애아동의 출생을 방지하기 위한 낙태를 합법화했다.

3. Michael Mulkay, *The Embryo Research Debate: Science and the Politics of Reproduction* (Cambridge: Cambridge University Press, 1997), p. 11.

4. Report of the Commission of Inquiry into Human Fertilisation and Embryology (Cmnd. 9114) (London: HMSO, 1984). Republished with two added chapters by Mary Warnock as *A Question of Life: The Warnock Report on Human Fertilisation and Embryology* (Oxford: Blackwell, 1985).

5. Interview, Baroness Warnock, U.K. House of Lords, June 29, 1993. 워녹은 함께 일할 만한 로마 가톨릭 지명자를 찾는 게 극도로 어려웠지만 결국 신경학 교수를 선택했다. 그는 좋은 동료이자, 탁월한 기획자였으며, 자신이 믿지 않는 관점도 정확히 표현했다.

6. Jo Thomas, "British Debate Embryo Research," *New York Times*, October 16, 1984, p. 6.

7. 1990년 배아법이 논의되던 시기에 이런 우려를 명확히 표현한 글은 다음 자료를 참고하라. Editorial, "Embryos Win Rights," *Nature* 343 (1990): 577.

8. Mulkay, *Embryo Research*, pp. 22‒23.

9. David Dickson, "British Government Rekindles Debate on Embryo Research," *Science* 238 (1987): 1348.

10. Department of Health and Social Security, *Human Fertilisation and Embryology: A Framework for Legislation* (Cmnd. 259) (London: HMSO, 1987) [hereafter cited as White Paper].

11. White Paper, Prohibited Research, paras. 37‒39, p. 7.

12. Lord Skelmersdale, Lords, January 15, 1988, col. 1451.

13. Mulkay, *Embryo Research*, p. 41.

14. Peter Aldhous, "Pressure Stepped Up on Embryo Research," *Nature* 344 (1990): 691.

15. Mulkay, *Embryo Research*, p. 104.

16. 다음 자료를 참고하라. Anne McLaren, "IVF: Regulation or Prohibition?" *Nature* 342 (1989): 469‒470.

17. 공적 수행 차원에서 전문가가 정책을 결정하는 것에 관한 내용은 다음 자료를 참고하라. Hilgartner, *Science on Stage*.

18. 연구규정과 연구대상의 공동생산에 관한 흥미로운 사례는 다음 자료를 참고하라. Jennifer Reardon, "The Human Genome Diversity Project: A Case Study in Coproduction," *Social Studies of Science* 31 (2001): 357‒388. 공동생산에 관한 이론적 논의와 사례분석은 다음 자료를 참고하라. Jasanoff, ed., *States of Knowledge*.

19. Michael Mulkay, "The Triumph of the Pre-Embryo: Interpretations of the Human Embryo in Parliamentary Debates over Embryo Research," *Social Studies of Science* 24 (1994): 611‒639.

20. 스티븐 섀핀(Steven Shapin)과 사이먼 섀퍼(Simon Schaffer)는 영국에서 초기 근대 과학과 정치의 역사를 다룬 유명한 연구를 수행했다. 로버트 보일(Robert Boyle)이 제안한 실험 방법의 성공은 실제 또는 가상의 증인이라는 문화에 달려 있었다. 사람들은 실험자의 관찰이 사실이라는 것을 인정할 준비가 되어 있었다. 다음 자료를 참고하라. Steven Shapin and Simon Schaffer, *Leviathan and the Air-Pump*, pp. 225–226.

21. Interview, Warnock, House of Lords, June 29, 1993.

22. Lord Kennet, Lords, January 15, 1988, col. 1497.

23. Archbishop of York, Lords, January 15, 1988, col. 1461–1462.

24. Lord Henderson of Brompton, Lords, January 15, 1988, col. 1496–1497.

25. Baroness Warnock, Lords, January 15, 1988, col. 1470.

26. 이런 통찰과 워녹의 자세한 경력은 옥스퍼드대학교 안나 머푸르고 데이비스(Anna Morpurgo Davies) 교수의 도움을 받았다.

27. 기튼칼리지(Girton College)의 말콤 귀테 박사(Dr. Malcolm Guite)는 워녹 재임 기간에 이 기도가 실제로 예배당에서 사용되었다는 것을 확인해주었다. 그는 이렇게 말했다. "칼리지의 채플은 대부분 공개되지 않지만, 일상생활이나 학문적 노력 도중에 가끔 나타나는 작은 신호들은 매우 고무적이다. 특히 칼리지 기도자들은 전임 미스트러스가 어려운 임무를 맡고 있을 때 도움을 줄 수 있다." Personal communication, March 30, 2004.

28. Earl Jellicoe, Lords, January 15, 1988, col. 1464.

29. Peter Aldhous, "Pro-life Actions Backfire," *Nature* 345 (1990): 7.

30. Earl Jellicoe, Lords, January 15, 1988, col. 1464. 제리코는 로더데일 백작(Earl of Lauderdale)의 비유 때문에 비난받았다. "일부 고귀한 상원의원들은 전 배아가 마침표나 핀 머리보다 크지 않다는 이유로 무시하려 했다. 마치 크기가 문제인 것처럼!" Lords, January 15, 1988, col. 1485.

31. 한 가지 이유는 의사들 사이에서 28주는 수용할 수 없을 정도로 늦다는 전문적인 합의 때문이었다. 대부분의 의사들은 이런 늦은 낙태를 혐오했다. Interview, Stephen Lock, British Medical Association, London, 1993.

32. Mulkay, *Embryo Research*, p. 205, n. 52.

33. Baroness Warnock, Lords, January 15, 1988, col. 1471.

34. McLaren, "IVF: Regulation or Prohibition," p. 470.

35. Editorial, "Embryo Research," *Nature* 344 (1990): 690.

36. Aldhous, "Pro-Life Actions."

37. Interview, Ruth Deech, chair, HFEA, and principal, St. Anne's College, Oxford, June 16, 1996.

38. Human Embryology and Fertilisation Act of 1990, schedule 3, paragraph 5.

39. Kathy Marks, "Widow Wins Fight to Bear Child of Dead Husband," *The Daily Telegraph*, February 7, 1997, p. 6; Associated Press, "In U.K. Case, Widow Wins Right to Use Spouse's Sperm," *International Herald Tribune*, February 7, 1997, p. 5.

40. 미국에서 이 용어는 조지 W. 부시 대통령의 생명윤리위원회 위원장인 리언 캐스와 관련된다. 그는 새로운 기술을 향한 부정적 견해를 윤리적 판단의 근거로 진지하게 고려해야 한다고 주장했다. 다음 자료를 참고하라. Leon Kass, "The Wisdom of Repugnance," *New Republic* (June 2, 1997): 17–26.

41. Interview, Deech, Oxford, June 16, 1996. See also Linda Grant, "Yuk Factor or SPUC Factor?" *Independent on Sunday*, July 17, 1994, p. 22.

42. Quintavalle, R (on the application of) v Human Fertilisation and Embryology Authority [2003] EWCA Civ 667 (May 16, 2003).

43. "A Chancellor's Dilemma," *The Economist*, January 31, 1998, pp. 54–55.

44. 1871년에 채택된 독일 제국 형법에는 모든 낙태를 금지하고 형사처벌하는 조항(제218조)이 포함되었다. 다음 자료를 참고하라. Walter F. Murphy and Joseph Tanenhaus, *Comparative Constitutional Law Cases and Commentaries* (New York: St. Martin's Press, 1977).

45. Federal Constitutional Court (Bundesverfassungsgericht), Abortion Reform Law Case, 39 BverfGE 1 (1975).

46. Interview, Birgitta Porz-Krämer, Federal Ministry of Justice, Bonn, Germany, July 15, 1993.

47. Andrea Wuerth, "National Politics/Local Identities: Abortion Rights Activism in Post-Wall Berlin," *Feminist Studies* 25, 3 (1999): 601–632. 뷔르트는 가족의 가치를 지지하면서 국가 통일 담론을 헤게모니와 가부장제로 묘사했다. 통일은 헤게모니 주제였고, 여성문제를 다룬 사민당처럼 통일을 방해하는 것은 배제되어야 한다고 주장했다.

48. Interview, Porz-Krämer, July 15, 1993.

49. Pro Familia, Theme Abortion, http://www.profamilia.de/article/show/933.html (2003년 7월 접속).

50. 이 역사와 관련된 논의는 다음 자료를 참고하라. Rolf Keller, Hans-Ludwig Günther, and Peter Kaiser, *Embryonenschutzgesetz* (Stuttgart: Kohlhammer, 1992), pp. 65–81.

51. Formal guidelines of the Bundesärztekammer may be found at its website, http://www.bundesaerztekammer.de/index.html (2003년 7월 접속); relevant background is available under the heading Ethics and Science (*Ethik und Wissenschaft*).

52. 73rd Session of the Justice Committee, March 9, 1990, Bonn, Bundeshaus (chair: Rep. Helmrich, CDU/CSU). 발표자에는 형법, 민법, 가정법 전문가, 독일 의사회 및 프로 파밀

리아 같은 주요 단체의 대표자, 개신교 및 가톨릭 대표가 포함되었다.

53. Ibid., p. 80.

54. Ibid., pp. 39–40.

55. Ibid., pp. 58–59.

56. Ibid., pp. 95–96.

57. Ibid., p. 164.

58. Benno Müller-Hill, *Murderous Science: Elimination by Scientific Selection of Jews, Gypsies, and Others in Germany, 1933–1945* (Cold Spring Harbor: Cold Spring Harbor Press, 1998).

59. Michael Simm, "Violence Study Hits a Nerve in Germany," *Science* 264 (1994): 653.

60. Interview, Benno Müller-Hill, Institute for Genetics, University of Köln, July 14, 1993.

61. Roe v. Wade, 410 U.S. 113 (1973).

62. *Planned Parenthood of Southeastern Pennsylvania v. Casey*, 505 U.S. 833 (1992).

63. Ibid. at 846.

64. 아이비리그 대학 학생신문에 다양한 가격으로 정자와 난자를 제공받는다는 광고가 실렸다. 유명한 광고 중 하나는 키 177센티미터, SAT 1,400점 이상, 기타 여러 특성을 갖춘 기증자의 난자를 위해 5만 달러를 지불할 용의가 있다는 내용이었다.

65. 61 Cal. App. 4th 1410.

66. Jasanoff, *Science at the Bar*, pp. 160–182; 『법정에 선 과학』, 박상준 옮김, 동아시아, 2011.

67. This remains the position under British law. In the United States, see *In the Matter of Baby M*, 109 N.J. 396 (1988). See also Valerie Hartouni, "Breached Birth: Anna Johnson and the Reproduction of Raced Bodies,' in *Cultural Conceptions: On Reproductive Technologies and the Remaking of Life* (Minneapolis: University of Minnesota Press, 1997), pp. 85–98.

68. 5 Cal. 4th at 93.

69. Ibid. at 97.

70. Genetics and IVF Institute advertisement, *New York Times Magazine*, March 14, 2004, p. 16.

71. Genetics and IVF Institute advertisement, *Attaché*, US Airways magazine, December 2003, p. 73.

# 7장. 윤리적 이성과 감성

1. Hacking, "World-making by Kind-making."

2. Kass, "The Wisdom of Repugnance."

3. 미국 정책 논쟁에서 '혐오 요인'을 적법한 근거가 아니라고 거부한 것에 관한 내용은 다음 자료를 참고하라. Laurence Tribe, "Clone as Outlaw? Reasons Not to Ban 'Unnatural' Ways of Making Babies," in Martha C. Nussbaum and Cass R. Sunstein, eds., *Clones and Clones* (New York: Norton, 1998), pp. 223-234.

4. 초기 사례로는 1992년 유럽의회의 지원을 받은 생명윤리 비교 연구가 있다. Scientific and Technological Options Assessment (STOA), *Bioethics in Europe*, PE 158.453, Luxembourg, September 8, 1992 (이후 STOA Report로 지칭).

5. Ibid., p. 1.

6. Ibid., executive summary.

7. Ruth E. Bulger, Elizabeth M. Bobby and Harvey V. Fineberg, eds., *Society's Choices: Social and Ethical Decision Making in Biomedicine* (Washington, DC: National Academies Press, 1995), p. 14.

8. 1948년 개인의 안전을 보장하는 유엔 인권선언에 앞서, 제네바 선언은 의료 지식이 '인본법(laws of humanity)을 위반하지 않도록' 사용되어야 한다고 요구했다.

9. 비처(Beecher)의 원래 이름은 해리 우낭스트(Harry Unangst, 독일어로 두려움이 없다는 뜻)였는데, 20대 때 알 수 없는 이유로 개명했다. Vincent J. Kopp, "Henry K. Beecher, M.D.: Contrarian (1904-1976)," *American Society of Anesthesiologists Newsletter* 63, 9 (September 1999).

10. Henry K. Beecher, "Ethics and Clinical Research," *New England Journal of Medicine* 274 (1966): 1354-1360.

11. 주요 발전을 잘 요약한 자료는 다음을 참고하라. IOM, *Society's Choices*, pp. 87-131.

12. President's Commission for the Study of Ethical Problems in Medicine and Biomedical and Behavioral Research, *Splicing Life: A Report on the Social and Ethical Issues of Genetic Engineering with Human Beings* (Washington, DC: The Commission, 1982).

13. 예를 들어, 다음 논문집을 참고하라. "Bioethics and Beyond," edited by Arthur Kleinman, Renee C. Fox and Allan Brandt, *Daedalus* 128, 4 (1999); also Kleinman, *Writing at the Margin: Discourse between Anthropology and Medicine* (Berkeley: University of California Press, 1996).

14. 1997년 엘시 예산은 약 1,000만 달러였으며, 이 중 3/4이 연구비로 사용되었다. Eliot Marshall, "The Genome Program's Conscience," *Science* 274 (1996): 488-490.

15. Robert M. Cook-Deegan, "The Human Genome Project," in Kathi E. Hanna, ed., *Biomedical Politics* (Washington, DC: National Academy Press, 1991), pp. 148-149.

16. 이 주제에 관해서는 다음 자료를 참고하라. Daniel S. Greenberg, *Science, Money, and Politics: Political Triumph and Ethical Erosion* (Chicago: University of Chicago Press, 2001).

17. Interview, Troy Duster and Stephen Hilgartner, Phoenix, AZ, May 31, 1996.

18. Marshall, "Genome Program's Conscience," p. 488.

19. Report of the Joint NIH/DOE Committee to Evaluate the Ethical, Legal, and Social Implications Program of the Human Genome Project, December 21, 1996.

20. 1997년 5월에 엘시 연구, 기획, 평가 그룹(ELSI Research, Planning and Evaluation Group) 이 조직되었다. 이 그룹은 엘시 연구 프로그램과 관련된 전문적 자문을 제공하고, 미래의 엘시 활동을 위한 전략 기획을 만드는 역할을 담당했다. 1997년 7월 미국 국립보건원 원장 은 트랜스-국립보건원 엘시 조정 위원회(Trans-NIH Ethical, Legal and Social Implications Coordinating Committee)를 설립했다. 이 위원회는 국립보건원 차원에서 유전학 관련 생명윤리뿐만 아니라, 새로 등장한 논쟁적인 이슈인 이종이식이나 인지 손상과 관련 된 연구를 조정하는 임무를 맡았다.

21. 예를 들어, 다음 자료를 참고하라. Erik Parens, "Respect for the RAC," Letter, *Science* 272 (1996): 1569-1570.

22. Sheryl Gay Stolberg, "The Biotech Death of Jesse Gelsinger," *New York Times*, Sunday Magazine, November 28, 1999, p. 137.

23. 자세한 문헌 검토는 글이 복잡해질 뿐 불필요하지만, 미국에서 발행되는 저명한 학술지인 《사이언스》에 실린 윤리 관련 연재 기사는 확인할 필요가 있다. 다음 자료를 참고하라. Charles Weijer and Ezekiel J. Emanuel, "Protecting Communities in Biomedical Research," *Science* 289 (2000): 1142-1144; Gretchen Vogel, "Study of HIV Transmission Sparks Ethics Debate," *Science* 288 (2000): 22-23; Jeremy Sugarman, "Ethical Considerations in Leaping from Bench to Bedside," *Science* 285: 2071-2072; Eliot Marshall, "NIMH to Screen Studies for Science and Human Risks," *Science* 283 (1999): 464-465. [미국 국립정신보건원(NIMH) 원장은 연구의 '선행(beneficence)'을 확인하기 위 해 위험을 시급히 검토해야 한다고 주장했다.

24. See IOM, *Society's Choices*, pp. 93-94.

25. Harold T. Shapiro, Editorial, "Ethical Dilemmas and Stem Cell Research," *Science* 285 (1999): 2065.

26. Remarks by the President in Meeting with Bioethics Committee, January 17, 2002 (on PCBE website), http://www.bioethics.gov/about/ (2003년 8월 접속).

27. 예를 들어, 다음 자료를 참고하라. Jügen Habermas. *The Future of Human Nature* (Cambridge: Polity, 2003).

28. Michael Specter, "The Dangerous Philosopher," *New Yorker* (September 6, 1999): 46-55.

29. Peter Singer, *Practical Ethics* (Cambridge: Cambridge University Press, 1979).

30. Peter Singer, "On Being Silenced in Germany," *New York Review of Books* (August 15, 1991): pp. 36-42.

31. Text of interview with Peter Singer (in German) in author's files, June 6, 1989.

32. Manfred D. Laubicher, "Frankenstein in the Land of Dichter and Denker," *Science* 286 (1999): 1859-1860.

33. Charles S. Maier, *The Unmasterable Past: History, Holocaust, and German National Identity* (Cambridge: Harvard University Press, 1988).

34. 독일은 통일 이후에 국가 정체성을 총체적으로 분석하지는 않았다. 하지만 나치가 독일 사회와 역사에 깊이 내재되어 있다는 주장이 예외주의 주장보다 더 많이 논의되었다. 예를 들어, '나치 독일 군대의 죄악: 전멸 전쟁 차원, 1941-1944 (Crimes of the German Wehrmacht: Dimensions of a War of Annihilation, 1941-1944)' 전시는 1990년대와 2002년에 독일과 오스트리아에서 큰 논란이 되었다. 이 전시는 나치 군대의 '인종청소' 신화에 도전하면서, 나치의 범죄가 이전 논의보다 더 복잡했다는 것을 제시했다. 알려지지 않았던 복잡한 이야기는 다음 자료를 참고하라. Daniel J. Goldhagen, *Hitler's Willing Executioners: Ordinary Germans and the Holocaust* (New York: Vintage, 1997). 이 책은 독일에 큰 반향을 일으켰다. 과학사 연구에 따르면 나치 생물학은 이전 독일 연구가 지속된 것이었다. 예를 들어, 다음 자료를 참고하라. Susan Heim, "Research for Autarky: The Contribution of Scientists to Nazi Rule in Germany," Max-Planck Institute for the History of Science, Berlin (2001); George Stein, "Biological Science and the Roots of Nazism," *American Scientist*, 76 (1988): 50-58.

35. 의회가 설립한 생명윤리 앙케트 위원회에는 정치인과 전문가가 위원으로 참여했다. 위원 선정 방식은 하원 의석 비율에 따랐다. 집권 사민당이 각 분야별로 6명을 추천하면, 기민/기사연합이 그중에서 분야별로 4명을 선정하고, 세 소수 정당들(녹색당, 자유민주당, 민주사회당)이 각각 정당대표 1명과 전문가 1명을 선정했다.

36. Robert Leicht, "Ein Rat der Anstädigen," *Die Zeit*, May 2, 2001.

37. Tom Wilkie, "Whose Genes Are They Anyway?" *Independent*, May 6, 1991, p. 19. 윌키는 왕립위원회가 이 업무를 수행할 수 있는 적합한 헌법 기관이라고 지적했다.

38. Nuffield Council on Bioethics, *Annual Report 1991-1992*, Nuffield Foundation, London, 1992, p. 4.

39. "The Need for a New National Bioethics Body: A Consultation Document," Nuffield Foundation Conference on Bioethics, Cumberland Lodge, April 20-22, 1990.

40. Report of the Steering Group on the Nuffield Foundation Bioethics Initiative to the Trustees of the Nuffield Foundation, December 1990, p. 6.

41. Ibid., p. 13.

42. 자유민주주의 국가에서 과학을 도구적이고 자기정당화 수단으로 사용하는 것에 관해서는 다음 자료를 참고하라. Ezrahi, *The Descent of Icarus*.

43. Richard Dashefsky, "The High Road to Success: How Investing in Ethics Enhances Corporate Objectives," *Journal of Biolaw and Business* 6, 3 (2003): 3-7.

44. History of BIO, http://www.bio.org/aboutbio/history.asp (2003년 8월 접속).

45. Interview, Sheldon Krimsky, Cambridge, MA, July 26, 2004.

46. Gen-Ethischer Informationsdienst, *Collected Edition*, issues 0-30, Berlin (1987).

47. 독일에서 페미니즘은 행위자 명사 중간에 대문자 I를 넣어 남성, 여성 구분 없이 하나의 단어로 표현하는 방식으로 등장했다. 예를 들어, WissenschaftlerInnen, BiologInnen, InformatikerInnen는 남성과 여성 구분 없이 과학자, 생물학자, 정보 전문가를 지칭했다. GID 뉴스레터가 이 방식을 채택했다.

48. STOA Report, p. 104.

49. 유전자 변형 식품 캠페인과 관련해 다음 자료를 참고하라. GeN campaign leaflet ("Essen aus dem Genlabor, natülich nicht!"); on DNA fingerprinting, see open letter to the justice minister for Lower Saxony, April 22, 1991 (both documents in author's files).

50. Wynne, "Public Understanding of Science"; "Public Uptake of Science."

51. Brian Wynne, "Creating Public Alienation: Expert Cultures of Risk and Ethicson GMOs," *Science as Culture* 10, 4 (2001): 445-481.

52. Phil McNaghten, "Animals in Their Nature," *Sociology* 38, 3 (2004): 533-551.

53. 줄기세포는 저명한 학술지인 《사이언스》에 1999년 올해의 신기술로 선정되었다. Gretchen Vogel, "Capturing the Promise of Youth," *Science* 286 (1999): 2238-2240.

54. Shirley J. Wright, "Human Embryonic Stem-Cell Research: Science and Ethics," *American Scientist* 87 (1999): 352-361.

55. 이 절차를 쉬운 용어로 설명한 자료는 다음을 참고하라. NBAC's report, *Ethical Issues in Stem Cell Research*, Washington, DC, September 1999.

56. Statement by the President to NBAC, September 13, 1999.

57. James Fallows, "The Political Scientist," *New Yorker* (June 7, 1999): 66-75.

58. Gretchen Vogel, "NIH Sets Rules for Funding Embryonic Stem Cell Research," *Science* 286 (1999): 2050-2051.

59. PCBE, executive summary, *Human Cloning and Human Dignity: An Ethical Inquiry*, July 2002.

60. G. Nigel Gilbert and Michael Mulkay, *Opening Pandora's Box: A Sociological Analysis of Scientists' Discourse* (Cambridge: Cambridge University Press, 1984).

61. Habermas, *Future of Human Nature*, p. 95.

62. 흥미롭게도 이 논쟁은 동시에 논의된 독일 이민 정책과 관련되었다. 이 논의는 독일 국가가 무엇이고, 어떤 모습이기를 원하는지에 관한 기본 질문을 다루었다. Stefan Sperling, "Managing Potential Selves: Stem Cells, Immigrants, and German Identity," *Science and Public Policy* 39, 2 (2004): 139-149.

63. Gretchen Vogel, "U.K. Backs Use of Embryos, Sets Vote," *Science* 289 (2000): 1269-1273.

64. House of Lords, *Stem Cell Research—Report*, February 13, 2002

65. *Quintavalle, R (on the application of) v. Secretary of State for Health* [2003] UKHL 13.

66. *Diamond v. Chakrabarty*, 447 U.S. 303 (1980).

67. 법관의원들은 해석의 문제를 권위로 통제하려 했다. Lord Wilberforce's dissenting opinion in *Royal College of Nursing of the United Kingdom v. Department of Health and Social Security* [1981] AC 800.

68. 이 관점에 관해서는 콘힐의 빙햄 의원(Lord Bingham of Cornhill)과 스타인 의원(Lord Steyn)의 의견을 참고하라.

69. 나는 사법 경험주의와 법 관점의 역할에 관해 다음 자료에서 자세히 논의했다. Sheila Jasanoff, "The Eye of Everyman: Witnessing DNA in the Simpson Trial," *Social Studies of Science* 28, 5-6 (1998): 713-740; and Sheila Jasanoff, "Science and the Statistical Victim: Modernizing Knowledge in Breast Implant Litigation," *Social Studies of Science* 32, 1 (2002): 37-70.

70. [2003] UKHL 13 (Opinion of Lord Bingham, para. 15).

# 8장. 생명을 상품으로 만들다

1. 다음 자료를 참고하라. Reid G. Adler, "Biotechnology as an Intellectual Property," *Science* 224 (1984): 357-363.

2. 미국 법에서 지적재산권의 근간으로 순수한 저작권(authorship)을 설정한 것은 다음 자료를 참고하라. James Boyle, *Shamans, Software, and Spleens: Law and the Constitution of the Information Society* (Cambridge: Harvard University Press, 1996).

3. 생명공학을 자본과 문화 형성 관점에서 탁월하게 설명한 자료는 다음을 참고하라. Kaushik Sunder Rajan, "Genomic Capital: Public Cultures and Market Logics of Corporate Biotechnology," *Science as Culture* 12, 1 (2003): 87-121.

4. Winner, "Do Artifacts Have Politics," in *The Whale and the Reactor*, pp. 19-39.

5. Bijker, Hughes, and Pinch, eds., *The Social Construction of Technological Systems*; 『과학기술은 사회적으로 어떻게 구성되는가』, 송성수 편저, 새물결, 1999.

6. Callon, "Some Elements of a Sociology of Translation."

7. Jasanoff, ed., *Learning from Disaster*; Brian Wynne, "Unruly Technology," *Social Studies of Science* 18 (1988): 147-167.

8. 이 지점을 인류학으로 설명하면서 생명공학 발명의 자원이 분산되어 있다는 내용은 다음 자료를 참고하라. Paul Rabinow, *Making PCR* (Chicago: University of Chicago Press, 1996).

9. *Diamond v. Chakrabarty*, 447 U.S. 303 (1980).

10. Richard Stone, "Religious Leaders Oppose Patenting Genes and Animals," *Science* 268 (1995): 1126.

11. United States Code, Title 35, sections 101-103. 이 법은 특허를 받을 수 있는 대상을 다음과 같이 정의하고 있다. "새롭고 유용한 절차, 기계, 제조, 합성물 또는 이것들의 새롭고 유용한 개선."

12. Editorial, "Yes, Patent Life," *New York Times*, April 21, 1987, p. A30.

13. Shelley Rowland and Jared Scarlett, "The World's Most Litigated Mouse," NZ Bio Science 13 (February 2003), http://www.bsw.co.nz/articles/xfactor13.html (2003년 8월 접속). 14. 447 U.S. at 317.

15. 이와 관련해 더 자세한 내용은 다음 자료를 참고하라. Jasanoff, *Science at the Bar*, pp. 144-145; 『법정에 선 과학』, 박상준 옮김, 동아시아, 2011.

16. 100 S. Ct. at 2211.

17. 법적 반대는 시민법 세계에서는 드물다. 예를 들어 독일 연방헌법재판소는 반대 의견을 공개하지 않는다.

18. *President and Fellows of Harvard College v. Canada (Commissioner of Patents)*, 2002 SCC 76.

19. 다음 자료를 참고하라. Factum of the Interveners, Canadian Environmental Law Association et al., Court File no. 28155, May 2002.

20. *Harvard College v. Canada*, para. 163.

21. Ibid., para. 78.

22. Ibid., para. 181.

23. *Moore v. Regents of the University of California*, 51 Cal. 3d 134 (1990).

24. 다음 자료를 참고하라. Boyle, *Shamans, Software, and Spleens*.

25. *Moore v. Regents*, 249 Cal. Rptr. 494 (Cal. App. 2nd Dist. 1988), at 510.

26. "생물학적 물질을 소유할 수 있다는 무어의 주장이 새롭기 때문에, 이 맥락에서 전환론 (theory of conversion)을 적용해 이론의 확장으로 보아야 한다. 따라서 우리는 이런 맥락 에서 불법행위의 연장으로 간주할 것을 권고한다." 51 Cal. 3d at 136.

27. Ibid., at 139.

28. Boyle, *Shamans, Software, and Spleens*, p. 107.

29. Leslie Roberts, "NIH Gene Patents, Round Two," *Science* 255 (1992): 912-913.

30. Rebecca Eisenberg, "Genes, Patents, and Product Development," *Science* 257 (1992): 903-908; Michael A. Heller and Rebecca Eisenberg, "Can Patents Deter Innovation? The Anticommons in Biomedical Research," *Science* 280 (1998): 698-791.

31. USPTO Utility Examination Guidelines, Federal Register xxxx, January 5, 2001.

32. *European Directive on the Legal Protection of Biotechnological Inventions* (Directive 98/44/EC).

33. Alison Abbott, "Euro-vote Lifts Block on Biotech Patents," Nature 388 (1997): 314-315.

34. GenEthics News, issue 5 (1995): 3

35. European Parliament, Scientific and Technological Options Assessment, Bioethics in Europe, Final Report, Luxembourg, October 1992, pp. 100-106.

36. Directive EC 98/44/EC on the legal protection of biotechnological inventions of July 6, 1998.

37. Nuffield Council on Bioethics, *The Ethics of Patenting DNA*, July 23, 2002, p. 27 (para. 3.20).

38. DNA 분리(DNA isolation) 과정은 분명히 특허를 받을 수 있다. 분리된 DNA처럼 제품을 특허 대상으로 고려하면 원칙적으로 혼란이 발생한다.

39. Nuffield Council, *The Ethics of Patenting DNA*, pp. 35-36.

# 9장. 새로운 사회계약

1. 상속받은 계약에 관해서는 다음 자료를 참고하라. David H. Guston, *Between Politics and Science: Assuring the Integrity and Productivity of Research* (New York: Cambridge University Press, 2000), pp. 37-63; Donald E. Stokes, *Pasteur's Quadrant: Basic Science and Technological Innovation* (Washington, DC: Brookings Institution, 1997).

2. Vannevar Bush, *Science—The Endless Frontier* (Washington, DC: US Government

Printing Office, 1945).

3. 국가별 과학성과를 평가하는 데 사용되는 기준에 관해서는 다음 자료를 참고하라. Robert M. May, "The Scientific Wealth of Nations," *Science* 275 (1997): 793-796.

4. Derek de Solla Price, *Little Science, Big Science* (New York: Columbia University Press, 1963); 『과학커뮤니케이션론』, 남태우·정준민 옮김, 민음사, 1994.

5. Ezrahi, "Science and Utopia in Late 20th Century Pluralist Democracy."

6. Greenberg, *Science, Money, and Politics.*

7. Merton, "The Normative Structure of Science."

8. 미국 과학정책과 별도로 생의학 연구를 지원하는 국립보건원 설립은, 부시의 원래 계획에는 포함되지 않았다. 최근 과학정치를 보면 국립보건원 예산은 다른 과학 분야와 달리 정당화하기 쉽다. 다음 자료를 참고하라. Michael Dennis, "Reconstructing Sociotechnical Order: Vannevar Bush and US Science Policy," in Jasanoff, ed., *States of Knowledge*, pp. 225-253; also see Greenberg, *Science, Money, and Politics.*

9. David M. Hart, *Forged Consensus: Science, Technology, and Economic Policy in the United States, 1921-1953* (Princeton: Princeton University Press, 1998).

10. Daniel J. Kevles, *The Baltimore Case: A Trial of Politics, Science, and Character* (New York: W. W. Norton, 1998).

11. Guston, *Between Politics and Science.*

12. Jasanoff, *The Fifth Branch.*

13. H. M. Collins, "The Place of the 'Core Set' in Modern Science: Social Contingency with Methodological Propriety in Science," *History of Science* 19 (1981): 6-19.

14. *Daubert v. Merrell Dow*, 509 U.S. 579 (1993).

15. 동료평가와 정보의 우수성에 관한 내용을 담고 있는 관리예산처 제안서의 원문과 공식 논평은 다음 웹사이트를 참고하라. http://www.thecre.com/ (2004년 1월 접속).

16. 당시 대부분의 과학자들은 정부 관리 패러다임에 아무런 문제를 제기하지 않은 채 일했다. 그들의 작업은 이런 관점에서 '정상과학'이었다. 그들은 작업의 근거를 묻지 않았다. 다음 자료를 참고하라. Kuhn, *The Structure of Scientific Revolutions*; 『과학혁명의 구조』, 김명자, 홍성욱 옮김, 까치, 2013.

17. Silvio O. Funtowicz and Jerome R. Ravetz, "Three Types of Risk Assessment and the Emergence of Post Normal Science," in Sheldon Krimsky and David Golding, eds., *Social Theories of Risk* (London: Praeger, 1992), pp. 251-273.

18. Michael Gibbons et al., *The New Production of Knowledge: The Dynamics of Science and Research in Contemporary Societies* (London: Sage, 1994).

19. Ibid., p. 8.

438

20. Anderson, *Imagined Communities*; 『상상된 공동체』, 서지원 옮김, 길, 2018.

21. Cover illustration, *Science* 291 (February 16, 2001).

22. 민주당 소속 인디애나 주 상원의원 버치 베이(Birch Bayh)와 공화당 소속 캔자스 주 상원의원 로버트 돌(Robert Dole)이 이 법을 발의했다. 입법 역사에 관해서는 다음 자료를 참고하라. Jennifer A. Henderson and John J. Smith, "Academia, Industry, and the Bayh-Dole Act: An Implied Duty to Commercialize," http://www.cimit.org/coi_part3.pdf (2003년 10월 접속).

23. Arti K. Rai and Rebecca Eisenberg, "Bayh-Dole Reform and the Progress of Biomedicine," *American Scientist* 91 (2003): 53.

24. National Science Foundation, *Science and Engineering Indicators*, chap. 5 (Academic Research and Development), http://www.nsf.gov/sbe/srs/seind02/c5/c5h.htm (2003년 10월 접속).

25. Eyal Press and Jennifer Washburn, "The Kept University," *Atlantic Monthly* (March 2000): 39-54.

26. Wil Lepkowski, "Biotech's OK Corral," *Science and Policy Perspectives*, no. 13 (July 9, 2002), http://www.cspo.org/s&pp/060902printer.html (2003년 10월 접속).

27. Personal communication, Lawrence Busch, Michigan State University, October 5, 2003.

28. Sheldon Krimsky, *Science in the Private Interest: How the Lure of Profits Has Corrupted the Virtue of Biomedical Research* (Lanham, MD: Rowman-Littlefield, 2003). See also Melody Petersen, "Uncoupling Campus and Company," *New York Times*, September 23, 2003, p. F2.

29. 이 현상에 관한 논의는 다음 자료를 참고하라. Steve Fuller, *The Governance of Science* (Buckingham, UK: Open University Press, 2000), pp. 22-25.

30. 다음 자료를 참고하라. Daniel Zalewski, "Ties That Bind," *Lingua Franca* (June/July 1997): 51-59.

31. 영국 과학을 '유한책임회사(private limited company, plc)'로 재치 있게 규정하자, 과학과 국가의 긴밀한 관계뿐 아니라 과학의 기업적 특성도 주목을 받았다.

32. Peter Aldhous, "The Biggest Shake-Up for British Science in 30 Years," *Science* 260 (1993): 1419-1420.

33. Georges Köhler and César Milstein, "Continuous Cultures of Fused Cells Secreting Antibody of Predefined Specificity," *Nature* 256 (1975): 495-497.

34. NRDC enjoyed this right under a Treasury Department circular, TC5/50, of 1950. The right was later transferred to the successor body, the British Technology Group.

35. Letter dated October 7, 1976, from EJT (Eric), National Research Development Corpor-

ation to L. D. Hamlyn at the Medical Research Council, http://www.path.cam.ac.uk/ ~mrc7/mab25yrs/ (2003년 10월 접속).

36. SET Forum, "Shaping the Future: A Policy for Science, Engineering and Technology," Discussion Document for the Labour Party (1995), p. 10.

37. Tony Blair, "Science Matters," speech delivered at the Royal Society, London, May 23, 2002.

38. Aldhous, "The Biggest Shake-Up."

39. Astex Technology website, http://www.astex-technology.com/index.html (2003년 10 월 접속).

40. 톰 블런델과의 인터뷰. Tom Blundell, Department of Biochemistry, University of Cambridge, Cambridge, U.K., April 2002.

41. Simon Jenkins, "Face It, the Last Thing We Need Is More Scientists," *Times Higher Supplement*, September 11, 1998, pp. 19-20.

42. 피터 히스콕스와의 인터뷰. Peter Hiscocks, Cambridge Entrepreneurship Centre, Cambridge, U.K., April 2002.

43. May, "The Scientific Wealth of Nations," p. 796. 인용 게임은 여러 방식으로 수행된다. 유명한 독일 생화학자가 1996년에 발표한 논문에 따르면, 1981년부터 1990년 사이에 분자생물학 분야에서 가장 많이 인용된 50개의 논문 중에 8개가 독일 연구자들이 발표한 것이었다. Peter-Hans Hofschneider, "Grundlagenforschung und Industrie in Deutschland— warnendes Beispiel Gentechnologie," *Futura* (February 1996): 104-109.

44. David Dickson, "German Firms Move into Biotechnology," *Science* 218 (1982): 1287-1289.

45. Michael Wortmann, "Multinationals and the Internationalization of R&D: New Developments in German Companies," *Research Policy* 19 (1990): 175-183.

46. Ronald Bailey, "Brain Drain," *Forbes* (November 27, 1989): 261-262.

47. Hofschneider, "Grundlagenforschung," pp. 105-106.

48. 이 주제와 관련된 역사적 자료는 다음을 참고하라. Fritz Stern, *Einstein's German World* (Princeton: Princeton University Press, 2001); Robert N. Proctor, *The Nazi War on Cancer* (Princeton: Princeton University Press, 1999); *Racial Hygiene*.

49. Federal Ministry for Education and Research web site, http://www.bioregio.com/ (2003 년 10월 접속).

50. 다음 자료를 참고하라. Federal Ministry for Education and Research, *Rahmenprogramm Biotechnologie—Chancen, Nutzen und Gestalten* (Framework Program Biotechnology — Opportunities, Uses and Structures), Bonn, April 2001.

51. Richard Bernstein, "Letter from Europe: Listen to the Germans: Oh, What a Sorry State We're In," *New York Times*, March 24, 2004, p. A4.

52. Jasanoff, "Technological Innovation in a Corporatist State: The Case of Biotechnology in the Federal Republic of Germany," pp. 23-38.

53. 나는 독일 정체성 형성에 관한 논쟁의 중요성을 지적해준 스테판 스펠링(Stefan Sperling)에게 감사한다.

54. Polanyi, "The Republic of Science," pp. 54-73.

# 10장. 시민 인식론

1. Michel Foucault, *Madness and Civilization: A History of Insanity in the Age of Reason* (New York: Vintage Books, 1973); *The History of Sexuality; Discipline and Punish: The Birth of the Prison* (New York: Random House, 1979); 『성의 역사』, 이규현 옮김, 나남, 2004.

2. 되돌림에 의한 영향은 다음 자료를 참고하라. Hacking, *The Social Construction of What?; Rewriting the Soul*. On the rationalizing impacts of classification, see Bauman, *Modernity and Ambivalence*; Bowker and Star, *Sorting Things Out*; 『사물의 분류』, 주은우 옮김, 현실문화연구, 2005.

3. Ezrahi, *The Descent of Icarus*.

4. John Ziman, *Public Knowledge* (Cambridge: Cambridge University Press, 1968), p. 33.

5. 2002년 12월 과학의 대중적 이해 위원회를 후원하는 세 기관은 이 위원회를 해체한다고 선언하면서 이렇게 말했다. "우리는 과학의 대중적 이해 위원회가 취하는 하향식 접근으로는 과학 소통 단체가 주목하는 다양한 의제를 적절히 다룰 수 없다는 결론을 내렸다. 우리는 독자적인 협력관계를 추구하고 활동하는 기관이 더 효율적이라고 생각한다." http://www.copus.org.uk/news_detail_091202.html (2003년 4월 접속).

6. 과학 저널리스트인 대니얼 그린버그(Daniel Greenberg)는 미국 과학자들이 비통한 척하면서 과학적으로 문맹인 대중을 비난하고 있다면서 과학자들을 신랄하게 비난했다. 그린버그는 과학의 대중적 이해와 과학 연구비 사이에는 아무 관련이 없다고 주장했다. 다음 자료를 참고하라. Greenberg, *Science, Money, and Politics*, pp. 205-233.

7. National Science Foundation, *Science and Engineering Indicators 2002*, chapter 7, http://www.nsf.gov/sbe/srs/seind02/c7/c7s2.htm#attb (2004년 4월 접속) (이후에는 2002년 지표).

8. Ibid., http://www.nsf.gov/sbe/srs/seind02/c7/c7s1.htm (2004년 4월 접속).

9. Jon Turney, "Public Understanding of Science," *Lancet* 347 (1996): 1087–1090.

10. 특히 다음 자료를 참고하라. Irwin and Wynne, eds., *Misunderstanding Science?*

11. Jasanoff, "Civilization and Madness."

12. *Phillips Inquiry Report*, vol. 6: Human Health, 1989–1996, para. 4.564, http://www.bseinquiry.gov.uk/report/volume6/chapt413.htm (2004년 4월 접속).

13. *Guardian Unlimited*, October 22, 1998.

14. Edmund Burke, *Thoughts on the Present Discontents* (1770). 나는 이 문단과 길레이 풍자만화에 관해 마야 재서노프(Maya Jasanoff)의 도움을 받았다.

15. Ezrahi, *The Descent of Icarus*.

16. Brickman et al., *Controlling Chemicals*.

17. 식품과 생명공학에 관해 퓨 이니셔티브가 2003년 9월 18일에 발표한 자료에 따르면, 미국인의 58%가 유전자 변형 식품을 결코 먹지 않았다고 말했다. 하지만 상점에서 파는 식품 중 70~75%에 유전자 변형 성분이 들어 있다. 다음 웹사이트를 참고하라. http://pewagbiotech.org/research/2003update/ (2003년 9월 접속).

18. Ezrahi, *The Descent of Icarus*.

19. 미국과 유럽에서 이 가정의 차이에 관한 내용은 다음 자료를 참고하라. Sheila Jasanoff, "Citizens at Risk: Cultures of Modernity in Europe and the U.S.," *Science as Culture* 11, 3 (2002): 363–380.

20. 과학과 서구 민주주의 사이의 유동적이고 다양한 수용 방식에 관한 설명은 다음 자료를 참고하라. Roy MacLeod, "Science and Democracy: Historical Reflections on Present Discontents," *Minerva* 35 (1997): 369–384.

21. Brian Wynne and Peter Simmons (with Claire Waterton, Peter Hughes, and Simon Shackley), "Institutional Cultures and the Management of Global Environmental Risks in the United Kingdom," in *The Social Learning Group, Learning to Manage Global Environmental Risks*, pp. 93–113.

22. Brickman et al., *Controlling Chemicals*. See also Sheila Jasanoff, "Acceptable Evidence in a Pluralistic Society," in Rachelle Hollander and Deborah Mayo, eds., *Acceptable Evidence: Science and Values in Hazard Management* (New York: Oxford University Press, 1991), pp. 29–47; "Cultural Aspects of Risk Assessment in Britain and the United States," in Johnson and Covello, eds., *The Social and Cultural Construction of Risk*, pp. 359–397.

23. Skocpol, *Protecting Soldiers and Mothers*.

24. Porter, *Trust in Numbers*.

25. 미국 환경규제에서 숫자 정치에 관한 내용은 다음 자료를 참고하라. Jasanoff, *Risk Mana-*

*gement and Political Culture*; also see Brickman et al., *Controlling Chemicals*; Jasanoff, "Acceptable Evidence" and "Cultural Aspects of Risk Assessment."

26. See Brickman et al., *Controlling Chemicals*, pp. 122–126.

27. 이 주제와 관련해서는 많은 자료들이 있다. 특히 중요한 자료는 다음과 같다. Paul Stern and Harvey Fineberg, eds., *Understanding Risk* (Washington, DC: National Academy Press, 1996); Beck, *Risk Society*; Langdon Winner, "On Not Hitting the Tar-Baby," in *The Whale and the Reactor*, pp. 138–154. 비교정치에서 이 작업의 의미를 다룬 비평은 다음 자료를 참고하라. Sheila Jasanoff, "Technological Risk and Cultures of Rationality," in National Research Council, *Incorporating Science, Economics, and Sociology in Developing Sanitary and Phytosanitary Standards in International Trade* (Washington, DC: National Academy Press, 2000), pp. 65–84.

28. 어려움을 겪는 관계자는 위험평가 인기에 편승하는 사람들만이 아니다. 이 움직임은 법학자와 법원의 강력한 지지를 받고 있다. 법원의 역할에 관해서는 다음 자료를 참고하라. Jasanoff, *Science at the Bar*, 『법정에 선 과학』, 박상준 옮김, 동아시아, 2011. On the attitudes of legal academics, see Cass Sunstein, *Risk and Reason* (Cambridge: Cambridge University Press, 2002); Breyer, *Breaking the Vicious Circle*.

29. U.S. House of Representatives, Committee on Government Reform (Minority Report), *Politics and Science in the Bush Administration*.

30. 시험의 사회학에 관한 풍부한 문헌은 다음 자료를 참고하라. Pinch, "Testing — One, Two, Three… Testing!" and MacKenzie, *Inventing Accuracy*.

31. John Carson, "The Merit of Science and the Science of Merit," in Jasanoff, ed., *States of Knowledge*, pp. 181–205.

32. Press and Washburn, "The Kept University."

# 11장. 과학공화국

1. 다음 자료를 참고하라. Press Release, United States Trade Representative, Executive Office of the President, Washington, DC, May 13, 2003, http://www.ustr.gov/releases/2003/05/03-31.htm (2003년 10월 접속).

2. "European Commission regrets the request for a WTO panel on GMOs," EU Institutions Press Releases, Brussels, August 18, 2003.

3. Bernauer, *Genes, Trade, and Regulation*.

4. Jasanoff, ed., *States of Knowledge*.

5. 이런 관찰은 피터 홀(Peter Hall)과 여러 학자들이 '정책 패러다임(policy paradigm)'이라는 용어를 제안했던 것과 비슷하다. 하지만 공동생산 프레임은 여기에 인지 차원을 추가한 것이다.

6. Jasanoff, "Product, Process, or Programme: Three Cultures and the Regulation of Biotechnology."

7. Francis Fukuyama, *The End of History and the Last Man* (New York: Penguin, 1992); 『역사의 종말』, 이상훈 옮김, 한마음사, 1992.

8. *Diamond v. Chakrabarty*, 447 U.S. 303 (1980).

9. 예를 들어 미국에서 생명공학이 성장하던 초기에 벤처 캐피탈이 담당한 핵심적인 역할을 생각해보라. United States Congress, Office of Technology Assessment, *Commercial Biotechnology: An International Analysis* (Washington, DC: US GPO, 1984).

10. 다음 자료를 참고하라. Smith and Marx, eds., *Does Technology Drive History?*

11. *Moore v. Regents of the University of California*, 51 Cal. 3d 134 (1990).

12. *Johnson v. Calvert*, 5 Cal. 4th 84 (1993). See also Jasanoff, "Ordering Life: Law and the Normalization of Biotechnology."

13. 다음 자료를 참고하라. Habermas, *The Future of Human Nature*.

14. 존 크렙스는 자연환경연구위원회(Natural Environment Research Council) 위원장직을 성공적으로 수행했으며, 이런 능력을 인정받아 전갈의 유전자를 삽입한 바이러스성 살충제를 출시했다는 이유로 해임된 데이비드 비숍 건을 처리했다(4장 참조).

15. 이 시기 독일에서 벌어진 역사 기억에 관한 광범위한 논쟁에 관해서는 다음 자료를 참고하라. Maier, *The Unmasterable Past*; Ian Buruma, *The Wages of Guilt: Memories of War in Germany and Japan* (London: Vintage, 1995) 『아우슈비츠와 히로시마』, 정용환 옮김, 한겨레신문사, 2002.

16. Interview with Wolfgang van den Daele, Berlin, July 2002.

17. 이 지점은 미셸 푸코와 그의 후학들이 작업한 결과이다. 다음 자료를 참고하라. Michel Foucault, *The Foucault Reader*, ed. Paul Rabinow (New York: Random House, 1984); Paul Rabinow, *Essays on the Anthropology of Reason* (Princeton: Princeton University Press, 1996); Hardt and Negri, *Empire*; 『제국』, 윤수종 옮김, 이학사, 2001.

18. 영국 정책 결정 과정에서 이런 현상을 분석한 포괄적인 연구는 다음 자료를 참고하라. Wright, *Molecular Politics*.

19. Jasanoff, "Civilization and Madness."

20. Gottweis, *Governing Molecules*.

21. 이 자료는 2003년 8월 5일부터 10일 사이에 미국 소비자 1,000명을 대상으로 한 조사 결과다. Pew Initiative on Food and Biotechnology, "Public Sentiment about Genetically

Modified Food," http://pewagbiotech.org/research/2003update (2004년 4월 접속).

22. Jasanoff, "Ordering Life."

23. Walter Lippmann, *The Phantom Public* (New Brunswick, NJ: Transaction Publishers, 1993 [1925]).

24. Kuhn, *The Structure of Scientific Revolutions*; 『과학혁명의 구조』, 김명자, 홍성욱 옮김, 까치, 2013.

25. 특히 다음 자료를 참고하라. Bruno Latour, *Science in Action: How to Follow Scientists and Engineers through Society* (Cambridge: Harvard University Press, 1987); 『젊은 과학의 전선: 테크노사이언스와 행위자-연결망의 구축』, 황희숙 옮김, 아카넷, 2016.

26. 서구에서 과학과 정치문화의 융합에 관한 주장은 과학 혁명 시기까지 거슬러 올라간다. 로버트 보일과 토머스 홉스 사이의 논쟁을 다룬 유명한 연구로는 다음 책이 있다. Shapin and Schaffer, *Leviathan and the Air-Pump*.

27. L. Frank Baum, *The Wonderful Wizard of Oz* (Chicago: G. M. Hill, 1900); 『오즈의 마법사』, 손인혜 옮김, 더클래식, 2017.

28. Baroness Warnock, Lords, January 15, 1988, col. 1470.

# 테크놀로지, 정치의 공간이자 대상*

    기술technology은 그리스어의 'techne'(기술)와 'logos'(~에 대한 연구)가 합쳐져 만들어진 용어다. 통상적으로 정의되는 기술이라는 용어는 유용하긴 하지만 추상적인 개념화는 쉽지 않다. 대다수의 사전들이 내리는 정의에 따르면, 기술은 확립된 과학적 원리들을 사용해 실용적 문제들을 푸는 것을 말한다. 이는 우리 대다수가 얻고자 하는 어떤 것, 가령 고통과 비탄을 덜고, 일을 쉽게 하고, 부를 증가시키고, 활동을 가로막는 물질적·시간적 장애들을 극복하고, 이전까지 도달할 수 없었던 세계를 인간의 통찰과 탐구에 열어놓는 것 등을 하기 위해 우리가 흔히 사용하는 능력을 연장하는 것에 불과하다. 기술은 인간이라는 종이 집단적으로 열망하는 몸과 마음을, 환경을, 그리고 오락을 얻을 수 있게 해준다. 우리는 기술을 통해 우리의 상상력이 바람직하게 여기는 삶을 빚어낸다. 이렇게 본 기술은 도구적이고 기계적이다. 기술은 상상을 실현시키지만, 그 자체는 가치중립적인 것으로 남아 있는 듯 보인다. 기술은 자아의 연장이

---

* 이 글은 Robert E. Goodin and Charles Tilly, eds., *The Oxford Handbook of Contextual Political Analysis* (Oxford University Press, 2006) 수록논문 "Technology as a Site and Object of Politics"를 전문 번역한 것이다. 국내에서는 "테크놀로지, 정치의 공간이자 대상"이라는 제목으로 《창작과 비평》 제38권 제3호(통권 149호)(2010), 337~364쪽에 실렸는데, 저자의 요청에 따라 《창작과 비평》과 번역자의 허가를 받아 이 책에 재수록했다. 본문과의 용어 통일을 위해 일부 단어를 수정했다.

고, 생산력이며, 궁극의 권능 부여자이지만, 그럼에도 불구하고 하나의 도구로서 다른 곳에서, 즉 기술의 영역 바깥에서 유래한 사고와 이상에 종속되어 있다. 그렇다면 기술의 영역 어디에서 정치의 공간을 찾을 수 있을까?

신화는 이에 관해 유익한 출발점을 제공한다. 꿈에 악몽이라는 이면이 있듯이, 해방적이며 권능을 부여하는 힘으로서의 기술이라는 서사에는 오류, 실패, 통제력 상실의 이야기가 대립한다. 이처럼 어두운 해석에서 기술은 힘을 부여할 뿐 아니라 제약을 가한다. 기술은 예상치 못한 해악을 야기하고, 완고한 위계를 구축하며, 삶의 가능한 형태들을 방향짓고 관리하는가 하면, 인간의 능력을 기술 자체의 비인격적이고 파괴적인 합리성과 지배의 논리에 종속시킨다. 우리에게 끊임없이 주지되고 있듯이, 관리되지 못한 기술은 무질서와 혼란을 야기할 수 있다. 서로 연결된 이러한 두려움을 둘러싸고 네 가지 강력한 신화가 구체화되어 왔는데, 이들은 각각 기술을 피할 수 없는 위험, 변하지 않는 설계, 비인간화하는 표준, 윤리적 제약으로 그려낸다. 이러한 네 가지 렌즈를 통해, 또 이들 각각과 연결되는 사건과 성찰을 통해, 우리는 오늘날 현대사회에서 실행되고 경험되는 기술의 정치politics of technology에 관한 지형도를 그려볼 수 있다.

그리스의 전설적 장인 다이달로스Daidalos의 아들 이카로스Ikaros는 예로부터 전해 내려오는 위험으로서의 기술을 표상하는 인물상을 체현하고 있다. 이카로스는 아버지로부터 대담함을 물려받았지만, 그의 선견지명이나 지혜를 물려받지는 못했다. 다이달로스는 깃털과 밀랍으로 정교하게 만들어낸 날개로 유배지인 크레타섬에서 탈출한다. 그러나 이카로스는 태양에 너무 가까이 날아가는 바람에, 밀랍이 열에 녹아 날개가 망가지면서 추락하여 죽음을 맞이한다. 이 신화의 비극적 현대판은 1986년 미국의 우주왕복선 챌린저호가 폭발해 탑승한 승무원 전원이 사망한 사건이었다. 플로리다로서는 예상치 못하게 추운 1월말의 어느 아침 이루어진 발사에서, 딱딱해진 고무 O링O-ring이 발사시 분출하는 고온의 가스를 밀폐하는 데 실패했기 때문이었다.[1] 녹아버린 밀랍과 탄성이 떨어진 O링은 모두 탐험가가 도구를 완벽하게 이해하지 못한 채 초인적인 비행을 감행할 때 겪을 수 있는 위험을 나타낸다.

설계로서의 기술을 보여주는 사례는, 이카로스의 아버지이자 크레타섬의 미로를 고안해낸 장인 건축가 다이달로스에게로 다시 돌아가볼 수 있다. 크레타섬의 미로는 길을 찾아 나오기가 너무나 어려워서 사람의 몸에 소의 머리를 한 괴물 미노타우로스를 안전하게 가둬놓을 수 있었지만, 그 괴물의 무시무시한 식욕을 충족시키려고 제물로 바쳐진 어린 희생자들이 탈출하는 것도 마찬가지로 어렵게 만들었다. 미노타우로스의 지배를 종식시키고 승리자가 살아서 되돌아오게 하는 데는 한 여성의 기지와 한 남성의 담대함 ― 아리아드네 Ariadne의 실타래를 풀고 들어가 괴물과 맞선 테세우스Theseus의 용기 ― 이 필요했다. 그러나 미셸 푸코²가 제레미 벤담³을 좇아 근대성의 특징을 가장 잘 나타내는 건축 업적으로 여긴 구조물인 파놉티콘Panopticon에서 탈출하는 것은 그렇게 쉽지 않다. 파놉티콘은 원형의 투명한 건물로 중앙의 감시탑에서 단 한명의 간수가 수많은 죄수들을 영원한 감시의 그물망 속에 붙잡아둘 수 있었다.

시점을 20세기로 돌려보면 올더스 헉슬리가 1932년에 발표한 소설 『멋진 신세계』는 표준화 도구로서의 기술을 보여주는 전형적인 신화다. 여기서 우리는 안전과 질서를 향한 인류의 열망이 병적인 극단으로 치닫는 모습을 발견한다. 헉슬리가 그려낸 세계는 극심한 형태의 고통들이 모두 제거된 곳이다. 그러나 굶주림과 질병, 공포와 고통으로부터 자유로워진 대가로, 자유로운 사회들이 가치 있는 삶의 초석으로 여기는 창조성, 공감, 자기실현의 힘도 상실되어 버렸다. 이 통제된 사회에서 사람들 자신은 등급이 매겨져 계급으로 분류되고, 각 계급의 사람들의 능력은 그들이 수행하는 기능에 세심하게 맞춤 제작된다. 이성은 감정을 몰아내버리고, 시스템의 논리는 사회 구성원들의 자기표현 욕구를 짓밟는다. 많은 이들은 인간이 이처럼 신과 같은 발명가에서 기계의 부속품으로 전락한 것을 현대기술이 야기한 최악의 의도치 않은 결과로 개탄해 왔다.⁴

마지막으로 윤리적 위반으로서의 기술과 관련해, 거의 두 세기 동안 다른 어떤 작품보다 서구의 상상력을 사로잡아온 이야기가 메리 셸리M. Shelley의 『

프랑켄슈타인』이다. 1816년에 열아홉살의 소녀가 써낸, 무생명체로부터 자신이 통제할 수 없는 존재를 만들어낸 스위스 과학자의 이야기는 도를 넘은 기술의 정수를 보여주는 우화가 되었다. 프랑켄슈타인 신화는 1997년에 스코틀랜드 로슬린 연구소의 이언 윌머트I. Wilmut 연구팀이 돌리의 탄생을 발표하면서 새로운 생명력을 얻었다. 돌리는 여섯 살 난 암양의 젖샘 세포에서 만들어져 '엄마'와 유전적으로 동일한 양이다. 이 발표는 인간이건 동물이건 성체세포는 분화된 역할에 고착되어 변경될 수 없다는 생물학자들의 오랜 믿음이 틀렸음을 보여주었다. 다시 한 번 실제 삶은 신화의 요소들을 되풀이하는 것처럼 보였다. 기술이 자연의 예정된 경로를 뒤엎고, 이전까지 알려지지 않았던 종류의 생명체를 만들어내며, 인간에 대해서도 유사한 조작의 가능성을 시사함으로써 선출된 입법자들의 도덕적 직관이나 규칙제정 능력을 앞지르는 것처럼 보였다.

이러한 네 가지 틀의 서사들은 물론 서로 완전히 독립적이지 않다. 예를 들어 기술의 유해한 결과에 대한 두려움은 윤리적 위반에 대한 우려와 긴밀하게 연결되어 있다. '신 노릇playing God'을 한다는 비판은 사물의 자연적 질서를 거역한다고 인식된 행동(예컨대 인간복제)뿐 아니라, 적절한 선견지명이 결여되어 기대한 효과를 거두지 못하고 사회를 그보다 더 큰 해악에 노출시키는 관리의 야심이 빚어낸 행동에도 적용된다.[5] 마찬가지로, 기술이 인간 존재의 물질적·심리적 변수들에 질서를 부여하고 설계할 때, 때로는 정상적인 사회적 정체성과 행동을 일탈적이고 비정상으로 간주되는 것과 구별해내는 강제적 표준화 과정을 거친다.[6]

네 가지 서사들 각각은 활발한 기술의 정치를 위한 근거를 제공해준다. 비록 앞으로 보게 될 바와 같이 각각이 정치적 행위자, 논쟁, 담론, 행동 형태의 특정한 패턴으로 표현되는 저 나름의 독특한 개념적 논법을 발생시켰지만 말이다. 넷 모두에 공통된 또 다른 특징은 각각에서의 논쟁이 기술 전문가의 양면적인 상을 중심에 두고 있다는 점이다. 18세기 말부터 정치무대에서 유력한 세력으로 등장한[7] 전문가들은 기술이 해방시켜 놓은 힘과 더불어 살아가는 것이 안전하다고 보증할 일차적 책임을 맡고 있다. 그러나 전문가들은 논란이 벌어지는 모든 응용 영역들 — 가장 중요한 몇 가지만 들자면 무기, 감시, 투표, 의료 개입, 교통, 에너지 이용, 통신 등 — 에서 논쟁을 일으키는 피뢰침으로 작동하기도 한다. 이처럼 정치적 긴장을 유발하는 기술들은 모두 전문가의 능력, 예측, 이해관계, 지혜에 관한 의문을 제기한다.[8] 이는 또한 기술훈련을 받은 엘리트들이 일상적인 통치활동의 너무나 많은 부분을 도맡은 사회에서 민주적 지배가 과연 가능한가에 대해서도 의문을 던진다.[9]

## 1. 위험의 정치

2005년에 아무 때나 미국의 주요 공항에 가본 인류학적 지향의 관찰자라면 이상한 의식儀式을 목격했을 것이다. 표를 끊은 승객들이 다양한 색상과 모양의 가방과 짐꾸러미를 들고 줄을 서서 천천히 움직이더니 컨베이어벨트로 다가가 제복 입은 경비원들의 감시를 받으면서 몸에 지닌 물건들을 풀어놓기 시작했다. 노트북 컴퓨터를 케이스에서 끄집어내고, 주머니에서 금속으로 된 물건은 죄다 꺼내고, 허리띠를 풀고, 코트와 스카프를 플라스틱 상자에 집어넣고, 가방과 짐꾸러미는 벨트 위에 올렸다. 그중에서 가장 괴상한 행동은 금속탐지기의 네모난 문을 어색하게 통과하기에 앞서 신발과 부츠를 벗은 것이었다. 검색대 반대편에서는 이 과정이 역순으로 진행되었다. 호주머니와 서류가방의 내용물을 제자리에 돌려놓고, 재킷과 코트를 다시 입고, 신발을 양말 위에 다시 신었다. 이 광경을 좀 빨리 돌리면 사람들이 일견 아무짝에도 쓸모없어 보이는 동작을 계속하는 우스꽝스러운 만화 같은 장면이 될 거라고 인류학자는 생각했을지 모른다. 거기 걸려 있는 위험이 그토록 심대한 것만 아니었어도 그랬을 것이다.

전 세계적으로 공항의 보안검색이 강화된 것은 물론 2001년 9월 11일에 뉴욕과 워싱턴에서 일어난 테러 공격에 대한 대응이다. 이 사건에서 19명의 젊은 이슬람 전사들은 세계무역센터 쌍둥이 빌딩과 펜타곤 건물 일부를 파괴하면서 자신들과 3천여 명의 사람을 죽음으로 몰아넣었다. 하지만 다들 신발을 벗어야 하는 것은 어찌된 노릇이며, 왜 유독 미국에서만 그러한가? 21세기 벽두에 한 사람의 행동이 미국 국내 항공을 이용하는 연간 6억 8,800만명의 승객들의 여행 조건을 바꿔놓았다. 9·11 공격을 주도한 알카에다 조직과 연계가 있는 영국인 리처드 리드는 2001년 12월 22일에 파리에서 아메리칸 에어라인 비행기에 탑승했는데, 그의 신발 속에는 비행기를 날려버리기에 충분한 폭약이 장착되어 있었다. 나중에 신발을 폭탄으로 바꿔놓을 퓨즈에 불을 붙이려는 그의 시도는 좌절되었으나, 이 사건은 모든 비행기 승객들이 신은 모든 신발을 의심스러운 무기로 탈바꿈시켰고, 그래서 (금속을 포함하고 있지 않은 것으로 확인되기 전까지) 특별한 검색의 대상이 된 것이다. 승객들의 시간 손실, 불편함, 낭패감이나 과로에 시달리는 보안 검색요원들의 부담 증가는 아랑곳하지 않고 말이다.

　민간 용도의 인공물 중 가장 흔해빠진 물건인 신발이 군사적 이해관심의 대상 − 잠재적 무기 − 으로 즉각 탈바꿈한 것은 과학기술의 전지구적 확산이 '위험사회'를 만들어냈다는 사회학자 울리히 벡[10]의 주장을 여실히 보여준다. 벡에 따르면 위험사회에서 모든 사람들은 사회계급이나 지위와 상관없이, 계산 불가능한 대재난을 야기할 수 있으며 합리적 통제가 쉽지 않은 위협에 노출된다. 이전에 위험에 맞서는 보호수단으로 간주되었던 기술(가령 신발은 부상이나 감염을 막기 위한 것이었다)이 갑자기 예상치 못한 위험의 근원으로 모습을 드러낼 수 있다. 수백만 켤레의 신발을 공항 감시시스템의 관할로 쓸어넣은 행동은 사회심리학자들이 한동안 지적해온 위험에 관한 사실을 상기시켜주는 것이기도 하다. 즉 사람들은 공포감을 자아내는 위험 − 익숙하지 못하고 범위가 넓으며 통제가 불가능한(특히 신기술의 경우) −에 대해 특히 걱정하고 있으며, 이 때문에 자전거 사고처럼 총합으로 따지면 생명이나 재산에 더 큰 피해를 입힐 수 있는 좀더 일상적인 위해를 규제하는 것보다 확률은 낮지만 파급효과는 큰 사건을 통제하는 데 더 많은 노력을 들인다는 것이다.[11]

　정치적인 측면에서 이러한 관찰은 위험의 거버넌스 혹은 관리에 대해 사뭇 다른 두 가지 대응으로 나타났다. 이를 각각 **기술관료적** 대응과 **민주적** 대응이라고 이름붙일 수 있을 것이다. 위험은 해악이 나타날 정해진 확률이라고 보는 관점을 실증주의적으로 신봉하는 기술관료적 접근은 이러한 확률을 정확히 계산할 수 있는 전문가들의 힘에 대한 신뢰에 기반을 두고 있다. 기술관료적 접근은 대중정치가 가져오는 왜곡의 영향으로부터 위험 분석의 과정을 최대한 격리시키려 한다.[12] 위험평가로 불리는 확률의 계산 과정은 전문가들의 일로 간주된다. 반면 수용가능한 위험 수준을 정하고 위험 통제정책을 선택하는 문제는 이후의 단계인 위험 관리로 밀려나며, 여기서는 대중의 가치가 일정한 역할을 할 수 있다. 이 전략을 실행에 옮길 때의 핵심은 공식적 평가방법과 전문가들의 엄정한 검토에 대한 확고한 신뢰를 전제로, 위험 축소의 비용과 편익을 정량적으로 비교해 가장 합리적인(경제적으로 가장 효율적이라는 뜻으로 이해된다) 규제 결과에 도달할 수 있게 하는 것이다. 효율성에 대한 규범적 선호에는 위험 의사결정에서 전문가와 대중의 관계에 영향을 미치는 추가적인 처방들이 뒤따른다. 위험의 심각성을 놓고 의견불일치가 생길 때는 일반인보다 전문가의 말이 더욱 믿을 만한 것으로 간주되어야 한다는 것,[13] 하나의 위험을 감소시키는 데서 나오는 편익은 그로 인해 증가할 수 있는 다른 위험들의 비용을 상쇄해야 한다는 것,[14] 위험을 대중에게 적절하게 알려줘 대중의 인식이 전문가의 인식과 일치하도록 만들기 위해서 아직 할 일이 많다는 것 등이다.

20세기의 마지막 30여 년 동안 서구의 정부들은 시민들이 계몽되지 못한 견해와 근거 없는 두려움에 근거해 자국의 전문가들이 안전하거나 감당할 수 있다고 보는 기술혁신을 거부하지 않게 하려고 애써왔다. 이를 위해 정부들은 과학기술의 대중적 이해에 상당한 투자를 했다. 특히 민주국가들이 이런 정책에 치중했는데, 그들에게 기술은 단순히 부를 창출하는 동력이 아니라 원자폭탄이나 아폴로 계획 같은 대규모 국민국가 형성프로젝트에서 볼 수 있듯 강력한 자기정당화의 수단이기도 했기 때문이다.[15] 근대 민주주의의 의심 많은 시민들에게 그런 기술적 성공은 국가가 자신들의 편에서 효과적으로 활동하고 있음을 보여주는 강력한 증거를 제공한다. 그러나 시민들이 성공을 성공으로 받아들이려면 기술의 위험과 편익을 전문가들과 같은 방식으로 인식하게끔 가르쳐야만 한다. 대중의 과학 이해 증진을 위한 프로그램들은 이러한 교육적 사명을 달성하려는 목표를 띠고 있었으나, 이같은 노력들은 정치적·개념적 어려움에 봉착했다.[16]

위험 관리에 대한 기술관료적 접근이 전문가 숙의를 위한 폐쇄된 공간을 권고한다면, 민주적 대응은 위험에 관한 의사결정에서 대중참여의 역할 확대를 추구한다.[17] 반대자들은 이런 경향이 오도된 대중영합주의라고 비난하면서 그 원인을 몇가지로 지목하고 있다. 1980년대 영국에서 잘못된 농업 관행으로 인간에게 '광우병'이 전염된 것처럼 드물게 일어나는 서로 무관한 관리 실패의 사례들에 과잉반응을 했거나, 민주주의에서 사람들의 호불호가 전문가들이 찾아낸 사실과 상관없이 더 중요하다는 그릇된 원칙을 도출해냈거나(Sunstein 2002), 일반인의 경험을 세분화된 전문가 지식과 동등한 위치에 두는 지식사회학의 극단적인 상대주의 경향을 적용한 결과라는 것이다.[18] 그러나 민주적인 위험 관리로 가는 길에서 문제가 되는 것은 전문가와 일반인 ─ 현대 지식사회에서 지식을 가진 자와 못 가진 자 ─ 사이에 벌어지는 새로운 형태의 계급투쟁이 아니라, 기술의 목적과 살 만한 가치가 있는 삶의 의미를 누가 평가해야 하는가를 둘러싼 다툼이다.

수많은 연구가 이런 분석을 뒷받침하고 있다. 그간의 연구들은 위험이 철저하게 구성된 현상이며, 부분적으로는 오랜 역사적·문화적 유산의 함수임을 보여주었다. 어느 사회가 특정한 해악은 감내할 만하지만 다른 해악은 그렇지 않은 것으로 간주하게 되는 것은 그러한 유산 때문이다.[19] 예를 들어 유럽의 복지국가들은, 위험의 분배가 극도로 불공평하게 이루어짐으로써 사회적 결속이 위협받는 것이라든지 잘못된 예측을 보상하기 위해 공적 비용이 투입되는 것에 대해 신자유주의적인 미국에 비해 덜 관용적이다.[20] 1990년대 들어 유럽연합이 보건, 안전, 환경 규제의 규범적 근거로 사전예방원칙precautionary principle을 받아들인 것도 이런 차이점에서 비롯한 것이라 할 수 있다.[21] 전문가의 위험평가 담론에 치중하는 미국의 정치인과 분석가들은 유럽연합의 이런 입장이 비과학적이고 보호주의적인 것이며 나약함과 불안정의 신호라고 평가 절하했다.[22] 이처럼 상이한 위험 지향성은 굳건하게 자리잡은 규제 기관과 실천에 뿌리를 두고 있어 해당 체제 내에서는 당연한 것으로 간주될 수 있으며, 비교 분석을 통해 근저에 깔린 일부 전제의 문화적 특수성이 드러나기 전까지는 사물의 자연적 질서의 일부로 받아들여질 수 있다.[23]

아울러 민주적 접근의 옹호자들은 전문가와 일반인이 위험 거버넌스를 둘러싸고 의견을 달리할 때, 반드시 동일한 탐구대상에 초점을 맞추고 있는 것은 아니라는 점을 지적했다. 전문가들이 기술시스템의 결정론적 실패의 확률을 주로 우려하는 반면, 대중들은 목적과 책임성의 문제에 더 많은 신경을 쓸지도 모른다.[24] 다시 말해 전문가와 대중은 (심지어는 서로 다른 전문가 공동체들도[25]) 위험을 다른 방식으로 틀지며, 이에 따라 제기하는 질문이나 만족스럽게 여기는 설명에 있어서도 차이를 보인다는 것이다. 전문가 위험 분석에서 선호되는 담론인 수학적 공식화는 형이상학과 도덕성에 대한 일반인들의 우려에 답하지 못한다. 기술은 어떠한 새로운 존재자들을 세상에 가져다놓고 있으며(가령 로봇, 항우울제, 유전자 변형 작물 등), 그것들은 얼마나 바람직한가?[26] 오작동을 일으키면 재앙에 가까운 해악을 유발할 수 있는 기술로 인해 이득을 보는 자는 누구인가? 기술의 실패에서 피해를 입을 수 있는 이들에게 보상을 하기 위한 메커니즘에는 어떤 것이 있는가? 값비싼 대가를 치른 '광우병' 같은 실수는 이러한 맥락에서 전문성의 신뢰도뿐 아니라 정부나 기업 권력의 최고수준에서 나타나는 제도적 무책임성에 대해 대중의 정당한 우려를 강화시키는 쪽으로 작용한다. 대중은 결코 사회학자 브라이언 윈이 '결핍 모델' ─ 일반시민을 기술적 소양이 결여되어 있고 감정 조절이 안되는 행위자로 그려내는 ─ 이라고 이름붙인 대로 행동하지 않는다. 이러한 분석에서 대중은 정교하고 반성적인 제도적 분석을 해낼 능력이 있으며, 기술 설계가 민주적 거버넌스에 던지는 함의를 공인된 전문가들보다 더 잘 평가할 수 있는 모습으로 등장한다(Irwin and Wynne 1996; Wynne 1995).

또한 '대중영합주의'라는 경멸적 꼬리표는 다양한 대중들이 위험을 평가할 때 동원하는 경험적 지식이나 일반인의 전문성을 무시한다(Collins and Evans 2002; NRC 1996). 그러한 지식은 부분적으로 사람들이 기술의 실제 사용 — 이상화된 상상적 사용이 아니라 — 에 대해 개인적으로 잘 아는 데서 나온다. 이런 종류의 지식을 배제하는 것은 의사결정의 관점에서 아무 문제가 없는 것이라고 보기 어렵다. 그런 배제가 종종 재난으로 이어지기 때문이다.[27] 경험적 지식은 또한 종종 조직적 틀에 묻혀 있어, 자유로운 흐름이 쉽지 않고 권한을 가진 이들이 이것을 효과적으로 이용하거나 받아들이기 어렵다.[28] 전문가 위험 분석은 나쁜 사건이 일어나기 전까지는 그처럼 묻혀 있는 지식을 고려하지 못할 수 있다. 지금까지의 관찰에 비추어 보면 국민국가들은 기술의 위험을 틀지우고 공적 사실을 생산·검증하는 특유의 수단을 동원하는 유독 복잡한 조직으로 볼 수 있다. 이러한 '시민 인식론'들(Jasanoff 2005), 다시 말해 정치적으로 의미있는 지식을 생성해내는 패턴화된 방식은 위험성에 관한 전문가들의 심의의 폭을 넓혀야 하는 또다른 논거를 제공한다. 정체政體마다 문화적으로 특유한 추론, 증명, 논증의 형태를 선호하는 것을 수용하기 위해서다.[29]


## 2. 설계의 정치

미로와 파놉티콘 — 하나는 어둡고 내부지향적이며, 다른 하나는 투명하고 바깥을 응시하지만, 둘 다 똑같이 제한적인 — 은 삶의 조건을 설계하는 기술의 힘을 적절하게 포착하고 있다. 그뿐 아니라 두 상상은 모두 기술의 설계가 더 큰 규모의 거버넌스 프로젝트와 얼마나 긴밀하게 묶여 있는지를 분명하게 드러낸다. 다이달로스는 자유로운 행위자가 아니었다. 그는 크레타의 미노스 왕을 섬기고 있었고, 나중에 왕은 그를 투옥해 다른 스승을 찾아다니지 못하게 했다. 뼛속까지 공리주의자인 벤담은 파놉티콘을 국가가 최소한의 자원을 투자해 무질서한 감옥의 죄수들을 통제할 수 있는 효과적인 수단으로 생각했다. 실제로 규범적 원칙들을 건물이나 그외 물질적 대상의 설계에 통합하는 것은 전지구적 수준에서부터 가장 작은 지역적 수준에 이르기까지 온갖 규모의 사회조직에서 규제를 위한 효과적인 수단임이 밝혀졌다.

"인공물은 정치의 차원을 갖는다"[30]라는 사실은 널리 받아들여지고 있다. 랭던 위너는 로버트 모세스가 설계한 뉴욕의 교외 간선도로 아래를 지나는 낮은 통로의 유명한 사례를 제시했다. 그는 이 통로가 버스를 이용하는 흑인 소풍객들이 백인 거주지에 들어오지 못하게 하려고 만들어졌다고 설명했다. 이러한 방식으로 사회적 배제가 도시 하부구조의 설계에 통합된 것이다. 페미니스트 이론가와 역사가들은 여성을 특정한 직종에서 배제하거나 전통적인 여성의 역할에 좀 더 깊숙이 밀어넣기 위한 기술 설계의 젠더화된 함의를 지적해왔다.[31] 좀 더 일반적으로는 프랑스의 기술철학자 브뤼노 라투르가 온갖 종류의 일상적인 인공물이 갖는 규제 능력에 주목했다. 가령 과속방지턱, 즉 '잠자는 경찰관'은 교통경찰관이라는 사람을 대신해 역할을 수행한다.[32] 기술은 이같은 물질성을 통해 힘을 발휘한다. 일단 자리를 잡으면 기술은 쉽게 재설계되거나 제거될 수 없다. 그렇다면 민주주의 정치에 관건이 되는 질문은 누가 선택한 설계가 채택되느냐 하는 것이다. 실제로 기술을 설계하는 사람은 누구인가?

가장 낙관적인 설명에서는 기술의 사용자가 최종 발언권을 갖는다. 이러한 견해에 따르면 기술은 다양한 이해당사자 집단들에 의해 사회적으로 구성된다. 자전거가 결국 10단 변속장치를 갖게 될지, 혹은 자동차가 잠금 방지 브레이크를 갖추게 될지를 궁극적으로 결정하는 것은 소비자의 선호라는 것이다.[33] 행위자-네트워크 이론의 주창자들은 이런 설명이 물질적인 것을 희생시키고 사회적인 것에 과도한 특권을 부여한다고 이의를 제기한다. 그들은 어떤 기술이 기능하도록 만들기 위해 인간 행위자들이 극복해야 하는 저항을 제공하는 방식으로 비인간 행위소actant들 역시 설계과정에 참여한다고 주장했다.[34] 그러나 다른 학자들은 구성주의적 분석의 두 흐름 모두가 시장자유주의의 신화를 영속시키는 반면 전지구적 제조업의 복잡한 거시정치경제는 무시한다며 이를 기각한다. 역사적으로 주권국가들과 그 공식적 하부단위들은 순응적인 전문가들의 도움을 얻어 특정한 기술 설계를 촉진하는 데 엄청난 자원을 투자해

왔는데, 특히 군사기술 영역과 그로부터 파생된 컴퓨터 및 정보기술 분야에서,[35] 나중에는 생의학 분야에서도 그러했다. 전체주의의 지배하에서 과학기술과 국가의 이러한 제휴관계는 소련의 농업이나 나치의 의학 같은 실천적·윤리적 재난으로 이어질 수 있다.[36] 그러나 자유민주주의 국가에서도 전문가들과 정치지도자들 간의 투명하지 못한 동맹은 담론의 '닫힌 세계'를 만들어냄으로써,[37] 사실상 눈에 보이지 않고 대중이 접근할 수 없으며 인간 복지라는 관점에서 대단히 의심스러운 기술 발전의 선택을 승인할 수 있다.

19세기에 모습을 드러낸 기업들은 설계의 정치에서 국가 못지않게 중요한 행위자들이다. 기업들은 자체적으로 전문가집단을 확보하고 있고, 법률을 이용해 그들이 지닌 창의성의 능력을 경제적으로 유용한 '지적 재산'으로 탈바꿈시킨다. 20세기말이 되자 스스로 선택한 기술-규범적 설계를 전 세계에 전파하는 기업들의 능력은 많은 국민국가들을 추월했다.[38] 선진국의 군산복합체에, 또 마이크로소프트나 맥도날드 같은 기업의 독점력에 크게 지배받고 있는 세상에서, 최종 사용자들은 근본적인 설계의 선택은 고사하고 비판할 여지조차 얻기 어렵다. 심지어 한때 진정으로 자유로운 사상과 정보의 교환을 위한 구조적 얼개이자 본질적으로 '자유의 기술'[39]이라는 상찬을 받았던 인터넷조차 기업의 지배하에 통제된 커뮤니케이션과 주도면밀하게 유지되는 사상의 소유권을 위한 공간으로 탈바꿈하고 있는 것처럼 보인다.

이러한 상황을 배경으로 기술 설계의 정치는 이론적인 **참여**의 이상과 실천적인 **저항**의 가능성 사이에서 모습을 갖추어왔다. 설계 선택의 더 많은 민주화를 요구하는 목소리에도 불구하고,[40] 자본에 고용된 전문가들을 권위있는 지위에서 끌어내리는 일은 쉽지 않은 것으로 드러났고 저항은 정치적 의사표현을 위해 가장 손쉽게 이용할 수 있는 수단으로 남아 있다. 수많은 찬사를 받은 20세기말의 한 사례에서, 미국의 대표적인 농업 생명공학 기업인 몬산토는 주요 작물의 종자를 일부러 불임으로 만들어 다음해에 다시 쓸 수 없게 하는 유전자 변형 기법을 개발하겠다는 의사를 밝혔다. 만약 그대로 추진되었다면 이 프로젝트는 수백만 명에 달하는 가난한 농부들에게 영향을 미쳤을 것이다. 몬산토의 종자를 파종한 농부들은 매년 그 회사에서 새로운 종자를 구입해야 했을 것이기 때문이다. 이 사례에서 개발 관련 활동가조직인 국제농촌진흥협회Rural Advancement Foundation International — 나중에 ETC 그룹으로 이름을 바꾼 — 는 몬산토의 일명 '터미네이터 기술'에 매우 효과적인 반대운동을 전개함으로써 결국 회사가 한발 물러나게 만들었다. 이는 결과적으로, 새로운 기술적 수단을 써서 종자의 번식력에 대한 통제권을 농부에게서 기업의 특허 보유권자에게로 이전시키려 한 제품 개발 궤도를 포기하게 했다. 그러나 대부분의 경우 기업의 설계 선택은 초기의 대중적 검토로부터 차단되어 있다. 혁신과정에서 기밀성을 유지하고 이미 현실화된 기술의 수용가능성에 대한 판단을 시장에 맡기는 암묵적인 사회계약이 존재하기 때문이다.

2차대전 이후 창설된 다국적기구들은 저항의 정치를 위한 또다른 집결지가 되어왔다. 이는 특히 개발의 목표, 방법, 과정을 둘러싼 전 세계적 논쟁에 반영되어 있다.[41] 1999년 11월 시애틀에서 열린 세계무역기구 3차 장관급 회의에서 힘을 발휘한 반세계화운동의 부상은 대중에 대한 책무와 기업의 책임이라는 문제를 국제정치 의제의 정점에 올려놓았고, 특히 기술 설계의 문제에 초점을 맞추었다. 저항은 부분적으로 환경공학과 사회공학의 대규모 프로젝트를 중심으로 나타났다. 가령 개발도상국들 중 많은 지역에서 전력과 관개의 필요성을 충족시키기 위해 건설한 대형 댐에 대한 반대가 그 예다. 근대화를 향한 열정의 물결에서 계획되고 건설된 이 댐들은 20세기 후반으로 가면서 많은 신생 독립국들에서 잘못 구상된 기술 설계의 상징과도 같은 존재가 되었다. 설계를 담당한 전문가들은 장기적인 환경영향을 제대로 고려하지 못했을 뿐 아니라, 저항운동이 극적으로 보여주는 것처럼, 이 거대한 재정착 프로젝트를 통해 땅과 집을 잃은 사람들의 삶에 가해진 영향도 무시했다.[42] 빼앗긴 사람들의 무리가 점점 목소리와 발언권을 얻게 되면서,[43] 세계은행처럼 냉혹한 국제기구도 자신의 개발정책을 재고하고 아래로부터의 의견 제시에 좀더 열린 모습을 보이도록 강제당하고 있다.[44]

21세기를 맞이하던 시점을 전후해 개발도상국의 노동력 가운데 절반을 조

458

금 넘는 수가 여전히 농업노동자였음을 감안한다면, 농업기술의 향상이 개발 전문가들에게 주된 목표로 부각되었다는 것은 놀라운 일이 아닐 것이다. 1960년대의 녹색혁명은 과학적 기법을 응용해 수확량을 크게 늘린 곡물 품종을 만들어냄으로써 전 세계적 기아를 감소시킬 가능성을 보여주었다. 그러나 수확량 증가에서 거둔 성공은 그 아래 깔린 빈곤과 불평등의 문제를 변화시키는 데 거의 아무런 기여도 하지 못했고, 50년이 지난 지금까지도 정치적 담론은 녹색혁명이 기술적 목표와 상반되는 규범적 목표에서 성공을 거뒀는지를 놓고 팽팽하게 의견이 나뉘어 있다. 부자와 빈자의 경계가 종종 고착되어버린 지역적 맥락에서 녹색혁명은 수많은 저항을 낳았다. 이런 저항은 정치학자 제임스 스콧[45]이 도발적으로 이름붙인 '약자의 무기'를 이용했다.

세계화라는 좀더 큰 배경에서 보면, 녹색혁명과 그 후계자인 유전자혁명 - 현대의 농업 생명공학이 약속한 - 은 빈곤을 근절하고 식량 안보를 보장하며 환경적 해악을 방지하는 데 있어 성공을 거두지 못했다. 이런 실패를 목도한 많은 비판자들은 녹색혁명과 유전자혁명에 문제제기를 하면서 이는 곧 주도권을 쥔 서구의 권력과 폭력이 개발도상국에 계속 강제되는 것이라고 보았다.[46] 전 세계적으로 일어나고 있는 유전자 변형 작물의 시험 재배지 파괴는 예전에 기계화된 직기織機를 때려부수던 행동의 현대적 등가물이 되었다. 이에 대해 정부와 전문가 자문위원들의 즉각적인 반응은, 그때나 지금이나 그런 시위는 무의미하고 퇴행적인 야만적 행동이라고 비난하는 것이었다. 비판자들은 이런 시위가 나타난 이유를 과학에 대한 대중의 무지, 급진적 환경운동, 언론의 과장보도 - 한마디로 민주적 제도의 결함은 결코 아닌 -탓으로 돌렸다. 지배 엘리트의 상상력은 최근 등장하고 있는 전지구 대중global public을 이를테면 농업 생명공학의 사례처럼 세계 인구 대다수에게 영향을 미칠 설계 결정에 미리 참여시키는 메커니즘에까지 미치지 못했다.

## 3. 표준화의 정치

권력을 쥔 사람들은 특정한 설계의 특징들을 선호한다. 그중 주요한 것으로 단순화의 전략이 있다. 이런 전략을 통해 복잡하게 뒤범벅이 된 인간의 정체성과 행동들을—제임스 스콧의 표현을 빌리면—"해독해낼" 수 있고 따라서 관리할 수 있게 된다.[47] 이런 목적을 위해 가장 흔히 쓰이는 수단은 분류와 표준화다.[48] 전자는 사물을 범주들로 나눠 해독 가능성과 의미를 만들어내고, 후자는 그렇게 만들어진 범주들이 유사한 존재들로 채워질 수 있도록 보장함으로써 타당한 비교와 비슷한 것들의 일괄 처리를 가능하게 한다. 기술전문가들이 정의내린 표준적 범주에 의지하지 않고 근대성의 사회구조를 운영하기는 어려울 것이다. 무언가가 세상에서 생산적으로 유통되기 위해서—사람, 상품, 화폐, 서비스, 과학적 주장, 기술적 인공물 등—사람들과 제도는 교환되고 있는 것의 정확한 변수들을 알아야 한다. 아울러 표준은 안전성과 신뢰를 쌓는 기초를 제공해준다. 그것이 없으면 정교하고 공간적으로 분산되어 있는 기술시스템을 효과적으로 작동시킬 수 없다. 그러나 분류와 표준 설정은 불가피하게 대가를 수반한다. 무분별한 혹은 무의미한 범주를 설정하거나, 복잡성을 축소하거나, 모호성을 제거해버리거나, 때때로 사람이나 사물을 그들이 속하지 않는 범주에 강제로 집어넣는 것 등이 그런 예다(Bauman 1991).

기술과 표준의 관계는 다양하게 이해되어 왔지만, 어떤 식의 이해에 따르더라도 그것이 던지는 함의는 항상 대단히 정치적이다. 기술 세계에서 인간은 인지적으로나 신체적으로나 비인격적 기계의 연장이 될 수 있으며, 이에 따라 자율성, 개인의 개성, 사상과 표현의 자유를 잃어버릴 수 있다(Habermas 1984; Noble 1976; Ellul 1964). 특히 매스커뮤니케이션의 기술들은 공공 숙의의 범위를 크게 확장시켜 주기도 하지만, 재생산권력을 통해 실질적으로 대중을 구성하고, 사람들이 환원적 사고방식을 공유하게끔 강제하기도 한다.[49] 이와 동시에 영화, 특히 텔레비전은 시각적 표현과 커뮤니케이션의 영역을 사적인 것으로 만들었고, 오래된 사회적 결속을 파괴하고 정치학자 로버트 퍼트넘이 '나 홀로 볼링bowling alone'이라고 이름붙인 현상을 촉진했다.[50] 그러나 이 모든 소외와 원자화에도 불구하고, 동일한 방식으로 읽고 사고하도록 배운 대중은 파괴적인 이데올로기나 근본주의로 여전히 이끌릴 수 있다. 베네딕트 앤더슨에 따르면 국가권력과 인쇄 자본주의의 결합은 파괴적인 대중 동원의 잠재력을 갖춘 '상상된 공동체'의 특정한 형태로서 국민됨이 부상하는 것을 부추긴다.[51]

사회과학이나 이와 연관된 현대의 기술들은 국가권력에 대한 대응임과 동시에 그것의 도구이기도 하다. 비용-편익 분석이나 위험평가 같은 기법들은 국가가 시민들을 대신해 내리는 결정을 정당화할 수 있게 해주지만, 역으로 시민들이 국가의 임의적인 행동에 대해 책임을 물을 수 있게 해주기도 한다.[52] 시민들은 아래로부터의 행동을 통해 사회과학의 방법을 동원함으로써, 그런 행동이 없었다면 관심을 보이지 않았을 국가가 자신들의 문제를 주목하게 할 수도 있다.[53] 이러한 방법들이 내세우는 객관성은 권위가 심각하게 오용되는 것을 막아줄 수 있지만, 비교사회학적 분석에서 볼 수 있듯 그런 객관성 그 자체는 문화적 구성물로서, 그 지적 토대에 대해 민주적 재검토와 비판이 이뤄지지 않으면 권력 행사에 겉치레에 불과한 합리성의 옷을 입히는 결과를 초래할 수 있다(Jasanoff 2005). 대중매체와 마찬가지로 사회과학 역시 사회적 병폐를 진단하고 치료하기 위한 표준화된 범주들로 사람들을 한데 묶는 방법을 구체적으로 제시함으로써 인구집단을 만들어낼 수 있는 힘을 지니고 있다. 푸코의 저작들이 탁월하게 보여주었듯이, 사회과학과 기술은 이런 방식으로 새로운 생명권력의 도구로서 기능하게 되며, 이로써 생명의 조직과 통제가 정치문제의 특색을 이루기 시작한다(Foucault 1978). 정부뿐 아니라 다른 전문가 유사국가 기관들 — 병원, 학교, 교도소 같은 — 도 휘두르는 이러한 생명과학과 생명공학은 사람들의 주관적인 자기이해 방식을 변형시켜 철학자 이언 해킹이 새로운 '사회범주'라고 불렀던 것을 만들어낸다.[54] 이러한 기관들에서 외부권력의 시선은 심리적 자기인식의 내부 시선과 수렴해, 결과적으로 규율되고 자기절제적인 사회를 창출해낸다.

그렇다면 여러 겹의 서로 중복되는 표준화가 횡행하는 시대에 정치는 어떤 모습을 띠게 될까? 개인들이 자신을 관리 가능한 인구집단의 일원으로 간주하는 정치적 힘에 맞서 스스로의 권리를 옹호하는 형태로 나타난다고 해도 그리 놀라운 일은 아닐 것이다. 간단히 말해 여기서의 갈등은 **역학적**epidemiological 시선과 **임상적**clinical 시선 사이에서 제기된다. 전자가 통계, 수적 총합, 형식모델, 일반적인 원인-결과의 패턴으로 작동한다면, 후자는 개별적인 것, 특수한 것, 반복불가능한 것, 고유한 것을 바라보는 관점을 복원하려 한다.[55] 그런 대결이 일어나는 장소는 종종 법정이다. 법정은 규제국가가 추동하는 객관화와 표준화에 맞서 개인적 불만을 토로할 수 있도록 문호를 일상적으로 열어둔 유일한 근대성의 기구다. 그러나 심지어 여기서도 두 입장을 대변하는 전문가들의 자격문제를 둘러싼 논쟁이 일어나, 제국주의적이고 인구집단에 초점을 맞추는 역학적 시선이 과학의 담론을 성공적으로 전유하는 데 꽤 성공을 거둬왔고, 그럼으로써 소박한 임상적 시선을 희생시키면서 자신의 영역을 확장해왔다(Jasanoff 1995).


## 4. 윤리적 제약의 정치

메리 셸리의 『프랑켄슈타인』은 영국의 시민단체가 새로운 농업 생명공학의 산물에 대해 '프랑켄식품'이라는 꼬리표를 붙이면서 20세기의 마지막 몇해 동안 새로운 어원학적 수명을 연장했다. 이런 꼬리표는 사람이 소비하기에 부적합한 괴물 같은 잡종이라는 특성을 암암리에 부여했다. 이처럼 사람들의 시선을 사로잡는 언론의 수사와 때로 선정적인 이미지 뒤에는 새로운 기술 – 특히 20세기 중반에 일어난 유전학과 분자생물학에서의 혁명에 기반을 둔 – 의 존재론적 함의에 관해 커져가는 우려가 숨어 있다. 기술은 우리가 증식하거나 심지어 새로 생겨나는 것을 보고 싶어하지 않는 존재들로 지구를 채울 것인가? 자연을 거스르는 발전은 여전히 진보로 간주될 수 있는가? 1990년대 들어 거의 순식간에, 특히 복제양 돌리의 탄생 이후에 **자연**natural과 **비자연**unnatural의 구분은 상위정치high politics의 문제로 부각되었다. 대다수 산업국가의 정부들은 자국의 생명공학 정책의 정당성이 그러한 경계를 새롭게 획정하는 데 달려 있음을 깨달았다. 이때 적어도 이전에 물리적 안전과 위험에 관한 결정에서 기해지던 정도의 신중함이 요구되었다.

위험의 정치 핵심에 일반 시민들을 전문가의 관점으로 전향시키려는 국가의 노력이 있었다면, 윤리적 제약의 정치는 일반인의 직관을 전문가가 판단할 문제로 바꿔놓으려는 시도를 해왔다. 이러한 목표를 추구하는 과정에서 산업민주주의 국가들은 1980년대부터 공식적인 윤리적 조언을 정책 결정자들에게 전달하는 제도와 절차를 실험하기 시작했다. 새로운 제도적 형태로서 공공 윤리위원회의 등장은 이러한 발전의 한 가지 두드러진 지표를 제공했다(Jasanoff 1995). 또 다른 지표는 각국 정부가 시민들로부터 윤리적 직관을 뽑아내어 이를 법률과 정책을 고안해내기 위한 원칙의 토대로 번역하는 다양한 절차적 형태들이다. 시민배심원, 합의회의, 조사위원회, 주민투표, 윤리위원회 등의 실험은 2003년 영국정부가 유전자 변형genetically modified 작물의 상업화에 대한 대중의 태도를 알아보기 위해 전국적인 논쟁을 조직했을 때 일종의 정점에 다다랐다. '유전자 변형 국가?GM Nation?'라는 명칭이 붙은 이 행사에서는 생명윤리 문제를 놓고 그간 벌어진 것 중에서 가장 광범하게 시민을 동원했다. 서로 다른 방식으로 구성되었고 공식적으로 부여받은 권한도 제각각이었지만, 생명윤리 문제에 대한 다양한 대응은 한가지 목표에서 공통적이었다. 이들은 모두 윤리적 판단을 사적이고 주관적인 영역으로부터 제거하고 윤리 그 자체를 국가가 혁신적 기술을 진흥하려 할 때 소집할 수 있는 새로운 종류의 전문성으로 변환시키려 했다.

새로운 전문가 생명윤리 담론의 확산만큼이나 흥미로운 것은 일부 주제들이 윤리적 고려의 영역에서 제외된 것이다. 예컨대 미국 국내법하에서 지적재산권 관련 결정은 법률적 해석의 기술적 틀 안에서 견고하게 블랙박스로 남아 있어, 생물체나 생물유래 물질의 소유권에 관한 결정을 윤리의 언어로 다시 쓰려는 시도에 저항하고 있다. 유명한 1980년의 다이아몬드 대 차크라바르티

Diamond vs. Chakrabarty 판결에서 미국 대법원은 살아 있는 생물체에 특허를 부여하는 것이 법률적으로 가능하며 이 결정에서 윤리적 고려는 아무런 역할도 할 수 없다고 판결했다. 인간 게놈에 대한 조작과 배아에서 뽑아낸 줄기세포에 대한 조작은 많은 국가들에서 엄청나게 격렬한 반응을 일으켰고 치열한 윤리적 논쟁을 야기했다. 그러나 식물과 동물 게놈에 대한 조작은 시카고에 기반을 둔 예술가 에두아르도 캑Eduardo Kac이 해파리 유전자를 토끼 배아에 삽입해 자외선을 받으면 녹색으로 빛나는 동물을 만들었을 때 같은 드문 예외를 빼면 거의 논의를 촉발하지 않았다. 또 하나 흥미로운 점은 위험에 관한 것으로 느껴지는 결정과 윤리적 요소를 포함한 것으로 간주되는 결정을 구분하는 경계선이 소리소문없이 그어졌다는 사실이다. 예를 들어 미국의 빌 클린턴 대통령이 임명한 생명윤리위원회는 인간복제가 옳은지 그른지에 대해서는 윤리적 합의에 도달하지 못했지만, "아이를 만들기 위한" 복제는 "태아와 자라나는 아이를 용납할 수 없는 위험에 노출시키는 섣부른 실험이 될 것"이라는 결론을 내리는 데는 성공했다.[56]


## 5. 결론

20세기 후반 이후 민주 정치의 지형도를 개관하는 사람은 요정 지니가 이미 호리병에서 달아났다는 결론을 내릴 것임이 분명하다. 한때 삶의 확고한 개선에 전념하는 공평무사한 엔지니어들의 영역으로 여겨졌던 기술이, 이제는 인간 사회들에서 선善에 대한 경쟁하는 시각과 그것을 정의내릴 수 있는 권위를 놓고 격렬한 정치적 싸움이 벌어지는 열띤 논쟁의 공간이 되었다. 이 과정에서 계몽시대의 유산인 기술과 진보를 거의 자동적으로 연결하는 것은 어려워졌다. 누가 기술을 통치하는가와 누구의 이득을 위해 그렇게 하는가 모두가 불확실성으로 가득 차 있다. 어느 방향을 보더라도 기술의 첨단은 동시에 정치의 첨단이기도 한 것으로 보인다. 이러한 영역들을 안정시키기 위해서는 복잡한

공동생산의 역동성 속에서 사회의 인지적·도구적·규범적 역량을 동시에 활성화할 필요가 있다.[57]

정치의 공간이자 대상으로서의 기술은 서로 연결돼 있지만 구분되는 네 측면 ─위험, 설계, 표준, 윤리적 제약 ─ 으로 분명하게 나타난다. 앞서 살펴보았다시피, 정치는 각각의 전선에서 서로 경쟁하는 제안들 사이의 대립으로 전개되어왔다. 위험의 경우 논쟁은 전문가의 평가나 안전성 보증에 대한 기술관료적 믿음이 기관의 책임성이나 기술의 부담과 이득의 공평한 분배에 대한 민주적 우려보다 어느 정도까지 우선해야 하는가에 초점이 맞추어져 있다. 기술 설계에 관한 논쟁은 대중참여의 적절한 시점을 놓고 구체화되었다. 제조 과정의 아주 초기부터 의미있는 참여를 해야 하는지, 아니면 제품이나 시스템이 이미 시장이나 전쟁터에 나온 후에 저항을 통해 의사를 표현할 것인지 하는 문제가 그것이다. 기술의 표준화 논리에 대한 반대는 개인 사이의 다양성 및 사례 중심의 설명을 선호하는 임상학자들의 감수성과 통계학자의 역학疫學적 시선을 대립시킨다. 그리고 생물학 혁명 이후 새로운 윤리적 제약에 대한 탐색은 생명의 문제가 점차 정치의 문제로도 구실하는 시기에 자연과 비자연 사이의 경계를 긋는 올바른 방법에 관한 논쟁을 활성화했다.

정치적 다툼이 일어나는 네 장소 모두를 엮어주는 것은 기술전문가라는 인물이다. 기술전문가는 잘 보이지는 않지만 어디에나 존재하는 근대성의 명령 주체다. 전례 없이 팽창하는 거버넌스 영역에서 개인적으로나 집단적으로 어떻게 살아가야 하는지를 결정하는 것은 입법가나 기업체 임원보다 전문가의 역할이 더 크다. 결국 민주주의의 의미 그 자체는, 기술의 봉사를 받는 대중들의 힘과 비교해볼 때 전문가의 힘의 한계가 어디까지인지 협상하는 것에 따라 정해질 것이다. 전문가들은 누구에 대해, 어떤 권위에 의거해서 책임을 지며, 추측과 확실성 사이의 회색지대에 떨어진 문제에 비전문가의 가치를 주입할 수 있는 대비책에는 어떤 것이 있는가? 기술의 정치는 이러한 문제들을 다루면서 암암리에 오늘날의 대의제 민주주의에 대한 중대한 도전 ─ 고전 정치이론에서 너무 오랫동안 다루지 않고 내버려둔 ─ 에 응해왔다.

지금껏 근대국가의 정당성을 떠받치고 있는 문서들이 씌어진 것은 200년 전의 일이다. 이러한 국가의 헌법은 정부의 여러 부문에 책임을 할당했고 보호받아야 할 개별 시민의 권리와 자유를 명시했다. 헌법은 속박받지 않는 권력을 억제했고 자아가 창조적으로 형성될 여지를 열어놓았다. 그러나 오늘날 문명화된 삶의 형태 — 특히 전지구적 규모에서 — 에 힘을 불어넣고 제약하는 헌법의 기능을 수행하는 것은 이처럼 문서화된 텍스트가 아니라 복잡한 기술시스템의 구조다. 그 결과 나타난 인공물, 자연, 사회의 질서를 탐구함으로써, 우리는 기술을 꿈꾸는 인간의 능력을 기술이 억압하는 대신 강화하도록 만들 방법을 더 잘 이해하게 될 것이다. 기술의 정치는 오늘날 야심찬 창의적 자아를 위험하게 확대할 가능성에 대해 시민들이 통제력을 발휘할 수 있는 놀이이자 책략이기도 하다.

번역 | 김명진(가톨릭대학교 강사, 과학기술학)

## 「테크놀로지, 정치의 공간이자 대상」 주

1. Vaughan, D. (1996) *The Challenger Launch Decision: Risky Technology, Culture, and Deviance at NASA.* Univ. of Chicago Press.
2. Foucault, M. (1995) *Discipline and Punish: The Birth of the Prison.* New York: Vintage.
3. Bentham, J. (1995[1787]) *The Panopticon Writings.* London: Verso.
4. Bauman, Z. (1991) *Modernity and Ambivalence.* Cornell Univ. Press; Habermas, J. (1984) *The Theory of Communicative Action,* Vol. 1: *Reason and the Rationalization of Society.* Boston: Beacon Press; Ellul, J. (1964) *The Technological Society.* New York: Vintage.
5. 가령 카슨은 잔류 유기농약이 미치는 재난에 가까운 환경적 영향을 지적했다. Carson, R. (1962) *Silent Spring.* Boston: Houghton Mifflin.
6. Hacking, I. (1999) *The Social Construction of What?* Cambridge, Mass.: Harvard Univ.

Press; Foucault, M. (1978) *The History of Sexuality*, Vol.1. New York: Pantheon.

7. Golan, T. (2004) *Laws of Men and Laws of Nature: The History of Scientific Expert Testimony in England and America.* Cambridge, Mass.: Harvard Univ. Press.

8. Jasanoff, S. (1995) *Science at the Bar: Law, Science and Technology in America.* Cambridge, Mass.: Harvard Univ. Press; Nelkin, D. ed. (1992) *Controversy.* 3rd edn. Newbury Park, Calif.: Sage.

9. Price, D. K. (1965) *The Scientific Estate.* Cambridge, Mass.: Harvard Univ. Press.

10. Beck, U. (1992) *Risk Society: Towards a New Modernity.* London: Sage.

11. Slovic, P. et al. (1980) Facts and fears: understanding perceived risk. pp. 181-214 in *Societal Risk Assessment: How Safe is Safe Enough?*, ed. R. Schwing and W. A. Albers, Jr. New York: Plenum; Slovic, P. et al. (1985) Characterizing perceived risks. pp. 91-125 in *Perilous Progress*, ed. R. W. Kates et al. Boulder, Colo.: Westview.

12. Breyer, S. (1993) *Breaking the Vicious Circle: Toward Effective Risk Regulation.* Cambridge, Mass.: Harvard Univ. Press; National Research Council (1983) *Risk Assessment in the Federal Government: Managing the Process.* Washington, DC: National Academy Press.

13. Sunstein, C. (2002) *Risk and Reason: Safety, Law, and the Environment.* Cambridge: Cambridge Univ. Press; Sunstein, C. (2005) *The Law of Fear.* Cambridge: Cambridge Univ. Press.

14. Graham, J., and Wiener, J. eds. (1995) *Risk versus Risk.* Cambridge, Mass.: Harvard Univ. Press.

15. Ezrahi, Y. (1990) *The Descent of Icarus: Science and the Transformation of Contemporary Democracy.* Cambridge, Mass.: Harvard Univ. Press.

16. Wynne, B. (1995) Public understanding of science. pp. 361-88 in *The Handbook of Science and Technology Studies*, ed. S. Jasanoff et al. Thousand Oaks, Calif.: Sage.

17. Commission of the European Communities (2001) *European Governance: A White Paper*, COM (2001) 428. Brussels, July 27, http://eur-lex.europa.eu/LexUriServ/site/en/com/2001/com2001_0428en01.pdf; United Kingdom, House of Lords Select Committee on Science and Technology (2000) *Third Report: Science and Society.* Available at: http://www.parliament.the-stationery-office.co.uk/pa/ld199900/ldselect/ldsctech/38/3801.htm(accessed April 4, 2005); National Research Council(NRC) (1996) *Understanding Risk: Informing Decisions in Democratic Society.* Washington, DC: National Academy Press.

18. Collins, H. M., and Evans, R. (2002) The third wave of science studies: studies of

expertie and experience. *Social Studies of Science*, 32: pp. 235-96.

19. Jasanoff, S. (1986) *Risk Management and Political Culture.* New York: Russell Sage Foundation; Jasanoff, S. (2005) *Designs on Nature: Science and Democracy in Europe and the United States.* Princeton, NJ: Princeton Univ. Press; Douglas, M. and Wildavsky, A. (1982) *Risk and Culture.* Berkeley: Univ. of California Press; Douglas, M. (1966) *Purity and Danger: An Analysis of Concepts of Pollution and Taboo.* London: Routledge & Kegan Paul.

20. Rosanvallon, P. (2000) *The New Social Question: Rethinking the Welfare State*, trans. B. Harshav. Princeton, NJ: Princeton Univ. Press.

21. Tickner, J. A. ed. (2003) *Precaution: Environmental Science and Preventive Public Policy.* Washington, DC: Island Press.

22. Sunstein, C. (2005); Kagan, R. (2003) *Of Paradise and Power: America and Europe in the New World Order.* New York: Knopf.

23. Jasanoff, S. (2005); Vogel, D. (1986) *National Styles of Regulation.* Cornell Univ. Press; Brickman, R., Jasanoff, S., and Ilgen, T. (1985) *Controlling Chemicals: The Politics of Regulation in Europe and the United States.* Cornell Univ. Press.

24. Irwin, A., and Wynne, B., eds. (1996) *Misunderstanding Science.* Cambridge: Cambridge Univ. Press.

25. Eden, L. (2004) *Whole World on Fire.* Cornell Univ. Press; Jasanoff, S. (2005); Jasanoff, S. (1986).

26. Haraway, D. (1991) *Simians, Cyborgs and Women: The Reinvention of Nature.* New York; Routledge.

27. Jasanoff, S. ed. (1994) *Learning From Disaster: Risk Management After Bhopal.* Univ. of Pennsylvania Press; Wynne, B. (1988) Unruly technology. *Social Studies of Science*, 18: pp. 147-67.

28. Power, M., and Hutter, B. eds. (2005) *Organizational Encounters with Risk.* Cambridge: Cambridge Univ. Press; Eden, L. (2004); Vaughan, D. (1996); Short, J. F., and Clarke, L. eds. (1992) *Organizations, Uncertainties, and Risk.* Boulder, Colo.: Westview Press; Clarke, L. (1989) *Acceptable Risk? Making Decisions in a Toxic Environment.* Berkeley: Univ. of California Press; Perrow, C. (1984) *Normal Accidents: Living with High Risk Technologies.* New York: Basic Books.

29. Antony, L. (2006) The Socialization of Epistemology. in *The Oxford Handbook of Contextual Political Analysis.* Oxford: Oxford Univ. Press.

30. Winner, L. (1986) Do artifacts have politics? pp. 19-39 in Winner, *The Whale and the*

*Reactor.* Univ. of Chicago Press.

31. Wajcman, J. (1991) *Feminism Confronts Technology.* University Park: Penn State Press; Cowan, R. S. (1983) *More Work for Mother: The Ironies of Household Technology from the Open Hearth to the Microwave.* New York: Basic Books.

32. Latour, B. (1992) Where are the missing masses? The sociology of a few mundane artifacts. pp.225-58 in *Shaping Technology/Building Society,* ed. W. E. Bijker and J. Law. MIT Press.

33. Bijker, W., Hughes, T., and Pinch, T. eds. (1987) *The Social Construction of Technological Systems.* MIT Press.

34. Callon, M. (1986) Some elements of a sociology of translation: domestication of the scallops and the Fishermen of St. Brieuc Bay. pp. 196-233 in *Power, Action, and Belief,* ed. J. Law. London: Routledge & Kegan Paul.

35. Edwards, P. (1996) *The Closed World: Computers and the Politics of Discourse in Cold War America.* MIT Press; MacKenzie, D. (1990) *Inventing Accuracy: A Historical Sociology of Nuclear Missile Guidance.* MIT Press.

36. Bauman, Z. (1991); Proctor, R. N. (1988) *Racial Hygiene: Medicine Under the Nazis.* Cambridge, Mass.: Harvard Univ. Press.

37. Eden, L. (2004); Edwards, P. (1996); Gusterson, H. 1996. *Nuclear Rites: A Weapons Laboratory at the end of the Cold War.* Berkeley, Calif.: Univ. of California Press.

38. Noble, D. F. (1976) Social choice in machine design: the case of automatically controlled machine tools, and a challenge for labor. *Politics and Society,* 8: 313-47; Noble, D. F. (1977) *America By Design: Science, Technology and the Rise of Corporate Capitalism.* Oxford: Oxford Univ. Press.

39. De Sola Pool, I. (1983) *Technologies of Freedom.* Cambridge, Mass.: Harvard Univ. Press.

40. Sclove, R. (1995) *Democracy and Technology.* New York: Guilford Publications; Winner, L. (1986).

41. Stiglitz, J. E. (2002) *Globalization and Its Discontents.* New York: W.W. Norton.

42. Khagram, S. (2004) *Dams and Development: Transnational Struggles for Water and Power.* Cornell Univ. Press; Hall, P. (1990) *Great Planning Disasters.* Berkeley, Calif.: Univ. of California Press.

43. Roy, A. (1999) *The Greater Common Good.* Bombay: India Book Distributors.

44. Goldman, M. (2005) *Imperial Nature: The World Bank and Struggles for Social Justice in an Age of Globalization.* New Haven, Conn.: Yale Univ. Press.

45. Scott, J. C. (1976) *The Moral Economy of the Peasant.* New Haven, Conn.: Yale Univ. Press; Scott, J. C. (1985) *Weapons of the Weak: Everyday Forms of Peasant Resistance.* New Haven, Conn.: Yale Univ.Press.

46. Shiva, V. (1997) *Biopiracy: The Plunder of Nature and Knowledge.* Toronto: Between The Lines; Visvanathan, S. (1997) *Carnival for Science: Essays on Science, Technology and Development.* Delhi: Oxford Univ. Press; Mies, M., and Shiva, V. (1993) *Ecofeminism.* Halifax, N.S.: Fernwood; Nandy, A. ed. (1988) *Science, Hegemony and Violence.* Tokyo: United Nations University.

47. Scott, J. C. (1998) *Seeing Like a State.* New Haven, Conn.: Yale Univ. Press.

48. Bowker, G. C., and Star, S. L. (1999) *Sorting Things Out: Classification and Its Consequences.* MIT Press; Desrosires, A. (1998) *The Politics of Large Numbers: A History of Statistical Reasoning.* Cambridge, Mass.: Harvard Univ. Press.

49. Lessig, L. (2001) *The Future of Ideas: The Fate of the Commons in a Connected World.* New York: Random House; Benjamin, Q. (1968) The work of art in the age of mechanical reproduction. In *Illuminations: Essays and Reflections,* ed. H. Arendt. New York: Schocken Books.

50. Putnam, R. (2000) *Bowling Alone.* New York: Simon & Schuster.

51. Anderson, B. (1991) *Imagined Communities,* 2nd edn. London: Verso.

52. Porter, T. M. (1995) *Trust in Numbers: The Pursuit of Objectivity in Science and Public Life.* Princeton, NJ: Princeton Univ. Press; Jasanoff, S. (1986).

53. Skocpol, T. (1992) *Protecting Soldiers and Mothers: The Political Origins of Social Policy in the United States.* Cambridge, Mass.: Harvard Univ. Press.

54. Hacking, I. (1999); Hacking, I. (1995) *Rewriting the Soul: Multiple Personality and the Sciences of Memory.* Princeton, NJ: Princeton Univ. Press.

55. Desrosires, A. (1998); Epstein, S. (1996) *Impure Science: AIDS, Activism, and the Politics of Knowledge.* Berkeley: Univ. of California Press.

56. National Bioethics Advisory Commission (1997) *Cloning Human Beings.* Washington, D.C. Available at: http://bioethics.georgetown.edu/nbac/pubs/cloning1/front.pdf (accessed 2005.4.4).

57. Jasanoff, S. ed. (2004) *States of Knowledge: The Co-Production of Science and Social Order.* London: Routledge.

이 책은 미국의 저명한 과학기술학자인 실라 재서노프가 미국, 영국, 독일의
생명공학 정책을 비교 분석한 것으로 미국에서 2005년에 출간되었다. 번역자
들이 작업을 하면서 가장 많이 받았던 질문이자, 가장 많이 고민했던 의문은
'이 책이 한국에 어떤 영향을 줄 수 있는가'였다. 한국에서 번역되어 출간된다
면 한국의 독자들에게 기여하는 바가 있어야 했고, 번역 작업을 관심 있게 지
켜봐준 분들도 이 점을 지적해주었다. 그때 박상익의 『번역은 반역인가』에서
발견한 문구, "좋은 책 한 권을 번역한다는 것은, 한국 사회라고 하는 거대한 동
굴에 등불 하나를 밝히는 일과도 같다"에서 큰 용기를 얻었다.[1]

재서노프는 과학기술에 관한 사회적·역사적·철학적 이해를 다루는 과학기
술학 분야를 새롭게 열었으며, '과학과 민주주의'를 주제로 한 글을 『과학기술
학 핸드북』 4판에 발표했다.[2] 2016년에는 『발명의 윤리』를 출간해 생명공학뿐
만 아니라 IT 산업에서도 필요한 발명과 기업의 윤리를 다루었다.[3] 과학기술과
법의 문제를 다룬 『법정에 선 과학』이 한국어로 번역 출간되었으며,[4] 과학비평
잡지 《에피》 창간호에 가짜 뉴스에 관한 짧은 글이 번역되어 실려 있다.[5] 또한
2018년에는 벤저민 헐버트J. Benjamin Hurlbut와 함께 《네이처》에 글을 기고해
크리스퍼 유전자 편집 기술과 관련된 사회적·윤리적 이슈를 지속적으로 논의
하기 위한 '국제 유전자 편집 관측소global observatory for gene editing' 설립을
제안하기도 했다.[6]

옮긴이의 글에서는 한국에서 이 책이 기여할 수 있는 세 가지 주제를 다룬다. 먼저 책이 분석하고 있는 생명공학 정책의 프레임을 소개하고, 한국의 생명공학 정책을 이해할 수 있는 프레임을 고민해본다. 두 번째로 2017년 '신고리 5·6호기 공론화 위원회' 활동 이후 많은 논의가 되고 있는 숙의민주주의와 재서노프가 이 책에서 제안한 개념인 '시민 인식론'이 어떻게 결합되어 활용될 수 있을지를 검토한다. 마지막으로 가습기 살균제 사건처럼 과학기술의 정치가 전면에 부각되는 사안을 분석할 때 어떤 해석의 틀을 제시할 수 있는지를 살펴본다.

저자는 미국, 영국, 독일 생명공학 정책을 각국의 역사 문화적 맥락에 따라 면밀히 분석한다. 미국에서는 시장자유주의가 강조되며 당사자들 사이의 소송으로 문제가 해결된다. 반면 영국에서는 전문가들의 자문을 존중하면서 정책을 집행하며, 독일은 나치의 홀로코스트와 동서독의 통일이라는 역사 문화적 맥락을 고려하면서 정책을 입안했다. 저자는 생명공학 정책을 이 국가에서 저 국가로 그대로 이식하는 것은 적절하지 않으며, 그렇게 이식해도 잘 작동하지 않을 거라고 본다. 각국의 정치문화가 다르기 때문이다. 여기서 우리가 제기할 수 있는 질문은 '그렇다면 한국의 생명공학 정책은 어떻게 설명할 수 있는가'이다. 다른 분야들처럼 과학기술도 미국의 영향력이 큰 만큼, 생명공학 정책도 미국의 프레임을 따라가지 않나 추측해본다. 이 책이 출간되면서 한국 생명공학 정책을 논의하는 공론장이 열리기를 기대한다.

미국, 영국, 독일의 생명공학 정책을 비교 분석한 내용 이외에도, 저자는 '시민 인식론'을 제안한다. '과학기술에 무지하고 정보가 결핍된' 대중이 아니라, 과학기술 정책 담론에 참여하고 실행하는 시민의 등장이 필요하며, 이런 시민이 새롭게 부상하고 있다고 주장한다. 한국의 사회학자 김종영도 『지민의 탄생』에서 '지민知民' 개념을 제안하면서 지식 민주주의가 필요하다고 지적한다.[7] 이와 관련된 사건으로 2017년에 핵발전에 관한 '신고리 5·6호기 공론화 위원회'가 열렸다. 시민을 대표하는 참여단 471명이 모여 신고리 5·6호기 공사 재개에 관한 의견을 모았다. 원자력 전문가나 정부기관이 정책을 결정하면 국민은 그에 따르는 기존 방식이 아니라, 일반인이 모여 숙의민주주의를 통해 정책 방향을 결정하고 정부는 그 결정을 존중했다. 공론화와 숙의민주주의는 한국에서 처음 제안된 개념이 아니며, 서구의 정치체제를 근거로 제안되었다. '신고리 5·6호기 공론화 위원회'가 처음 제안되어 조직될 시기, 한국의 정치문화에서 숙의민주주의가 원만하게 작동할 수 있을지에 관해 우려가 많았다. 하지만 2016년 가을부터 2017년 봄까지 이어진 촛불혁명으로 이제 한국 시민들도 '시민 인식론'을 발휘해 '지민'이 되었다. 이는 한국의 역사 문화적 맥락에 따른 것으로, 서구에서 제안된 숙의민주주의 절차와 방식을 그대로 이식해 실행하려 했다면 공론화 위원회는 성과를 내지 못했을 것이다. 결국 재서노프가 제안하는 '시민 인식론'은 한국 독자들이 과학기술 정책 담론에 참여하고 실행할 때 활용할 수 있는 핵심 개념이다.

역자들이 주목했던 세 번째 내용은 과학기술의 정치이다. 랭던 위너의 고전적인 주장에서부터,[8] 최근 많은 주목을 받고 있는 브뤼노 라투르의 행위자-네트워크 이론[9]까지 인공물은 정치적 능력을 가지며 따라서 과학기술 정치에 주목해야 한다는 주장이다. 이런 흐름을 가리켜 신유물론new materialism 또는 물질적 전회material turn라고 부르기도 한다. 이는 단지 담론 차원의 문제가 아니다. 최근 우리나라에서는 가습기 살균제 사건, 생리대에 포함된 유해물질, 살충제 달걀까지 생활화학 물질에 관한 안전 문제가 큰 논란이 되었다. 또한 최신 유전자 편집 기술인 크리스퍼CRISPR 사용에 관한 생명윤리와, 식품에 유전자 변형 생물체 성분을 표시하는 문제까지 과학기술의 정치적 측면이 부각되고 있다. 물론 2017년 노벨물리학상을 수상한 연구인 중력파 발견처럼 정치적 논란이 적은 과학기술도 있지만(중력파 검출기 설립에 투입된 자원을 고려하면 반드시 정치에서 멀리 있다고 볼 수도 없다), 보건·안전·환경에 관한 과학기술은 민감한 정치적 충돌 지점이다. 이 책은 미국, 영국, 독일에서 발생한 과학기술 정치를 세밀하게 분석하고 있다. 한국에서 보건·안전·환경에 관한 이슈를 분석하거나 생명윤리 문제를 논의할 때, 여기에 있는 해외 사례들이 좋은 참고자료가 될 수 있다. 당연히 한국에서는 한국의 정치문화에 따른 접근과 프레임에 따라 이 이슈들이 논의되어야 한다.

몇 년에 걸쳐 여러 사람들의 힘, 생각, 그리고 대화가 모여 책 한 권이 출간되었다. 한 명의 인간에게도 나름의 스토리가 있는 것처럼, 한 권의 책에도 운과 명이 있다는 생각이 든다. 먼저 책이 출간되는 데 많은 분들의 도움을 받았다. 역자들에게 번역을 맡겨준 서울대학교 홍성욱 선생님께 감사드린다. 번역 작업 초기에 도움을 준 김명진 선생님, 거칠었던 번역 초고를 읽어준 생물학사상연구회 회원님들, 특히 김기윤, 조은희, 하정옥, 오현미, 이정희, 정민걸, 이병훈, 송상용, 김재영, 이성규 선생님께 감사드린다. 또한 KAIST 박범순 선생님은 번역 원고 전체를 검토해주셨으며, 재서노프의 핵심 용어인 'co-production'을 '공동생산'으로 번역하는 게 좋겠다는 제안을 해주셨다. 더불어 흔쾌히 책의 추천사를 써주신 이영희 선생님과 김상현 선생님께도 감사드린다.

번역에 관한 책임은 당연히 역자들에게 있다. 원문이 길고 문장 구성도 복잡해, 원문과 달리 문장을 분리해야 하는 경우가 많았다. 이는 가독성을 위한 선택이었으며, 그럼에도 원문의 내용을 충실히 반영하고자 했다. 번역 작업은 박상준이 프롤로그, 1장, 5~11장, 김희원이 2장, 오요한이 3장, 장희진이 4장을 담당했으며, 장희진이 전체 번역 작업을 조율했다. 끝으로 긴 시간 동안 번역 작업을 기다려준 동아시아출판사의 한성봉 대표님과 담당 편집자에게도 깊은 감사의 마음을 전한다.

역자들을 대표해
박상준

# 「옮긴이의 글」주

1. "번역은 한국어 사용권에 존재하지 않는 텍스트를 존재하게 만드는 가치 있는 행위이다. 그것은 '무'에서 '유'를 창조하는 일이다. 좋은 책 한 권을 번역한다는 것은, 한국 사회라고 하는 거대한 동굴에 등불 하나를 밝히는 일과도 같다." 박상익, 『번역은 반역인가: 우리 번역 문화에 대한 체험적 보고서』, 푸른역사, 2006, 226쪽.

2. Sheila Jasanoff, "Science and Democracy," in Ulrike Felt, Rayvon Fouché, Clark A. Miller, Laurel Smith-Doerr, eds., *The Handbook of Science and Technology Studies* (Cambridge, Massachusetts: The MIT Press; fourth edition, 2017), pp. 259-287.

3. Sheila Jasanoff, *The Ethics of Invention: Technology and The Human Future* (New York: W.W. Norton & Company, 2016).

4. 쉴라 재서노프, 『법정에 선 과학: 생생한 판례들로 본 살아 있는 정의와 진리의 모험』, 박상준 옮김, 서울: 동아시아, 2011.

5. 실라 재서너프, "가짜 뉴스와 대안적 사실의 지식 정치", 김명진 옮김, 《에피》 1호, 서울: 이음, 2017, 96102쪽.

6. Sheila Jasanoff, J. Benjamin Hurlbut, "A global observatory for gene editing," *Nature* 555 (2018): 435-437.

7. 김종영, 『지민의 탄생: 지식민주주의를 향한 시민지성의 도전』, 서울: 휴머니스트, 2017.

8. Langdon Winner, "Do Artifacts Have Politics?," *Daedalus* 109 (1980): 121-136.

9. 브뤼노 라투르, 『우리는 결코 근대인이었던 적이 없다: 대칭적 인류학을 위하여』, 홍철기 옮김, 서울: 갈무리, 2009; 『젊은 과학의 전선: 테크노사이언스와 행위자-연결망의 구축』, 황희숙 옮김, 파주: 아카넷, 2016.

# 참고문헌

Abbott, Alison. "Euro-vote Lifts Block on Biotech Patents." *Nature* 388 (1997): 314-315.

Abbott, Alison, and Burkhardt Roeper. "Germany Seeks 'Non-modified' Food Label." *Nature* 391 (1998): 828.

Agamben, Giorgio. *Homo Sacer: Sovereign Power and Bare Life.* Stanford: Stanford University Press, 1998.

Agriculture and Environment Biotechnology Commission, *Crops on Trial.* September 2001. www.aebc.gov.uk/aebc/pdf/crops.pdf (visited July 2003).

Aldhous, Peter. "The Biggest Shake-Up for British Science in 30 Years." *Science* 260 (1993): 1419-1420.

____. "Pressure Stepped up on Embryo Research." *Nature* 344 (1990): 691.

____. "Pro-life Actions Backfire." *Nature* 345 (1990): 7.

Allen, Garland E. "Modern Biological Determinism: The Violence Initiative." In *The Practices of Human Genetics*, edited by Michael Fortun and Everett Mendelsohn, pp. 1-23. Dordrecht: Kluwer, 1999.

Alpers, Svetlana. *The Art of Describing: Dutch Art in the Seventeenth Century.* Chicago: University of Chicago Press, 1983.

Anderson, Benedict. *Imagined Communities.* 2nd ed. London: Verso, 1991.

Associated Press. "In U.K. Court Case, Widow Wins Right to Use Spouse's Sperm." *International Herald Tribune*, February 7, 1997, p. 5.

Badaracco, Joseph. *Loading the Dice: A Five Country Study of Vinyl Chloride Regulation.* Cambridge: Harvard University Press, 1985.

Bailey, Ronald. "Brain Drain." *Forbes*, November 27, 1989: 261-262.

Balogh, Brian. *Chain Reaction: Expert Debate and Public Participation in American Commercial Nuclear Power*, 1945-1975. New York: Cambridge University Press, 1991.

Barnes, Barry. *T. S. Kuhn and Social Science.* London: Macmillan, 1982.

Barnes, Julian. *England, England.* London: Picador, 1998.

Bartelson, Jens. *A Genealogy of Sovereignty.* Cambridge: Cambridge University Press, 1995.

Baum, L. Frank. *The Wonderful Wizard of OZ.* Chicago: G. M. Hill, 1900.

Bauman, Zygmunt. *Modernity and Ambivalence.* Ithaca: Cornell University Press, 1991.

Beck, Ulrich. *Risk Society: Towards a New Modernity.* London: Sage, 1992.

476

Beecher, Henry K. "Ethics and Clinical Research," *New England Journal of Medicine* 274 (1966): 1354-1360.

Bell, Daniel. *The Coming of Post-Industrial Society.* London: Heinemann, 1973.

Berenson, Alex, and Nicholas Wade, "A Call for Sharing of Research Causes Gene Stocks to Plunge," *New York Times*, March 15, 2000, p. A1.

Berg, Paul, et al. "Potential Biohazards of Recombinant DNA Molecules," *Science* 185 (1974): 303.

Bernauer, Thomas. *Genes, Trade, and Regulation: The Seeds of Conflict in Food Biotechnology.* Princeton: Princeton University Press, 2003.

Bernstein, Richard. "Europe's Lofty Vision of Unity Meets Headwinds," *New York Times*, December 4, 2003, p. A1.

____. "Letter from Europe: Listen to the Germans: Oh, What a Sorry State We're In." *New York Times*, March 24, 2004, p. A4.

Bierstecker, Thomas and Cynthia Weber, eds. *State Sovereignty as Social Construct.* Cambridge: Cambridge University Press, 1996.

Bijker, Wieber E., Thomas P. Hughes, and Trevor Pinch, eds. *The Social Construction of Technological Systems: New Directions in the Sociology and History of Technology.* Cambridge: MIT Press, 1987.

Bloor, David. *Knowledge and Social Imagery.* Chicago: University of Chicago Press, 1976.

Bohme, Gernot, and Nico Stehr. *The Knowledge Society: The Growing Impact of Scientific Knowledge on Social Relations.* Dordrecht, NL: Reidel, 1986.

Botkin, Daniel. *Discordant Harmonies: A New Ecology for the Twenty-First Century.* Oxford: Oxford University Press, 1990.

Bowker, Geoffrey C., and Susan Leigh Star. *Sorting Things Out: Classification and Its Consequences.* Cambridge: MIT Press, 1999.

Boyle, James. *Shamans, Software, and Spleens: Law and the Constitution of the Information Society.* Cambridge: Harvard University Press, 1996.

Breyer, Stephen G. *Breaking the Vicious Circles: Toward Effective Risk Regulation.* Cambridge: Harvard University Press, 1993.

Brickman, Ronald, Sheila Jasanoff, and Thomas Ilgen. *Controlling Chemicals: The Politics of Regulation in Europe and the United States.* Ithaca: Cornell University Press, 1985.

British Government Panel on Sustainable Development. *Second Report*, January 1996.

Brunner, Eric. "Bovine Somatotropin: A Product in Search of a Market." *Report to the London Food Commission's BST Working Party.* London: London Food Commission, April 1988.

Buckley, Christopher, "Royal Pain: Further Adventures of Rick Renard." *The Atlantic Monthly*, April 2004, pp. 94-106.

Bud, Robert. *The Uses of Life: A History of Biotechnology.* Cambridge: Cambridge University Press, 1993.

Bulger, Ruth E., Elizabeth M. Bobby, and Harvey V. Fineberg, eds., *Society's Choices: Social and Ethical Decision Making in Biomedicine.* Washington, DC: National Academics Press, 1995.

Bullard, Michael. "Unser Mann in der Kommission (Our Main in the EC Commission)." *Natur* 8 (August 1991): 34-35.

Burke, Edmund. *Thoughts on the Present Discontents.* 1770.

Burros, Marian. "U.S. Imposes Standards for Organic-Food Labeling." *New York Times*, December 21, 2000, p. A22.

Buruma, Ian. *Wages of Guild: Memories of War in Germany and Japan.* London: Vintage, 1994.

Busch, Lawrence, et al. *Plants, Power, and Profit: Social, Economic, and Ethical Consequences of the New Biotechnologies.* Oxford: Blackwell, 1991.

Bush, Vannevar. *Science-The Endless Frontier.* Washington, DC: U.S. Government Printing Office, 1945.

Callon, Michel. "Some Elements of a Sociology of Translation: Domestication of the Scallops and Fishermen of St. Brieuc Bay." In *Power, Action, and Belief: A New Sociology of Knowledge?* edited by John Law, pp. 196-233. London: Routledge and Kegan Paul, 1986.

Cambridge Biomedical Consultants. *The Impact of New and Impending Regulations on UK Biotechnology.* Cambridge, 1990.

Camilleri, Joseph, and Jim Falk. *The End of Sovereignty? The Politics of a Shrinking and Fragmenting World.* Aldershot, England: Edward Elgar, 1992.

Campbell, Philip. Editorial Note. *Nature* 416 (2002): 601.

Cantley, Mark F. "Democracy and Biotechnology: Popular Attitudes, Information, Trust and the Public Interest." *Swiss Biotech* 5(5) (1987): 5-15.

____. "The Regulation of Modern Biotechnology: A Historical and European Perspective." In *Biotechnology*, vol. 12 (Legal, Economic and Ethical Dimensions). New York: VCH Weinheim, 1995, chap. 18.

Caplan, Richard, and Ellen Hickey. "Weird Science: The Brave New World of Genetic Enginering." October 21, 2000. http://www.mindfully.org/GE/GE-Weird-Science.htm.

Caplan, Richard, and Skip Spitzer, "Regulation of Genetically Engineered Crops and Foods in the United States," March 2001, p. 3. http://www.gefoodalert.org/library/admin/up loadedfiles/Regulation_of_Genetically_Engineered_Crops_and.htm.

Carson, John. "The Merit of Science and the Science of Merit." In *States of Knowledge: The Co-Production of Science and Social Order*, edited by Sheila Jasanoff, pp. 181-205. London: Routledge, 2004.

Carson, Rachel. *Silent Spring*. New York: Houghton Mifflin, 1962.

"A Chancellor's Dilemma." *The Economist*, January 31, 1998: 54-55.

Christopher, John. *The Death of Grass*. London: Michael Joseph, 1956.

Cobb, Roger W., and Charles D. Elder. *Participation in American Politics: The Dynamics of Agenda-Building*. Baltimore: Johns Hopkins University Press, 1972.

Cohn, Stanley N., et al. "Construction of Biologically Functional Bacterial Plasmids in Vitro." *Proceedings of the National Academy of Sciences* 70 (1973): 3240-3244.

Colley, Linda. *Britons: Forging the Nation 1707-1807*. New Haven: Yale University Press, 1992.

Collins, H. M. "The Place of the 'Core Set' in Modern Science: Social Contingency with Methodological Propriety in Science." *History of Science* 19 (1981): 6-19.

____. *Changing Order: Replication and Induction in Scientific Practice*. London: Sage Publications, 1985.

Commission of the European Communities. *Eurofutures: The Challenges of Innovation, The FAST Report*. London: Butterworths, 1984.

____. *European Governance: A White Paper*, COM (2001) 428, Brussels, July 27, 2001. http://europa.eu.int/eur-lex/en/com/cnc/2001/com2001_0428en01.pdf.

Comtex. "Greenpeace Dumps GM Corn at Whitman's EPA Door." February 8, 2001, Environmental News Network. http://www.enn.com/news/wirestories/2001/02/02 082001/greenpeace_41881.asp.

Connor, Steve. "Gene Scientist 'Sacked without Warning.'" *Independent*, March 18, 1994, p. 5.

"Controversial Proposal on Fourth Criterion in Commission Pipeline." *European Report*, January 26, 1991: 3-5.

Cook-Deegan, Robert M. "The Human Genome Project." In *Biomedical Politics*, edited by Kathi E. Hanna, pp. 148-149. Washington, DC: National Academy Press, 1991.

Crawford, Mark. "California Field Test Goes Forward." *Science* 236, 4801 (1987): 511.

____. "RAC Recommends Easing Some Recombinant DNA Guidelines." *Science* 235, 4790 (1987): 740-741.

Crichton, Michael. *Jurassic Park: A Novel*. New York: Knopf, 1990.

Crick, Francis H. C. *What Mad Pursuit: A Personal View of Scientific Discovery*. London: Weidenfeld and Nicolson, 1989.

Cronon, William, ed., *Uncommon Ground: Rethinking the Human Place in Nature*. New York: Norton, 1996.

Cussins, Charis. "Ontological Choreography: Agency through Objectification in Infertility Clinics." *Social Studies of Science* 26 (1996): 575-610.

Cvetkovich, Ann, and Douglas Kellner, eds. *Articulating the Global and Local: Globalization and Cultural Studies*. Boulder: Westview Press, 1997.

Daimler-Chrysler Special Report. "Moral Responsibility: Confronting the Past." http://

479

www.daimlerchrysler.com/index_e.htm?/specials/zwangs/zwarb3_e.htm.

Dashefsky, Richard. "The High Road to Success: How Investing in Ethics Enhances Corporate Objectives." *Journal of Biolaw and Business* 6, 3 (2003): 3-7.

Dawkins, Richard. "Charles: Right or Wrong about Science?" Focus Special, *The Observer*, May 21, 2000, p. 21.

de Solla Price, Derek. *Little Science, Big Science.* New York: Columbia University Press, 1963.

Dennis, Michael A. "Reconstructing Sociotechnical Order: Vannevar Bush and US Science Policy." In *States of Knowledge: The Co-Production of Science and Social Order*, edited by Sheila Jasanoff, 225-253. London: Routledge, 2004.

Department of Health, Ministry of Agriculture, Fisheries and Food, 1989. *Report of the Working Party on Bovine Spongiform Encephalopathy* (Southwood Committee Report).

Department of Health and Social Security. *Human Fertilisation and Embryology: A Framework for Legislation* (Cmnd. 259). London: HMSO, 1987.

Dickman, Steven. "Germany Edges Towards Law." *Nature* 339, 6223 (1989): 327.

____. "New Law Needs Changes Made." *Nature* 343 (1990): 298.

Dickson, David. "British Government Rekindles Debate n Embryo Research." *Science* 238 (1987): 1348.

____. "German Firms Move into Biotechnology." *Science* 218 (1982): 1287-1289.

Dixon, Bernard. "Who's Who in European Antibiotech." *Bio/Technology* 11 (1993): 44-48.

Douglas, Mary. *Purity and Danger: An Analysis of Concepts of Pollution and Taboo.* London: Routledge and Kegan Paul, 1966.

____. *How Institutions Think.* Syracuse, NY: Syracuse University Press, 1986.

Drayton, Richard. *Nature's Government: Science, Imperial Britain, and the Improvement of the World.* New Haven: Yale University Press, 2000.

Duster, Troy. *Backdoor to Eugenics.* New York: Routledge, 1990.

Earnshaw, David, and David Judge. *The European Parliament.* Houndmills, Hamps.: Palgrave Macmillan, 2003.

Eder, Klaus. "Sustainability as a Discursive Device for Mobilizing European Publics." In *Environmental Politics in Southern Europe*, edited by Klaus Eder and Maria Kousis, pp. 25-52. Dordrecht: Kluwer, 2001.

____. "Zur Transformation nationalstaatlicher Offentlichkeit in Europa: von der Sprachgemeinschaft zur inspezifischen Kommunikationsgemeinschaft." *Berliner Journal für Soziologie* 10, 2 (2000): 167-184.

Eder, Klaus, and Cathleen Kantner, "Transnationale Resonanzstrukturen in Europa: Eine Kritik der Rede von Offentlichkeitsdefizit." In *Die Europäisierung nationaler Gasellschaften*, edited by Maurizio Bach., pp. 306-331. Wiesbaden: Westdeutscher Verlag, 2000.

480

Eder, Klaus, and Maria Kousis, eds. *Environmental Politics in Southern Europe*. Dordrecht: Kluwer, 2001.

Eisenberg, Rebecca. "Genes, Patents, and Product Development." *Science* 257 (1992): 903-908. "Elfter Bericht nach Inkrafttreten des Gentechnikgesetzes (GenTG) für den Zeitraum 1.1.2000 bis 31.12.2000."

Bundesgesundheitsblatt-Gesundheitsforschung-Gesundheitsschutz 9 (2001): 929-941.

Ellul, Jacques. *The Technological Society*. New York: Vintage Books, 1964.

Enserink, Martin. "Preliminary Data Touch off Genetic Food Fight." *Science* 283 (1999): 1094-1095.

Epstein, Steven. *Impure Science: AIDS, Activism, and the Politics of Knowledge*. Berkeley: University of California Press, 1996.

Ernst and Young. *Eighth Annual European Life Sciences Report 2001*. London: Ernst and Young International, 2001.

Escudier, Alexandre, Brigitte Sauzay, and Rudolf von Thadden, eds. *Gedenken im Zweispalt: Konfilktlinien europäischen Erinnerns*. Göttingen: Wallstein, 2001.

European Commission. *The EU-US Task Force on Biotechnology Research-Mutual Understanding: A Decade of Collaboration 1990-2000*. Brussels: European Communities, 2000.

_____. *Final Report of a Mission Carried out in Germany from 12 March 2001 to 16 March 2001 in Order to Evaluate Official Control Systems on Foods Consisting of or Produced from Genetically Modified Organisms* (GMOs., DG(DANGO)/3233/2001-MR final (2001)).

_____. "Promoting the Competitive Environment for the Industrial Activies Based on Biotechnology within the Community." SEC(91)629 final, Brussels, April 19, 1991.

_____. Quality of Life Programme, Eurobarometer 52.1-The Europeans and Biotechnology. http://europa.eu.int/comm/research/quality-of-life/eurobarometer.html.

European Parliament. Scientific and Technological Options Assessment, Bioethics in Europe. Final Report, Luxembourg, October 1992, pp. 100-106.

Evans, Peter, Dietrich Rueschemeyer, and Theda Skocpol, eds., *Bringing the State Back In*. Cambridge: Cambridge University Press, 1985.

Ezrahi, Yaron. *The Descent of Icarus: Science and the Transformation of Contemporary Democracy*. Cambridge: Harvard University Press, 1990.

_____. "Science and Political Imagination in Contemporary Democracies," In *States ok Knowledge: The Co-Production of Science and Social Order*, edited by Sheila Jasanoff. London: Routledge, 2004.

_____. "Science and Utopia in Late 20th Century Pluralist Democracy," In *Nineteen Eighty-four: Science between Utopia and Dystopia. Sociology of the Sciences Yearbook*. Vol. 8, edited by Everett Mendelsohn and Helga Nowotny, pp. 273-290. Dordrecht: Reidel, 1984.

Ezrahi, Yaron, Everett Mendelsohn, and Howard Segal, eds., *Technology, Pessimism, and Postmodernism*. Dordrecht: Kluwer, 1994.

Falk, Richard. *This Endangered Planet: Prospects and Protocols for Human Survival*. New York: Vintage Books, 1971.

Fallows, James, "The Political Scientist." *New Yorker*, June 7, 1999, pp. 66-75.

Featherstone, Mike. *Undoing Culture: Globalization, Postmodernism and Identity*. London: Sage Publications, 1995.

Food and Drink Federation, "Food for Our Future." Feedback. http://www.foodfuture. org.uk/answer.htm.

Foucault, Michel. *The Archaelogy of Knowledge*. New York: Harper and Row, 1976.

_____. *Discipline and Punish: The Birth of the Prison*. New York: Random House, 1979.

_____. *The History of Sexuality*. New York: Pantheon, 1978.

_____. *Madness and Civilization: A History of Insanity in the Age of Reason*. New York: Vintage Books, 1973.

_____. *The Order of Things: An Archaeology of the Human Sciences*. New York: Pantheon, 1970.

_____. *Power/Knowledge: Selected Interviews and Other Writings 1972-1977*. New York: Pantheon, 1980.

Frederickson, Donald S. "Asilomar and Recombinant DNA: The End of the Beginning." In *Biomedical Politics*, edited by Kathi E. Hanna, pp. 258-292. Washington, DC: National Academy Press, 1991.

_____. *The Recombinant DNA Controversy: A Memoir: Science, Politics, and the Public Interest 1974-1981*. Washington, DC: ASM Press, 2001.

Friedland, Roger, and Robert A. Alford. "Bringing Society Back In: Symbols, Practices, and Institutional Contradictions." In *The New Institutionalism in Organizational Analysis*, edited by Walter W. Powell and Paul J. DiMaggio, p. 251. Chicago: University of Chicago Press, 1991.

Fukuyama, Francis. *The End of History and the Last Man*. New York: Penguin, 1992.

_____. *Our Posthuman Future. Consequences of the Biotechnology Revolution*. New York: Picador, 2002.

Fuller, Steve. *The Governance of Science*. Buckingham, UK: Open University Press, 2000.

Funtowicz, Silvio O., and Jerome R. Ravetz. "Three Types of Risk Assessment and the Emergence of Post Normal Science." In *Social Theories of Risk*, edited by Sheldon Krimsky and David Golding, pp. 251-273. London: Praeger, 1992.

GAEIB. "The Ethical Aspects of the 5th Research Framework Programme." Opinion No. 10, December 11, 1997. http://europa.eu.int/comm/european_group_ethics/gaieb/en/ opinion10.pdf.

Gaskell, George, Nick Allum, and Sally Stares. "Europeans and Biotechnology in

2002." Report to the EC Diretorate General for Research, 2nd edition, March 21, 2003.

Geertz, Clifford. *Available Light: Anthropological Reflections on Philosophical Topics.* Princeton: Princeton University Press, 2000.

____. *The Interpretation of Cultures: Selected Essays.* New York: Basic Books, 1973.

Gen-Ethischer Informationsdienst. *Collected Edition.* Issues 0-30, Berlin (1987).

Gerhards, Jürgen. "Westeuropäische Intergration und die Schwierigkeiten der Entstehung einer Europäischen Öffentlichkeit." *Festschrift für Soziologie* 22 (1993): 96-110.

"German GM Wheat Trials Approved but Site Sabotaged." Hamburg, April 11, 2003. http://www.planetark.org/dailynewsstory.cfm/newsid/20444/newsDate/11-Apr-2003 /story.htm.

Gersema, Emily. "FDA Opts Against Further Biotech Review." *Associated Press Online*, June 17, 2003.

Gerth, Hans H., and C. Wright Mills, eds. *From Max Weber: Essays in Sociology.* New York: Oxford University Press, 1946.

Gibbons, Ann. "Biotech Pipeline: Bottleneck Ahead." *Science* 254 (1991): 369-370.

____. "Can David Kessler Revive the FDA?" *Science* 252 (1991): 200-201.

____. "Kessler Gives FDA a Facelift." *Science* 255 (1992): 1350.

Gibbons, Michaels, et al. *The New Production of Knowledge: The Dynamics of Science and Research in Contemporary Societies.* London: Sage, 1994.

Gieryn, Thomas, "Boundaries of Science." In *The Handbook of Science and Technology Studies*, edited by Sheila Jasanoff et al., pp. 393-456. Thousand Oaks, CA: Sage, 1995.

____. *Cultural Boundaries of Science: Credibility on the Line.* Chicago: University of Chicago Press, 1999.

Gilbert, G. Nigel, and Michael Mulkay. *Opening Pandora's Box: A Sociological Analysis of Scientists' Discourse.* Cambridge: Cambridge University Press, 1984.

Gillespie, Brendan, Dave Eva, and Ron Johnston. "Carcinogenic Risk Assessment in the United States and Great Britain." *Social Studies of Science* 9 (1979): 265-301.

Glickman, Dan, and Vin Weber. "Frankenfood is Here to Stay. Let's Talk." *International Herald Tribune*, July 1, 2003, p. 9.

Glover, Jonathan. *What Sort of People Should There Be? Genetic Engineering, Brain Control and Their Impact on Our Future World.* Middlesex, UK: Penguin, 1984.

Goffman, Erving. *Frame Analysis: An Essay on the Organization of Experience.* Cambridge: Harvard University Press, 1974.

Goldhagen, Daniel J. *Hitler's Willing Executioners: Ordinary Germans and the Holocaust.* New York: Vintage, 1997.

Goldmann, Kjell. *Transforming the European Nation-State.* London: Sage, 2001.

Gonçalves, Maria Eduarda. "The Importance of Being European: The Science and Politics of BSE in Portugal." *Science, Technology, and Human Values* 25, 4 (2000): 417-448.

Gottweis, Herbert. *Governing Molecules: The Discursive Politics of Genetic Engineering in Europe and the United States.* Cambridge: MIT Press, 1998.

Grant, Linda. "Yuk Factor or SPUC Factor?" *Independent on Sunday,* July 17, 1994, p. 22.

Greenberg, Daniel S. *Science, Money, and Politics: Political Triumph and Ethical Erosion.* Chicago: University of Chicago Press, 2001.

Grobstein, Clifford. *A Double Image of the Double Helix: The Recombinant DNA Debate.* San Francisco: Freeman, 1979.

Grove-White, Robin. "New Wine, Old Bottles? Personal Reflections on the New Biotechnology Commissions." *Political Quarterly* 72, 4 (October 2001): 466-472.

Grünen, Die. *Erklärung zur Gentechnologie und zur Fortpflanzungs- und Gentechnik am Menschen.* Hagen, February 15-16, 1986.

Gusfield, Joseph. *The Culture of Public Problems: Drinking-Driving and the Symbolic Order.* Chicago: University of Chicago Press, 1981.

Guston, David. *Between Politics and Science: Assuring the Integrity and Productivity of Research.* New York: Cambridge University Press, 2000.

———. "Stabilizing the Boundary between U.S. Politics and Science." *Social Studies of Science* 29 (1999): 87-112.

Haas, Peter M., Robert O. Keohane, and Marc A. Levy, eds. *Institutions for the Earth: Sources of Effective International Environmental Protection.* Cambridge: MIT Press, 1993.

Habermas, Jürgen. *The Future of Human Nature.* Cambridge: Polity, 2003.

———. *Legitimation Crisis.* Boston: Beacon Press, 1975.

Hacking, Ian. *Representing and Intervening: Introductory Topics in the Philosophy of Natural Science.* Cambridge: Cambridge University Press, 1983.

———. *Rewriting the Soul: Multiple Personality and the Sciences of Memory.* Princeton: Princeton University Press, 1995.

———. *The Social Construction of What?* Cambridge: Harvard University Press, 1999.

———. *The Taming of Chance.* Cambridge: Cambridge University Press, 1990.

———. "World-Making by Kind-Making: Child Abuse for Example." In *How Classification Works: Nelson Goodman among the Social Sciences,* edited by mary Douglas and David Hull, pp. 180-238. Edinburgh: Edinburgh University Press, 1992.

Hajer, Maarten. *The Politics of Environmental Discourse.* Oxford: Oxford University Press, 1995.

Haraway, Donna. *Primate Visions: Gender, Race, and Nature in the World of Modern Science.* New York: Routledge, 1989.

———. *Simians, Cyborgs, and Women: The Reinvention of Nature.* New York: Routledge, Chapman, and Hall, 1991.

Hardt, Michael, and Antonio Negri. *Empire.* Cambridge: Harvard University Press, 2000.

Hart, David M. *Forged Consensus: Science, Technology, and Economic Policy in the United States, 1921-1953.* Princeton: Princeton University Press, 1998.

Hartouni, Valerie. "Breached Birth: Anna Johnson and the Reproduction of Raced Bodies." In *Cultural Conceptions: On Reproductive Technologies and the Remaking of Life*, pp. 85-98. Minneapolis: University of Minnesota Press, 1997.

Heim, Susan. "Research for Autarky: The Contribution of Scientists to Nazi Rule in Germany." Max-Plank Institute for the History of Science, Berlin, 2001.

Heller, Michael A., and Rebecca Eisenberg. "Can Patents Deter Innovation? The Anticommons in Biomedical Research." *Science* 280, 5364 (1998): 698-791.

Henderson, Jennifer A., and John J. Smith. "Academia, Industry, and the Bahy-Dole Act: An Implied Duty to Commercialize." http://www.cimit.org/coi_part3.pdf.

Hessler, Uwe. "Schroeder's Reluctant Cabinet to Allow GMO Foods." Deutsche Welle, Germany. http://www.gene.ch/genet/2004/Feb/msg00061.html.

Hilgartner, Stephen. *Science on Stage: Expert Advice as Public Drama.* Stanford: Stanford University Press, 2000.

Hofschneider, Peter-Hans. "Grundlagenforschung und Industrie in Deutschland—warnendes Beispiel Gentechnologie." *Futura* (February 1996): 104-109.

Hord, Bill. "The Road Back: Prodigene and Other Biotech Companies Are Moving Ahead in an Environment of Increasing Fear of Crop Contamination." *Omaha World Herald*, January 19, 2003, p. 1d.

House of Lords. *Stem Cell Research—Report.* http://www.parliament.thestationery-office. co.uk/pa/ld200102/ldselect/ldstem/83/8301.htm.

Hunt, Bruce J. "Michael Faraday, Cable Telegraphy, and the Rise of Field Theory." *History of Technology* 13 (1991): 1-19.

Hutton, Will, and Anthony Giddens, eds. *Global Capitalism.* New York: The New York Press, 2000.

Huxley, Aldous. *Brave New World: A Novel.* London: Chatto and Windus, 1932.

"Innovation and Competitiveness in European Biotechnology." *Enterprise Papers* no. 7, Eur-Op catalogus no. NB-40-01-690-EN-C. (2002).

Irwin, Alan, and Brian Wynne, eds. *Misunderstanding Science? The Public Reconstruction of Science and Technology.* Cambridge: Cambridge University Press, 1996.

Jasanoff, Sheila, "Acceptable Evidence in a Pluralistic Society." In *Acceptable Evidence: Science and Values in Hazard Management*, edited by rachelle Hollander and Deborah Mayo, pp. 29-47. New York: Oxford University Press, 1991.

——. "Beyond Epistemology: Relativism and Engagement in the Politics of Science." *Social Studies of Science* 26, 2 (1996): 393-418.

——. "Citizens at Risk: Cultures of Modernity in Europe and the U.S." *Science as Culture*, 11, 3 (2002): 363-380.

_____. "Civilization and Madness: The Great BSE Scare of 1996." *Public Understanding of Science* 6 (1997): 221-232.

_____. "In a Constitutional Moment: Science and Social Order at the Millennium." In *Social Studies of Science and Technology: Looking Back, Ahead*, edited by Bernward Joerges and Helga Nowotny, pp. 155-180. Dordrecht: Kluwer, 2003.

_____. "Cultural Aspects of Risk Assessment in Britain and the United States." In *The Social and Cultural Construction of Risk: Essays on Risk Selection and Perception*, edited by Branden B. Johnson and Vincent T. Covello, pp. 359-397. Dordrecht: Reidel, 1987.

_____. "The Eye of Everyman: Witnessing DNA in the Simpson Trial." *Social Studies of Science* 28, 5-6 (1998): 713-740.

_____. *The Fifth Branch: Science Advisers as Policymakers*. Cambridge: Harvard University Press, 1990.

_____. "Image and Imagination: The Formation of Global Environmental Consciousness." In *Changing the Atmosphere: Expert Knowledge and Environmental Governance*, edited by Paul Edwards and Clark Miller, pp. 309-337. Cambridge: MIT Press, 2001.

_____, ed. *Learning from Disaster: Risk Management after Bhopal*. Philadelphia: University of Pennsylvania Press, 1994.

_____. "Ordering Life: Law and the Normalization of Biotechnology." *Politeia* 17, 62 (2001): 34-50.

_____. "Product, Process, or Programme: Three Cultures and the Regulation of Biotechnology." In *Resistance to New Technology,* edited by Martin Bauer, pp. 311-331. Cambridge: Cambridge University Press, 1995.

_____. *Risk Management and Political Cultures*. New York: Russell Sage Foundation, 1986.

_____. "Science and the Statistical Victim: Modernizing Knowledge in Breast Implant Litigation." *Social Studies of Science* 32, 1 (2002): 37-70.

_____. *Science at the Bar: Law, Science, and Technology in America*. Cambridge: Harvard University Press, 1995.

_____. "Science, Politics, and the Renegotiation of Expertise at EPA." *Osiris* 7 (1991): 195-217.

_____. *States of Knowledge: The Co-Production of Science and Social Order*. London: Routledge, 2004.

_____. "Technological Innovation in a Corporatist State: The Case of Biotechnology in the Federal Republic of Germany." *Research Policy* 14 (1985): 25-38.

_____. "Technological Risk and Cultures of Rationality." In *Incorporating Science, Economics, and Sociology in Developing Council*, pp. 65-84. Washington, DC: National Academy Press, 2000.

Jasanoff, Sheila, and Brian Wynne. "Science and Decisionmaking." In *Human Choice and Climate Change*, edited by Steve Rayner and Elizabeth L. Malone, pp.

1-87. Washington, DC: Battelle Press, 1998.

Jasanoff, Sheila, and Marybeth Long Martello, eds. *Earthly Politics: Local and Global in Environmental Governance.* Cambridge: MIT Press, 2004.

Jasanoff, Sheila, et al., eds. *Handbook of Science and Technology Studies.* Thousand Oaks, CA: Sage Publications, 1995.

Jenkins, Simon. "Face it, the last thing we need is more scientists." *Times Higher Supplement,* September 11, 1998, pp. 19-20.

———. "This Constitutional Cloud-Cuckoo Land." *Times of London,* January 24, 2001, p. F16.

Joerges, Christian. "'Economic Order'—'Technical Realisation'—'the Hour of the Executive': Some Legal Historical Observations on the Commission White Paper on European Governance." In *Mountain or Molehill? A Critical Appraisal of the Commission White Paper on Governance,* edited by Christian Joerges, Yves Mény, and J.H.H. Weiler, pp. 128-129. Florence: European University Institution, 2001.

Joy, Bill. "Why the Future Doesn't Need Us." *Wired* 8.04 (April 2000): 1-11.

Judson, Horace F. *The Eighth Day of Creation.* New York: Simon and Schuster, 1979.

Kaczynski, Theodore. *The Unabomber Manifesto.* San Francisco: Jolly Roger Press, 1995.

Kagan, Robert. *Of Paradise and Power: America and Europe in the New World Order.* New York: Knopf, 2003.

Kahn, Patricia. "Germany's Gene Law Begins to Bite." *Science* 255 (1992): 524-526.

Kass, Leon. "The Wisdom of Repugnance." *New Republic* (June 2, 1997): 17-26.

Kaufman, Marc. "The Biotech Corn Debate Grows Hot in Mexico." *Washington Post,* March 25, 2002, p. A9.

Kay, Lily E. *The Molecular Vision of Life: Caltech, the Rockefeller Foundation, and the Rise of the New Biology.* New York: Oxford University Press, 1993.

———. *Who Wrote the Book of Life: A History of the Genetic Code.* Stanford: Stanford University Press, 2000.

Keller, Evelyn Fox. *The Century of the Gene.* Cambridge, MA: Harvard Univeristy Press, 2000.

———. *A Feeling for the Organism: The Life and Work of Barbara McClintock,* San Francisco: W. H. Freeman, 1983.

Keller, Rolf, Hans-Ludwig Günther, and Peter Kaiser, *Embryonenschutzgesetz,* Stuttgart: Kohlhammer, 1992.

Kelman, Stephen. *Regulating America, Regulating Sweden: A Comparative Study of Occupational Safety and Health Policy.* Cambridge: MIT Press, 1981.

Keohane, Robert O., and Joseph S. Nye, Jr. *Power and Interdependence.* New York: Longman, 2001.

Kessler, David A., et al. "The Safety of Foods Developed by Biotechnology." *Science* 256 (1992): 1747-1749, 1832.

Kevles, Daniel J. *The Baltimore Case: A Trial of Politics, Science, and Character.* New York: W. W. Norton, 1998.

———. *In the Name of Eugenics: Genetics and the Uses of Human Heredity.* Berkeley: University of California Press, 1985.

Kingdon, John W. *Agendas, Alternatives, and Public Policies.* 2nd ed. New York: Longman's, 1995.

Kitcher, Philip. *Science, Truth, and Democracy.* Oxford: Oxford University Press, 2001.

Kleinman, Arthur. *Writing at the Margin: Discourse Between Anthropology and Medicine.* Berkeley: University of California Press, 1996.

Kleinman, Arthur, Renee C. Fox, and Allan M. Brandt, eds. *Bioethics and Beyond.* Daedalus 128, 4 (1999).

Klintman, Mikael. "Arguments Surrounding Organic and Genetically Modified Food Labelling: A Few Comparisons." *Journal of Environmental Policy and Planning* 4 (2002): 247-259.

Köhler, Georges, and César Milstein. "Continuous Cultures of Fused Cells Secreting Antibody of Predefined Specificity." *Nature* 256 (1975): 495-497.

Kohler-Koch, Beate. "The Commission White Paper and the Improvement of European Governance." In *Mountain or Molehill? A Critical Appraisal of the Commission White paper on Governance*, edited by Christian Joerges, Yves Mény, and J.H.H. Weiler, pp. 177-184. Florence: European University Institute, 2001.

Kolata, Gina. "How Safe Are Engineered Organisms?" *Science* 229, 4708 (1985): 34-35.

Kolinsky, Eva, ed. *The Greens in West Germany: Organisation and Policy Making.* Oxford: Berg, 1989.

Kopp, Vincent J. "Henry K. Beecher, M.D.: Contrarian (1904-1976)." *American Society of Anesthesiologists Newsletter* 63(9) (September 1999).

Krimsky, Sheldon. *Genetic Alchemy: The Social History of the Recombinant DNA Controversy.* Cambridge: MIT Press, 1982.

———. *Science in the Private Interest: How the Lure of Profits Has Corrupted the Virtue of Biomedical Research.* Lanham, MD: Rowman-Littlefield, 2003.

Krimsky, Sheldon, and Alonso Plough, "The Release of Genetically Engineered Organisms into the Environment: The Case of Ice Minus." In *Environmental Hazards: Communicating Risks as a Social Process*, pp. 75-110. Dover, MA: Auburn House Publishing Company, 1988.

Kuhn, Thomas. *The Structure of Scientific Revolutions.* Chicago: University of Chicago Press, 1962.

Lake, Gordon. "Scientific Uncertainty and Political Regulation: European Legislation on the Contained Use and Deliberate Release of Genetically Modified (Micro)organisms." *Project Appraisal* 6, 1 (March 1991): 7-15.

Landy, Marc K., Marc J. Roberts, and Stephen R. Thomas. *The Environmental Protection Agency: Asking the Wrong Questions from Nixon to Clinton*. New York: Oxford University Press, 1994.

Latour, Bruno. "Drawing Things Together." In *Representation in Scientific Practice*, edited by Michael Lynch and Steve Woolgar. Cambridge: MIT Press, 1990.

____. *Science in Action: How to Follow Scientists and Engineers through Society*. Cambridge: Harvard University Press, 1987.

____. *We Have Never Been Modern*. Cambridge: Harvard University Press, 1993.

Laubicher, Manfred D. "Frankenstein in the Land of Dichter and Denker." *Science* 286 (1999): 1859-1860.

Law, John, and John Hassard. *Actor Network Theory and After. Sociological Review Monographs*. Oxford: Blackwell, 1999.

Leicht, Robert. "Ein Rat der Anständigen," *Die Zeit*, May 2, 2001.

Leopold, Aldo. *Game Management*. New York: Scribner's, 1933.

Lepkowski, Wil. "Biotech's OK Corral." *Science and Policy Perspectives* 13, July 9, 2002. http:// www.cspo.org/s&pp/060909printer.html.

Levidow, Les. "The Oxford Baculovirus Controversy—Safely Testing Safety?" *Bioscience* 8, 45 (1995): 545-551.

Levidow, Les, and Joyce Tait. "The Greening of Biotechnology: GMOs as Environment-Friendly Products." *Science and Public Policy* 18, 5 (1991): 271-280.

Levidow, Les, et al. "Bounding the Risk Assessment of a Herbicide-Tolerant Crop." In *Coping with Deliberate Release: The Limits of Risk Assessment*, edited by Ad van Dommelen, pp. 81-102. Tilburg, NL: International Centre for Human Rights, 1996.

Leberatore, Angela. *The Management of Uncertainty: Learning from Chernobyl*. Amsterdam: Gordon and Breach, 1999.

Lilliston, Ben, and Ronnie Cummins. "Organic vs 'Organic': The Corruption of a Label." *The Ecologists* 28, 4 (July/August 1998): 195-199.

Lin, William, Gregory K. Price, and Edward Allen. "StarLink™: Where No Cry9C Corn Should Have Gone Before." *Choices* (Winter 2001-2002): 31-34.

Lippmann, Walter. *The Phantom Public*. New Brunswick: Transaction Publishers, 1993 [1925].

Litfin, Karen. *Ozone Discourses: Science and Politics in Global Environmental Cooperation*. New York: Columbia University Press, 1994.

Losey, John E., Linda S. Rayor, and Maureen E. Carter. "Transgenic Pollen Harms Monarch Larvae." *Nature* 299 (1999): 214.

McAdam, Doug, Sidney Tarrow and Charles Tilly. *Dynamics of Contention*. Cambridge: Cambridge University Press, 2001.

Mackenzie, Donald. *Inventing Accuracy: A Historical Sociology of Nuclear Missile Guidance*.

Cambridge: MIT Press, 1990.

McLaren, Anne. "IVF: Regulation or Prohibition?" *Nature* 342 (1989): 469-470.

MacLeod, Roy. "Science and Democracy: Historical Reflections on Present Discontents," *Minerva* 35 (1997): 369-384.

McNaghten, Phil. "Animals in their Nature," *Sociology* 38, 3 (2004): 533-551.

Magnette, Paul. "European Governance and Civic Participation: Can the European Union Be Politicised?" In *Mountain or Molehill? A Critical Appraisal of the Commission White Pater on Governance*, edited by Christian Joerges, Yves Mény, and J.H.H. Weiler, pp. 24-25. Florence: European University Institute, 2001.

Maier, Charles S. *The Unmasterable Past: History, Holocaust, and German National Identity.* Cambridge: Harvard University Press, 1988.

Marcus, George E. *Ethnography Through Thick and Thin.* Princeton: Princeton University Press, 1998.

Marks, Katy. "Widow Wins Fight to Bear Child of Dead Husband." *The Daily Telegraph*, February 7, 1997, p. 6.

Marris, Claire, et al. *Public Perceptions of Agricultural Biotechnologies in Europe (PABE)*, Final Report of the PABE Research Project, Contract number: FAIR CT98-3844 (DG12—SSMI), Lancaster University, December 2001.

Marshall, Eliot. "The Genome Program's Conscience." *Science* 274 (1996): 488-490.

____. "NIMH to Screen Studies for Science and Human Risks." *Science* 283 (1999): 464-465.

Marx, Leo. "The Idea of 'Technology' and Postmodern Pessimism." In *Does Technology Drive History: The Dilemma of Technological Determinism*, edited by Merritt Roe Smith and Leo Marx, pp. 237-257. Cambridge: MIT Press, 1994.

Masood, Ehsan. "Gag on Food Scientists Lifted as Gene Modification Row Hots Up." *Nature* 397 (1999): 547.

May, Robert M. "The Scientific Wealth of Nations." *Science* 275 (1997): 793-796.

Medrano, Juan Díez. *Framing Europe: Attitudes toward European Integration in Germany, Spain, and the United Kingdom.* Princeton: Princeton University Press, 2003.

Merton, Robert K. "The Normative Structure of Science." In *The Sociology of Science: Theoretical and Empirical Investigations*, edited by Norman W. Storer, pp. 267-278. Chicago: University of Chicago Press, 1973.

Meyer, Peter. "Regulations for the Release of Transgenic Plants According to the German Gene Act and Their Consequences for Basic Research." *AgBiotech News and Information* 3, 6 (1991): 999-1001.

Meyer, Peter, et al. "Endogenous and Environmental Factors Influence 35S Promoter Methylation of a Maize A1 Gene Construct in Transgenic Petunia and Its Color Phenotype." *Molecular and General Genetics* 231 (1991): 345-352.

Meyer, Peter, et al. "A New Petunia Flower Colour Generated by Transformation of a Mutant with a Maize Gene." *Nature* 330 (1987): 677-678.

Miller, Henry I. "The Big Fed Freeze." *National Review On Line*, April 4, 2002. http://www. nationalreview.com/comment/comment-miller040402.asp.

Miller, Henry I., et al. "Risk-Based Oversight of Experiments in the Environment." *Science* 250 (1990): 490-491.

Monbiot, George. "The Fake Persuaders: Corporations are inventing people to rubbish their opponents on the internet." *The Guardian*, May 14, 2002, p. 15.

Monsanto, "Bt Corn and the Monarch Butterfly," Biotech Knowledge Center. http://www. biotechknowledge.monsanto.com/biotech/knowcenter.nsf/f055f4dc645999ad86256ac 4000e6b68/0231086dd38f9a3d8625af6005433ae?OpenDocument.

Moravcsik, Andrew. "If It Ain't Broke, Don't Fix It." *Newsweek*, March 4, 2002, p. 15.

Morris, James. *Pax Britannica: The Climax of an Empire.* New York: Harcourt, Brace and World, 1968.

Mukerji, Chandra. *A Fragile Power: Scientists and the State.* Princeton: Princeton University Press, 1989.

Mulkay, Michael. *The Embryo Research Debate: Science and the Politics of Reproduction.* Cambridge: Cambridge University Press, 1997.

____. "The Triumph of the Pre-Embryo: Interpretations of the Human Embryo in Parliamentary Debates over Embryo Research." *Social Studies of Science* 24 (1994): 611-639.

Müller-Hill, Benno. *Murderous Science: Elimination by Scientific Selection of Jews, Gypsies, and Others in Germany, 1933-1945.* Cold Spring Harber: Cold Spring Harber Press, 1998.

____. *Tödliche Wissenschaft: die Aussonderung von Juden, Zigeunern und Geisteskranken 1933-1945.* Reinbek Bei Hamburg: Rowohlt, 1984.

Murphy, Walter F., and Joseph Tanenhaus. *Comparative Constitutional Law Cases and Commentaries.* New York: St. Martin's Press, 1977.

Murray, Thomas. "The Recombinant DNA Controversy: A Memoir: Science, Politics, and the Public Interest 1974-1981." *Journal of the American Medical Association* 286 (2001): 2331-2332.

National Research Council. *Field Testing Genetically Modified Organisms—Framework for Decisions.* Washington, DC: National Academy Press, 1989.

____. *Mapping and Sequencing the Human Genome.* Washington, DC: National Academy Press, 1988.

National Science Foundation, *Science and Engineering Indicator* 2002. http://www.nsf.gov/ sbe/srs/seind02.

NBAC. *Ethical Issues in Stem Cell Research.* Washington, DC, September 1999.

Nelkin, Dorothy, and Susan M. Lindee. *The DNA Mystique: The Gene as a Cultural Icon.* New

York: Freeman, 1995.

Nelkin, Dorothy, and Michael Pollak. *The Atom Besieged: Extraparliamentary Dissent in France and Germany*. Cambridge: MIT Press, 1981.

Nowotny, Helga, "Knowledge for Certainty: Poverty, Welfare Institutions and the Institutionalization of Social Science." *Discourses on Society: The Shaping of the Social Science Disciplines* 15 (1990): 23-41.

Nowotny, Helga, Peter Scott, and Michael Gibbons. *Re-Thinking Science: Knowledge and the Public in an Age of Uncertainty*. Cambridge: Polity, 2001.

Nuffield Council on Bioethics. *Annual Report 1991-1992*. London: Nuffield Foundation, 1992.

____. *The Ethics of Patenting DNA*. London: Nuffield Foundation, 2002.

____. *Genetically Modified Crops: The Ethical and Social Issues*. London: Nuffield Foundation, 1999.

Nye, Joseph S., Jf., and John D. Donahue, eds. *Governance in a Globalizing World*. Washington, DC: Brookings Institution Press, 2000.

Obeyesekere, Gananath. *The Apotheosis of Captain Cook: European Mythmaking in the Pacific*. Princeton: Princeton University Press, 1992.

Palevitz, Barry A., and Ricki Lewis. "Perspective: Fears or Facts? A Viewpoint on GM Crops." *The Scientist* 13, 20 (October 11, 1999): 10.

Parens, Erik. "Respect for the RAC." Letter, *Science* 272 (1996): 1569-1570.

PCBE, Executive Summary, *Human Cloning and Human Dignity: An Ethical Inquiry*, July, 2002.

Perrow, Charles. *Normal Accidents: Living with High-Risk Technologies*. New York: Basic Books, 1984.

Petersen, Melody. "Uncoupling Campus and Company." *New York Times*, September 23, 2003, p. F2.

Philip, Kavita. "Imperial Science Rescues a Tree: Global Botanic Networks, Local Knowledge, and the Transcontinental Transplantation of Cinchona." *Environment and History* 1 (1995): 173-200.

Phillips Inquiry Report. http://www.bseinquiry.gov.uk/report/volume6/chapt413.htm.

Pinch, Trevor. "'Testing—One, Two, Three ⋯ Testing!': Toward a Sociology of Testing." *Science, Technology, and Human Values* 18, 1 (1993): 25-41.

Polanyi, Michael. "The Repulic of Science." *Minerva* 1 (1962): 54-73.

Porritt, Jonathon. "Down-to-Earth Agenda: Suggestions to Mrs. Thatcher." *The Times* (London), September 27, 1988.

Porter, Theodore M. *The Rise of Statistical Thinking 1820-1990*. Princeton: Princeton University Press, 1986.

____. *Trust in Numbers: The Pursuit of Objectivity in Science and Public Life*. Princeton: Princeton University Press, 1995.

492

President's Commission for the Study of Ethical Problems in Medicine and Biomedical and Behavioral Research. *Splicing Life: A Report on the Social and Ethical Issues of Genetical Engineering with Human Beings.* Washington, DC: The Commission, 1982.

Press, Eyal, and Jennifer Washburn. "The Kept University." *Atlantic Monthly* (March 2000): 39-54.

Price, Frances. "Now You See It, Now You Don't: Mediating Science and Managing Uncertainty in Reproductive Medicine." In *Misunderstanding Science? The Public Reconstruction of Science and Technology*, edited by Alan Irwin and Brian Wynne, pp. 84-106. Cambridge: Cambridge University Press, 1996.

Prince Charles, "My 10 Fears for GM Food." *The Daily Mail*, June 1, 1999, pp. 10-11.

Proctor, Robert N. *The Nazi War on Cancer.* Princeton: Princeton University Press, 1999.

_____. *Racial Hygiene: Medicine under the Nazis.* Cambridge: Harvard University Press, 1988.

Quist, David, and Ignacio H. Chapela. "Transgenic DNA Introgressed into Traditional Maize Landraces in Oaxaca, Mexico." *Nature* 414 (2001): 541-543.

Rabinow, Paul. *Essays on the Anthropology of Reason.* Princeton: Princeton University Press, 1996.

_____. ed. *The Foucault Reader.* New York: Random House, 1984.

_____. *French DNA: Trouble in Purgatory.* Chicago: University of Chicago Press, 1999.

_____. *Making PCR.* Chicago: University of Chicago Press, 1996.

Rai, Arti K., and Rebecca Eisenberg. "Bayl-Dole Reform and the Progress of Biomedicine." *American Scientist* 91 (2003): 52-59.

Reardon, Jennifer. "The Human Genome Diversity Project: A Case Study in Coproduction." *Social Studies of Science* 13 (2001): 357-388.

Reich, Michael. *Toxic Politics: Responding to Chemical Disaster.* Ithaca: Cornell University Press, 1991.

Rensberger, Boyce. "Making a Pink Petunia Turn Red." *Washington Post*, December 21, 1987, p. A3.

*Report of the Parliamentary Commission of Enquiry on Prospects and Risks of Genetic Engineering, German Bundestag.* Bonn, January 1987.

Rhodes, Richard. *Deadly Feass.* New York: Simon and Schuster, 1997.

Rifken, Jeremy. *Algeny.* New York: Viking Press, 1983.

Rissler, Jane, and Margaret Mellon. "A Real Hot Tomato." *Washington Post*, August 14, 1993, p. A19.

Roberts, Leslie. "NIH Gene Patents, Round Two." *Science* 255 (1992): 912-913.

Rowland, Shelly, and Jared Scarlett. "The World's Most Litigated Mouse." *NZ Bio Science* 13 (February 2003). http://www.bsw.co.nz/articles/xfactor13.html.

Royal Commission on Environmental Pollution. *The Release of Genetically Engineered*

*Organisms to the Environment*, Thirteenth Report. London: HMSO, 1989.

Rueschemeyer, Dietrich, and Theda Skocpol, eds. *States, Social Knowledge, and the Origins of Modern Social Policies*. Princeton: Princeton University Press, 1996.

Sachs, Wolfgang. *Planet Dialectics: Explorations in Environment and Development*. Halifax, Nova Scotia: Frenwood Publishing, 1999.

Sahlins, Marshall D. *How "Natives" Think: About Captain Cook, for Example*. Chicago: University of Chicago Press, 1995.

Sandel, Michael J. "The Case against Perfection." *Atlantic* (April 2004): 51-62.

Sbragia, Alberta, ed. *Euro-Politics: Institutions and Policymaking in the "New" European Community*. Washington, DC: Brookings Institution, 1992.

Schaffer, Simon. "Late Victorian Metrology and Its Instrumentation: A Manufactory of Ohms." In *Invisible Connections: Instruments, Institutions and Science*, edited by Robert Bud and Susan E. Cozzens, pp. 23-56. Bellingham, WA: SPIE Optical Engineering Press, 1992.

Schiermeier, Quirin. "German Transgenic Crop Trials Face Attack." *Nature* 394 (1998): 819.

Schmemann, Serge. "The Coalition of the Unbelieving." *New York Times Book Review*, January 25, 2004, p. 12.

Schmitter, Philippe C. "What Is There to Be Legitimized in the European Union ⋯ and How Might This Be Accomplished?" *Political Science Series*, Institute for Advanced Studies, Vienna, May 2001.

Schön, Donald A., and Martin Rein. *Frame/Reflection: Toward the Resolution of Intractable Policy Controversies*. New York: Basic Books, 1994.

Schuller, Konrad. "Digging in the Dirt." *Frankfurter Allgemeine Zeitung* (English Edition), April 6, 2002.

Schwarz, John. "FDA Clears Tomato with Altered Genes." *Washington Post*, May 19, 1994, p. A1.

Scientific and Technological Options Assessment (STOA). *Bioethics in Europe*, PE 158.453, Luxembourg, September 8, 1992.

"Scorpion has Sting in Tale." *The Splice of Life*. Bulletin of The Genetics Forum 1 (8/9) (May 1995).

Scott, James C. *Seeing Like a State: How Certain Schemes to Improve the Human Condition Have Failed*. New Haven: Yale University Press, 1998.

"Secondary Bioengineering Protain Product Permitted as Food Additive." *Food Drug Cosmetic Law Reports*, para. 40301 (1994).

SET Forum. "Shaping the Future: A Policy for Science, Engineering and Technology." Discussion Document for the Labour Party (1995).

Shapin, Steven. "Pump and Circumstance: Robert Boyle's Literary Technology." *Social Studies of Science* 14 (1984): 481-520.

494

_____. *A Social History of Truth*. Chicago: University of Chicago Press, 1994.

Shapin, Steven, and Simon Schaffer. *Leviathan and the Air-Pump: Hobbes, Boyle, and the Experimental Life*. Princeton: Princeton University Press, 1985.

Shapiro, Harold T. "Ethical Dilemmas and Stem Cell Research." *Science* 285 (199): 2065.

Shiva, Vandana. *Biopiracy: The Plunder of Nature and Knowledge*. Toronto: Between The Lines, 1997.

_____. *Monocultures of the Mind: Perspectives on Biodiversity and Biotechnology*. London: Third World Network, 1993.

_____. *Yoked to Death: Globalisation and Corporate Control of Agriculture*. New Delhi: Research Foundation of Science, Technology and Ecology, 2001.

Silver, Lee. *Remaking Eden*. New York: Perennial, 2002.

Simm, Michael. "Violence Study Hits a Nerve in Germany." *Science* 264 (1994): 653.

Simon, Stephanie. "The Food Industry Loves Engineered Crops, but Not When Plants Altered to 'Grow' Drugs and Chemicals Can Slip into Its Products." *Los Angeles Times*, December 23, 2002, p. 1.

Singer, Maxine. "Genetics and the Law: A Scientist's View." *Yale Law and Policy Review* 3 (1985): 315-335.

_____. "Hot Tomato." *Washington Post*, August 10, 1993, p. A15.

Singer, Peter. "On Being Silenced in Germany." *New York Review of Books* 38, 14 (August 15, 1991): pp. 36-42.

_____. *Practical Ethics*. Cambridge: Cambridge University Press, 1979.

Skocpol, Theda. *Protecting Soliders and Mothers: The Political Origins of Social Policy in the United States*. Cambridge: Harvard University Press, 1992.

Skolnikoff, Eugene. *The Elusive Transformation: Science, Technology, and the Evolution of International Politics*. Princeton: Princeton University Press, 1993.

Solvic, Paul. "Beyond Numbers: A Broader Perspective on Risk Perception and Risk Communication." In *Acceptable Evidence: Science and Values in Risk Management*, edited by Deborah G. Mayo and Rachelle D. Hollander, pp. 48-65. New York: Oxford University Press, 1991.

Solvic, Paul, et al. "Characterizing Perceived Risks." In *Perilous Progress: Managing the Hazards of Technology*, edited by Robert W. Kates, Christoph Hohenemser, and Jeanne X. Kasperson, pp. 99-125. Boulder: Westview, 1985.

_____. "Facts and Fears: Understanding Perceived Risk." In *Societal Risk Assessment: How Safe is Safe Enough?* edited by R. Schwing and W. A. Albers, Jr., pp. 181-214. New York: Plenum, 1980.

Smith, Crosbie, and M. Norton Wise. *Energy and Empire: A Biographical Study of Lord Kelvin*. Cambridge: Cambridge University Press, 1989.

Smith, Merritt Roe, and Leo Marx, eds. *Does Technology Drive History?: The Dilemma of*

*Technological Determinism*. Cambridge: MIT Press, 1994.

The Social Learning Group. *Learning to Manage Global Environmental Risks: A Comparative History of Social Responses to Climate Change, Ozone Depletion, and Acid Rain*. Cambridge: MIT Press, 2001.

Solingen, Etel. "Between Markets and the States: Scientists in Comparative Perspective." *Comparative Politics* 26 (1993): 31-51.

Specter, Michael. "The Dangerous Philosopher." *New Yorker*, September 6, 1999, pp. 46-55.

Sperling, Stefan. "Managing Potential Selves: Stem Cells, Immigrants, and German Identity." *Science and Public Policy* 39, 2 (2004): 139-149.

Stafford, Ned. "GM Crop Sites Stay Secret." *The Scientist*. May 28, 2004. http://www.biomed central.com/news/20040528/02.

Star, Susan Leigh and James R. Griesemer. "Institutional Ecology, 'Translations' and Boundary Objects: Amateurs and Professionals in Berkeley's Museum of Bertebrate Zoology, 1907-39." *Social Studies of Science* 19 (1989): 387-420.

Starkey, David. *Elizabeth*. London: Vintage, 2001.

Stein, George. "Biological Science and the Roots of Nazism." *American Scientist* 76 (1988): 50-58.

Stern, Fritz. *Einstein's German World*. Princeton: Princeton University Press, 2001.

Stern, Paul, and Harvey Fineberg, eds. *Understanding Risk*. Washington, DC: National Academy Press, 1996.

Stokes, Donald E. *Pasteur's Quadrant: Basic Science and Technological Innovation*. Washington, DC: Brookings Institution, 1997.

Stolberg, Sheryl Gay. "The Biotech Death of Jesse Gelsinger." *New York Times*, Sunday Magazine, November 28, 1999, p. 137.

Stone, Richard. "Religious Leaders Oppose Patenting Genes and Animals." *Science* 268 (1995): 1126.

Storey, William K. *Science and Power in Colonial Mauritius*. Rochester: University of Rochester Press, 1997.

Straw, Jack. "By Invitation." *Economist*, July 10, 2004, p. 40.

Sugarman, Jeremy. "Ethical Considerations in Leaping from Bench to Bedside." *Science* 285 (1999): 2071-2072.

Sugawara, Sandra. "For the Next Course, 'Engineered' Entrees? 'Genetic' Tomato May Launch an Industry." *Washington Post*, June 10, 1992, p. F1.

Sunder Rajan, Kaushik. "Genomic Capital: Public Cultures and Market Logics of Corporate Biotechnology." *Science as Culture* 12, 1 (2003): 87-121.

Sunstein, Cass. *Risk and Reason*. Cambridge: Cambridge University Press, 2002.

Swazey, Judith, et al. "Risks and Benefits, Rights and Responsibilities: A History of the Recombinant DNA Research Controversy." *Southern California Law Review* 51

(1978): 1019-1078.

Tarrow, Sidney. *Power in Movement: Social Movements and Contentious Politics.* 2nd ed. Cambridge: Cambridge University Press, 1998.

Taylor, Michael R., and Jody S. Tick. "The StarLink Case: Issues for the Future." Pew Initiative on Food and Biotechnology and Resourses for the Future (October 2001).

Thomas, J. "British Debate Embryo Research." *New York Times.* October 16, 1984, p. 6.

Tickell, Oliver. "Scorpion Gene Virus Experiment Abandoned." *Pesticides News* 25 (September 1994): 21.

Tickner, Joel A. ed., *Precaution: Environmental Science and Preventive Public Policy.* Washington, DC: Island Press, 2003.

Tokar, Brian. "Resisting the Engineering of Life." In *Redesigning Life? The Worldwide Challenge to Genetic Engineering*, edited by Brian Tokar. London: Zed Books, 2001, pp. 320-336.

Tribe, Laurence. "Clone as Outlaw? Reasons Not to Ban 'Unnatural' Ways of Making Babies." In *Clones and Clones*, edited by Martha C. Nussbam and Cass R. Sunstein, pp. 223-234. New York: Norton, 1998.

Turney, Jon. "Public Understanding of Science." *Lancet* 347 (1996): 1087-1090.

Tyler, Christian. "Private View: Professor with Killer Gene Blues." *Financial Times*, April 8, 1995, p. 18.

U.K. Government. *The BSE Inquiry: The Report.* http://www.bseinquiry.gov.uk/report/volume4/chapterb.htm#886837.

U.S. Congress, Office of Technology Assessment, *Commercial Biotechnology: An International Analysis* (Washington, DC: U.S. GPO, 1984).

U.S. House of Representatives, *Committee on Government Reform* (Minority Report), Politics and Science in the Bush Administration, Washington, DC, August 7, 2003. http://www.house.gov/reform/min/politicsandscience/index.htm.

Vogel, David. "Consumer Protection and Protectionism in Japan." *The Journal of Japanese Studies* 18 (1992): 119-154.

____. "The Hare and the Tortoise Revisited: The New Politics of Consumer and Environmental Regulation in Europe." *British Journal of Political Science* 33 (2003): 557-580.

____. *National Styles of Regulation: Environmental Policy in Great Britain and the United States.* Ithaca: Cornell University Press, 1986.

Vogel, Gretchen. "Capturing the Promise of Youth." *Science* 286 (1999): 2238-2240.

____. "NIH Sets Rules for Funding Embryonic Stem Cell Research." *Science* 286 (1999): 2050-2051.

____. "Study of HIV Transmission Sparks Ethics Debate." *Science* 288 (2000): 22-23.

____. "U.K. Backs Use of Embryos, Sets Vote." *Science* 289 (2000): 1269-1273.

von Beuzekom, Brigitte. *Biotechnology Statistics in OECD Member Countries: Compendium of Existing National Statistics.* STI Working Papers 2001/6 (OECD, 2001).

Wagner, Peter, Björn Wittrock, and Richard Whitley, eds. *Discourse on Society: The Shaping of the Social Science Disciplines.* Dordrecht: Kluwer, 1991.

Walker, Neil. "The White Paper in Constitutional Context." In *Mountain or Molehill? A Critical Appraisal of the Commission White Paper on Governance,* edited by Christian Joerjes, Yves, Mény, and J.H.H. Weiler, pp. 33-53. Floreence: European University Institute, 2001.

Warnock, Mary. *A Question of Life: The Warnock Report on Human Fertilisation and Embryology.* Oxford: Blackwell, 1985.

Waterton, Claire, and Brian Wynne. "Knowledge and Political Order in the European Environment Agency." In *States of Knowledge: The Co-Production of Science and Social Order,* edited by Sheila Jasanoff, pp. 87-108. London: Routledge, 2004.

Watson, James D. "In Defense of DNA." *New Republic* 170 (June 25, 1977): 11.

____. *The Double Helix: A Personal Account of the Discovery of the Structure of DNA.* New York: Atheneum, 1968.

____. "Trying to Bury Asilomar." *Clinical Research* 26 (1978): 113.

Watson, James D., and Francis H. C. Crick. "Genetical Implications of the Structure of Deoxyribonucleic Acid." *Nature* 171 (1953): 737-738.

Watson, James D., and John Tooze. *The DNA Story: A Documentary for Gene Cloning.* San Francisco: W. H. Freeman, 1981.

Watts, Susan. "Controversy in the Cabbage Patch." *Independent,* May 17, 1994, p. 15.

____. "Genetic Riddle of 'Scorpion' Pesticide Virus." *Independent,* September 4, 1994, p. 2.

____. "Genetic Row Fueled by Scorpion's Venom." *Independent,* May 17, 994, p. 3.

____. "Legal Fight Planned to Halt Scorpion Toxin Test." *Independent,* May 18, 1994, p. 3.

____. "Safety Scare on Eve of Mutant Virus Test." *Independent,* June 26, 1994, p. 1.

____. "Warning: This Thing Isn't Natural." *Independent,* May 26, 1994, p. 20.

Weart, Spencer. *Nuclear Fear: A History of Images.* Cambridge: Harvard University Press, 1988.

Weijer, Charles, and Ezekiel J. Emanuel. "Protecting Communities in Biomedical Research." *Science* 289 (2000): 1142-1144.

Weingart, Peter, Jürgen Kroll and Kurt Bayertz. *Rasse, Blut und Gene: Geschichte der Eugenik und Rassenhygiene in Deutschland.* Frankfurt: Suhrkamp, 1992.

Weiss, Rick. "'Organic' Label Ruled Out For Biotech, Irradiated Food." *Washington Post,* May 1, 1998, p. A2.

Wilkie, Tom. "Whose Genes Are They Anyway?" *Independent,* May 6, 1991, p. 19.

Wilmut, Ian, et al. "Viable Offspring Derived from Foetal and Adult Mammalian Cells." *Nature*

498

385 (1997): 810-813.

Wilson, Graham. *The Politics of Safety and Health.* Oxford: Claredon Press, 1985.

Winner, Langdon. *The Whale and the Reactor: A Search for Limits in an Age of High Technology.* Chicago: University of Chicago Press, 1986.

Worster, Donald. *Nature's Economy: A History of Ecological Ideas.* Cambridge: Cambridge University Press, 1977.

Wortmann, Michael. "Multinationals and the Internationalization of R&D: New Developments in German Companies." *Research Policy* 19 (1990): 175-183.

Wright, Shirley J. "Human Embryonic Stem-Cell Research: Science and Ethics." *American Scientist* 87 (1999): 352-361.

Wright, Susan. *Molecular Politics: Developing American and British Regulatory Policy for Genetic Engineering, 1972-1982.* Chicago: University of Chicago Press, 1994.

Wuerth, Andrea. "National Politics/Local Identities: Abortion Rights Activism in Post-Wall Berlin." *Feminist Studies* 25, 3 (1999): 601-632.

Wynne, Brian. "Creating Public Alienation: Expert Cultures of Risk and Ethics on GMOs." *Science as Culture* 10, 4 (2001): 445-481.

____. "The Prince and the GM debate: Performing the Monarchy as Culture." http://domino.lancs.ac.uk/csec/bn.NSF/0/c3bbc73ca660b14f802569df005d6cdd?OpenDocument.

____. "Public Understanding of Science." In *The Handbook of Science and Technology Studies*, edited by Sheila Jasanoff et al., pp. 361-388. *Thousand Oaks*, CA: Sage Publications, 1995.

____. "Public Uptake of Science: A Case for Institutional Reflexivity." *Public Understanding of Science* 2 (1992): 321-337.

____. "Unruly Technology." *Social Studies of Science* 18 (1988): 147-167.

Wynne, Brian, et al. "Institutional Cultures and the Management of Global Environmental Risks in the United Kingdom." In *Learning to Manage Global Environmental Risks*, by The Social Learning Group, pp. 93-113. Cambridge: MIT Press, 2001.

Yeats, William Butler. "Among School Children." *The Collected Poems of W.B. Yeats.* New York: Macmillan, 1956.

Yoxen, Edward. *The Gene Business: Who Should Control Biotechnology?* London: Pan Books, 1983.

Zalewski, Daniel. "Ties That Bind." *Lingua Franca* (June/July 1997): 51-59.

Zielke, Anne. "Im Disneyland der Kindermacher." *Frankfurter Allgemeine Zeitung*, Feuilleton no. 67 (March 20, 2002): 49.

Ziman, John. *Public Knowledge.* Cambridge: Cambridge University Press, 1968.

ZKBS, *Bericht über die zurückliegende Amtsperiode der Zentralen Kommission für die Biologische Sicherheit,* (29.01.81 bis 30.06.88). Bonn, 1989.

# 찾아보기

508

# 지은이

## 실라 재서노프 (Sheila Jasanoff)

하버드대학교 케네디행정대학원 과학기술학 교수이다. 재서노프는 과학기술에 관한 사회적·역사적·철학적 이해를 다루는 과학기술학 분야를 새롭게 열었으며, 현대 민주주의 사회에서 과학기술의 역할에 관한 연구로 유명하다. 과학기술과 법의 문제를 다룬『법정에 선 과학』이 한국어로 번역 출간되었으며, 2016년에는『발명의 윤리(The Ethics of Invention)』를 출간해 생명공학뿐만 아니라 IT 산업에서도 필요한 발명과 기업의 윤리를 다루었다. 2019년에는『과학은 생명을 이해할 수 있을까?(Can Science Make Sense of Life?)』를 출간해, 분자 수준에서 생명을 정의하는 현재의 과학을 법, 정치, 윤리, 문화 관점에서 분석했다.

# 옮긴이

## 박 상 준

서울대학교 물리천문학부 박사과정에 재학 중이다. 한국에서 과학, 특히 물리학을 연구한다는 것에 질문을 하면서, 과학사, 과학철학, 과학기술학에 관심을 갖게 되었다. 여러 해 동안 출판사에서 일하며 과학, 인문학, 예술을 넘나드는 책의 번역과 기획 작업을 하고 있다. 실라 재서너프의『법정에 선 과학』을 번역했다.

## 장 희 진

대학에서 수학을 공부하고 화학으로 석사학위를 받았다. 실험실 생활을 하면서 연구 성과, 연구 환경 문제에 관심을 갖고 과학기술정책 컨설팅회사에 입사했다. 지금은 서울대학교 과학사 및 과학철학 협동과정에서 과학기술학을 공부하고 있다.

## 김 희 원

학부에서 생명과학을 공부하고 서울대학교 과학사 및 과학철학 협동과정에 진학하여 한국의 의료용 초음파기기의 도입/확산과 갑상선암 과잉진단 논쟁에 관한 논문으로 석사학위를 받았다. 현재 한국과학기술원 과학기술정책대학원 박사과정에 재학 중이다.

## 오 요 한

서울대학교에서 전기·컴퓨터공학 및 과학기술학을 공부했다. 미국 렌슬리어 공과대학(Rensselaer Polytechnic Institute)에서 과학기술학을 공부하고 있다. 정보·매체기술 및 기술플랫폼의 물질적 의미론적 하부구조를 연구하는 것에 관심이 있다.

# 누가 자연을 설계하는가

경험해보지 못한 과학의 도전에 대응하는 시민 인식론

**초판 1쇄 찍은날** 2019년 1월 21일
**초판 1쇄 펴낸날** 2019년 1월 30일
**지은이**　　실라 재서노프
**옮긴이**　　박상준 · 장희진 · 김희원 · 오요한
**펴낸이**　　한성봉
**책임편집**　하명성
**편집**　　　안상준 · 이동현 · 조유나 · 박민지 · 최창문
**디자인**　　전혜진 · 김현중
**마케팅**　　이한주 · 박신용 · 강은혜
**기획홍보**　박연준
**경영지원**　국지연 · 지성실
**펴낸곳**　　도서출판 동아시아
**등록**　　　1998년 3월 5일 제1998-000243호
**주소**　　　서울시 중구 소파로 131 [남산동3가 34-5]
**페이스북**　www.facebook.com/dongasiabooks
**전자우편**　dongasiabook@naver.com
**블로그**　　blog.naver.com/dongasiabook
**인스타그램**　www.instagram.com/dongasiabook
**전화**　　　02) 757-9724, 5
**팩스**　　　02) 757-9726

**ISBN**　　　978-89-6262-263-8　93400

이 도서의 국립중앙도서관 출판예정도서목록(CIP)은
서지정보유통지원시스템 홈페이지(http://seoji.nl.go.kr)와
국가자료공동목록시스템(http://www.nl.go.kr/kolisnet)에서
이용하실 수 있습니다.(CIP제어번호: CIP2019001914)